计算机建筑应用系列

ANSYS 13.0 土木工程应用十日通

罗永会 黄书珍 等编著

中国建筑工业出版社

图书在版编目（CIP）数据

ANSYS 13.0 土木工程应用十日通/罗永会，黄书珍
等编著. —北京：中国建筑工业出版社，2011.10
计算机建筑应用系列
ISBN 978-7-112-13437-3

Ⅰ.①A… Ⅱ.①罗…②黄… Ⅲ.①土木工程-有限
元分析-应用程序，ANSYS 13.0 Ⅳ.①TU

中国版本图书馆CIP数据核字（2011）第153146号

本书以ANSYS的最新版本ANSYS 13.0为依据，对ANSYS土木工程有限元分析的基本思路、操作步骤、应用技巧进行了详细介绍，并结合典型工程应用实例详细讲述了ANSYS的具体工程应用方法。

书中尽量避开了繁琐的理论描述，从实际应用出发，结合作者使用该软件的经验，实例部分采用GUI方式一步一步地对操作过程和步骤进行了讲解。为了帮助用户熟悉ANSYS的相关操作命令，在每个实例的后面列出了分析过程的命令流文件。

本书前7章为操作基础，详细介绍了ANSYS分析全流程的基本步骤和方法：第1章ANSYS 13.0入门；第2章ANSYS 13.0图形用户界面；第3章几何建模；第4章划分网格；第5章施加载荷；第6章求解；第7章后处理。后9章为专题实例，按不同的分析专题讲解了各种分析专题的参数设置方法与技巧。第8章结构静力学分析；第9章模态分析；第10章谐响应分析；第11章瞬态动力学分析；第12章谱分析；第13章非线性分析；第14章结构屈曲分析；第15章接触问题分析；第16章结构优化。

本书适用于ANSYS软件的初中级用户，以及有初步使用经验的建筑工程技术人员；本书可作为理工科院校建筑相关专业的高年级本科生、研究生及教师学习ANSYS软件的培训教材，也可作为从事建筑结构分析相关行业的工程技术人员使用ANSYS软件的参考书。

* * *

责任编辑：郭 栋 张 磊
责任设计：张 虹
责任校对：陈晶晶 王雪竹

计算机建筑应用系列
ANSYS 13.0 土木工程应用十日通
罗永会 黄书珍 等编著
*
中国建筑工业出版社出版、发行（北京西郊百万庄）
各地新华书店、建筑书店经销
霸州市顺浩图文科技发展有限公司制版
北京市书林印刷有限公司印刷
*
开本：787×1092毫米 1/16 印张：35¾ 字数：890千字
2011年12月第一版 2011年12月第一次印刷
定价：88.00元（含光盘）
ISBN 978-7-112-13437-3
（21207）

版权所有 翻印必究
如有印装质量问题，可寄本社退换
（邮政编码 100037）

前言

随着计算力学、计算数学、工程管理学特别是信息技术飞速发展，数值模拟技术日趋成熟。数值模拟可以广泛应用到土木、机械、电子、能源、冶金、国防军工、航空航天等诸多领域。

有限元法作为在工程分析领域应用较为广泛的一种计算方法，自 20 世纪中叶以来，以其独有的计算优势得到了广泛的发展和应用，已出现了不同的有限元算法，并由此产生了一批非常成熟的通用和专业有限元商业软件。ANSYS 软件以它的多物理场耦合分析功能而成为 CAE 软件的应用主流，在工程分析应用中得到了较为广泛的应用。

ANSYS 软件是美国 ANSYS 公司开发的大型通用有限元软件，它是有限元分析中第一个通过 ISO9001 质量认证的计算机辅助工程 CAE 设计分析软件，同时也是美国机械工程师协会、美国核安全局及近 20 多种专业技术协会认证的标准分析软件。它是最为通用和有效的商用有限元软件之一，它融结构、传热学、流体、电磁、声学和爆破分析等于一体，具有非常强大的前后处理和计算分析能力，能够同时模拟结构、热、流体、电磁及多种物理场间的耦合效应。目前，它已经广泛应用于土木工程、机械制造、材料加工、航空航天、铁路运输、石油化工、核工业、轻工、电子、能源、汽车、生物医学、家用电器等各个方面，为各个领域的设计开发以及前沿课题作出了巨大贡献。

为了帮助读者迅速了解并掌握 ANSYS 软件在土木工程应用技术，作者根据长期使用 ANSYS 软件进行土木工程力学分析的经验和体会，以 ANSYS 的最新版本 ANSYS 13.0 为依据，编写了这本书。

本书前 7 章为操作基础，详细介绍了 ANSYS 分析全流程的基本步骤和方法：第 1 章 ANSYS 13.0 入门；第 2 章 ANSYS 13.0 图形用户界面；第 3 章几何建模；第 4 章划分网格；第 5 章施加载荷；第 6 章求解；第 7 章后处理。后 9 章为专题实例，按不同的分析专题讲解了各种分析专题的参数设置方法与技巧：第 8 章结构静力学分析；第 9 章模态分析；第 10 章谐响应分析；第 11 章瞬态动力学分析；第 12 章谱分析；第 13 章非线性分析；第 14 章结构屈曲分析；第 15 章接触问题分析；第 16 章结构优化。

本书附有一张多媒体光盘，光盘中除了有每一个实例 GUI 实际操作步骤的视频以外，还以文本文件的格式给出了每个实例的命令流文件，用户可以直接调用。

本书由石家庄铁道大学的罗永会和黄书珍两位老师主编。参与本书编写工作还有康士廷、左昉、许洪、刘昌丽、贾若琴、熊慧、王敏、周冰、董伟、闫军、武燕京、李瑞、王兵学、袁涛、王渊峰、李世强、王培合、周广芬、王义发、李鹏、陈丽芹、孟清华、李广荣、郑长松、王佩楷、王文平、路纯红、王艳池、王玉秋、赖永标、王玮、王宏、张日晶、许洪、张俊生、阳平华等。

本书可作为理工科院校土木、力学和隧道等专业的本科生、研究生、博士生及教师学习 ANSYS 软件的教材，也可为从事土木建筑工程、水利工程等专业的科研人员学习使用 ANSYS 的参考用书。

由于时间仓促，加之编者水平有限，缺点和错误难免，恳请专家和广大读者批评指正。

目 录

第1章 ANSYS 13.0 入门 … 1
1.1 有限单元法简介 … 1
1.1.1 有限单元法的基本思想 … 1
1.1.2 有限单元法的基本概念 … 2
1.2 有限元法的分析过程 … 5
1.3 ANSYS 简介 … 6
1.3.1 ANSYS 发展过程 … 6
1.3.2 ANSYS 使用环境 … 7
1.3.3 ANSYS 软件的功能 … 7
1.4 ANSYS 13.0 的安装与启动 … 12
1.4.1 系统要求 … 12
1.4.2 设置运行参数 … 13
1.4.3 启动与退出 … 15
1.5 ANSYS 文件系统 … 17
1.5.1 文件类型 … 17
1.5.2 文件管理 … 18
1.6 ANSYS 分析过程 … 21
1.6.1 建立模型 … 22
1.6.2 加载并求解 … 22
1.6.3 后处理 … 22
1.7 本章小结 … 23

第2章 ANSYS 13.0 图形用户界面 … 24
2.1 ANSYS 13.0 图形用户界面的组成 … 24
2.2 启动图形用户界面 … 25
2.3 对话框及其组件 … 26
2.3.1 文本框 … 26
2.3.2 单选列表 … 26
2.3.3 双列选择列表 … 27
2.3.4 标签对话框 … 27
2.3.5 选取框 … 27
2.4 通用菜单 … 28
2.4.1 文件菜单 … 29
2.4.2 选取菜单 … 31
2.4.3 列表菜单 … 33
2.4.4 绘图菜单 … 37

2.4.5 绘图控制菜单 ………………………………………………………………… 38
2.4.6 工作平面菜单 ………………………………………………………………… 45
2.4.7 参量菜单 ……………………………………………………………………… 47
2.4.8 宏菜单 ………………………………………………………………………… 49
2.4.9 菜单控制菜单 ………………………………………………………………… 50
2.4.10 帮助菜单 ……………………………………………………………………… 51
2.5 输入窗口 ……………………………………………………………………………… 52
2.6 主菜单 ………………………………………………………………………………… 53
2.6.1 优选项 ………………………………………………………………………… 54
2.6.2 预处理器 ……………………………………………………………………… 54
2.6.3 求解器 ………………………………………………………………………… 59
2.6.4 通用后处理器 ………………………………………………………………… 62
2.6.5 时间历程后处理器 …………………………………………………………… 65
2.6.6 拓扑优化器 …………………………………………………………………… 66
2.6.7 优化器 ………………………………………………………………………… 67
2.6.8 概率设计和辐射选项 ………………………………………………………… 67
2.6.9 运行时间估计量 ……………………………………………………………… 67
2.6.10 记录编辑器 …………………………………………………………………… 68
2.7 输出窗口 ……………………………………………………………………………… 69
2.8 工具条 ………………………………………………………………………………… 70
2.9 图形窗口 ……………………………………………………………………………… 70
2.9.1 图形显示 ……………………………………………………………………… 71
2.9.2 多窗口绘图 …………………………………………………………………… 72
2.9.3 增强图形显示 ………………………………………………………………… 75
2.10 个性化界面 …………………………………………………………………………… 76
2.10.1 改变字体和颜色 ……………………………………………………………… 76
2.10.2 改变GUI的启动菜单显示 …………………………………………………… 77
2.10.3 改变菜单链接和对话框 ……………………………………………………… 77
2.11 ANSYS中常用操作 …………………………………………………………………… 77
2.11.1 拾取操作 ……………………………………………………………………… 77
2.11.2 显示操作 ……………………………………………………………………… 79
2.12 分析步骤示例——工字钢悬臂梁静力分析 ………………………………………… 81
2.12.1 分析问题 ……………………………………………………………………… 81
2.12.2 建立有限元模型 ……………………………………………………………… 81
2.12.3 施加载荷 ……………………………………………………………………… 86
2.12.4 进行求解 ……………………………………………………………………… 88
2.12.5 后处理 ………………………………………………………………………… 88
2.13 本章小结 ……………………………………………………………………………… 90
第3章 几何建模 …………………………………………………………………………… 91
3.1 坐标系简介 …………………………………………………………………………… 91
3.1.1 总体和局部坐标系 …………………………………………………………… 92
3.1.2 显示坐标系 …………………………………………………………………… 94

- 3.1.3 节点坐标系 ··· 94
- 3.1.4 单元坐标系 ··· 96
- 3.1.5 结果坐标系 ··· 96
- 3.2 工作平面的使用 ··· 96
  - 3.2.1 定义一个新的工作平面 ··· 97
  - 3.2.2 控制工作平面的显示和样式 ··· 98
  - 3.2.3 移动工作平面 ··· 98
  - 3.2.4 旋转工作平面 ··· 98
  - 3.2.5 还原一个已定义的工作平面 ··· 98
  - 3.2.6 工作平面的高级用途 ··· 99
- 3.3 布尔操作 ··· 101
  - 3.3.1 布尔运算的设置 ··· 101
  - 3.3.2 布尔运算之后的图元编号 ··· 102
  - 3.3.3 交运算 ··· 102
  - 3.3.4 两两相交 ··· 103
  - 3.3.5 相加 ··· 104
  - 3.3.6 相减 ··· 104
  - 3.3.7 利用工作平面做减运算 ··· 106
  - 3.3.8 搭接 ··· 106
  - 3.3.9 分割 ··· 107
  - 3.3.10 粘接（或合并） ··· 107
- 3.4 编辑几何模型 ··· 107
  - 3.4.1 按照样本生成图元 ··· 108
  - 3.4.2 由对称映像生成图元 ··· 109
  - 3.4.3 将样本图元转换坐标系 ··· 109
  - 3.4.4 实体模型图元的缩放 ··· 110
- 3.5 自底向上创建几何模型 ··· 111
  - 3.5.1 关键点 ··· 111
  - 3.5.2 硬点 ··· 113
  - 3.5.3 线 ··· 114
  - 3.5.4 面 ··· 116
  - 3.5.5 体 ··· 117
- 3.6 实例——托架的实体建模 ··· 119
  - 3.6.1 分析实例描述 ··· 119
  - 3.6.2 建立模型 ··· 119
  - 3.6.3 命令流方式 ··· 124
- 3.7 自顶向下创建几何模型（体素） ··· 126
  - 3.7.1 创建面体素 ··· 126
  - 3.7.2 创建实体体素 ··· 127
- 3.8 实例——支座的实体建模 ··· 128
  - 3.8.1 GUI方式 ··· 129
  - 3.8.2 命令流方式 ··· 136

3.9 从 IGES 文件中将几何模型导入到 ANSYS ································ 138
3.10 本章小结 ··· 139

第 4 章 划分网格 ··· 140
4.1 有限元网格概论 ·· 140
4.2 设定单元属性 ··· 141
4.2.1 生成单元属性表 ·· 141
4.2.2 在划分网格前分配单元属性 ··· 142
4.3 网格划分的控制 ·· 144
4.3.1 ANSYS 网格划分工具（MeshTool） ·································· 144
4.3.2 单元形状 ·· 145
4.3.3 选择自由或映射网格划分 ··· 145
4.3.4 控制单元边中节点的位置 ··· 146
4.3.5 划分自由网格时的单元尺寸控制（SmartSizing） ····················· 146
4.3.6 映射网格划分中单元的默认尺寸 ····································· 147
4.3.7 局部网格划分控制 ··· 147
4.3.8 内部网格划分控制 ··· 149
4.3.9 生成过渡棱锥单元 ··· 151
4.3.10 将退化的四面体单元转化为非退化的形式 ··························· 152
4.3.11 执行层网格划分 ·· 152
4.4 自由网格划分和映射网格划分控制 ·································· 153
4.4.1 自由网格划分 ··· 153
4.4.2 映射网格划分 ··· 154
4.5 给实体模型划分有限元网格 ··· 159
4.5.1 用 xMESH 命令生成网格 ·· 159
4.5.2 生成带方向节点的梁单元网格 ······································· 160
4.5.3 在分界线或者分界面处生成单位厚度的界面单元 ···················· 161
4.6 实例——托架的网格划分 ·· 162
4.6.1 GUI 方式 ·· 162
4.6.2 命令流方式 ··· 165
4.7 延伸和扫略生成有限元模型 ··· 167
4.7.1 延伸（Extrude）生成网格 ·· 167
4.7.2 扫略（VSWEEP）生成网格 ··· 169
4.8 修正有限元模型 ·· 172
4.8.1 局部细化网格 ··· 172
4.8.2 移动和复制节点和单元 ··· 175
4.8.3 控制面、线和单元的法向 ·· 176
4.8.4 修改单元属性 ··· 177
4.9 直接通过节点和单元生成有限元模型 ································ 178
4.9.1 节点 ··· 178
4.9.2 单元 ··· 180
4.10 编号控制 ·· 182

- 4.10.1 合并重复项 182
- 4.10.2 编号压缩 183
- 4.10.3 设定起始编号 184
- 4.10.4 编号偏差 185
- 4.11 实例——支座的网格划分 185
  - 4.11.1 GUI方式 185
  - 4.11.2 命令流方式 191
- 4.12 本章小结 193

第5章 施加载荷 194

- 5.1 载荷概论 194
  - 5.1.1 什么是载荷 194
  - 5.1.2 载荷步、子步和平衡迭代 195
  - 5.1.3 时间参数 196
  - 5.1.4 阶跃载荷与坡道载荷 197
- 5.2 施加载荷 197
  - 5.2.1 实体模型载荷与有限单元载荷 198
  - 5.2.2 施加载荷 198
  - 5.2.3 轴对称载荷与反作用力 204
  - 5.2.4 利用表格来施加载荷 204
  - 5.2.5 利用函数来施加载荷和边界条件 207
- 5.3 设定载荷步选项 209
  - 5.3.1 通用选项 209
  - 5.3.2 动力学分析选项 213
  - 5.3.3 非线性选项 214
  - 5.3.4 输出控制 214
  - 5.3.5 Biot-Savart选项 215
  - 5.3.6 谱分析选项 216
  - 5.3.7 创建多载荷步文件 216
- 5.4 实例——托架的载荷和约束施加 217
  - 5.4.1 GUI方式 218
  - 5.4.2 命令流方式 219
- 5.5 本章小结 220

第6章 求解 221

- 6.1 求解概论 221
  - 6.1.1 使用直接求解法 222
  - 6.1.2 使用稀疏矩阵直接解法求解器 222
  - 6.1.3 使用雅克比共轭梯度法求解器 223
  - 6.1.4 使用不完全分解共轭梯度法求解器 223
  - 6.1.5 使用预条件共轭梯度法求解器 223
  - 6.1.6 使用自动迭代解法选项 224
  - 6.1.7 获得解答 225
- 6.2 利用特定的求解控制器来指定求解类型 225

6.2.1 使用 Abridged Solution 菜单选项 225
6.2.2 使用求解控制对话框 226
6.3 多载荷步求解 227
6.3.1 多重求解法 227
6.3.2 使用载荷步文件法 228
6.3.3 使用数组参数法（矩阵参数法） 229
6.4 重新启动分析 230
6.4.1 重新启动一个分析 231
6.4.2 多载荷步文件的重启动分析 234
6.5 预测求解时间和估计文件大小 236
6.5.1 估计运算时间 236
6.5.2 估计文件的大小 237
6.5.3 估计内存需求 237
6.6 实例——托架模型求解 237
6.7 本章小结 238

第 7 章 后处理 239
7.1 后处理概述 239
7.1.1 什么是后处理 239
7.1.2 结果文件 240
7.1.3 后处理可用的数据类型 240
7.2 通用后处理器（POST1） 241
7.2.1 将数据结果读入数据库 241
7.2.2 图像显示结果 248
7.2.3 列表显示结果 255
7.2.4 表面操作 262
7.2.5 映射结果到某一路径上 266
7.2.6 将结果旋转到不同坐标系中显示 272
7.3 时间历程后处理（POST26） 274
7.3.1 定义和储存 POST26 变量 274
7.3.2 检查变量 276
7.3.3 POST26 后处理器的其他功能 279
7.4 实例——托架计算结果后处理 280
7.4.1 GUI 方式 280
7.4.2 命令流方式 282
7.5 本章小结 282

第 8 章 结构静力学分析 283
8.1 结构静力学概论 283
8.2 结构静力学分析的基本步骤 283
8.2.1 建立模型 284
8.2.2 设置求解控制选项 284
8.2.3 设置其他求解选项 287

		8.2.4 施加载荷 …… 292
		8.2.5 求解 …… 294
		8.2.6 检查结果 …… 295
	8.3 实例——悬臂梁的横向剪切应力分析 …… 296
		8.3.1 问题的描述 …… 296
		8.3.2 GUI 路径模式 …… 297
		8.3.3 命令流模式 …… 309
	8.4 本章小结 …… 312

第 9 章 模态分析 …… 313
	9.1 模态分析概论 …… 313
	9.2 模态分析的基本步骤 …… 313
		9.2.1 建模 …… 314
		9.2.2 加载及求解 …… 314
		9.2.3 扩展模态 …… 317
		9.2.4 观察结果和后处理 …… 319
	9.3 实例——钢桁架桥模态分析 …… 319
		9.3.1 问题描述 …… 319
		9.3.2 GUI 操作方法 …… 320
		9.3.3 命令流实现 …… 337
	9.4 本章小结 …… 340

第 10 章 谐响应分析 …… 341
	10.1 谐响应分析概论 …… 341
		10.1.1 完全法（Full Method） …… 342
		10.1.2 减缩方法（Reduced Method） …… 342
		10.1.3 模态叠加法（Mode Superposition Method） …… 343
		10.1.4 3 种方法的共同局限性 …… 343
	10.2 谐响应分析的基本步骤 …… 343
		10.2.1 建立模型（前处理） …… 343
		10.2.2 加载和求解 …… 344
		10.2.3 观察模型（后处理） …… 350
	10.3 实例——简支梁的谐响应分析 …… 351
		10.3.1 分析问题 …… 352
		10.3.2 建立模型 …… 352
		10.3.3 查看结果 …… 365
		10.3.4 命令流模式 …… 367
	10.4 本章小结 …… 369

第 11 章 瞬态动力学分析 …… 370
	11.1 瞬态动力学概论 …… 370
		11.1.1 完全法（Full Method） …… 371
		11.1.2 模态叠加法（Mode Superposition Method） …… 371
		11.1.3 减缩法（Reduced Method） …… 371

11.2 瞬态动力学的基本步骤 372
　11.2.1 前处理（建模和分网） 372
　11.2.2 建立初始条件 372
　11.2.3 设定求解控制器 373
　11.2.4 设定其他求解选项 375
　11.2.5 施加载荷 376
　11.2.6 设定多载荷步 376
　11.2.7 瞬态求解 378
　11.2.8 后处理 378
11.3 实例——隧道结构受力实例分析 380
　11.3.1 ANSYS 隧道结构受力分析步骤 380
　11.3.2 实例描述 384
　11.3.3 GUI 操作方法 385
　11.3.4 命令流实现 407
11.4 本章小结 412

第12章 谱分析 413
12.1 谱分析概论 413
　12.1.1 响应谱 413
　12.1.2 动力设计分析方法（DDAM） 413
　12.1.3 功率谱密度（PSD） 414
12.2 谱分析的基本步骤 414
　12.2.1 前处理 414
　12.2.2 模态分析 415
　12.2.3 谱分析 415
　12.2.4 扩展模态 418
　12.2.5 合并模态 419
　12.2.6 后处理 421
12.3 实例——三层框架结构地震响应分析 422
　12.3.1 问题描述 422
　12.3.2 GUI 操作方法 423
　12.3.3 命令流实现 435
12.4 本章小结 438

第13章 非线性分析 439
13.1 非线性分析概论 439
　13.1.1 非线性行为的原因 440
　13.1.2 非线性分析的基本信息 440
　13.1.3 几何非线性 442
　13.1.4 材料非线性 444
　13.1.5 其他非线性问题 447
13.2 非线性分析的基本步骤 448
　13.2.1 前处理（建模和分网） 448
　13.2.2 设置求解控制器 448

- 13.2.3 设定其他求解选项 ····· 450
- 13.2.4 加载 ····· 452
- 13.2.5 求解 ····· 452
- 13.2.6 后处理 ····· 452
- 13.3 实例——螺栓的蠕变分析 ····· 454
  - 13.3.1 问题描述 ····· 454
  - 13.3.2 GUI 路径模式 ····· 455
  - 13.3.3 命令流 ····· 462
- 13.4 本章小结 ····· 463

第14章 结构屈曲分析 ····· 464
- 14.1 结构屈曲概论 ····· 464
- 14.2 结构屈曲分析的基本步骤 ····· 464
  - 14.2.1 前处理 ····· 465
  - 14.2.2 获得静力解 ····· 465
  - 14.2.3 获得特征值屈曲解 ····· 465
  - 14.2.4 扩展解 ····· 467
  - 14.2.5 后处理（观察结果） ····· 469
- 14.3 实例——框架结构的屈曲分析 ····· 469
  - 14.3.1 问题描述 ····· 469
  - 14.3.2 GUI 模式 ····· 470
  - 14.3.3 命令流 ····· 484
- 14.4 本章小结 ····· 488

第15章 接触问题分析 ····· 489
- 15.1 接触问题概论 ····· 489
  - 15.1.1 一般分类 ····· 489
  - 15.1.2 接触单元 ····· 489
- 15.2 接触分析的步骤 ····· 491
  - 15.2.1 建立模型并划分网格 ····· 491
  - 15.2.2 识别接触对 ····· 491
  - 15.2.3 定义刚性目标面 ····· 491
  - 15.2.4 定义柔性体的接触面 ····· 493
  - 15.2.5 设置实常数和单元关键点 ····· 495
  - 15.2.6 控制刚性目标的运动 ····· 496
  - 15.2.7 给变形体单元施加必要的边界条件 ····· 496
  - 15.2.8 定义求解和载荷步选项 ····· 497
  - 15.2.9 求解 ····· 498
  - 15.2.10 检查结果 ····· 498
- 15.3 实例——陶瓷套管的接触分析 ····· 499
  - 15.3.1 问题描述 ····· 499
  - 15.3.2 GUI 方式 ····· 500
  - 15.3.3 命令流方式 ····· 516
- 15.4 本章小结 ····· 524

第16章 结构优化 525
16.1 结构优化设计概论 525
16.2 优化设计的基本步骤 527
16.2.1 生成分析文件 528
16.2.2 建立优化过程中的参数 531
16.2.3 进入 OPT 处理器，指定分析文件 532
16.2.4 指定优化变量 532
16.2.5 选择优化工具或优化方法 532
16.2.6 指定优化循环控制方式 533
16.2.7 进行优化分析 535
16.2.8 查看设计序列结果 535
16.3 实例——框架结构的优化设计 536
16.3.1 问题描述 536
16.3.2 GUI 方式 537
16.3.3 命令流方式 552
16.4 本章小结 558

第 1 章　ANSYS 13.0 入门

内容提要

本章简要介绍有限元分析方法的有关理论基础知识,并由此引申出有限元分析软件 ANSYS 的最新版本 13.0。讲述了 ANSYS 的功能模块与新增功能,以及 ANSYS 的启动、配置与程序结构。

本章重点

- 有限单元法简介
- ANSYS 简介
- ANSYS 分析过程

1.1　有限单元法简介

有限单元法是随着电子计算机的发展而迅速发展起来的一种现代计算方法是 20 世纪 50 年代首先在连续力学领域——飞机结构静、动态特性分析中应用的一种有效的数值分析方法,随后很快就广泛地用于求解热传导、电磁场、流体力学等连续性问题。

比如用有限单元法对长圆柱体进行的变形和应力分析,采用八节点四边开等参单元把长圆柱划分成网格,这些网格称为单元。网格间相互连接的交点称为节点,网格与网格的交界线称为边界。显然,节点数是有限的,单元数目也是有限的,所以称为"有限单元"。这就是"有限元"一词的由来。

1.1.1　有限单元法的基本思想

有限单元法分析计算的思路和做法可归纳如下:

1. 物体离散化

将某个工程结构离散为由各种联结单元组成的计算模型,这一步称作单元剖分。离散后单元与单元之间利用单元的节点相互连接起来。单元节点的设置、性质、数目等应视问题的性质,描述变形形态要根据需要和计算精度而定(一般情况,单元划分越细则描述变形情况越精确,即越接近实际变形,但计算量越大)。所以有限元法中分析的结构已不是原有的物体或结构物,而是同样的材料由众多单元以一定方式连接成的离散物体。这样,用有限元分析计算所获得的结果只是近似的。如果划分单元数目非常多而又合理,则所获得的结果就与实际情况符合。

2. 单元特性分析

（1）选择未知量模式　在有限单元法中，选择节点位移作为基本未知量时称为位移法；选择节点力作为基本未知量时称为力法；取一部分节点力和一部分节点位移作为基本未知量时称为混合法。位移法易于实现计算自动化，所以在有限单元法中位移法应用范围最广。

当采用位移法时，物体或结构物离散化之后，就可把单元中的一些物理量如位移、应变和应力等由节点位移表示。这时可以对单元中位移的分布采用一些能逼近原函数的近似函数予以描述。通常，有限元法中将位移表示为坐标变量的简单函数，这种函数称为位移模式或位移函数，如 $y = \sum_{i}^{n} a_i \varphi_i$，其中 a_i 是待定系数，φ_i 是与坐标有关的某种函数。

（2）分析单元的力学性质　根据单元的材料性质、形状、尺寸、节点数目、位置及其含义等，找出单元节点力和节点位移的关系式，这是单元分析中的关键一步。此时需要应用弹性力学中的几何方程和物理方程来建立力和位移的方程式，从而导出单元刚度矩阵，这是有限元法的基本步骤之一。

（3）计算等效节点力　物体离散化后，假定力是通过节点从一个单元传递到另一个单元。但是，对于实际的连续体，力是从单元的公共边界传递到另一个单元中去的。因而，这种作用在单元边界上的表面力、体积力或集中力都需要等效地移到节点上去，也就是用等效的节点力来替代所有作用在单元上的力。

3. 单元组集

利用结构力的平衡条件和边界条件把各个单元按原来的结构重新连接起来，形成整体的有限元方程

$$Kq = f$$

式中　K——整体结构的刚度矩阵；

q——节点位移列阵；

f——载荷列阵。

4. 求解未知节点位移

求解有限元方程式（上式）得出位移。这里，可以根据方程组的具体特点来选择合适的计算方法。

通过上述分析，可以看出，有限单元法的基本思想是"一分一合"，分是为了进行单元分析；合则是为了对整体结构进行综合分析。

1.1.2　有限单元法的基本概念

1. 有限元分析

有限元分析是利用数学近似的方法对真实物理系统（几何和载荷工况）进行模拟。利

用简单而又相互作用的元素，即单元，就可以用有限数量未知量去逼近无限未知量的真实系统。

结构分析的有限元方法是由一批学术界和工业界的研究者在20世纪50年代到60年代创立的。

有限元分析理论已有100多年的历史，现已成为悬索桥和蒸汽锅炉进行手算评核的基础。

2. 有限元模型

有限元模型如图1-1所示：图中左边的是真实的结构，右边是对应的有限元模型，有限元模型可以看做是真实结构的一种分格，即把真实结构看作是由一个个小的分块部分构成的或者在真实结构上画线，通过这些线真实结构被分离成一个个的部分。

图1-1 有限元模型

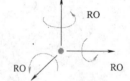

图1-2 结构自由度 DOFs

3. 自由度

自由度（DOFs）用于描述一个物理场的响应特性。如图1-2所示。不同的物理场需要描述的自由度不同，如表1-1所示。

学科方向与自由度　　　　　　　　　　　　　　　　　　　表1-1

学科方向	自由度	学科方向	自由度
结构 热 电	位移 温度 电位	流体 磁	压力 磁位

4. 节点和单元

节点和单元如图1-3所示：

每个单元的特性是通过一些线性方程式来描述的。作为一个整体，单元形成了整体结构的数学模型。

整体结构的数学模型的规模与结构的大小有关，尽管图1-1中梯子的有限元模型低于100个方程（即"自由度"），然而在今天一个小的ANSYS分析就可能有5000个未知量，矩阵可能有 25 000 000 个刚度系数。

早期 ANSYS 是随计算机硬件而发展壮大的。ANSYS 最早是在 1970 年发布的，运行在价格为 $ 1 000 000 的 CDC、由 Univac 和 IBM 生产的计算机上，它们的处理能力远远落后于今天的 PC。一台奔腾 PC 在几分钟内可求解 5000×5000 的矩阵系统，而过去则需要几天时间。

单元之间的信息是通过单元之间的公共节点传递的，但是分离节点重叠的单元和 B 之间没有信息传递（需进行节点合并处理），具有公共节点的单元之间存在信息传递，单元传递的内容是节点自由度，不同单元之间传递不同的信息。以下列出常用单元之间传递的自由度信息：

三维杆单元（铰接）UX, UY, UZ；

二维或轴对称实体单元 UX, UY；

三维实体结构单元 UX, UY, UZ；

三维梁单元 UX, UY, UZ, ROTX, ROTY, ROTZ；

三维四边形壳单元 UX, UY, UZ；ROTX, ROTY, ROTZ；

三维实体热单元 TEMP。

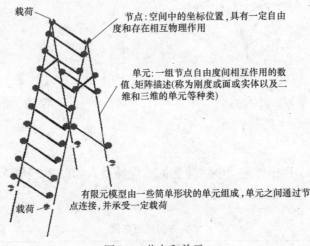

图 1-3　节点和单元

5. 单元形函数

FEA（有限单元法）仅仅求解节点处的 DOF 值。单元形函数是一种数学函数，规定了从节点 DOF 值到单元内所有点处 DOF 值的计算方法。因此，单元形函数提供出一种描述单元内部结果的"形状"。单元形函数描述的是给定单元的一种假定的特性。单元形函数与真实工作特性吻合好坏程度直接影响求解精度。

DOF 值可以精确或不太精确地等于在节点处的真实解，但单元内的平均值与实际情况吻合得很好。这些平均意义上的典型解是从单元 DOFs 推导出来的（如结构应力，热梯度）。如果单元形函数不能精确描述单元内部的 DOFs，就不能很好地得到导出数据，因为这些导出数据是通过单元形函数推导出来的。

当选择了某种单元类型时，也就十分确定地选择并接受该种单元类型所假定的单元形函数。在选定单元类型并随之确定了单元形函数的情况下，必须确保分析时有足够数量的单元和节点来精确描述所要求解的问题。

1.2 有限元法的分析过程

有限元法的基本思想是将连续的结构离散成有限个单元，并在每一个单元中设定有限个节点，将连续体看做是只在节点处相连接的一组单元的集合体；同时，选定场函数的节点值作为基本未知量，并在每一个单元中假设一近似插值函数以表示单元场中场函数的分布规律；进而利用力学中的某些变分原理去建立用以求解节点未知量的有限元方程，从而将一个连续域中的无限自由度问题化为离散域中的自由度问题。一经求解，就可以利用解得的节点值和设定的插值函数确定单元上以至整个集合体上的场函数。具体来说，有限元法的分析过程可以分为如下 5 个步骤：

1. 结构离散化。离散化就是指将所分析问题的结构分割成有限个单元体，并在单元体的指定点设置节点，使相邻单元的有关参数具有一定的连续性，形成有限元网格，即将原来的连续体离散为在节点处相连接的有限单元组合体，用它来代替原来的结构。结构离散化时，划分单元的大小和数目应当根据计算精度和计算机的容量等因素来决定。

2. 选择位移插值函数。为了能用节点位移表示单元体的位移、应变和应力，在分析连续体问题时，必须对单元中位移的分布作出一定的假设，即假定位移是坐标的某种简单函数（插值函数或位移模式），通常采用多项式作为位移函数。选择适当的位移函数是有限元法分析中的关键，应当注意如下几个方面：

a. 多项式项数应等于单元的自由度数；

b. 多项式阶次应包含常数项和线性项；

c. 单元自由度应等于单元节点独立位移的个数。

位移矩阵为：

$$\{f\} = [N]\{\delta\}^e \quad (1\text{-}1)$$

式中，$\{f\}$ 为单元内任意一点的位移，$\{\delta\}$ 为单元节点的位移，$[N]$ 为行函数。

3. 分析单元的力学特性。

先利用几何方程推导出用节点位移表示的单元应变：

$$\{\varepsilon\} = [B]\{\delta\}^e \quad (1\text{-}2)$$

式中，$\{\varepsilon\}$ 为单元应变，$[B]$ 为单元应变矩阵。

再由本构方程可导出用节点位移表示的单元应力：

$$\{\sigma\} = [D][B]\{\delta\}^e \quad (1\text{-}3)$$

式中，$[D]$ 为单元材料有关的弹性矩阵。

最后由变分原理可得到单元上节点力与节点位移间的关系式（即平衡方程）：

$$\{F\}^e = [k]^e\{\delta\}^e \quad (1\text{-}4)$$

式中，$[k]^e$ 为单元刚度矩阵：

$$\{k\}^e = \iiint [B]^T[D][B]\,dxdydz \quad (1\text{-}5)$$

4. 集合所有单元的平衡方程，建立整体结构的平衡方程。即先将各个单元的刚度矩阵合成整体刚度矩阵，然后将各单元的等效节点力列阵集合成总的载荷阵列——称为总刚矩阵$[K]$：

$$[K]=\sum [k]^e \tag{1-6}$$

由总刚矩阵形成整个结构的平衡方程：

$$[K]\{\delta\}=[F] \tag{1-7}$$

5. 由平衡方程求解未知节点位移和计算单元应力。

有限元求解程序的内部过程如图 1-4 中可看出。

因为单元可以设计成不同的几何形状，所以可以灵活地模拟和逼近复杂的求解区域。很显然，只要插值函数满足一定的要求，随着单元数目的增加，解的精度也会不断提高而最终收敛于问题的精确解。虽然从理论上来讲，不断增加单元数目可以使数值分析解最终收敛于问题的精确解，但这却大大地增加计算机巡行时间。而在我们实际工程应用中，只要所得的解能够满足工程的实际需要就可以，因此，有限元法的基本策略就是在分析精度和分析时间上找到一个最佳平衡点。

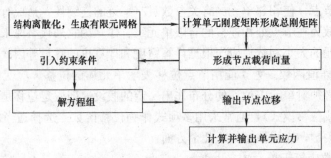

图 1-4　有限元程序图

1.3　ANSYS 简介

自从 20 世纪 60 年代 Clough 第一次提出"有限单元法"这个名称以来，经过 40 多年的发展，它如今已经成为工程分析中应用最广泛的数值计算方法。由于它的通用性和有效性，受到工程技术界的高度重视，伴随着计算机科学和技术的飞速发展，有限单元法（或称有限元法）现已成为计算机辅助设计（CAD）和计算机辅助制造（CAM）的重要组成部分。

1.3.1　ANSYS 发展过程

ANSYS 公司是由当今有限元界的权威、美国著名力学专家、美国匹兹堡大学力学系教授 John Swanson 博士于 1970 年创建发展起来的，总部设在美国宾西法尼亚州的匹兹堡，ANSYS 公司也是目前世界 CAE 行业最大的公司。John Swanson 博士敏锐地洞察到计算机模拟工程商品化的发展，创建了 ANSYS 公司。近 30 年来，ANSYS 公司一直致力于分析设计软件的开发、维护及售后服务，不断地吸取当今世界最新的计算方法和计算机技术，引领世界有限元的发展，并受到全球业界的推崇，拥有全球最大的用户群。目前，

ANSYS 的用户已经遍布全世界的众多科研机构、高校和单位。

ANSYS 软件的最初版本和今天的版本相比有相当大的区别，它只是一个批处理程序，提供热分析及线性结构分析功能，且只能在大型计算机上使用，必须通过编写分析代码按照批处理方式执行。为了满足广大用户的需求，ANSYS 在 20 世界 70 年代融入了非线性、子结构以及更多的单元类型，从而使 ANSYS 功能大大增强了；20 世纪 70 年代末，随着小型机和 PC 机的出现，操作系统进入了图形交互方式以后，ANSYS 程序建立了交互式操作菜单环境，使得 ANSYS 程序法得到了很大的改善，前后处理技术进入了一个崭新的阶段。在进行分析之前，可以利用交互式图形（前处理）来验证模型的生成过程、边界条件和材料属性等；求解完后，计算结果的图形显示（后处理）可用于检验分析过程的合理性。

如今的 ANSYS 软件更加趋于完善，功能更加强大，使用更加方便。ANSYS 提供的虚拟样机设计法，可以使用户大大减少了计算时耗和物理样机；ANSYS 可与许多先进的 CAD 软件共享数据，利用 ANSYS 的数据接口，可精确地将在 CAD 系统下生成的几何数据传入到 ANSYS，如 Pro/Engineer、NASTRAN、Alogor、I-DEAS 和 AutoCAD 等，并通过必要的修补可准确地在该模型上划分网格并求解，这样可以节省用户在创建模型过程中所花费的大量时间，极大地提高了工作效率；利用 ANSYS 的参数设计语言 APDL 来扩展宏命令，可以直接生成快速有效的分析和结果处理文件等。

ANSYS 在不断融合最新计算方法和计算技术的同时，还十分重视本身的质保体系，ANSYS 公司于 1995 年在设计分析软件类中第一个通过了 ISO 90001 质量体系认证，是美国机械工程协会（ASME）、美国核安全局（NQA）及近二十种专业技术协会认证的标准分析软件，现在已经通过 ISO 9001 2000 质量体系认证。

在中国，ANSYS 软件经过几年的经营，用户数量迅速增长，遍及工业的各个领域，在各高校、科研院所、设计和生产单位得到越来越广泛应用。1996 年 2 月，ANSYS 公司在北京成立了第一个驻华办事机构。随后，ANSYS 公司和中国压力容器标准化技术委员会合作，在 1996 年开发了符合中国《钢制压力容器分析设计标准》JB 4732—1995 国家标准的中国压力容器版。1997 年初，又相继成立成都办事处和上海办事处，以促进 AN-SYS 软件在中国的发展。

1.3.2 ANSYS 使用环境

ANSYS 程序是一个功能强大、灵活的设计分析及优化软件包。该软件可以浮动运行于从 PC 机、NT 工作站、UNIX 工作站直至巨型机的各类计算机及操作系统中，数据文件在其所有的产品系列和工作平台上均兼容。其多物理场耦合的功能，允许在同一模型上进行各式各样的耦合计算，如热-结构耦合、磁-结构耦合等，在 PC 机上生成的模型同样可以运行于巨型机上，这就保证了所有的 ANSYS 用户的多领域多变工程问题的求解。

ANSYS 软件可与众多先进 CAD 软件共享数据接口，由 CAD 软件生成的模型文件格式有：Pro/E、Unigraphics、CADDS、IGES、SAT 和 Parasolid。

1.3.3 ANSYS 软件的功能

ANSYS 软件含有多种有限元分析的能力，包括从简单线性静态分析到复杂非线性动态分析。该软件功能强大与其含有众多模块分不开,其模块化结构如图1-5所示。

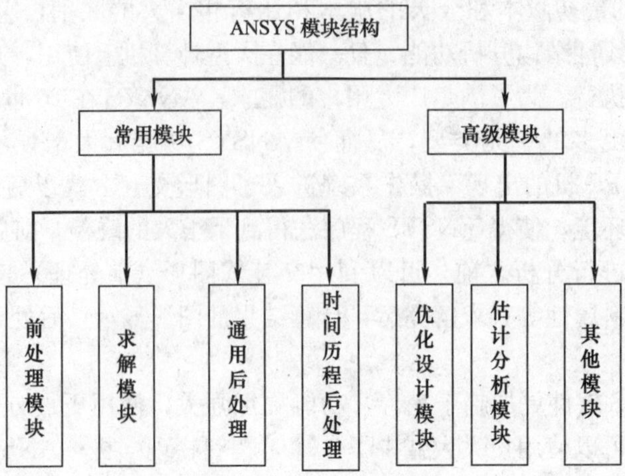

图 1-5 ANSYS模块结构

在进行有限元分析时,ANSYS软件主要使用三个部分:前处理模块(PREP7)、分析求解模块(SOLUTION)和后处理模块(POST1和POST2)。前处理模块提供了一个强大的实体建模及网格划分工具,利用这个个模块用户可以方便地构造自己想要的有限元模型;分析求解模块指对已经建立好的模型在一定的载荷和边界条件下进行有限元计算,求解平衡微分方程,它包括结构分析(可进行线性分析、非线性分析和高度非线性分析)、流体动力分析、电磁场分析、声场分析、压电分析以及多物理场的耦合分析,可模拟多种物理介质的相互作用,具有灵敏度分析及优化分析能力;后处理模块指对计算结果进行处理,将结果以图表、曲线形式显示或输出。ANSYS软件提供100多种单元类型,用来模拟工程中的各种结构和材料。

启动ANSYS后,从开始菜单平台(主菜单)可以进入各种处理模块。用户的指令可以通过鼠标点击菜单项选取和执行,也可以在命令输入窗口通过键盘输入。命令一经执行,该命令就会在.LOG文件中列出,打开输出窗口可以看到.LOG文件的内容。如果软件运行过程中出现问题,查看.LOG文件中的命令及其错误提示,将有助于迅速发现并解决问题。.LOG文件可以略作修改存到一个批处理文件中,在以后进行同样工作时,由ANSYS自动读入并执行,这就是ANSYS软件的第三种命令流方式。该方式在进行某些重复重复工作时,可以提高工作效率。

下面对ANSYS软件早进行有限元分析中常用的三种模块进行介绍。

1. 前处理模块(PREP7)

ANSYS软件的前处理模块主要功能有3个部分:参数定义、实体建模和网格划分。

(1)参数定义

ANSYS程序在进行建模过程中,先要对所有被建模型中的材料进行参数定义:包括定义使用单位制、定义单元类型、定义单元实常数、定义材料特性等。

对于定义单位制,ANSYS并没有指定固定的单位,除了磁场分析之外,可以使用任意一种单位制,但必须保证输入的所有数据使用同一单位制。

对于单元类型的定义，因为 ANSYS 中有 100 多种不同的单元类型，每一种单元类型又有特定的编号和单元类型名，所以对所建模型要选择合适的单元，实质上单元类型的选择就是指有限元分析中的选择位移模式，ANSYS 根据所选择单元类型来进行网格划分。

单元的实常数根据单元类型特性来确定的。如 BEAM3 梁单元有 AREA、IZZ、HEIGHT、SHEARZ、ISTRN 和 ADDMAS6 个实参数，而 BEAM4 梁单元有 AREA、IZZ、IYY、TKZ、TKY、THETA、SHEARZ、SHEARY、SPIN、ISTRN、IXX 和 ADDMAS12 个实参数。

材料特性是针对每一种材料的性质参数，在一个分析中，可以有多个材料特性组，相应的模型中有多种材料，ANSYS 通过独特的参考号来识别每个材料的特性组。

（2）实体建模

ANSYS 程序提供了两种实体建模方法：自顶向下和自底向上。

自顶向下进行实体建模时，用户定义一个模型的最高级图元（图元等级从高到低分别是体、面、线和点），如球、棱柱，称为基元，程序自动定义相关的面、线和关键点。用户可以利用这些高级图元直接构造几何模型。

自底向上进行实体建模时，用户从最低级的图元向上构造模型：先定义关键点，再依次定义线、面、体。

无论用户采用上面两种方法的哪一种方法来建模，用户均能使用布尔运算（如相加、相减、相交、分割、粘结和重叠等）来组合数据，从而构造出用户想要的模型。此外，ANSYS 程序还提供了拖拉、延伸、旋转、移动和拷贝实体模型的图元的功能，以及切线构造、自动倒角生成、通过拖拉与旋转生成面体等附加功能，可方便帮助用户建模。

（3）网格划分

ANSYS 程序提供了使用便捷、功能强大的网格划分功能。从使用角度分，ANSYS 程序网格划分可分为智能划分和人工选择划分。从网格划分功能来分，分为 4 种网格划分方法：延伸划分、映像划分、自由划分和自适应划分。延伸网格划分可将一个二维网格延伸成一个三维网格。映像网格划分允许用户将几何模型分解成简单几个部分，然后选择合适的单元属性和网格控制，生成映像网格。ANSYS 程序的自由划分功能非常强大，可对复杂模型直接划分，避免了用户对各个部分分别划分然后进行组装时各部分不匹配带来的麻烦。自适应网格划分是在生成了具有边界条件的实体模型以后，用户指示程序自动生成有限元网格，分析、估计网格的离散误差，然后重新定义网格大小，再次分析计算、估计网格的离散误差，直至误差低于用户定义的值或达到用户定义的求解次数。

2. 求解模块（SOLUTION）

前处理阶段完成建模以后，用户可以用求解模块对所建模型进行力学分析和有限元求解。在该阶段，用户可以定义分析类型、设置分析选项、施加边界条件与载荷和设置载荷步选项，然后进行有限元求解。

（1）定义分析类型

可以根据所施加载荷条件和所要计算的响应来定义分析类型。例如，要计算固有频率和模态振型，就要选择模态分析。在 ANSYS 程序中可以进行的分析有：静态（或稳态）、瞬态、调谐、模态、频谱、挠度和子结构分析。

ANSYS 软件提供的分析类型有如下几种：

➢ 结构静力分析

用来求解外载荷引起的位移、应力和离。静力分析很适合求解惯性和阻尼对结构的影响并不显著问题。ANSYS 程序中的静力分析不仅可以进行线性分析，而且可以进行非线性分析，如塑性、蠕变、膨胀、大变形、大应变及接触分析。

➢ 结构动力分析

结构动力分析用来求解随时间变化的载荷对结构或部件的影响。与静力分析不同，动态分析要考虑随时间变化的力载荷以及它对阻尼和惯性的影响，如隧道开挖时爆炸产生的冲击力和地震产生的随机力。ANSYS 可进行的结构动力分析类型包括：瞬态动力分析、模态分析、谐波响应分析及随机震动响应分析。

➢ 结构非线性分析

结构非线性分析导致结构或部件的响应随外载荷不成比例变化。ANSYS 程序可以求解静态和瞬态非线性问题，包括材料非线性、几何非线性和单元非线性三种。

➢ 热分析

ANSYS 程序可以处理热传递的三种基本类型：传导、对流和辐射。热传递的三种类型均可以进行稳态和瞬态、线性和非线性分析。热分析还具有可以模拟材料固化和溶解过程的相变分析能力以及模拟热与结构应力之间的热-结构耦合分析能力。

➢ 电磁场分析

主要用于电磁场分析，如电感、电容、磁通量密度、涡流、电场分布、磁力线分布、力、运动效应、电路和能量损失等。此外，还可以用于螺线管、调节器、发电机、变换器、磁体、加速器、电解槽及无损检测装置等的设计和分析领域。

➢ 压电分析

用于分析二维或三维结构对 AC（交流）、DC（直流）或任意随时间变化的电流或机械载荷的响应。这种分析可进行四种类型的分析：静态分析、模态分析、谐波响应分析和瞬态响应分析，适用于换热器、振荡器、麦克风等部件及其他电子设备的结构动态性能分析。

➢ 流体动力分析

ANSYS 程序流体动力分析可进行二维、三维流体动力场问题，分析类型可以是为瞬态或稳态，可进行传热或绝热、压缩或不可压缩等问题研究。分析结果可以是每个节点的压力和通过每个单元的流率，并且可以利用后处理功能产生压力、流率和温度分布的图形显示。主要用于超音速喷管中的流场、使用混合流研究估计热冲击的可能性、弯管中流体的三维流动、管路系统中热的层化和分离问题的设计和研究工作。

➢ 声场分析

ANSYS 中的声场分析主要用来研究含有流体的介质中的声波传播或分析浸在流体中的固体结构的动态响应特性。如可以用来确定音箱话筒的频率响应、研究音乐大厅的声场分布或预测水对振动船体的阻尼效应等。

（2）设置分析选项

主要针对不同的分析类型设置它们各自的分析选项，包括通用几何非线性、求解器等一系列设置选项以及静动力分析类型的其他专用选项。

（3）施加边界条件与载荷

ANSYS 具有四大物理场的分析功能，不同的物理场分析具有不同的自由度、载荷与边界条件，这些都统称为载荷。有限元分析的主要目的就是计算系统对载荷的响应，因此，载荷是求解的重要组成部分。ANSYS 程序，载荷分为六类：DOF（自由度）约束、力、表面分布载荷、体积载荷、惯性载荷和耦合场载荷。

（4）设置载荷步选项

主要设置时间、载荷步、载荷子步、平衡迭代和输出控制。

在所有静态和瞬态分析中，时间总是计算的跟踪参数，即以一个不变的计数器或跟踪器按照单调增加的方式记录系统经历一段时间的响应过程。

载荷步指可求得解的载荷配置，依据载荷变化方式可以将整个载荷时间历程划分成多个载荷步即 Load Step，每个载荷步代表载荷发生一次突变或一次渐变阶段。如结构分析中，可将风载荷施加于第一个载荷步，第二个载荷步时间重力等。

载荷子步指一个载荷步中增加的步长，子步也叫时间步，代表一段时间。

在子步载荷增量的条件下程序需要进行迭代计算即 Iteriation，最终求解系统在当前子步时的平衡状态，这个过程叫平衡迭代。

求解过程含有大量的中间时间点上的结果数据，包括基本解（基本自由度解）和各种导出解（如应力、应变、力等）。但对用户来说，往往仅仅关心部分结果数据，在求解时只需控制输出这些结果数据到结果文件中就足够了。此外，如果将所有的结果数据计算出来并写进结果文件，则这样不但需要大量硬盘存储，而且需要大量计算与读写时间，大大影响计算速度，甚至可能出现硬盘容量不足而终止求解的现象。

3. 后处理模块（POST1 和 POST2）

当完成计算以后，可以通过后处理模块查看结果。ANSYS 软件的后处理模块包含两个部分：通用后处理模块（POST1）和时间历程后处理模块（POST2）。通过用户界面，可以轻松获得求解过程的计算结果并对其进行显示。这些结果可能包括位移、温度、应变、速度及热流等，输出形式可以有图形显示和数据列表两种。

（1）通用后处理模块（POST1）

通用后处理模块用于分析处理整个模型在某个载荷步的某个子步、或则某个结果序列、或则某特定时间或频率下的结果，例如结构静力求解中载荷 2 的最后一个子步的应力，或瞬态动力分析求解中时间等于 5 秒时的位移、速度与加速度等。可以获得等值线显示、变形形状以及检查和解释分析结果和列表。此外，该模块还提供了许多其他功能：误差估计，荷状况组合，果数据的计算和路径操作等。

（2）时间历程后处理模块（POST2）

时间历程后处理模块用于分析处理指定时间范围内模型指定节点上的某结果项随时间或频率的变化情况，如瞬态动力分析中结构某节点上的位移、速度和加速度从 0 秒到 10 秒之间的变化规律。此外，该模块还具有许多其他功能：曲线的代数运算之间的加、减、乘、除运算来产生新的曲线；取绝对值、平方根、对数、指数以及求最大值和最小值；求曲线的微积分运算；从时间旅程结果中生成频谱响应等。

除了以上所介绍常用模块中的三种常用模块，ANSYS 软件中的高级模块还有许多其他高级分析功能：优化设计、拓扑优化、单元"生死"、用户可编程特性等。

➢ 优化设计和拓扑优化

优化设计是一种寻找确定最优方案的技术。ANSYS 提供两种优化分析方法：零阶方法和一阶方法。

拓扑优化指形状优化，也称外形优化。拓扑优化的目标是寻找受单载荷或多载荷的物理的最佳材料分配方案。该方案在拓扑优化中表现为"最大刚度"设计，用户只需给出结构的参数（如材料特性、模型、载荷、边界条件等）和欲优化的材料百分比，程序就能自动进行优化。

➢ 单元"生死"

如果模型中加入或删除材料，模型中相应的单元就产生或"死亡"。单元的生死功能就利用这种情形杀死或重新激活单元。主要用于隧道开挖、建筑施工过程、热分析中熔融过程、计算机芯片组装等数值模拟。

➢ 用户可编程特性（UPFs）

用户可编程特性指的是 ANSYS 功能允许用户使用自己的 FORTRAN 程序。允许用户根据需要定制 ANSYS 程序，如自行定义材料性质、用户单元类型等。用户还可以编写自己的优化设计算法将整个 ANSYS 程序作为子过程来调用。

1.4 ANSYS 13.0 的安装与启动

本节简要讲述一下 ANSYS 13.0 的安装与启动有关事项。

1.4.1 系统要求

1. 操作系统要求

ANSYS 13.0 对操作系统要求如下：

（1）ANSYS 13.0 可运行于 HP-UX Itanium 64（hpia64）、IBM AIX 64（aix64）、Sun SPARC 64（solus64）、Sun Solaris x64（solx64）、Linux 32（lin32）、Linux Itanium 64（linia64）、Linux x64（linx64）、Windows x64（winx64）、Windows 32（win32）等各类计算机及操作系统中，其数据文件是兼容的。

（2）确定计算机安装有网卡、TCP/IP 协议，并将 TCP/IP 协议绑定到网卡上。

2. 硬件要求

ANSYS 13.0 对硬件要求如下：

（1）内存：512MB（推荐 1GB）以上。

（2）计算机：采用 Intel 或 AMD 处理器。

（3）光驱：DVD-ROM 驱动器。

（4）硬盘：至少 8G 以上硬盘空间，用于安装 ANSYS 软件及其配套使用软件。

各模块所需硬盘容量：

Mechanical APDL（ANSYS）：6.1GB

ANSYS AUTODYN：3.1GB

ANSYS LS-DYNA：3.3GB
ANSYS CFX：3.8GB
ANSYS TurboGrid：3.1GB
ANSYS FLUENT：4.1GB
POLYFLOW：1.4MB
ANSYS ASAS：2.9GB
ANSYS AQWA：2.7GB
ANSYS ICEM CFD：1.4GB
ANSYS Icepak：1.7GB
ANSYS TGrid：2.7GB
CFD Post only：3.1GB

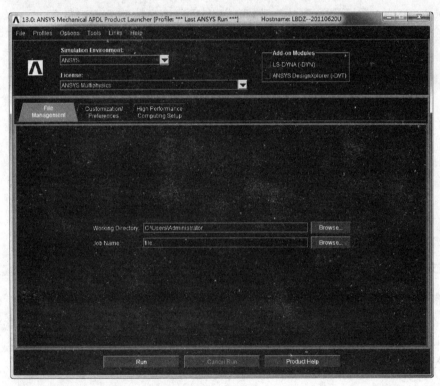

图 1-6　ANSYS 13.0 Product launcher 对话框

ANSYS Geometry Interfaces：1GB
CATIA v5：600MB

（5）显示器：最少支持 1024×768 分辨率的显示器，可显示 256 色以上显卡。

1.4.2　设置运行参数

在使用 ANSYS 13.0 软件进行设计之前，可以根据用户的需求设计环境。
用鼠标依次点击"【开始】>【程序】>【ANSYS 13.0】>【Mechanical APDL Product Launcher】"得到如图 1-6 所示的"ANSYS 13.0 Product launcher"对话框，主要设置内

容有模块选择、文件管理、用户管理/个人设置和程序初始化等。

1. 模块选择

在"Simulation Environment"（数值模拟）下拉列表中列出以下三种界面：
（1）ANSYS：典型 ANSYS 用户界面。
（2）ANSYS Batch：ANSYS 命令流界面。
（3）LS-DYNA Solver：线性动力求解界面。
用户根据自己实际需要选择一种界面。

在"License"下拉列表中列出了各种界面下相应的模块：力学、流体、热、电磁、流固耦合等，用户可根据自己要求选择，如图 1-7 所示。

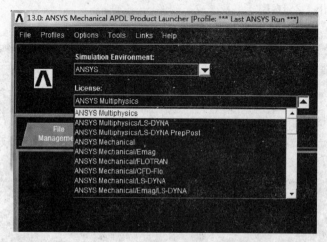

图 1-7　Launch 选项卡中 License 下拉列表

2. 文件管理

用鼠标点击"File Management"（文件管理），然后在"Working Directory"（工作目录）文本框设置工作目录，再在"Job Name"（文件名）设置文件名，默认文件名叫 File。

 注意

ANSYS 默认的工作目录是在系统所在硬盘分区的根目录，如果一直采用这一设置，会影响 ANSYS 13.0 的工作性能，建议将工作目录建在非系统所在硬盘分区中，且要有足够大的硬盘容量。

 注意

初次运行 ANSYS 时默认文件名为 File，重新运行时工作文件名默认为上一次定义的工作名。为防止对之前工作内容的覆盖，建议每次启动 ANSYS 时更改文件名，以便备份。

3. 用户管理/个人设置

用鼠标点击"Customization/Preferences"（用户管理/个人设置），就可以得到如图

1-8 所示的"Customization/Preferences"界面。

用户管理中可进行设定数据库的大小和进行内存管理设置，个人设置中可设置自己喜欢的用户环境：在 Language Selection 中选择语言；在 Graphics Device Name 中对显示模式进行设置（Win32 提供 9 种颜色等值线，Win32c 提供 108 种颜色等值线；3D 针对 3D 显卡，适宜显示三维图形）；在 Read START file at start-up 中设定是否读入启动文件。

4. 完成以上设置后，用鼠标单击"Run"按钮，就可以运行 ANSYS 13.0 程序了。

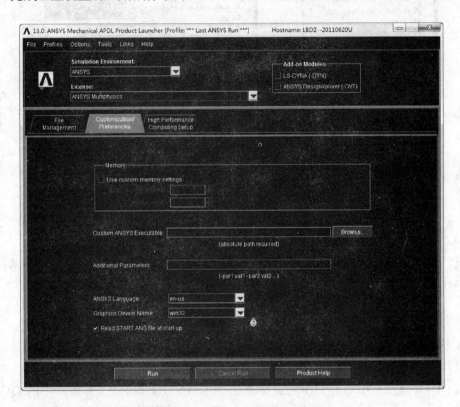

图 1-8 "Customization/Preferences"界面

1.4.3 启动与退出

1. 启动 ANSYS 13.0

ANSYS 提供以下两种方式启动。

（1）快速启动

在 Windows 系统中执行"开始→程序→ANSYS 13.0→Mechanical APDL（ANSYS）"命令［如图 1-9（a）所示菜单］，就可以快速启动 ANSYS 13.0，采用的用户环境默认为上一次运行的环境配置。

（2）交互式启动

在 Windows 系统中执行"开始→程序→ANSYS 13.0→Mechanical APDL Product Launcher"命令，如图 1-9（b）所示菜单，就是以交互式启动 ANSYS 13.0。

 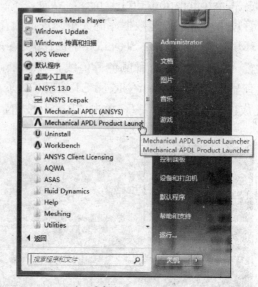

(a) 快速启动　　　　　　(b) 交互式启动

图 1-9　ANSYS 13.0 启动方式

① 注意

建议用户选用交互式启动,这样可防止上一次运行的结果文件被覆盖掉,并且还可以重新选择工作目录和工作文件名,便于用户管理。

2. 退出 ANSYS 13.0

ANSYS 提供以下三种方式退出。

(1) 命令方式：/EXIT

(2) GUI 路径：用户界面中用鼠标点击 ANSYS Toolbar（工具条）中的 QUIT 按钮,或 Utility Menu>File>EXIT,出现 ANSYS 13.0 程序退出对话框,如图 1-10 所示。

(3) 在 ANSYS 13.0 输出窗口（如图 1-11）点击关闭按钮 ▭ ￼ 。

① 注意

采用第一种和第三种方式退出时,ANSYS 直接退出 ANSYS；而采用第二种方式时,退出 ANSYS 前要求用户对当前的数据库（几何模型、载荷、求解结果及三者的组合,或者什么都不保存）进行选择性操作,因此建议用户采用第二种方式退出。

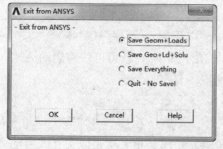

图 1-10　ANSYS 13.0 程序退出对话框

第1章 ANSYS 13.0 入门

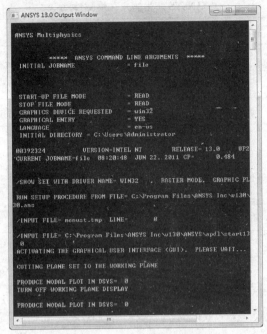

图 1-11 ANSYS 13.0 输出窗口

1.5 ANSYS 文件系统

本节简要讲述一下 ANSYS 文件的类型和文件管理相关知识。

1.5.1 文件类型

ANSYS 程序广泛应用文件来存储和恢复数据,特别是在求解分析时。这些文件被命名为 jobname.ext,其中 jobname 是默认的工作名,默认作业名为 File,用户可以更改,最大长度可达 32 个字符,但必须是英文名,ANSYS 不支持中文的文件名;ext 是由 ANSYS 定义的唯一的由 2~4 个字符组成的扩展名,用于表明文件的内容。

ANSYS 程序运行产生的文件中,有一些文件在 ANSYS 在运行结束前产生但在某一时刻会自动删除,这些文件称为临时文件(表 1-2);另外一些文件在运行结束后保留的文件则称为永久文件(表 1-3)。

临时文件一般是计算过程中存储某些中间信息的文件,如 ANSYS 虚拟内存页(Jobname.PAGE)以及旋转某些中间信息的文件(Jobname.EROT)等。

ANSYS 产生的临时文件　　　　　　　　　　　　　　　　　　　　表 1-2

文件名	类型	内容
Jobname.ano	文本	图形注释命令
Jobname.bat	文本	从批处理输入文件中拷贝的输入数据
Jobname.don	文本	嵌套层(级)的循环命令
Jobname.erot	二进制	旋转单元矩阵文件
Jobname.page	二进制	ANSYS 虚拟内存页文件

ANSYS 产生的永久性文件　　　　　　　　　　　表 1-3

文件名	类型	内容
Jobname.out	文本	输出文件
Jobname.db	二进制	数据文件
Jobname.rst	二进制	结构与耦合分析文件
Jobname.rth	二进制	热分析文件
Jobname.rmg	二进制	磁场分析文件
Jobname.rfl	二进制	流体分析文件
Jobname.sn	文本	载荷步文件
Jobname.grph	文本	图形文件
Jobname.emat	二进制	单元矩阵文件
Jobname.log	文本	日志文件
Jobname.err	文本	错误文件
Jobname.elem	文本	单元定义文件
Jobname.esav	二进制	单元数据存储文件

1.5.2 文件管理

1. 指定文件名

ANSYS 的文件名有以下三种方式来指定：
（1）进入 ANSYS 后，通过以下方法实现更改工作文件名：
命令流方法：/FILNAME, fname
或 GUI 方法：Utility Menu>FILE>Change Jobname....
（2）由 Interactive 式启动进入 ANSYS 后，直接运行，则 ANSYS 的文件名默认为 file。
（3）由 Interactive 式启动进入 ANSYS 后，在运行环境设置窗口中 job name 项中把系统默认的 file 更改为用户想要输入的文件名。

2. 保存数据库文件

ANSYS 数据库文件包含了建模、求解、后处理所产生的保存在内存中的数据，一般指存储几何信息、节点单元信息、边界条件、载荷信息、材料信息、位移、应变、应力和温度等数据库文件，后缀为.db。

存储操作将 ANSYS 数据库文件从内存中写入数据库文件 jobname.db，作为数据库当前状态的一个备份。由于 ANSYS 软件没有其他有限元软件的即时 UNDO 功能以及 ANSYS 没有自动保存功能，因此，建议用户在不能确定下一个操作是否稳妥，保存一下当前数据库,以便及时恢复。

ANSYS提供以下三种方式存储数据库:

(1) 利用工具栏上面的SAVE_DB命令,如图1-12所示。

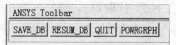

图1-12 ANSYS文件的存储与读取快捷方式

(2) 使用命令流方式进行存储数据库:

命令:SAVE,Fname,ext,dir,slab

(3) 用下拉菜单方式保存数据库:

GUI方式:Utility Menu>FILE>Save as jobname.db

或 Utility Menu>FILE>Save as ……

注意

Save as jobname.db 表示以工作文件名保存数据库;而 Save as…… 程序将数据保存到另外一个文件名中,当前的文件内容并不会发生改变,保存之后进行的操作仍记录在原来工作、文件的数据库中。

注意

重复存储到一个同名数据库文件,ANSYS先见将旧文件拷贝到jobname.dbb作为备份,用户可以恢复它相当于执行一次"Undo"操作。

注意

在求解之前保存数据库。

3. 恢复数据库文件

ANSYS提供以下三种方式恢复数据库:

(1) 利用工具栏上面的RESUME_DB命令,如图1-9所示。

(2) 使用命令流方式进行恢复数据库

命令:Resume,Fname,ext,dir,slab

(3) 用下拉菜单方式恢复数据库

GUI方式:Utility Menu>FILE>Resume jobname.db

或 Utility Menu>FILE>Resume from ……

4. 读入文本文件

ANSYS程序经常需要读入一些文本文件,如参数文件、命令文件、单元文件、材料文件等,常见读入文本文件的操作如下。

(1) 读取ANSYS命令记录文件

命令方式:/Input,fname,ext,—,line,log

GUI方式:Utility Menu>FILE>Read input from

(2) 读取宏文件

命令方式:*Use,name,arg1,arg2,…,arg18

GUI 方式：Utility Menu>Macro>Execute Data Block

(3) 读取材料参数文件

命令方式：Parres, lab, fname, ext,...

GUI 方式：Utility Menu>Parameters>Restore Parameters

(4) 读取材料特性文件

命令方式：Mpread, fname, ext, —, lib

GUI 方式：Main Menu>Preprocess>Material Props >Read from File

　　或　Main Menu>Preprocess>Loads>Other>Change Mat Props>Read from File

　　或　Main Menu>Solution>Load step opts>Other>change Mat Props>Read from File

(5) 读取单元文件

命令方式：Nread, fname, ext, —

GUI 方式：Main Menu>Preprocess>Modeling>Creat>Elements >Read Elem File

(6) 读取节点文件

命令方式：Nread, fname, ext, —

GUI 方式：Main Menu>Preprocess>Modeling>Creat>Nodes >Read Node File

5. 写出文本文件

(1) 写入参数文件

命令方式：Parsav, lab, fname, ext,...

GUI 方式：Utility Menu>Parameters>Save Parameters

(2) 写材料特性文件

命令方式：Mpwrite, fname, ext,..., lib, mat

GUI 方式：Main Menu>Preprocess>Material Props>Write to File

　　或　Main Menu>Preprocess>Loads>Other>Change Mat Props>Write to File

　　或　Main Menu>Solution>Load step opts>Other>change Mat Props>Write to File

(3) 写入单元文件

命令方式：Ewrite, fname, ext, —, kappnd, format

GUI 方式：Main Menu>Preprocess>Modeling>Creat>Elements >Write Elem File

(4) 写入节点文件

命令方式：Nwrite, fname, ext, —, kappnd

GUI 方式：Main Menu > Preprocess > Modeling > Creat > Elements > Write Node File

6. 文件操作

ANSYS 的文件操作相当于操作系统中的文件操作功能，如重命名文件、拷贝文件和删除文件等。

(1) 重命名文件

命令方式：/rename, fname, ext, —, fname2, ext2,...

GUI 方式：Utility Menu>File>File Operation>Rename
(2) 拷贝文件
命令方式：/copy, fname, ext1, —, fname2, ext2,…
GUI 方式：Utility Menu>File>File Operation>Copy
(3) 删除文件
命令方式：/delete, fname, ext, —
GUI 方式：Utility Menu>File>File Operation>Delete

7. 列表显示文件信息

(1) 列表显示 Log 文件
GUI 方式：Utility Menu>File>List>Log Files
或　　　Utility Menu>List >File s>Log Files
(2) 列表显示二进制文件
GUI 方式：Utility Menu>File>List>Binary Files
或　　　Utility Menu>List >File s>Binary Files
(3) 列表显示错误信息文件
GUI 方式：Utility Menu>File>List>Error Files
或　　　Utility Menu>List >File s>Error Files

1.6　ANSYS 分析过程

　　从总体上讲，ANSYS 软件有限元分析包含前处理、求解和后处理三个基本过程，如图 1-13 所示的分析主菜单，它们分别对应 ANSYS 主菜单系统中 Processor（前处理）、Solution（求解器）、General Postproc（通用后处理器）与 TimeHist Postproc（时间历程处理器）。

　　ANSYS 软件包含多种有限元分析功能，从简单的线性静态分析到复杂的非线性动态分析，以及热分析、流固耦合分析、电磁分析、流体分析等。ANSYSY 具体应用到每一个不同的工程领域，其分析方法和步骤有所差别，本节主要讲述对大多数分析过程都适用的一般步骤。

　　一个典型的 ANSYS 分析过程可分为以下三个步骤：

1. 建立模型

图 1-13　分析主菜单

2. 加载求解

3. 查看分析结果

　　其中，建立模型包括参数定义、实体建模和划分网格；加载求解包括施加载荷、边界条件和进行求解运算；查看分析结果包括查看分析结果和分析处理并评估结果。

1.6.1 建立模型

包括创建实体模型，定义单元属性，划分有限元网格，修正模型等几项内容。现今大部分的有限元模型都是用实体模型建模，类似于 CAD，ANSYS 以数学的方式表达结构的几何形状，然后在里面划分节点和单元，还可以在几何模型边界上方便地施加载荷，但是实体模型并不参与有限元分析，所以施加在几何实体边界上的载荷或约束必须最终传递到有限元模型上（单元或节点）进行求解，这个过程通常是 ANSYS 程序自动完成的。

用户可以通过四种途径创建 ANSYS 模型：
（1）在 ANSYS 环境中创建实体模型，然后划分有限元网格。
（2）在其他软件（比如 CAD）中创建实体模型，然后读入到 ANSYS 环境，经过修正后划分有限元网格。
（3）在 ANSYS 环境中直接创建节点和单元。
（4）在其他软件中创建有限元模型，然后将节点和单元数据读入 ANSYS。

单元属性是指划分网格以前必须指定的所分析对象的特征，这些特征包括：材料属性、单元类型、实常数等。需要强调的是，除了磁场分析以外，用户不需要告诉 ANSYS 使用的是什么单位制，只需要自己决定使用何种单位制，然后确保所有输入值的单位制统一，单位制影响输入的实体模型尺寸、材料属性、实常数及载荷等。

1.6.2 加载并求解

ANSYS 中的载荷可分为以下几类：
（1）自由度 DOF——定义节点的自由度（DOF）值（例如：结构分析的位移、热分析的温度、电磁分析的磁势等）。
（2）面载荷（包括线载荷）——作用在表面的分布载荷（例如：结构分析的压力、热分析的热对流、电磁分析的麦克斯韦尔表面等）。
（3）体积载荷——作用在体积上或场域内（例如：热分析的体积膨胀和内生成热、电磁分析的磁流密度等）。
（4）惯性载荷——结构质量或惯性引起的载荷（例如：重力、加速度等）。

在进行求解前，用户应进行分析数据检查，包括以下内容：
（1）单元类型和选项，材料性质参数，实常数以及统一的单位制。
（2）单元实常数和材料类型的设置，实体模型的质量特性。
（3）确保模型中没有不应存在的缝隙（特别是从 CAD 中输入的模型）。
（4）壳单元的法向，节点坐标系。
（5）集中载荷和体积载荷，面载荷的方向。
（6）温度场的分布和范围，热膨胀分析的参考温度。

1.6.3 后处理

ANSYS 提供了两个后处理器：
（1）通用后处理（POST1）——用来观看整个模型在某一时刻的结果。
（2）时间历程后处理（POST26）——用来观看模型在不同时间段或载荷步上的结果，

常用于处理瞬态分析和动力分析的结果。

1.7 本章小结

本章通过对 ANSYS 相关的基础知识和基本理论的介绍,帮助读者对本软件建立一个感性的认识,为后面的具体展开学习进行必要的铺垫。

第 2 章　ANSYS 13.0 图形用户界面

内容提要

本章首先介绍 CAE 技术及其有关基本知识，并由此引出了 ANSYS 的最新版本 13.0。讲述了新版本功能特点以及 ANSYS 程序结构和分析基本流程。

本章提纲挈领地介绍了 ANSYS 的基本知识，主要目的是给读者提供一个 ANSYS 的感性认识。

本章重点

➢ 启动图形用户界面
➢ 对话框及其组件
➢ 通用菜单
➢ 输入窗口
➢ 主菜单
➢ 输出窗口

2.1　ANSYS 13.0 图形用户界面的组成

图形用户界面使用命令的内部驱动机制，使每一个 GUI（图形用户界面）操作对应了一个或若干个命令。操作对应的命令保存在输入日志文件（Jobname.log）中。所以，图形用户界面可以使用户在对命令了解很少或几乎不了解的情况下完成 ANSYS 分析。ANSYS 提供的图形用户界面还具有直观、分类科学的优点，方便用户的学习和应用。

标准的图形用户界面如图 2-1 所示，包括 6 个部分：

◆ Utility Menu（通用菜单）：该菜单包含了 ANSYS 的全部公用函数，如文件控制、选取、图形控制、参数设置等，为下拉菜单结构。该菜单的大部分函数允许在任何时刻（即是在任何处理器下）访问。

◆ Input Window（输入窗口）：该窗口用于直接输入命令。显示当前和以前输入的命令，并给出必要的提示信息。要养成经常查看提示信息的习惯。

◆ Toolbar（工具条）：包含了经常使用的命令或函数的按钮。可以通过定义缩略词的方式，来添加、编辑或者删除按钮。

◆ Main Menu（主菜单）：包含了不同处理器下的基本 ANSYS 函数。它是基于操作的顺序排列的，应该在完成一个处理器下的所有操作后再进入下一个处理器。当然，这只

第 2 章 ANSYS 13.0 图形用户界面

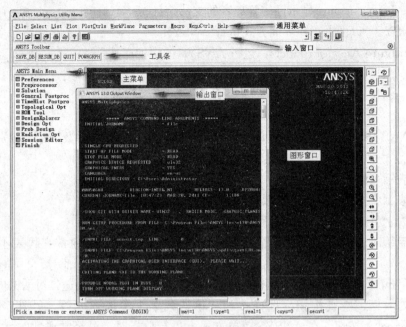

图 2-1 标准图形用户界面

是一个建议，并不一定是必需的。

◆ Output Window（输出窗口）：显示程序输出的文本。它通常显示程序对一项操作的响应，通常隐于其他窗口之下。

◆ Graphics Window（图形窗口）：显示绘制的图形，包括模型、网格、分析结果等。可以从应用菜单中选择 Utility Menu：MenuCtrls 命令打开或关闭某些窗口，也可以对其重新排列。

2.2 启动图形用户界面

有两种启动 ANSYS 的方式：命令方式和菜单方式。由于命令方式复杂且不直观，所以不予以介绍。

有两种 ANSYS 菜单运行方式：交互方式和批处理方式。

选择【开始】>【所有程序】>【ANSYS 13.0】>【Mechanical APDL（ANSYS）】，可以看到如下一些选项。

◆ ANSYS Client Licensing：ANSYS 客户许可。里面包括 Client ANSLIC_ADMIN Utility（客户端认证管理）和 User License Preferences（使用者参数认证）。

◆ AQWA：水动力学有限元分析模块。

◆ Animate Utility：播放视频剪辑。

◆ ANS_ADMIN Utility：运行 ANSYS 的设置信息。可以在这里配置 ANSYS 程序，添加或者删除某些许可证号。也可以由 ANSYS Client Licensing 查看许可证信息。

◆ DISPLAY Utility：开始显示程序。

◆ Help System：显示在线帮助和手册。

- ◆ Site Information：显示系统管理者的支持信息。
- ◆ ANSYS：以图形用户界面方式运行 ANSYS。
- ◆ Configure Ansys Products：运行 ANSYS 的附加产品。

2.3 对话框及其组件

单击 ANSYS 通用菜单或主菜单，可以看到存在 4 种不同的后缀符号，分别代表不同的含义：
- ◆ ▶表示可以打开级联菜单。
- ◆ ＋表示将打开一个图形选取对话框。
- ◆ …表示将打开一个输入对话框。
- ◆ 无后缀时表示直接执行一个功能，而不能进一步操作。通常它代表不带参数的命令。

可以看出，对话框提供了数据输入的基本形式，根据不同的用途，对话框内有不同的组件。如文本框、检查按钮、选择按钮、单选列表、多选列表等。另外，还有 OK、Apply 和 Cancel 等按钮。在 ANSYS 菜单方式下进行分析时，最经常遇到的就是对话框。通常，理解对话框的操作并不困难，重要的是，要理解这些对话框操作代表的意义。

2.3.1 文本框

在文本框中，可以输入数字或者字符串。注意到在文本框前的提示，就可以方便准确地输入了。ANSYS 软件遵循通用界面规则，所以，可以用 Tab 和 Shift＋Tab 键在各文本框间进行切换，也可以用回车键代替单击"OK"按钮。

改变单元材料编号的对话框如图 2-2 所示，用户需要输入单元的编号和材料的编号。这些都应当是数字方式。

确定当前材料库路径如图 2-3 所示，输入文本的对话框，可以在其中输入字符串。

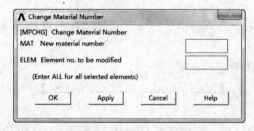
图 2-2 输入数字的文本框

图 2-3 输入文本的对话框

在文本框中，双击可以高亮显示一个词。

2.3.2 单选列表

单选列表允许用户从一个流动列表中选择一个选项。单击想要的条目，高亮显示它，就把它复制到了编辑框中，然后可以进行修改。

实常数项的单选列表如图 2-4 所示，用鼠标左键单击 Set 2，就选择了第二组实常数

Set 2,单击 Edit 按钮表示对该组实常数进行编辑,单击 Delete 按钮将删除该组实常数。

2.3.3 双列选择列表

双列选择列表允许从多个选择中选取一个。左边一列是类,右边是类的子项目,根据左边选择的不同,右边将出现不同的选项。采用这种方式,可以将所选项目进行分类,以方便选择。

最典型的双列选择列表莫过于单元选取对话框,如图 2-5 所示。左列是单元类,右列是该类的子项目。必须在左、右列中都进行选取,才能得到想要的项目。图 2-5 中左列选择了 Structural Beam 选项,右列选择了 2node 188 选项。

2.3.4 标签对话框

标签对话框提供了一组命令集合。通过选择不同的标签,可以打开不同的选项卡。每个选项卡中可能包含文本框、单选列表、多选列表等。求解控制的标签对话框如图 2-6 所示,其中包括基本选项、瞬态选项、求解选项、非线性和高级非线性选项。

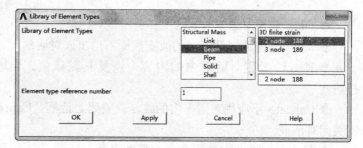

图 2-4 实常数单选列框   图 2-5 双列选择列表框

2.3.5 选取框

ANSYS 中除输入和选择框外,另一重要的对话框是选取框。出现该对话框后,可以在工作平面或全局或局部坐标系上选取点、线、面、体等。该对话框也有不同类型,有的只允许选择一个点,而有的则允许拖出一个方框或圆来选取多个图元。

创建直线的选取对话框如图 2-7 所示。出现该对话框后,可以在工作平面上选取两个点并以这两个点为端点连成一条直线。在选取对话框中,Pick 和 Unpick 指示选取状态。当选中 Pick 单选按钮时,表示进行选取操作;当选中 Unpick 单选按钮时,表示撤销选取操作。

选取对话框中显示当前选取的结果。如 Count 表示当前的选取次数;Maximum、Minimum 和 KeyP No. 表示必须选取的最大量、必须选取的最小量和当前选取的点的编号。

有时，在图中选取并不准确，即使打开了网格捕捉也是一样。这时，从输入窗口中输入点的编号比较方便。

典型的对话框一般包含如下的作用按钮：OK、Apply、Reset、Cancel 和 Help。它们的作用分别为：

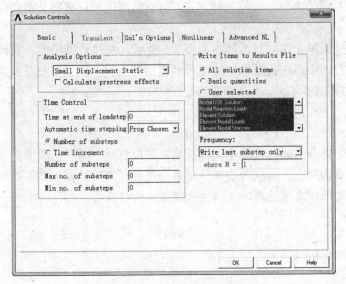

图 2-6 求解控制标签对话框

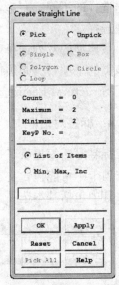

图 2-7 可以选择 Help 按钮

◆ OK：应用对话框内的改变并退出该对话框。

◆ Apply：应用对话框内的改变然而不退出该对话框。

◆ Reset：重置对话框内的内容，恢复其默认值。当输入有误时，可能要用到该按钮。

◆ Cancel：不应用对话框内的改变就关闭对话框。Cancel 和 Reset 的不同在于 Reset 不关闭对话框。

◆ Help：打开正在使用命令的帮助信息。

对特殊对话框，可能还有其他一些作用按钮。快速、准确地在对话框中进行输入是提高分析效率的重要环节。而更重要的是，要知道如何从菜单中打开想要的对话框。

2.4 通用菜单

通用菜单（Utility Menu）包含了 ANSYS 全部的公用函数，如文件控制、选取、图形控制、参数设置等。它采用下拉菜单结构。该菜单具有非模态性质（也就是以非独占形式存在的），允许在任何时刻（即在任何处理器下）进行访问，这使得它使用起来更为方便和友好。

每一个菜单都是一个下拉菜单，在下拉菜单中，要么包含了折叠子菜单（以">"符号表示），要么执行某个动作，有如下 3 种动作：

◆ 立刻执行一个函数或者命令。

◆ 打开一个对话框（以"…"指示）。

◆ 打开一个选取菜单（以"+"指示）。

可以利用快捷键打开通用菜单，例如可以按 Alt+F 键打开 File 菜单。

通用菜单有如下 10 个内容，下面对其中的重要部分做简要说明（按 ANSYS 本身的顺序排列）。

2.4.1 文件菜单

File（文件）菜单包含了与文件和数据库有关的操作，如清空数据库、存盘、恢复等。有些菜单只能在 ANSYS 开始时才能使用，如果在后面使用，会清除已经进行的操作，所以，要小心使用它们。除非确有把握，否则不要使用 Clear & Start New 菜单操作。

1. 设置工程名和标题

通常，工程名都是在启动对话框中定义，但也可以在文件菜单中重新定义。

◆ File>Clear & Start New 命令用于清除当前的分析过程，并开始一个新的分析。新的分析以当前工程名进行。它相当于退出 ANSYS 后，再以 Run Interactive 方式重新进入 ANSYS 图形用户界面。

◆ File>Change Jobname 命令用于设置新的工程名，后续操作将以新设置的工程名作为文件名。打开的对话框如图 2-8 所示，在打开对话框中，输入新的工程名。

◆ New log and error files 选项用于设置是否使用新的记录和错误信息文件。如果选中 Yes 复选框，则原来的记录和错误信息文件将关闭，但并不删除，相当于退出 ANSYS 并重新开始一个工程。取消选中 Yes 复选框时，表示不追加记录和错误信息到先前的文件中。尽管是使用先前的记录文件，但数据库文件已经改变了名字。

◆ File>Change Directory 命令用于设置新的工作目录，后续操作将以新设置的工作目录内进行。打开的对话框如图 2-9 所示，在打开的"浏览文件夹"对话框中，选择工作目录。ANSYS 不支持中文，这里目录要选择英文目录。

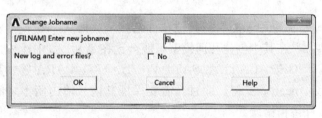

图 2-8 改变工程名

图 2-9 "浏览文件夹"对话框

当完成了实体模型建立操作，但不敢确定分网操作是否正确时，就可以在建模完成后保存数据库，并设置新的工程名。这样，即使分网过程中出现不可恢复或恢复很复杂的操作，也可以用原来保存的数据库重新分网。对这种情况，也可以用保存文件来获得。

◆ File＞Change Title 命令用于在图形窗口中定义主标题。可以用"％"号来强制进行参数替换。

例如，首先定义一个时间字符串参量 TM，然后在定义主标题中强制替换：

TM='3：05'

/TITLE，TEMPERATURE CONTOURS AT TIME=％TM％

其中/TITLE 是该菜单操作的对应命令。

这样在图形窗口中显示的将是：

TEMPERATURE CONTOURS AT TIME=3：05。

2. 保存文件

要养成经常保存文件的习惯。

◆ File＞Save as Jobname.db 命令用于将数据库保存为当前工程名。对应的命令是 SAVE，对应的工具条快捷按钮为 Toolbar＞SAVE_DB。

◆ File＞Save as 另存为，打开"Save DataBase"对话框，可以选择路径或更改名称，另存文件。

◆ File＞Write db log file 命令用于把数据库内的输入数据写到一个记录文件中，从数据库写入的记录文件和操作过程的记录可能并不一致。

3. 读入文件

有多种方式可以读入文件，包括读入数据库、读入命令记录和输入其他软件生成的模型文件。

◆ File＞Resume Jobname.db 和 Resume from 命令用于恢复一个工程。前者恢复的是当前正在使用的工程，而后者恢复用户选择的工程。但是，只有那些存在数据库文件(.db) 的工程才能恢复，这种恢复也就是把数据库读入并在 ANSYS 中解释执行。

◆ File＞Read Input From 命令用于读入并执行整个命令序列，如记录文件。当只有记录文件（LOG）而没有数据库文件时（由于数据库文件通常很大，而命令记录文件很小，所以通常用记录文件进行交流），就有必要用到该命令。如果对命令很熟悉，甚至可以选择喜欢的编辑器来编辑输入文件，然后用该函数读入。它相当于用批处理方式执行某个记录文件。

◆ File＞Import 和 File＞Export 命令用于提供与其他软件的接口，如从 Pro/E 中输入几何模型。如果对这些软件很熟悉，在其中创建几何模型可能会比在 ANSYS 中建模方便一些。ANSYS 支持的输入接口有 IGES、CATIA、SAT、Pro/E、UG、PARA 等。其输出接口为 IGES。但是，它们需要 License 支持，而且，需要保证其输入输出版本之间的兼容；否则，可能不会识别，文件传输错误。

◆ File＞Report Generator 命令用于生成文件的报告，可以是图像形式的报告，也可以是文件形式的，这大大提高了 ANSYS 分析之间的信息交流。

4. 退出 ANSYS

File＞Exit 命令用于退出 ANSYS，选择该命令将打开退出对话框，询问在退出前是否保存文件，或者保存哪些文件。但是使用/EXIT 命令前，应当先保存那些以后需要的文件，因为该命令不会给你提示。在工具条上，QUIT 按钮也是用于退出 ANSYS 的快捷按钮，如图 2-10 所示。

2.4.2 选取菜单

Select（选取）菜单包含了选取数据子集和创建组件部件的命令。

1. 选择图元

Select＞Entities 命令用于在图形窗口上选择图元。选择该命令时，打开如图 2-11 所示的选取图元对话框。该对话框是经常使用的，所以详细介绍。

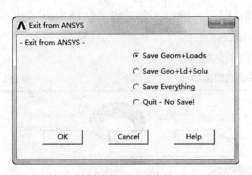
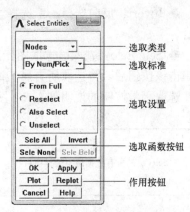

图 2-10 用 QUIT 退出 ANSYS　　　　　图 2-11 选择对话框

其中，选取类型表示要选取的图元，包括节点、单元、体、面、线和关键点。每次只能选择一种图元类型。

选取标准表示通过什么方式来选取，包括如下一些选取标准：

◆ By Num/Pick：通过在输入窗口中输入图元号或者在图形窗口中直接选取。

◆ Attached to：通过与其他类型图元相关联来选取，而其他类型图元应该是已选取好的。

◆ By Location：通过定义笛卡儿坐标系的 X、Y、Z 轴来构成一个选择区域，并选取其中的图元，可以一次定义一个坐标，单击 Apply 按钮后，再定义其他坐标内的区域。

◆ By Attribute：通过属性选取图元。可以通过图元或与图元相连的单元的材料号、单元类型号、实常数号、单元坐标系号、分割数目、分割间距比等属性来选取图元。需要设置这些号的最小值、最大值以及增量。

◆ Exterior：选取已选图元的边界。如单元的边界为节点、面的边界为线。如果已经选择了某个面，那么执行该命令就能选取该面边界上的线。

◆ By Result：选取结果值在一定范围内的节点或单元。执行该命令前，必须把所要的结果保存在单元中。

对单元而言，还可以通过单元名称（By Elem Name）选取、或者选取生单元（Live Elem's）、或者选取与指定单元相邻的单元。对单元图元类型，除了上述基本方式外，有的还有其独有的选取标准。

选取设置选项用于设置选取的方式,有如下几种方式:
- From Full:从整个模型中选取一个新的图元集合。
- Reselect:从已选取好的图元集合中再次选取。
- Also Sele:把新选取的图元加到已存在的图元集合中。
- Unselect:从当前选取的图元中去掉一部分图元。

选取函数按钮是一个即时作用按钮,也就是说,一旦单击该按钮,选取已经发生。也许在图形窗口中看不出来,用/Replot 命令来重画,这时就可以看出其发生了作用。有 4 个按钮:
- Sele All:全选该类型下的所有图元。
- Sele None:撤销该类型下的所有图元的选取。
- Invert:反向选择。不选择当前已选取的图元集合,而选取当前没有选取的图元集合。
- Sele Belo:选取已选取图元以下的所有图元。例如:如果当前已经选取了某个面,则单击该按钮后,将选取所有属于该面的点和线。

选取函数按钮的说明如表 2-1 图元选择模式的图示。

图元选择模式的图示　　　　　　　　　　　　　　　　　　　　　表 2-1

模式	图示
Select. 从所有数据组中选择项目	Full Set → Select → Inactive Subset / Selected (active) Subset
Reselect. 从所选择的子集合中选择(再次)	Current Subset → Reselect → Reselected Subset
Also Select. 在当前子集中加入不同的子集	Current Select → Also Select → Additionelly Selected Subset
Unselect. 从当前子集中减去一部分	Current Subset → Unselect → Unselected subset
Select All. 恢复到所有数据	Current Subset → Select All → Full Set
Select None. 吊销所有数据(与选择所有相反)	Current Subset → Select None → Inactive Subset
Invert. 在当前激活的部分和吊销的部分之间转换	Current Subset → Invert → Active Subset / Inactive Subset

作用按钮与多数对话框中的按钮意义一样。不过在该对话框中，多了 Plot 和 Replot 按钮，可以很方便地显示选择结果，只有那些选取的图元才出现在图形窗口中。使用这项功能时，通常需要单击 Apply 按钮而不是 OK 按钮。

要注意的是，尽管一个图元可能属于另一个项目的图元，但这并不影响选择。例如：当选择了线集合 SL，这些线可能不包含关键点 K1，如果执行线的显示，则看不到关键点 K1，但执行关键点的显示时，K1 依然会出现，表示它仍在关键点的选择集合之中。

2. 组件和部件

Select＞Comp/Assembly 菜单用于对组件和部件进行操作。简单地说，组件就是选取的某类图元的集合，部件则是组件的集合。部件可以包含部件和组件，而组件只能包含某类图元。可以创建、编辑、列表和选择组件和部件。通过该子菜单，就可以定义某些选取集合，以后直接通过名字对该集合进行选取，或者进行其他操作。

3. 全部选择

Select＞Everything 子菜单用于选择模型的所有项目下的所有图元，对应的命令是 ALLSEL，ALL。若要选择某个项目的所有图元，选择 Select＞Entities 命令，在打开的对话框中单击 Sele All 按钮。

Select＞Everything Below 命令用于选择某种类型以及包含于该类型下的所有图元，对应的命令为 ALLSEL，BELOW,,。

例如：ALLSEL、BELOW、LINE 命令用于选择所有线及所有关键点，而 ALLSEL、BELOW、NODE 命令选取所有节点及其下的体、面、线和关键点。

要注意的是，在许多情况下，需要在整个模型中进行选取或其他操作，而程序仍保留着上次选取的集合。所以，要时刻明白当前操作的对象是整个模型或其中的子集。当用户不是很清楚时，一个好的但稍嫌麻烦的方法是：每次选取子集并完成对应的操作后，使用 Select＞Everything 命令恢复全选。

2.4.3 列表菜单

List（列表）菜单用于列出存在于数据库的所有数据，还可以列出程序不同区域的状态信息和存在于系统中的文件内容。它将打开一个新的文本窗口，其中显示想要查看的内容。许多情况下，需要用列表菜单来查看信息。如图 2-12 所示是列表显示记录文件的结果。

1. 文件和状态列表

List＞File＞Log File 命令用于查看记录文件的内容。当然，也可以用其他编辑器打开文件。

List＞File＞Error File 命令用于列出错误信息文件的内容。

List＞Status 命令用于列出各个处理器下的状态。可以获得与模型有关的所有信息。这是一个很有用的操作，对应的命令为 *STATUS，可以列表的内容包括：

◆ Global Status：列出系统信息。

◆ Graphics：列出窗口设置信息。

◆ Working Plane：列出工作平面信息。如工作平面类型、捕捉设置等。

◆ Parameters：列出参量信息。可以列出所有参量的类型和维数，但对数组参量，要查看其元素值时，则需要指定参量名列表。

◆ P-Method：列出 p 方法的设置选项，包括阶数、收敛设置等。该操作只能在预处理器/PREP7 或求解器/SOLU 下才能使用。

◆ Preprocessor：列出预处理器下的某些信息。该菜单操作只有在预处理器下才能使用。

◆ Solution：列出求解器下的某些信息。该操作只有进入求解器后才能使用。

◆ General Postproc：列出后处理器下的某些信息。该操作只有进入通用后处理器后才能使用。

◆ TimeHist Postproc：列出时间历程后处理器下的某些信息。该操作只有进入时间历程后处理器后才能使用。

◆ Design Opt：列出优化设计的设置选项。该操作只有进入优化处理器/OPT 才能使用。

◆ Run-Time Stats：列出运行状态信息。包括运用时间、文件大小的估计信息。只有在运行时间状态处理器下，才能使用该菜单操作。

◆ Radiation Matrix：列出辐射矩阵信息。

◆ Configuration：列出整体的配置信息。它只能在开始级下使用。

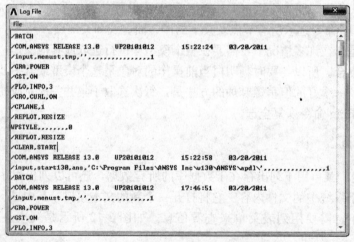

图 2-12　列表显示记录文件的结果

2. 图元列表

List＞Keypoints：命令用于列出关键点的详细信息，可以只列出关键点的位置，也可以列出坐标位置和属性，但它只列出当前选择的关键点，所以，为了查看某些关键点的信息，首先需要用 Utility＞Select 命令选择好关键点，然后再应用该命令操作（特别是关键点很多时）。列表显示的关键点信息，如图 2-13 所示。

List＞Lines：用于列出线的信息，如组成线的关键点、线段长度等。

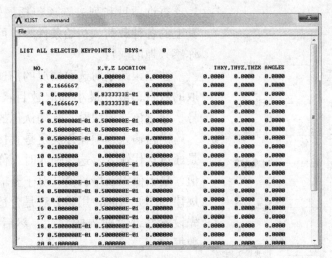

图 2-13 列表显示关键点信息

List＞Areas：用于列出面的信息。

List＞Volumes：用于列出体的信息。

List＞Elements：用于列出单元的信息。

List＞Nodes：用于列出节点信息，在打开的对话框中，可以选择是否列出节点在柱坐标中的位置，选择列表的排序方式，如以节点号排序、以 X 坐标值排序等。

List＞Components：用于列出部件或者组件的内容。对组件，将列出其包含的图元；对部件，将列出其包含的组件或其他部件。

3. 模型查询选取器

List＞Lines：用于列出线的信息，如组成线的关键点、线段长度等。

List＞Areas：用于列出面的信息。

List＞Volumes：用于列出体的信息。

List＞Elements：用于列出单元的信息。

List＞Nodes：用于列出节点信息，在打开的对话框中，可以选择是否列出节点在柱坐标中的位置，选择列表的排序方式，如以节点号排序、以 X 坐标值排序等。

List＞Components：用于列出部件或者组件的内容。对组件，将列出其包含的图元；对部件，将列出其包含的组件或其他部件。

List＞Picked Entities 是一个非常有用的命令，选择该命令将打开一个选取对话框，称为模型查询选取器。可以从模型上直接选取感兴趣的图元，并查看相关信息，也能够提供简单的集合/载荷信息。当用户在一个已存在的模型上操作，或者想要施加与模型数据相关的力和载荷时，该功能特别有用。

模型查询选取器的对话框如图 2-14 所示。在该选取器中，选取指示包括 Pick（选取）和 Unpick（撤销选取），可以在图形窗口中单击鼠标右键，在选取和撤销之间进行切换。

通过选取模式，可以设置是单选图元，还是矩形框、圆形或其他区域来选取包含于其中的图元。当只选取极为少量图元时，建议采用单选。当图元较多并具有一定规则时，就应当采用区域包含方式来选取。

查询项目和列表选项包括属性、距离、面积、其上的各种载荷、初始条件等，可以通过它来显示你感兴趣的项目。

选取跟踪是对选取情况的描述，例如：已经选取的数目、最大最小选取数目、当前选取的图元号。通过该选取跟踪，来确认你的选区是否正确。

键盘输入选项让你决定是直接输入图元号，还是通过迭代输入。迭代输入时，你需要输入其最小值、最大值以及增长值。对于要输入较多个有一定规律的图元号时，用该方法是合适的。这时，需要先设置好键盘输入的含义，然后在文本框中输入数据。

以上方法都是通过产生一个新对话框来显示信息。也可以直接在图形窗口上显示对应信息，这就需要打开三维注释（Generate 3D Anno）功能。由于其具有三维功能，所以旋转视角后，它也能够保持在图元中的适当位置，便于查看。

也可以像其他三维注释一样，修改查询注释。菜单路径为 Utility Menu：PlotCtrls＞Annotate＞Create 3D Annotation。

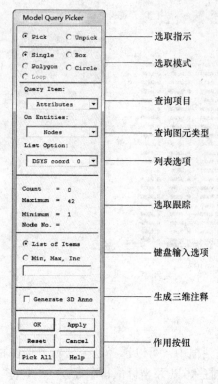

图 2-14　模型查询选取器

4. 属性列表

List＞Properties 命令用于列出单元类型、实常数设置、材料属性等。

对某些 BEAM 单元，可以列出其截面属性。

对层单元，列出层属性。

对非线性材料属性，列出非线性数据表。

可以对所有项目都进行列表，也可以只对某些项目的属性列表。

5. 载荷列表

List＞Loads 命令用于列出施加到模型的载荷方向、大小。这些载荷包括：

◆ DOF Constraints：自由度约束，可以列出全部或者指定节点、关键点、线、面上的自由度约束。

◆ Force：集中力，可以列出全部或者指定节点或者关键点上的集中力。

◆ Surface Loads：列出节点、单元、线、面上的表面载荷。

◆ Body Surface：列出节点、单元、线、面、体、关键点上的体载荷。可以列出所有图元上的体载荷，也可以列出指定图元上的体载荷。

◆ Inertia Loads：列出惯性载荷。

◆ Solid Model Loads：列出所有实体模型的边界条件。

◆ Initial Conditions：列出节点上的初始条件。

◆ Elem Init Condt's：列出单元上定义的初始条件。

需要注意的是：上面提到的"所有"，是依赖于当前的选取状态的。这种列表有助于查看载荷施加是否正确。

6. 结果列表

List>Results 命令用于列出求解所得的结果（如节点位移、单元变形等）、求解状态（如残差、载荷步）、定义的单元表、轨线数据等。

通过对感兴趣区域的列表，来确定求解是否正确。

该列表操作只有在通用后处理器中把结果数据读入到数据库后，才能进行。

7. 其他列表

List>Others 命令用于对其他不便于归类的选项进行列表显示，但这并不意味着这些列表选项不重要。可以对如下项目进行列表，这些列表后面都将用到，这里不详细叙述其含义。

◆ Local Coord Sys：显示定义的所有坐标系。
◆ Master DOF：主自由度。在缩减分析时，需要用它来列出主自由度。
◆ Gap Conditions：缝隙条件。
◆ Coupled Sets：列出耦合自由度设置。
◆ Constraints Eqns：列出约束方程的设置。
◆ Parameters 和 Named Parameters：列出所有参量或者某个参量的定义及值。
◆ Components：列出部件或者组件的内容。
◆ Database Summary：列出数据库的摘要信息。
◆ Superelem Data：列出超单元的数据信息。

2.4.4 绘图菜单

Plot（绘图）菜单用于绘制关键点、线、面、体、节点、单元和其他可以以图形显示的数据。绘图操作与列表操作有很多对应之处，所以这里简要叙述。

◆ Plot>Replot 命令用于更新图形窗口。许多命令执行后，并不能自动更新显示，所以需要该操作来更新图形显示。由于其经常使用，所以用命令方式也许更快捷。可以在任何时候输入"/Repl"命令重新绘制。

◆ Keypoint、Lines、Areas、Volumes、Nodes、Elements 命令用于绘制单独的关键点、线、面、体、节点和单元。

◆ Specified Entites 命令用于绘制指定图元号的范围内的单元，这有利于对模型进行局部观察。也可以首先用 Select 选取，然后用上面的方法绘制。不过用 Specified Entites 命令更为简单。

◆ Materials 命令用于以图形方式显示材料属性随温度的变化。这种图形显示是曲线图，在设置材料的温度特性时，也有必要利用该功能来显示设置是否正确。

◆ Data Tables 命令用于对非线性材料属性进行图示化显示。

◆ Array Parameters 命令用于对数组参量进行图形显示，这时，需要设置图形显示的纵横坐标。对 Array 数组，用直方图显示；对 Table 形数组，则用曲线图显示。

◆ Result 命令用于绘制结果图。可以绘制变形图、等值线图、矢量图、轨线图、流线图、通量图、三维动画等。

◆ Multi-plots 命令是一个多窗口绘图指令。在建模或者其他图形显示操作中，多窗口显示有很多好处。

例如：在建模中，一个窗口显示主视图，一个窗口显示俯视图，一个窗口显示左视图，这样就能够方便观察建模的结果。在使用该菜单操作前，需要用绘图控制设置好窗口及每个窗口的显示内容。

◆ Components 命令用于绘制组件或部件，当设置好组件或部件后，用该操作可以方便地显示模型的某个部分。

2.4.5 绘图控制菜单

PlotCtrls（绘图控制）菜单包含了对视图、格式和其他图形显示特征的控制。许多情况下，绘图控制对于输出正确、合理、美观的图形具有重要作用。

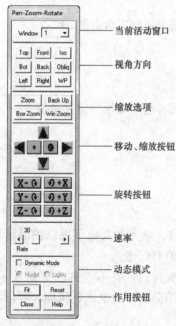

图 2-15 移动、缩放和旋转对话框

1. 观察设置

选择 PlotCtrls>Pan, Zoom, Rotate 命令，打开一个移动、缩放和旋转对话框，如图 2-15 所示。Window 表示要控制的窗口。多窗口时，需要用该下拉列表框设置控制哪一个窗口。

视角方向代表查看模型的方向，通常，查看的模型是以其质心为焦点的。可以从模型的上（Top）、下（Bot）、前（Front）后（Back）、左（Left）右（Right）方向查看模型，Iso 代表从较近的右上方查看，坐标为（1，1，1，）；Obliq 代表从较远的右上方看，坐标为（1，2，3）；WP 代表从当前工作平面上查看。只需要单击对应按钮就可以切换到某个观察方向了。对三维绘图来说，选择适当的观察方向，与选取适当的工作平面具有同等重要的意义。

为了对视角进行更多控制，可以用 PlotCtrls>View Settings 命令进行设置。

缩放选项通过定义一个方框来确定显示的区域，其中，Zoom 按钮用于通过中心及其边缘来确定显示区域；Box Zoom 按钮用于通过两个方框的两个角来确定方框大小，而不是通过中心；Win Zoom 按钮也是通过方框的中心及其边缘来确定显示区域的大小，但与 Box Zoom 不同，它只能按当前窗口的宽高比进行缩放；Back Up 按钮用于返回上一个显示区域。

移动、缩放按钮中，点号代表缩放，三角代表移动。

旋转按钮代表了围绕某个坐标旋转，正号表示以坐标的正向为转轴。

速率滑动条代表了操作的程度。速率越大，每次操作缩放、移动或旋转的程度越大，速率的大小依赖于当前显示需要的精度。

动态模式表示可以在图形窗口中动态地移动、缩放和旋转模型。其中有两个选项：

◆ Model：在 2D 图形设置下，只能使用这种模式。在图形窗口中，按下左键并拖动就可以移动模型，按下右键并拖动就可以旋转模型，按下中键（对鼠标两键，用 Shift＋右键）左右拖动表示旋转，按下中键上下拖动表示缩放。

◆ Lights：该模式只能在三维设备下使用。它可以控制光源的位置、强度以及模型的反光率；按下左键并拖动鼠标沿 X 方向移动时，可以增加或减少模型的反光率；按下左键并拖动鼠标沿 Y 方向移动时，将改变入射光源的强度。按下右键并拖动鼠标沿 X 方向移动时，将使得入射光源在 X 方向旋转。按下右键并拖动鼠标沿 X 方向移动时，将使得入射光源在 Y 方向旋转。按下右键并拖动鼠标沿 Y 方向移动时，将使得入射光源在 X 方向旋转。按下中键并拖动鼠标沿 X 方向移动时，将使得入射光源在 Z 方向旋转。按下中键并拖动鼠标沿 Y 方向移动时，将改变背景光的强度。

可以使用动态模式方便地得到需要的视角和大小，但可能不够精确。

可以不打开 Pan、Zoom、Rotate 对话框，直接进行动态缩放、移动和旋转。操作方法是：按住 Ctrl 键不放，图形窗口上将出现动态图标；然后，就可以拖动鼠标左键、中键、右键，进行缩放、移动或者旋转了。

2. 数字显示控制

PlotCtrls>Numbering 命令用于设置在图形窗口上显示的数字信息。它也是经常使用的一个命令，选择该命令打开数字显示控制的对话框，如图 2-16 所示。

该对话框设置是否在图形窗口中显示图元号，包括关键点号（KP）、线号（LINE）、面号（AREA）、体号（VOLU）、节点号（NODE）。

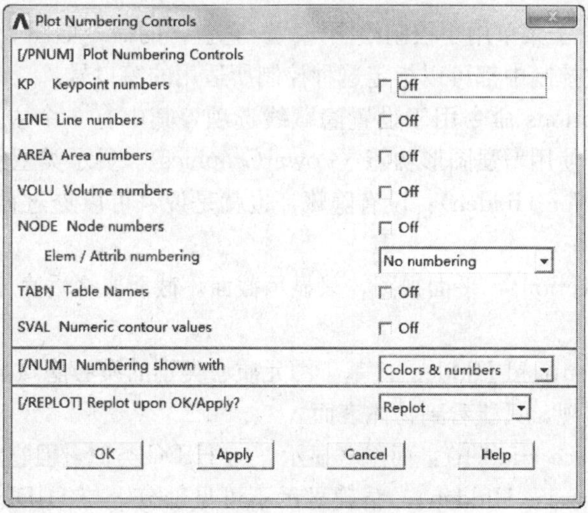

图 2-16　数字显示控制对话框

对单元，可以设置显示的多项数字信息，如单元号、材料号、单元类型号、实常数号、单元坐标系号等，依据需要在 Elem/Attrib numbering 选项下进行选择。

TABN 选项用于显示表格边界条件。当设置了表格边界条件，并打开该选项时，则表格名将显示在图形上。

SVAL 选项用于在后处理中显示应力值或者表面载荷值。

/NUM 选项控制是否显示颜色和数字，有 4 种方式：

◆ Colors & numbers：既用颜色又用数字标识不同的图元。

◆ Colors Only：只用颜色标识不同图元。

◆ Numbers Only：只用数字标识不同图元。

◆ No Color/numbers：不标识不同图元，在这种情况下，即使设置了要显示图元号，图形中也不会显示。

通常，当需要对某些具体图元进行操作时，打开该图元数字显示，便于通过图元号进行选取。例如：想对某个面加表面载荷，但又不知道该面的面号时，就打开面（AREA）号的显示。但要注意：不要打开过多的图元数字显示，否则图形窗口会很凌乱。

3. 符号控制

PlotCtrls＞Symbols 菜单用于决定在图形窗口中是否出现某些符号。包括边界条件符号（/PBC）、表面载荷符号（/PSF）、体载荷符号（/PBF）以及坐标系、线和面的方向线等符号（/PSYMB）。这些符号在需要的时候能提供明确的指示，但当不需要时，它们可能使图形窗口看起来很凌乱，所以在不需要时最好关闭它们。

符号控制对话框如图 2-17 所示。

该对话框对应了多个命令，每个命令都有丰富的含义，对于更好地建模和显示输出具有重要意义。

4. 样式控制

PlotCtrls＞Style 子菜单用于控制绘图样式。它包含的命令如图 2-18 所示的绘图样式子菜单，在每个样式控制中都可以指定这种控制所适用的窗口号。

Hidden-Line Options 命令用于设置隐藏线选项，其中有 3 个主要选项：显示类型、表面阴影类型和是否使用增强图形功能（PowerGraphics）。显示类型包括了如下几种：

◆ BASIC 型（Non-Hidden）：没有隐藏，也就是说，可以透过截面看到实体内部的线或面。

◆ SECT 型（Section）：平面视图，只显示截面。截面要么垂直于视线，要么位于工作平面上。

◆ HIDC 型（Centroid Hidden）：基于图元质心类别的质心隐藏显示，在这种显示模式下，物体不存在透视，只能看到物体表面。

◆ HIDD 型（Face Hidden）：面隐藏显示。与 HIDC 类似，但它是基于面质心的。

◆ HIDP 型（Precise Hidden）：精确显示不可见部分。与 HIDD 相同，只是其显示计算更为精确。

◆ CAP 型（Capped Hidden）：SECT 和 HIDD 的组合。也就是说，在截面前，存在透视；在截面之后，则不存在。

◆ ZBUF 型（Z-buffered）：类似于 HIDD，但是截面后物体的边线还能看得出来。

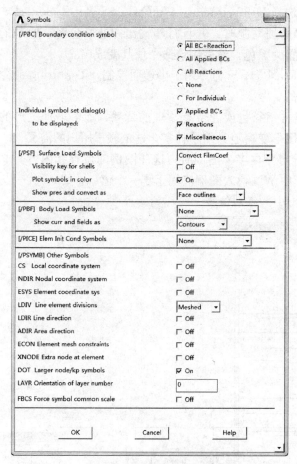

图 2-17 符号控制对话框

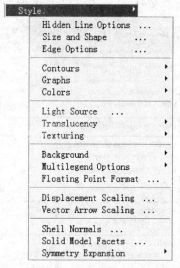

图 2-18 绘图样式子菜单

◆ ZCAP 型（Capped Z-buffered）：ZBUF 和 SECT 的组合。

◆ ZQSL 型（Q-Slice Z-buffered）：类似于 SECT，但是截面后物体的边线不能看得出来。

◆ HQSL 型（Q-Slice precise）：类似于 ZQSL，但是计算更精确。

Size and Shape 命令用于控制图形显示的尺寸和形状，如图 2-19 所示。主要控制收缩（Shrink）和扭曲（Distortion），通常情况下不需要设置收缩和扭曲，但对细长体结构（如流管等），用该选项能够更好地观察模型。此外，还可以控制每个单元边上的显示，例如：设置/EFACET 为 2，当在单元显示时，如果通过 Utility Menu：PlotCtrls>Numbering 命令设置显示单元号，则在每个单元边上显示两个面号。

Contours 命令用来控制等值线显示。包括控制等值线的数目、所用值的范围及间隔、非均匀等值线设置、矢量模式下等值线标号的样式等。

Graphs 命令用于控制曲线图。当绘制轨线图或者其他二维曲线图时，这是很有用的，它可以用来设置曲线的粗细、修改曲线图上的网格、设置坐标和图上的文字等。

Colors 命令用来设置图形显示的颜色。可以设置整个图形窗口的显示颜色，曲线图、等值线图、边界、实体、组件等颜色。在这里，还可以自定义颜色表。但通常情况下，用系统默认的颜色设置就可以了。还可以选择 Utility Menu：PlotCtrls>Style>Color>Reverse Video 命令反白显示。当要对屏幕做硬复制时，并且打印输出并非彩色时，原来的黑底并不适合，这时需要首先把背景设置为黑色，然后用该命令使其变成白底。

Light Source 命令用于光源控制，Tanslucency 命令用于半透明控制，Texturing 命令用于纹理控制，都是为了增强显示效果的。

Background 命令用于设置背景。通常用彩色或者带有纹理的背景，能够增加图形的表现力。但是在某些情况下，则需要使图形变得更为简单朴素，这依赖于用户的需要。

MultiLegend Options 命令用于设置当存在多个图例时，这些图例的位置和内容。文本图例设置的对话框如图 2-20 所示，其中 WN 代表图例应用于哪一个窗口，Class 代表图例的类型，Loc 用于设置图例在整个图形中的相对位置。

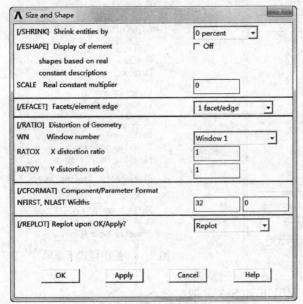

图 2-19　图形显示的形状和尺寸控制

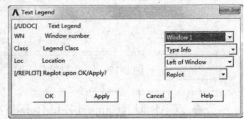

图 2-20　文本图例的设置

Displacement Scaling 命令用于设置位移显示时的缩放因子。对绝大多数分析而言，物体的位移（特别是形变）都不大，与原始尺寸相比，形变通常在 0.1% 以下。如果真实显示形变，根本看不出来，该选项就是用来设置形变缩放的。它在后处理的 Main Menu>General Postproc>Plot Results>Deformed Shape 命令中尤为有用。

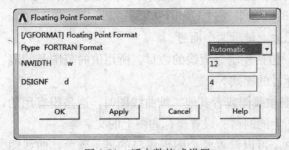

图 2-21　浮点数格式设置

Floating Point Format 命令用于设置浮点数的图形显示格式，该格式只影响浮点数的显示，而不会影响其内在的值。可以选择 3 种格式的浮点数：G 格式、F 格式和 E 格式。可以为显示浮点数设置字长和小数点的位数，如图 2-21 所示。Vector Arrow Scaling 命令用于画矢量图时，设置矢量箭头的长度是依赖于值的大小，还是使用统一的长度。

5. 字体控制

Font Controls 命令用于控制显示的文字形式。包括：图例上的字体、图元上的字体、曲线图和注释字体。不但可以控制字体类型，还可以控制字体的大小和样式。

遗憾的是：ANSYS 目前还不支持中文字体，支持的字号大小也为数较少。

6. 窗口控制

Windows Controls 命令用于控制窗口显示，包括如下一些内容：

Windows Layout 用于设置窗口布局，主要是设置某个窗口的位置，可以设置为 ANSYS 预先定义好的位置，如上半部分、右下部分等；也可以将其放置在指定位置，只需要在打开的对话框的 Window geometry 下拉列表框中选中 Picked 单选按钮，单击"OK"按钮后，再在图形窗口上单击两个点作为矩形框的两个角点，这两个角点决定的矩形框就是当前窗口。

Window Options 用于控制窗口的显示内容，包括是否显示图例、如何显示图例、是否显示标题、是否显示 Windows 边框、是否自动调整窗口尺寸、是否显示坐标指示，以及 ANSYS 产品标志如何显示等。

Window On 或 Off，用于打开或者关闭某个图形窗口。

还可以创建、显示和删除图形窗口，可以把一个窗口的内容复制到另一个窗口中。

7. 动画显示

PlotCtrls>Annimate 命令控制或者创建动画。可以创建的动画包括：形状和变形、物理量随时间或频率的变化显示、Q 切片的等值线图或者矢量图、等值面显示、粒子轨迹等。但是，不是所有的动画显示都能在任何情况下运行，如物理量随时间变化就只能对瞬态分析时可用，随频率变化只能在谐波分析时可用，粒子轨迹图只能在流体和电磁场分析中可用。

8. 注释

PlotCtrls>Annotate 命令用于控制、创建、显示和删除注释。可以创建二维注释，也可以创建三维注释。三维注释使其在各个方向上都可以看见。

注释有多种，包括文字、箭头、符号、图形等。三维符号注释创建对话框，如图 2-22 所示。

注释类型包括 Text（文本）、Lines（线）、Areas（面）、Symbols（符号）、Arrows（箭头）和 Options（选项）。可以只应用一种，也可以综合应用各种注释方式，来对同一位置或者同一项目进行注释。

位置方式设置注释定位于什么图元上。可以定位注释在节点、单元、关键点、线、面和体图元上，也可以通过坐标位置来定位注释的位置，或者锁定注释在当前视图上。如果选定的位置方式是坐标方式，就要求从输入窗口输入注释符号放置的坐标。当使用 On Node 时，就可以通过选取节点或者输入节点来设置注释位置。

符号样式用来选取想要的符号,包括:线、空心箭头、实心圆、实心箭头和星号。当在注释类型中选择其他类型时,该符号样式中的选项是不同的。

符号尺寸用来设置符号的大小拖动滑动条到想要的大小。这是相对大小,可以尝试变化来获得想要的值。

宽度指的是线宽,只对线和空心箭头有效。

作用按钮控制是否撤销当前注释(Undo),是否刷新显示(Refresh),或者关闭该对话框(Close),或者寻求帮助(Help)。

当在注释类型中选择 Options 选项时,注释选项对话框如图 2-23 所示。在该选项中,可以复制(Copy)、移动(Move)、尺寸重设(Resize)、删除(Delete 和 Box Delete)注释,Delete All 用于删除所有注释。Save 和 Restore 按钮,用于保存或者恢复注释的设置及注释内容。

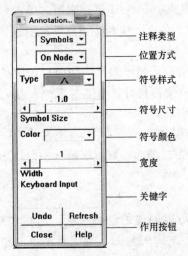 

图 2-22 三维符号注释创建对话框　　　　图 2-23 注释选项对话框

9. 设备选项

PlotCtrls>Device Options 子菜单中,有一个重要选项/DEVI,它控制是否打开矢量模式,当矢量模式打开时,物体只以线框方式显示;当矢量模式关闭光栅模式打开时,物体将以光照样式显示。

10. 图形输出

ANSYS 提供了 3 种图形输出功能:重定向输出、硬复制、输出图元文件。

PlotCtrls>Redirect Plots 命令用于重定向输出。当在 GUI 方式时,默认情况下,图形输出到屏幕上。可以利用重定向功能,使其输出到文件中。输出的文件类型有很多种,如 JPEG、TIFF、GRPH、PSCR 和 HPGL 等。在批处理方式下运行时,多采用该方式。

PlotCtrls>Hard Copy>To Printer 命令用于把图形硬复制输出到打印机。它提供了图形打印功能。

PlotCtrls>Hard Copy>To File 命令用于把图形硬复制输出到文件,在 GUI 方式下,用该方式能够方便地把图形输出到文件,并且能够控制输出图形的格式和模式。这种方式下,支持的文件格式有BMP、Postscript、TIFF和JPEG。

PlotCtrls>Captrue Image命令用于获取当前窗口的快照,然后保存或打印;PlotCtrls>Restore Image命令用于恢复图像,结合使用这两个命令,可以把不同结果同时显示,以方便比较。

PlotCtrls>Write Metatile命令用于把当前窗体内容作为图元文件输出,它只能在Win32图形设备下使用。

2.4.6 工作平面菜单

WorkPlane(工作平面)菜单用于打开、关闭、移动、旋转工作平面或者对工作平面进行其他操作,还可以对坐标系进行操作。图形窗口上的所有操作都是基于工作平面的。对三维模型来说,工作平面相当于一个截面,用户的操作可以只是在该截面上(面命令、线命令等),也可以针对该截面及其纵深。

1. 工作平面属性

WorkPlane>WP Settings命令用于设置工作平面的属性,选择该命令,打开WP Settings对话框,这是经常使用的一个对话框,如图2-24所示。

坐标形式代表了工作平面所用的坐标系,可以选择Cartesian(直角坐标系)或Polar(极坐标系)。

显示选项用于确定的工作平面的显示方式。可以显示栅格和坐标三元素(坐标原点、X、Y轴方向),也可以只显示栅格(GridOnly)或者坐标三元素(Triad Only)。

捕捉模式决定是否打开捕捉。当打开时,可以设置捕捉的精度(即捕捉增量Snap Incr或Snap Arg)。这时,只能在坐标平面上选取从原点开始的,坐标值为捕捉增量倍数的点。需要注意的是:捕捉增量只对选取有效,对键盘输入是没有意义的。

当在显示选项中设置要显示栅格时,可以用栅格设置来设置栅格密度。通过设置栅格最小值(Minimum)、最大值(Maximum)和栅格间隙(Spacing),来决定栅格密度。通常情况下,不需要把栅格设置到整个模型,只要在感兴趣的区域产生栅格就可以了。

容差(Tolerances)的意义是:如果选取的点并不正好在工作平面上,但是在工作平面附近。为了在工作平面上选取到该点,必须要移动工作平面。但是通过设置适当的容差,就可以在工作平面附近选取。当设置容差为δ时,容差平面就是工作平面向两个方向的偏移。从而所有容差平面间的点都被看成是在工作平面上,可以被选取到,如图2-25所示。

WorkPlane>Show WP Status命令用于显示工作平面的设置情况。

WorkPlane>Display Working Plane是一个开关命令,用来打开或者关闭工作平面的显示。

2. 工作平面的定位

使用Workplane>Offset WP by Increment或Offset WP to或Align WP With命令,可以把工作平面设置到某个方向和位置。

图 2-24 设置工作平面

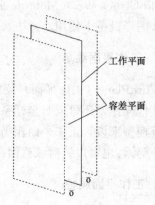

图 2-25 容差的意义

Offset WP by Increment 命令直接设置工作平面原点相对于当前平面原点的偏移，方向相对于当前平面方向的旋转。可以直接输入偏移和旋转的大小，也可以通过其按钮进行。

Offset WP to 命令用于偏移工作平面原点到某个指定的位置，可以把原点移动到全局坐标系或当前坐标原点，也可以设置工作平面原点到指定的坐标点、关键点或节点。当指定多个点时，原点将位于这些点的中心位置。

Align WP With 命令可以通过 3 个点构成的平面来确定工作平面，其中第一个点为工作平面的原点。也可以让工作平面垂直于某条线，也可以设置工作平面与某坐标系一致。此时，不但其原点在坐标原点，平面方向也与坐标方向一致，而 Offset WP to 命令则只改变原点，不改变方向。

3. 坐标系

坐标系在 ANSYS 建模、加载、求解和结果处理中有重要作用。ANSYS 区分了很多坐标系，如结果坐标系、显示坐标系、节点坐标系、单元坐标系等。这些坐标系可以使用全局坐标系，也可以使用局部坐标系。

WorkPlane＞Local Coordinate Systems 命令提供了对局部坐标系的创建和删除。局部坐标系是用户自己定义的坐标系，能够方便用户建模。可以创建直角坐标系、柱坐标系、球坐标系、椭球坐标系和环面坐标系。局部坐标号一定要大于 10，一旦创建了一个坐标系，它立刻成为活动坐标系。

可以设置某个坐标系为活动坐标系（选择 Utility Menu：WorkPlane＞Change Active CS to 命令）；也可以设置某个坐标系也显示坐标系（选择 Utility Menu：WorkPlane＞Change Display CS to 命令）；还可以显示所有定义的坐标系状态（选择 Utility Menu：

List>Other>Lacal Coord Sys 命令)。

不管位于什么处理器中,除非做出明确改变,否则当前坐标系将一直保持为活动。

2.4.7 参量菜单

Parameters(参量)菜单用于定义、编辑或者删除标量、矢量和数组参量。对那些经常要用到的数据或者符号以及从 ANSYS 中要获取的数据,都需要定义参量,参量是 ANSYS 参数设计语言(APDL)的基础。

如果已经大量采用 Parameters 菜单来创建模型、获取数据或输入数据,那么你的 ANSYS 水平应该不错了。这时,使用命令输入方式也许能更快速、有效地建模。

1. 标量参量

选择 Parameters>Scalar Parameters 命令将打开一个标量参数的定义、修改和删除对话框,如图 2-26 所示。

用户只需要在 Selection 文本框中输入要定义的参量名及其值就可以定义一个参量。重新输入该变量及其值就可以修改它,也可以在 Items 下拉列表框中选择参量,然后在 Selection 文本框中修改值。要删除一个标量有两种方法,一是单击 Delete 按钮,二是输入某个参量名,但不对其赋值。如果在 Selection 文本框中输入"GRAV=",回车之后,将删除 GRAV 参量。

Parameters>Get Scalar Data 命令用于获取 ANSYS 内部的数据,如节点号、面积、程序设置值、计算结果等。要对程序运行过程控制或者进行优化等操作时,就需要从 ANSYS 程序内部获取值,以进行与程序内部过程的交互。

2. 数组参量

Parameters>Array Parameters 命令用于对数组参量进行定义、修改或删除,与标量参量的操作相似。但是,标量参量可以不事先定义而直接使用,数组参量则必须事先定义,包括定义其维数。

ANSYS 除了提供通常的数组 ARRAY 外,还提供了一种称为表数组的参量 TABLE。表数组包含整数或者实数元素。它们以表格方式排列,基本上与 ARRAY 数组相同。但有以下 3 点重要区别:

◆ 表数组能够通过线性插值方式,计算出两个元素值之间的任何值。

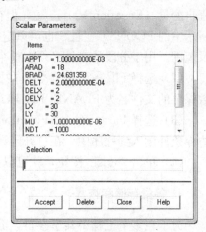

图 2-26 标量参量对话框

◆ 一个表包含了 0 行和 0 列,作为索引值;与 ARRAY 不同的是,该索引参量可以为实数。但这些实数必须定义,如果不定义,则默认对其赋予极小值(7.888609052e-31),并且要以增长方式排列。

◆ 一个页的索引值位于每页的 (0,0) 位置。

简单地说,表数组就是在 0 行 0 列加入了索引的普通数组。其元素的定义也像普通数组一样,通过整数的行列下标值可以在任何一页中修改,但该修改将应用到所有页。

ANSYS 提供了大量对数组元素赋值的命令，包括直接对元素赋值（Parameters>Array Parameters>Define/Edit）、把矢量赋给数组（Parameters>Array Parameters>Fill）、从文件数据（Parameters>Array Parameters>Get Array Data）。

Parameters>Array Operations 命令能够对数组进行数学操作，包括矢量和矩阵的数学运算、一些通用函数操作和矩阵的傅里叶变换等。

3. 函数定义和载入

Parameters>Functions>Define/Edit…命令用于定义和编辑函数，并将其保存到文件中。

Parameters>Functions>Read from file 命令用于将函数文件读入到 ANSYS 中，与上面的命令配合使用，在加载方面具有特别简化的作用，因为该方式允许定义复杂的载荷函数。

例如：当某个平面载荷是距离的函数，而所有坐标系为直角坐标系时，就需要得到任何一点到原点的距离。如果不作用自定义函数，就会有很多重复输入，但是函数定义则能够相对简化，其步骤为：

（1）选择 Parameters>Functions>Define/Edit…命令，打开 Function Editor 对话框，输入或者通过单击按钮，使得 Result = 文本框中的内容为：SQRT({X}^2+{Y}^2)*PCONST，如图 2-27 所示。需要注意的是：尽管可以用输入的方法得到表达式，但是，当不确定基本自变量时，建议还是采用单击按钮和选择变量的方式来输入。例如，对结构分析来说，基本自变量为时间 TIME、位置（X、Y、Z）和温度 TEMP，所以，在定义一个压力载荷时，就只能使用以上 5 个基本自变量，尽管在定义函数时也可以定义其他的方程自变量（Equation Variable），但在实际使用时，这些自变量必须事先赋值，如图 2-27 所示中的 PCONST 变量。也可以定义分段函数，这时，需要定义每一段函数的分段变量及范围。用于分段的变量必须在整个分段范围内是连续的。

（2）选择 File>Save 命令，在打开的对话框中设置自定义函数的文件名。假设本函数保存的文件名为 PLANEPRE.FUNC。

（3）选择 Parameters>Functions>Read from file 命令从文件中读入函数，作为载荷边界条件读入到程序中。在打开函数载入的对话框中，输入如图 2-28 所示的内容。

（4）单击"OK"按钮，就可以把函数所表达的压力载荷施加到选定的区域上了。

4. 参量存储和恢复

为了在多个工程中共享参量，需要保存或者读取参量。

Parameters>Save Parameters 命令用于保存参量。参量文件是一个 ASCII 文件，其扩展名默认为 parm。参量文件中包含了大量 APDL 命令 *SET。所以，也可以用文本编辑器对其进行编辑。以下是一个参量文件：

/NOPR
*SET,A   , 10.00000000000
*SET,B   , 254.0000000000
*SET, C   , 'string'

```
*SET,_RETURN          ,  0.000000000000E+00
*SET,_STATUS          ,  1.000000000000
*SET,_ZX              ,  '      '
/GO
```

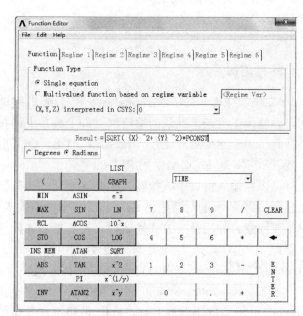

图 2-27 函数定义

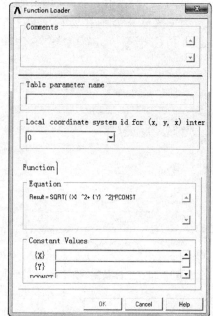

图 2-28 函数载入

其中，/NOPR 用于禁止随后命令的输出，/GO 用于打开随后命令的输出。在 GUI 方式下，使用/NOPR 指令，后续输入的操作就不会在输出窗口上显示。

Parameters＞Restore Parameters 命令用于读取参量文件到数据库中。

2.4.8 宏菜单

Macro（宏）菜单用于创建、编辑、删除或者运行宏或数据块。也可以缩略词（对应于工具条上的快捷按钮）进行修改。

宏是包含一系列命令集合的文件，这些命令序列通常能完成特定功能。可以把多个宏包含在一个文件中，该文件称为宏库文件。这时，每个宏就称为数据块。

一旦创建了宏，该宏事实上相当于一个新的 ANSYS 命令。如果使用默认的宏扩展名，并且宏文件在 ANSYS 宏搜索路径之内，则可以像使用其他 ANSYS 命令一样直接使用宏。

1. 创建宏

Macro＞Create Macro 命令用于创建宏。这种方式时，可以创建最多包含 18 条命令的宏。如果宏比较简短，采用这种方式创建是方便的；但如果宏很长，则使用其他文本编辑器更好一些。这时，只需要把命令序列加入到文件中即可。

宏文件名可以是任意与 ANSYS 不冲突的文件，扩展名也可以是任意合法的扩展名。但使用 MAC 作为扩展名时，就可以像其他 ANSYS 命令一样执行。

宏库文件可以使用任何合法的扩展名。

2. 执行宏

Macro>Execute Macro 命令用于执行宏文件。

Macro>Execute Data Block 命令用于执行宏文件中的数据块。

为了执行一个不在宏搜索路径内的宏文件或者库文件，需要选择 Macro>Macro Search Path 命令，以使 ANSYS 能搜索到它。

图 2-29　工具条编辑对话框

3. 缩略词

Macro>Edit Abbreviations 命令用于编辑缩略词，以修改工具条。默认的缩略词（即工具条上的按钮）有 5 个：SAVE_DB、RESUM_DB、QUIT、POWERGRF 和 E_CAE，如图 2-29 所示。

可以在输入窗口中直接输入缩略词定义，也可以在如图 2-29 所示的对话框的 Selection 文本框中输入。但是要注意：使用命令方式输入时，需要更新才能添加缩略词到工具条上（更新命令为 Utility Menu：MenuCtrl>Update Toolbar）。输入缩略词的语法为：

*ABBR, abbr, string

其中，abbr 是缩略词名，也就是显示在工具条按钮上的名称，abbr 是超不过 8 位的字符串。String 是想要执行的命令或宏，如果 string 是宏，则该宏一定要位于宏搜索路径之中。如果 string 是选取菜单或者对话框，则需要加入"Fnc_"标志，表示其代表的是菜单函数，例如：

*ABBR, QUIT, Fnc_/EXIT

string 可以包含多达 60 个字符，但是，它不能包含字符"$"和如下命令：C**、/COM、/GOPR、/NOPR、/QUIT、/UI 或者 *END。

工具条可以嵌套，也就是说，某个按钮可能对应了一个打开工具条的命令。这样，尽管每个工具条上最多可以有 100 个按钮，但理论上可以定义无限多个按钮（缩略词）。

需要注意的是，缩略词不能自动保存，必须选择 Macro>Save Abbr 命令来保存缩略词。并且退出 ANSYS 后重新进入时，需要选择 Macro>Restore Abbr 命令对其重新加载。

2.4.9　菜单控制菜单

MenuCtrls（菜单控制）决定哪些菜单成为可见的，是否使用机械工具条（Mechanical Toolbar），也可以创建、编辑或者删除工具条上的快捷按钮，决定输出哪些信息。

可以创建自己喜欢的界面布局，然后选择 MenuCtrls>Save Menu Layout 命令保存它。下次启动时，将显示保存的布局。

MenuCtrls>Message Controls 命令用于控制显示和程序运行。选择该命令打开的信息控制对话框，如图 2-30 所示。

其中，NMERR 文本框用于设置每个命令的最大显示警告和错误信息个数。当某个命

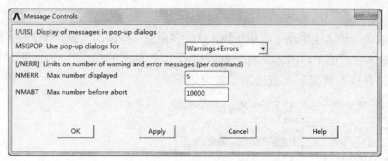

图 2-30　信息控制对话框

令的警告和错误个数超过 NMABT 值时，程序将退出。

2.4.10　帮助菜单

ANSYS 提供了功能强大、内容完备的帮助，包括大量关于 GUI、命令、基本概念、单元等的帮助。熟练使用帮助是 ANSYS 进步的必要条件。这些帮助以 Web 页方式存在，可以很容易地访问。

有 3 种方式可以打开帮助：

1. 通过 Help 菜单

Utility Menu：Help>Help Topics 命令使用目录表方式提供帮助。选择该命令，将打开如图 2-31 所示的帮助文档，这些文档以 Web 方式组织。如图中可以看出，可以通过 3 种方式来得到项目的帮助。

◆ 目录方式：使用此方式需要对所查项目的属性有所了解。
◆ 索引方式：以字母顺序排序。
◆ 搜索方式：这种方式简便、快捷，缺点是可能搜索到大量条目。

在浏览某页时，可能注意到一些有下画线的不同颜色的词，这就是超文本链接。单击该词，就能得到关于该项目的帮助。出现超文本链接的典型项目是命令名、单元类型、用户手册的章节等。

当单击某个超文本链接后，它将显示不同的颜色。一般情况下，未单击时为蓝色，单击后为红褐色。

2. Help 按钮

很多对话框上都有 Help 按钮，单击它就可以得到与该对话框或对应命令的帮助信息。例如：定义单元 LINK180 实常数对话框，如图 2-32 所示。其中，有两个实常数项 AREA 和 ADDMAS。如果不知道这两个实常数在单元中的具体含义，只要单击 Help 按钮，就将打开 LINK180 的帮助信息。通过阅读帮助，就可以知道其含义了。

3. 输入 HELP 命令

也可以在命令窗口中输入"HELP"命令，以获得关于某个命令或者单元的帮助信息。如上例中，输入"HELP, LINK180"或者"HELP, 180"就可以得到 LINE180 单元的帮助。

　　ANSYS在命令输入上采用了联想功能，这能够避免一些错误，也能带来很大的方便。

　　例如：输入"HELP，PLN"时，就可以看到文本框的提示栏中出现了help，PLN-SOL的提示。在这种情况下，直接回车就可以了。

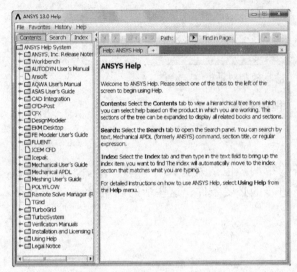

图 2-31　ANSYS 帮助主题

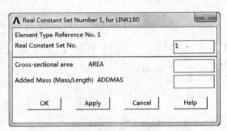

图 2-32　定义 LINK180 实常数

　　使用菜单方式时，并不总能得到某些菜单项的确切含义。这时，通过执行该菜单操作，将在记录编辑器（Session Editor）中记录该菜单对应的命令，然后在命令窗口中输入"help"命令，就能得到详细的关于该命令对应菜单的帮助了。

　　对新手而言，查看 Help＞ANSYS Tutorials 中的内容很有好处，它能一步一步地教会用户如何完成某个分析任务。

2.5　输　入　窗　口

　　输入窗口（Input Window）主要用于直接输入命令或者其他数据，输入窗口包含了4个部分，如图 2-33 所示。

图 2-33　命令输入窗口

　　◆ 文本框：用于输入命令。

　　◆ 提示区：在文本框与历史记录框之间，提示当前需要进行的操作。要经常注意提示区的内容，以便能够按顺序正确输入或者进行其他操作（如选取）。

◆ 历史记录框：包含所有以前输入的命令。在该框中单击某选项就会把该命令复制到文本框，双击则会自动执行该命令。ANSYS 提供了用键盘上的上下箭头来选择历史记录的功能，用上下箭头可以选择命令。

◆ 垂直滚动条：方便选取历史记录框内的内容。

2.6 主 菜 单

主菜单（Main Menu）包含了不同处理器下的基本 ANSYS 操作。它基于操作的顺序排列。同样，应该在完成一个处理器下的操作后再进入下一个处理器。当然，也可以随时进入任何一个处理器，然后退出再进入，但这不是一个好习惯。应该是做好详细规划，然后按部就班地进行。这样才能便利程序具有可读性，并降低程序运行的代价。

主菜单中的所有函数都是模态的，完成一个函数后才能进行另外的操作，而通用菜单则是非模态的。例如，如果用户下在工作平面上创建关键点，那么不能同时创建线、面或者体，但是可以利用通用菜单定义标量参数。

主菜单的每个命令都有一个子菜单（用">"号指示），或者执行一项操作。主菜单不支持快捷键。默认主菜单提供了 13 类菜单主题，如图 2-34 所示。

◆ Preferences（优选项）：打开一个对话框，用户可以选择学科及某个学科的有限元方法。默认为所有的学科，这不是一个好的默认。因为通常分析学科是一个或几个，所以，尽管这一步稍微有点麻烦，但它为以后的操作带来了较大方便。

◆ Preprocessor（预处理器）：包含 PREP7 操作，如建模、分网和加载等。但是在本书中，把加载作为求解器中的内容。求解器中的加载菜单与预处理器中的加载菜单相同，两者都对应了相同的命令，并无差别。以后涉及加载时，将只列出求解器中的菜单路径。

◆ Solution（求解器）：包含 SOLUTION 操作，如分析类型选项、加载、载荷步选项、求解控制和求解等。

◆ General Postproc（通用后处理器）：包含了 POST1 后处理操作，如结果的图形显示和列表。

◆ TimeHist Postproc（时间历程处理器）：包含了 POST26 的操作，如对结果变量的定义、列表或者图形显示。

◆ Topological Opt（拓扑优化）：也就是用于对几何结构进行优化，这种优化通常是以最小质量或者最小柔度为目标函数。

◆ ROM Tool（减缩积分模型工具）：用于与减缩积分相关的操作。

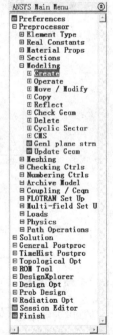

图 2-34 主菜单

◆ Design Opt（设计优化）：包含了 OPT 操作，如定义优化变量、开始优化设计、查看设计结果等，这是传统的优化操作，是单步分析的反复迭代。

◆ Prob Design（概率设计）：结合设计和生产等过程中的不确定因素，来进行设计。

◆ Radiation Opt（辐射选项）：包含了 AUX12 操作，如定义辐射率、完成热分析的其他设置、写辐射矩阵、计算视角因子等。

◆ Run-Time Stats（运行时间估计器）：包含了 RUNSTAT 操作，如估计运行时间、估计文件大小等。

◆ Session Editor（记录编辑器）：用于查看正在保存或者恢复之后的所有操作记录。

◆ Finish（结束）：退出当前处理器，回到开始级。

2.6.1 优选项

Preferences 优选项选择分析任务涉及的学科，以及在该学科中所用的方法，如图 2-35 所示。该步骤不是必须的，可以不选。但会导致在以后分析中，面临一大堆选择项目。所以，让优选项过滤掉你不需要的选项是明智的办法。尽管默认的是所有学科，但这些学科并不是都能现时使用。例如：不可以把流体动力学（FLOTRAN）单元和其他某些单元同时使用。

在学科方法中，p-Method 方法是高阶计算方法，通常比 h-Method 方法具有更高的精度和收敛性。但是，该方法消耗的计算时间比后者大大增加。并且不是所有学科都适用 p-Method 方法，只有在结构静力分析、热稳态分析、电磁场分析中可用。其他场合下，都采用 h-Method 方法。

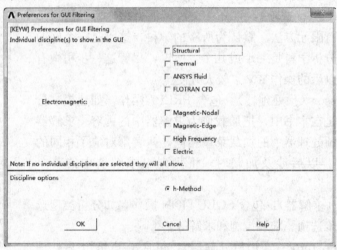

图 2-35 优选对话框

2.6.2 预处理器

Preprocessor 预处理器提供了建模、分网和加载的函数。选择 Main Menu＞Preprocessor 命令或者在命令输入窗口中输入 "/PREP7"，都将进入预处理器。不同的是，命令方式并不打开预处理菜单。

预处理器的主要功能包括单元定义、建模、分网。

1. 单元定义

Element Type 用于定义、编辑或删除单元。如果单元需要设置选项，用该方法比用命令方法更为直观、方便。

不可以把单元从一种类型转换到另一种类型,或者为单元添加或删除自由度。单元的转换可以在如下情况下进行:隐式单元和显式单元之间、热单元和结构单元之间、磁单元转换到热单元、电单元转换到结构单元、流体单元转换到结构单元。其他形式的转换都是不合法的。

ANSYS 单元库中包含了 100 多种不同单元,单元是根据不同的号和前缀来识别的。不同前缀代表不同单元种类,不同的号代表该种类中的具体单元形式。如 BEAM4、PLANE7、SOLID96 等。ANSYS 中有如下一些种类的单元:BEAM、COMBIN、CONTAC、FLUID、HYPER、INFIN、LINK、MASS、MATRIX、PIPE、PLANE、SHELL、SOLID、SOURC、SURF、TARGE、USER、INTER 和 VISCO。

具体选择何种单元,由以下一些因素决定:

◆ 分析学科:如结构,流体,电磁等。
◆ 分析物体的几何性质:是不可以近似为二维。
◆ 分析的精度:是否线性。

举例来说,MASS21 是一个点单元,有 3 个平移自由度和 3 个转动自由度,能够模拟 3D 空间。而 FLUID79 用于器皿内的流体运动,它只有两个自由度 UX、UY,所以它只能模拟 2D 运动。

可以通过 Help>HelpTopic>Elements 命令来查看哪种单元适合当前的分析。但是,这种适合并不是绝对的,可能有多种单元都适合分析任务。

必须定义单元类型。一旦定义了某个单元,就定义了其单元类型号,后续操作将通过单元类型号来引用该单元。这种类型号与单元之间的对应关系称为单元类型表,单元类型表可以通过菜单命令来显示和指定:Main Menu>Preprocessor>Modeling>Create>Elements>Elem Attributes。

单元只包含了基本的几何信息和自由度信息。而在分析中单元事实上代表了物体,所以还可能具有其他一些几何和物理信息。这种单元本身不能描述的信息用实常数(Real Constants)来描述。例如:Beam 单元的截面积(AREA)、Mass 单元的质量(MASSX、MASSY、MASSZ)等。但不是所有的单元都需要实常数,如 PLANE42 单元在默认选项下就不需要实常数。某些单元只有在某些选项设置下才需要实常数,如 PLANE42 单元,设置其 Keyopt(3)=3,就需要平面单元的厚度信息。

Material Props 用于定义单元的材料属性。每个分析任务都针对具体的实体,这些实体都具有物理特性。所以,大部分单元类型都需要材料属性。材料属性可以分为:

◆ 线性材料和非线性材料。
◆ 各向同性、正交各向异性和非弹性材料。
◆ 温度相关和温度无关材料。

2. 实体建模

Main Menu>Preprocessor>Modeling>Create 命令用于创建模型(可以创建实体模型,也可以直接创建有限元模型。这里,只介绍创建实体模型)。ANSYS 中有两种基本的实体建模方法。

◆ 自底向上建模:首先创建关键点,它是实体建模的顶点。然后把关键点连接成线、面和体。所有关键点都以笛卡儿直角坐标系上的坐标值定义的。但是，不是必须按顺序创建。例如：可以直接连接关键点为面。

◆ 自顶向下建模：利用 ANSYS 提供的几何原形创建模型，这些原型是完全定义好了的面或体。创建原型时，程序自动创建较低级的实体。

使用自底向上还是自顶向下的建模方法取决于习惯和问题的复杂程度，通常情况是同时使用两种方式才能高效建模。

Preprocessor＞Modeling＞Operate 命令用于模型操作，包括拉伸、缩放和布尔操作。布尔操作对于创建复杂形体很有用，可用的布尔操作包括相加（add）、相减（subtract）、相交（intersect）、分解（divide）、粘接（glue）、搭接（overlap）等，不仅适用于简单原型的图元，也适用于从 CAD 系统输入的其他复杂几何模型。在默认情况下，布尔操作完成后输入的图元将被删除，被删除的图元编号变成空号，这些空号将被赋给新创建的图元。

尽管布尔操作很方便，但很耗机时，也可以直接对模型进行拖动和旋转。例如：拉伸（Extrude）或旋转一个面，就能创建一个体。对存在相同部分的复杂模型，可以使用复制（copy）和镜像（reflect）。

Preprocessor＞Modeling＞Move/Modify 命令用于移动或修改实体模型图元。

Preprocessor＞Modeling＞Copy 命令用于复制实体模型图元。

Preprocessor＞Modeling＞Reflect 命令用于镜像实体模型图元。

Preprocessor＞Modeling＞Delete 命令用于删除实体模型图元。

Preprocessor＞Modeling＞Check Geom 命令用于检查实体模型图元，如选取短线段、检查退化、检查节点或者关键点之间的距离。

在修改和删除模型前，如果较低级的实体与较高级的实体相关联（如点与线相关联），那么，除非删除高级实体，否则不能删除低级实体。所以，如果不能删除单元和单元载荷，那么，不能删除与其相关联的体；如果不能删除面，则不能删除与其相关联的线。模型图元的级别如表 2-2 所示。

图元级别　　　　　　　　　　　　　　　　　　表 2-2

级　别	
最高级	单元和单元载荷
↓	节点和节点载荷
	体和实体模型体载荷
	面和实体模型表面载荷
	线和实体模型线载荷
最低级	关键点和实体模型点载荷

3. 分网

一般情况下，由于形体的复杂性和材料的多样性，需要多种单元。所以，在分网前，定义单元属性是很有必要的。

Preprocessor＞MeshTool 命令是分网工具。它将常用分网选项集中到一个对话框中，如图 2-36 所示。该对话框能够帮助完成几乎所有的分网工作。但是，如果要用到更高级的分网操作，则需要使用-Mexhing-子菜单。单元属性用于设置整个的或某个图元的单元属性，首先在下拉列表框中选择想设置的图元，单击 Set 按钮；然后，在选取对话框中选取该图元的全部（单击 Pick All 按钮）或部分，设置其单元类型、实常数、材料属性、单元坐标系。

使用智能网格选项，可以方便地由程序自动分网，省去分网控制的麻烦。只需要拖动滑块控制分网的精度，其中 1 为最精细，10 为最粗糙，默认精度为 6。

但是，智能分网只适用于自由网格，而不宜映射网格中采用。自由网格和映射网格的区别如图 2-37 所示。

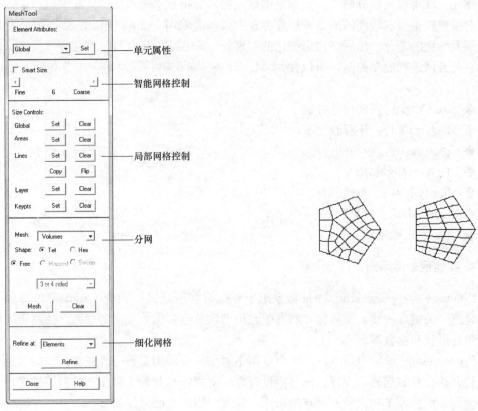

图 2-36　网格工具对话框　　　　　　　　图 2-37　自由网格和映射网格

局部网格控制提供了更多更细致的单元尺寸设置。可以设置全部（Global）、面（Areas）、线（Lines）、层（Layer）、关键点（Keypts）的网格密度。对面而言，需要设置单元边长；对线来说，可以设置线上的单元数，也可以用 Clear 按钮来清除设置；对线单元，可以把一条线的网格设置复制到另外几条线上，把线上的间隔比进行转换（Flip）；对层单元来说，还可以设置层网格。在某些需要特别注意的关键点上，可以直接设置其网格尺寸，来设置关键点附近网格单元的边长。

一旦完成了网格属性和网格尺寸设置，就可以进行分网操作了，其步骤是：

（1）选择对什么图元分网，可以对线、面、体和关键点分网。

（2）选择网格单元的形状（如图 2-36 所示的 Shape 选项：对面而言，为三角形或四边形；对体而言，为四面体或六面体；对线和关键点，该选择是不可选的）。

(3) 确定是自由网格（Free）、映射网格（Mapped）还是扫掠分网（Sweep）。对面用映射分网时，如果形体是三面体或四面体，则在下拉列表框中选择 3 or 4 sided 选项；如果形体是其他不规则图形，则在下拉列表框中选择 pick corners 选项。对体分网时，四面体网格只能是自由网格，六面体网格则既可以为映射网格，也可以为扫掠网格。当为扫掠时，在下拉列表框中选择 Auto Src/Trg 选项将自动决定扫掠的起点和终点位置；否则，需要用户指定。

(4) 选择好上述选项之后，单击 Mesh 或 Sweep（对 Sweep 体分网）按钮，选择要分网的图元，就可以完成分网了。注意根据输入窗口的指示来选取面、体或关键点。

对某些网格要求较高的地方，如应力集中区，需要用 Refine 按钮来细化网格。首先，选择想要细化的部分；然后，确定细化的程度，1 细化程度最小，10 细化程度最大。

要对分网进行更多控制，可以使用-Meshing-级联菜单。该菜单中主要包括如下一些命令：

◆ Size Cntrls：网格尺寸控制。
◆ Mesher Opts：分网器选项。
◆ Concatenate：线面的连接。
◆ Mesh：分网操作。
◆ Modify Mesh：修改网格。
◆ Check Mesh：网格检查。
◆ Clear：清除网格。

4. 其他预处理操作

Preprocessor＞Checking Ctrls 命令用于对模型和形状进行检查，用该菜单可以控制实体模型（关键点、线、面和体）和有限元模型（节点和面）之间的联系，控制后续操作中的单元形状和参数等。

Preprocessor＞Numbering Ctrls 命令用于对图元号和实常数号等进行操作。包括号的压缩和合并、号的起始值设置、偏移值设置等。例如：当对面 1 和面 6 进行了操作，形成一个新面，而面号 1 和面号 6 则空出来了。这时，用压缩面号操作（Compress Numbers）能够把面进行重新编号，原来的 2 号变为 1 号，3 号变为 2 号，依次类推。

Preprocessor＞Archive Model 命令用于输入输出模型的几何形状、材料属性、载荷或者其他数据。也可以只输入输出其中的某一部分。实体模型和载荷的文件扩展名为 IGES，其他数据则是命令序列，文件格式为文本。

Preprocessor＞Coupling/Ceqn 命令用于添加、修改或删除耦合约束，设置约束方程。

Preprocessor＞FLOTRAN Set Up 命令用于设置流体力学选项。包括：流体属性、流动环境、湍流和多组分运输、求解控制等选项。由于计算流体力学，特别是对高带流体，存在数值发散困难，所以，选择适当的求解控制非常关键。在 Solution 求解器中，也有相同菜单。

Preprocessor＞Loads 命令用于载荷的施加、修改和删除。将在 Main Menu＞Solution 菜单中介绍。

Preprocessor＞Physics 命令用于对单元信息进行读出、写入、删除或者列表操作。当对同一个模型进行多学科分析而又不同时对其分析（如对管路模型分析其结构和 CFD 时），就需要用到该操作。

2.6.3 求解器

Solution 求解器包含了与求解器相关的命令，包括分析选项、加载、载荷步设置、求解控制和求解。启动后，选择 Main Menu＞Solution 命令打开求解器菜单，如图 2-38 所示。这是一个缩略菜单，用于静态或者完全瞬态分析。可以选择最下面的 Unabridged Menu 命令打开完整的求解器菜单，在完整求解器菜单中选择 Abridged Menu 命令，又可以使其恢复为缩略方式。

在完整求解菜单中，大致有如下几类操作：分析类型和分析选项、载荷和载荷步选项、求解。

1. 分析类型和分析选项

Main Menu＞Solution＞Analysis Type＞New Analysis 命令用于开始一次新的分析。在此，用户需要决定分析类型。ANSYS 提供了如下几种类型的分析：静态分析、模态分析、谐分析、瞬态分析、功率谱分析、屈曲分析和子结构分析。选择何种分析类型，要根据所研究的内容、载荷条件和要计算的响应来决定。例如：要计算固有频率，就必须使用模态分析。一旦选定分析类型后，应当设置分析选项，其菜单路径为 Main Menu＞Solution＞Analysis Type＞Analysis Option，不同的分析类型有不同分析选项。

Solution＞Restart 命令用于进行重启动分析。有两种重启动分析：单点和多点。绝大多数情况下，都应当开始一个新的分析。对静态、谐波、子结构和瞬态分析，可使用一般重启动分析，以在结束点或者中断点继续求解。多点重启动分析可以在任何点处开始分析，只适用于静态或完全瞬态结构分析。重启动分析，不能改变分析类型和分析选项。

图 2-38 缩略求解器菜单

选择 Solution＞Analysis Type＞Sol's Control 命令打开一个求解控制对话框，这是一个标签对话框，包含 5 个选项卡。该对话框只适用于静态和全瞬态分析，它把大多数求解控制选项集成在一起。其中包括 Basic 选项卡中的分析类型、时间设置、输出项目，Transient 选项卡完全瞬态选项、载荷形式、积分参数，Sol's Option 选项卡的求解方法和重启动控制，Nonlinear 选项卡中的非线性选项、平衡迭代、蠕变，Advanced NL 选项卡中的终止条件准则和弧长法选项等。当做静态和全瞬态分析时，使用该对话框很方便。

对某些分析类型，不可能有如下一些分析选项：

◆ ExpansionPass：模态扩展分析。只能用于模态分析、子结构分析、屈曲分析、使用模态叠加法的瞬态和谐分析。

◆ Model Cyclic Sym：进行模态循环对称分析。在分析类型为模态分析时才能使用。

◆ Master DOFs：主自由度的定义、修改和删除，只能用于缩减谐分析、缩减瞬态分析、缩减屈曲分析和子结构分析。

◆ Dynamic Gap Cond：间隙条件设置。它只能用于缩减或模态叠加法的瞬态分析中。

2. 载荷和载荷步选项

DOF 约束（Constraints）：用于固定自由度为确定值。如在结构分析中指定位移或者对称边条，在热分析中指定温度和热能量的平行边条。

集中载荷（Forces）：用在模型的节点或者关键点上。如结构分析中的力和力矩、热分析中的热流率、磁场分析中的电流段。

表面载荷（Surface Loads）：是应用于表面的分布载荷，如结构分析中的压强、热分析中的对流和热能量。

体载荷（Body Loads）：是一个体积或场载荷。如结构分析中的温度、热分析中的热生成率、磁场分析中的电流密度。

惯性载荷（Inertia Loads）：是与惯性（质量矩阵）有关的载荷，如重力加速度、角速度和角加速度，主要用于结构分析中。

耦合场载荷（Coupled-field Loads）：是上面载荷的特殊情况。从一个学科分析的结果成为另一个学科分析中的载荷。如磁场分析中产生的磁力能够成为结构中的载荷。

这6种载荷包括了边界条件、外部或内部的广义函数。在不同的学科中，载荷有不同的含义。

◆ 在结构（Structural）中为位移、力压强、温度等。

◆ 在热（Thermal）中为温度、热流率、对流、热生成率、无限远面等。

◆ 在磁（Magnetic）中为磁动势、磁通量、磁电流段、流源密度、无限远面等。

◆ 在电（Electric）中为电位、电流、电荷、电荷密度、无限远面等。

◆ 在流体（Fluid）中为速度、压强等。

Solution>Settings 命令用于设置载荷的施加选项，如表面载荷的梯度和节点函数设置，新施加载荷的方式，如图 2-39 所示。其中，最重要的是设置载荷的添加方式，有3种方式：改写、叠加和忽略。当在同一位置施加载荷时，如果该位置存在同类型载荷，则其要么重新设置载荷、要么与以前的载荷相加、要么忽略它。默认情况下是改写。

在该菜单中，还有 Smooth Data（数据平滑）命令，用于对噪声数据进行预定阶数的平滑，并用图形方式显示结果。这时，首先需要用 *Dim 定义两个数组矢量，对其赋值后才能平滑。

Solution>Apply 命令用于施加载荷。其中包括结构、热、磁、电、流体学科的载荷选项以及初始条件。只有选择了单元后，这些选项才能成为活动的。

初始条件用来定义节点处各个自由度的初始值，对结构分析而言，还可以定义其初始的速度。初始条件只对稳态和全瞬态分析有效。在定义初始自由度值时，要注意避免这些值发生冲突。例如：当在刚性结构分析中，对一些节点定义了速度，而另外节点定义了初始条件。

Solution>Delete 命令用于删除载荷和载荷步（LS）文件。

Solution>Operate 命令用于载荷操作，包括有限元载荷的缩放、实体模型载荷与有限元载荷的转换、载荷步文件的删除等。

Solution>Load Step Opts 命令用于设置载荷步选项。

一个载荷步就是载荷的一个布局,包括空间和时间上的布局,两个不同布局之间用载荷步来区分。一个载荷步只可能有两种时间状况:阶跃方式和斜坡方式。如果有其他形式的载荷,则需要离散为这两种形式,并以不同载荷步近似表达。

◆ 子步是一个载荷步内的计算点,在不同分析中有不同用途。
◆ 在非线性静态或稳态分析中,使用子步以获得精确解。
◆ 在瞬态分析中,使用子步以得到较小的积分步长。
◆ 在谐分析中,使用子步来得到不同频率下的解。

平衡迭代用于非线性分析,是在一个给定的子步上进行的额外计算,其目的是为了收敛。在非线性分析中,平衡迭代作为一种迭代校正,具有重要作用。

载荷步、子步和平衡迭代之间的区别如图2-40所示。

图2-39 载荷设置选项

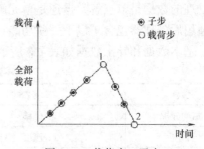

图2-40 载荷步、子步

在载荷步选项菜单中,包含输出控制(Output Ctrls)、求解控制(Solution Ctrls)、时间/频率设置(Time/Frequency)、非线性设置(Nonlinear)、频谱设置(Spectrm)等。

有3种方式进行载荷设置:多步直接设置、利用载荷文件、使用载荷数组参量。其中,Solution>Load Step Opts>From LS File命令用于读出载荷文件,Solution>Load Step Opts>Write LS File命令用于写入载荷文件。在ANSYS中,载荷文件是以Jobname.snn来定义的,其中nn代表载荷步号。

3. 求解

Solution>Solve>Current LS命令用于指示ANSYS求解当前载荷步。

Solution>Solve>From LS File命令用于指示ANSYS读取载荷文件中的载荷和载荷选项来求解,可以指定多个载荷步文件。

Solution>Solve>Partial Sou命令用于指示ANSYS只进行分析序列中的某一步,如果只需要组集刚度矩阵或三角化矩阵。当只需要对某一步重复分析,而不需要重复整个分析过程时,使用该命令效率很高。

多数情况下,使用Current LS命令就可以了。

Solution>Flotran Setup 和 Run Flotran命令用于设置流体动力学选项和运行流体动力学计算程序。

2.6.4 通用后处理器

当一个分析运行完成后,需要检查分析是否正确、获得并输出有用结果,这就是后处理器的功能。

后处理器分为通用后处理器和时间历程后处理器,前者用于查看一载荷步和子步的结果。也就是说,它是在某一时间点或频率点上,对整个模型显示或列表;后者则用于查看某一空间点上的值随时间的变化情况。为了查看整个模型在时间上的变化,可以使用动画技术。

在命令窗口中,输入"/POST1"进入通用后处理器,输入"/POST26"进入时间历程后处理器。

求解阶段计算的两类结果数据是基本数据和导出数据。基本数据是节点解数据的一部分,指节点上的自由度解。导出数据是由基本数据计算得到的,包括节点上除基本数据外解数据。不同学科分析中的基本数据和导出数据如表 2-3 所示。在后处理操作中,需要确定要处理的数据是节点解数据还是单元解数据。

通用后处理器包含了以下一些功能:结果读取、结果显示、结果计算、解的定义和修改等。基本数据和导出数据如表 2-3 所示。

基本数据和导出数据　　　　表 2-3

学科	基本数据	导出数据
结构分析	位移	应力、应变、反作用力等
热分析	温度	热流量、热流梯度等
流场分析	速度、压强	压强梯度、热流量等
电场分析	标量电势	电场、电流密度等
磁场分析	磁势	磁能量、磁流密度等

1. 结果读取

General Postproc>Data & File Opts 命令用于定义从哪个结果文件中读取数据和读入哪些数据。如果不指定,则从当前分析结果文件中读入所有数据。其文件名为当前工程名,扩展名以 R 开头,不同学科有不同扩展名。结构分析的扩展名为 RST,流体动力学分析的扩展名为 RFL,热力分析的扩展名为 RTH,电磁场分析的扩展名为 RMG。

General Postproc>-Read Results-子菜单用于从结果文件中读取结果数据到数据库,如图 2-41 所示。ANSYS 求解后,结果并不自动读入到数据库,然后对其进行操作和后处理。正如前面提到的,通用后处理器只能处理某个载荷步或载荷子步的结果,所以,只能读入某个载荷步或子步的数据。

◆ First Set:读第一子步数据。

◆ Next Set:读下一子步数据。

◆ Previous Set:读前一子步数据。

图 2-41 结果读取选项

◆ Last Set：读最后一子步数据。

◆ By Load Step：通过指定载荷步及其子步来读入数据。

◆ By Time/Freq：通过指定时间或频率点读取数据，具体读入时间或频率的值由所进行的分析决定。当指定的时间或频率点位于分析序列的中间某点时，程序自动用内插法设置该时间点或频率点的值。

◆ By Set Number：直接读取指定步的结果数据。

General Postproc>Options for Outp 命令用于控制输出选项。

2. 结果显示

在通用后处理器中，有3种结果显示：图形显示、列表显示和查询显示。

General Postproc>Plot Result 命令用于以显示图形结果。ANSYS 提供了丰富的图形显示功能。包括：变形显示（Deformed Shape）、等值线图（Contour Plot）、矢量图（Vector Plot）、轨线图（Plot Path Item）、流动轨迹图（Flow Trace）以及浇混图（Concrete Plot）。

绘制这些图形之前，必须：

先定义好所要绘制的内容，如是角节上的值、中节点的值，还是单元上的值。

确定对什么结果项目感兴趣，是压强、应力、速度还是变形等。有的图形能够显示整个模型的值，如等值线图。而有的只能显示其中某个或某些点处的值，如流动轨线图。

在 Utility Menu：Plot>Result 菜单中，也有相应的图形绘制功能。

General Postproc>List Results 命令用于对结果进行列表显示，可以显示节点解数据（Nodal Solution）、单元解数据（Element Solution）；也可以列出反作用力（Reaction Sou）或者节点载荷（Nodal Loads）值；还可以列出单元表数据（Elem Table Data）、矢量数据（Vector Data）、轨线上的项目值（Path Items）等；可以节点或单元的升序排列（Unsorted Node 和 Unsorted Elems）。

列表结果也可以以某一解的升序或降序排列（Sorted Node 和 Sorted Elems）。

在 Utility Menu：List>Results 菜单中，也有响应有列表功能。但用菜单的列表命令显得按部就班一些，也更符合习惯用法。

Query Results 命令显示结果查询，可直接在模型上显示结果数据。例如：为了显示某点的速度，选取 Query Result>Subgrid Solu 命令，在打开对话框中选择速度选项，然后在模型中选取要查看的点，解数据即出现在模型上。也可以使用三维注释功能，使得在三维模型的各个方向都能看到结果数据，要使用该功能，只要选中查询选取对话框中的 generate 3D Anno 复选框即可。

3. 结果计算

General Postproc>Nodal Calcs 命令用于计算选定单元的合力、总的惯性力矩或者对其他一些变量做选定单元的表面积分。可以指定力矩的主轴，如果不指定，则默认的以结果坐标系（RSYS）轴为主轴。

General Postproc>Element Table 命令用于单元表的定义、修改、删除和其他一些数学运算。

在 ANSYS 中，单元表有两个功能：

它是在结果数据中进行数学运算的工作空间。

可以通过它得到一些不能直接得到的与单元相关的数据，如某些导出数据。

事实上，单元表相当于一个电子表格，每一行代表了单元，每一列代表了该单元的项目，如单元体积、重心、平均应力等。定义单元表时，要注意以下几项：

General Postproc>Element Table>Define Table 命令只用于对选定单元进行列表。也就是说，只有那些选定单元的数据才能复制到单元表中。通过选定不同单元，可以填充不同的表格行。

相同的顺序号组合可以代表不同单元形式的不同数据。所以，如果模型有单元形式的组合，注意选择同种形式的单元。

读入结果文件后，或改变数据后，ANSYS 程序不会自动更新单元表。

用 Define Table 命令来选择单元上要定义的数据项，如压强、应力等。然后使用 Plot Elem Table 命令来显示该数据项的结果，也可以用 List Elem Table 命令对数据项进行列表。

ANSYS 提供了如下一些单元表运算操作，这些运算是对单元上的数据项进行操作。

◆ Sum of Each Item：列求和。对单元表中的某一列或几列求和，并显示结果。

◆ Add Items：行相加。两列中，对应行相加，可以指定加权因子及其相加常数。

◆ Multiply：行相乘。两列中，对应行相乘，可以指定乘数因子。

◆ Find Maximum 和 Find Minimum：两列中，对应行各乘以一个因子，然后比较并列出其最大或最小值。

◆ Exponentiate：对两列先指数化后相乘。

◆ Cross Product：对两个列矢量取叉积。

◆ Dot Product：对两个列矢量取点积。

◆ Abs Value Option：设置操作单元表时，在加、减、乘和求极值操作之前，是否先对列取绝对值。

◆ Erase Table：删除整个单元表。

General Postproc>Path Operation 命令用于轨线操作。所谓轨线，就是模型上的一系列点，这些点上的某个结果项及其变化是用户关心的。而轨线操作就是对轨线定义、修改和删除，并把关心的数据项（称为"轨线变量"）映射到轨线上来。然后就可以对轨线标量进行列表或图形显示了。这种显示通常是以到第一个点的距离为横坐标。

General Postproc>Fatigue 命令用于对结构进行疲劳计算。

General Postproc>Safety Factor 命令用于计算结构的安全系数，它把计算的应力结果转换为安全系数或者安全裕度，然后进行图形或者列表显示。

4. 解的定义和修改

General Postproc>Submodeling 命令用于对子模型数据进行修改和显示。

General Postproc>Nodal Results 命令用于定义和修改节点解。

General Postproc>Elem Results 命令用于定义和修改单元解。

General Postproc>Elem Tabl Data 命令用于定义或修改单元表格数据。

首先选取想修改的节点或单元，然后选取要修改的数据项，如应力、压强等，然后输入其值，对某些项（如应力项），存在 3 个方向的值，则可能需要输入 3 个方向的数据。即使不进行求解（Solution）运算，也可以定义或修改解结果，并像运算得到结果一样进行显示操作。

General Postproc>Reset 命令用于重要通用后处理器的默认设置。该函数将删除所有单元表、轨线、疲劳数据和载荷组指针。所以要小心使用该函数。

2.6.5 时间历程后处理器

时间历程后处理器可以用来观察某点结果随时间或频率的变化，如图 2-42 所示。包含图形显示、列表、微积分操作、响应频谐等功能。一个典型的应用是在瞬态分析中绘制结果项与时间的关系，或者在非线性结构中画出力与变形的关系。在 ANSYS 中，该处理器为 POST26。

所有的 POST26 操作都是基于变量的，此时，变量代表了与时间（或频率）相对应的结果项数据。每个变量都被赋予一个参考号，该参考号大于等于 2，参考号 1 赋给了时间（或频率）。显示列表或者数学运算都是通过变量参考号进行的。

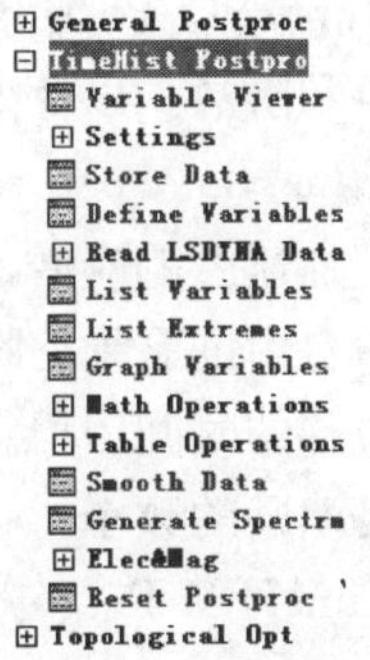

TimeHist Postpro>Settings 命令用于设置文件和读取的数据范围。默认情况下，最多可以定义 10 个变量，但可以通过 Settings>Files 命令来设置多达 200 个的变量。默认情况下，POST26 使用 POST1 中的结果文件，但可以使用 Settings>Files 命令来指定新的时间历程处理结果文件。

图 2-42 时间历程后处理器

Settings>Data 命令用于设置读取的数据范围及其增量。默认情况下，读取所有数据。

HimeHist Postpro>Define Variable 命令用来定义 POST26 变量，可以定义节点解数据、单元解数据和节点反作用力数据。

HimeHist Postpro>Store Data 命令用于存储变量，定义变量时，就建立了指向结果文件中某个数据指针，但并不意味着已经把数据提取到了数据库中。存储变量则是把数据从结果文件复制到数据库中。有 3 种存储变量的方式。

◆ MERGE：添加新定义的变量到以前的存储的变量中。也就是说，数据库中将增加更多列。

◆ NEW：替代以前存储的变量，删除以前计算的变量，存储新定义的变量。当改变了时间范围或其增量时，应当用此方式。因为以前存储的变量与当前的时间范围不一致了，也就是说，以前定义的变量与当前的时间点并不存在对应关系了，显然这些变量也就没有意义了。

◆ APPEND：追加数据到以前存储的变量。当要从两个文件中连接同一个变量时，这种方式是很有用的。当然，首先需要选择 Main Menu>TimeHist Postpro>Settings>Files 命令来设置结果文件名。

TimeHist Postpro>List Variables 命令用于列表方式显示变量值。

TimeHist Postpro>List Extremes 命令用于列出变量的极大极小值及对应的时间点，

对复数而言，它只考虑其实部。

TimeHist Postpro>Graph Variables 命令用于以图形显示变量随时间/频率的变化。对复数而言，默认情况下显示负值，可以通过 HimeHist Postpro>Setting>Graph 命令进行修改，以显示实部、虚部或者相位角。

TimeHist Postpro>Math Operations 命令用于定义的变量进行数学运算。例如在瞬态分析时定义了位移变量，将其对时间求导就得到速度变量，再次求导就得到加速度。其他一些数学运算包括加、乘、除、绝对值、方根、指数、常用对数、自然对数、微分、积分、复数的变换和求最大值最小值等。

TimeHist Postpro>Table Operations 命令用于变量和数组和数组之间的赋值。首先设置一个矢量数组，然后把它的值赋给变量，也可以把 POST26 变量值赋给该矢量值数组，还可以直接对变量赋值（Table Operations>Fill Data），此时，可以对变量的元素逐个赋值，如果要赋的值是线性变化的，则可以设置其初始值及变化增量。

TimeHist Postpro>Smooth Data 命令用于对结果数据进行平滑处理。要设置数据平滑的点和阶数，以及如何绘制平滑后的数据。

TimeHist Postpro>Generate Spectrm 命令允许在给定的位移时间历程中生成位移、速度、加速度响应谱，频谱分析中的响应谱可用于计算整个结构的响应。该菜单操作通常用于单自由度系统的瞬态分析。它需要两个变量，一个是含有响应谱的频率值，另一个是含有位移的时间历程。频率值不仅代表响应谱曲线的横坐标，也代表用于产生响应谱的单自由度激励的频率。

TimeHist Postpro>Reset PostProc 命令重置后处理器。这将删除所有定义的变量及设置的选项。

退出 POST26 时，将删除其中的变量、设置选项和胡操作结果。由于这些不是数据库的内容，故不能保存。然而，这些命令保存在 LOG 文件中。所以，当退出 POST26 后，再重新进入时，要重新定义变量。

2.6.6 拓扑优化器

所谓拓扑优化，指形状优化，有时也称为外形优化。其目的是寻求物体对材料的最佳利用，也就是通过优化，使得目标函数（如整体刚度、自振频率等）在给定的约束下达到最大或最小值。其技术途径是对每个有限元赋予内部伪密度，然后通过内部伪密度来确定目标函数或者约束。可以在线性结构的静力分析或者模态分析中进行拓扑优化。

与传统优化不同，拓扑优化将材料在物体上的分布函数作为优化参数，传统优化则需要优化变量（如设计变量、约束变量）和目标函数的显示定义。拓扑优化典型步骤是：

(1) 定义单元类型、材料属性等。只能使用 PLANE2、PLANE82、SOLID92、SOLID93 和 SOLID95 单元。

(2) 建立模型。

(3) 指定要优化和不优化的区域。只有单元类型号为 1 的区域才能进行拓扑优化。

(4) 定义和控制载荷。

(5) 定义和控制优化过程。

(6) 查看结果。

拓扑优化菜单，在 Topological Opt 拓扑优化器中，有如下一些操作功能：

Main Menu>Topological Opt>Set Up>Basic Opt 和 Advanced Opt 命令用于定义拓扑优化的约束函数、优化目标和约束条件，如表 2-4 所示。只有表中的目标函数及其对应的约束条件才是许可的。

用拓扑优化目标和约束条件　　　　　　　表 2-4

目标函数	约束条件	目标函数	约束条件
单柔度(TOCOMP)	体积(VOLUME)	加权倒数平均频率(TOFREQ)	体积(VOLUME)
多柔度(TOCOMP)	体积(VOLUME)	欧氏标准频率(TOFREQ)	体积(VOLUME)
单频率(TOFREQ)	体积(VOLUME)	体积(VOLUME)	单柔度(TOCOMP)
加权平均频率(TOFREQ)	体积(VOLUME)	体积(VOLUME)	多柔度(TOCOMP)

Topological Opt>Run 命令用于运行拓扑优化。
Topological Opt>Plot Densities 命令用于绘制伪密度。
Topological Opt>Plot Dens Unavg 命令用于绘制没有平均的伪密度。
Topological Opt>Graph History 命令用于将拓扑优化迭代过程图形显示出来。

2.6.7 优化器

Main Menu>Design Opt 命令用于进行传统的设计优化。

设计优化的操作菜单如图 2-43 所示。要进行设计优化，需要如下几个步骤：

(1) 使用 Design Opt>-Analysis File。

(2) 使用 Design Opt>Design Variables、State Variables、Objective 命令定义设计变量，状态变量和目标函数。

(3) 使用 Design Opt>Run 命令运行优化设计，并得到结果。

(4) 使用 Design Opt>-Design Set-命令对其进行组合、选择或者其他操作。

(5) 使用 Design Opt>Graphs/Tables 命令将结果进行图形显示
或者列表显示，也可以到通用后处理器或者时间历程后处理器中察看和输出结果。

2.6.8 概率设计和辐射选项

Main Menu>Prob Design 命令用于概率设计。概率设计是为了衡量不确定因素（如参数和假定）对分析模型的影响，通过概率设计，可以得到不确定因素或者随机量对有限元分析结果的影响。例如，一段时间内的是一个随机量，它可能服从高斯分布或者服从均匀分布，概率设计正是通过这些假设的分布来得到随机量对模型的影响。关于概率设计的详细知识，请参阅 ANSYS 的帮助文档之 Advanced Analysis Technique 之 Probabilistic Design。

Main Menu>Radiation Opt 命令用于定义辐射选项。包括物体发射率的定义，包括玻尔兹曼常数的定义和物体视角的计算等，详细内容请参阅 ANSYS 帮助文档的 Thermal Analysis Guide。

2.6.9 运行时间估计量

当运行复杂、大型有限元分析时，估计运行时间、内存需求、文件大小是很有用的。在时间上，如果超过估计时间很久后程序都没有结束，应当考虑是否出现了发散，并检查内存是否足够。估计文件大小，有利于判断磁盘空间是否足够，如果不够，需要进行文件分割。运行时间估计器的菜单如图 2-44 所示。

图 2-43 设计优化菜单

图 2-44 运行时间估计器菜单

但是运行时间估计取决于当前计算机的水平。完成整个估计（以 Intel 芯片为例）的步骤如下：

（1）创建 SETSPEED 宏。在 Windows 下，该宏不会自动产生，需要运行如下程序创建：/ANSYS13.0/ANSYS/bin/intel/ansyspd。

（2）该 SETSPEED 宏存在于/ANSYS13.0/ANSYS/bin/intel/目录下，把它复制到当前工作目录，或者/ANSYS13.0/ANSYS/docu 目录下。

（3）选择 Main Menu>Run-Time Stats 命令进入运行时间估计器。

（4）执行宏命令 SETSPEED（告诉 ANSYS 系统的速度），该宏命令对应的菜单路径是 Main Menu>Run-Time Stats>System Settings，此时必须知道系统的速度，包括整数运算速度、标量和矢量浮点运算速度。这些值通常用上述方法检测得到。

（5）激活时间估计。选择 Main Menu>Run-Time Stats>Individual Stats 或者 All Statistics 命令。

如果在多台计算机（或 CPU）上运行 ANSYS 程序，而这些计算机有不同的速度，这时，需要把宏文件 SETSPEED 重命名以识别不同的计算机（或 CPU）。然后执行重命名后的宏文件。

Main Menu>Run-Time Stats>All Statistics 命令用于输出所有统计信息，包括节点和单元统计、内存需求统计、波前统计、文件大小估计和运行时间估计。

Main Menu>Run-Time Stats>Individual Stats 命令用于控制输出用户感兴趣的估计信息。

Main Menu>Run-Time Stats>Iter Setting 命令用于设置估计的迭代步数，对线性静态分析，它代表载荷步数。

Main Menu>Run-Time Stats>System Settings 命令用于设置系统速度。

ANSYS 将利用上述两个设置来估计运行时间。

2.6.10 记录编辑器

记录编辑器（Session Editor）记录了在保存或者恢复操作之后的所有命令。单击该命令后将打开一个编辑器窗口，可以查看其中的操作或者编辑命令，如图 2-45 所示。

窗口上方的菜单具有如下功能：

◆ OK：输入显示在窗口中的操作序列，此菜单用于输入修改后的命令。

◆ Save：将显示在窗口中的命令保存为分开的文件。其文件名为jobname???.cmds，其中序号依次递增。可以用/INPUT 命令输入已经存盘的文件。

◆ Cancel：放弃当前窗口的内容，回到 ANSYS 主界面中。

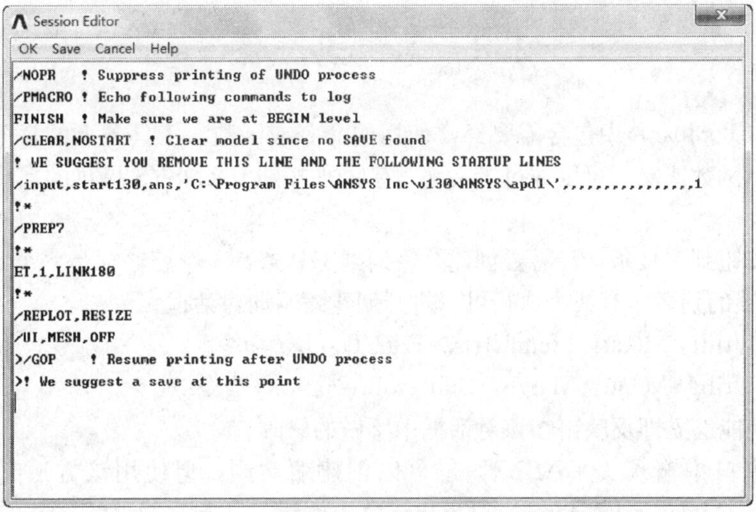

图 2-45　记录编辑器

◆ Help：显示帮助。

2.7　输 出 窗 口

　　输出窗口（Output Window）接受所有从程序来的文本输出：命令响应、注解、警告、错误以及其他信息。初始时，该窗口可能位于其他窗口之下。
　　输出窗口的信息能够指导用户进行正确操作。典型的输出窗口如图 2-46 所示。

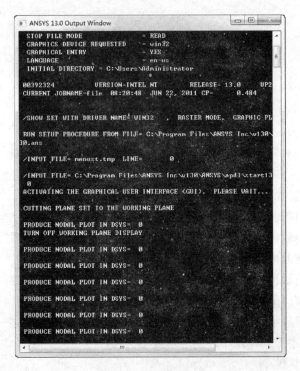

图 2-46　输出窗口

2.8 工具条

工具条（Toolbar）中包含需要经常使用的命令或函数。工具条上的每个按钮对应一个命令或菜单函数或宏。可以通过定义缩写来添加按钮。ANSYS 提供的默认工具条如图 2-47 所示。

要添加按钮到工具条，只需要创建缩略词到工具条，一个缩略词是一个 ANSYS 命令或者 GUI 函数的别名。有两个途径可以打开创建缩略词对话框。

◆ 选择 Utility Menu：MenuCtrls>Edit Toolbar 命令。
◆ 选择 Utility Menu：Macro>Edit Abbreviations 命令。

工具条上能够立即反映出在该对话框中所做的修改。

在输入窗口中输入"*ABBR"也可以创建缩略词，但使用该方法时，需要选择 Utility Menu：MenuCtrls>Update Toolbar 命令更新工具条。

缩略词在工具条上的放置顺序由缩略词的定义顺序决定，不能在 GUI 中修改。但可以把缩略词集保存为一个文件，编辑这个文件，就可以改变其次序。其菜单路径为 Utility Menu：MenuCtrls>Save Toolbar 或 Utility Menu：Macro>Save Abbr。

由于有的命令或者菜单函数对于不同处理器，所以在一个处理器下单击其他处理器的缩略词按钮时，会打开"无法识别的命令"警告。

图 2-47 工具条

2.9 图形窗口

图形窗口（Graphics Window）是图形用户界面操作的主窗口，用于显示绘制的图形，包括实体模型、有限元网格和分析结果，它也是图形选取的场所。

ANSYS 能够利用图形和图片描述模型的细节，这些图形可以在显示器上查看、存入文件、或者打印输出。

ANSYS 提供了两种图形模式：交互式图形和外部图形。前者指能够直接在屏幕终端查看的图形，后者指输出到文件中的图形，可以控制一个图形或者图片是输出到屏幕还是到文件。通常，在批处理命令中，是将图形输出到文件。

本节主要介绍图形窗口，并简单介绍如何把图形输出到外部文件。

可以改变图形窗口的大小，但保持其宽高比为 4∶3 在视觉上会显得好一些。

图形窗口的标题显示刚完成的命令。当打开多个图形窗口时，这一点很有用。

在 PREP7 模块中时，标题中还将显示如下信息：

◆ 当前有限元类型属性指示（type）。

◆ 当前材料属性指示 (mat)。
◆ 当前实常数设置属性指示 (real)。
◆ 当前坐标系参考号 (csys)。

2.9.1 图形显示

通常，显示一个图形需要两个步骤：

1. 选择 Utility Menu：PlotCtrls 命令设置图形控制选项。
2. 选择 Utility Menu：Plot 命令绘图。可以绘制的图形有很多，包括几何显示，如节点、关键点、线和面等；结果显示，如变形图、等值线图和结果动画等；曲线图显示，如应力应变曲线、时间历程曲线和轨线图等。

在显示前，或者在绘图建模前，有必要理解图形的显示模式。在图形窗口中，有两种显示模式：直接模式和 XOR 模式。只能在预处理器中才能切换这两种模式，在其他处理器中，直接模式是无效的。图 2-48 所示为用于计算无限长圆柱体的模型，可以通过纹理等控制，使模型更真实、美观。

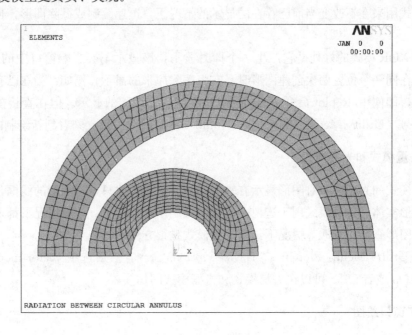

图 2-48 ANSYS 图形窗口

1. 直接模式

GUI 在默认情况下，一旦创建了新图元，模型会立即显示到图形窗口中，这就叫直接模式。然而，如果在图形窗口中有菜单或者对话框的话，移动菜单或对话框将把图形上的显示破坏掉，而且改变了图形窗口大小。例如：将图形窗口缩小为图标，然后再恢复时，直接模式显示的图将不会显示，除非进行其他绘图操作，如用/REPLOT 命令重新绘制。

直接模式自动对用户的图形绘制和修改命令进行显示。要注意的是，它只是一个临时性显示，所以：

当图形窗口被其他窗口覆盖，或者图形最小化之后，图形将被毁坏。

窗口的缩放依赖于最近的绘图命令，如果新的实体位于窗口之外，将不能完全显示新的实体。为了显示完整的新的实体，需要一个绘图指令。

数字或者符号（如关键点的序号或者边界符号）以直接模式绘制。所以它们符合上面两条规则，除非在 PlotCtrls 中明确指出要打开这些数字或符号。

当定义了一个模型但又不需要立即显示时，可以用下面的操作关闭直接显示模式。

选择 Utility Menu：PlotCtrls＞Erase Options＞Immediate Disply 命令。

在输入窗口中输入"IMMED"命令。

当不用 GUI 而交互运行 ANSYS 时，默认情况下，直接模式是关闭的。

2. XOR 模式

该模式用来在不改变当前已存在的显示的情况下，迅速绘制或擦除图形，也用来显示工作平面。

使用 XOR 模式的好处是它产生一个即时显示，该显示不会影响窗口中的已有图形；缺点是当在同一个位置两次创建图形时，它将擦除原来的显示。例如：当在已有面上再画一个面时，即使用/Replot 命令重画图形，也不能得到该面的显示。但在直接模式下，当打开了面号（Utility Menu：PlotCtrls＞Numbering）时，可以立刻看到新绘制的图形。

3. 矢量模式和光栅模式

矢量模式和光栅模式对图形显示有较大影响。矢量模式只显示图形的线框，光栅模式则显示图形实体；矢量模式用于透视，光栅模式用于立体显示。一般情况下都采用光栅模式，但在图形查询、选取等情况下，用矢量模式是很方便的。

选择 Utility Menu：PlotCtrls＞Device Options 命令，然后选中 vector mode 复选框，使其变为 On 或者 Off。可以在矢量模式和光栅模式间切换。

2.9.2 多窗口绘图

ANSYS 提供了多窗口绘图，使得在建模时能够从各个角度观察图形，在后处理时能够方便地比较结果。进行多窗口操作的步骤如下：

（1）定义窗口布局。
（2）选择想要在窗口中显示的内容。
（3）如果要显示单元和图形，选择用于绘图的单元和图形显示类型。
（4）执行多窗口绘图操作，显示图形。

1. 定义窗口布局

所谓窗口布局，即窗口外观，包括窗口的数目、每个窗口的位置及大小。

Utility Menu：PlotCtrls＞Multiwindow Layout 命令用于定义窗口布局，对应的命令是/WINDOW。

在打开的对话框中，包括如下一些窗口布局设置。

◆ One Window：单窗口。

◆ Two（Left-Right）：两个窗口，左右排列。

◆ Two（Top-Bottom）：两个窗口，上下排列。

◆ Three（2Top/Bot）：三个窗口，两个上面，一个下面。

◆ Three（Top/2Bot）：三个窗口，两个下面，一个上面。

◆ Four（2Top/2Bot）：四个窗口，两个上面，两个下面。

在该对话框中，Display upon OK/Apply 选项的设置比较重要。有如下一些选项：

◆ No Redisplay：单击"OK"按钮或者 Apply 按钮后，并不更新图形窗口。

◆ Replot：重新绘制所有图形窗口的图形。

◆ Multi-Plots：多重绘图，实现窗口之间的不同绘图模式时，通常使用该选项，例如，在一个窗口内绘制矢量图，在另一个窗口内绘制等值线图。

还可以选择 Utility Menu：PlotCtrls＞Windows Ctrls＞Window Layout 命令定义窗口布局，打开的对话框如图 2-49 所示。

首先选择想要设置的窗口号 WN，然后设置其位置和大小 Window geometry，对应的命令是/WINDOW。这种设置将覆盖 Multiwindow Layout 设置。具体地说，如果定义了 3 个窗口，两个在上，一个在下，则在上的窗口为 1 和 2，在下的窗口为 3。如果用/WINDOW 命令设置窗口 3 在右半部分，则它将覆盖窗口 2。

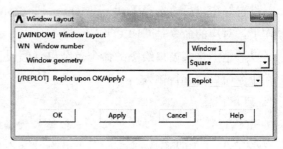

图 2-49　窗口布局

在该对话框中，如果在 Window geometry 下拉列表框中选择 Picked 选项，则可以用鼠标选取窗口的位置和大小，也可以从输入窗口中输入其位置，在输入时，以整个图形窗口的中心作为原点。例如，对原始尺寸来说，设置（－1.0，1.67，1.1）表示原始窗口的全屏幕。Utility Menu：PlotCtrls＞Style＞Colors＞Window Colors 命令用于设置每个窗口的背景色。

2. 设置显示类型

一旦完成了窗口布局设置，就要选择每个窗口要显示的类型。每个窗口可以显示模型图元、曲线图或其他图形。

Utility Menu：PlotCtrls＞Multi-Plot Controls 命令用来设置每个窗口显示的内容。

在打开的对话框中，首先选择要设置的窗口号（Edit Window），但绘制曲线图时，不用设置该选项。因为程序默认情况是绘制模型（实体模型和有限元模型）的所有项目，包括关键点、线、面、体、节点和单元。在单元选项中，可以设置当前的绘图是单元，还是 POST1 中的变形、节点解、单元解，或者单元表数据的等值线图、矢量图。

这些绘图设置与单个窗口的绘图设置相同，例如，绘制等值线图或者矢量图打开的对话框与在通用后处理中打开的对话框是一样的。

为了绘制曲线图，应当将 Display Type 设置为 Graph Plots，这样就可以绘制所有的曲线图，包括材料属性图、轨线图、线性应力和数组变量的列矢量图等。对应的命令为/GCMD。

完成这些设置后，还可以对所有窗口进行通用设置，菜单路径为 Utility Menu：PlotCtrls>Style。关于图形的通用设置，也就是设置颜色、字体、样式等。

尽管多窗口绘图可以绘制不同类型的图，但是，其最主要的用途是在三维建模过程中。在图形用户交互建模过程中，可以设置 4 个窗口，其中一个显示前视图，一个显示顶视图，一个显示左视图，另一个则显示 Iso 立体视图。这样，就可以很方便地理解图形并建模。

3. 绘图显示

设置好窗口后，选择 Utility Menu：Plot>Multi-Plot 命令，就可以进行多窗口绘图操作了，对应的命令是 GPLOT。

以下是一个多窗口绘图的命令及结果（假设已经进行了计算），完整的命令序列（可以在命令窗口内逐行输入）：

/POST1
SET,LAST　　　　　　　　! 读入数据到数据库
/WIND,1,LEFT　　　　　　! 创建两个窗口，左右排列
/WIND,2,RIGHT
/TRIAD,OFF　　　　　　　! 关闭全局坐标显示
/PLOPTS,INFO,0　　　　　! 关闭图例
/GTYPE,ALL,KEYP,0　　　! 关闭关键点、线、面、体和节点的显示
/GTYPE,ALL,LINE,0
/GTYPE,ALL,AREA,0
/GTYPE,ALL,VOLU,0
/GTYPE,ALL,NODE,0
/GTYPE,ALL, ELEM,1　　　! 在所有窗口中都使用单元显示
/GCMD,1,PLDI,2　　　　　! 在窗口 1 中绘制变形图,2 代表了绘制未变形边界
/GCMD,2,PLVE,U　　　　　! 在窗口 2 中绘制位移矢量图
GPLOT　　　　　　　　　　! 执行绘制命令

所得结果如图 2-50 所示的多窗口绘图。

4. 图形窗口的操作

定义了图形窗口，在完成绘图操作前或后，可以对窗口及其内容进行复制、删除、激活或者关闭窗口。

Utility Menu：PlotCtrls＞Window Controls＞Window On or Off 命令用于激活或者关闭窗口，对应的命令是/WINDOW，wn，ON 或者/WINDOW，wn，OFF。其中 wn 是窗口号。

Utility Menu：PlotCtrls＞Window Controls＞Delete Window 命令用于删除窗口，对应的命令是/WINDOW，wn，DELE。

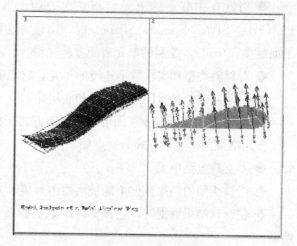

图 2-50 多窗口绘图

Utility Menu：PlotCtrls＞Window Controls＞Copy Windows 命令用于把一个窗口的显示设置复制到另一个窗口中。

Utility Menu：PlotCtrls＞Erase Options＞Erase between Plots 命令是一个开关操作。如果不选中该选项，则在屏幕显示之间不会进行屏幕擦除。这使得新的显示在原有显示上重叠；有时，这种重叠是有意义的。但多数情况下，它只能使屏幕看起来很乱。其对应的命令是/NOERASET 和/ERASE。

5. 捕获图像

捕获图像能够得到一个图像快照，用户通过对该图像存盘或恢复，来比较不同视角、不同结果或者其他有明显差异的图像。其菜单路径为 Utility Menu：PlotCtrls＞Capture Image。

2.9.3 增强图形显示

ANSYS 提供有两种图形显示方式。

◆ 全模式显示方式：菜单路径为 Toolbar＞POWRGRPH，在打开的对话框中，选择 OFF，对应的命令为 GRAPHICS，FULL。

◆ 增强图形显示方式：菜单路径为 Toolbar＞POWRGRPH，在打开的对话框中，选择 ON，对应的命令为 GRAPHICS，POWER。

默认情况下，除存在电路单元外，所有其他分析都使用增强图形显示方式。通常情况下，能用增强图形显示时，尽量使用它，因为它的显示速度比全模式显示方式快很多，但是，有一些操作只支持增强图形显示方式，有一些绘图操作只支持全模式方式。除了显示速度快这个优点外，增强图形显示方式还有很多优点：

◆ 对具有中节点的单元绘制二次表面。当设置多个显示小平面（Utility Menu：PlotCtrls>Style>Size and Shape）时，用该方法能够绘制有各种曲率的图形，指定的小平面越多（1~4），绘制的单元表面就越光滑。

◆ 对材料类型和实常数不连续的单元，它能够显示不连续结果。

◆ 壳单元的结果可同时在顶层和底层显示。

◆ 可用 QUERY 命令在图形用户界面方式下查询结果。

使用增强图形显示方式的缺点如下：

◆ 不支持电路单元。

◆ 当被绘制的结果数据不能被增强图形显示方式支持时，结果将用全模式绘制出来。

◆ 在绘制结果数据时，它只支持结果坐标系下的结果，而不支持基于单元坐标系的绘制。

◆ 当结果数据要求平均时，增强图形显示方式只用于绘制或者列表模型的外表面，而全模型方法则对整个外表面和内表面的结果都进行平均。

◆ 使用增强图形显示方式时，图形显示的最大值可能和列表输出的最大值不同，因为图形显示非连续处是不进行结果平均，而列表输出则是在非连续处进行了结果平均。

POWERGRAPHIC 还有其他一些使用上的限制，它不能支持如下命令：/CTYPE、DSYS、/EDGE、/ESHAPE、*GET、/PNUM、/PSYMB、RSYS、SHELL 和 *VGET。另外，有些命令，不论增强图形显示方式是否打开，都使用全模式方式显示，如/PBF、PRETAB、PRSECT 等。

2.10 个性化界面

图形用户界面可以根据用户的需要和喜好来定制，以获得个性化的界面。存在不同的定制水平，由低到高依次为：

◆ 改变 GUI 布局。

◆ 改变颜色和字体。

◆ 改变 GUI 的启动菜单。

◆ 菜单链接和对话框设计。

2.10.1 改变字体和颜色

可以通过 Windows 控制面板改变 GUI 组件的颜色、字体。对于 UNIX 系统，通过编辑 X-资源文件来改变字体和颜色。要注意的是：在 Windows 系统下，如果把字体设为大字体，可能会使屏幕不能显示某些大对话框和菜单的完整组件。

在 ANSYS 程序内，可以改变出现在图形窗口的数字和文字的属性，如颜色、字体和大小。其菜单路径为 Utility Menu：Plot Controls>Font Controls 和 Utility Menu：

PlotCtrls>Style>Colors。

可以改变 ANSYS 的背景显示，使其显示带有颜色或纹理，以更富有表现力。对应的菜单路径为 Utility Menu：PlotCtrls>Style>Background。

2.10.2 改变 GUI 的启动菜单显示

默认情况下，启动时 6 个主要菜单（通用菜单、主菜单、工具条、输入窗口、输出窗口和图形窗口）都将出现。但可以用/MSTART 命令来选择哪些菜单在启动时出现。

首先，在 ANSYS Inc \ v130 \ ansys \ apdl 文件中找到并打开文件 start120.ans，然后，添加/MSTART 命令。例如：为了在启动时不显示主菜单，而显示移动—缩放—旋转菜单，添加的命令为：

◆ /MSTART，MAIN，OFF
◆ /MSTART，ZOOM，ON

用这种方式，在 ANSYS 启动时要选择读取 start130.ans 文件。

2.10.3 改变菜单链接和对话框

这是高级的 GUI 配置方式，为了分析更为方便，可以改变菜单链接、改变对话框的设计、添加链接于菜单的对话框（其内部形式是宏）。

ANSYS 程序在启动时读入 menulist130.ans 文件，该文件列出了包含在 ANSYS 菜单中所有文件名。通常，该文件存在于 ANSYS Inc \ v130 \ ansys \ gui \ en-us \ UIDL 子目录下。但是，工作目录和根目录下的 menulist130.ans 文件也将被 ANSYS 搜索，从而允许用户设置自己的菜单系统。

如果要修改 ANSYS 菜单和对话框，需要学习 ANSYS 高级 GUI 编程语言 UIDL（User Interface Design Language）。

另一种修改菜单链接和对话框的方法是使用工具命令语言和工具箱 Tcl/Tk（Tool Command Language and Toolkit）。

2.11 ANSYS 中常用操作

2.11.1 拾取操作

应用 ANSYS 进行分析中，无论前处理还是后处理，关键点、线、面、体、节点、单元选择很常用，掌握 ANSYS 的选择功能很重要。要掌握组合选择，比如基于体选单元等，也是提高分析效率的重要工具，现详细分析如下：

GUI 操作：选择 Utility Menu>Select>Entities，拾取菜单如图 2-51 所示。
命令：NSEL
使用格式：NSEL，TYPE，ITEM，COMP，VMIN，VMAX，VINC，KABS
其中：
TYPE：选择类型的有效标签。它的值有：
➢ S（From Full）：从数据集里选择一组新的数据子集（默认设置）。

➢ R（Reselect）：从当前选择的子集里再重新选择一组数据子集。

➢ A（Also Select）：从数据集中另外再选择一组子集与当前已选择的一组数据子集。

➢ U（Unselect）：从当前数据子集里删除刚选择的一组数据子集。

以上与图2-51（a）框A中所示对应。

➢ ALL（Sele All）：重新恢复到选择所有的数据集，即：全集。

➢ NONE（Sele None）：什么也不选，即：空集。

➢ INVE 选择与当前子集相反部分的数据集，即：已选择的成为没有选择，而没有选择的则被选择。

以上与图2-51（a）框B中所示对应。

ITEM，COMP：确定选择方式，与图2-51（b）框C所对应。

  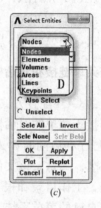

(a)   (b)   (c)

图2-51 拾取菜单

VMIN：项目范围的最小值。范围可以是节点编号、设置的编号、坐标值、载荷值以及与适当项相对应的结果数据。也可以使用元件名来取代 VMIN。

VMAX：项目范围的最大值。对于输出值，其默认值为 VMIN；对于结果值，如果 VMIN 为正，其默认值为无穷大；如果 VMIN 为负，其默认值为零；如果 VMIN＝VMAX，使用 $\pm 0.005 \times$ VMAX 的公差值；如果 VMIN＝0，为 $\pm 1 \times 10^{-6}$；如果 VMIN≠VMAX，使用 $1 \times 10^{-8} \times$ (VMAX-VMIN) 的公差值。

VINC：在范围之内的增量值。仅适用于整数范围，默认值为1，且不能为负数。

KABS：绝对值控制键，若为0，在选择期间检查值的符号；若为1，在选择期间则使用绝对值，即：忽略值的符号。

类似的选择命令有：

➢ 选择单元命令：ESEL, TYPE, ITEM, COMP, VMIN, VMAX, VINC, KABS

➢ 选择体命令：VSEL, TYPE, ITEM, COMP, VMIN, VMAX, VINC, KABS

➢ 选择线命令：LSEL, TYPE, ITEM, COMP, VMIN, VMAX, VINC, KABS

➢ 选择关键点命令：KSEL, TYPE, ITEM, COMP, VMIN, VMAX, VINC, KABS

➢ 选择面命令：ASEL, TYPE, ITEM, COMP, VMIN, VMAX, VINC, KABS

以上命令应用 GUI 操作，在图2-51（c）框D中选择。

2.11.2 显示操作

在 ANSYS 中 GUI 操作进行分析时，在前处理操作中，在加载和施加边界条件时，经常选择面、单元、节点等，需要设置显示，如：打开实体编号显示、观察视角等，从而方便拾取。

指定显示时颜色、编号或颜色与编号的显示方式，在如图 2-52（a）中 A 框设置显示属性，如单元材料、单元类型等，在如图 2-52（a）中 B 框，设置显示控制，如：编号或颜色显示方式。

GUI 操作：选择 Utility Menu>PlotCtrls>Numbering

命令：/NUMBER, NKEY

其中，NKEY 为显示控制，与图 2-52（a）中 B 框所对应。若为 0，颜色和编号同时显示；若为 1，只显示颜色；若为 2，仅显示数字编号；若为 -1，颜色和编号均不显示。

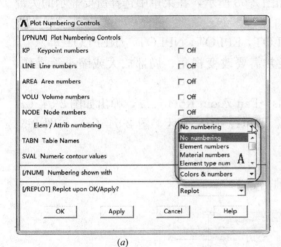 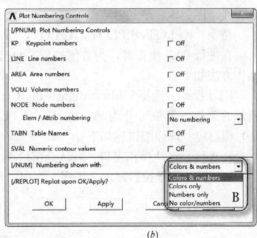

(a)   (b)

图 2-52 显示编号控制对话框

命令：/PNUM, LABEL, KEY

该命令对应如图 2-52（b），其中：

LABEL：编号与颜色的类型。有如下项供选择：

➢ NODE：显示在单元和节点上的节点编号。

➢ ELEM：显示在单元上的单元编号和颜色。

➢ SEC：显示在单元上的截面号和颜色。

➢ MAT：显示在单元和实体模型上的材料号和颜色。

➢ TYPE：显示在单元和实体模型上的单元类型编号和颜色。

➢ REAL：显示在单元和实体模型上的实常数编号和颜色。

➢ ESYS：显示在单元和实体模型上的坐标系统参考号。

➢ LOC：显示在单元上的按求解序列排序的单元位置编号或颜色，除非模型重新排序，LOC 与 ELEM 编号是相同的。

➢ KP：显示在实体模型上的关键点编号。

➢ LINE：显示在实体模型上的线编号或颜色。

➢ AREA：显示在实体模型上的面编号或颜色。
➢ VOLU：显示在实体模型上的体编号或颜色。
➢ SVAL：在处理显示时的应力或等值线，显示在实体模型上的面载荷值和颜色。对于表格型边界条件，以表格所求出的值将会显示在节点和单元上。
➢ TABNAM：对于表格型边界条件的表格名称。如果这个选项打开，表格名会仅靠合适的符号、箭头、面轮廓或等值线出现。
➢ SAT：显示当前命令/PNUM 的状态。
➢ DEFA：恢复所有的/PNUM 设置到其默认状态。

KEY：编号与颜色显示控制开关。若为 0，则对指定的标签关闭其颜色和编号的显示；若为 1，则对指定的标签打开其颜色和编号的显示。

在进行 GUI 操作时，也经常需要刷新显示，或者显示所选择的关键点、线、面、体、单元、节点等，操作方法如下：

GUI 操作：选择 Utility Menu＞Plot，如图 2-53 所示，在菜单中选择所要显示的关键点、线、面、体、单元、节点等。

命令：KPLOT, LPLOT, APLOT, VPLOT, EPLOT, NPLOT, /REPLOT 等。

在进行 GUI 操作时，为方便拾取，也经常需要改变视角、局部放大或缩小等操作，操作方法如下：

GUI 操作：选择 Utility Menu＞PlotCtrls＞Pan Zoom Rotate...，弹出如图 2-54（a）所示的菜单，菜单可分为 A、B、C、D、E、F、G、H 8 个区，图 2-54（a）与图 2-54（b）相对应。现详细讲述如下：

➢ A 区：选择操作窗口，默认是窗口 1。
➢ B 区：选择投影显示、正视、侧视、轴侧等。

图 2-53 显示菜单

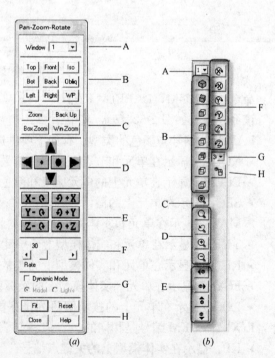

图 2-54 视角调整设置对话框

- C区：单击Fit，ANSYS通过自动计算重新设置焦点和距离的值。
- D区：选择放大方式、局部放大、窗口放大等。
- E区：绕坐标轴旋转。
- F区：选择放大、缩小、平移等。
- G区：设置旋转角度，默认是30°，最大可增大到100°。
- H区：打开或关闭动态显示开关；当打开此开关，晃动鼠标，可旋转任意角度；当旋转到适当的角度，再关闭此开关。

2.12 分析步骤示例——工字钢悬臂梁静力分析

本节将对一个悬臂梁进行静力分析，本节完成后，读者将对ANSYS分析有一个全面的认识。

2.12.1 分析问题

使用ANSYS分析一个截面为正方形的悬臂梁，如图2-55所示。

求解在力P作用下点A处的变形，已知条件如下：

端部压力：$P=4000$lb

梁的长度：$L=72$in

梁的高度：$H=10$in

截面惯性矩：$I=833$in^4

杨氏模量：$E=29\times10^6$psi

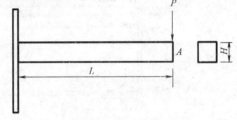

图2-55 问题模型

2.12.2 建立有限元模型

（1）启动ANSYS

以交互模式进入ANSYS，工作文件名为example。

① 选择实用菜单Main Menu：File>Clear & Start New...

② 在打开的Clear Database and Start New对话框中，选择Read file，单击"OK"按钮，如图2-56所示。

③ 打开确认按钮，按Yes，如图2-57所示。

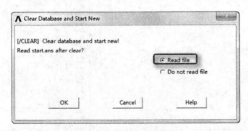

图2-56 建立新的文件

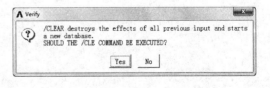

图2-57 建立新文件的确认对话框

④ 选择实用菜单Main Menu：File>Change Jobname...

⑤ 这时会打开Change Jobname对话框，在文本框中键入"example"作为新的工作

名,然后按 OK,如图 2-58 所示。

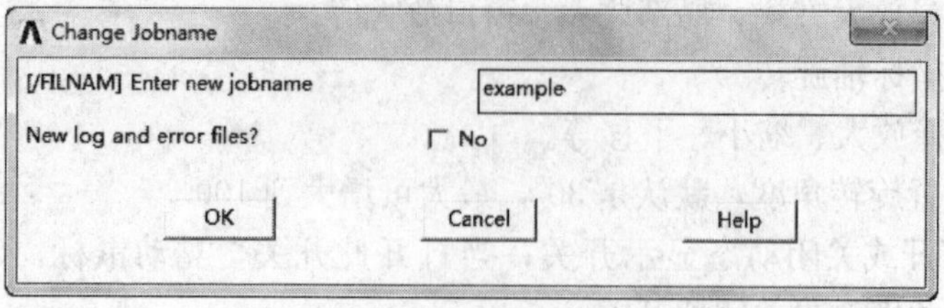

图 2-58 设置新的工作名

(2) 创建基本模型

使用带有两个关键点的线模拟梁,梁的高度及横截面积将在单元的实常数中设置。

① 选择主菜单 Main Menu:Preprocessor>Modeling> Create>Keypoints>In Active CS...

② 在创建点对话框中,输入关键点编号 1。

③ 在创建点对话框中,输入 x,y,z 坐标 0,0,0。

④ 选择 Apply,如图 2-59 所示。

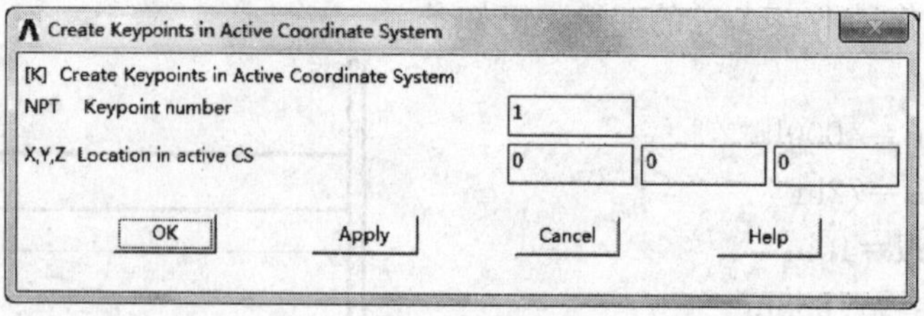

图 2-59 创建点

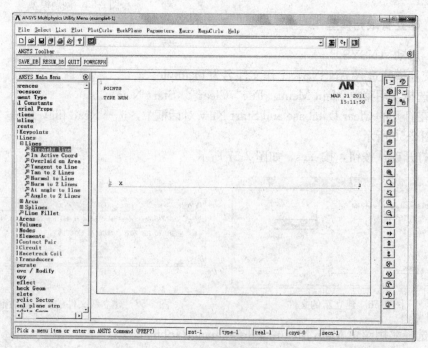

图 2-60 创建直线

⑤ 输入关键点编号 2。
⑥ 输入 x, y, z 坐标 72, 0, 0。
⑦ 选择 OK。
⑧ 选择主菜单 Main Menu：Preprocessor＞Modeling＞ Create＞Lines＞Lines＞Straight Line。
⑨ 在图形窗口中选取两个关键点 1、2，如图 2-60 所示。
⑩ 在拾取菜单中选择 OK。
创建好的图形如图 2-61 所示。

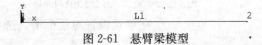

图 2-61　悬臂梁模型

ANSYS 数据库是当用户在建模求解时 ANSYS 保存在内存中的数据。由于在 ANSYS 初始对话框中定义的工作文件名为 example，因此存储的数据库到名为 example.db 的文件中。经常存储数据库文件名是必要的。这样在进行错误操作后，可以恢复上次存储的数据库文件。存储及恢复操作，可以点取工具条，也可以选择菜单：选择应用菜单Utility Menu：File。

（3）存储 ANSYS 数据库

Toolbar：SAVE_DB

（4）设定分析模块

① 选择主菜单 Main Menu：Preferences。
② 选择 Structural。
③ 选择 OK，如图 2-62 所示。

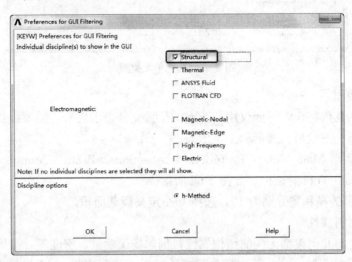

图 2-62　选择分析模型

使用"Preferences"对话框选择分析模块，以便于对菜单进行过滤。如果不进行选择，所有的分析模块的菜单都将显示出来。例如这里选择了结构模块，那么所有热、电磁、流体的菜单将都被过滤掉，使菜单更简洁明了。

创建好几何模型以后,就要准备单元类型、实常数、材料属性,然后划分网格。

(5) 设定单元类型相应选项

对于任何分析,必须从单元类型库中选择一个或几个适合的分析单元类型。单元类型决定了辅加的自由度(位移、转角、温度等)。许多单元还要设置一些单元的选项,诸如单元特性和假设、单元结果的打印输出选项等。对于本问题,只需选择 BEAM188 并默认单元选项即可。

① 选择主菜单 Main Menu:Preprocessor＞Element Type＞Add/Edit/Delete。

② 在单元设置对话框中,选择 Add...,如图 2-63 所示。

③ 左边单元库列表中选择 Beam。

④ 在右边单元列表中选择 2 node（BEAM188）,如图 2-64 所示。

⑤ 选择 OK 接受单元类型,并关闭对话框。

⑥ 选择 Close 关闭单元类型对话框,如图 2-65 所示。

图 2-63 添加单元

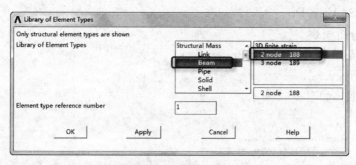

图 2-64 选择单元类型

(6) 定义截面

有些单元的几何特性,不能仅用其节点的位置充分表示出来,需要提供截面信息。典型的截面有矩形、三角形、圆形和工字形等。

① 选择主菜单 Main Menu:Preprocessor＞Sections＞Beam＞Common Sections。

② 弹出 Beam Tool 对话框,如图 2-66 所示。

③ 输入矩形的高和宽分别为 10,选择 OK 定义横截面积。

(7) 定义材料属性

材料属性是与几何模型无关的结构属性,例如杨氏模量、密度等。虽然材料属性并不与单元类型联系在一起,但由于计算单元矩阵时需要材料属性,ANSYS 为了使用方便,还是对每种单元类型列出了相应的材料类型。根据不同的应用,材料属性可以是线性或非线性的。与单元类型及实常数类似,一个分析中可以设定多种材料。每种材料设定一个材料编号。对于本问题,只需定义一种材料,这种材料只需定义一个材料属性——杨氏模量 29×10^6 psi。定义材料属性的具体步骤为:

图 2-65　单元类型设置

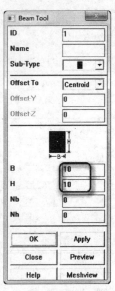

图 2-66　设置实常数

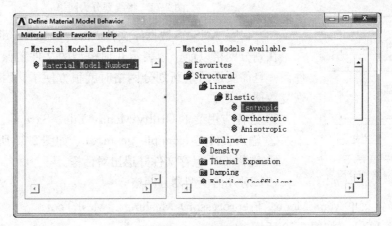

图 2-67　设置材料

① Preprocessor>Material Props>Material Models。
② 在出现的对话框中依次单击 Structural、Linear、Elastic 和 Isotropic，如图 2-67 所示。
③ 在 EX 框中输入 29e6（弹性模量），单击"OK"按钮，如图 2-68 所示。
④ 选择对话框的菜单 Material Props>Exit 定义材料属性并关闭对话框。

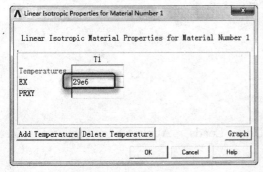

图 2-68　输入材料属性

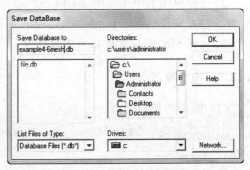

图 2-69　保存数据

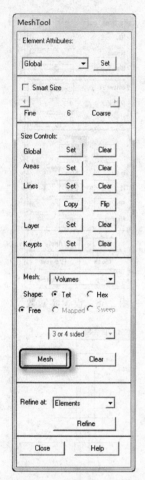

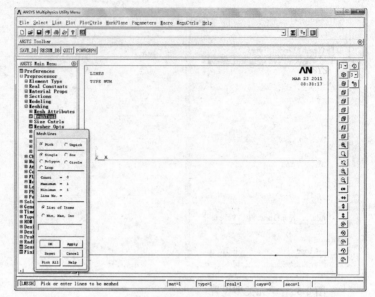

图 2-71 将线划分为网格

（8）保存 ANSYS 数据库文件 example_geom.db

在划分网格以前，用表示几何模型的文件名保存数据库文件。一旦需要返回重新划分网格时就很方便了，因为此时需要恢复数据库文件。

① 选择应用菜单 Utility Menu：File>Save as。

② 输入文件名 example_geom.db，如图 2-69 所示。

③ 选择 OK 保存文件并退出对话框。

（9）对几何模型划分网格

图 2-70 网格划分设置

① 选择主菜单 Main Menu：Preprocessor>Meshing >MeshTool。

② 选择 Mesh，如图 2-70 所示。

③ 在图形上拾取所绘制的直线。

④ 在拾取对话框中选择 OK，如图 2-71 所示。

⑤（可选）在 MeshTool 对话框中选择 Close。

（10）保存 ANSYS 数据库到文件 example_mesh.db

① 选择应用菜单 Utility Menu：File>Save as。

② 输入文件名：example_mesh.db。

③ 选择 OK 保存文件并退出对话框。

2.12.3 施加载荷

（1）施加载荷及约束

① 选择主菜单 Main Menu：Solution>Difine Loads> Apply>Structural> Displacement>On Nodes。

② 拾取最左边的节点。

③ 在拾取菜单中选择 OK，如图 2-72 所示。

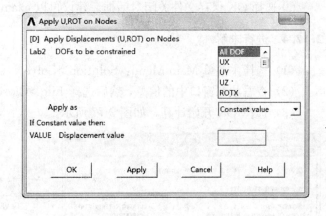

图 2-72　施加载荷　　　　　　　　图 2-73　输入载荷值

④ 选择 All DOF。

⑤ 选择 OK（如果不输入任何值，位移约束默认为 0），如图 2-73 所示。

⑥ 选择主菜单 Main Menu：Solution＞Difine Loads＞ Apply＞Structural＞Force/Moment＞On Nodes。

⑦ 拾取最右边的节点。

⑧ 在选取对话框中选择 OK。

⑨ 选择 FY。

⑩ 在 VALUE 框中输入－4000。

⑪ 选择 OK，如图 2-74 所示。

施加约束所得图形如图 2-75 所示。

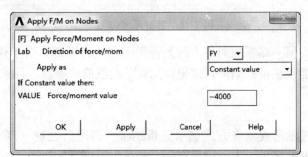

图 2-74　施加约束

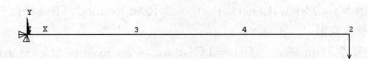

图 2-75　施加约束

(2) 保存数据库文件到 example_load.db
① 选择应用菜单 Utility Menu：File>Save as。
② 输入文件名 example_load.db。
③ 选择 OK 保存文件关闭对话框。建议再以 example_load.db 文件名保存数据库。

2.12.4 进行求解

(1) 选择主菜单 Main Menu：Solution>Solve> Current LS。
(2) 查看状态窗口中的信息，然后选择 File>Close，如图 2-76 所示。
(3) 选择 OK 开始计算，如图 2-77 所示。

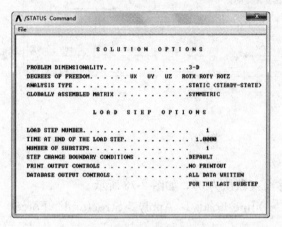

图 2-76 求解信息窗口

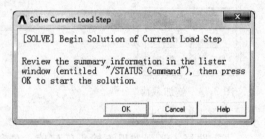

图 2-77 确认求解信息窗口

(4) 当出现 "Solution is done!" 提示后，选择 Close 关闭此窗口，如图 2-78 所示。

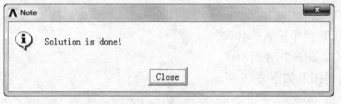

图 2-78 求解完成提示

将对一端固支、另一端施加向下力的悬臂梁问题进行求解。由于这个问题规模很小，使用任何求解器都能很快得到结果，这里使用默认的波前求解器进行求解。

2.12.5 后处理

后处理用于通过图形或列表方式显示分析结果。通用后处理（POST1）用于观察指定载荷步的整个模型的结果。本问题只有一个载荷步需进行后处理。

(1) 进入通用后处理读取分析结果

选择主菜单 Main Menu：General Postproc>Read Results>First Set。

(2) 图形显示变形

① 选择主菜单 Main Menu：General Postproc>Plot Results>Deformed Shape。

② 在对话框中选择 def＋undeformed。

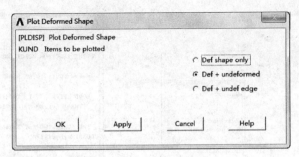

图 2-79 选择显示样式

③ 选择 OK，如图 2-79 所示。

梁变形前后的图形都将显示出来，以便进行对比。

注意由于力 P 对结构引起的 A 点的变形。变形值在图形的右边标记为"DMX"。可以将此结果与手算的结果进行对比：

根据弹性梁理论：$y_a = (PL^3)/(3EI) = 0.0206\text{in}$。

两个结果一致，如图 2-80 所示。

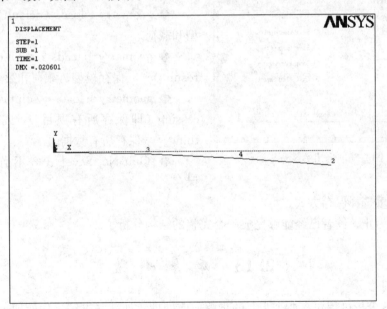

图 2-80 计算结果

(3)（可选）列出反作用力

① 选择主菜单 Main Menu：General Postproc＞List Results＞Reaction Solu。

② 选择 OK 列出所有项目，并关闭对话框，如图 2-81 所示。

③ 查看完结果后，选择 File＞Close 关闭窗口，如图 2-82 所示。

可以列出所有的反作用力。

(4) 退出 ANSYS

① 工具条：Quit。

② 选择 Quit＞No Save!，如图 2-83 所示。

③ 选择 OK，退出 ANSYS。

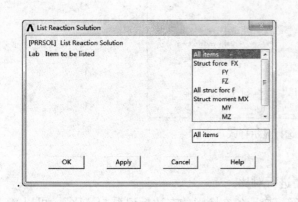

图 2-81 选择列表内容

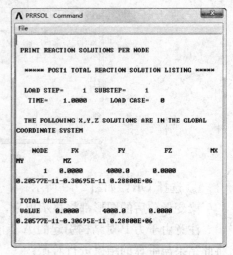

图 2-82 列表显示反作用力

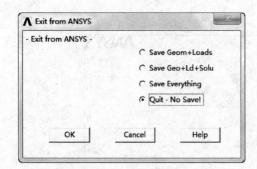

图 2-83 退出 ANSYS

注意保存选项的意义：

◆ geometry＋loads（default）——保存模型和载荷。

◆ geometry＋loads＋solution（1 set of results）——保存模型、载荷和第一步结果。

◆ geometry＋loads＋solution＋postprocessing（即保存所有项目），或 save everything——保存所有数据。

◆ Quit-No Save!——不作任何新的保存。

应该慎重选择保存方式。

到现在为止，读者已经能够完成一个完整的结构分析了。

2.13 本章小结

ANSYS 分析过程包含 3 个主要的步骤：前处理、加载并求解、后处理。而图形界面是执行操作最直观的方式，本章主要讲解了图形界面的启动、对话框、通用菜单和主菜单的使用，并且介绍了 ANSYS 中的常用操作，最后以一个简单的实例来直观地认识图形界面的操作与 ANSYS 分析的过程。

第3章 几何建模

内容提要

有限元分析是针对特定的模型而进行的，因此，用户必须建立一个有物理原型准确的数学模型。通过几何建模，可以描叙模型的几何边界，为之后的网格划分和施加载荷建立模型基础，因此它是整个有限元分析的基础。

本章重点

- 坐标系
- 工作平面
- 自底向上和自顶向下创建几何模型
- 布尔操作
- 从CAD系统输入几何模型

有限元分析的最终目的是还原一个实际工程系统的数学行为特征。换句话说，分析必须是针对一个物理原型的准确的数学模型。由节点和单元构成的有限元模型与结构系统的几何外形是基本一致的，广义上讲，模型包括所有的节点、单元、材料属性、实常数、边界条件，以及其他用来表现这个物理系统的特征，所有这些特征都反映在有限元网格及其设定上面。在ANSYS中，有限元模型的建立又分为直接法和间接法：直接法是直接根据结构的几何外形建立节点和单元而得到有限元模型，因此它一般只适用于简单的结构系统；间接法是利用点、线、面和提等基本图元，先建立几何外形，再对该模型进行实体网格划分，以完成有限元模型的建立，因此它适用于节点及单元数目较多的复杂几何外形的结构系统。下面对间接法建立几何模型作简单的介绍。

3.1 坐标系简介

ANSYS有多种坐标系供其他选择：
（1）总体和局部坐标系：用来定位几何形状参数（节点、关键点等）和空间位置。
（2）显示坐标系：用于几何形状参数的列表和显示。
（3）节点坐标系：定义每个节点的自由度和节点结果数据的方向。
（4）单元坐标系：确定材料特性主轴和单元结果数据的方向。
（5）结果坐标系：用来列表、显示或在通用后处理操作中，将节点和单元结果转换到一个特定的坐标系中。

3.1.1 总体和局部坐标系

总体坐标系和局部坐标系用来定位几何体。默认地，当定义一个节点或关键点时，其坐标系为总体笛卡儿坐标系。可是对有些模型，定义为不是总体笛卡儿坐标系的另外坐标系可能更方便。ANSYS程序允许用任意预定义的3种（总体）坐标系的任意一种来输入几何数据，或者在任何其他定义的（局部）坐标系中进行此项工作。

1. 总体坐标系

总体坐标系被认为是一个绝对的参考系。ANSYS程序提供了前面定义的3种总体坐标系：笛卡儿坐标系、柱坐标系和球坐标系，所有这3种坐标系都是右手系，而且有共同的原点。它们由其坐标号来识别：0是笛卡儿坐标系，1是柱坐标系，2是球坐标系；另外，还有一种以笛卡儿坐标系的Y轴为Z轴的柱坐标系，其坐标号是3，如图3-1所示。

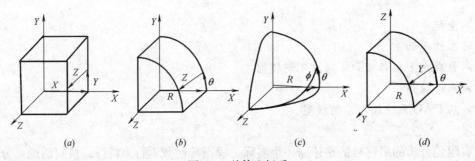

图 3-1 总体坐标系

图3-1（a）表示笛卡儿坐标系，坐标系统标号是0；图3-1（b）表示一类圆柱坐标系（其Z轴同笛卡儿系的Z轴一致），坐标系统标号是1；图3-1（c）表示球坐标系，坐标系统标号是2；图3-1（d）表示两类圆柱坐标系（其Z轴与笛卡儿系的Y轴一致），坐标系统标号是3。

2. 局部坐标系

在许多情况下，必须要建立自己的坐标系。其原点与总体坐标系的原点偏移一定距离，或其方位不同于先前定义的总体坐标系。图3-2表示一个局部坐标系的示例，它是通过用于局部、节点或工作平面坐标系旋转的欧拉旋转角来定义的。可以按以下方式定义局部坐标系：

（1）按总体笛卡儿坐标定义局部坐标系：

命令：LOCAL。

GUI：Utility Menu>WorkPlane>Local Coordinate Systems>Create Local CS>At Specified Loc+。

（2）通过已有节点定义局部坐标系：

命令：CS。

GUI：Utility Menu＞WorkPlane＞Local Coordinate Systems＞Create Local CS＞By 3 Nodes ＋。

(3) 通过已有关键点定义局部坐标系：

命令：CSKP。

GUI：Utility Menu＞WorkPlane＞Local Coordinate Systems＞Create Local CS＞By 3 Keypoints ＋。

(4) 在当前定义的工作平面的原点为中心定义局部坐标系：

命令：CSWPLA。

GUI：Utility Menu＞WorkPlane＞Local Coordinate Systems＞Create Local CS＞At WP Origin。

图 3-1 中，X、Y、Z 表示总体坐标系，然后通过旋转该总体坐标系来建立局部坐标系。图 3-2 (a) 表示，将总体坐标系绕 Z 轴旋转一个角度得到 X_1、Y_1、$Z(Z_1)$；图 3-2 (b) 表示，将 X_1、Y_1、$Z(Z_1)$ 绕 X_1 轴旋转一个角度得到 $X_1(X_2)$、Y_2、Z_2。

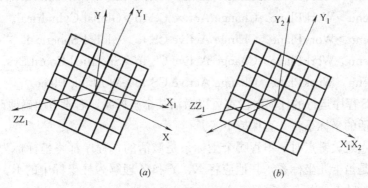

图 3-2　欧拉旋转角

当定义了一个局部坐标系后，它就会被激活。当创建了局部坐标系后，分配给它一个坐标系号（必须是 11 或更大），可以在 ANSYS 程序中的任何阶段建立或删除局部坐标系。若要删除一个局部坐标系，可以利用下面方法：

命令：CSDELE。

GUI：Utility Menu＞WorkPlane＞Local Coordinate Systems＞Delete Local CS。

若要查看所有的总体和局部坐标系，可以使用下面的方法：

命令：CSLIST。

GUI：Utility Menu＞List＞Other＞Local Coord Sys。

与三个预定义的总体坐标系类似，局部坐标系可以是笛卡儿坐标系、柱坐标系或球坐标系。局部坐标系可以是圆的，也可以是椭圆的；另外，还可以建立环形局部坐标系，如图 3-3 所示。

图 3-3 (a) 表示局部笛卡儿坐标系；图 3-3 (b) 表示局部圆柱坐标系；图 3-3 (c) 表示局部球坐标系；图 3-3 (d) 表示局部环坐标系。

3. 坐标系的激活

可以定义多个坐标系，但某一时刻只能有一个坐标系被激活。激活坐标系的方法如

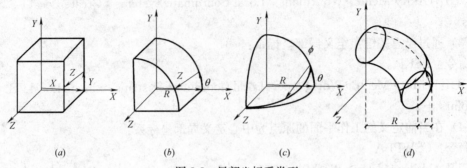

图 3-3 局部坐标系类型

下:首先,自动激活总体笛卡儿坐标系;当定义一个新的局部坐标系,这个新的坐标系就会自动被激活。如果要激活一个与总体坐标系或以前定义的坐标系,可用下列方法:

命令:CSYS。

GUI:Utility Menu>WorkPlane>Change Active CS to>Global Cartesian。

Utility Menu>WorkPlane>Change Active CS to>Global Cylindrical。

Utility Menu>WorkPlane>Change Active CS to>Global Spherical。

Utility Menu>WorkPlane>Change Active CS to>Specified Coord Sys。

Utility Menu>WorkPlane>Change Active CS to>Working Plane。

在 ANSYS 程序运行的任何阶段都可以激活某个坐标系,若没有明确地改变激活的坐标系,当前激活的坐标系将一直保持不变。

在定义节点或关键点时,不管哪个坐标系是激活的,程序都将坐标标为 X、Y 和 Z;如果激活的不是笛卡儿坐标系,其他应将 X、Y 和 Z 理解为柱坐标中的 R、θ、Z 或球坐标系中的 R、θ、φ。

3.1.2 显示坐标系

在默认情况下,即使是在其他坐标系中定义的节点和关键点,其列表都显示它们在总体笛卡儿坐标,可以用下列方法改变显示坐标系:

命令:DSYS。

GUI:Utility Menu>WorkPlane>Change Display CS to>Global Cartesian。

Utility Menu>WorkPlane>Change Display CS to>Global Cylindrical。

Utility Menu>WorkPlane>Change Display CS to>Global Spherical。

Utility Menu>WorkPlane>Change Display CS to>Specified Coord Sys。

改变显示坐标系,也会影响图形显示。除非有特殊的需要,一般在用诸如 NPLOT、EPLOT 命令显示图形时,应将显示坐标系重置为总体笛卡儿坐标系。DSYS 命令对 LPLOT、APLOT 和 VPLOT 命令无影响。

3.1.3 节点坐标系

总体和局部坐标系用于几何体的定位,而节点坐标系则用于定义节点自由度的方向。每个节点都有自己的节点坐标系,默认情况下,它总是平行于总体笛卡儿坐标系(与定义节点的激活坐标系无关)。可用下列方法将任意节点坐标系旋转到所需方向,如图3-4所示。

(1) 将节点坐标系旋转到激活坐标系的方向。即节点坐标系的 X 轴转成平行于激活坐标系的 X 轴或 R 轴,节点坐标系的 Y 轴旋转到平行于激活坐标系的 Y 轴或 θ 轴,节点坐标系的 Z 轴转成平行于激活坐标系的 Z 轴或 ϕ 轴。

命令:NROTAT。

GUI:Main Menu>Preprocessor>Modeling>Create>Nodes>Rotate Node CS>To Active CS。

Main Menu > Preprocessor > Modeling > Move/Modify > Rotate Node CS > To Active CS。

(2) 按给定的旋转角旋转节点坐标系(因为通常不易得到旋转角,因此 NROTAT 命令可能更有用),在生成节点时可以定义旋转角,或对已有节点制定旋转角(NMODIF 命令)。

命令:N。

GUI:Main Menu>Preprocessor>Modeling>Create>Nodes>In Active CS。

命令:NMODIF。

GUI:Main Menu>Preprocessor>Modeling>Create>Nodes>Rotate Node CS>By Angles。

Main Menu>Preprocessor>Modeling>Move/Modify>Rotate Node CS>By Angles。

其他可以用下列方法列出节点坐标系相对于总体笛卡儿坐标系旋转的角度:

命令:NANG。

GUI:Main Menu>Preprocessor>Modeling>Create>Nodes>Rotate Node CS>By Vectors。

Main Menu > Preprocessor > Modeling > Move/Modify > Rotate Node CS > By Vectors。

命令:NLIST。

GUI:Utility Menu>List>Nodes。

Utility Menu>List>Picked Entities>Nodes。

原始节点坐标系　　　　　旋转到圆柱坐标系

图3-4　节点坐标系

3.1.4 单元坐标系

每个单元都有自己的坐标系,单元坐标系用于规定正交材料特性的方向,施加压力和显示结果(如应力应变)的输出方向。所有的单元坐标系都是正交右手系。

大多数单元坐标系的默认方向遵循以下规则:
(1) 线单元的 X 轴通常从该单元的 I 节点指向 J 节点。
(2) 壳单元的 X 轴通常也取 I 节点到 J 节点的方向,Z 轴过 I 点且与壳面垂直,其正方向由单元的 I、J 和 K 节点按右手法则确定,Y 轴垂直于 X 轴和 Z 轴。
(3) 二维和三维实体单元的单元坐标系,总是平行于总体笛卡儿坐标系。

然而,并非所有的单元坐标系都符合上述规则。对于特定单元坐标系的默认方向,可参考 ANSYS 帮助文档单元说明部分。

许多单元类型都有选项(KEYOPTS,在 DT 或 KETOPT 命令中输入),这些选项用于修改单元坐标系的默认方向。对面单元和体单元而言,可用下列命令将单元坐标的方向调整到已定义的局部坐标系上:

命令:ESYS。
GUI:Main Menu>Preprocessor>Meshing>Mesh Attributes>Default Attribs。
Main Menu>Preprocessor>Modeling>Create>Elements>Elem Attributes。

如果既用了 KEYOPT 命令又用了 ESYS 命令,则 KEYOPT 命令的定义有效。对某些单元而言,通过输入角度可相对先前的方向作进一步旋转,例如:SHELL63 单元中的实常数 THETA。

3.1.5 结果坐标系

在求解过程中,计算的结果数据有位移(UX、UY、ROTS 等)、梯度(TGX、TGY 等)、应力(SX、SY、SZ 等)、应变(EPPLX、EPPLXY 等)等,这些数据存储在数据库和结果文件中,要么是在节点坐标系(初始或节点数据),要么是单元坐标系(导出或单元数据)。但是,结果数据通常是旋转到激活的坐标系(默认为总体坐标系)中,来进行云图显示、列表显示和单元数据存储(ETABLE 命令)等操作。

可以将活动的结果坐标系转到另一个坐标系(如总体坐标系或一个局部坐标系),或转到在求解时所用的坐标系下(例如:节点和单元坐标系)。如果列表、显示或操作这些结果数据,则它们将首先被旋转到结果坐标系下。利用下列方法,可改变结果坐标系:

命令:RSYS。
GUI:Main Menu>General Postproc>Options for Output。
Utility Menu>List>Results>Options。

3.2 工作平面的使用

尽管光标在屏幕上只表现为一个点,但它实际上代表的是空间中垂直于屏幕的一条线。为了能用光标拾取一个点,首先必须定义一个假想的平面。当该平面与光标所代表的垂线相交时,能唯一地确定空间中的一个点,这个假想的平面就是工作平面。从另一种角度想像光标与工作平面的关系，可以描述为光标就像一个点在工作平面上来回游荡，工作平面因此就如同在上面写字的平板一样，工作平面可以不平行于显示屏，如图3-5所示。

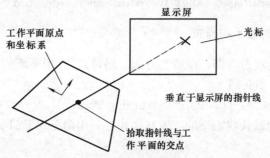

图3-5 显示屏、光标、工作平面及拾取点之间的关系

工作平面是一个无限平面，有原点、二维坐标系、捕捉增量和显示栅格。在同一时刻，只能定义一个工作平面（当定义一个新的工作平面时就会删除已有的工作平面）。工作平面是与坐标系独立使用的。例如：工作平面与激活的坐标系可以有不同的原点和旋转方向。

进入 ANSYS 程序时，有一个默认的工作平面，即：总体笛卡儿坐标系的 X-Y 平面。工作平面的 X、Y 轴，分别取为总体笛卡儿坐标系的 X 轴和 Y 轴。

3.2.1 定义一个新的工作平面

可以用下列方法定义一个新的工作平面：

1. 由三点定义一个工作平面

命令：WPLANE。
GUI：Utility Menu＞WorkPlane＞Align WP with＞XYZ Locations。

2. 由三节点定义一个工作平面

命令：NWPLAN。
GUI：Utility Menu＞WorkPlane＞Align WP with＞Nodes。

3. 由三关键点定义一个工作平面

命令：KWPLAN。
GUI：Utility Menu＞WorkPlane＞Align WP with＞Keypoints。

4. 由过一指定线上的点的垂直于该直线的平面定义为工作平面

命令：LWPLAN。
GUI：Utility Menu＞WorkPlane＞Align WP with＞Plane Normal to Line。

5. 通过现有坐标系的 X-Y（或 R-θ）平面定义工作平面

命令：WPCSYS。

GUI：Utility Menu＞WorkPlane＞Align WP with＞Active Coord Sys。
Utility Menu＞WorkPlane＞Align WP with＞Global Cartesian。
Utility Menu＞WorkPlane＞Align WP with＞Specified Coord Sys。

3.2.2 控制工作平面的显示和样式

为获得工作平面的状态（即：位置、方向、增量），可用下面的方法：
命令：WPSTYL，STAT。
GUI：Utility Menu＞List＞Status＞Working Plane。
将工作平面重置为默认状态下的位置和样式，利用命令 WPSTYL，DEFA。

3.2.3 移动工作平面

可以将工作平面移动到与原位置平行的新的位置，方法如下：

1. 将工作平面的原点移动到关键点：

命令：KWPAVE。
GUI：Utility Menu＞WorkPlane＞Offset WP to＞Keypoints。

2. 将工作平面的原点移动到节点：

命令：NWPAVE。
GUI：Utility Menu＞WorkPlane＞Offset WP to＞Nodes。

3. 将工作平面的原点移动到指定点：

命令：WPAVE。
GUI：Utility Menu＞WorkPlane＞Offset WP to＞Global Origin。
Utility Menu＞WorkPlane＞Offset WP to＞Origin of Active CS。
Utility Menu＞WorkPlane＞Offset WP to＞XYZ Locations。

4. 偏移工作平面

命令：WPOFFS。
GUI：Utility Menu＞WorkPlane＞Offset WP by Increments。

3.2.4 旋转工作平面

可以将工作平面旋转到一个新的方向，可以在工作平面内旋转 X-Y 轴，也可以使整个工作平面都旋转到一个新的位置。如果不清楚旋转角度，利用前面的方法可以很容易地在正确的方向上创建一个新的工作平面。旋转工作平面的方法如下：
命令：WPROTA。
GUI：Utility Menu＞WorkPlane＞Offset WP by Increments。

3.2.5 还原一个已定义的工作平面

尽管实际上不能存储一个工作平面，但其他可以在工作平面的原点创建一个局部坐标系，然后利用这个局部坐标系还原一个已定义的工作平面。

在工作平面的原点创建局部坐标系的方法如下：

命令：CSWPLA。

GUI：Utility Menu＞WorkPlane＞Local Coordinate Systems＞Create Local CS＞At WP Origin。

利用局部坐标系还原一个已定义的工作平面的方法如下：

命令：WPCSYS。

GUI：Utility Menu＞WorkPlane＞Align WP with＞Active Coord Sys。

Utility Menu＞WorkPlane＞Align WP with＞Global Cartesian。

Utility Menu＞WorkPlane＞Align WP with＞Specified Coord Sys。

3.2.6 工作平面的高级用途

用 WPSTYL 命令或前面讨论的 GUI 方法可以增强工作平面的功能，使其具有捕捉增量、显示栅格、恢复容差和坐标类型的功能。然后，就可以迫使用户的坐标系随工作平面的移动而移动，方法如下：

命令：CSYS。

GUI：Utility Menu＞WorkPlane＞Change Active CS to＞Global Cartesian。

Utility Menu＞WorkPlane＞Change Active CS to＞Global Cylindrical。

Utility Menu＞WorkPlane＞Change Active CS to＞Global Spherical。

Utility Menu＞WorkPlane＞Change Active CS to＞Specified Coordinate Sys。

Utility Menu＞WorkPlane＞Change Active CS to＞Working Plane。

Utility Menu＞WorkPlane＞Offset WP to＞Global Origin。

1. 捕捉增量

如果没有捕捉增量功能，在工作平面上将光标定位到已定义的点上，将是一件非常困难的事情。为了能精确地拾取，可以用 WPSTYL 命令或相应的 GUI 建立捕捉增量功能。一旦建立了捕捉增量（snap increment），拾取点（picked location）将定位在工作平面上最近的点，数学上表示如下，当光标在区域（assigned location）：

$N*SNAP-SNAP/2 \leqslant X < N*SNAP+SNAP/2$

对任意整数 N，拾取点的 X 坐标为：$X_P = N*SNAP$

在工作平面坐标系中的 X，Y 坐标均可建立捕捉增量。捕捉增量也可以看成是个方框，拾取到方框的点将定位于方框的中心，如图 3-6 所示。

2. 显示栅格

可以在屏幕上建立栅格以帮助用户观察工作平面上的位置。栅格的间距、状况和边界，可由 WPSTYL 命令来设

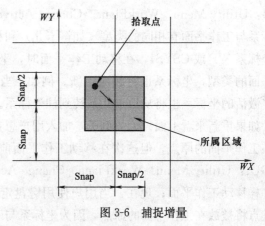

图 3-6 捕捉增量

定（栅格与捕捉点无任何关系）。发出不带参量的 WPSTYL 命令，控制栅格在屏幕上的打开和关闭。

3. 恢复容差

需拾取的图元可能不在工作平面上，而在工作平面的附近。这时，通过 WPSTYL 命令和 GUI 路径指定恢复容差，在此容差内的图元将认为是在工作平面上的。这种容差就如同在恢复拾取时，给了工作平面一个厚度。

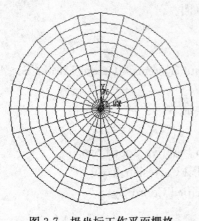

图 3-7 极坐标工作平面栅格

4. 坐标系类型

ANSYS 系统有两种可选的工作平面：笛卡儿坐标系和极坐标系工作平面。我们通常采用笛卡儿坐标系工作平面。但当几何体容易在极坐标系 (r, θ) 系中表述时，可能用到极坐标系工作平面。图 3-7 所示为用 WPSTYL 命令激活的极坐标工作平面的栅格。在极坐标平面中的拾取操作，与在笛卡儿坐标工作平面中的是一致的。对捕捉参数进行定位的栅格点的标定，是通过指定待捕捉点之间的径向距离（SNAP ON WPSTYL）和角度（SNAPANG）来实现的。

5. 工作平面的轨迹

如果用户用与坐标系会合在一起的工作平面定义几何体，可能发现工作平面是完全与坐标系分离的。例如：当改变或移动工作平面时，坐标系并不作出反映新工作平面类型或位置的变化。这可能使用户结合使用拾取（靠工作平面）和键盘输入体（如关键点，用激活的坐标系）变得无效。例如：用户将工作平面从默认位置移开，然后想在新工作平面的原点用键盘输入定义一个关键点（即：K，1205，0，0），会发现关键点落在坐标系的原点，而不是工作平面的原点。

如果用户想强迫激活的坐标系在建模时跟着工作平面一起移动，可以在用 CSYS 命令或相应的 GUI 路径时，利用一个选项来自动完成。命令：CSYS，WP 或 CSYS4 或者 GUI：Utility Menu＞WorkPlane＞Change Active CS to＞Working Plane，将迫使激活的坐标系与工作平面有相同的类型（如笛卡儿）和相同的位置。那么，尽管用户离开了激活的坐标系 WP 或 CSYS4，在移动工作平面时，坐标系将随其一起移动。如果改变所用工作平面的类型，坐标系也将相应更新。例如：当用户将工作平面从笛卡儿转为极坐标系时，激活的坐标系也将从笛卡儿系转到柱坐标系。

如果重新来看上面讨论的例子，加入用户想在自己移动工作平面之后将一个关键点放置在工作平面的原点，但这次在移动工作平面前激活跟踪工作平面，命令：CSYS，WP 或 GUI：Utility Menu＞WorkPlane＞Change Active CS to＞Working Plane；然后，像前面一样移动工作平面；现在，当用户使用键盘定义关键点（即：K，1205，0，0），这个关键点将被放在工作平面的原点，因为坐标系与工作平面的方位一致。

3.3 布尔操作

用户可以使用求交、相减或其他布尔操作来雕刻实体模型。通过布尔操作，用户可以直接用较高级的图元生成复杂的形体，如图 3-8 所示。布尔运算对于通过自底向上或自顶向下方法生成的图元均有效。

在布尔运算中，对一组数据可用诸如交、并、减等逻辑运算处理。ANSYS 程序也允许用户对实体模型进行同样的操作，这样修改实体模型就更加容易。

无论是自顶向下还是自底向上构造的实体模型，用户都可以对它进行布尔运算操作。

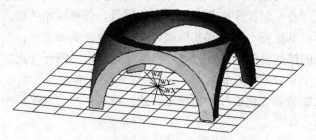

图 3-8 使用布尔运算生成的复杂形体

注意

凡是通过连接生成的图元对布尔运算无效，对退化的图元也不能进行某些布尔运算。通常，完成布尔运算后，紧接着就是实体模型的加载和单元属性的定义；如果用布尔运算修改了已有的模型，用户需注意重新进行单元属性和加载的定义。

3.3.1 布尔运算的设置

对两个或多个图元进行布尔运算时，用户可以通过以下的方式确定是否保留原始图元，操作实例如图 3-9 所示。

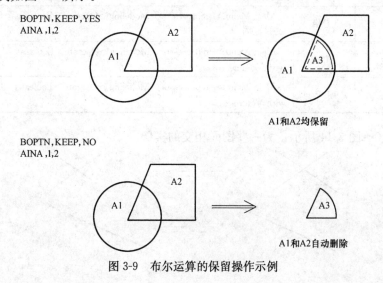

图 3-9 布尔运算的保留操作示例

命令：BOPTN。

GUI：Main Menu>Preprocessor>Modeling>Operate>Booleans>Settings。

 注意

一般来说，对依附于高级图元的低级图元进行布尔运算是允许的，但不能对已划分网格的图元进行布尔操作，必须在执行布尔操作前将网格清除。

3.3.2 布尔运算之后的图元编号

ANSYS 的编号程序会对布尔运算输出的图元，依据其拓扑结构和几何形状进行编号。例如：面的拓扑信息包括定义的边数、组成面的线数（即：三边形面或四边形面）、面中的任何原始线（在布尔操作前存在的线）的线号、任意原始关键点的关键点号等。面的几何信息包括形心的坐标、端点和其他相对于一些任意的参考坐标系的控制点。控制点是由 NURBS 定义的描述模型的参数。编号程序首先给输出图元分配按其拓扑结构唯一识别的编号（以下一个有效数字开始），任何剩余图元按几何编号。但需注意的是：按几何编号的图元顺序可能会与优化设计的顺序不一致，特别是在多重循环中几何位置发生改变的情况下。

3.3.3 交运算

布尔交运算的命令及 GUI 菜单路径，如表 3-1 所示。

交运算　　　　　　　　　　　　　　　　表 3-1

用　法	命令	GUI 菜单路径
线相交	LINL	Main Menu>Preprocessor>Modeling>Operate>Booleans>Intersect>Common>Lines
面相交	AINA	Main Menu>Preprocessor>Modeling>Operate>Booleans>Intersect>Common>Areas
体相交	VINV	Main Menu>Preprocessor>Modeling>Operate>Booleans>Intersect>Common>Volumes
线和面相交	LINA	Main Menu>Preprocessor>Modeling>Operate>Booleans>Intersect>Line with Area
面和体相交	AINV	Main Menu>Preprocessor>Modeling>Operate>Booleans>Intersect>Area with Volume
线和体相交	LINV	Main Menu>Preprocessor>Modeling>Operate>Booleans>Intersect>Line with Volume

如图 3-10～图 3-14 所示，为一些图元相交的实例。

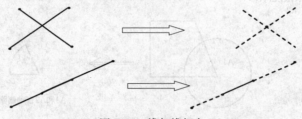

图 3-10　线与线相交

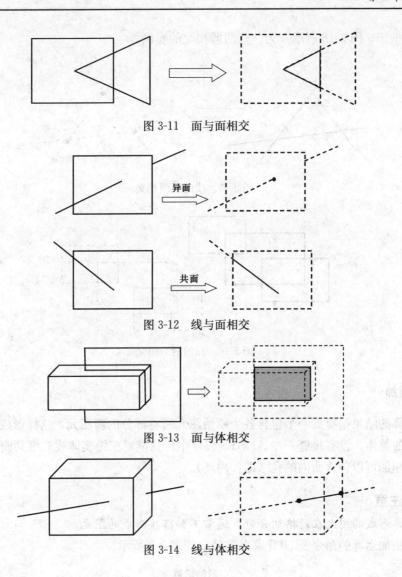

图 3-11 面与面相交

图 3-12 线与面相交

图 3-13 面与体相交

图 3-14 线与体相交

3.3.4 两两相交

两两相交时，由图元集叠加而形成一个新的图元集。就是说，两两相交表示至少任意两个原图元的相交区域。比如：线集的两两相交可能是一个关键点（或关键点的集合），或是一条线（或线的集合）。

布尔两两相交运算的命令及 GUI 菜单路径，如表 3-2 所示。

两两相交 表 3-2

用法	命令	GUI 菜单路径
线两两相交	LINP	Main Menu>Preprocessor>Modeling>Operate>Booleans>Intersect>Pairwise>Lines
面两两相交	AINP	Main Menu>Preprocessor>Modeling>Operate>Booleans>Intersect>Pairwise>Areas
体两两相交	VINP	Main Menu>Preprocessor>Modeling>Operate>Booleans>Intersect>Pairwise>Volumes

如图 3-15、图 3-16 所示，为一些两两相交的实例。

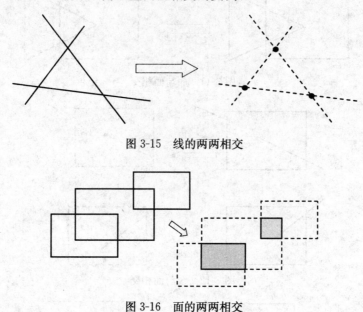

图 3-15　线的两两相交

图 3-16　面的两两相交

3.3.5　相加

加运算的结果是得到一个包含各个原始图元所有部分的新图元，这样形成的新图元是一个单一的整体，没有接缝。在 ANSYS 程序中，只能对三维实体或二维共面的面进行加操作，面相加可以包含面内的孔（即：内环）。

 注意

加运算形成的图元在网格划分时，通常不如搭接形成的图元。

布尔相加运算的命令及 GUI 菜单路径，如表 3-3 所示。

相加运算　　　　　　　　　　　　　　　　　表 3-3

用法	命令	GUI 菜单路径
面相加	AADD	Main Menu>Preprocessor>Modeling>Operate>Booleans>Add>Areas
体相加	VADD	Main Menu>Preprocessor>Modeling>Operate>Booleans>Add>Volumes

3.3.6　相减

如果从某个图元（E1）减去另一个图元（E2），其结果可能有两种情况：一是生成一个新图元 E3（E3－E2＝E3），E3 和 E1 有同样的维数，且与 E2 无搭接部分；另一种情况是，E1 与 E2 的搭接部分是个低维的实体，其结果是将 E1 分成两个或多个新的实体（E3－E2＝E3，E4）。

布尔相减运算的命令及 GUI 菜单路径，如表 3-4 所示。

如图 3-17、图 3-18 所示，为一些相减的实例。

相减运算   表 3-4

用法	命令	GUI 菜单路径
线减去线	LSBL	Main Menu>Preprocessor>Modeling>Operate>Booleans>Subtract>Lines Main Menu>Preprocessor>Modeling>Operate>Booleans>Subtract>With Options>Lines Main Menu>Preprocessor>Modeling>Operate>Booleans>Divide>Line by Line Main Menu>Preprocessor>Modeling>Operate>Booleans>Divide>With Options>Line by Line
面减去面	ASBA	Main Menu>Preprocessor>Modeling>Operate>Booleans>Subtract>Areas Main Menu>Preprocessor>Modeling>Operate>Booleans>Subtract>With Options>Areas Main Menu>Preprocessor>Modeling>Operate>Booleans>Divide>Area by Area Main Menu>Preprocessor>Modeling>Operate>Booleans>Divide>With Options>Area by Area
体减去体	VSBV	Main Menu>Preprocessor>Modeling>Operate>Booleans>Subtract>Volumes Main Menu>Preprocessor>Modeling>Operate>Booleans>Subtract>With Options>Volumes
线减去面	LSBA	Main Menu>Preprocessor>Modeling>Operate>Booleans>Divide>Line by Area Main Menu>Preprocessor>Modeling>Operate>Booleans>Divide>With Options>Line by Area
线减去体	LSBV	Main Menu>Preprocessor>Modeling>Operate>Booleans>Divide>Line by Volume Main Menu>Preprocessor>Modeling>Operate>Booleans>Divide>With Options>Line by Volume
体减去面	ASBV	Main Menu>Preprocessor>Modeling>Operate>Booleans>Divide>Area by Volume Main Menu>Preprocessor>Modeling>Operate>Booleans>Divide>With Options>Area by Volume
面减去线	ASBL[1]	Main Menu>Preprocessor>Modeling>Operate>Booleans>Divide>Area by Line Main Menu>Preprocessor>Modeling>Operate>Booleans>Divide>With Options>Area by Line
体减去面	VSBA	Main Menu>Preprocessor>Modeling>Operate>Booleans>Divide>Volume by Area Main Menu>Preprocessor>Modeling>Operate>Booleans>Divide>With Options>Volume by Area

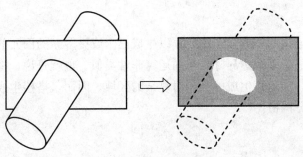

图 3-17 ASBV 面减去体

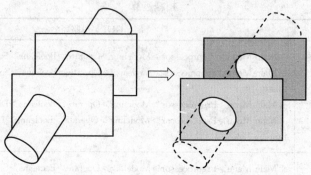

图 3-18 ASBV 多个面减去一个体

3.3.7 利用工作平面做减运算

工作平面可以用来做减运算将一个图元分成两个或多个图元。用户可以将线、面或体利用命令或相应的 GUI 路径用工作平面去减。对于以下的每个减命令，SEPO 用来确定生成的图元有公共边界或者独立但恰好重合的边界，KEEP 用来确定保留或者删除图元，而不管 BOPTN 命令（GUI：Main Menu＞Preprocessor＞Modeling＞Operate＞Booleans＞Settings）的设置如何。

利用工作平面进行减运算的命令及 GUI 菜单路径，如表 3-5 所示。

减运算 表 3-5

用　法	命令	GUI 菜单路径
利用工作平面减去线	LSBW	Main Menu＞Preprocessor＞Modeling＞Operate＞Booleans＞Divide＞Line by WorkPlane Main Menu＞Preprocessor＞Modeling＞Operate＞Booleans＞Divide＞With Options＞Line by WorkPlane
利用工作平面减去面	ASBW	Main Menu＞Preprocessor＞Operate＞Divide＞Area by WorkPlane Main Menu＞Preprocessor＞Modeling＞Operate＞Booleans＞Divide＞With Options＞Area by WorkPlane
利用工作平面减去体	VSBW	Main Menu＞Preprocessor＞Modeling＞Operate＞Booleans＞Divide＞Volu by WorkPlane Main Menu＞Preprocessor＞Modeling＞Operate＞Booleans＞Divide＞With Options＞Volu by WorkPlane

3.3.8 搭接

搭接命令用于连接两个或多个图元，以生成三个或更多新的图元的集合。搭接命令除了在搭接域周围生成了多个边界外，与加运算非常类似。也就是说，搭接操作生成的是多个相对简单的区域，加运算生成一个相对复杂的区域。因而，搭接生成的图元比加运算生成的图元更容易划分网格。

 注意

搭接区域必须与原始图元有相同的维数。

布尔搭接运算的命令及 GUI 菜单路径,如表 3-6 所示。

搭接运算　　　　　　　　　　　　　　　　　表 3-6

用法	命令	GUI 菜单路径
线的搭接	LOVLAP	Main Menu>Preprocessor>Modeling>Operate>Booleans>Overlap>Lines
面的搭接	AOVLAP	Main Menu>Preprocessor>Modeling>Operate>Booleans>Overlap>Areas
体的搭接	VOVLAP	Main Menu>Preprocessor>Modeling>Operate>Booleans>Overlap>Volumes

3.3.9 分割

分割命令用于连接两个或多个图元,以生成 3 个或更多的新图元。如果分割区域与原始图元有相同的维数,那么分割结果与搭接结果相同。但分割操作与搭接操作不同的是,没有参加分割命令的图元将不被删除。

布尔分割运算的命令及 GUI 菜单路径,如表 3-7 所示。

分割运算　　　　　　　　　　　　　　　　　表 3-7

用法	命令	GUI 菜单路径
线分割	LPTN	Main Menu>Preprocessor>Modeling>Operate>Booleans>Partition>Lines
面分割	APTN	Main Menu>Preprocessor>Modeling>Operate>Booleans>Partition>Areas
体分割	VPTN	Main Menu>Preprocessor>Modeling>Operate>Booleans>Partition>Volumes

3.3.10 粘接(或合并)

粘接命令与搭接命令类似,只是图元之间仅在公共边界处相关,且公共边界的维数低于原始图元的维数。这些图元之间在执行粘接操作后仍然相互独立,只是在边界上连接。

布尔粘接运算的命令及 GUI 菜单路径,如表 3-8 所示。

粘接运算　　　　　　　　　　　　　　　　　表 3-8

用法	命令	GUI 菜单路径
线的粘接	LGLUE	Main Menu>Preprocessor>Modeling>Operate>Booleans>Glue>Lines
面的粘接	AGLUE	Main Menu>Preprocessor>Modeling>Operate>Booleans>Glue>Areas
体的粘接	VGLUE	Main Menu>Preprocessor>Modeling>Operate>Booleans>Glue>Volumes

3.4 编辑几何模型

一个复杂的面或体在模型中重复出现时,仅需构造一次。然后,可以移动、旋转或者拷贝到所需的地方。用户会发现,在方便之处生成几何体素再将其移动到所需之处,往往比直接改变工作平面生成所需体素更加方便。如图 3-19 所示。

 注意

上图中黑色区域表示原始图元,其余都是拷贝生成。

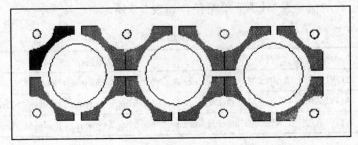

图 3-19　拷贝一个面

　　几何体素也可被看做部分。生成几何体素时，其位置和方向由当前工作平面决定。因为，对生成的每一个新体素都重新定义工作平面很不方便。所以，允许体素在错误的位置生成，然后将该体素移动正确的位置，可使操作更简便。当然，这种操作并不局限于几何体素，任何实体模型图元都可以拷贝或移动。

　　对实体图元进行移动和拷贝的命令有：xGEN、xSYM（M）和 xTRAN（相应的有 GUI 路径）。其中，xGEN 和 xTRAN 命令对图元的拷贝进行移动和旋转，可能最有用。另外，需注意，拷贝一个高级图元将会自动把它所有附带的低级图元都一起拷贝；而且，如果拷贝图元的单元（NOELEM＝0 或相应的 GUI 路径），则所有的单元及其附属的低级图元都将被拷贝。在 xGEN、xSYM（M）和 xTRAN 命令中，设置 IMOVE＝1 即可实现移动操作。

3.4.1　按照样本生成图元

1. 从关键点的样本生成另外的关键点

命令：KGEN。
GUI：Main Menu＞Preprocessor＞Modeling＞Copy＞Keypoints。

2. 从线的样本生成另外的线

命令：LGEN。
GUI：Main Menu＞Preprocessor＞Modeling＞Copy＞Lines。
Main Menu＞Preprocessor＞Modeling＞Move/Modify＞Lines。

3. 从面的样本生成另外的面

命令：AGEN。
GUI：Main Menu＞Preprocessor＞Modeling＞Copy＞Areas。
Main Menu＞Preprocessor＞Modeling＞Move/Modify＞Areas＞Areas。

4. 从体的样本生成另外的体

命令：VGEN。
GUI：Main Menu＞Preprocessor＞Modeling＞Copy＞Volumes。

Main Menu>Preprocessor>Modeling>Move/Modify>Volumes。

3.4.2 由对称映像生成图元

1. 生成关键点的映像集

命令：KSYMM。
GUI：Main Menu>Preprocessor>Modeling>Reflect>Keypoints。

2. 样本线通过对称映像生成线

命令：LSYMM。
GUI：Main Menu>Preprocessor>Modeling>Reflect>Lines。

3. 样本面通过对称映像生成面

命令：ARSYM。
GUI：Main Menu>Preprocessor>Modeling>Reflect>Areas。

4. 样本体通过对称映像生成体

命令：VSYMM。
GUI：Main Menu>Preprocessor>Modeling>Reflect>Volumes。

3.4.3 将样本图元转换坐标系

1. 将样本关键点转到另外一个坐标系

命令：KTRAN。
GUI：Main Menu>Preprocessor>Modeling>Move/Modify>Transfer Coord>Keypoints。

2. 将样本线转到另外一个坐标系

命令：LTRAN。
GUI：Main Menu>Preprocessor>Modeling>Move/Modify>Transfer Coord>Lines。

3. 将样本面转到另外一个坐标系

命令：ATRAN。
GUI：Main Menu>Preprocessor>Modeling>Move/Modify>Transfer Coord>Areas。

4. 将样本体转到另外一个坐标系

命令：VTRAN。
GUI：Main Menu>Preprocessor>Modeling>Move/Modify>Transfer Coord>Volumes。

3.4.4 实体模型图元的缩放

已定义的图元可以进行放大或缩小。xSCALE 命令族可用来将激活坐标系下的单个或多个图元进行比例缩放。

四个定比例命令每个都是将比例因子用到关键点坐标 X、Y、Z 上。如果是柱坐标系，X、Y 和 Z 分别代表 R、θ 和 Z，其中 θ 是偏转角；如果是球坐标系，X、Y 和 Z 分别表示 R、θ 和 φ，其中 θ 和 φ 都是偏转角。

1. 从样本关键点（也划分网格）生成一定比例的关键点

命令：KPSCALE。
GUI：Main Menu>Preprocessor>Modeling>Operate>Scale>Keypoints。

2. 从样本线生成一定比例的线

命令：LSSCALE。
GUI：Main Menu>Preprocessor>Modeling>Operate>Scale>Lines。

3. 从样本面生成一定比例的面

命令：ARSCALE。
GUI：Main Menu>Preprocessor>Modeling>Operate>Scale>Areas。

4. 从样本体生成一定比例的体

命令：VLSCALE。
GUI：Main Menu>Preprocessor>Modeling>Operate>Scale>Volumes。
如图 3-20 是这几个命令的实际应用示例。

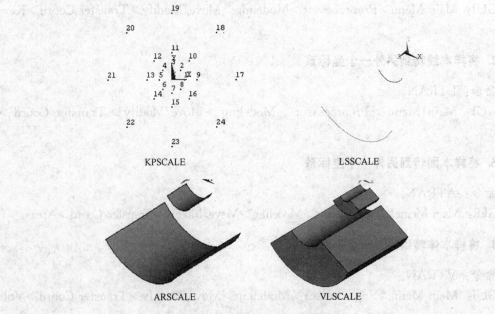

图 3-20 给图元定比例缩放

3.5 自底向上创建几何模型

所谓的自底向上，顾名思义就是由建立模型的最低单元的点到最高单元的体来构造实体模型。即：首先定义关键点（keypoints），然后利用这些关键点定义较高级的实体图元，如线（lines）、面（areas）和体（volume），这就是所谓的自底向上的建模方法。如图 3-21 所示。

注意

一定要牢记：自底向上构造的有限元模型是在当前激活坐标系内定义的。

实体模型由关键点（keypoints）、线（lines）、面（areas）和体（volumes）组成，如图 3-22 所示。

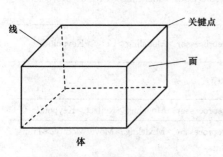

图 3-21 自底向上构造模型

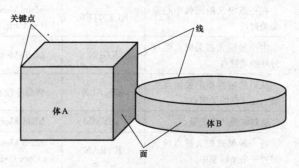

图 3-22 基本实体模型图元

顶点为关键点，边为线，表面为面，而整个物体内部为体。这些图元的层次关系是：最高级的体图元以次高级的面图元为边界，面图元又以线图元为边界，线图元则以关键点图元为端点。下面将具体讲述。

3.5.1 关键点

用自底向上的方法构造模型时，首先定义最低级的图元——关键点。关键点是在当前激活的坐标系内定义的。用户不必总是按从低级到高级的办法定义所有的图元，来生成高级图元，可以直接在它们的顶点由关键点来直接定义面和体。中间的图元需要时，可自动生成。例如：定义一个长方体，可用八个角的关键点来定义，ANSYS 程序会自动地生成该长方形中所有的面和线。用户可以直接定义关键点，也可以从已有的关键点生成新的关键点。定义好关键点后，可以对它进行查看、选择和删除等操作。

1. 定义关键点

定义关键点的命令及 GUI 菜单路径，如表 3-9 所示。

2. 从已有关键点生成关键点

从已有关键点生成关键点的命令及 GUI 菜单路径，如表 3-10 所示。

定义关键点 表 3-9

位置	命令	GUI 路径模式
在当前坐标系下	K	Main Menu>Preprocessor>Modeling>Create>Keypoints>In Active CS Main Menu>Preprocessor>Modeling>Create>Keypoints>On Working Plane
在线上的指定位置	KL	Main Menu>Preprocessor>Modeling>Create>Keypoints>On Line Main Menu>Preprocessor>Modeling>Create>Keypoints>On Line w/Ratio

从已有的关键点生成关键点 表 3-10

位置	命令	GUI 菜单路径
在两个关键点之间创建一个新的关键点	KEBTW	Main Menu>Preprocessor>Modeling>Create>Keypoints>KP between KPs
在两个关键点之间填充多个关键点	KFILL	Main Menu>Preprocessor>Modeling>Create>Keypoints>Fill between KPs
在三点定义的圆弧中心定义关键点	KCENTER	Main Menu>Preprocessor>Modeling>Create>Keypoints>KP at Center
由一种模式的关键点生成另外的关键点	KGEN	Main Menu>Preprocessor>Modeling>Copy>Keypoints
从以给定模型的关键点生成一定比例的关键点	KSCALE	该命令没有菜单模式
通过映像产生关键点	KSYMM	Main Menu>Preprocessor>Modeling>Reflect>Keypoints
将一种模式的关键点转到另外一个坐标系中	KTRAN	Main Menu>Preprocessor>Modeling>Move/Modify>Transfer Coord>Keypoints
给未定义的关键点定义一个默认位置	SOURCE	该命令没有菜单模式
计算并移动一个关键点到一个交点上	KMOVE	Main Menu>Preprocessor>Modeling>Move/Modify>Keypoint>To Intersect
在已有节点处定义一个关键点	KNODE	Main Menu>Preprocessor>Modeling>Create>Keypoints>On Node
计算两关键点之间的距离	KDIST	Main Menu>Preprocessor>Modeling>Check Geom>KP distances
修改关键点的坐标系	KMODIF	MainMenu>Preprocessor>Modeling>Move/Modify>Keypoints>Set of KPs MainMenu>Preprocessor>Modeling>Move/Modify>Keypoints>Single KP

3. 查看、选择和删除关键点

查看、选择和删除关键点的命令及 GUI 菜单路径，如表 3-11 所示。

查看、选择和删除关键点 表 3-11

用途	命令	GUI 菜单路径
列表显示关键点	KLIST	Utility Menu>List>Keypoint>Coordinates +Attributes Utility Menu>List>Keypoint>Coordinates only Utility Menu>List>Keypoint>Hard Points

续表

用途	命令	GUI 菜单路径
选择关键点	KSEL	Utility Menu>Select>Entities
屏幕显示关键点	KPLOT	Utility Menu>Plot>Keypoints>Keypoints Utility Menu>Plot>Specified Entities>Keypoints
删除关键点	KDELE	Main Menu>Preprocessor>Modeling>Delete>Keypoints

3.5.2 硬点

硬点实际上是一种特殊的关键点，它表示网格必须通过的点。硬点不会改变模型的几何形状和拓扑结构，大多数关键点命令（如 FK、KLIST 和 KSEL 等）都适用于硬点，而且它还有自己的命令集和 GUI 路径。

 注意

如果用户发出更新图元几何形状的命令，例如：布尔操作或者简化命令，任何与图元相连的硬点都将自动删除；不能用拷贝、移动或修改关键点的命令操作硬点；当使用硬点时，不支持映射网格划分。

1. 定义硬点

定义硬点的命令及 GUI 菜单路径，如表 3-12 所示。

定义硬点　　　　　　　　　　　　　　　　　表 3-12

位置	命令	GUI 菜单路径
在线上定义硬点	HPTCREATE LINE	Main Menu>Preprocessor>Modeling>Create>Keypoints>Hard PT on line>Hard PT by ratio Main Menu>Preprocessor>Modeling>Create>Keypoints>Hard PT on line>Hard PT by coordinates Main Menu>Preprocessor>Modeling>Create>Keypoints>Hard PT on line>Hard PT by picking
在面上定义硬点	HPTCREATE AREA	Main Menu>Preprocessor>Modeling>Create>Keypoints>Hard PT on area>Hard PT by coordinates Main Menu>Preprocessor>Modeling>Create>Keypoints>Hard PT on area>Hard PT by picking

2. 选择硬点

选择硬点的命令及 GUI 菜单路径，如表 3-13 所示。

选择硬点　　　　　　　　　　　　　　　　　表 3-13

位置	命令	GUI 菜单路径
硬点	KSEL	Utility Menu>Select>Entities
附在线上的硬点	LSEL	Utility Menu>Select>Entities
附在面上的硬点	ASEL	Utility Menu>Select>Entities

3. 查看和删除硬点

查看和删除硬点的命令及 GUI 菜单路径，如表 3-14 所示。

查看和删除硬点　　　　　　　　　　　　　表 3-14

用　途	命令	GUI 菜单路径
列表显示硬点	KLIST	Utility Menu>List>Keypoint>Hard Points
列表显示线及附属的硬点	LLIST	该命令没有相应 GUI 路径
列表显示面及附属的硬点	ALIST	该命令没有相应 GUI 路径
屏幕显示硬点	KPLOT	Utility Menu>Plot>Keypoints>Hard Points
删除硬点	HPTDELETE	Main Menu > Preprocessor > Modeling > Delete > Hard Points

3.5.3 线

线主要用于表示实体的边。像关键点一样，线是在当前激活的坐标系内定义的。并不总是需要明确的定义所有的线，因为 ANSYS 程序在定义面和体时，会自动生成相关的线。只有在生成线单元（例如：梁）或想通过线来定义面时，才需要专门定义线。

1. 定义线

定义线的命令及 GUI 菜单路径，如表 3-15 所示。

定义线　　　　　　　　　　　　　　　　　表 3-15

用　法	命令	GUI 菜单路径
在指定的关键点之间创建直线（与坐标系有关）	L	Main Menu>Preprocessor>Modeling>Create>Lines>Lines>In Active Coord
通过三个关键点创建弧线（或者是通过两个关键点和指定半径创建弧线）	LARC	Main Menu>Preprocessor>Modeling>Create>Lines>Arcs>By End KPs & Rad Main Menu>Preprocessor>Modeling>Create>Lines>Arcs>Through 3 KPs
创建多段线	BSPLIN	Main Menu>Preprocessor>Modeling>Create>Lines>Splines>Spline thru KPs Main Menu>Preprocessor>Modeling>Create>Lines>Splines>Spline thru Locs Main Menu>Preprocessor>Modeling>Create>Lines>Splines>With Options>Spline thru KPs Main Menu>Preprocessor>Modeling>Create>Lines>Splines>With Options>Spline thru Locs
创建圆弧线	CIRCLE	Main Menu>Preprocessor>Modeling>Create>Lines>Arcs>By Cent & Radius Main Menu>Preprocessor>Modeling>Create>Lines>Arcs>Full Circle
创建分段式多段线	SPLINE	Main Menu>Preprocessor>Modeling>Create>Lines>Splines>Segmented Spline Main Menu>Preprocessor>Modeling>Create>Lines>Splines>With Options>Segmented Spline

续表

用 法	命令	GUI 菜单路径
创建与另一条直线成一定角度的直线	LANG	Main Menu>Preprocessor>Modeling>Create>Lines>Lines>At Angle to Line Main Menu>Preprocessor>Modeling>Create>Lines>Lines>Normal to Line
创建与另外两条直线成一定角度的直线	L2ANG	Main Menu>Preprocessor>Modeling>Create>Lines>Lines>Angle to 2 Lines Main Menu>Preprocessor>Modeling>Create>Lines>Lines>Norm to 2 Lines
创建一条与已有线共终点且相切的线	LTAN	Main Menu>Preprocessor>Modeling>Create>Lines>Lines>Tan to 2 Lines
生成一条与两条线相切的线	L2TAN	Main Menu>Preprocessor>Modeling>Create>Lines>Lines>Tan to 2 Lines
生成一个面上两关键点之间最短的线	LAREA	Main Menu>Preprocessor>Modeling>Create>Lines>Lines>Overlaid on Area
通过一个关键点按一定路径延伸成线	LDRAG	Main Menu>Preprocessor>Modeling>Operate>Extrude>Lines>Along Lines
使一个关键点按一条轴旋转生成线	LROTAT	Main Menu>Preprocessor>Modeling>Operate>Extrude>Lines>About Axis
在两相交线之间生成倒角线	LFILLT	Main Menu>Preprocessor>Modeling>Create>Lines>Line Fillet
生成与激活坐标系无关的直线	LSTR	Main Menu>Preprocessor>Modeling>Create>Lines>Lines>Straight Line

2. 从已有线生成新线

从已有线生成线的命令及 GUI 菜单路径，如表 3-16 所示。

从已有线生成新线　　　　　　　　　　　　　　　　表 3-16

用 法	命令	GUI 菜单路径
通过已有线生成新线	LGEN	Main Menu>Preprocessor>Modeling>Copy>Lines Main Menu>Preprocessor>Modeling>Move/Modify>Lines
从已有线对称映像生成新线	LSYMM	Main Menu>Preprocessor>Modeling>Reflect>Lines
将已有线转到另外一个坐标系	LTRAN	Main Menu>Preprocessor>Modeling>Move/Modify>Transfer Coord>Lines

3. 修改线

修改线的命令及 GUI 菜单路径，如表 3-17 所示。

4. 查看和删除线

查看和删除线的命令及 GUI 菜单路径，如表 3-18 所示。

修改线 表 3-17

用 法	命令	GUI 菜单路径
将一条线分成更小的线段	LDIV	Main Menu>Preprocessor>Modeling>Operate>Booleans>Divide>Line into 2 Ln's Main Menu>Preprocessor>Modeling>Operate>Booleans>Divide>Line into N Ln's Main Menu>Preprocessor>Modeling>Operate>Booleans>Divide>Lines w/ Options
将一条线与另一条线合并	LCOMB	Main Menu>Preprocessor>Modeling>Operate>Booleans>Add>Lines
将线的一端延长	LEXTND	Main Menu>Preprocessor>Modeling>Operate>Extend Line

查看和删除线 表 3-18

用 法	命令	GUI 菜单路径
列表显示线	LLIST	Utility Menu>List>Lines Utility Menu>List>Picked Entities>Lines
屏幕显示线	LPLOT	Utility Menu>Plot>Lines Utility Menu>Plot>Specified Entities>Lines
选择线	LSEL	Utility Menu>Select>Entities
删除线	LDELE	Main Menu>Preprocessor>Modeling>Delete>Line and Below Main Menu>Preprocessor>Modeling>Delete>Lines Only

3.5.4 面

平面可以表示二维实体（例如：平板和轴对称实体）。曲面和平面都可以表示三维的面，例如：壳、三维实体的面等。与线类似，只有用到面单元或者由面生成体时，才需要专门定义面。生成面的命令将自动生成依附于该面的线和关键点；同样，面也可以在定义体时自动生成。

1. 定义面

定义面的命令及 GUI 菜单路径，如表 3-19 所示。

定义面 表 3-19

用 法	命令	GUI 菜单路径
通过顶点定义一个面（即通过关键点）	A	Main Menu>Preprocessor>Modeling>Create>Areas>Arbitrary>Through KPs
通过其边界线定义一个面	AL	Main Menu>Preprocessor>Modeling>Create>Areas>Arbitrary>By Lines
沿一条路径拖动一条线生成面	ADRAG	Main Menu>Preprocessor>Modeling>Operate>Extrude>Along Lines
沿一轴线旋转一条线生成面	AROTAT	Main Menu>Preprocessor>Modeling>Operate>Extrude>About Axis

续表

用　法	命令	GUI菜单路径
在两面之间生成倒角面	AFILLT	Main Menu>Preprocessor>Modeling>Create>Areas>Area Fillet
通过引导线生成光滑曲面	ASKIN	Main Menu>Preprocessor>Modeling>Create>Areas>Arbitrary>By Skinning
通过偏移一个面生成新的面	AOFFST	Main Menu>Preprocessor>Modeling>Create>Areas>Arbitrary>By Offset

2. 通过已有面生成面

通过已有面生成面的命令及 GUI 菜单路径，如表 3-20 所示。

通过已有面生成面　　表 3-20

用　法	命令	GUI菜单路径
通过已有面生成另外的面	AGEN	Main Menu>Preprocessor>Modeling>Copy>Areas Main Menu>Preprocessor>Modeling>Move/Modify>Areas>Areas
通过对称映像生成面	ARSYM	Main Menu>Preprocessor>Modeling>Reflect>Areas
将面转到另外的坐标系下	ATRAN	Main Menu>Preprocessor>Modeling>Move/Modify>Transfer Coord>Areas
拷贝一个面的部分	ASUB	Main Menu>Preprocessor>Modeling>Create>Areas>Arbitrary>Overlaid on Area

3. 查看、选择和删除面

查看、选择和删除面的命令及 GUI 菜单路径，如表 3-21 所示。

查看、选择和删除面　　表 3-21

用　法	命令	GUI菜单路径
列表显示面	ALIST	Utility Menu>List>Areas Utility Menu>List>Picked Entities>Areas
屏幕显示面	APLOT	Utility Menu>Plot>Areas Utility Menu>Plot>Specified Entities>Areas
选择面	ASEL	Utility Menu>Select>Entities
删除面	ADELE	Main Menu>Preprocessor>Modeling>Delete>Area and Below Main Menu>Preprocessor>Modeling>Delete>Areas Only

3.5.5　体

体用于描述三维实体，仅当需要用体单元时才必须建立体，生成体的命令将自动生成低级的图元。

1. 定义体

定义体的命令及 GUI 菜单路径，如表 3-22 所示。

定义体 表 3-22

用 法	命令	GUI 菜单路径
通过顶点定义体(即通过关键点)	V	Main Menu>Preprocessor>Modeling>Create>Volumes>Arbitrary>Through KPs
通过边界定义体(即用一系列的面来定义)	VA	Main Menu>Preprocessor>Modeling>Create>Volumes>Arbitrary>By Areas
将面沿某个路径拖拉生成体	VDRAG	Main Menu>Preprocessor>Operate>Extrude>Along Lines
将面沿某根轴旋转生成体	VROTAT	Main Menu>Preprocessor>Modeling>Operate>Extrude>About Axis
将面沿其法向偏移生成体	VOFFST	Main Menu>Preprocessor>Modeling>Operate>Extrude>Areas>Along Normal
在当前坐标系下对面进行拖拉和缩放生成体	VEXT	Main Menu>Preprocessor>Modeling>Operate>Extrude>Areas>By XYZ Offset

其中,VOFFST 和 VEXT 操作示意图如图 3-23 所示。

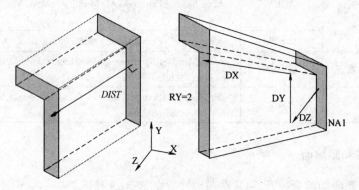

(a) VOFFST,NAREA,DIST,KINC (b) VEXT, NA1, NA2,NINC,DX DY,DZ,RX RY RZ

图 3-23　VOFFST 和 VEXT 操作示意图

2. 通过已有体生成新的体

通过已有体生成新的体的命令及 GUI 菜单路径,如表 3-23 所示。

通过已有体生成新体 表 3-23

用 法	命令	GUI 菜单路径
由一种模式的体生成另外的体	VGEN	Main Menu>Preprocessor>Modeling>Copy>Volumes Main Menu>Preprocessor>Modeling>Move/Modify>Volumes
通过对称映像生成体	VSYMM	Main Menu>Preprocessor>Modeling>Reflect>Volumes
将体转到另外的坐标系	VTRAN	Main Menu>Preprocessor>Modeling>Move/Modify>Transfer Coord>Volumes

3. 查看、选择和删除体

查看、选择和删除体的命令及 GUI 菜单路径,如表 3-24 所示。

查看、选择和删除体 表 3-24

用 法	命令	GUI 菜单路径
列表显示体	VLIST	Utility Menu>List>Picked Entities>Volumes Utility Menu>List>Volumes
屏幕显示体	VPLOT	Utility Menu>Plot>Specified Entities>Volumes Utility Menu>Plot>Volumes
选择体	VSEL	Utility Menu>Select>Entities
删除体	VDELE	Main Menu>Preprocessor>Modeling>Delete>Volume and Below Main Menu>Preprocessor>Modeling>Delete>Volumes Only

3.6 实例——托架的实体建模

为了使读者能够更清楚地了解 ANSYS 程序的有限元分析和计算过程，本节以一个角托架实例，来详细介绍 ANSYS 分析问题的全过程。

3.6.1 分析实例描述

本实例是关于一个角托架的简单加载，线性静态结构分析问题，托架的具体形状和尺寸如图 3-24 所示。托架左上方的销孔被焊接完全固定，其右下角的销孔受到锥形的压力载荷，角托架的材料为 A36 优质钢。因为角托架在 Z 方向的尺寸相对于其在 X 和 Y 方向的尺寸来说很小，并且压力载荷仅作用在 X、Y 平面上，因此可以认为这个分析为平面应力状态。角托架的材料参数为：弹性模量 $E=$ 30E6psi，泊松比 $\nu=0.27$。

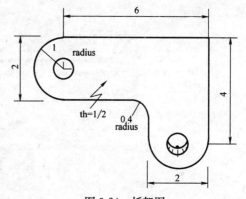

图 3-24 托架图

3.6.2 建立模型

1. 指定工作文件名和分析标题

（1）指定工作文件名

GUI："开始→程序→ANSYS13.0→Mechanical APDL (ANSYS)"

以交互式启动 ANSYS 程序，将初始工作文件名设置为 Bracket，并用鼠标单击运行按钮，进入 ANSYS 用户界面。

（2）定义分析标题

GUI 方式：Utility Menu>File>Change Title

执行以上命令后，弹出如图 3-25 所示对话框，输入 stress in a bracket 作为 ANSYS 图形显示时的标题。

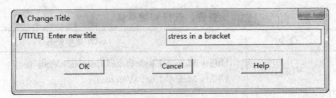

图 3-25 定义分析标题对话框

2. 建立几何模型

(1) 定义矩形

GUI：Main Menu>Preprocessor>Modeling>Create>Area>Rectangle>by Dimensions

执行以上命令后，出现如图 3-26 所示对话框，在对话框中输入 X1=0，X2=6，Y1=-1，Y2=1。单击 Apply 按钮，生成一个矩形；接着，在上面对话框输入 X1=4，X2=6，Y1=-1，Y2=-3，单击"OK"按钮，生成第二个矩形。生成的两个矩形，如图 3-27 所示。

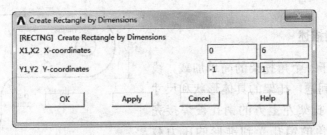

图 3-26 创建矩形对话框

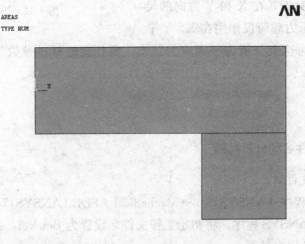

图 3-27 矩形示意图

(2) 改变图形控制

为了将不同的面积用不同颜色的图形进行区分，可以在 ANSYS 中用以下菜单命令进行设置。

GUI：Utility Menu>PlotCtrls>Numbering

执行完以上命令后，弹出如图 3-28 所示图形编号对话框，将 Area numbers 设置为 On，单击"OK"按钮。此时，两个矩形以不同的颜色显示，如图 3-29 所示。

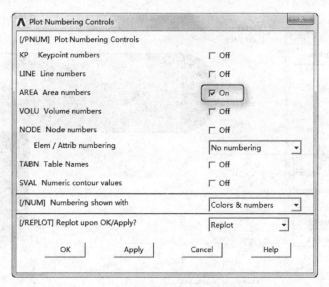

图 3-28　图形编号对话框

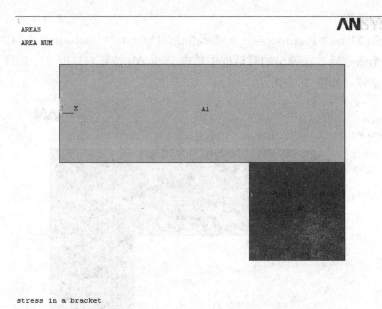

图 3-29　不同颜色显示的矩形示意图

(3) 绘制圆形

GUI：Main Menu>Preprocessor>Modeling>Create>Area>Circle>Solid Circle

执行完以上命令后，弹出如图 3-30 所示对话框，在对话框中输入 X=0，Y=0，Radius=1。单击 Apply 按钮，生成托架左上角圆；接着，在上面对话框输入 X=5，Y=

—3，Radius=1，单击"OK"按钮生成托架右上角圆，如图 3-31 所示。

然后，单击 ANSYS 工具条中的 SAVE-DB 按钮进行存盘。在 ANSYS 操作中经常进行存盘很重要，这样可以在当出现操作错误时，用 RESUME 命令恢复到以前的数据文件。

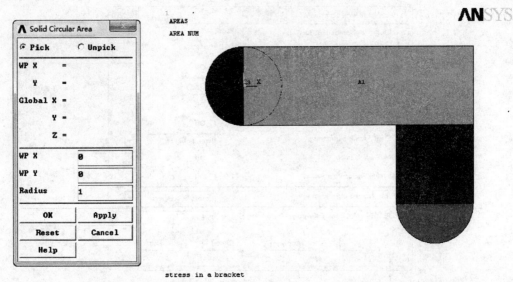

图 3-30　绘制圆形对话框　　　　图 3-31　圆形和矩形示意图

（4）布尔加运算

GUI：Main Menu＞Preprocessor＞Modeling＞Operate＞Booleans＞Add＞Areas

执行完这个命令后，在弹出的对话框中单击 Pick All 按钮，这时 2 个矩形和 2 个圆形就组合成一个整体，如图 3-32 所示。

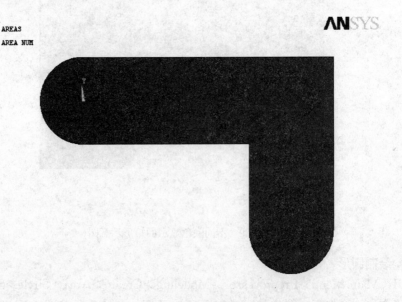

图 3-32　布尔加运算结果

(5) 创建倒角

执行 GUI：Utility Menu＞PlotCtrls＞Numbering 命令后，弹出如图 3-28 所示的对话框，打开其中的 Line numbers 设置，这样图形中每条线会显示一个标号。

接着，执行 GUI：Main Menu＞Preprocessor＞Modeling＞Create＞Lines＞Line Fillet 命令后，在弹出的对话框中选择 L17 和 L8 两条线，单击"OK"按钮，Fillet radius 输入 0.4，如图 3-33 所示，再单击"OK"按钮，便生成这两条直线的倒角，如图 3-34 所示。

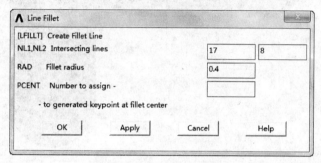

图 3-33　创建倒角对话框

执行 GUI：Main Menu＞Preprocessor＞Modeling＞Create＞Area＞Arbitrary＞By Lines 命令，在弹出的对话框中选择 L1、L4 和 L5 三条直线，单击"OK"按钮，便生成如图 3-35 所示倒角面积。

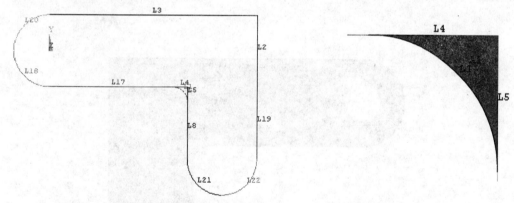

图 3-34　创建生成的两直线倒角　　　　图 3-35　创建生成的倒角面积

执行 GUI：Main Menu＞Preprocessor＞Modeling＞Operate＞Booleans＞Add＞Areas 命令后，在出现的对话框中选择 Pick ALL 按钮，将所有面积组合在一起。

单击 ANSYS 工具条中的 SAVE-DB 按钮，进行存盘。

(6) 创建托架的圆孔

GUI：Main Menu＞Preprocessor＞Modeling＞Create＞Areas＞Circle＞Solid Circle

执行完以上命令后，弹出如图 3-30 所示的对话框，在对话框中输入 $X=0$，$Y=0$，Radius＝0.4。单击 Apply 按钮，生成托架左上角小圆；接着，在上面对话框输入 $X=5$，$Y=-3$，Radius＝0.4，单击"OK"按钮，生成托架右上角小圆，如图 3-36 所示。

执行 GUI：Main Menu＞Preprocessor＞Modeling＞Operate＞Booleans＞Subtract＞Areas 命令后，在出现的对话框中选择托架为布尔减运算基体，单击 Apply 按钮；接着，

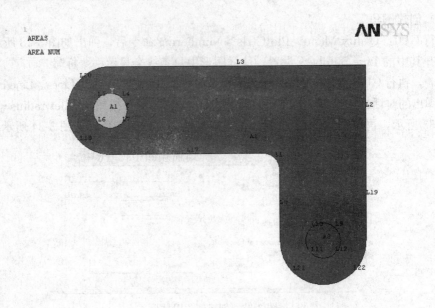

图 3-36 创建两个小圆

选择刚刚创建的两个小圆作为被减去的部分,单击"OK"按钮后,便生成托架的两个圆孔,如图 3-37 所示。

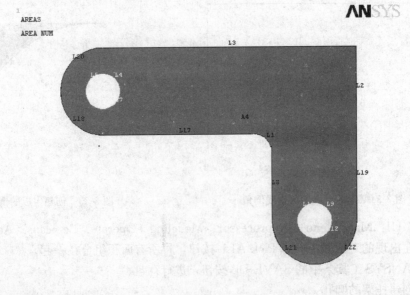

图 3-37 布尔减运算生成托架圆孔

单击 ANSYS 工具条中的 SAVE-DB 按钮,进行存盘。

3.6.3 命令流方式

!指定工作文件名

```
/TITLE, stress in a bracket

! 定义矩形
/PREP7
RECTNG, 0, 6, -1, 1,
RECTNG, 4, 6, -1, -3,
! 绘制圆形
CYL4, 0, 0, 1
CYL4, 5, -3, 1

! 布尔加运算
FLST, 2, 4, 5, ORDE, 2
FITEM, 2, 1
FITEM, 2, -4
AADD, P51X

! 创建倒角
LFILLT, 17, 8, 0.4
FLST, 2, 3, 4
FITEM, 2, 1
FITEM, 2, 5
FITEM, 2, 4
AL, P51X

! 组合
FLST, 2, 2, 5, ORDE, 2
FITEM, 2, 1
FITEM, 2, 5
AADD, P51X

! 创建托架的圆孔
CYL4, 0, 0, 0.4
CYL4, 5, -3, 0.4
! 减去两个小圆

FLST, 3, 2, 5, ORDE, 2
FITEM, 3, 1
FITEM, 3, 3
ASBA, 2, P51X
```

/EXIT, ALL

3.7 自顶向下创建几何模型（体素）

ANSYS 软件允许通过汇集线、面、体等几何体素的方法构造模型。当生成一种体素时，ANSYS 程序会自动生成所有从属于该体素的较低级图元，这种一开始就从较高级的实体图元构造模型的方法就是所谓的自顶向下的建模方法。用户可以根据需要，自由地组合自底向上和自顶向下的建模技术，如图 3-38 所示。

> **注意**
> 几何体素是在工作平面内建立的，而自底向上的建模技术是在激活的坐标系上定义的。如果用户混合使用这两种技术，那么应该考虑使用 "CSYS, WP" 或 "CSYS, 4" 命令强迫坐标系跟随工作平面变化。另外，建议不要在环坐标系中进行实体建模操作，因为会生成用户不想要的面或体。

图 3-38 自顶向下构造模型（几何体素）

3.7.1 创建面体素

创建面体素的命令及 GUI 菜单路径，如表 3-25 所示。

创建面体素 表 3-25

用　　法	命令	GUI 菜单路径
在工作平面上创建矩形面	RECTNG	Main Menu＞Preprocessor＞Modeling＞Create＞Areas＞Rectangle＞By Dimensions
通过角点生成矩形面	BLC4	Main Menu＞Preprocessor＞Modeling＞Create＞Areas＞Rectangle＞By 2 Corners
通过中心和角点生成矩形面	BLC5	Main Menu＞Preprocessor＞Modeling＞Create＞Areas＞Rectangle＞By Centr & Cornr
在工作平面上生成以其原点为圆心的环形面	PCIRC	Main Menu＞Preprocessor＞Modeling＞Create＞Circle＞By Dimensions
在工作平面上生成环形面	CYL4	Main Menu＞Preprocessor＞Modeling＞Create＞Circle＞Annulus or＞Partial Annulus or＞Solid Circle
通过端点生成环形面	CYL5	Main Menu＞Preprocessor＞Modeling＞Create＞Circle＞By End Points

续表

用法	命令	GUI 菜单路径
以工作平面原点为中心创建正多边形	RPOLY	Main Menu>Preprocessor>Modeling>Create>Polygon>By Circumscr Rad or>By Inscribed Rad or>By Side Length
在工作平面的任意位置创建正多边形	RPR4	Main Menu>Preprocessor>Modeling>Create>Polygon>Hexagon or>Octagon or>Pentagon or>Septagon or>Square or>Triangle
基于工作平面坐标对生成任意多边形	POLY	该命令没有相应 GUI 路径

3.7.2 创建实体体素

创建实体体素的命令及 GUI 菜单路径，如表 3-26 所示。

创建实体体素　　　　　　　　　　　表 3-26

用法	命令	GUI 菜单路径
在工作平面上创建长方体	BLOCK	Main Menu>Preprocessor>Modeling>Create>Volumes>Block>By Dimensions
通过角点生成长方体	BLC4	Main Menu>Preprocessor>Modeling>Create>Volumes>Block>By 2 Corners & Z
通过中心和角点生成长方体	BLC5	Main Menu>Preprocessor>Modeling>Create>Volumes>Block>By Center, Corner, Z
以工作平面原点为圆心生成圆柱体	CYLIND	Main Menu>Preprocessor>Modeling>Create>Volumes>Cylinder>By Dimensions
在工作平面的任意位置创建圆柱体	CYL4	Main Menu>Preprocessor>Modeling>Create>Volumes>Cylinder>Hollow Cylinder or>Partial Cylinder or>Solid Cylinder
通过端点创建圆柱体	CYL5	Main Menu>Preprocessor>Modeling>Create>Volumes>Cylinder>By End Pts & Z
以工作平面的原点为中心创建正棱柱体	RPRISM	Main Menu>Preprocessor>Modeling>Create>Volumes>Prism>By Circumscr Rad or>By Inscribed Rad or>By Side Length
在工作平面的任意位置创建正棱柱体	RPR4	Main Menu>Preprocessor>Modeling>Create>Volumes>Prism>Hexagonal or>Octagonal or>Pentagonal or>Septagonal or>Square or>Triangular
基于工作平面坐标对创建任意多棱柱体	PRISM	该命令没有相应 GUI 路径
以工作平面原点为中心创建球体	SPHERE	Main Menu>Preprocessor>Modeling>Create>Volumes>Sphere>By Dimensions
在工作平面的任意位置创建球体	SPH4	Main Menu>Preprocessor>Modeling>Create>Volumes>Sphere>Hollow Sphere or>Solid Sphere
通过直径的端点生成球体	SPH5	Main Menu>Preprocessor>Modeling>Create>Volumes>Sphere>By End Points
以工作平面原点为中心生成圆锥体	CONE	Main Menu>Preprocessor>Modeling>Create>Volumes>Cone>By Dimensions
在工作平面的任意位置创建圆锥体	CON4	Main Menu>Preprocessor>Modeling>Create>Volumes>Cone>By Picking
生成环体	TORUS	Main Menu>Preprocessor>Modeling>Create>Volumes>Torus

图 3-39 为环形体素和环形扇区体素的创建示例。

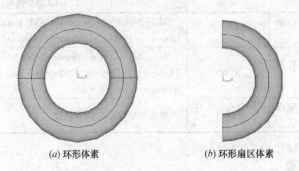

(a) 环形体素   (b) 环形扇区体素

图 3-39 环形体素和环形扇区体素

图 3-40 为空心圆球体素和圆台体素的创建示例。

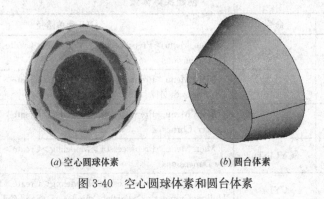

(a) 空心圆球体素   (b) 圆台体素

图 3-40 空心圆球体素和圆台体素

3.8 实例——支座的实体建模

如图 3-41 所示支座，有四个安装孔，两个肋板，各部分尺寸是：底座长度、宽度、厚度分别为 6、3、1；安装孔直径 0.75，孔中心与两边距离均为 0.75；支撑部分：下部分长、厚、高分别为 3、0.75、1.75；上部分半径 1.5，厚度为 0.75；轴承孔中心位于支撑部分上、下部分的连接处，两个沉孔尺寸分别为：大孔直径 2，深度 0.1875；小孔直径 1.7，深度 0.5625；肋板厚度为 0.15。整个结构整体具有对称性。

轴承孔大沉孔承受轴瓦推力作用，大小为 1000Pa；大沉孔承受轴承重力作用，大小为 5000Pa，支座材料弹性模量为 1.7×10^{11} Pa，泊松比为 0.3。分析支座的应力分布。

本例将按照建立几何模型、划分网格、加载、求解以及后处理查看结果的顺序，在本章和以后的几章里依次介绍，以使读者对 ANSYS 的分析过程有一个初步的认识和了解，本章只介绍建立几何模型部分。

 注意

本例作为参考例子，没有给出尺寸单位。读者在自己建立模型时，请务必选择好尺寸单位。

3.8.1 GUI 方式

1. 定义工作文件名和工作标题

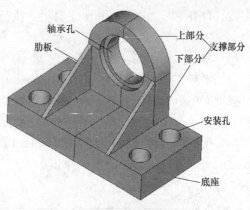

图 3-41 支座示意图

（1）定义工作文件名：执行 Utility Menu＞File＞Change Jobname 命令，在弹出的 Change Jobname 对话框中输入 Bearing Block，并选择 New log and error files? 复选框打上对号，单击"OK"按钮，如图 3-42所示。

（2）定义工作标题：执行 Utility Menu＞File＞Change Title 命令，在弹出的 Change Title 对话框中输入 The Bearing Block Model，单击"OK"按钮，如图 3-43 所示。

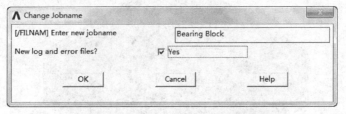

图 3-42 Change Jobname 对话框

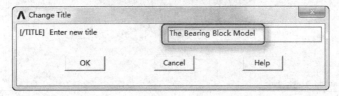

图 3-43 Change Title 对话框

（3）重新显示：执行 Utility Menu＞Plot＞Replot 命令。

2. 生成支座底板

（1）生成矩形块：执行 Main Menu＞Preprocessor＞Modeling＞Create＞Volumes＞Block＞By Dimensions 命令，弹出 Create Block by Dimensions 对话框，如图 3-44 所示输入数据，单击"OK"按钮。

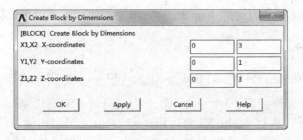

图 3-44 Create Block by Dimensions 对话框

(2) 打开 Pan-Zoom-Rotate 工具栏：执行 Utility Menu>PlotCtrls>Pan Zoom Rotate 命令，弹出 Pan-Zoom-Rotate 工具栏，单击 Iso 按钮，生成结果如图 3-45 所示。

(3) 显示工作平面：执行 Utility Menu>WorkPlane>Display Working Plane 命令。

(4) 平移工作平面：执行 Utility Menu>WorkPlane>Offset WP by Increments 命令，弹出 Offset WP 工具栏，在工具栏中的 X、Y、Z offset 文本框中输入 2.25、1.25、0.75，单击 Apply 按钮；在 XY、YZ、ZX 文本框中输入 0、−90、0，单击"OK"按钮。

(5) 生成圆柱体：执行 Main Menu>Preprocessor>Modeling>Create>Volumes>Cylinder>Solid Cylinder 命令，弹出 Solid Cylinder 对话框，如图 3-46 输入数据，单击"OK"按钮。

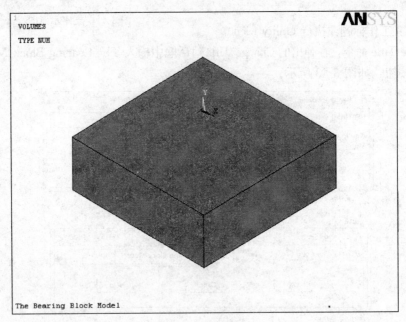

图 3-45 生成结果

(6) 拷贝生成另一个圆柱体：执行 Main Menu>Preprocessor>Modeling>Copy>Volumes 命令，弹出 Copy Volumes 拾取框，鼠标拾取刚刚生成的圆柱体；然后，点击 Copy Volumes 拾取框的 OK 按钮，弹出 Copy Volumes 对话框，如图 3-47 所示，在 DZ 后面的输入框中输入 1.5，单击"OK"按钮。

(7) 进行体相减操作：执行 Main Menu>Preprocessor>Modeling>Operate>Booleans>Subtract>Volumes 命令，弹出 Subtract Volumes 拾取框，拾取矩形块，单击"OK"按钮；然后，拾取两个圆柱体，单击"OK"按钮，生成结果如图 3-48 所示。

3. 生成支撑部分

(1) 执行 Utility Menu>WorkPlane>Align WP with>Global Cartesian 命令，使工作平面与总体笛卡尔坐标一致。

(2) 生成支撑板：执行 Main Menu>Preprocessor>Modeling>Create>Volumes>Block>By 2 corners & Z 命令，弹出 Block By 2 corners & Z 对话框，如图 3-49 输入数

 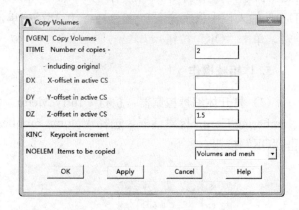

图 3-46 Solid Cylinder 对话框　　　　　图 3-47 Copy Volumes 对话框

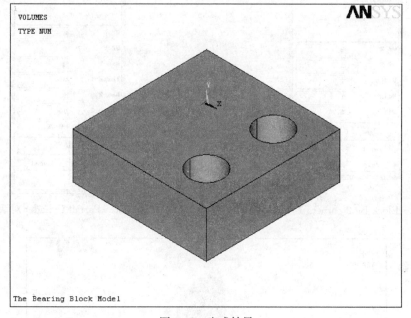

图 3-48 生成结果

据，单击"OK"按钮。

（3）偏移工作平面到支撑部分的前表面：执行 Utility Menu＞WorkPlane＞Offset WP to＞Keypoints 命令，弹出 Offset WP to Keypoints 拾取框，拾取刚刚创建的实体块左上角的点，单击"OK"按钮。

（4）生成支撑部分的上部分：执行 Main Menu＞Preprocessor＞Modeling＞Create＞Volumes＞Cylinder＞Partial Cylinder 命令，弹出 Partial Cylinder 对话框，如图 3-50 输入数据，单击"OK"按钮。生成的结果如图 3-51 所示。

4. 在轴承孔位置建立圆柱体

执行 Main Menu＞Preprocessor＞Modeling＞Create＞Volume＞Cylinder＞Solid Cylinder 命令，弹出如图 3-46 所示的 Solid Cylinder 对话框，在 WP X、WP Y、Radius、Depth 输入栏中依次输入 0、0、1、-0.1875，单击 Apply 按钮；再次输入 0、0、0.85、-2，单击"OK"按钮。

5. 体相减操作

（1）打开体编号控制器：执行 Utility Menu>PlotCtrls>Numbering 命令，弹出 Plot Numbering Controls 对话框，选择 Volume numbers 后面的复选框，把 Off 变为 On，单击"OK"按钮。

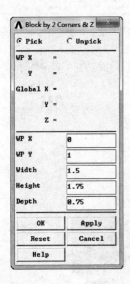

图 3-49　Block By 2 corners & Z 对话框

图 3-50　Partial Cylinder 对话框

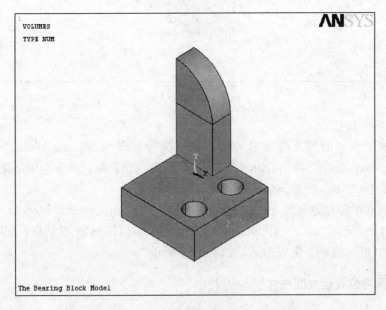

图 3-51　生成结果

(2) 执行 Main Menu＞Preprocessor＞Modeling＞Operate＞Booleans＞Subtract＞Volumes 命令，弹出 Subtract Volumes 拾取框，先拾取编号为 V1 和 V2 的两个体，单击 Apply 按钮；然后，拾取编号为 V3 的体，单击 Apply 按钮；再拾取编号为 V6 和 V7 的体，单击 Apply 按钮，拾取编号为 V5 的体，单击"OK"按钮。生成的结果如图 3-52 所示。

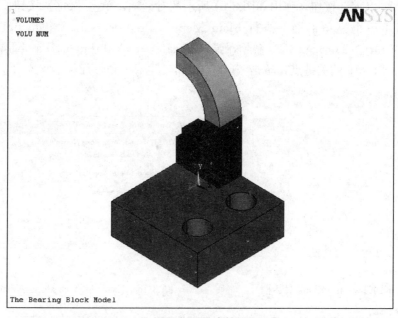

图 3-52　生成结果

6. 合并重合的关键点

执行 Main Menu＞Preprocessor＞Numbering Ctrls＞Merge Items 命令，弹出 Merge Coincident or Equivalently Defined Items 对话框，在 Label 后面的选择框中选择 Keypoints，如图 3-53 所示，单击"OK"按钮。

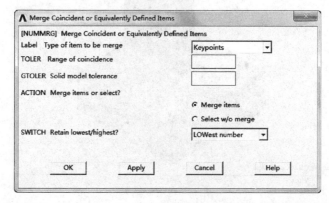

图 3-53　Merge Coincident or Equivalently Defined Items 对话框

7. 生成肋板

（1）打开点编号控制器：执行 Utility Menu＞PlotCtrls＞Numbering 命令，弹出 Plot

Numbering Controls 对话框，选择 Keypoint numbers 后面的复选框，把 off 变为 on，单击"OK"按钮。

（2）创建一个关键点：执行 Main Menu＞Preprocessor＞Modeling＞Create＞Keypoints＞KP between KPs 命令，弹出 KP between KPs 拾取框，鼠标拾取编号为 7 和 8 的关键点，单击"OK"按钮，弹出如图 3-54 所示的对话框，单击"OK"按钮。

（3）创建一个三角形面：执行 Main Menu＞Preprocessor＞Modeling＞Create＞Areas＞Arbitrary＞Through KPs 命令，弹出 Create Areas through KPs 拾取框，鼠标拾取编号为 9、14、15 的关键点，单击"OK"按钮，生成三角形面。

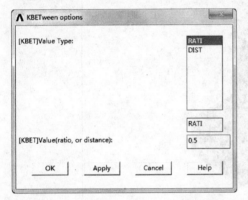

图 3-54 KBETween options 对话框

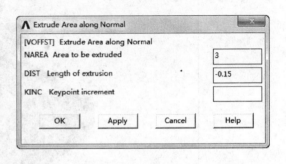

图 3-55 Extrude Area along Normal 对话框

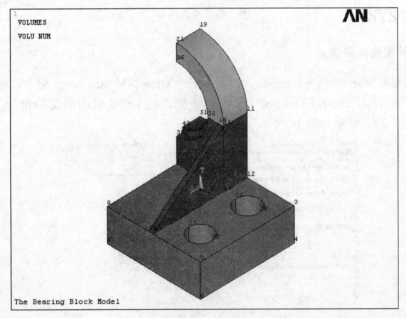

图 3-56 生成结果

（4）生成三棱柱肋板：执行 Main Menu＞Preprocessor＞Modeling＞Operate＞Extrude＞Areas＞Along Normal 命令，弹出 Extrude Areas by.. 对话框。拾取刚刚生成的三角形面，单击"OK"按钮，弹出 Extrude Area along Normal 对话框。如图 3-55 所示，在 DIST 后面的输入框中输入－0.15，单击"OK"按钮。生成的结果如图 3-56 所示。

8. 关闭工作平面及体、点编号控制器

执行 Utility Menu>WorkPlane>Display Working Plane 命令关闭工作平面。执行 Utility Menu>PlotCtrls>Numbering 命令，弹出 Plot Numbering Controls 对话框，选择 Volume numbers 和 Keypoint numbers 后面的复选框，把 on 变为 off，单击"OK"按钮。

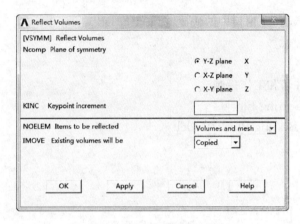

图 3-57　Reflect Volumes 对话框

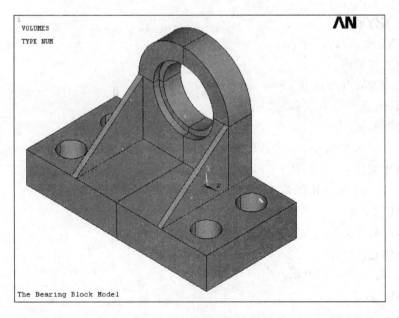

图 3-58　生成结果

9. 镜像生成全部支座模型

执行 Main Menu>Preprocessor>Modeling>Reflect>Volumes 命令，弹出 Reflect Volumes 拾取框，单击 Pick All 按钮，出现 Reflect Volumes 对话框。如图 3-57 所示，单击"OK"按钮，生成的结果如图 3-58 所示。

10. 粘接所有体

执行 Main Menu>Preprocessor>Modeling>Operate>Booleans>Glue>Volumes 命令，弹出 Glue Volumes 拾取框，单击 Pick All 按钮。至此，几何模型创建完毕。

11. 保存几何模型

单击 ANSYS Toolbar 窗口中的快捷键 SAVE_DB。

3.8.2 命令流方式

```
！定义工作文件名和工作标题
/FILNAME，Bearing Block
/TITLE，The Bearing Block Model
！进入预处理
/PREP7
！生成矩形块
BLOCK,,3,,1,,3,
！切换为轴测图
/VIEW，1，1，1，1
！显示工作平面
WPSTYLE,,,,,,,,1
！平移工作平面
wpoff，2.25，1.25，0.75
wprot，0，-90，0
！生成圆柱体
CYL4,,,0.375,,,,-1.5
！拷贝生成另一个圆柱体
FLST，3，1，6，ORDE，1
FITEM，3，2
VGEN，2，P51X,,,,,1.5,,0
！进行体相减操作
FLST，3，2，6，ORDE，2
FITEM，3，2
FITEM，3，-3
VSBV，1，P51X
！使工作平面与总体笛卡尔坐标一致
WPCSYS，-1，0
！生成支撑板
BLC4，0，1，1.5，1.75，0.75
！偏移工作平面到支撑部分的前表面
```

KWPAVE, 16
！生成支撑部分的上部分
CYL4, 0, 0, 0, 0, 1.5, 90, −0.75
！在轴承孔位置建立圆柱体
CYL4, 0, 0, 1, , , , −0.1875
CYL4, 0, 0, 0.85, , , , −2
！体相减操作
FLST, 2, 2, 6, ORDE, 2
FITEM, 2, 1
FITEM, 2, −2
VSBV, P51X, 3
FLST, 2, 2, 6, ORDE, 2
FITEM, 2, 6
FITEM, 2, −7
VSBV, P51X,   5
！合并重合的关键点
NUMMRG, KP, , , , LOW
！创建一个关键点
KBETW, 8, 7, 0, RATI, 0.5,
！创建一个三角形面
FLST, 2, 3, 3
FITEM, 2, 9
FITEM, 2, 14
FITEM, 2, 15
A, P51X
！生成三棱柱肋板
VOFFST, 3, −0.15, ,
！镜像生成全部支座模型
WPSTYLE, , , , , , , , 0
FLST, 3, 4, 6, ORDE, 2
FITEM, 3, 1
FITEM, 3, −4
VSYMM, X, P51X, , , , 0, 0
！粘接所有体
FLST, 2, 8, 6, ORDE, 2
FITEM, 2, 1
FITEM, 2, −8
VGLUE, P51X
！保存几何模型

SAVE

3.9 从 IGES 文件中将几何模型导入到 ANSYS

用户可以在 ANSYS 里直接建立模型，也可以先在 CAD 系统里建立实体模型，然后把模型保存为 IGES 文件格式，再把这个模型输入到 ANSYS 系统中。一旦模型成功地输入后，就可以像在 ANSYS 中创建的模型那样，对这个模型进行修改和划分网格。

IGES（Initial Graphics Exchange Specification）是一种被广泛接受的中间标准格式，用来在不同的 CAD 和 CAE 系统之间交换几何模型。该过滤器可以输入部分文件，所以用户至少可以通过它来输入模型的一部分，从而减轻建模工作量。用户也可以输入多个文件到同一个模型，不过要记住必须设定相同的输入选项。

对于输入 IGES 文件，ANSYS 提供如下两种选项：

（1）SMOOTH 选项：该选项采用标准的 ANSYS 几何数据库，它没有自动生成体的能力，模型输入后需要一些手工的修复。而且，它不支持增强的拓扑和几何修改工具，所以用户必须使用标准的 PREP7 几何工具来修改模型。

（2）FACETED 选项：该选项采用增强的数据库，它可以在用户不必干预的情况下进行 IGES 文件的转换，包括自动地合并和生成体，为模型划分网格做准备。如果 FACETED 选项在转换 IGES 文件时遇到问题，ANSYS 会提醒用户并激活一组增强的拓扑和几何工具，来修复输入的模型。大多数情况下，用户应该采用该选项；但对于大型、复杂的几何模型，建议用户采用 SMOOTH 选项。

在输入或创建模型前，用户需指定输入选项；如果已经输入或创建模型后，想要更改输入选项，请利用/CLEAR 命令（或者 exit and restart ANSYS），然后设定输入选项并重新输入或创建几何模型。

1. 设定输入 IGES 文件的选项

命令：IOPTN

GUI：Utility Menu>File>Import>IGES，弹出 Import IGES File 对话框，如图 3-59 所示，单击"OK"按钮。

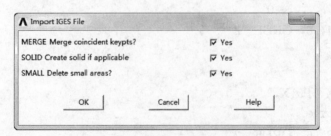

图 3-59 Import IGES File 对话框

2. 选择 IGES 文件

命令：IGESIN

GUI：在上述 GUI 操作后，会弹出如图 3-60 所示的 Import IGES File 对话框，输入适当的文件名，单击"OK"按钮，在弹出的询问对话框上单击 Yes 按钮，执行 IGES 文件输入操作。

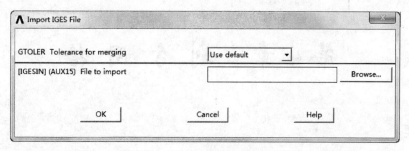

图 3-60　Import IGES File 对话框

3.10　本章小结

几何建模是 ANSYS 分析里一个非常重要的环节，我们通常都是在几何模型上划分有限元网格（也可以选择直接生成）然后求解，所以它是整个分析的基础。几何模型必须完整地反映结构特征，否则我们计算的结果不能很好地模拟实际情况；同时，几何模型必须尽可能地简化；否则，不仅会浪费大量的时间，而且有时候往往会导致问题无解。通常，要求用户在进行结构分析前，先提取结构的力学特征（这需要一定的理论基础和实践经验），然后建立合适的模型，切记不可对任何模型都直接从 CAD（或者其他建模软件）中输入，然后就直接使用。

本章通过一个具体实例说明了 ANSYS 中建立模型的一般过程，并对建模的几种方法进行了比较。如何针对自己的实际情况，采用更简单、有效的建模方法，需要读者在使用过程中慢慢熟悉和掌握。

第4章 划分网格

内容提要

划分网格是进行有限元分析的基础。它要求考虑的问题较多，需要的工作量较大，所划分的网格形式对计算精度和计算规模将产生直接影响，因此我们需要学习正确、合理的网格划分方法。

本章重点

- 分配单元属性
- 风格划分的控制
- 有限元网格模型生成
- 编号控制

4.1 有限元网格概论

生成节点和单元的网格划分过程包括三个步骤：
（1）定义单元属性
（2）定义网格生成控制（非必须），ANSYS 程序提供了大量的网格生成控制，用户可按需要选择
（3）生成网格

注意

第 2 步的定义网格控制不是必须的，因为默认的网格生成控制对多数模型生成都是合适的。如果没有指定网格生成控制，程序会用 DSIZE 命令使用默认设置生成网格。当然，用户也可以手动控制，生成质量更好的自由网格。

在对模型进行网格划分前，甚至在建立模型前，用户要明确是采用自由网格还是采用映射网格来分析。自由网格对单元形状无限制，并且没有特定的准则。而映射网格则对包含的单元形状有限制，而且必须满足特定的规则。映射面网格只包含四边形或三角形单元，映射体网格只包含六面体单元。另外，映射网格具有规则的排列形状。如果想要这种网格类型，所生成的几何模型必须具有一系列相当规则的体或面。

用户可用 MSHESKEY 命令或相应的 GUI 路径选择自由网格或映射网格。注意，所用网格控制将随自由网格或映射网格划分而不同。

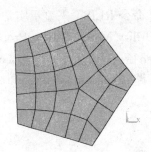 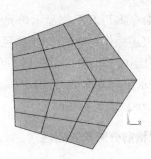

图 4-1 自由网格和映射网格示意图

4.2 设定单元属性

在生成节点和单元网格之前,必须定义合适的单元属性,包括如下几项:
(1) 单元类型(例如:BEAM3、SHELL61 等);
(2) 实常数(例如:厚度和横截面积);
(3) 材料性质(例如:杨氏模量、热传导系数等);
(4) 单元坐标系;
(5) 截面号(只对 BEAM44、BEAM188、BEAM189 单元有效)。

⚠️注意
对于梁单元网格的划分,用户有时候需要指定方向关键点。

4.2.1 生成单元属性表

为了定义单元属性,首先必须建立一些单元属性表。典型的包括单元类型(命令 ET 或者 GUI 路径:Main Menu>Preprocessor>Element Type>Add/Edit/Delete)、实常数(命令 R 或者 GUI 路径:Main Menu>Preprocessor>Real Constants)、材料性质(命令 MP 和 TB 或者 GUI 路径:Main Menu>Preprocessor>Material Props>material option)。

利用 LOCAL、CLOCAL 等命令可以组集坐标系表(GUI 路径:Utility Menu>WorkPlane>Local Coordinate Systems>Create Local CS>option)。这个表用来给单元分配单元坐标系。

⚠️注意
并非所有的单元类型,都可用这种方式来分配单元坐标系。

对于用 BEAM44、BEAM188、BEAM189 单元划分的梁网格,可利用命令 SECTYPE 和 SECDATA(GUI 路径:Main Menu>Preprocessor>Sections)创建截面号表格。

⚠️注意
方向关键点是线的属性而不是单元的属性,用户不能创建方向关键点表格。

用户可以用命令 ETLIST 来显示单元类型，命令 RLIST 来显示实常数，MPLIST 来显示材料属性，上述操作对应的 GUI 路径是：Utility Menu＞List＞Properties＞property type。另外，用户还可以用命令 CSLIST（GUI 路径：Utility Menu＞List＞Other＞Local Coord Sys）来显示坐标系，命令 SLIST（GUI 路径：Main Menu＞Preprocessor＞Sections＞List Sections）来显示截面号。

4.2.2 在划分网格前分配单元属性

一旦建立的单元属性表，通过指向表中合适的条目即可对模型的不同部分分配单元属性。指针就是参考号码集，包括材料号（MAT）、实常数号（TEAL）、单元类型号（TYPE）、坐标系号（ESYS），以及使用 BEAM188 和 BEAM189 单元时的截面号（SECNUM）。可以直接给所选的实体模型图元分配单元属性或者定义默认的属性，在生成单元的网格划分中使用。

⚠ 注意

如前面所提到的，在给梁划分网格时，给线分配的方向关键点是线的属性而不是单元属性，所以必须是直接分配给所选线，而不能定义默认的方向关键点，以备后面划分网格时直接使用。

1. 直接给实体模型图元分配单元属性

给实体模型分配单元属性时，允许对模型的每个区域预置单元属性，从而避免在网格划分过程中重置单元属性。清除实体模型的节点和单元，不会删除直接分配给图元的属性。

利用下列命令和相应的 GUI 路径，可直接给实体模型分配单元属性：

给关键点分配属性：

命令：KATT。

GUI：Main Menu＞Preprocessor＞Meshing＞Mesh Attributes＞All Keypoints。
　　　Main Menu＞Preprocessor＞Meshing＞Mesh Attributes＞Picked KPs。

给线分配属性：

命令：LATT。

GUI：Main Menu＞Preprocessor＞Meshing＞Mesh Attributes＞All Lines。
　　　Main Menu＞Preprocessor＞Meshing＞Mesh Attributes＞Picked Lines。

给面分配属性：

命令：AATT。

GUI：Main Menu＞Preprocessor＞Meshing＞Mesh Attributes＞All Areas。
　　　Main Menu＞Preprocessor＞Meshing＞Mesh Attributes＞Picked Areas。

给体分配属性：

命令：VATT。

GUI：Main Menu＞Preprocessor＞Meshing＞Mesh Attributes＞All Volumes。
　　　Main Menu＞Preprocessor＞Meshing＞Mesh Attributes＞Picked Volumes。

2. 分配默认属性

用户可以通过指向属性表的不同条目来分配默认的属性。在开始划分网格时，ANSYS 程序会自动将默认属性分配给模型。直接分配给模型的单元属性，将取代上述默认属性；而且，当清除实体模型图元的节点和单元时，其默认的单元属性也将被删除。

用户可利用如下方式分配默认的单元属性：

命令：TYPE, REAL, MAT, ESYS, SECNUM。

GUI：Main Menu＞Preprocessor＞Meshing＞Mesh Attributes＞Default Attribs。

Main Menu＞Preprocessor＞Modeling＞Create＞Elements＞Elem Attributes。

3. 自动选择维数正确的单元类型

有些情况下，ANSYS 程序能对网格划分或拖拉操作选择正确的单元类型。当选择明显正确时，用户不必人为地转换单元类型。

特殊地，当未将单元属性（xATT）直接分配给实体模型时，或者默认的单元属性（TYPE）对于要执行的操作维数不对时，而且已定义的单元属性表中只有一个维数正确的单元，ANSYS 程序会自动地利用该种单元类型执行这个操作。

受此影响的网格划分和拖拉操作命令有：KMESH、LMESH、AMESH、VMESH、FVMESH、VOFFST、VEXT、VDRAG、VROTAT、VSWEEP。

4. 在节点处定义不同的厚度

用户可以利用下列方式，对壳单元在节点处定义不同的厚度：

命令：RTHICK。

GUI：Main Menu＞Preprocessor＞Real Constants＞Thickness Func。

壳单元可以模拟复杂的厚度分布，以 SHELL63 为例，允许给每个单元的四个角点指定不同的厚度，单元内部的厚度假定是在四个角点厚度之间光滑变化。给一群单元指定复杂的厚度变化是有一定难度的，特别是每一个单元都需要单独指定其角点厚度的时候。在这种情况下，利用命令 RTHICH 能大大简化模型定义。

下面用一个实例来详细说明该过程，该实例的模型为 10×10 的矩形板，用 0.5×0.5 的方形 SHELL63 单元划分网格。现在 ANSYS 程序里输入如下命令流：

/TITLE, RTHICK Example
/PREP7
ET,1,63
RECT,,10,,10
ESHAPE,2
ESIZE,,20
AMESH,1
EPLO

得到初始的网格图，如图 4-2 所示：

图 4-2　初始的网格图　　　　　　图 4-3　不同厚度的壳单元

假定板厚按下述公式变化：$h=0.5+0.2x+0.02y^2$。为了模拟该厚度变化，我们创建一组参数给节点设定相应的厚度值。换句话说，数组里面的第 N 个数对应于第 N 个节点的厚度，命令流如下：

MXNODE=NDINQR(0,14)
*DIM,THICK,,MXNODE
*DO,NODE,1,MXNODE
　　*IF,NSEL(NODE),EQ,1,THEN
　　　　THICK(node)=0.5+0.2*NX(NODE)+0.02*NY(NODE)**2
　　*ENDIF
*ENDDO
NODE=$MXNODE

最后，利用 RTHICK 函数将这组表示厚度的参数分配到单元上，结果如图 4-3 所示：
RTHICK,THICK(1),1,2,3,4
/ESHAPE,1.0 　$ /USER,1 　$ /DIST,1,7
/VIEW,1,-0.75,-0.28,0.6 　$ /ANG,1,-1
/FOC,1,5.3,5.3,0.27 　$ EPLO

4.3　网格划分的控制

网格划分控制能建立用在实体模型划分网格的因素，例如：单元形状、中间节点位置、单元大小等。此步骤是整个分析中最重要的步骤之一，因为此阶段得到的有限元网格将对分析的准确性和经济性起决定作用。

4.3.1　ANSYS 网格划分工具（MeshTool）

ANSYS 网格划分工具（GUI 路径：Main Menu＞Preprocessor＞Meshing＞MeshTool）提供了最常用的网格划分控制和最常用的网格划分操作的便捷途径。其功能主要包括：

（1）控制 SmartSizing 水平；
（2）设置单元尺寸控制；
（3）指定单元形状；

(4) 指定网格划分类型（自由或映射）；
(5) 对实体模型图元划分网格；
(6) 清楚网格；
(7) 细化网格。

4.3.2 单元形状

ANSYS 程序允许在同一个划分区域出现多种单元形状，例如：同一区域的面单元可以是四边形，也可以是三角形，但建议尽量不要在同一个模型中混用六面体和四面体单元。

下面简单介绍一下单元形状的退化，如图 4-4 所示。在划分网格时，应该尽量避免使用退化单元。

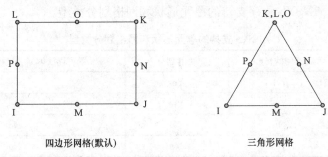

图 4-4 四边形单元形状的退化

用下列方法指定单元形状：
命令：MSHAPE，KEY，Dimension。
GUI：Main Menu>Preprocessor>Meshing>MeshTool。
　　　Main Menu>Preprocessor>Meshing>Mesher Opts。
　　　Main Menu>Preprocessor>Meshing>Mesh>Volumes>Mapped>4 to 6 sided。

如果正在使用 MSHAPE 命令，维数（2D 或 3D）的值表明待划分的网格模型的维数，KEY 值（0 或 1）表示划分网格的形状：

KEY=0，如果 Dimension=2D，ANSYS 将用四边形单元划分网格，如果 Dimension=3D，ANSYS 将用六面体单元划分网格。

KEY=1，如果 Dimension=2D，ANSYS 将用三角形单元划分网格，如果 Dimension=3D，ANSYS 将用四面体单元划分网格。

有些情况下，MSHAPE 命令及合适的网格划分命令（AMESH、YMESH 或相应的 GUI 路径：Main Menu>Preprocessor>Meshing>Mesh>meshing option），就是对模型划分网格的全部所需。每个单元的大小，由指定的默认单元大小（AMRTSIZE 或 DSIZE）确定。例如：图 4-5 左边的模型用 VMESH 命令生成右边的网格。

4.3.3 选择自由或映射网格划分

除了指定单元形状外，还需指定对模型进行网格划分的类型（自由划分或映射划分），方法如下：

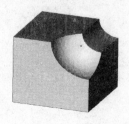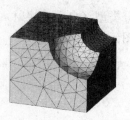

图 4-5 默认单元尺寸

命令：MSHKEY。

GUI：Main Menu>Preprocessor>Meshing>MeshTool。

Main Menu>Preprocessor>Meshing>Mesher Opts。

单元形状（MSHAPE）和网格划分类型（MSHEKEY）的设置共同影响网格的生成，表 4-1 列出了 ANSYS 程序支持的单元形状和网格划分类型。

ANSYS 支持的单元形状和网格划分类型　　　　表 4-1

单元形状	自由划分	映射划分	既可以映射划分又可以自由划分
四边形	Yes	Yes	Yes
三角形	Yes	Yes	Yes
六面体	No	Yes	No
四面体	Yes	No	No

4.3.4 控制单元边中节点的位置

当使用二次单元划分网格时，可以控制中间节点的位置，有两种选择：

（1）边界区域单元在中间节点沿着边界线或者面的弯曲方向，这是默认设置。

（2）设置所有单元的中间节点且单元边是直的，此选项允许沿曲线进行粗糙的网格划分，但是模型的弯曲并不与之相配。

可用如下方法控制中间节点的位置：

命令：MSHMID。

GUI：Main Menu>Preprocessor>Meshing>Mesher Opts。

4.3.5 划分自由网格时的单元尺寸控制（SmartSizing）

默认地，DESIZE 命令方法控制单元大小在自由网格划分中的使用，但一般推荐使用 SmartSizing。为打开 SmartSizing，只要在 SMRTSIZE 命令中指定单元大小即可。

ANSYS 里面有两种 SmartSizing 控制：基本的和高级的。

（1）基本的控制。利用基本的控制，可以简单地指定网格划分的粗细程度，从 1（细网格）到 10（粗网格），程序会自动地设置一系列独立的控制值来生成想要的大小，方法如下：

命令：SMRTSIZE, SIZLVL。

GUI：Main Menu>Preprocessor>Meshing>MeshTool。

图 4-6 表示利用几个不同的 SmartSizing 设置生成的网格。

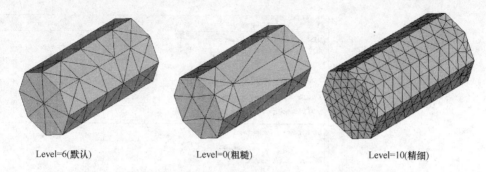

Level=6(默认)　　　　　Level=0(粗糙)　　　　　Level=10(精细)

图 4-6　对同一模型该面 SmartSizing 的划分结果

（2）高级的控制。ANSYS 还允许使用高级方法专门设置人工控制网格质量，方法如下：

命令：SMRTSIZE and ESIZE。

GUI：Main Menu>Preprocessor>Meshing>Size Ctrls>SmartSize>Adv Opts。

4.3.6　映射网格划分中单元的默认尺寸

DESIZE 命令（GUI 路径：Main Menu>Preprocessor>Meshing>Size Ctrls>ManualSize>Global>Other）常用来控制映射网格划分的单元尺寸，同时也用在自由网格划分的默认设置。但是，对于自由网格划分，建议使用 SmartSizing（SMRTSIZE）。

对于较大的模型，通过 DESIZE 命令查看默认的网格尺寸是明智的，可通过显示线的分割来观察将要划分的网格情况。预查看网格划分的步骤如下：

（1）建立实体模型；

（2）选择单元类型；

（3）选择容许的单元形状（MSHAPE）；

（4）选择网格划分类型（自由或映射，MSHKEY）；

（5）键入 LESIZE，ALL（通过 DESIZE 规定调整线的分割数）；

（6）显示线（LPLOT）。

下面用个实例来说明：

如果觉得网格太粗糙，可用通过改变单元尺寸或者线上的单元份数来加密网格，方法如下：

选择 GUI 路径：Main Menu>Preprocessor>Meshing>Size Ctrls>ManualSize>Layers>Picked Lines

弹出 Elements Sizes on Picked Lines 拾取菜单，用鼠标单击拾取屏幕上的相应线段，如图 4-7 所示。单击"OK"按钮，弹出 Area Layer-Mesh controls on Picked Lines 对话框，如图 4-8 所示，在 SIZE Element edge length 后面输入具体数值（它表示单元的尺寸），或者是在 NDIV No. of element divisions 后面输入正整数（它表示所选择的线段上的单元份数），单击"OK"按钮。然后，重新划分网格，如图 4-9 所示。

4.3.7　局部网格划分控制

在许多情况下，对结构的物理性质来说，用默认单元尺寸生成的网格不合适，例如：有应力集中或奇异的模型。在这个情况下，需要将网格局部细化，详细说明如下：

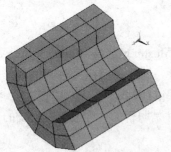

图 4-7 粗糙的网格

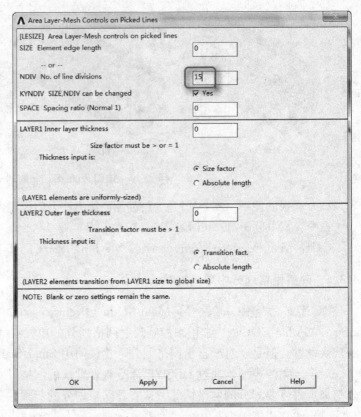

图 4-8 Area Layer-Mesh controls on Picked Lines 对话框

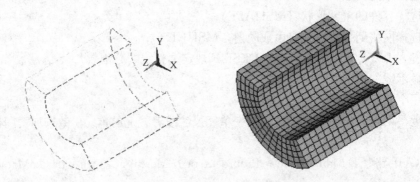

图 4-9 预览改进的网格

1. 通过表面的边界所用的单元尺寸控制总体的单元尺寸,或者控制每条线划分的单元数

命令:ESIZE。

GUI:Main Menu>Preprocessor>Meshing>Size Ctrls>ManualSize>Global>Size。

2. 控制关键点附近的单元尺寸

命令:KESIZE。

GUI:Main Menu>Preprocessor>Meshing>Size Ctrls>ManualSize>Keypoints>

All KPs。
Main Menu＞Preprocessor＞Meshing＞Size Ctrls＞ManualSize＞Keypoints＞Picked KPs。
Main Menu＞Preprocessor＞Meshing＞Size Ctrls＞ManualSize＞Keypoints＞Clr Size。

3. 控制给定线上的单元数

命令：LESIZE。
GUI：Main Menu＞Preprocessor＞Meshing＞Size Ctrls＞ManualSize＞Lines＞All Lines。
Main Menu＞Preprocessor＞Meshing＞Size Ctrls＞ManualSize＞Lines＞Picked Lines。
Main Menu＞Preprocessor＞Meshing＞Size Ctrls＞ManualSize＞Lines＞Clr Size。

以上叙述的所有定义尺寸的方法都可以一起使用，但遵循一定的优先级别，具体说明如下：

用 DESIZE 定义单元尺寸时，对任何给定线，沿线定义的单元尺寸优先级如下：用 LESIZE 指定的为最高级，KESIZE 次之，ESIZE 再次之，DESIZE 最低级；

用 SMRTSIZE 定义单元尺寸时，优先级如下：LESIZE 为最高级，KESIZE 次之，SMRTSIZE 为最低级。

4.3.8 内部网格划分控制

前面关于网格尺寸的讨论集中在实体模型边界的外部单元尺寸的定义（LESIZE、ESIZE 等）；然而，也可以在面的内部（即：非边界处）没有可以引导网格划分的尺寸线处控制网格划分，方法如下：

命令：MOPT。
GUI：Main Menu＞Preprocessor＞Meshing＞Size Ctrls＞ManualSize＞Global＞Area Ctrls。

1. 控制网格的扩展

MOPT 命令中的 Lab＝EXPND 选项，可以用来引导在一个面的边界处将网格划分较细，而内部则较粗，如图 4-10 所示。

图 4-10 中，左边网格是由 ESIZE 命令（GUI 路径：Main Menu＞Preprocessor＞Meshing＞Size Ctrls＞ManualSize＞Global＞Size）对面进行设定生成的，右边网格是利用 MOPT 命令的扩展功能（Lab＝EXPND）生成的，其区别显而易见。

2. 控制网格过渡

图 4-10 中的网格还可以进一步改善。MOPT 命令中的 Lab＝TRANS 项，可以用来控制网格从细到粗的过渡，如图 4-11 所示。

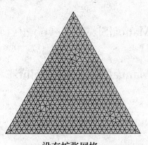
没有扩张网格

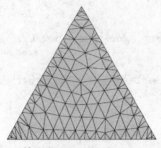
扩展网(MOPT,EXPND,2.5)

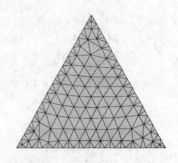

图 4-10 网格扩展示意图

图 4-11 控制了网格过渡
（MOPT，EXPND，1.5）

3. 控制 ANSYS 的网格划分器

可用 MOPT 命令控制表面网格划分器（三角形和四边形）和四面体网格划分器，使 ANSYS 执行网格划分操作（AMESH、VMESH）。

命令：MOPT。

GUI：Main Menu>Preprocessor>Meshing>Mesher Opts。

弹出 Mesher Options 对话框，如图 4-12 所示。在该对话框中，AMESH 后面的下拉列表对应三角形表面网格划分，包括 Program choose（默认）、main、Alternate 和 Alter-

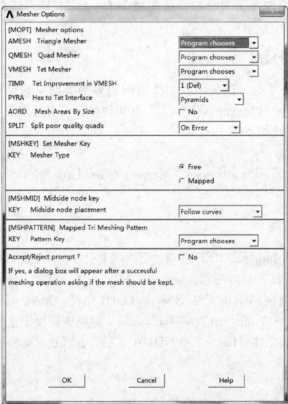

图 4-12 Mesher Options 对话框

nate2 四个选项；QMESH 对应四边形表面网格划分，包括 Program choose（默认）、main 和 Alternate 三项，其中 main 又称为 Q-Morph（quad-morphing）网格划分器。它多数情况下能得到高质量的单元，如图 4-13 所示。另外，Q-Morph 网格划分器要求面的边界线的分割总数是偶数；否则，将产生三角形单元；VMESH 对应四面体网格划分，包括 Program choose（默认）、Alternate 和 main 三项。

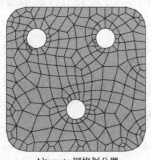
Alternate 网格划分器

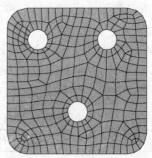
Q-Morph 网格划分器

图 4-13　网格划分器

4. 控制四面体单元的改进

ANSYS 程序允许对四面体单元作进一步改进，方法如下：

命令：MOPT，TIMP，Value。

GUI：Main Menu＞Preprocessor＞Meshing＞Mesher Opts。

弹出 Mesher Options 对话框，如图 4-12 所示。在该对话框中，TIMP 后面的下拉列表表示四面体单元改进的程度，从 1 到 6。1 表示提供最小的改进；5 表示对线性四面体单元提供最大的改进；6 表示对二次四面体单元提供最大的改进。

4.3.9　生成过渡棱锥单元

ANSYS 程序在下列情况下会生成过渡的棱锥单元：

（1）准备对体用四面体单元划分网格，待划分的体直接与已用六面体单元划分网格的体相连。

（2）准备用四面体单元划分网格，而目标体上至少有一个面已经用四边形网格划分。

图 4-14 所示为一个过渡网格的实例。

当对体用四面体单元进行网格划分时，为生成过渡棱锥单元，应事先满足的条件为：

1) 设定单元属性时，需确定给体分配的单元类型可以退化为棱锥形状，这种单元包括 SOLID62、VISCO89、SOLID90、SOLID95、SOLID96、SOLID97、SOLID117、HF120、SOLID122、FLUID142 和 SOLID186。ANSYS 对除此以外的任何单元，都不支持过渡的棱锥单元。

2) 设置网格划分时，激活过渡单元表面，三维单元退化。

激活过渡单元（默认）的方法如下：

命令：MOPT，PYRA，ON。

GUI：Main Menu＞Preprocessor＞Meshing＞Mesher Opts。

生成退化三维单元的方法如下：

命令：MSHAPE，1，3D。

GUI：Main Menu>Preprocessor>Meshing>Mesher Opts。

4.3.10 将退化的四面体单元转化为非退化的形式

在模型中生成过渡的棱锥单元后，可将模型中的 20 节点退化四面体单元转化成相应的 10 节点非退化单元，方法如下：

命令：TCHG，ELEM1，ELEM2，ETYPE2。

GUI：Main Menu>Preprocessor>Meshing>Modify Mesh>Change nets。

不论是使用命令方法还是 GUI 路径，都将按表 4-2 转换合并的单元。

允许 ELEM1 和 ELEM2 单元合并　　　　　　　　　　　　　　表 4-2

物理特性	ELEM1	ELEM2
结构	SOLID95 或 95	SOLID92 或 92
热学	SOLID90 或 90	SOLID87 或 87
静电学	SOLID122 或 122	SOLID123 或 123

执行单元转化的好处在于：节省内存空间，加快求解速度。

4.3.11 执行层网格划分

ANSYS 程序的层网格划分功能（当前只能对 2 维面），能生成线性梯度的自由网格：

（1）沿线只有均匀的单元尺寸（或适当的变化）；

（2）垂直于线的方向单元尺寸和数量有急剧过渡。

这样的网格适于模拟 CFD 边界层的影响，以及电磁表面层的影响等。

可以通过 ANSYS GUI，也可以通过命令对选定的线设置层网格划分控制。如果用 GUI 路径，则选 Main Menu>Preprocessor>Meshing>Mesh Tool，显示网格划分工具控制器，单击"Layer"相邻的设置按钮，打开选择线的对话框；接下来，是"Area Layer Mesh Controls on Picked Lines"对话框，可在其上指定：单元尺寸（SIZE）和线分割数（NDIV），线间距比率（SPACE），内部网格的厚度（LAYER1）和外部网格的厚度（LAYER2）。

LAYER1 的单元是均匀尺寸的，等于在线上给定的单元尺寸；LAYER2 的单元尺寸，会从 LAYER1 的尺寸缓慢增加到总体单元的尺寸；另外，LAYER1 的厚度可以用数值指定，也可以利用尺寸系数（表示网格层数）。如果是数值，则应该大于或等于给定线的单元尺寸；如果是尺寸系数，则应该大于 1。图 4-15 为表示层网格的实例。

如果想删除选定线上的层网格划分控制，选择网格划分工具控制器上包含"Layer"的清除按钮即可。

也可以用 LESIZE 命令定义层网格划分控制和其他单元特性，在此不再细说。

用下列方法可查看层网格划分尺寸规格：

命令：LLIST。

GUI：Utility Menu>List>Lines。

图 4-15 所示为一个层网格的实例。

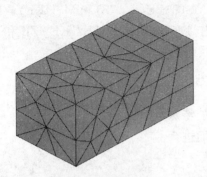
图 4-14 过渡网格实例

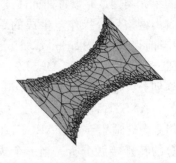
图 4-15 层网格实例

4.4 自由网格划分和映射网格划分控制

前面主要讲述可用的不同网格划分控制，现在集中讨论适合于自由网格划分和映射网格划分的控制。

4.4.1 自由网格划分

自由网格划分操作，对实体模型无特殊要求。任何几何模型，尽管是不规则的，也可以进行自由网格划分。所用单元形状依赖于是对面还是对体进行网格划分。对面时，自由网格可以是四边形，也可以是三角形或两者混合；对体时，自由网格一般是四面体单元。棱锥单元作为过渡单元，也可以加入到四面体网格中。

如果选择的单元类型严格地限定为三角形或四面体（例如：PLANE2 和 SOLID92），程序划分网格时只用这种单元。但是，如果选择的单元类型允许多于一种形状（例如：PLANE183 和 SOLID95），可通过下列方法指定用哪一种（或几种）形状：

命令：MSHAPE。

GUI：Main Menu＞Preprocessor＞Meshing＞Mesher Opts。

另外，还必须指定对模型用自由网格划分：

命令：MSHKEY，0。

GUI：Main Menu＞Preprocessor＞Meshing＞Mesher Opts。

对于支持多于一种形状的单元，默认地会生成混合形状（通常是四边形单元占多数）。可用"MSHAPE，1，2D 和 MSHKEY，0"，来要求全部生成三角形网格。

注意

可能会遇到全部网格都必须为四边形网格的情况。当面边界上总的线分割数为偶数时，面的自由网格划分会全部生成四边形网格，并且四边形单元质量还比较好。通过打开 SmartSizing 项，并让它来决定合适的单元数，可以增加面边界线的缝总数为偶数的几率（而不是通过 LESIZE 命令人工设置任何边界划分的单元数）。应保证四边形分裂项关闭"MOPT，SPLIT，OFF"，以使 ANSYS 不将形状较差的四边形单元分裂成三角形。

使体生成一种自由网格，应当选择只允许一种四面体形状的单元类型，或利用支持多种形状的单元类型，并设置四面体一种形状功能"MSHAPE，1，3D 和 MSHKEY，0"。

对自由网格划分操作，生成的单元尺寸依赖于 DESIZ3E、ESIZE、KESIZE 和 LESIZE 的当前设置。如果 SmartSizing 打开，单元尺寸将由 AMRTSIZE 及 ESZIE、DESIZE 和 LESIZE 决定。对自由网格划分，推荐使用 SmartSizing。

另外，ANSYS 程序有一种成为扇形网格划分的特殊自由网格划分，适于涉及 TARGE170 单元对三边面进行网格划分的特殊接触分析。当三个边中两个边只有一个单元分割数，另外一边有任意单元分割数，其结果成为扇形网格，如图 4-16 所示。

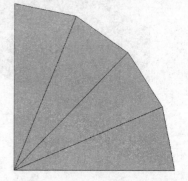

图 4-16 扇形网格划分实例

注意

使用扇形网格必须满足下列条件：

必须对三边面进行网格划分，其中两边必须只分一个网格，第三边分任何数目；

必须使用 TARGE170 单元进行网格划分；

必须使用自由网格划分。

4.4.2 映射网格划分

映射网格划分要求面或体有一定的形状规则，它可以指定程序全部用四边形面单元、三角形面单元或者六面体单元，生成网格模型。

对映射网格划分，生成的单元尺寸依赖于 DESIZE 及 ESIZE、KESZIE、LESIZE 和 AESIZE 的设置（或相应 GUI 路径：Main Menu＞Preprocessor＞Meshing＞Size Ctrls＞option）。

注意

SmartSizing（SMRTSIZE）不能用于映射网格划分；另外，硬点不支持映射网格划分。

1. 面映射网格划分

面映射网格包括全部是四边形单元或者全部是三角形单元，面映射网格须满足以下条件：

（a）该面必须是三条边或者四条边（有无连接均可）；

（b）如果是四条边，面的对边必须划分为相同数目的单元，或者是划分一过渡型网格；如果是三条边，则线分割总数必须为偶数，并且每条边的分割数相同；

（c）网格划分必须设置为映射网格。

图 4-17 为一面映射网格的实例。

如果一个面多于四条边，不能直接用映射网格划分，但可以使某些线合并，或者连接时总线数减少到四条后，再用映射网格划分，如图 4-18 所示，方法如下：

1）连接线：

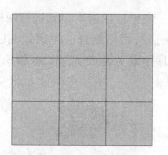 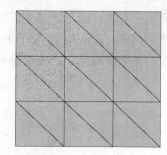

图 4-17　面映射网格

命令：LCCAT。
GUI：Main Menu＞Preprocessor＞Meshing＞Mesh＞Areas＞Mapped＞Concatenate＞Lines。

2) 合并线：
命令：LCOMB。
GUI：Main Menu＞Preprocessor＞Modeling＞Operate＞Booleans＞Add＞Lines。

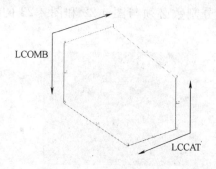 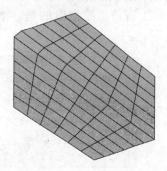

图 4-18　合并和连接线进行映射网格划分

需指出的是：线、面或体上的关键点将生成节点，因此，一条连接线至少有线上已定义的关键点数同样多的分割数；而且，指定的总体单元尺寸（ESIZE）是针对原始线，而不是针对连接线，如图 4-19 所示。用户不能直接给连接线指定线分割数，但可以对合并线（LCOMB）指定分割数。所以，通常来说，合并线比连接线有一些优势。

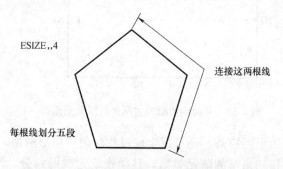

图 4-19　ESIZE 针对原始线而不是连接线示意图

命令 AMAP（GUI：Main Menu＞Preprocessor＞Meshing＞Mesh＞Areas＞Mapped＞By Corners）提供了获得映射网格划分的最便捷途径，它使用所指定的关键点作为角点

并连接关键点之间的所有线,面自动地全部用三角形或四边形单元进行网格划分。

考察前面连接的例子,现利用 AMAP 方法进行网格划分。注意到在已选定的几个关键点之间有多条线。在选定面后,已按任意顺序拾取关键点 1、3、4 和 6,则得到映射网格如图 4-20 所示。

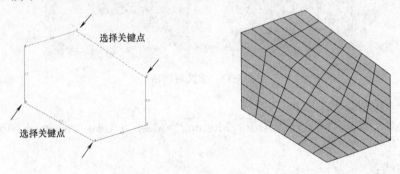

图 4-20　AMAP 方法得到映射网格

另一种生成映射面网格的途径是指定面的对边的分割数,以生成过渡映射四边形网格,如图 4-21 所示。需指出的是:指定的线分割数必须与图 4-22 和图 4-23 的模型相对应。

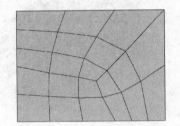 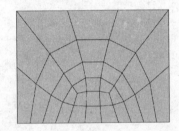

图 4-21　过渡映射网格

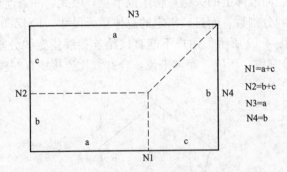

图 4-22　过渡四边形映射网格的线分割模型 (1)

除了过渡映射四边形网格外,还可以生成过渡映射三角形网格。为生成过渡映射三角形网格,必须使用支持三角形的单元类型,且须设定为映射划分 (MSHKEY,1),并指定形状为容许三角形 (MSHAPE,1,2D)。实际上,过渡映射三角形网格的划分是在过渡映射四边形网格划分的基础上,自动地将四边形网格分割成三角形,如图 4-24 所示。所以,各边的线分割数目依然必须满足图 4-22 和图 4-23 的模型。

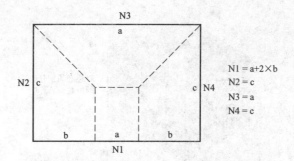

图 4-23　过渡四边形映射网格线分割模型（2）

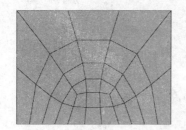 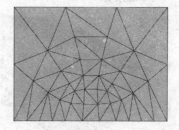

图 4-24　过渡映射三角形网格示意图

2. 体映射网格划分

要将体全部划分为六面体单元，必须满足以下条件：

(a) 该体的外形应为块状（六个面）、楔形或棱柱（五个面）、四面体（四个面）；

(b) 对边上必须划分相同的单元数，或分割符合过渡网格形式，适合于六面体网格划分；

(c) 如果是棱柱或者四面体，三角形面上的单元分割数必须是偶数，如图 4-25 所示。

与面网格划分的连接线一样，当需要减少围成体的面数以进行映射网格划分时，可以对面进行加（AADD）或者连接（ACCAT）。如果连接面有边界线，线也必须连接在一起，必须线连接面，再连接线，举例如下（命令流格式）：

! first, concatenate areas for mapped volume meshing:
ACCAT,...

! next, concatenate lines for mapped meshing of bounding areas:
LCCAT,...

LCCAT,...

VMESH,...

一般来说，AADD（面为平面或者共面时）的连接效果优于 ACCAT。

如上所述，在连接面（ACCAT）后一般需要连接线（LCCAT）；但是，如果相连接的两个面都是由四条线组成（无连接线），则连接线操作会自动进行，如图 4-26 所示。另外，须注意，删除连接面并不会自动删除相关的连接线。

连接面的方法：

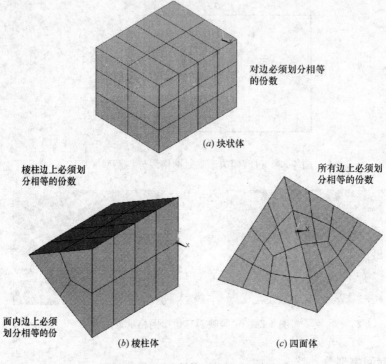

图 4-25 映射体网格划分示例

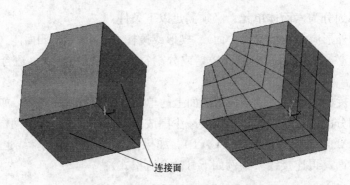

图 4-26 该情况下连接线操作自动进行

命令：ACCAT。
GUI：Main Menu>Preprocessor>Meshing>Concatenate>Areas。
Main Menu>Preprocessor>Meshing>Mesh>Areas>Mapped。
将面相加的方法：
命令：AADD。
GUI：Main Menu>Preprocessor>Modeling>Operate>Booleans>Add>Areas。

ACCAT 命令不支持用 IGES 功能输入的模型；但是，可用 ARMERGE 命令合并由 CAD 文件输入模型的两个面或更多面。而且，当以此方法使用 ARMERGE 命令时，在合并线之间删除了关键点的位置而不会有节点。

与生成过渡映射面网格类似,ANSYS 程序允许生成过渡映射体网格。过渡映射体网格的划分只适合于六个面的体(有无连接面均可),如图 4-27 所示。

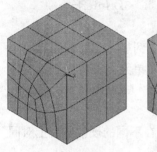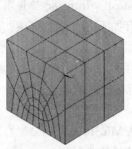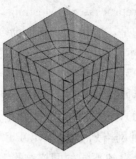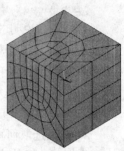

图 4-27 过渡映射体网格示例

4.5 给实体模型划分有限元网格

构造好几何模型,定义了单元属性和网格划分控制后,即可生成有限元网格了。通常建议在划分网格前,先保存模型:

命令:SAVE。

GUI:Utility Menu>File>Save as Jobname. db。

4.5.1 用 xMESH 命令生成网格

为对模型进行网格划分,必须使用适合于待划分网格图元类型的网格化分操作。对关键点、线、面和体,分别使用下列命令和 GUI 途径进行网格划分:

1. 在关键点处生成点单元(如 MASS21)命令:KMESH。

GUI:Main Menu>Preprocessor>Meshing>Mesh>Keypoints。

2. 在线上生成线单元(如 LINK31)

命令:LMESH。

GUI:Main Menu>Preprocessor>Meshing>Mesh>Lines。

3. 在面上生成面单元(如 PLANE183)

命令:AMESH,AMAP。

GUI:Main Menu>Preprocessor>Meshing>Mesh>Areas>Mapped>3 or 4 sided。

Main Menu>Preprocessor>Meshing>Mesh>Areas>Free。

Main Menu>Preprocessor>Meshing>Mesh>Areas>Target Surf。

Main Menu>Preprocessor>Meshing>Mesh>Areas>Mapped>By Corners。

4. 在体上生成体单元(如 SOLID90)

命令:VMESH。

GUI:Main Menu>Preprocessor>Meshing>Mesh>Volumes>Mapped>4 to 6 sided。

Main Menu>Preprocessor>Meshing>Mesh>Volumes>Free。

5. 在分界线或者分界面处生成单位厚度的界面单元(如 INTER192)

命令：IMESH。

GUI：Main Menu>Preprocessor>Meshing>Mesh>Interface Mesh>2D Interface。

Main Menu>Preprocessor>Meshing>Mesh>Interface Mesh>3D Interface。

另外还需说明的是，使用 xMESH 命令有如下几点注意事项：

1. 有时，需要对实体模型用不同维数的多种单元划分网格。例如：带筋的壳有梁单元（线单元）和壳单元（面单元），另外还有用表面作用单元（面单元）覆盖于三维实体单元（体单元）。这种情况可按任意顺序使用相应的网格划分操作（KMESH、LMESH、AMESH 和 VMESH），只需在划分网格前设置合适的单元属性。

2. 无论选取何种网格划分器（MOPT，VMESH，Value），在不同的硬件平台上对同一模型划分，可能会得到不同的网格结果。这是正常的。

4.5.2 生成带方向节点的梁单元网格

可定义方向关键点作为线的属性对梁进行网格划分，方向关键点与待划分的线是独立的，在这些关键点位置处，ANSYS 会沿着梁单元自动生成方向节点。支持这种方向节点的单元有：BEAM4、BEAM24、BEAM44、BEAM161、BEAM188 和 BEAM189。定义方向关键点的方法如下：

命令：LATT。

GUI：Main Menu>Preprocessor>Meshing>Mesh Attributes>All Lines。

Main Menu>Preprocessor>Meshing>Mesh Attributes>Picked Lines。

如果一条线由两个关键点（KP1 和 KP2）组成且两个方向关键点（KB 和 KE）已定义为线的属性，方向矢量在线的开始处 KP1 延伸到 KB，在线的末端从 KP2 延伸到 KE。ANSYS 通过上面给定两个方向矢量的插入方向，来计算方向节点。如图 4-28～图 4-31 所示。

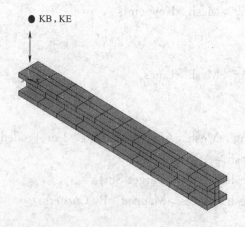

图 4-28 梁方向关键点示意图（1）

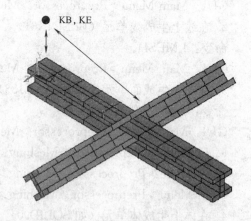

图 4-29 梁方向关键点示意图（2）

下面简单介绍定义带方向节点梁单元的 GUI 菜单路径：

1. 选择菜单路径：Main Menu>Preprocessor>Meshing>Mesh Attributes>Picked Lines，弹出 Line Attributes 对话框，如图 4-32 所示，在其中选择相应材料号（MAT）、实常数号（REAL）、单元类型号（TYPE）和梁截面号（SECT）；然后，在 Pick Orienta-

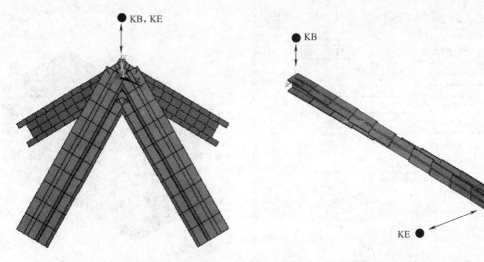

图 4-30 梁方向关键点示意图（3）　　　图 4-31 梁方向关键点示意图（4）

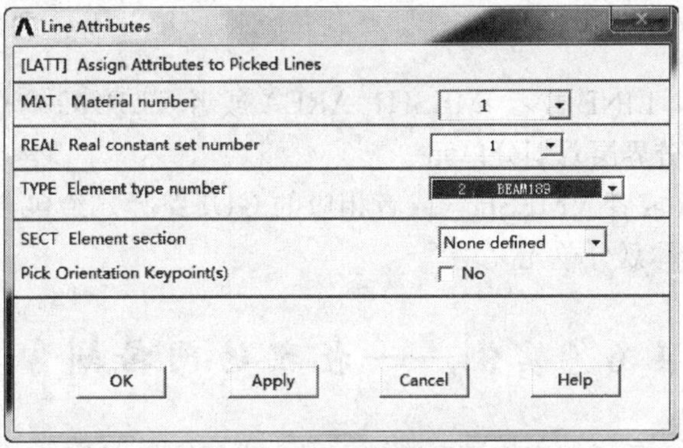

图 4-32 Line Attributes 对话框

tion Keypoints 后面单击使其显示为 Yes，单击"OK"按钮。继续弹出选择关键点对话框，选择适当的关键点作为方向关键点。

第一个选中的关键点将作为 KB，第二个将作为 KE。如果只选择了一个，那么 KE＝KB。这之后就可以按普通的梁那样划分梁单元，在此不详述。

2. 如果想屏幕显示带方向点的梁单元，选择菜单路径：Utility Menu＞PlotCtrls＞Style＞Size and Shape，弹出 Size and Shape 对话框，如图 4-33 所示；在［/ESHAPE］后面单击 On，单击"OK"按钮，屏幕会显示类似图 4-31 所示的梁单元。

4.5.3 在分界线或者分界面处生成单位厚度的界面单元

为了真实模拟模型的接缝，有时候必须划分界面单元，可以用线性的或者非线性的 4-D 或者 4-D 分界面单元，在结构单元之间的接缝层划分网格。图 4-34 表示一个接缝模型的实例，下面针对该模型简单介绍一下如何划分界面网格：

1. 定义相应的材料属性和单元属性。
2. 利用 AMESH 或者 VMESH（或者相应的 GUI 路径）给包含源面（图 4-34 中的 Sourceface）的实体划分单元。

• 161 •

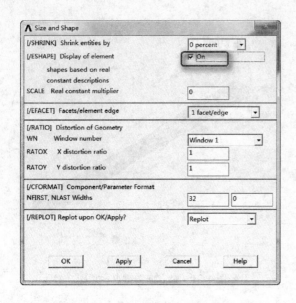

图 4-33 Size and Shape 对话框

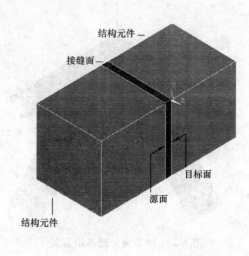

图 4-34 分界面处的网格划分

3. 利用 IMESH，LINE 或者 IMESH，AREA 或者 VDRAG 命令（或者相应的 GUI 路径）给接缝处（即分界层）划分单元。

4. 利用 AMESH 或者 VMESH（或者相应的 GUI 路径）给包含目标面（图 4-34 中的 Target face）的实体划分单元。

4.6 实例——托架的网格划分

本节在 3.6 节建立的托架实体模型基础上对它进行网格划分。

4.6.1 GUI 方式

1. 打开托架几何模型 Bracket.db 文件

2. 定义单元类型

每一个 ANSYS 分析中都必须定义单元类型，本例中需要用到的单元类型为 PLANE183 单元，它是一个 8 节点的二维二次结构单元。

GUI 方式：Main Menu>Preprocessor>Element Type>Add/Edit/Delete

执行以上命令后，弹出如图 4-35 所示的对话框。

在图 4-35 中单击 Add 按钮，弹出如图 4-36 所示的对话框，在左侧的窗口选取 Solid 单元，右侧窗口选取 8 node 183 单元，也就是 PLANE183 单元。

单击"OK"按钮。这时返回到图 4-35 所示对话框，单击 Option 按钮，弹出图 4-37 所示的定义 PLANE183 单元选项对话框。在 Element behavior 后面窗口中选取 Plane strs w/thk 后，单击"OK"按钮就完成了定义单元类型。

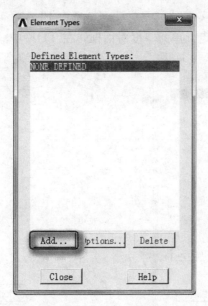

图 4-35 增加单元对话框

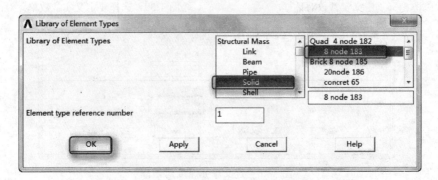

图 4-36 单元类型选择单元对话框

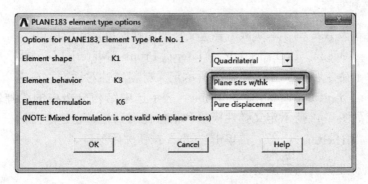

图 4-37 定义 PLANE183 单元选项对话框

3. 定义单元实常数

GUI 方式：Main Menu＞Preprocessor＞Real Constants＞Add/Edit/Delete

执行以上命令后，弹出如图 4-38 所示的定义实常数对话框，单击其中 Add 按钮。弹出如图 4-39 所示的要定义实常数单元对话框,选中 PLANE183 单元后,单击"OK".按钮,弹出如图 4-40 所示的定义单元厚度对话框,在 THK 中输入 0.5。

 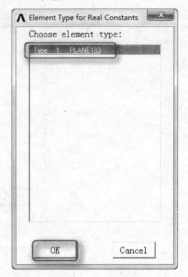

图 4-38 定义实常数对话框　　　　　　图 4-39 选择要定义实常数单元对话框

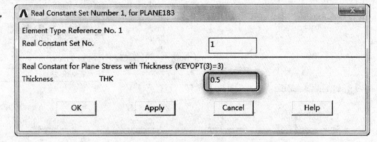

图 4-40 定义单元厚度对话框

4. 定义材料特性

托架的材料为 A36 钢,本实例需要定义托架的弹性模量和泊松比。

GUI:Main Menu>Preprocessor>Material Props>Material Models

执行完以上命令后,弹出如图 4-41 所示定义材料属性对话框。在这个对话框中依次单击 Structural、Linear、Elastic、Isotropic,表示选中结构分析中的线弹性各向同性材料。这时弹出如图 4-42 所示定义弹性模量和泊松比对话框,在这个对话框中输入弹性模量 EX=30E6,泊松比 ν=0.27,再单击"OK"按钮关闭窗口。

5. 网格划分生成有限元模型

执行 GUI:Main Menu>Preprocessor>Meshing>Mesh Tool 命令,在弹出如图4-43所示的 MeshTool 工具条中,单击 Size Controls 中 Global 中的 Set 按钮,出现如图 4-44 所示的划分网格单元尺寸对话框,在 SIZE 中输入 0.5,单击"OK"按钮。返回到图 4-43 所示的 MeshTool 工具条中,单击 Mesh 按钮,在弹出对话框中,单击 Pick ALL 按钮,则生成有限元模型,如图 4-45 所示。

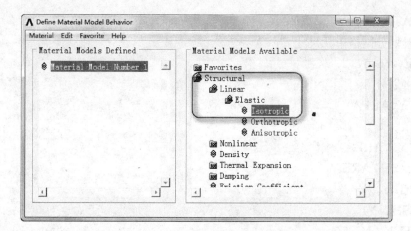

图 4-41　定义材料属性对话框

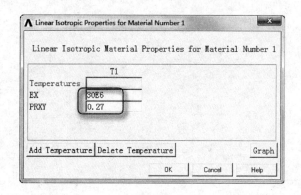

图 4-42　定义弹性模量和泊松比对话框

单击 ANSYS 工具条中的 SAVE-DB 按钮进行存盘。

4.6.2　命令流方式

```
！打开托架模型
RESUME,Tank,db,
！进入前处理
/PREP7
！定义单元类型
ET,1,PLANE183
KEYOPT,1,3,3
！定义单元实常数
R,1,0.5,
！定义材料特性
MPTEMP,,,,,,,
MPTEMP,1,0
MPDATA,EX,1,,30E6
```

```
MPDATA,PRXY,1,,0.27
！设置划分网格单元尺寸
ESIZE,0.5,0,
！网格划分
CM,_Y,AREA
ASEL,,,,     4
CM,_Y1,AREA
CHKMSH,'AREA'
CMSEL,S,_Y
AMESH,_Y1
CMDELE,_Y
CMDELE,_Y1
CMDELE,_Y2
！保存
SAVE
```

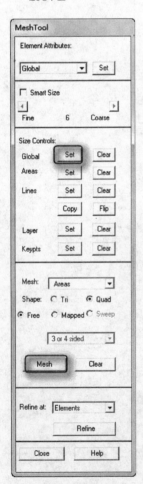

图 4-43　网格划分工具条

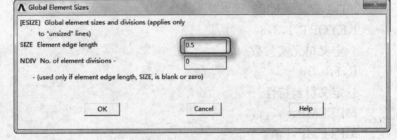

图 4-44　划分网格单元尺寸对话框

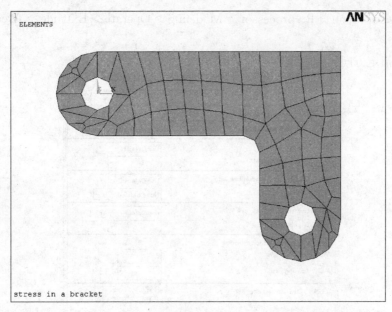

图 4-45　划分网格后的托架有限元模型

4.7　延伸和扫略生成有限元模型

下面介绍一些相对上述方法而言更为简便的划分网格模式—拖拉、旋转和扫略生成有限元网格模型。其中延伸方法主要用于利用二维模型和二维单元生成三维模型和三维单元，如果不指定单元，那么就只会生成三维几何模型，有时候它可以成为布尔操作的替代方法，而且通常更简便。扫略方法是利用二维单元在已有的三维几何模型上生成三维单元，该方法对于从 CAD 中输入的实体模型通常特别有用。显然，延伸方法与扫略方法最大的区别在于：前者能在二维几何模型的基础上生成新的三维模型同时划分好网格，而后者必须是在完整的几何模型基础上来划分网格。

4.7.1　延伸（Extrude）生成网格

先用下面方法指定延伸（Extrude）的单元属性，如果不指定的话，后面的延伸操作都只会产生相应的几何模型而不会划分网格，另外值得注意的是：如果想生成网格模型，则在源面（或者线）上必须划分相应的面网格（或者线网格）：

命令：EXTOPT。

GUI：Main Menu＞Preprocessor＞Modeling＞Operate＞Extrude＞Elem Ext Opts。

弹出 Element Extrusion Options 对话框，如图 4-46 所示，指定想要生成的单元类型（TYPE）、材料号（MAT）、实常数（REAL）、单元坐标系（ESYS）、单元数（VAL1）、单元比率（VAL2），以及指定是否要删除源面（ACLEAR）。

用以下命令可以执行具体的延伸操作：

1. 面沿指定轴线旋转生成体：

命令：VROTATE。

GUI：Main Menu＞Preprocessor＞Modeling＞Operate＞Extrude＞Areas＞About Axis。

2. 面沿指定方向延伸生成体：

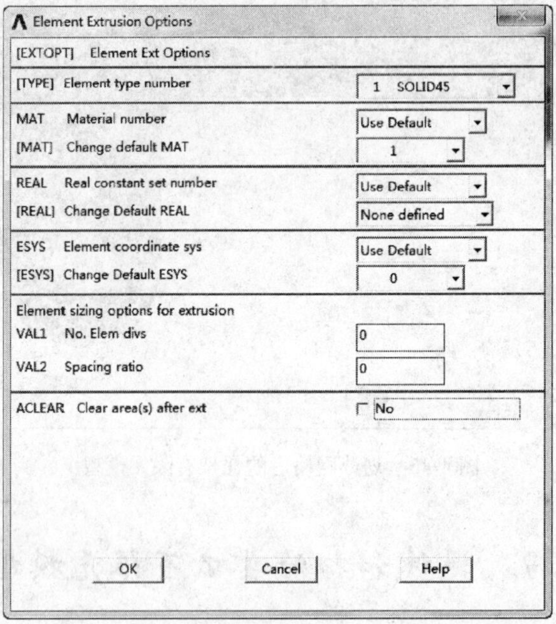

图 4-46　Element Extrusion Options 对话框

命令：VEXT。
GUI：Main Menu＞Preprocessor＞Modeling＞Operate＞Extrude＞Areas＞By XYZ Offset。

3. 面沿其法线生成体：
命令：VOFFST。
GUI：Main Menu＞Preprocessor＞Modeling＞Operate＞Extrude＞Areas＞Along Normal。

另外须提醒，当使用 VEXT 或者相应 GUI 的时候，弹出 Extrude Areas by XYZ Offset 对话框，如图 4-47 所示，其中 DX，DY，DZ 表示延伸的方向和长度，而 RX，RY，RZ 表示延伸时的放大倍数，示例如图 4-48 所示。

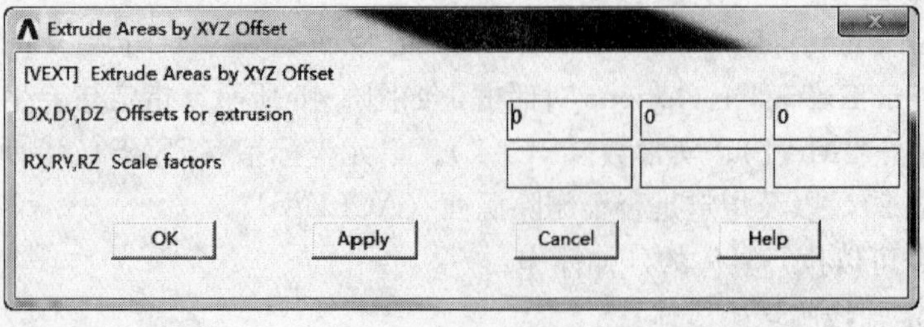

图 4-47　Extrude Areas by XYZ Offset 对话框

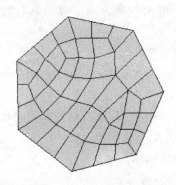 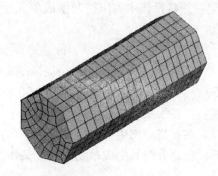

图 4-48　将网格面延伸生成网格体

4. 面沿指定路径延伸生成体：

命令：VDRAG。

GUI：Main Menu＞Preprocessor＞Modeling＞Operate＞Extrude＞Areas＞Along Lines。

5. 线沿指定轴线旋转生成面：

命令：AROTATE。

GUI：Main Menu＞Preprocessor＞Modeling＞Operate＞Extrude＞Lines＞About Axis。

6. 线沿指定路径延伸生成面：

命令：ADRAG。

GUI：Main Menu＞Preprocessor＞Modeling＞Operate＞Extrude＞Lines＞Along Lines。

7. 关键点沿指定轴线旋转生成线：

命令：LROTATE。

GUI：Main Menu＞Preprocessor＞Modeling＞Operate＞Extrude＞Keypoints＞About Axis。

8. 关键点沿指定路径延伸生成线：

命令：LDRAG。

GUI：Main Menu＞Preprocessor＞Modeling＞Operate＞Extrude＞Keypoints＞Along Lines。

如果不在 EXTOPT 中指定单元属性，那么上述方法只会生成相应的几何模型，有时候可以将它们作为布尔操作的替代方法，如图 4-49 所示，可以将空心球截面绕直径旋转一定角度直接生成。

4.7.2　扫略（VSWEEP）生成网格

1. 确定体的拓扑模型能够进行扫略，如果是下列情况之一则不能扫略：体的一个或多个侧面包含多于一个环；体包含多于一个壳；体的拓扑源面与目标面不是相对的。

2. 确定已定义合适的二维和三维单元类型、例如，如果对源面进行预网格划分，并想扫略成包含二次六面体的单元，应当先用二次二维面单元对源面划分网格。

3. 确定在扫略操作中如何控制生成单元层数,即沿扫略方向生成的单元数。可用如下方法控制:

命令:EXTOPT,ESIZE,Val1,Val2。

GUI:Main Menu>Preprocessor>Meshing>Mesh>Volume Sweep>Sweep Opts。

弹出 Sweep Options 对话框,如图 4-50 所示。框中各项的意义一次如下:是否清除源面的面网格,在无法扫略处是否用四面体单元划分网格,程序自动选择源面和目标面还是手动选择,在扫略方向生成多少单元数,在扫略方向生成的单元尺寸比率。其中关于源面,目标面,扫略方向和生成单元数的含义如图 4-51 所示。

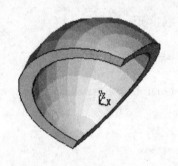

图 4-49 用延伸方法生成空心圆球

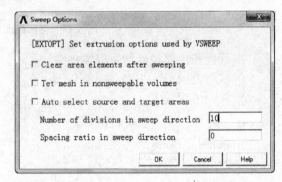

图 4-50 Sweep Options 对话框

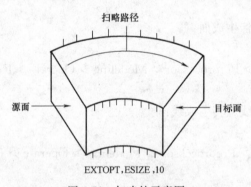

图 4-51 扫略的示意图

4. 确定体的源面和目标面。ANSYS 在源面上使用的是面单元模式(三角形或者四边形),用六面体或者楔形单元填充体。目标面是仅与源面相对的面。

5. 有选择地对源面、目标面和边界面划分网格。

体扫略操作的结果会因在扫略前是否对模型的任何面(源面、目标面和边界面)划分网格而不同。典型情况是在扫略之前对源面划分网格,如果不划分,则 ANSYS 程序会自动生成临时面单元,在确定了体扫略模式之后就会自动清除。

在扫略前确定是否预划分网格应当考虑以下因素:

1. 如果想让源面用四边形或者三角形映射网格划分,那么应当预划分网格。
2. 如果想让源面用初始单元尺寸划分网格,那么应当预划分。
3. 如果不预划分网格,ANSYS 通常用自由网格划分。
4. 如果不预划分网格,ANSYS 使用有 MSHAPE 设置的单元形状来确定对源面的网格划分。MSHAPE,0,2D 生成四边形单元,MSHAPE,1,2D 生成三角形单元。

5. 如果与体关联的面或者线上出现硬点则扫略操作失败，除非对包含硬点的面或者线预划分网格。

6. 如果源面和目标面都进行预划分网格，那么面网格必须相匹配。不过，源面和目标面并不要求一定都划分成映射网格。

7. 在扫略之前，体的所有侧面（可以有连接线）必须是映射网格划分或者四边形网格划分，如果侧面为划分网格，则必须有一条线在源面上，还有一条线在目标面上。

8. 有时候，尽管源面和目标面的拓扑结构不同，但扫略操作依然可以成功，只需采用适当的方法即可。如图 4-52 所示，将模型分解成两个模型，分别从不同方向扫略就可生成合适的网格。

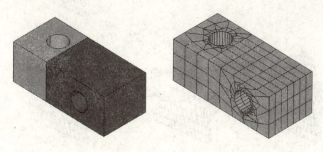

图 4-52　扫略相邻体

可用如下方法激活体扫略：

命令：VSWEEP，VNUM，SRCA，TRGA，LSMO。

GUI：Main Menu＞Preprocessor＞Meshing＞Mesh＞Volume Sweep＞Sweep。

如果用 VSWEEP 命令扫略体，须指定下列变量值：待扫略体（VNUM）、源面（SRCA）、目标面（TRGA），另外可选用 LSMO 变量指定 ANSYS 在扫略体操作中是否执行线的光滑处理。如果采用 GUI 途径，则按下列步骤：

1. 选择菜单途径：Main Menu＞Preprocessor＞Meshing＞Mesh＞Volume Sweep＞Sweep，弹出体扫略选择框。

2. 选择待扫略的体并单击 Apply 按钮。

3. 选择源面并单击 Apply 按钮。

4. 选择目标面，单击"OK"按钮。

图 4-53 是一个体扫略网格的实例，图 a、c 表示没有预网格直接执行体扫略的结果，图 b、d 表示在源面上划分映射预网格然后执行体扫略的结果，如果觉得这两种网格结果都不满意，则可以考虑图 e、f、g 形式，步骤如下：

1. 清除网格（VCLEAR）。

2. 通过在想要分割的位置创建关键点来对源面的线和目标面的线进行分割（LDIV），如图 e 所示。

3. 按图 e 将源面上增线的线分割复制到目标面的相应新增线上（新增线是步骤 2 产生的）。该步骤可以通过网格划分工具实现，菜单途径：Main Menu＞Preprocessor＞Meshing＞MeshTool。

4. 手工对步骤 2 修改过的边界面划分映射网格，如图 f 所示。

5. 重新激活和执行体扫略，结果如图 g 所示。

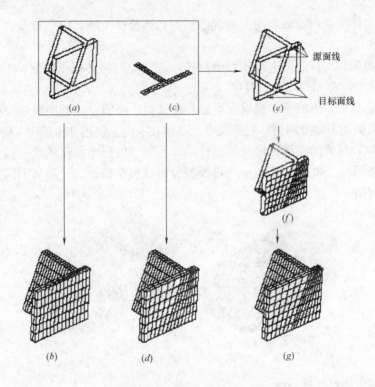

图 4-53 体扫略示意图

4.8 修正有限元模型

本节主要叙述一些常用的修改有限元模型的方法，主要包括：
1. 局部细化网格。
2. 移动和复制节点和单元。
3. 控制面、线和单元的法向。
4. 修改单元属性。

4.8.1 局部细化网格

通常碰到下面两种情况时，需要考虑对局部区域进行网格细化：
1. 已经将一个模型划分了网格，但想在模型的指定区域内得到更好的网格。
2. 已经完成分析，同时根据结果想在感兴趣的区域得到更精确的解。

对于由四面体组成的体网格，ANSYS 程序允许在指定的节点、单元、关键点、线或者面的周围进行局部细化网格，但非四面体单元（例如六面体、楔形、棱锥等）不能进行局部细化网格。

下面具体介绍利用命令或者相应 GUI 菜单途径来进行网格细化并设置细化控制：
1. 围绕节点细化网格：

命令：NREFINE。

GUI：Main Menu>Preprocessor>Meshing>Modify Mesh>Refine At>Nodes。

2. 围绕单元细化网格：

命令：EREFINE。

GUI：Main Menu>Preprocessor>Meshing>Modify Mesh>Refine At>Elements。

Main Menu>Preprocessor>Meshing>Modify Mesh>Refine At>All。

3. 围绕关键点细化网格：

命令：KREFINE。

GUI：Main Menu>Preprocessor>Meshing>Modify Mesh>Refine At>Keypoints。

4. 围绕线细化网格：

命令：LREFINE。

GUI：Main Menu>Preprocessor>Meshing>Modify Mesh>Refine At>Lines。

5. 围绕面细化网格：

命令：AREFINE。

GUI：Main Menu>Preprocessor>Meshing>Modify Mesh>Refine At>Areas。

图 4-54～图 4-57 所示为一些网格细化的范例。从图中可以看出，控制网格细化时常用的 3 个变量为：LEVEL、DEPTH 和 POST。下面对 3 个变量作分别介绍，在此之前，先介绍在何处定义这 3 个变量值。

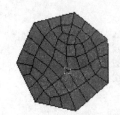  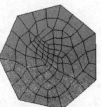

在节点处细化网格(NREFINE)　　　　　　　在单元处细化网格(EREFINE)

图 4-54　网格细化范例（1）

 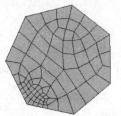  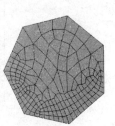

在关键点处细化网格(KREFINE)　　　　　　在线附件细化网格(LREFINE)

图 4-55　网格细化范例（2）

以用菜单路径围绕节点细化网格为例：

GUI：Main Menu>Preprocessor>Meshing>Modify Mesh>Refine At>Nodes。

弹出拾取节点对话框，在模型上拾取相应节点，弹出 Refine Mesh at Node 对话框，如图 4-58 所示，在 LEVEL 后面的下来列表选择合适的数值作为 LEVEL 值，单击 Advanced options 后面使其显示为 Yes，单击"OK"按钮，弹出 Refine mesh at nodes advanced options 对话框，如图 4-59 所示，在 DEPTH 后面输入相应数值，在 POST 后面选

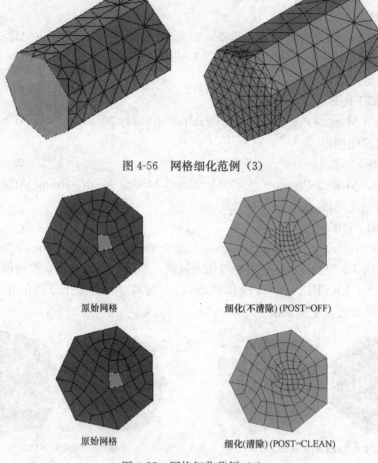

图 4-56　网格细化范例（3）

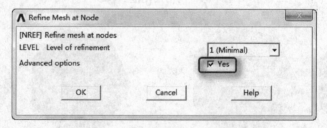

图 4-57　网格细化范例（4）

图 4-58　局部细化网格对话框（1）

择相应选项，其余默认，单击"OK"按钮即可执行网格细化操作。

下面对 3 个变量分别解释。LEVEL 变量用来指定网格细化的程度，它必须时从 1 到 5 的整数，1 表示最低程度的细化，其细化区域单元边界的长度大约为原单元边界长度的 1/2，5 表示最大程度的细化，其细化区域单元边界的长度大约为原单元边界长度的 1/9，其余值的细化程度如表 4-3 所示。

DEPTH 变量表示网格细化的范围，默认 DEPTH＝0，表示只细化选择点（或者单元、线、面等）处一层网格，当然，DEPTH＝0 时也可能细化一层之外的网格，那只是因为网格过渡的要求所致。

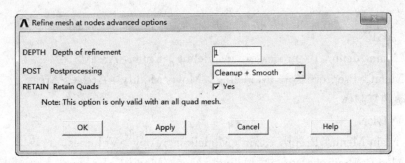

图 4-59　局部细化网格对话框（2）

表 4-3　细化程度

LEVEL 值	细化后单元跟原单元边长的比值
1	1/2
2	1/3
3	1/4
4	1/8
5	1/9

POST 变量表示是否对网格细化区域进行光滑和清理处理。光滑处理表示调整细化区域的节点位置以改善单元形状，清理处理表示 ANSYS 程序对那些细化区域或者直接与细化区域相连的单元执行清理命令，通常可以改善单元质量。默认情况是进行光滑和清理处理。

另外，图 4-50 中的 RETAIN 变量通常设置为 On（默认形式），它可以防止四边形网格裂变成三角形。

4.8.2　移动和复制节点和单元

当一个已经划分了网格的实体模型图元被复制时，可以选择是否连同单元和节点一起复制，以复制面为例，在选择菜单路径 Main Menu＞Preprocessor＞Modeling＞Copy＞Areas 之后，将弹出 Copy Areas 对话框，如图 4-60 所示，可以在 NOELEM 后面的下拉列表中选择是否复制单元和节点。

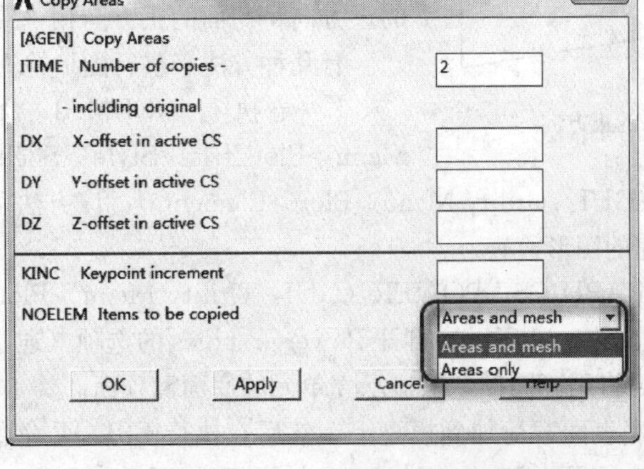

图 4-60　复制面（Copy Areas）的对话框

1. 移动和复制面：

命令：AGEN。

GUI：Main Menu>Preprocessor>Modeling>Copy>Areas。

Main Menu>Preprocessor>Modeling>Move/Modify>Areas>Areas。

2. 移动和复制体：

命令：VGEN。

GUI：Main Menu>Preprocessor>Modeling>Copy>Volumes。

Main Menu>Preprocessor>Modeling>Move/Modify>Volumes。

3. 对称映像生成面

命令：ARSYM。

GUI：Main Menu>Preprocessor>Modeling>Reflect>Areas。

4. 对称映像生成体：

命令：VSYMM。

GUI：Main Menu>Preprocessor>Modeling>Reflect>Volumes。

5. 转换面的坐标系：

命令：ATRAN。

GUI：Main Menu>Preprocessor>Modeling>Move/Modify>Transfer Coord>Areas。

6. 转换体的坐标系：

命令：VTRAN。

GUI：Main Menu>Preprocessor>Modeling>Move/Modify>Transfer Coord>Volumes。

4.8.3 控制面、线和单元的法向

如果模型中包含壳单元，并且加的是面载荷，那么就需要了解单元面以便能对载荷定义正确的方向。通常，壳的表面载荷将加在单元的某一个面上，并根据右手法则（I，J，K，L 节点序号方向，如图 4-61 所示）确定正向。如果是用实体模型面进行网格划分的方法生成壳单元，那么单元的正方向将与面的正方向相一致。

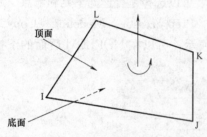

图 4-61 面的正方向

有几种方法来进行图形检查：

1. 壳执行/NORMAL 命令（GUI：Utility Menu>PlotCtrls>Style>Shell Normals），接着再执行 EPLOT 命令（GUI：Utility Menu>Plot>Elements），该方法可以对壳单元的正法线方向进行一次快速的图形检查。

2. 利用命令/GRAPHICS, POWER（GUI：Utility Menu>PlotCtrls>Style>Hidden-Line Options，如图 4-62 所示）打开 PowerGraphics 的选项（通常该选项是默认打开底），PowerGraphics 将用不同颜色来显示壳单元的底面和顶面。

3. 用假定正确底表面载荷加到模型上，然后在执行 EPLOT 命令之前先打开显示表面载荷符号的选项 [/PSF，Item，Comp，2]（相应 GUI：Utility Menu>PlotCtrls>

Symbols）以检验它们方向的正确性。

有时候需要修改或者控制面、线和单元的法向，ANSYS 程序提供了如下方法：

1. 重新设定壳单元的法向：

命令：ENORM。

GUI：Main Menu＞Preprocessor＞Modeling＞Move/Modify＞Elements＞Shell Normals。

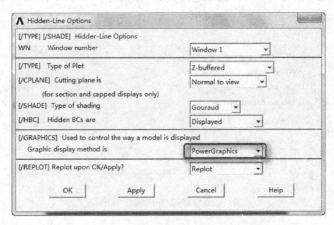

图 4-62　打开 PowerGraphics 选项

2. 重新设定面的法向：

命令：ANORM。

GUI：Main Menu＞Preprocessor＞Modeling＞Move/Modify＞Areas＞Area Normals。

3. 将壳单元的法向反向：

命令：ENSYM。

GUI：Main Menu＞Preprocessor＞Modeling＞Move/Modify＞Reverse Normals＞of Shell Elems。

4. 将线的法向反向：

命令：LREVERSE。

GUI：Main Menu＞Preprocessor＞Modeling＞Move/Modify＞Reverse Normals＞of Lines。

5. 将面的法向反向：

命令：AREVERSE。

GUI：Main Menu＞Preprocessor＞Modeling＞Move/Modify＞Reverse Normals＞of Areas。

4.8.4　修改单元属性

通常，要修改单元属性时，可以直接删除单元，重新设定单元属性后在执行网格划分操作，这个方法最直观，但通常也是最费时最不方便。下面提供另外一种不必删除网格的简便方法：

命令：EMODIFY。

GUI：Main Menu > Preprocessor > Modeling > Move/Modify > Elements > Modify Attrib。

弹出拾取单元对话框，用鼠标在模型上拾取相应单元之后即弹出 Modify Elem Attributes 对话框，如图 4-63 所示，在 STLOC 后面的下拉列表中选择适当选项（例如单元类型，材料号，实常数等），然后在 I1 后面填入新的序号（表示修改后的单元类型号，材料号或者实常数等）。

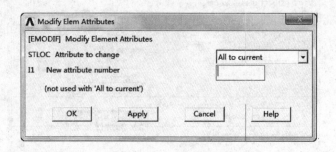

图 4-63 修改单元属性对话框

4.9 直接通过节点和单元生成有限元模型

如前所述，ANSYS 程序已经提供了许多方便的命令用于通过几何模型生成有限元网格模型，以及对节点和单元的复制、移动等操作，但同时，ANSYS 还提供了直接通过节点和单元生成有限元模型的方法，有时候，这种直接方法更便捷更有效。

由直接生成法生成的模型严格按节点和单元的顺序定义，单元必须在相应节点全部生成之后才能定义。

4.9.1 节点

1. 定义节点。
2. 从已有节点生成另外的节点。
3. 查看和删除节点。
4. 移动节点。
5. 读写包含节点数据的文本文件。
6. 旋转节点的坐标系。

可以按表 4-4～表 4-9 提供的方法执行上述操作。

定义节点 表 4-4

用法	命令	GUI 菜单路径
在激活的坐标系里定义单个节点	N	Main Menu>Preprocessor>Modeling>Create>Nodes>In Active CS or>On Working Plane
在关键点上生成节点	NKPT	Main Menu>Preprocessor>Modeling>Create>Nodes>On Keypoint

从已有节点生成另外的节点　　　　　　　　　　　　　　　　　　表 4-5

用　　法	命令	GUI 菜单路径
在两节点连线上生成节点	FILL	Main Menu>Preprocessor>Modeling>Create>Nodes>Fill between Nds
由一种模式节点生成另外节点	NGEN	Main Menu>Preprocessor>Modeling>Copy>Nodes>Copy
由一种模式节点生成缩放节点	NSCALE	Main Menu>Preprocessor>Modeling>Copy>Nodes>Scale & Copy or>Scale & Move Main Menu>Preprocessor>Modeling>Operate>Scale>Nodes>Scale & Copy or>Scale Move
在三节点的二次线上生成节点	QUAD	Main Menu>Preprocessor>Modeling>Create>Nodes>Quadratic Fill
生成镜像映射节点	NSYM	Main Menu>Preprocessor>Modeling>Reflect>Nodes
将一种模式的节点转换坐标系	TRANSFER	Main Menu>Preprocessor>Modeling>Move/Modify>Transfer Coord>Nodes
在曲线的曲率中心定义节点	CENTER	Main Menu>Preprocessor>Modeling>Create>Nodes>At Curvature Ctr

查看和删除节点　　　　　　　　　　　　　　　　　　　　　　　表 4-6

用　　法	命令	GUI 菜单路径
列表显示节点	NLIST	Utility Menu>List>Nodes Utility Menu>List>Picked Entities>Nodes
屏幕显示节点	NPLOT	Utility Menu>Plot>Nodes
删除节点	NDELE	Main Menu>Preprocessor>Modeling>Delete>Nodes

移动节点　　　　　　　　　　　　　　　　　　　　　　　　　　表 4-7

用　　法	命令	GUI 菜单路径
通过编辑节点坐标来移动节点	NMODIF	Main Menu>Modeling>Preprocessor>Create>Nodes>Rotate Node CS>By Angles Main Menu>Preprocessor>Modeling>Move/Modify>Rotate Node CS>By Angles or>Set of Nodes or>Single Node
移动节点到作表面的交点	MOVE	Main Menu>Preprocessor>Modeling>Move/Modify>Nodes>To Intersect

旋转节点的坐标系　　　　　　　　　　　　　　　　　　　　　　表 4-8

用　　法	命令	GUI 菜单路径
旋转到当前激活的坐标系	NROTAT	Main Menu>Preprocessor>Modeling>Create>Nodes>Rotate Node CS>To Active CS Main Menu>Preprocessor>Modeling>Move/Modify>Rotate Node CS>To Active CS
通过方向余弦旋转节点坐标系	NANG	Main Menu>Preprocessor>Modeling>Create>Nodes>Rotate Node CS>By Vectors Main Menu>Preprocessor>Modeling>Move/Modify>Rotate Node CS>By Vectors

续表

用　法	命令	GUI 菜单路径
通过角度来旋转节点坐标系	N；NMODIF	Main Menu>Preprocessor>Modeling>Create>Nodes>In Active CS or>On Working Plane Main Menu>Modeling>Preprocessor>Create>Nodes>Rotate Node CS>By Angles Main Menu>Preprocessor>Modeling>Move/Modify>Rotate Node CS>By Angles or>Set of Nodes or>Single Node

读写包含节点数据的文本文件　　表 4-9

用　法	命令	GUI 菜单路径
从文件中读取一部分节点	NRRANG	Main Menu>Preprocessor>Modeling>Create>Nodes>Read Node File
从文件中读取节点	NREAD	Main Menu>Preprocessor>Modeling>Create>Nodes>Read Node File
将节点写入文件	NWRITE	Main Menu>Preprocessor>Modeling>Create>Nodes>Write Node File

4.9.2　单元

本节叙述的内容主要包括：

（1）组集单元表。
（2）指向单元表中的项。
（3）查看单元列表。
（4）定义单元。
（5）查看和删除单元。
（6）从已有单元生成另外的单元。
（7）利用特殊方法生成单元。
（8）读写包含单元数据的文本文件。

定义单元的前提条件是：已经定义了该单元所需的最少节点并且已指定合适的单元属性。可以按照表 4-10～表 4-17 提供的方法来执行上述操作。

组集单元表　　表 4-10

用　法	命令	GUI 菜单路径
定义单元类型	ET	Main Menu>Preprocessor>Element Type>Add/Edit/Delete
定义实常数	R	Main Menu>Preprocessor>Real Constants
定义线性材料属性	MP；MPDATA；MPTEMP	Main Menu>Preprocessor>Material Props>Material Models>analysis type

指向单元属性　　表 4-11

用　法	命令	GUI 菜单路径
指定单元类型	TYPE	Main Menu>Preprocessor>Modeling>Create>Elements>Elem Attributes
指定实常数	REAL	Main Menu>Preprocessor>Modeling>Create>Elements>Elem Attributes

续表

用法	命令	GUI 菜单路径
指定材料号	MAT	Main Menu>Preprocessor>Modeling>Create>Elements>Elem Attributes
指定单元坐标系	ESYS	Main Menu>Preprocessor>Modeling>Create>Elements>Elem Attributes

定义单元　　　　　　　　　　　　　　　　　　　表 4-12

用法	命令	GUI 菜单路径
定义单元	E	Main Menu>Preprocessor>Modeling>Create>Elements>Auto Numbered>Thru Nodes Main Menu>Preprocessor>Modeling>Create>Elements>User Numbered>Thru Nodes

查看单元列表　　　　　　　　　　　　　　　　　表 4-13

用法	命令	GUI 菜单路径
列表显示单元类型	ETLIST	Utility Menu>List>Properties>Element Types
列表显示实常数的设置	RLIST	Utility Menu>List>Properties>All Real Constants or>Specified Real Constants
列表显示线性材料属性	MPLIST	Utility Menu>List>Properties>All Materials or>All Matls, All Temps or>All Matls, Specified Temp or>Specified Matl, All Temps
列表显示数据表	TBLIST	Main Menu>Preprocessor>Material Props>Material Models Utility Menu>List>Properties>Data Tables
列表显示坐标系	CSLIST	Utility Menu>List>Other>Local Coord Sys

查看和删除单元　　　　　　　　　　　　　　　　表 4-14

用法	命令	GUI 菜单路径
列表显示单元	ELIST	Utility Menu>List>Elements　　Utility Menu>List>Picked Entities>Elements
屏幕显示单元	EPLOT	Utility Menu>Plot>Elements
删除单元	EDELE	Main Menu>Preprocessor>Modeling>Delete>Elements

从已有单元生成另外的单元　　　　　　　　　　　表 4-15

用法	命令	GUI 菜单路径
从已有模式的单元生成另外的单元	EGEN	Main Menu>Preprocessor>Modeling>Copy>Elements>Auto Numbered
手工控制编号从已有模式的单元生成另外的单元	ENGEN	Main Menu>Preprocessor>Modeling>Copy>Elements>User Numbered
镜像映射生成单元	ESYM	Main Menu>Preprocessor>Modeling>Reflect>Elements>Auto Numbered
手工控制编号镜像映射生成单元	ENSYM	Main Menu>Preprocessor>Modeling>Reflect>Elements>User Numbered Main Menu>Preprocessor>Modeling>Move/Modify>Reverse Normals>of Shell Elements

读写包含单元数据的文本文件　　　　　　　　　表 4-16

用　法	命令	GUI 菜单路径
从单元文件中读取部分单元	ERRANG	Main Menu＞Preprocessor＞Modeling＞Create＞Elements＞Read Elem File
从文件中读取单元	EREAD	Main Menu＞Preprocessor＞Modeling＞Create＞Elements＞Read Elem File
将单元写入文件	EWRITE	Main Menu＞Preprocessor＞Modeling＞Create＞Elements＞Write Elem File

利用特殊方法生成单元　　　　　　　　　表 4-17

用　法	命令	GUI 菜单路径
在已有单元的外表面生成表面单元（SURF151 和 SURF152）	ESURF	Main Menu＞Preprocessor＞Modeling＞Create＞Elements＞Surf/Contact＞option
用表面单元覆盖于平面单元的边界上并分配额外节点作为最近的流体单元节点（SURF151）	LFSURF	Main Menu＞Preprocessor＞Modeling＞Create＞Elements＞Surf/Contact＞Surface Effect＞Attach to Fluid＞Line to Fluid
用表面单元覆盖于实体单元的表面上并分配额外的节点作为最近的流体单元的节点（SURF152）	AFSURF	Main Menu＞Preprocessor＞Modeling＞Create＞Elements＞Surf/Contact＞Surf Effect＞Attach to Fluid＞Area to Fluid
用表面单元覆盖于已有单元的表面并指定额外的节点作为最近的流体单元的节点（SURF151 和 SURF152）	NDSURF	Main Menu＞Preprocessor＞Modeling＞Create＞Elements＞Surf/Contact＞Surf Effect＞Attach to Fluid＞Node to Fluid
在重合位置处产生两节点单元	EINTF	Main Menu＞Preprocessor＞Modeling＞Create＞Elements＞Auto Numbered＞At Coincid Nd
产生接触单元	GCGEN	Main Menu＞Preprocessor＞Modeling＞Create＞Elements＞Surf/Contact＞Node to Surf

4.10　编号控制

本节主要叙述用于编号控制（包括关键点、线、面、体、单元、节点、单元类型、实常数、材料号、耦合自由度、约束方程、坐标系等）的命令和 GUI 途径。这种编号控制对于将模型的各个独立部分组合起来，是相当有用和必要的。

布尔运算输出图元的编号并非完全可以预估，在不同的计算机系统中，执行同样的布尔运算，其生成图元的编号可能会不同。

4.10.1　合并重复项

如果两个独立的图元在相同或者非常相近的位置，可用下列方法将他们合并成一个图元：

命令：NUMMRG。

GUI：Main Menu＞Preprocessor＞Numbering Ctrls＞Merge Items。

弹出 Merge Coincident or Equivalently Defined Items 对话框，如图 4-64 所示。在 Label 后面选择合适的项（例如关键点、线、面、体、单元、节点、单元类型、时常数、材料号等）；TOLER 后面的输入值表示条件公差（相对公差），GTOLER 后面的输入值表示总体公差（绝对公差），通常采用默认值（即不输入具体数值），图 4-65 和图 4-66 给出了两个合并的实例；ACTION 变量表示是直接合并选择项还是先提示然后再合并（默认是直接合并）；SWITCH 变量表示是保留合并图元中较高的编号还是较低的编号（默认是较低的编号）。

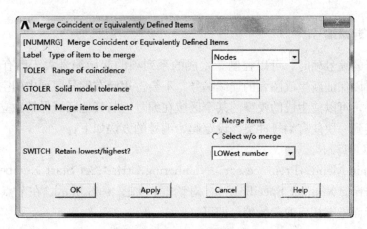

图 4-64　Merge Coincident or Equivalently Defined Items 对话框

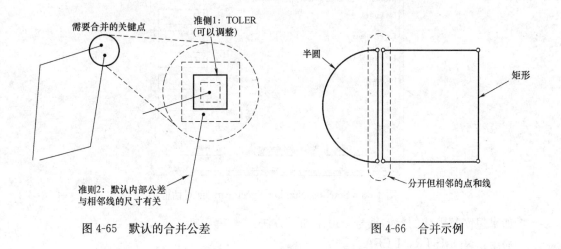

图 4-65　默认的合并公差　　　　　　图 4-66　合并示例

4.10.2　编号压缩

再构造模型时，由于删除、清除、合并或者其他操作可能在编号中产生许多空号，可采用如下方法清除空号并且保证编号的连续性：

命令：NUMCMP。

GUI：Main Menu>Preprocessor>Numbering Ctrls>Compress Numbers。

弹出 Compress Numbers 对话框，如图 4-67 所示，在 Label 后面的下拉列表中选择适当的项（例如：关键点、线、面、体、单元、节点、单元类型、时常数、材料号等），即可执行编号压缩操作。

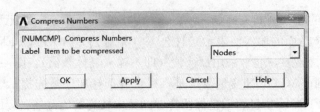

图 4-67 Compress Numbers 对话框

4.10.3 设定起始编号

在生成新的编号项时，可以控制新生成的系列项的起始编号大于已有图元的最大编号。这样做可以保证新生成图元的连续编号，不会占用已有编号序列中的空号。这样做的另一个理由是，可以使生成的模型的某个区域在编号上与其他区域保持独立，从而避免将这些区域连接到一块使有编号冲突。设定起始编号的方法如下：

命令：NUMSTR。

GUI：Main Menu＞Preprocessor＞Numbering Ctrls＞Set Start Number。

弹出 Starting Number Specifications 对话框，如图 4-68 所示，在节点、单元、关键点、线、面后面指定相应的起始编号即可。

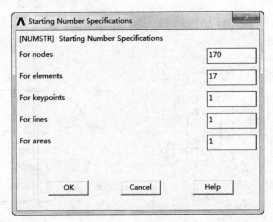

图 4-68 Starting Number Specifications 对话框

如果想恢复默认的起始编号，可用如下方法：

命令：NUMSTR，DEFA。

GUI：Main Menu＞Preprocessor＞Numbering Ctrls＞Reset Start Number。

弹出 Reset Starting Number Specifications 对话框，如图 4-69 所示，单击"OK"按钮即可。

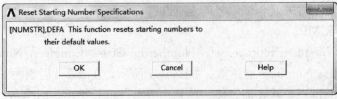

图 4-69 Reset Starting Number Specifications 对话框

4.10.4 编号偏差

在连接模型中两个独立区域时，为避免编号冲突，可对当前已选取的编号加一个偏差值来重新编号，方法如下：

命令：NUMOFF。

GUI：Main Menu>Preprocessor>Numbering Ctrls>Add Num Offset。

弹出 Add an Offset to Item Numbers 对话框，如图 4-70 所示，在 Label 后面选择想要执行编号偏差的项（例如关键点、线、面、体、单元、节点、单元类型、时常数、材料号等），在 VALUE 后面输入具体数值即可。

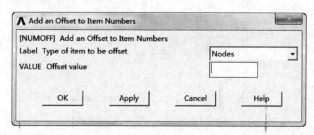

图 4-70 Add an Offset to Item Numbers 对话框

4.11 实例——支座的网格划分

本节将继续对第 3 章中建立的支座进行网格划分，生成有限元模型。

4.11.1 GUI 方式

1. 打开支座几何模型 BearingBlock.db 文件

2. 选择单元类型

执行 Main Menu>Preprocessor>Element Type>Add/Edit/Delete 命令，弹出 Element Types 对话框，如图 4-71 所示。单击 Add 按钮，弹出 Library of Element Types 对话框，如图 4-72 所示。在左边的选择框中选择 Structural>Solid，在右边的选择框中选择 Brick 8node 185，即选择实体 185 号单元。单击"OK"按钮，在返回到 Element Types 对话框中单击 72Options... 按钮，打开如图 4-73 所示的 SOLID185 element type option（单元选项设置）对话框，将其中 K2 设置为 Simple Enhanced Strn。单击"OK"按钮，在图 4-71 所示 Element Types 对话框中会相应出现所选单元信息，单击 Close 关闭即可。

3. 定义材料属性

执行 Main Menu>Preprocessor>Material Props>Material Models 命令，弹出 Define Material Model Behavior 对话框，如图 4-74 所示。在右面的 Material Model Available 选择框中连续单击 Structural>Linear>Elastic>Isotropic，弹出 Liner Isotropic Properties for Material 1 对话框，如图 4-74 所示。在 KX 后面输入 1.7E11（弹性模量），在 PRXY 后面输入 0.3（泊松比），单击"OK"按钮，然后单击 Define Material Model Behavior 对话框左上角的 Material>Exit，退出定义框，材料属性定义完毕。

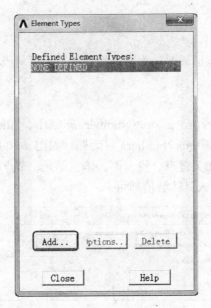

图 4-71 Element Types 对话框

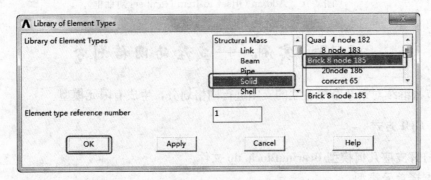

图 4-72 Library of Element Types 对话框

4. 转换视图

执行 Unitity Menu>PlotCtrls>Pan Zoom Rotate 命令，弹出 Pan-Zoom-Rotate 对话框，单击 Front 按钮，单击 Close 关闭。

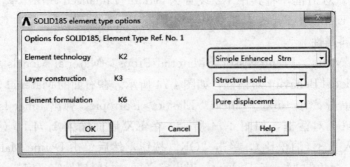

图 4-73 单元选项对话框

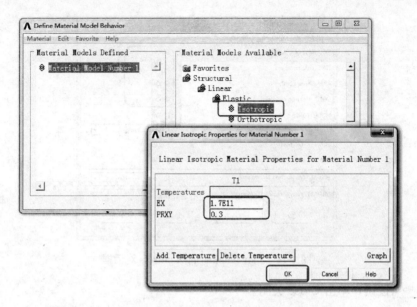

图 4-74　定义材料属性对话框

5. 根据对称性删除一半体

执行 Main Menu＞Preprocessor＞Modeling＞Delete＞Volume and Below 命令，弹出 Delete Volume & Below 拾取框，鼠标拾取对称面左边的体，如图 4-75 所示，单击"OK"按钮。

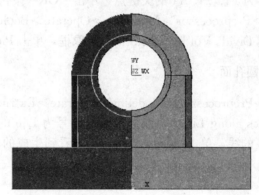

图 4-75　选择要删除的体

6. 打开点、线、面、体编号控制器

执行 Unitity Menu＞PlotCtrls＞Numbering 命令，弹出 Plot Numbering Controls 对话框，如图 4-76 所示，选择 KP、LINE、AREA、VOLU 后面的复选框，把 Off 改成 On，单击"OK"按钮。

7. 转换视图

执行 Unitity Menu＞PlotCtrls＞Pan Zoom Rotate 命令，弹出 Pan-Zoom-Rotate 对话

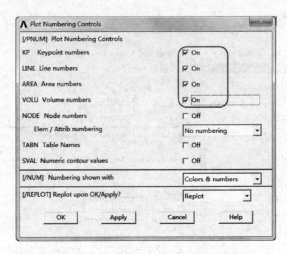

图 4-76 Plot Numbering Controls 对话框

框，单击 Obliq 按钮，单击 Close 关闭。

8. 显示工作平面

执行 Utility Menu＞WorkPlane＞Display Working Plane 命令。

9. 切分支座底座

执行 Unitity Menu＞WorkPlane＞Align WP with＞Keypoints 命令，弹出关键点拾取框，鼠标依次拾取编号为 12、14、11 的关键点，单击"OK"按钮。

执行 Main Menu＞Preprocessor＞Modeling＞Operate＞Booleans＞Divide＞Volu by WorkPlane 命令，弹出 Divide Vol by WorkPlane 拾取框，单击 Pick All 按钮。

10. 对轴承孔生成圆孔面

执行 Main Menu＞Preprocessor＞Modeling＞Operate＞Extrude＞Lines＞Along lines 命令，弹出 Sweep Lines along Lines 拾取框，拾取编号为 L46 的线，单击 Apply 按钮；然后，拾取编号为 L78 的线，单击 Apply 按钮，可以看到生成的曲面 A20。再拾取编号为 L49 的线，单击 Apply 按钮；然后，拾取编号为 L47 的线，单击"OK"按钮，可以看到生成的曲面 A29。

11. 利用新生成的面分割体

执行 Main Menu＞Preprocessor＞Modeling＞Operate＞Booleans＞Divide＞Volu by Area 命令，弹出 Divide Vol by Area 拾取框，鼠标拾取编号为 V11 的体（可以随时关注拾取框中的拾取反馈，例如：Volu NO. 就显示了鼠标拾取体的编号），单击 Apply；然后，拾取刚刚生成的面 A20，单击 Apply 按钮；然后，再拾取编号为 V9 的体，单击 Apply 按钮，拾取刚刚生成的面 A29，单击"OK"按钮。

12. 平移工作平面、对体进行分割

执行 Unitity Menu＞WorkPlane＞Offset WP to＞Keypoints 命令，弹出 Offset WP to

>Keypoints 拾取框，鼠标拾取编号为 18 的点，单击"OK"按钮。

然后执行 Main Menu>Preprocessor>Modeling>Operate>Booleans>Divide>Volu by WorkPlane 命令，弹出 Divide Vol by WorkPlane 拾取框，拾取编号为 V5 的体，单击"OK"按钮。

13. 关闭点、线、面、体编号控制器

执行 Unitity Menu>PlotCtrls>Numbering 命令，弹出 Plot Numbering Controls 对话框，如图 4-72 所示，选择 KP、LINE、AREA、VOLU 后面的复选框，把 On 改成 Off，单击"OK"按钮。

14. 进行划分网格设置

执行 Main Menu>Preprocessor>Meshing>MeshTool 命令，弹出 MeshTool 工具栏，如图 4-77 所示，点选 Smart Size，将下面的划块向左滑动，使下面的数值变为 4；然后，单击 Global 后面的 Set 按钮，弹出 Global Element Sizes 对话框，在 Size Element edge length 后面的输入框输入 0.125；然后，单击"OK"按钮。在 MeshTool 对话框下面 Shape 点选 Hex/Wedge 和 Sweep 选项，其他项默认；然后，单击 Sweep 按钮，弹出 Volume Sweeping 对话框，单击 Pick All 按钮，网格划分完毕后，单击"OK"按钮。

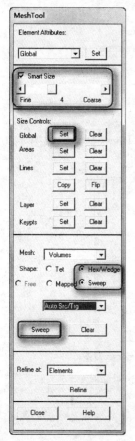
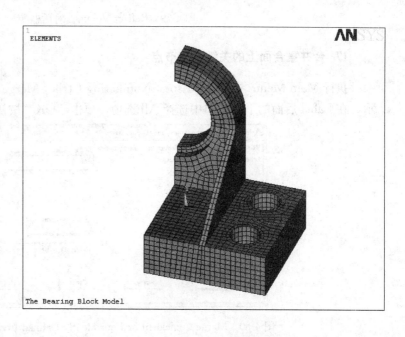

图 4-77 定义材料属性对话框　　　　图 4-78 网格划分结果

15. 隐藏工作平面

执行 Unitity Menu>WorkPlane>Display Working Plane 命令。生成的结果如图 4-78 所示。

16. 镜像生成另一半模型

执行 Main Menu>Preprocessor>Modeling>Reflect>Volumes 命令，弹出 Reflect Volumes 拾取框，单击 Pick All 按钮，出现 Reflect Volumes 对话框，如图 4-79 所示，单击"OK"按钮。

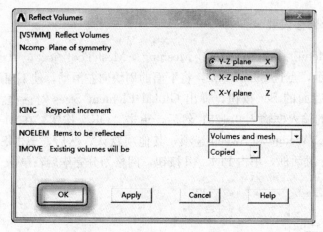

图 4-79　Reflect Volumes 对话框

17. 合并重合面上的关键点和节点

执行 Main Menu>Preprocessor>Numbering Ctrls>Merge Items 命令，如图 4-80 所示，在 Label 后面的下拉菜单中选择 All 选项，单击"OK"按钮。

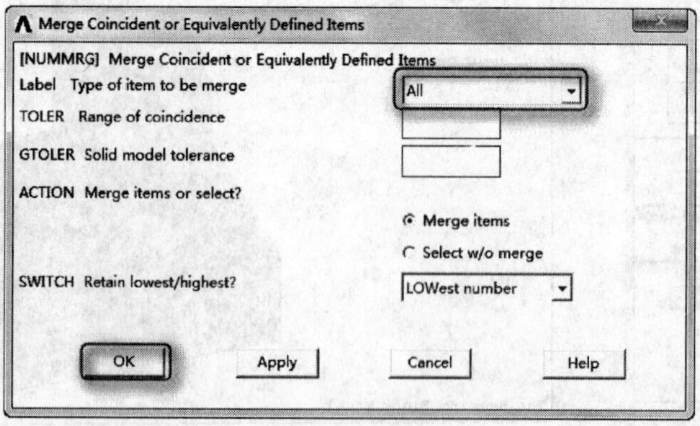

图 4-80　Merge Coincident or Equivalently Defined Items 对话框

18. 显示有限元网格

执行 Unitity Menu>Plot>Elements 命令，最后的结果如图 4-81 所示。

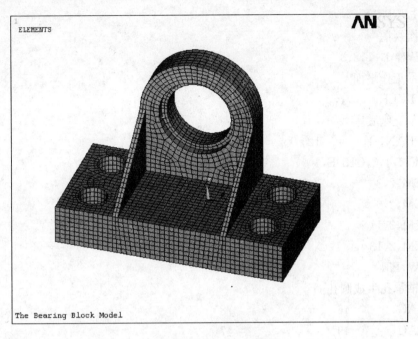

图 4-81 支座有限元模型

19. 保存有限元模型

单击 ANSYS Toolbar 窗口中的快捷键 SAVE_DB。

4.11.2 命令流方式

```
！读取数据库文件
RESUME,BearingBlock,db,
！预处理
/PREP7
！选择单元类型
ET,1,SOLID185
！定义材料属性
MPTEMP,,,,,,,,
MPTEMP,1,0
MPDATA,EX,1,,1.7E11
MPDATA,PRXY,1,,0.3
！根据对称性删除一半体
FLST,2,4,6,ORDE,4
FITEM,2,7
FITEM,2,10
FITEM,2,12
FITEM,2,14
```

```
VDELE,P51X, , ,1
! 转换视图
/VIEW,1,1,2,3
! 显示工作平面
WPSTYLE,,,,,,,,1
! 切分支座底座
KWPLAN,-1,     12,     14,     11
FLST,2,4,6,ORDE,4
FITEM,2,3
FITEM,2,9
FITEM,2,11
FITEM,2,13
VSBW,P51X
! 对轴承孔生成圆孔面
ADRAG,     46,,,,,     78
ADRAG,     49,,,,,     47
! 利用新生成的面分割体
VSBA,     11,     20
VSBA,     9,     29
! 平移工作平面、对体进行分割
KWPAVE,     18
VSBW,     5
! 进行划分网格设置
SMRT,6
SMRT,4
ESIZE,0.125,0,
FLST,5,8,6,ORDE,4
FITEM,5,1
FITEM,5,-4
FITEM,5,6
FITEM,5,-9
CM,_Y,VOLU
VSEL, , , ,P51X
CM,_Y1,VOLU
CHKMSH,'VOLU'
CMSEL,S,_Y
VSWEEP,_Y1
CMDELE,_Y
CMDELE,_Y1
```

```
CMDELE,_Y2
！隐藏工作平面
WPSTYLE,,,,,,,0
！镜像生成另一半模型
FLST,3,8,6,ORDE,4
FITEM,3,1
FITEM,3,-4
FITEM,3,6
FITEM,3,-9
VSYMM,X,P51X,,,,0,0
！合并重合面上的关键点和节点
NUMMRG,ALL,,,,LOW
！显示有限元网格
EPLOT
！保存有限元模型
SAVE
```

4.12 本章小结

  有限元网格是进行有限元分析的基础，单元质量的好坏通常直接决定求解结果的好坏。同一个模型，不同的网格划分将会导致不同的结果，有时甚至会导致完全错误的结果。所以，用户一定要从一开始就重视网格的划分。对于初学者而言，大致可以从如下三个方面来选择合适的网格：

  (1) 尽量能避免有尖角的网格和急剧的单元尺寸过渡。

  (2) 对于有应力集中区域（例如：几何模型尖角处等）局部细化网格。

  (3) 用不同的网格密度来划分模型，对比其求解结果，选择合适的网格密度作最终分析。

  本章通过上一章建立的腰柱模型进行了多种不同的分网方法，目的在于加深读者对分网方法的了解和应用。网格的划分是一个工作量相当大的工程，特别是模型较复杂而又要想获得好的网格质量，这些需要读者在以后的学习过程慢慢地培养和积累。

第 5 章 施加载荷

内容提要

载荷是指加在有限单元模型（或实体模型，但最终要将载荷转化到有限元模型上）上的位移、力、温度、热、电磁等。建立完有限元分析模型后，就需要在模型上施加载荷，以此来检查结构或构件对一定载荷条件的响应。

本章重点

- 载荷概论
- 施加载荷
- 设定载荷步选项

5.1 载荷概论

有限元分析的主要目的是检查结构或构件对一定载荷条件的响应。因此，在分析中指定合适的载荷条件是关键的一步。在 ANSYS 程序中，可以用各种方式对模型施加载荷，而且借助于载荷步选项，可以控制在求解中载荷如何使用。

5.1.1 什么是载荷

在 ANSYS 术语中，载荷包括边界条件和外部或内部作用力函数，如图 5-1 所示。不同学科中的载荷实例为：

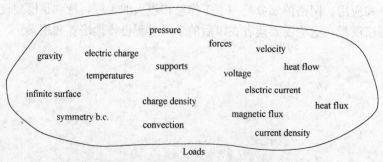

图 5-1 "载荷"包括边界条件以及其他类型的载荷

结构分析：位移、力、压力、温度（热应力）和重力。

热力分析：温度、热流速率、对流、内部热生成、无限表面。

磁场分析：磁势、磁通量、磁场段、源流密度、无限表面。

电场分析：电势（电压）、电流、电荷、电荷密度、无限表面。

流体分析：速度、压力。

载荷分为六类：DOF（约束自由度），力（集中载荷），表面载荷，体积载荷，惯性力及耦合场载荷。

DOF（约束自由度）：某些自由度为给定的已知值。例如：结构分析中指定结点位移或者对称边界条件等；热分析中指定结点温度等。

力（集中载荷）：施加于模型结点上的集中载荷。例如：结构分析中的力和力矩；热分析中的热流率；磁场分析中的电流。

表面载荷：施加于某个表面上的分布载荷。例如：结构分析中的压力；热力分析中的对流量和热通量。

体积载荷：施加在体积上的载荷或者场载荷。例如：结构分析中的温度，热力分析中的内部热源密度；磁场分析中为磁场通量。

惯性载荷：由物体惯性引起的载荷。例如：重力加速度引起的重力，角速度引起的离心力等。主要在结构分析中使用。

耦合场载荷：可以认为是以上载荷的一种特殊情况，从一种分析中得到的结果用作为另一种分析的载荷。例如：可施加磁场分析中计算所得的磁力作为结构分析中的载荷，也可以将热分析中的温度结果作为结构分析的载荷。

5.1.2 载荷步、子步和平衡迭代

载荷步仅仅是为了获得解答的载荷配置。在线性静态或稳态分析中，可以使用不同的载荷步施加不同的载荷组合：在第一个载荷步中施加风载荷；在第二个载荷步中施加重力载荷；在第三个载荷步中施加风和重力载荷以及一个不同的支承条件，等等。在瞬态分析中，多个载荷步加到载荷历程曲线的不同区段。

ANSYS程序将为第一个载荷步选择的单元组用于随后的载荷步，而不论用户为随后的载荷步指定哪个单元组。要选择一个单元组，可使用下列两种方法之一：

GUI：Utility Menu>Select>Entities。

命令：ESEL。

图 5-2 显示了一个需要三个载荷步的载荷历程曲线：第一个载荷步用于线性载荷；第二个载荷步用于不变载荷部分；第三个载荷步用于卸载。

子步为执行求解载荷步中的点。由于不同的原因，要使用子步。

在非线性静态或稳态分析中，使用子步逐渐施加载荷以便能获得精确解。

在线性或非线性瞬态分析中，使用子步满足瞬态时间累积法则（为获得精确解通常规定一个最小累积时间步长）。

在谐波分析中，使用子步获得谐波频率范围内多个频率处的解。

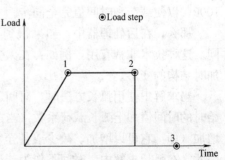

图 5-2 使用多个载荷步表示瞬态载荷历程

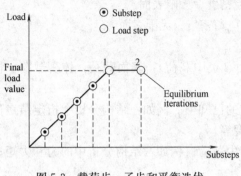

图 5-3 载荷步、子步和平衡迭代

平衡迭代是在给定子步下为了收敛而计算的附加解。仅用于收敛起着很重要的作用的非线性分析中的迭代修正。例如：对二维非线性静态磁场分析，为获得精确解，通常使用两个载荷步（如图 5-3 所示）。

第一个载荷步，将载荷逐渐加到 5~10 个子步以上，每个子步仅用一个平衡迭代。

第二个载荷步，得到最终收敛解，且仅有一个使用 15~25 次平衡迭代的子步。

5.1.3 时间参数

在所有静态和瞬态分析中，ANSYS 使用时间作为跟踪参数，而不论分析是否依赖于时间。其好处是：在所有情况下可以使用一个不变的"计数器"或"跟踪器"，不需要依赖于分析的术语。此外，时间总是单调增加的，且自然界中大多数事情的发生都经历一段时间，而不论该时间多么短暂。

显然，在瞬态分析或与速率有关的静态分析（蠕变或者黏塑性）中，时间代表实际的，按年、月顺序的时间，用秒、分钟或小时表示。在指定载荷历程曲线的同时（使用 TIME 命令），在每个载荷步的结束点赋予时间值。使用如下方法之一赋予时间值：

GUI：Main Menu>Preprocessor>Load>Time/Frequenc>Time and Substps。

GUI：Main Menu>Preprocessor>Loads>Time/Frequec>Time-Time Step。

GUI：Main Menu>Solution>Time/Frequec>Time and Substps。

GUI：Main Menu>Solution>Time/Frequec>Time-Time Step。

命令：TIME。

然而，在不依赖于速率的分析中，时间仅仅成为一个识别载荷步和子步的计数器。默认情况下，程序自动地对 time 赋值，在载荷步 1 结束时，赋 time=1；在载荷步 2 结束时，赋 time=2；依次类推。载荷步中的任何子步将被赋给合适的、用线性插值得到的时间值。在这样的分析中，通过赋给自定义的时间值，就可建立自己的跟踪参数。例如：若要将 1000 个单位的载荷增加到一载荷步上，可以在该载荷步的结束时将时间指定为 1000，以使载荷和时间值完全同步。

那么，在后处理器中，如果得到一个变形-时间关系图，其含义与变形-载荷关系相同。这种技术非常有用，例如：在大变形分析以及屈曲分析中，其任务是跟踪结构载荷增加时结构的变形。

当求解中使用弧长方法时，时间还表示另一含义。在这种情况下，时间等于载荷步开始时的时间值加上弧长载荷系数（当前所施加载荷的放大系数）的数值。ALLF 不必单调增加（即：它可以增加、减少或甚至为负），且在每个载荷步的开始时被重新设置为 0。因此，在弧长求解中，时间不作为"计数器"。

载荷步为作用在给定时间间隔内的一系列载荷。子步为载荷步中的时间点，在这些时间点，求得中间解。两个连续的子步之间的时间差，称为时间步长或时间增量。平衡迭代是为了收敛而在给定时间点进行计算的迭代求解。

5.1.4 阶跃载荷与坡道载荷

当在一个载荷步中指定一个以上的子步时，就出现了载荷应为阶跃载荷或是线性载荷的问题。

如果载荷是阶跃的，那么，全部载荷施加于第一个载荷子步，且在载荷步的其余部分，载荷保持不变。如图5-4（a）所示。

如果载荷是逐渐递增的，那么，在每个载荷子步，载荷值逐渐增加，且全部载荷出现在载荷步结束时。如图5-4（b）所示。

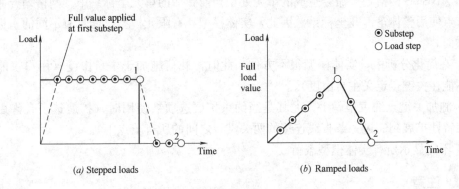

图5-4 阶跃载荷与坡道载荷

用户可以通过如下方法表示载荷为坡道载荷还是阶跃载荷：
GUI：Main Menu>Solution>Load Step Opts>Time/Frequenc>Freq & Substeps。
GUI：Main Menu>Solution>Load Step Opts>Time/Frequenc>Time and Substps。
GUI：Main Menu>Solution>Load Step Opts>Time/Frequenc>Time & Time Step。
命令：KBC。

KBC，0表示载荷为坡道载荷；KBC，1表示载荷为阶跃载荷。默认值取决于学科和分析类型以及SOLCONTROL处于ON或OFF状态。

载荷步选项是用于表示控制载荷应用的各选项（如时间，子步数，时间步，载荷为阶跃或逐渐递增）的总称。其他类型的载荷步选项包括收敛公差（用于非线性分析），结构分析中的阻尼规范，以及输出控制。

5.2 施加载荷

用户可以将大多数载荷施加于实体模型（如关键点、线和面）上或有限元模型（节点和单元）上。例如：可在关键点或节点施加指定集中力。同样的，可以在线和面或在节点和单元面上指定对流（和其他表面载荷）。无论怎样指定载荷，求解器期望所有载荷应依据有限元模型。因此，如果将载荷施加于实体模型，在开始求解时，程序自动将这些载荷转换到节点和单元上。

5.2.1 实体模型载荷与有限单元载荷

用户施加于实体模型上的载荷称为实体模型载荷,而直接施加于有限元模型上的载荷称为有限单元载荷。实体模型载荷有如下优缺点:

优点

1. 实体模型载荷独立于有限元网格。即:用户可以改变单元网格而不影响施加的载荷。这就允许用户更改网格并进行网格敏感性研究,而不必每次重新施加载荷。

2. 与有限元模型相比,实体模型通常包括较少的实体。因此,选择实体模型的实体并在这些实体上施加载荷要容易得多,尤其是通过图形拾取时。

缺点

1. ANSYS 网格划分命令生成的单元处于当前激活的单元坐标系中。网格划分命令生成的节点使用整体笛卡儿坐标系。因此,实体模型和有限元模型可能具有不同的坐标系和加载方向。

2. 在简化分析中,实体模型很不方便。此时,载荷施加于主自由度(用户仅能在节点而不能在关键点定义主自由度)。

3. 施加关键点约束很棘手,尤其是当约束扩展选项被使用时(扩展选项允许用户将一约束特性扩展到通过一条直线连接的两关键点之间的所有节点上)。

4. 不能显示所有实体模型载荷。

 注意

如前所述,在开始求解时,实体模型载荷将自动转换到有限元模型。ANSYS 程序改写任何已存在于对应的有限单元实体上的载荷。删除实体模型载荷,将删除所有对应的有限元载荷。

有限单元载荷有如下优缺点:

优点

1. 在简化分析中不会产生问题,因为可将载荷直接施加在主节点。

2. 不必担心约束扩展,可简单地选择所有所需节点,并指定适当的约束。

缺点

1. 任何有限元网格的修改都使载荷无效,需要删除先前的载荷并在新网格上重新施加载荷。

2. 不便使用图形拾取施加载荷,除非仅包含几个节点或单元。

5.2.2 施加载荷

本节主要讨论如何施加 DOF 约束、集中力、表面载荷、体积载荷、惯性载荷和耦合场载荷。

1. DOF 约束

表 5-1 显示了每个学科中可被约束的自由度和相应的 ANSYS 标识符。标识符(如 UX、ROTZ、AY 等)所包含的任何方向都在节点坐标系中。

每个学科中可用的 DOF 约束　　　　　　　　　　　　　　　　　　　　　表 5-1

学　科	自　由　度	ANSYS 标识符
结构分析	平移 旋转	UX、UY、UZ ROTX、ROTY、ROTZ
热力分析	温度	TEMP
磁场分析	矢量势 标量势	AX、AY、AZ MAG
电场分析	电压	VOLT
流体分析	速度 压力 紊流动能 紊流扩散速率	VX、VY、VZ PRES ENKE ENDS

表 5-2 显示了施加、列表显示和删除 DOF 约束的命令。需要注意的是，可以将约束施加于节点、关键点、线和面上。

DOF 约束的命令　　　　　　　　　　　　　　　　　　　　　　　　表 5-2

位　置	基本命令	附加命令
节点	D,DLIST,DDELE	DSYM,DSCALE,DCUM
关键点	DK,DKLIST,DKDELE	
线	DL,DLLIST,DLDELE	
面	DA,DALIST,DADELE	
转换	SBCTRAN	DTRAN

下面是一些可用于施加 DOF 约束的 GUI 路径的例子：
GUI：Main Menu＞Preprocessor＞Loads＞Apply＞load type＞On Nodes。
GUI：Utility Menu＞List＞Loads＞DOF Constraints＞On Keypoints。
GUI：Main Menu＞Solution＞Apply＞load type＞On Lines。

2. 集中力

表 5-3 显示了每个学科中可用的集中载荷和相应的 ANSYS 标识符。标识符（如 FX、MZ、CSGY 等）所包含的任何方向都在节点坐标系中。

每个学科中的集中力　　　　　　　　　　　　　　　　　　　　　　表 5-3

学科	力	ANSYS 标识符
结构分析	力 力矩	FX、FY、FZ MX、MY、MZ
热力分析	热流速率	HEAT
磁场分析	Current Segments 磁通量	CSGX、CSGY、CSGZ FLUX
电场分析	电流 电荷	AMPS CHRG
流体分析	流体流动速率	FLOW

表5-4显示了施加、列表显示和删除集中载荷的命令。需要注意的是，可以将集中载荷施加于节点和关键点上。

用于施加集中力载荷的命令　　　　　　　　　　　　　　　　　表5-4

位置	基本命令	附加命令
节点	F,FLIST,FDELE	FSCALE,FCUM
关键点	FK,FKLIST,FKDELE	
转换	SBCTRAN	FTRAN

下面是一些用于施加集中力载荷的GUI路径的例子：
GUI：Main Menu>Preprocessor>Loads>Apply>load type>On Nodes。
GUI：Utility Menu>List>Loads>Forces>On Keypoints。
GUI：Main Menu>Solution>Apply>load type>On Lines。

3. 面载荷

表5-5显示了每个学科中可用的表面载荷和相应的ANSYS标识符。

每个学科中可用的表面载荷　　　　　　　　　　　　　　　　　表5-5

学科	表面载荷	ANSYS标识符
结构分析	压力	PRES
热力分析	对流 热流量 无限表面	CONV HFLUX INF
磁场分析	麦克斯韦表面 无限表面	MXWF INF
电场分析	麦克斯韦表面 表面电荷密度 无限表面	A MXWF CHRGS INF
流体分析	流体结构界面 阻抗	FSI IMPD
所有学科	超级单元载荷矢	SELV

表5-6显示了施加、列表显示和删除表面载荷的命令。需要注意的是，不仅可以将表面载荷施加在线和面上，还可以施加于节点和单元上。

用于施加表面载荷的命令　　　　　　　　　　　　　　　　　　表5-6

位置	基本命令	附加命令
节点	SF,SFLIST,SFDELE	SFSCALE,SFCUM,SFFUN
单元	SFE,SFELIST,SFEDELE	SEBEAM,SFFUN,SFGRAD
线	SFL,SFLLIST,SFLDELE	SFGRAD
面	SFA,SFALIST,SFADELE	SFGRAD
转换	SFTRAN	

下面是一些用于施加表面载荷的GUI路径的例子：
GUI：Main Menu>Preprocessor>Loads>Apply>load type>On Nodes。

GUI：Utility Menu>List>Loads>Surface Loads>On Elements。
GUI：Main Menu>Solution>Loads>Apply>load type>On Lines。

 注意

ANSYS 程序根据单元和单元面存储在节点上指定面的载荷。因此，如果对同一表面使用节点面载荷命令和单元面载荷命令，则使用帮助文件中 ANSYS Commands Reference 的规定。

4. 体积载荷

表 5-7 显示了每个学科中可用的体积载荷和相应的 ANSYS 标识符。

每个学科中可用的体积载荷　　　　　　　　　　　　　　　表 5-7

学　科	体 积 载 荷	ANSYS标识符
结构分析	温度 热流量	TEMP FLUE
热力分析	热生成速率	HGEN
磁场分析	温度 磁场密度 虚位移 电压降	TEMP JS MVDI VLTG
电场分析	温度 体积电荷密度	TEMP CHRGD
流体分析	热生成速率 力速率	HGEN FORC

表 5-8 显示了施加、列表显示和删除表面载荷的命令。需要注意的是，可以将体积载荷施加在节点，单元，关键点，线，面和体上。

用于施加体积载荷的命令　　　　　　　　　　　　　　　表 5-8

位　置	基本命令	附加命令
节点	BF,BFLIST,BFDELE	BFSCALE,BFCUM,BFUNIF
单元	BFE,BFELIST,BFEDELE	BEESCAL,BFECUM
关键点	BFK,BFKLIST,BFKDELE	
线	BFL,BFLLIST,BFLDELE	
面	BFA,BFALIST,BFADELE	
体	BFV,BFVLIST,BFVDELE	
转换	BFTRAN	

下面是一些用于施加体积载荷的 GUI 路径的例子：
GUI：Main Menu>Preprocessor>Loads>Apply>load type>On Nodes。
GUI：Utility Menu>List>Loads>Body Loads>On Picked Elems。
GUI：Main Menu>Solution>Loads>Apply>load type>On Keypoints。
GUI：Utility Menu>List>Load>Body Loads>On Picked Lines。
GUI：Main Menu>Solution>Load>Apply>load type>On Volumes。

> **注意**
>
> 在节点指定的体积载荷独立于单元上的载荷。对于一给定的单元，ANSYS 程序按下列方法决定使用哪一载荷。
> (1) ANSYS 程序检查用户是否对单元指定体积载荷。
> (2) 如果不是，则使用指定给节点的体积载荷。
> (3) 如果单元或节点上没有体积载荷，则通过 BFUNIF 命令指定的体积载荷生效。

5. 惯性载荷

施加惯性载荷的命令如表 5-9 所示。

惯性载荷命令　　　　　　　　　　　　　　　　　　表 5-9

命令	GUI 菜单路径
ACEL	Main Menu>Preprocessor>FLOTRAN Set Up>Flow Environment>Gravity Main Menu>Preprocessor>Loads>Define Loads>Apply>Structural>Inertia>Gravity Main Menu>Preprocessor>Loads>Define Loads>Delete>Structural>Inertia>Gravity Main Menu>Solution>Define Loads>Apply>Structural>Inertia>Gravity Main Menu>Solution>Define Loads>Delete>Structural>Inertia>Gravity
CGLOC	Main Menu>Preprocessor>FLOTRAN Set Up>Flow Environment>Rotating Coords Main Menu>Preprocessor>Loads>Define Loads>Apply>Structural>Inertia>Coriolis Effects Main Menu>Preprocessor>Loads>Define Loads>Delete>Structural>Inertia>Coriolis Effects MainMenu>Preprocessor>LS-DYNAOptions>LoadingOptions>AccelerationCS>Delete Accel CS Main Menu>Preprocessor>LS-DYNA Options>Loading Options>AccelerationCS>Set Accel CS Main Menu>Solution>Define Loads>Apply>Structural>Inertia>Coriolis Effects Main Menu>Solution>Define Loads>Delete>Structural>Inertia>Coriolis Effects Main Menu>Solution>Loading Options>Acceleration CS>Delete Accel CS Main Menu>Solution>Loading Options>Acceleration CS>Set Accel CS
CGOMGA	Main Menu>Preprocessor>FLOTRAN Set Up>Flow Environment>Rotating Coords Main Menu>Preprocessor>Loads>Define Loads>Apply>Structural>Inertia>Coriolis Effects Main Menu>Preprocessor>Loads>Define Loads>Delete>Structural>Inertia>Coriolis Effects Main Menu>Solution>Define Loads>Apply>Structural>Inertia>Coriolis Effects Main Menu>Solution>Define Loads>Delete>Structural>Inertia>Coriolis Effects
DCGOMG	Main Menu>Preprocessor>Loads>Define Loads>Apply>Structural>Inertia>Coriolis Effects Main Menu>Preprocessor>Loads>Define Loads>Delete>Structural>Inertia>Coriolis Effects Main Menu>Solution>Define Loads>Apply>Structural>Inertia>Coriolis Effects Main Menu>Solution>Define Loads>Delete>Structural>Inertia>Coriolis Effects
DOMEGA	MainMenu>Preprocessor>Loads>DefineLoads>Apply>Structural>Inertia>AngularAccel>Global MainMenu>Preprocessor>Loads>DefineLoads>Delete>Structural>Inertia>AngularAccel>Global Main Menu>Solution>Define Loads>Apply>Structural>Inertia>Angular Accel>Global Main Menu>Solution>Define Loads>Delete>Structural>Inertia>Angular Accel>Global
IRLF	Main Menu>Preprocessor>Loads>Define Loads>Apply>Structural>Inertia>Inertia Relief Main Menu>Preprocessor>Loads>Load Step Opts>Output Ctrls>Incl Mass Summry Main Menu>Solution>Define Loads>Apply>Structural>Inertia>Inertia Relief Main Menu>Solution>Load Step Opts>Output Ctrls>Incl Mass Summry
OMEGA	MainMenu>Preprocessor>Loads>DefineLoads>Apply>Structural>Inertia>AngularVelocity>Global MainMenu>Preprocessor>Loads>DefineLoads>Delete>Structural>Inertia>AngularVeloc>Global Main Menu>Solution>Define Loads>Apply>Structural>Inertia>Angular Velocity>Global Main Menu>Solution>Define Loads>Delete>Structural>Inertia>Angular Veloc>Global

> **注意**
>
> 没有用于列表显示或删除惯性载荷的专门命令。要列表显示惯性载荷,执行 STAT,INRTIA(Utility Menu>List>Status>Soluion>Inerti Loads)。要去除惯性载荷,只要将载荷值设置为 0。可以将惯性载荷设置为 0,但是不能删除惯性载荷。对逐步上升的载荷步,惯性载荷的斜率为 0。

ACEL,OMEGA 和 DOMEGA 命令分别用于指定在整体笛卡儿坐标系中的加速度,角速度和角加速度。

> **注意**
>
> ACEL 命令用于对物体施加一加速场(非重力场)。因此,要施加作用于负 Y 方向的重力,应指定一个和正 Y 方向的加速度。

使用 CGOMGA 和 DCGOMG 命令指定一旋转物体的角速度和角加速度,该物体本身正相对于另一个参考坐标系旋转。CGLOC 命令用于指定参照系相对于整体笛卡儿坐标系的位置。例如:在静态分析中,为了考虑 Coriolis 效果,可以使用这些命令。

惯性载荷当模型具有质量时有效。惯性载荷通常是通过指定密度来施加的(还可以通过使用质量单元,如 MASS21,对模型施加质量,但通过密度的方法施加惯性载荷更常用、更有效)。对所有的其他数据,ANSYS 程序要求质量为恒定单位。如果习惯于英制单位,为方便考虑,有时希望使用重量密度(lb/in^3)来代替质量密度($lb\text{-}sec^2/in/in^3$)。

只有在下列情况下可以使用重量密度来代替质量密度:

(1) 模型仅用于静态分析。
(2) 没有施加角速度或角加速度。
(3) 重力加速度为单位值($g=1.0$)。

指定密度的方式   表 5-10

方便形式	一致形式	说明
$g=1.0$	$g=386.0$	参数定义
MP,DENS,1,0.283/g	MP,DENS,1,0.283/g	钢的密度
ACEL,,g	ACEL,,g	重力载荷

为了能够以"方便的"重力密度形式或以"一致的"质量密度形式使用密度,指定密度的一种简便方法是将重力加速度 g 定义为参数。如表 5-10 所示。

6. 耦合场载荷

在耦合场分析中,通常包含将一个分析中的结果数据施加于第二个分析作为第二个分析的载荷。例如:可以将热力分析中计算的节点温度施加于结构分析(热应力分析)中,作为体积载荷。同样的,可以将磁场分析中计算的磁力施加于结构分析中,作为节点力。要施加这样的耦合场载荷,用下列方法之一。

GUI:Main Menu>Preprocessor>Loads>Define Loads>Apply>load type>From source。

GUI:Main Menu>Solution>Define Loads>Apply>load type>From source。

命令：LDREAD。

5.2.3 轴对称载荷与反作用力

对约束、表面载荷、体积载荷和 Y 方向加速度，可以像对任何非轴对称模型上定义这些载荷一样来精确地定义这些载荷。然而，对集中载荷的定义，过程有所不同。因为这些载荷大小、输入的力、力矩等数值是在 360°范围内进行的，即：根据沿周边的总载荷输入载荷值。例如：如果 1500 磅/单位英寸沿周的轴对称轴向载荷被施加到直径为 10 英寸的管上（如图 5-5 所示），47,124lb（$1500×2π×5=47124$）的总载荷将按下列方法被施加到节点 N 上：

F，N，FY，47124

轴对称结果也按对应的输入载荷相同的方式解释，即：输出的反作用力、力矩等，按总载荷（360°）计。

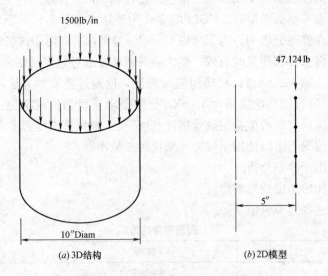

(a) 3D结构   (b) 2D模型

图 5-5　在 360°范围内定义集中轴对称载荷

轴对称协调单元要求其载荷表示成傅里叶级数形式来施加。对这些单元，要求用 MODE 命令（Main Menu>Preprocessor>Loads>Load Step Opts>Other>For Harmonic Ele 或 Main Menu>Solution>Load Step Opts>Other>For Harmonic Ele），以及其他载荷命令（D、F、SF 等）。

 注意

一定要指定足够数量的约束防止产生不期望的刚体运动、不连续或奇异性。例如：对实心杆这样的实体结构的轴对称模型，缺少沿对称轴的 UX 约束，在结构分析中，就可能形成虚位移（不真实的位移），如图 5-6 所示。

5.2.4 利用表格来施加载荷

通过一定的命令和菜单路径，用户能够利用表格参数来施加载荷，即：通过指定列表参数名来代替指定特殊载荷的实际值。然而，并不是所有的边界条件都支持这种制表载

 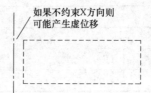

图 5-6　实体轴对称结构的中心约束

荷,因此,用户在使用表格来施加载荷时一般先参考一定的文件来确定指定的载荷是否支持表格参数。

当用户经由命令来定义载荷时,必须使用符号％:％表格名％。例如:当确定一描述对流值表格时,有如下命令表达式:

SF,all,conv,％sycnv％,tbulk

在施加载荷的同时,用户可以定义新的表格通过选择"new table"选项。同样的,用户在施加载荷前,还可以通过如下方式之一来定义一表格:

GUI:Utility Menu>Parameters>Array Parameters>Define/Edit。

命令:＊DIM。

1. 定义初始变量

当用户定义一个列表参数表格时,根据不同的分析类型,可以定义各种各样的初始参数。表 5-11 显示了不同分析类型的边界条件、初始变量及对应的命令。

边界条件类型及其相应的初始变量　　　　表 5-11

边界条件	初始变量	命令
热分析		
固定温度	TIME,X,Y,Z	D,,(TEMP,TBOT,TE2,TE3,…,TTOP)
热流	TIME,X,Y,Z,TEMP	F,,(HEAT,HBOT,HE2,HE3,…,HTOP)
对流	TIME,X,Y,Z,TEMP,VELOCITY	SF,,CONV
体积温度	TIME,X,Y,Z	SF,,,TBULK
热通量	TIME,X,Y,Z,TEMP	SF,,HFLU
热源	TIME,X,Y,Z,TEMP	BFE,,HGEN
结构分析		
位移	TIME,X,Y,Z,TEMP	D,(UX,UY,UZ,ROTX,ROTY,ROTZ)
力和力矩	TIME,X,Y,Z,TEMP,SECTOR	F,(FX,FY,FZ,MX,MY,MZ)
压力	TIME,X,Y,Z,TEMP,SECTOR	SF,,PRES
温度	TIME	BF,,TEMP
电场分析		
电压	TIME,X,Y,Z	D,,VOLT
电流	TIME,X,Y,Z	F,,AMPS

续表

边界条件	初始变量	命令
流体分析		
压力	TIME,X,Y,Z	D,,PRES
流速	TIME,X,Y,Z	F,,FLOW

单元 SURF151、SURF152 和单元 FLUID116 的实常数与初始变量相关联,如表 5-12 所示。

实常数与相应的初始变量　　　　　　　表 5-12

实　常　数	初　始　变　量
SURF151、SURF152	
旋转速率	TIME,X,Y,Z
FLUID116	
旋转速率	TIME,X,Y,Z
滑动因子	TIME,X,Y,Z

2. 定义独立变量

当用户需要指定不同于列表显示的初始变量时,可以定义一个独立的参数变量。当用户指定独立参数变量同时,定义了一个附加表格来表示独立参数。这一表格必须与独立参数变量同名,并且同时是一个初始变量或者另外一个独立参数变量的函数。用户能够定义许多必需的独立参数,但是所有的独立参数必须与初始变量有一定的关系。

例如:考虑一对流系数(HF),其变化为旋转速率(RPM)和温度(TEMP)的函数。此时,初始变量为 TEMP,独立参数变量为 RPM,而 RPM 是随着时间的变化而变化。因此,用户需要两个表格:一个关联 RPM 与 TIME,另一个关联 HF 与 RPM 和 TEMP,其命令流如下:

*DIM, SYCNV, TABLE, 3, 3,, RPM, TEMP
SYCNV (1, 0)=0.0, 20.0, 40.0
SYCNV (0, 1)=0.0, 10.0, 20.0, 40.0
SYCNV (0, 2)=0.5, 15.0, 30.0, 60.0
SYCNV (0, 3)=1.0, 20.0, 40.0, 80.0
*DIM, RPM, TABLE, 4, 1, 1, TIME
RPM (1, 0)=0.0, 10.0, 40.0, 60.0
RPM (1, 1)=0.0, 5.0, 20.0, 30.0
SF, ALL, CONV,%SYCNV%

3. 表格参数操作

用户可以通过如下方式对表格进行一定的数学运算,如加法、减法与乘法。
GUI:Utility Menu>Parameters>Array Operations>Table Operations。
命令:*TOPER

注意

两个参与运算的表格必须具有相同的尺寸,每行、每列的变量名必须相同等。

4. 确定边界条件

当用户利用列表参数来定义边界条件时,可以通过如下 5 种方式检验其是否正确。

(1) 检查输出窗口。当用户使用制表边界条件于有限单元或实体模型时,于输出窗口显示的是表格名称,而不是一定的数值。

(2) 列表显示边界条件。当用户在前处理过程中列表显示边界条件时,列表显示表格名称;而当用户在求解或后处理过程中列表显示边界条件时,显示的却是位置或时间。

(3) 检查图形显示。在制表边界条件运用的地方,用户可以通过标准的 ANSYS 图形显示功能(/PBC,/PSF 等)显示出表格名称和一些符号(箭头),当然前提是表格编号显示处于工作状态(/PNUM,TABNAM,ON)。

(4) 在通用后处理中检查表格的代替数值。

(5) 通过命令 *STATUS 或者 GUI 菜单路径(Utility Menu>List>Other>Parameters),可以重新获得任意变量结合的表格参数值。

5.2.5 利用函数来施加载荷和边界条件

用户可以通过一些函数工具对模型施加复杂的边界条件。函数工具包括两个部分:

函数编辑器:创建任意的方程或者多重函数;(2) 函数装载器:获取创建的函数并制成表格。用户可以分别通过两种方式进入函数编辑器和函数装载器:

GUI:Utility Menu>Parameters>Functions>Define/Edit,或者 GUI:Main Menu>Solution>Define Loads>Apply>Functions>Define/Edit。

GUI:Utility Menu>Parameters>Functions>Read from file,或者 GUI:Main Menu>Solution>Define Loads>Apply>Functions>Read file。

当然,在使用函数边界条件前,用户应该了解以下一些要点:

- 当用户的数据能够方便地用一表格表示时,我们推荐用户使用表格边界条件。
- 在表格中,函数呈现等式的形式而不是一系列的离散数值。
- 用户不能够通过函数边界条件来避免一些限制性边界条件,并且这些函数对应的初始变量是被表格边界条件支持的。

同样的,当使用函数工具时,用户还必须熟悉如下几个特定的情况:

- 函数:一系列方程定义了高级边界条件。
- 初始变量:在求解过程中被使用和评估的独立变量。
- 域:以单一的域变量为特征的操作范围或设计空间的一部分。域变量在整个域中是连续的,每个域包含一个唯一的方程来评估函数。
- 域变量:支配方程用于函数的评估而定义的变量。
- 方程变量:在方程中用户指定的一个变量,此变量在函数装载过程中被赋值。

1. 函数编辑器的使用

函数编辑器定义了域和方程。用户通过一系列的初始变量,方程变量和数学函数来建立方程。用户能够创建一个单一的等式，也可以创建包含一系列方程等式的函数，而这些方程等式对应于不同的域。

使用函数编辑器的步骤如下：

(1) 打开函数编辑器：GUI：Utility Menu>Parameters>Functions>Define/Edit 或者 Main Menu>Solution>Define Loads>Apply>Functions>Define/Edit。

(2) 选择函数类型。选择单一方程或者一个复合函数。如果用户选择后者，则必须输入域变量的名称。当用户选择复合函数时，6 个域标签被激活。

(3) 选择 degrees 或者 radians。这一选择仅仅决定了方程如何被评估，对命令 *AFUN 没有任何影响。

(4) 定义结果方程或者使用初始变量和方程变量来描述域变量的方程。如果用户定义一个单一方程的函数，则跳到第 10 步。

(5) 单击第一个域标签。输入域变量的最小和最大值。

(6) 在此域中定义方程。

(7) 单击第二个域标签。注意，第二个域变量的最小值已被赋值了，且不能被改变，这就保证了整个域的连续性。输入域变量的最大值。

(8) 在此域中定义方程。

(9) 重复这一过程直到最后一个域。

(10) 对函数进行注释。单击编辑器菜单栏 Editor>Comment，输入用户对函数的注释。

(11) 保存函数。单击编辑器菜单栏 Editor>Save 并输入文件名。文件名必须以 .func 为后缀名。

一旦函数被定义且保存了，用户可以在任何一个 ANSYS 分析使用它们。为了使用这些函数，用户必须装载它们并对方程变量进行赋值，同时赋予其表格参数名称为了在特定的分析中使用它们。

2. 函数装载器的使用

当用户在分析中准备对方程变量进行赋值、对表格参数指定名称和使用函数时，用户需要把函数装入函数装载器中，其步骤如下：

(1) 打开函数装载器：GUI：Utility Menu>Parameters>Functions>Read from file。

(2) 打开用户保存函数的目录，选择正确的文件并打开。

(3) 在函数装载对话框中，输入表格参数名。

(4) 在对话框的底部，用户将看到一个函数标签和构成函数的所有域标签及每个指定方程变量的数据输入区，输入合适的数值。

注意

在函数装载对话框中，仅数值数据可以作为常数值，而字符数据和表达式不能被作为常数值。

(5) 重复每个域的过程。

(6) 单击保存。直到用户已经为函数中每个域中的所有变量赋值后，用户才能以表格参数的形式来保存。

 注意

函数作为一个代码方程被制成表格，在 ANSYS 中，当表格被评估时，这种代码方程才起作用。

3. 图形或列表显示边界条件函数

用户可以图形显示定义的函数，可视化当前的边界条件函数，还可以列表显示方程的结果。通过这种方式，可以检验用户定义的方程是否和用户所期待的一样。无论图形显示还是列表显示，用户都需要先选择一个要图形显示其结果的变量，并且必须设置其 X 轴的范围和图形显示点的数量。

5.3 设定载荷步选项

载荷步选项（Load step options）是各选项的总称，这些选项用于在求解选项中及其他选项（如输出控制、阻尼特性和响应频谱数据）中控制如何使用载荷。载荷步选项随载荷步的不同而异。有 6 种类型的载荷步选项：

- 通用选项。
- 动态选项。
- 非线性选项。
- 输出控制。
- Biot-Savart 选项。
- 谱选项。

5.3.1 通用选项

通用选项包括：瞬态或静态分析中载荷步结束的时间，子步数或时间步大小，载荷阶跃或递增，以及热应力计算的参考温度。以下是对每个选项的简要说明。

1. 时间选项

TIME 命令用于指定在瞬态或静态分析中载荷步结束的时间。在瞬态或其他与速率有关的分析中，TIME 命令指定实际的、按年月顺序的时间，且要求指定一时间值。在与非速率无关的分析中，时间作为一跟踪参数。在 ANSYS 分析中，决不能将时间设置为 0。如果执行 TIME，0 或 TIME，＜空＞命令，或者根本就没有发出 TIME 命令，ANSYS 使用默认时间值；第一个载荷步为 1.0，其他载荷步为 1.0＋前一个时间。要在 "0" 时间开始分析，如在瞬态分析中，应指定一个非常小的值，如 TIME,1E-6。

2. 子步数与时间步大小

对于非线性或瞬态分析，要指定一个载荷步中需要的子步数。指定子步的方法如下：

GUI：Main Menu＞Preprocessor＞Loads＞Load Step Opts＞Time/Frequenc＞Time & Time Step。

GUI：Main Menu＞Solution＞Load Step Opts＞Sol'n Control。

GUI：Main Menu＞Solution＞Load Step Opts＞Time/Frequenc＞Time & Time Step。

GUI：Main Menu＞Solution＞Load Step Opts＞Time/Frequenc＞Time & Time Step。

命令：DELTIM。

GUI：Main Menu＞Preprocessor＞Loads＞Load Step Opts＞Time/Frequenc＞Freq & Substeps。

GUI：Main Menu＞Solution＞Load Step Opts＞Sol'n Control。

GUI：Main Menu＞Solution＞Load Step Opts＞Time/Frequenc＞Freq & Substeps。

GUI：Main Menu＞Solution＞Unabridged Menu＞Time/Frequenc＞Freq & Substeps。

命令：NSUBST。

NSUBST命令指定子步数，DELTIM命令指定时间步的大小。在默认情况下，ANSYS程序在每个载荷步中使用一个子步。

3. 时间步自动阶跃

AUTOTS命令激活时间步自动阶跃。等价的GUI路径为：

GUI：Main Menu＞Preprocessor＞Loads＞Load Step Opts＞Time/Frequenc＞Time & Time Step。

GUI：Main Menu＞Solution＞Load Step Opts＞Sol'n Control。

GUI：Main Menu＞Solution＞Load Step Opts＞Time/Frequenc＞Time & Time Step。

GUI：Main Menu＞Solution＞Load Step Opts＞Time/Frequenc＞Time & Time Step。

在时间步自动阶跃时，根据结构或构件对施加载荷的响应，程序计算每个子步结束时最优的时间步。在非线性静态或稳态分析中使用时，AUTOTS命令确定了子步之间载荷增量的大小。

4. 阶跃或递增载荷

在一个载荷步中指定多个子步时，需要指明载荷是逐渐递增还是阶跃形式。KBC命令用于此目的：KBC，0指明载荷是逐渐递增；KBC，1指明载荷是阶跃载荷。默认值取决于分析的学科和分析类型（与KBC命令等价的GUI路径和与DELTIM和NSUBST命令等价的GUI路径相同。）

关于阶跃载荷和逐渐递增载荷的几点说明：

（1）如果指定阶跃载荷，程序按相同的方式处理所有载荷（约束，集中载荷，表面载荷，体积载荷和惯性载荷）。根据情况，阶跃施加、阶跃改变或阶跃移去这些载荷。

(2) 如果指定逐渐递增载荷,那么:在第一个载荷步施加的所有载荷,除了薄膜系数外,都是逐渐递增的(根据载荷的类型,从 0 或从 BFUNIF 命令或其等价的 GUI 路径所指定的值逐渐变化,参加表 5-13)。薄膜系数是阶跃施加的。

> **注意**
>
> 阶跃与线性加载不适用于温度相关的薄膜系数(在对流命令中,作为 N 输入),总是以温度函数所确定的值大小施加温度相关的薄膜系数。

在随后的载荷步中,所有载荷的变化都是从先前的值开始逐渐变化。

> **注意**
>
> 在全谐波(ANTYPE, HARM 和 HROPT, FULL)分析中,表面载荷和体积载荷的逐渐变化与在第一个载荷步中的变化相同,且不是从先前的值开始逐渐变化。除了 PLANE2,SOLID45,SOLID92 和 SOLID95,是从先前的值开始逐渐变化外。

在随后的载荷步中新引入的所有载荷是逐渐变化的(根据载荷的类型,从 0 或从 BFUNIF 命令所指定的值递增,参见表 5-13)。

在随后的载荷步中被删除的所有载荷,除了体积载荷和惯性载荷外,都是阶跃移去的。体积载荷逐渐递增到 BFUNIF 命令所指定的值,不能被删除而只能被设置为 0 的惯性载荷,则逐渐变化到 0。

在相同的载荷步中,不应删除或重新指定载荷。在这种情况下,逐渐变化不会按用户所期望的方式作用。

不同条件下逐渐变化载荷(KBC=0)的处理　　　　表 5-13

载 荷 类 型	施加于第一个载荷步	输入随后的载荷步
DOF(约束自由度)		
温度	从 TUNIF[2] 逐渐变化	从 TUNIF[3] 逐渐变化
其他	从 0 逐渐变化	从 0 逐渐变化
力	从 0 逐渐变化	从 0 逐渐变化
表面载荷		
TBULK	从 TUNIF[2] 逐渐变化	从 TUNIF 逐渐变化
HCOEF	跳跃变化	从 0 逐渐变化[4]
其他	从 0 逐渐变化	从 0 逐渐变化
体积载荷		
温度	从 TUNIF[2] 逐渐变化	从 TUNIF[3] 逐渐变化
其他	从 BFUNIF[3] 逐渐变化	从 BFUNIF[3] 逐渐变化
惯性载荷[1]	从 0 逐渐变化	从 0 逐渐变化

> **注意**
>
> 1. 对惯性载荷,其本身为线性变化的,因此,产生的力在该载荷步上是二次变化。
> 2. TUNIF 命令在所有节点指定一均布温度。
> 3. 在这种情况下,使用的 TUNIF 或 BFUNIF 值是先前载荷步的,而不是当前值。

4. 总是以温度函数所确定的值的大小施加温度相关的膜层散热系数，而不论 KBC 的设置如何。

5. BFUNIF 命令仅是 TUNIF 命令的一个同类形式，用于在所有节点指定一均布体积载荷。

6. 其他通用选项

还可以指定下列通用选项：

(1) 热应力计算的参考温度，其默认值为 0 度。指定该温度的方法如下：

GUI：Main Menu>Preprocessor>Loads>Load Step Opts>Other>Reference Temp。

GUI：Main Menu>Preprocessor>Loads>Define Loads>Settings>Reference Temp。

GUI：Main Menu>Solution>Load Step Opts>Other>Reference Temp。

GUI：Main Menu>Solution>Define Loads>Settings>Reference Temp。

命令：TREF。

(2) 对每个解（即：每个平衡迭代）是否需要一个新的三角矩阵。仅在静态（稳态）分析或瞬态分析中，使用下列方法之一，可用一个新的三角矩阵。

GUI：Main Menu>Preprocessor>Loads>Load Step Opts>Other>Reuse Tri Matrix。

GUI：Main Menu>Solution>Load Step Opts>Other>Reuse Tri Matrix。

命令：KUSE。

默认情况下，程序根据 DOF 约束的变化，温度相关材料的特性，以及 New-Raphson 选项确定是否需要一个新的三角矩阵。如果 KUSE 设置为 1，程序再次使用先前的三角矩阵。在重新开始过程中，该设置非常有用：对附加的载荷步，如果要重新进行分析，而且知道所存在的三角矩阵（在文件 Jobname.TRI 中）可再次使用，通过将 KUSE 设置为 1，可节省大量的计算时机。KUSE,-1 命令迫使在每个平衡迭代中三角矩阵再次用公式表示。在分析中很少使用它，主要用于调试中。

(3) 模式数（沿周边谐波数）和谐波分量是关于全局 X 坐标轴对称还是反对称。当使用反对称协调单元（反对称单元采用非反对称加载）时，载荷被指定为一系列谐波分量（傅里叶级数）。要指定模式数，使用下列方法之一：

GUI：Main Menu>Preprocessor>Loads>Load Step Opts>Other>For Harmonic Ele。

GUI：Main Menu>Solution>Load Step Opts>Other>For Harmonic Ele Main Menu>Solution>Load Step Opts>Other>For Harmonic Ele。

命令：MODE。

(4) 在 5-D 磁场分析中所使用的标量磁势公式的类型，通过下列方法之一指定：

GUI：Main Menu>Preprocessor>Loads>Load Step Opts>Magnetics>potential formulation method。

GUI：Main Menu>Solution>Load Step Opts>Magnetics>potential formulation method。

命令：MAGOPT。

(5) 在缩减分析的扩展过程中，扩展的求解类型，通过下列方法之一指定：

GUI：Main Menu＞Preprocessor＞Loads＞Load Step Opts＞ExpansionPass＞Single Expand＞Range of Solu's。

GUI：Main Menu＞Solution＞Load Step Opts＞ExpansionPass＞Single Expand＞Range of Solu's。

GUI：Main Menu＞Preprocessor＞Loads＞Load Step Opts＞ExpansionPass＞Single Expand＞By Load Step。

GUI：Main Menu＞Preprocessor＞Loads＞Load Step Opts＞ExpansionPass＞Single Expand＞By Time/Freq。

GUI：Main Menu＞Solution＞Load Step Opts＞ExpansionPass＞Single Expand＞By Load Step。

GUI：Main Menu＞Solution＞Load Step Opts＞ExpansionPass＞Single Expand＞By Time/Freq。

命令：NUMEXP，EXPSOL。

5.3.2 动力学分析选项

主要用于动态和其他瞬态分析的选项如表 5-14 所示。

动态和其他瞬态分析命令　　　　　　　　　表 5-14

命令	GUI 菜单路径	用　途
TIMINT	MainMenu＞Preprocessor＞Loads＞LoadStepOpts＞Time/Frequenc＞Time Integration。 Main Menu＞Solution＞Load Step Opts＞Sol'n Control。 MainMenu＞Solution＞LoadStepOpts＞Time/Frequenc＞Time Integration。 MainMenu＞Solution＞UnabridgedMenu＞Time/Frequenc＞Time Integration。	激活或取消时间积分
HARFRQ	Main Menu＞Preprocessor＞Loads＞Load Step Opts＞Time/Frequenc＞Freq & Substeps Main Menu＞Solution＞Load Step Opts＞Time/Frequenc＞Freq & Substeps	在谐波响应分析中指定载荷的频率范围
ALPHAD	Main Menu＞Preprocessor＞Loads＞Load Step Opts＞Time/Frequenc＞Damping。 Main Menu＞Solution＞Load Step Opts＞Sol'n Control。 Main Menu＞Solution＞Load Step Opts＞Time/Frequenc＞Damping。 Main Menu＞Solution＞Unabridged Menu＞Time/Frequenc＞Damping。	指定结构动态分析的阻尼
BETAD	Main Menu＞Preprocessor＞Loads＞Load Step Opts＞Time/Frequenc＞Damping。 Main Menu＞Solution＞Load Step Opts＞Sol'n Control。 Main Menu＞Solution＞Load Step Opts＞Time/Frequenc＞Damping。 Main Menu＞Solution＞Unabridged Menu＞Time/Frequenc＞Damping。	指定结构动态分析的阻尼

续表

命令	GUI 菜单路径	用途
DMPRAT	Main Menu>Preprocessor>Loads>Load Step Opts>Time/Frequenc>Damping。 Main Menu>Solution>Time/Frequenc>Damping。	指定结构动态分析的阻尼
MDAMP	Main Menu>Preprocessor>Loads>Load Step Opts>Time/Frequenc>Damping。 Main Menu>Solution>Load Step Opts>Time/Frequenc>Damping。	指定结构动态分析的阻尼

5.3.3 非线性选项

如表 5-15 所示，主要是用于非线性分析的选项。

非线性分析命令　　　　　　　　　　　　　　　表 5-15

命令	GUI 菜单路径	用途
NEQIT	Main Menu>Preprocessor>Loads>Load Step Opts>Nonlinear>Equilibrium Iter。 Main Menu>Solution>Load Step Opts>Sol'n Control。 Main Menu>Solution>Load Step Opts>Nonlinear>Equilibrium Iter。 Main Menu>Solution>Unabridged Menu>Nonlinear>Equilibrium Iter。	指定每个子步最大平衡迭代的次数（默认=25）
CNVTOL	Main Menu>Preprocessor>Loads>Load Step Opts>Nonlinear>Convergence Crit。 Main Menu>Solution>Load Step Opts>Sol'n Control。 Main Menu>Solution>Load Step Opts>Nonlinear>Convergence Crit。 Main Menu>Solution>Unabridged Menu>Nonlinear>Convergence Crit。	指定收敛公差
NCNV	Main Menu>Preprocessor>Loads>Load Step Opts>Nonlinear>Criteria to Stop。 Main Menu>Solution>Sol'n Control。 Main Menu>Solution>Load Step Opts>Nonlinear>Criteria to Stop。 Main Menu>Solution>Unabridged Menu>Nonlinear>Criteria to Stop。	为终止分析提供选项

5.3.4 输出控制

输出控制用于控制分析输出的数量和特性。有两个基本输出控制：

输出控制命令　　　　　　　　　　　　　　　表 5-16

命令	GUI 菜单路径	用途
OUTRES	Main Menu>Preprocessor>Loads>Load Step Opts>Output Ctrls>DB/Results File。 Main Menu>Solution>Load Step Opts>Sol'n Control。 Main Menu>Solution>Load Step Opts>Output Ctrls>DB/Results File。	控制 ANSYS 写入数据库和结果文件的内容以及写入的频率

命令	GUI 菜单路径	用 途
OUTPR	Main Menu>Preprocessor>Loads>Load Step Opts>Output Ctrls>Solu Printout。 Main Menu>Solution>Load Step Opts>Output Ctrls>Solu Printout。 Main Menu>Solution>Load Step Opts>Output Ctrls>Solu Printout。	控制打印（写入解输出文件 Jobname.OUT）的内容以及写入的频率

下例说明了 OUTERS 和 OUTPR 命令的使用：

OUTRES,ALL,5 　　!　　写入所有数据：每到第 5 子步写入数据

OUTPR,NSOL,LAST　!　　仅打印最后子步的节点解

可以发出一系列 OUTER 和 OUTERS 命令（达 50 个命令组合）以精确控制解地输出。但必须注意：命令发出的顺序很重要。例如，下列所示的命令把每到第 10 子步的所有数据和第 5 子步的节点解数据写入数据库和结果文件。

OUTRES，ALL，10

OUTRES，NSOL，5

然而，如果颠倒命令的顺序（如下所示），那么第二个命令优先于第一个命令，使每到第 10 子步的所有数据被写入数据库和结果文件，而每到第 5 子步的节点解数据则未被写入数据库和结果文件中。

OUTRES，NSOL，5

OUTRES，ALL，10

注意

程序在默认情况下输出的单元解数据，取决于分析类型。要限制输出的解数据，使用 OUTRES 有选择地抑制（FREQ=NONE）解数据的输出，或首先抑制所有解数据（OUTRES，ALL，NONE）的输出，然后通过随后的 OUTRES 命令有选择地打开数据的输出。

第三个输出控制命令 ERESX 允许用户在后处理中观察单元积分点的值。

GUI：Main Menu>Preprocessor>Loads>Load Step Opts>Output Ctrls>Integration Pt。

GUI：Main Menu>Solution>Load Step Opts>Output Ctrls>Integration Pt。

命令：ERESX。

默认情况下，对材料非线性（例如：非 0 塑性变形）以外的所有单元，ANSYS 程序使用外推法并根据积分点的数值计算在后处理中观察的节点结果。通过执行 ERESX，NO 命令，可以关闭外推法；相反，将积分点的值复制到节点，使这些值在后处理中可用。另一个选项 ERESX，YES，迫使所有单元都使用外推法，而不论单元是否具有材料非线性。

5.3.5　Biot-Savart 选项

用于磁场分析的选项有两个命令，如表 5-17 所示。

Biot-Savart 命令 表 5-17

命令	GUI 菜单路径	用 途
BIOT	Main Menu>Preprocessor>Loads>Load Step Opts>Magnetics>Options Only>Biot-Savart。 Main Menu>Solution>Load Step Opts>Magnetics>Options Only>Biot-Savart。	计算由于所选择的源电流场引起的磁场密度
EMSYM	Main Menu>Preprocessor>Loads>Load Step Opts>Magnetics>Options Only>Copy Sources。 Main Menu>Solution>Load Step Opts>Magnetics>Options Only>Copy Sources。	复制呈周向对称的源电流场

5.3.6 谱分析选项

这类选项中有许多命令，所有命令都用于指定响应谱数据和功率谱密度（PSD）数据。在频谱分析中，使用这些命令，参见帮助文件中的 ANSYS Structural Analysis Guide 说明。

5.3.7 创建多载荷步文件

所有载荷和载荷步选项一起构成了一个载荷步，程序用其计算该载荷步的解。如果有多个载荷步，可将每个载荷步存入一个文件，调入该载荷步文件，并从文件中读取数据求解。

LSWRITE 命令写载荷步文件（每个载荷步一个文件，以 Jobname.S01，Jobname.S02，Jobname.S03，等识别）。使用以下方法之一：

GUI：Main Menu>Preprocessor>Loads>Load Step Opts>Write LS File。
GUI：Main Menu>Solution>Load Step Opts>Write LS File。
命令：LSWRITE。

所有载荷步文件写入后，可以使用命令在文件中顺序读取数据，并求得每个载荷步的解。下例所示的命令组定义多个载荷步：

```
/SOLU               ! 输入 Solution
0
! 载荷步 1:
D,…                 ! 载荷
SF,…
…
NSUBST,…            ! 载荷步选项
KBC,…
OUTRES,…
OUTPR,…
…
LSWRITE             ! 写入载荷步文件:Jobname.S01
!
! 载荷步 2:
```

```
D,…                    ! 载荷
SF,…
…
NSUBST,…               ! 载荷步选项
KBC,…
OUTRES,…
OUTPR,…
…
LSWRITE                ! 写入载荷步文件：Jobname.S02
…
```

关于载荷步文件的几点说明：

1. 载荷步数据根据 ANSYS 命令被写入文件。

2. LSWRITE 命令不捕捉实常数（R）或材料特性（MP）的变化。

3. LSWRITE 命令自动地将实体模型载荷转换到有限元模型，因此所有载荷按有限元载荷命令的形式被写入文件。特别地，表面载荷总是按 SFE（或 SFBEAM）命令的形式被写入文件，而不论载荷是如何施加的。

4. 要修改载荷步文件序号为 N 的数据，执行命令 LSREAD,n 在文件中读取数据，作所需的改动，然后执行 LSWRITE,n 命令（将覆盖序号为 N 的旧文件）。还可以使用系统编辑器直接编辑载荷步文件，但这种方法一般不推荐使用。与 LSREAD 命令等价的 GUI 菜单路径为：

GUI：Main Menu>Preprocessor>Loads>Load Step Opts>Read LS File。

GUI：Main Menu>Solution>Load Step Opts>Read LS File。

5. LSDELE 命令允许用户从 ANSYS 程序中删除载荷步文件。与 LSDELE 命令等价的 GUI 菜单路径为：

GUI：Main Menu>Preprocessor>Loads>Define Loads>Operate>Delete LS Files。

GUI：Main Menu>Solution>Define Loads>Operate>Delete LS Files。

6. 与载荷步相关的另一个有用的命令是 LSCLEAR，该命令允许用户删除所有载荷，并将所有载荷步选项重新设置为其默认值。例如：在读取载荷步文件进行修改前，可以使用它"清除"所有载荷步数据。与 LSCLEAR 命令等价的 GUI 菜单路径为：

GUI：Main Menu>Preprocessor>Loads>Define Loads>Delete>All Load Data>data type。

GUI：Main Menu>Preprocessor>Loads>Reset Options。

GUI：Main Menu>Preprocessor>Loads>Define Loads>Settings>Replace vs Add。

GUI：Main Menu>Solution>Reset Options。

GUI：Main Menu>Solution>Define Loads>Settings>Replace vs Add>Reset Factors。

5.4 实例——托架的载荷和约束施加

4.6 节对托架模型进行了网格划分，生成了可用于计算分析的有限元模型。接下来我

们需要对有限元模型施加载荷和约束，以考察其对于载荷作用的响应。

5.4.1 GUI 方式

1. 打开上次保存的托架几何模型 Bracket.db 文件

（1）选择分析选项

执行 GUI 方式：Main Menu＞Solution＞Analysis Type＞New Analysis 命令，在弹出如图 5-13 对话框中选择 Static，单击 OK 按钮。

（2）施加位移约束

执行 GUI 方式：Main Menu＞Solution＞Define Load＞Apply＞Structural＞Displacement＞On Lines 命令，弹出对话框中选择托架左圆孔处四根线（L4、L5、L6、L7），单击 OK 按钮。接着弹出如图 5-7 所示对话框，DOFs to be constrained 中选择 ALL DOF，Displacement value 栏输入 0，单击 OK，托架左上角圆孔就完成施加位移约束，如图 5-8 所示。

单击 ANSYS 工具条中的 SAVE-DB 按钮进行存盘。

（3）施加压力载荷

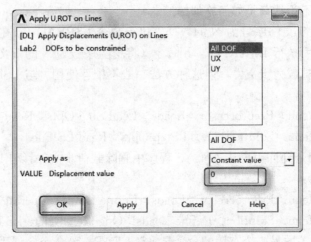

图 5-7 施加位移约束对话框

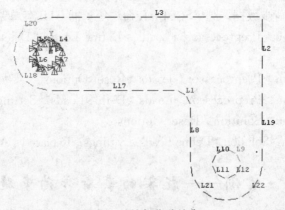

图 5-8 施加位移约束

执行 GUI 方式：Main Menu>Solution>Define Load>Apply>Structural>Pressure>On Lines 命令，弹出对话框后，选择托架右下角圆孔的左下弧线 L11，单击 OK 按钮。接着，弹出如图 5-9 所示对话框，VALUE 栏输入 50，Option VALUE 栏输入 500，单击 APPLY 按钮。又弹出对话框后，选择托架右下角圆孔的右下弧线 L12，单击 OK 按钮。就又弹出如图 5-9 所示对话框，在 VALUE 栏输入 500，Option VALUE 栏输入 50。单击 OK 按钮，就完成了对圆孔的压力载荷施加。

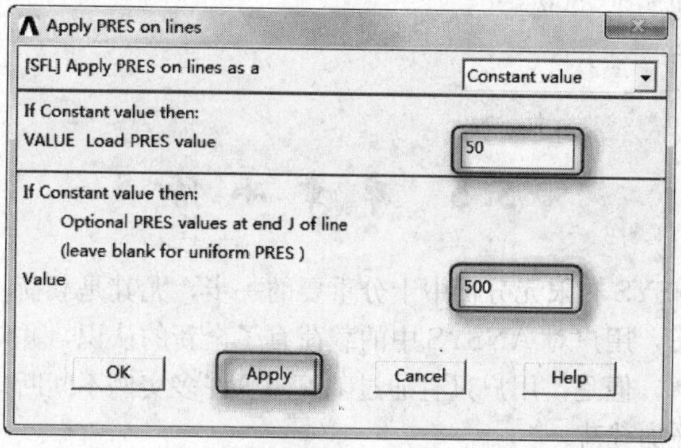

图 5-9 施加压力载荷对话框

2. 保存模型

单击 ANSYS Toolbar 窗口中的快捷键 SAVE_DB。

5.4.2 命令流方式

```
! 打开托架几何模型
RESUME,Tank,db,
! 进入求解模块
/SOLU
! 选择分析选项
ANTYPE,0
! 施加位移约束
FLST,2,4,4,ORDE,2
FITEM,2,4
FITEM,2,-7
/GO
DL,P51X,,ALL,0
! 存盘
SAVE
! 施加压力载荷 1
FLST,2,1,4,ORDE,1
FITEM,2,11
```

```
/GO
SFL,P51X,PRES,50,500
! 施加压力载荷 2
FLST,2,1,4,ORDE,1
FITEM,2,12
/GO
SFL,P51X,PRES,50,500
! 保存模型
SAVE
```

5.5 本章小结

施加载荷是 ANSYS 有限元分析中十分重要的一步,尤其是载荷步选项的设定尤其关键,通过本章的学习,用户对 ANSYS 中的载荷有了全新的认识,并对施加载荷和载荷步选项也有全面的了解,但是,用户只有通过 ANSYS 许多实例不间断地练习,才能够熟练地掌握 ANSYS 的施加载荷。

本章对药柱的有限元模型进行不同方法的施加载荷,让读者可以熟练地运用不同的载荷步加载方式,理解 ANSYS 载荷施加的一般步骤。

第6章 求 解

内容提要

求解与求解控制是 ANSYS 分析中又一重要的步骤,正确的控制求解过程将直接影响到求解的精度和计算时间。

本章将着重讨论求解基本参数的设定,求解过程监控以及求解失败的一些原因分析。最后,还对重启动和 LS-DYNA 的输入数据进行了介绍。

本章重点

➤ 利用特定的求解控制器来制定求解类型
➤ 多载荷步求解
➤ 重新启动分析
➤ 预测求解时间和估计文件大小

6.1 求解概论

ANSYS 能够求解由有限元方法建立的联立方程,求解的结果为:
1. 节点的自由度值,为基本解。
2. 原始解的导出值,为单元解。

单元解通常是在单元的公共点上计算出来的,ANSYS 程序将结果写入数据库和结果文件(Jobname.RST,RTH,RMG,RFL)。

ANSYS 程序中有几种解联立方程的方法:直接解法,稀疏矩阵直接解法,雅克比共轭梯度法(JCG),不完全分解共轭梯度法(ICCG),预条件共轭梯度法(PCG),自动迭代法(ITER)以及分块解法(DDS)。默认为直接解法,可用以下方法选择求解器。

GUI:Main Menu>Preprocessor>Loads>Analysis Type>Analysis Options。
GUI:Main Menu>Solution>Load Step Options>Sol'n Control。
GUI:Main Menu>Solution>Analysis Options。
命令:EQSLV。

如果没有 Analysis Options 选项,则需要完整的菜单选项,调出完整的菜单选项方法为 GUI:Main Menu>Solution>Unabridged Menu。

表 6-1 提供了一般的准则,可能有助于针对给定的问题选择合适的求解器。

求解器选择准则　　　　　　　　　　　　　　　表 6-1

解法	典型应用场合	模型尺寸	内存使用	硬盘使用
直接解法	要求稳定性(非线性分析)或内存受限制时	低于 50000 自由度	低	高
稀疏矩阵直接解法	要求稳定性和求解速度(非线性分析);线性分析时迭代收敛很慢时(尤其对病态矩阵,如形状不好的单元)	自由度为 10000～500000	中	高
雅克比共轭梯度法	在单场问题(如热、磁、声,多物理问题)中求解速度很重要时	自由度为 50000～1000000	中	低
不完全分解共轭梯度法	在多物理模型应用中求解速度很重要时,处理其他迭代法很难收敛的模型(几乎是无穷矩阵)	自由度为 50000～1000000	高	低
预条件共轭梯度法	当求解速度很重要时(大型模型的线性分析)尤其适合实体单元的大型模型	自由度为 50000～1000000	高	低
自动迭代法	类似于预条件共轭梯度法(PCG),不同的是,它支持 8 台处理器并行计算	自由度为 50000～1000000	高	低
分块解法	该解法支持数 10 台处理器通过网络连接来完成并行计算	自由度为 1000000～10000000	高	低

6.1.1 使用直接求解法

ANSYS 直接求解法不组集整个矩阵,而是在求解器处理每个单元时,同时进行整体矩阵的组集和求解,其方法如下:

1. 每个单元矩阵计算出后,求解器读入第一个单元的自由度信息。
2. 程序通过写入一个方程到 TRI 文件,消去任何可以由其他自由度表达的自由度,该过程对所有单元重复进行,直到所有的自由度都被消去,只剩下一个三角矩阵在 TRIN 文件中。
3. 程序通过回代法计算节点的自由度解,用单元矩阵计算单元解。

在直接求解法中经常提到"波前"这一术语,它是在三角化过程中因不能从求解器消去而保留的自由度数。随着求解器处理每个单元及其自由度时,波前就会膨胀和收缩;最后,当所有的自由度都处理过以后波前变为零。波前的最高值称为最大波前,而平均的、均方根值称为 RMS 波前。

一个模型的 RMS 波前值直接影响求解时间:其值越小,CPU 所用的时间越少,因此在求解前可能希望能重新排列单元号,以获得最小的波前值。ANSYS 程序在开始求解时会自动进行单元排序,除非已对模型重新排列过或者已经选择了不需要重新排列。最大波前值直接影响内存的需要,尤其是临时数据申请的内存量。

6.1.2 使用稀疏矩阵直接解法求解器

稀疏矩阵直接解法是建立在与迭代法相对应的直接消元法基础上的。迭代法通过间接的方法(也就是通过迭代法)获得方程的解。既然稀疏矩阵直接解法是以直接消元为基础的,不良矩阵不会构成求解困难。

稀疏矩阵直接解法不适用于 PSD 光谱分析。

6.1.3 使用雅克比共轭梯度法求解器

雅克比共轭梯度法求解器也是从单元矩阵公式出发，但是接下来的步骤就不同了。雅克比共轭梯度法不是将整体矩阵三角化而是对整体矩阵进行组集，求解器于是通过迭代收敛法计算自由度的解（开始时假设所有的自由度值全为 0）。雅克比共轭梯度法求解器最适合于包含大型的稀疏矩阵三维标量场的分析，如三维磁场分析。

有些场合，1.0E-8 的公差默认值（通过命令 EQSLV，JCG 设置）可能太严格，会增加不必要的运算时间，大多数场合 1.0E-5 的值就可满足要求。

雅克比共轭梯度法求解器只适用于静态分析、全谐波分析或全瞬态分析（可分别使用 ANTYPE，STATIC；HROPT，FULL；TRNOPT，FULL 命令指定分析类型）。

对所有的共轭梯度法，必须非常仔细地检查模型的约束是否恰当；若存在任何刚体运动，将计算不出最小主元，求解器会不断迭代。

6.1.4 使用不完全分解共轭梯度法求解器

不完全分解共轭梯度法与雅克比共轭梯度法在操作上相似，除了以下几方面不同：

1. 不完全分解共轭梯度法比雅克比共轭梯度对病态矩阵更具有稳固性，其性能因矩阵调整状况而不同，但总的来说，不完全分解共轭梯度法的性能比得上雅克比共轭梯度法的性能。

2. 不完全分解共轭梯度法比雅克比共轭梯度法使用更复杂的先决条件，使用不完全分解共轭梯度法需要大约两倍于雅克比共轭梯度法的内存。

不完全分解共轭梯度法只适用于静态分析，全谐波分析或全瞬态分析（可分别使用 ANTYPE，STATIC；HROPT，FULL；TRNOPT，FULL 命令指定分析类型），不完全分解共轭梯度法对具有稀疏矩阵的模型很适用，对对称矩阵及非对称矩阵同样有效。不完全分解共轭梯度法比直接解法速度更快。

6.1.5 使用预条件共轭梯度法求解器

预条件共轭梯度法与雅克比共轭梯度法在操作上相似，除了以下几方面不同：

1. 预条件共轭梯度法解实体单元模型比雅克比共轭梯度法大约快 4~10 倍，对壳体构件模型大约快 10 倍，存储量随着问题规模的增大而增大。

2. 预条件共轭梯度法使用 EMAT 文件，而不是 FULL 文件。

3. 雅克比共轭梯度法使用整体装配矩阵的对角线作为预条件矩阵，预条件共轭梯度法使用更复杂的预条件矩阵。

4. 预条件共轭梯度法通常需要大约两倍于雅克比共轭梯度法的内存，因为在内存中保留了两个矩阵（预条件矩阵，它几乎与刚度矩阵大小相同；对称的、刚度矩阵的非零部分）。

可以使用/RUNST 命令或 GUI 菜单路径（Main Menu>Run-Time Stas）来决定所需要的空间或波前的大小，需分配专门的内存。

预条件共轭梯度法所需的空间通常少于直接求解法的四分之一，存储量随着问题规模大小而增减。

预条件共轭梯度法通常解大型模型（波前值大于 1000）时比直接解法要快。

预条件共轭梯度法最适用于结构分析。它对具有对称、稀疏、有界和无界矩阵的单元有效，适用于静态或稳态分析和瞬态分析或子空间特征值分析（振动力学）。

预条件共轭梯度法主要解决位移/转动（在结构分析中）、温度（在热分析中）等问题，其他导出变量的准确度（如应力、压力、磁通量等）取决于原变量的预测精度。

直接求解的方法（如直接求解法、稀疏直接求解法）可获得非常精确的解向量，而间接求解的方法（如预条件共轭梯度法）主要依赖于指定的收敛准则，因此放松默认公差将对精度产生重要影响，尤其对导出量的精度。

对具有大量的约束方程的问题或具有 SHELL150 单元的模型，建议不要采用预条件共轭梯度法，对这些类型的模型可以采用直接求解法。同样，预条件共轭梯度法不支持 SOLID63 和 MATRIX50 单元。

所有的共轭梯度法，必须非常仔细地检查模型的约束是否合理，如果有任何刚体运动，将计算不出最小主元，求解器会不断迭代。

当预条件共轭梯度法遇到一个无限矩阵，求解器会调用一种处理无限矩阵的算法；若预条件共轭梯度法的无限矩阵算法也失败（这种情况出现在当方程系统是病态的，如子步失去联系或塑性链的发展），将会触发一个外部的 Newton-Raphson 循环，执行一个二等分操作。通常，刚度矩阵在二等分后将会变成良性矩阵，而且预条件共轭梯度法能够最终求解所有的非线性步。

6.1.6 使用自动迭代解法选项

自动迭代解法选项（通过命令 EQSLV，ITER）将选择一种合适的迭代法（PCG，JCG 等），它基于正在求解的问题的物理特性。使用自动迭代法时，必须输入精度水平，该精度必须是 1～5 之间的整数，用于选择迭代法的公差供检验收敛情况。精度水平 1 对应最快的设置（迭代次数少），而精度水平 5 对应最慢的设置（精度高，迭代次数多），ANSYS 选择公差是以选择精度水平为基础的。例如：

线性静态或线性全瞬态结构分析时，精度水平为 1，相当于公差为 1.0E-4，精度水平为 5，相当于公差为 1.0E-8。

稳态线性或非线性热分析时，精度水平为 1，相当于公差为 1.0E-5，精度水平为 5，相当于公差为 1.0E-9。

瞬态线性或非线性热分析时，精度水平为 1，相当于公差为 1.0E-6，精度水平为 5，相当于公差为 1.0E-10。

该求解器选项只适用于线性静态或线性全瞬态的瞬态结构分析和稳态/瞬态线性或非线性热分析。

因解法和公差以待求解问题的物理特性和条件为基础进行选择，建议在求解前执行该命令。

当选择了自动迭代选项，且满足适当条件时，在结构分析和热分析过程中将不会产生 Jobname.EMAT 文件和 Jobname.EROT 文件，对包含相变的热分析不建议使用该选项。当选择了该选项，但不满足恰当的条件时，ANSYS 将会使用直接求解的方法，并产生一个注释信息：告知求解时所用的求解器和公差。

6.1.7 获得解答

开始求解，进行以下操作：

GUI：Main Menu>Solution>Current LS or Run FLOTRAN。

命令：SOLVE。

因为求解阶段与其他阶段相比，一般需要更多的计算机资源，所以批处理（后台）模式要比交互式模式更适宜。

求解器将输出写入到输出文件（Jobname.OUT）和结果文件中。若以交互模式运行求解，输出文件就是屏幕。当执行 SOLVE 命令前使用下述操作，可以将输出送入一个文件而不是屏幕。

GUI：Utility Menu>File>Switch Output to>File or Output Window。

命令：/OUTPUT。

写入输出文件的数据由如下内容组成：

载荷概要信息。

模型的质量及惯性矩。

求解概要信息。

最后的结束标题，给出总的 CPU 时间和各过程所用的时间。

由 OUTPR 命令指定的输出内容以及绘制云纹图所需的数据。

在交互模式中，大多数输出是被压缩的，结果文件（RST，RTH，RMG 或 RFL）包含所有的二进制方式的文件，可在后处理程序中进行浏览。

在求解过程中产生的另一有用文件是 Jobname.STAT 文件，它给出了解答情况。程序运行时可用该文件来监视分析过程，对非线性和瞬态分析的迭代分析尤其有用。

SOLVE 命令还能对当前数据库中的载荷步数据进行计算求解。

6.2 利用特定的求解控制器来指定求解类型

当在求解某些结构分析类型时，可以利用如下两种特定的求解工具：

Abridged Solution 菜单选项：只适用于静态、全瞬态、模态和屈曲分析类型。

求解控制对话框：只适用于静态和全瞬态分析类型。

6.2.1 使用 Abridged Solution 菜单选项

当使用图形界面方式进行一结构静态、瞬态、模态或者屈曲分析时，将选择是否使用 abridged 或者 unabridged Solution 菜单选项：

1. Unabridged Solution 菜单选项列出了在当前分析中可能使用的所有求解选项，无论其是被推荐的还是可能的（如果在当前分析中不可能使用的选项，那么其将呈现灰色）。

2. Abridged Solution 菜单选项较为简易，仅仅列出了分析类型所必需的求解选项。例如：当进行一静态分析时，选项 Modal Cyclic Sym 将不会出现在 abridged Solution 菜单选项中，只有那些有效且被推荐的求解选项才出现。

当一结构分析中，当进入 SOLUTION 模块（GUI 菜单路径：Main Menu>Solution）时，abridged Solution 菜单选项为默认值。

当进行的分析类型是静态或全瞬态时，可以通过这种菜单完成求解选项的设置。然而，如果选择了不同的一个分析类型，abridged Solution 菜单选项的默认值将被一个不同的 Solution 菜单选项所代替，而新的菜单选项将符合新选择的分析类型。

当进行一分析后又选择一个新的分析类型，那么将（默认地）得到和第一次分析相同的 Solution 菜单选项类型。例如：当选择使用 unabridged Solution 菜单选项来进行一个静态分析后，又选择进行一个新的屈曲分析，此时将得到（默认）适用于屈曲分析 unabridged Solution 菜单选项。但是，在分析求解阶段的任何时候，通过选择合适的菜单选项，都可以在 unabridged 和 abridged Solution 菜单选项之间切换（GUI 菜单路径：Main Menu>Solution>Unabridged Menu 或 Main Menu>Solution>Abridged Menu）。

6.2.2 使用求解控制对话框

当进行一结构静态或全瞬态分析时，可以使用求解控制对话框来设置分析选项。求解控制对话框框包括五个选项，每个选项包含一系列的求解控制。对于指定多载荷步分析中每个载荷步的设置，求解控制对话框是非常有用的。

只要进行结构静态或全瞬态分析，那求解菜单必然包含求解控制对话框选项。当单击 Sol'n Control 菜单项，弹出如图 6-1 所示的求解控制对话框。这一对话框提供了简单的图形界面，来设置分析和载荷步选项。

一旦打开求解控制对话框，Basic 标签页被激活，如图 6-1 所示。完整的标签页按顺序从左到右依次是：Basic，Transient，Sol'n Options，Nonlinear，Advanced NL。

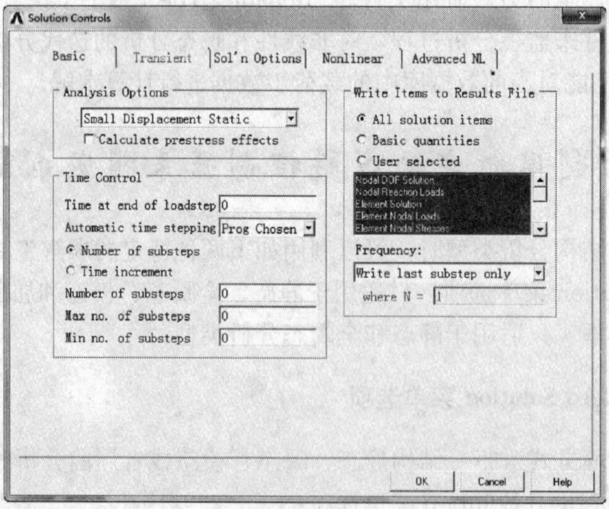

图 6-1 求解控制对话框

每套控制逻辑上分在一个标签页里，最基本的控制出现在第一个标签页里，而后续的标签页里提供了更高级的求解控制选项。Transient 标签页包含瞬态分析求解控制，仅当分析类型为瞬态分析时才可用，否则呈现灰色。

每个求解控制对话框中的选项对应一个 ANSYS 命令，如表 6-2 所示。

求解控制对话框　　　　　　　　　　　　　　　　　表 6-2

求解控制对话框标签页	用　途	对应的命令
Basic	指定分析类型 控制时间设置 指定写入 ANSYS 数据库中的结果数据	ANTYPE, NLGEOM, TIME, AUTOTS, NSUBST, DELTIM, OUTRES
Transient	指定瞬态选项 指定阻尼选项 定义积分参数	TIMINT, KBC, ALPHAD, BETAD, TINTP
Sol'n Options	指定方程求解类型 指定重新多个分析的参数	EQSLV, RESCONTROL
Nonlinear	控制非线性选项 指定每个子步迭代的最大次数 指明是否在分析中进行蠕变计算 控制二分法 设置收敛准则	LNSRCH, PRED, NEQIT, RATE, CUTCONTROL, CNVTOL
Advanced NL	指定分析终止准则 控制弧长法的激活与中止	NCNV, ARCLEN, ARCTRM

一旦对 Basic 标签页的设置满意，那么就不需要对其余的标签页选项进行处理，除非想要改变某些高级设置。

无论对一个或多个标签页进行改变，仅当单击 OK 按钮关闭对话框后，这些改变才被写入 ANSYS 数据库。

6.3　多载荷步求解

定义和求解多载荷步有 3 种办法：

6.3.1　多重求解法

这种方法是最直接的，它包括在每个载荷步定义好后执行 SOLVE 命令。主要的缺点是，在交互使用时必须等到每一步求解结束后才能定义下一个载荷步，典型的多重求解法命令流如下所示：

```
/SOLU              ! 进入 SOLUTION 模块
…
! Load step 1：    ! 载荷步 1
D,…
SF,…
0
SOLVE              ! 求解载荷步 1
! Load step 2     ! 载荷步 2
F,…
SF,…
```

```
...
SOLVE              ! 求解载荷步 2
Etc.
```

6.3.2 使用载荷步文件法

当想求解问题而又远离终端或 PC 时（如整个晚上），可以很方便地使用载荷步文件法。该方法包括写入每一载荷步到载荷步文件中（通过 LSWRITE 命令或相应的 GUI 方式），通过一条命令就可以读入每个文件并获得解答（参见第 3 章了解产生载荷步文件的详细内容）。

要求解多载荷步，有如下两种方式：
GUI：Main Menu>Solution>From Ls Files。
命令：LSSOLVE。

LSSOLVE 命令其实是一条宏指令，它按顺序读取载荷步文件，并开始每一载荷步的求解。载荷步文件法的示例命令输入如下：

```
/SOLU                ! 进入求解模块
...
! Load Step 1：      ! 载荷步 1
D,…                  ! 施加载荷
SF,…
...
NSUBST,…             ! 载荷步选项
KBC,…
OUTRES,…
OUTPR,…
...
LSWRITE              ! 写载荷步文件:Jobname.S01
! Load Step 2：
D,…
SF,…
...
NSUBST,…             ! 载荷步选项
KBC,…
OUTRES,…
OUTPR,…
...
LSWRITE              ! 写载荷步文件:Jobname.S02
...
0
LSSOLVE,1,2          ! 开始求解载荷步文件 1 和 2
```

6.3.3 使用数组参数法（矩阵参数法）

主要用于瞬态或非线性静态（稳态）分析，需要了解有关数组参数和 DO 循环的知识，这是 APDL（ANSYS 参数设计语言）中的部分内容，详细内容可以参考 ANSYS 帮助文件中的《APDL PROGRAMMER'S GUIDE》了解 APDL。数组参数法包括用数组参数法建立载荷—时间关系表，下例给出了最好的解释。

假定有一组随时间变化的载荷，如图 6-2 所示。有 3 个载荷函数，所以需要定义 3 个数组参数，所有的 3 个数组参数必须是表格形式，力函数有 5 个点，所以需要一个 5×1 的数组，压力函数需要一个 6×1 的数组，而温度函数需要一个 2×1 的数组，注意到三个数组都是一维的，载荷值放在第一列，时间值放在第 0 列（第 0 列、0 行，一般包含索引号。若把数组参数定义为一张表格，第 0 列、0 行必须改变，且填上单调递增的编号组）。

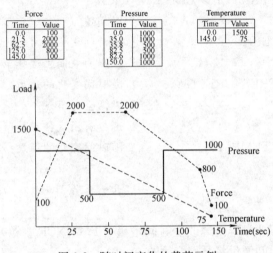

图 6-2 随时间变化的载荷示例

要定义 3 个数组参数，必须申明其类型和维数，要做到这一点，可以使用以下两种方式：

GUI：Utility Menu＞Parameters＞Array Parameters＞Define/Edit。

命令：*DIM。

例如：

*DIM,FORCE,TABLE,5,1

*DIM,PRESSURE,TABLE,6,1

*DIM,TEMP,TABLE,2,1

可用数组参数编辑器（GUI：Utility Menu＞Parameters＞Array Parameters＞Define/Edit）或者一系列'='命令填充这些数组，后一种方法如下：

FORCE(1,1)=100,2000,2000,800,100　　　　!第 1 列力的数值

FORCE(1,0)=0,21.5,50.9,98.7,112　　　　　!第 0 列对应的时间

FORCE(0,1)=1　　　　　　　　　　　　　　!第 0 行

PRESSURE(1,1)=1000,1000,500,500,1000,1000

```
PRESSURE(1,0)=0,35,35.8,74.4,76,112
PRESSURE(0,1)=1
TEMP(1,1)=800,75
TEMP(1,0)=0,112
TEMP(0,1)=1
```

现在已经定义了载荷历程，要加载并获得解答，需要构造一个如下所示的 DO 循环（通过使用命令 *DO 和 *ENDDO）：

```
TM_START=1E-6              ! 开始时间（必须大于0）
TM_END=112                 ! 瞬态结束时间
TM_INCR=1.5                ! 时间增量
! 从 TM_START 开始到 TM_END 结束,步长 TM_INCR
*DO,TM,TM_START,TM_END,TM_INCR
TIME,TM                    ! 时间值
F,272,FY,FORCE(TM)         ! 随时间变化的力(节点272处,方向FY)
NSEL,…                     ! 在压力表面上选择节点
SF,ALL,PRES,PRESSURE(TM)   ! 随时间变化的压力
NSEL,ALL                   ! 激活全部节点
NSEL,…                     ! 选择有温度指定的节点
BF,ALL,TEMP,TEMP(TM)       ! 随时间变化的温度
NSEL,ALL                   ! 激活全部节点
SOLVE                      ! 开始求解
*ENDDO
```

用这种方法，可以非常容易地改变时间增量（TM_INCR 参数），用其他方法改变如此复杂的载荷历程的时间增量将是很麻烦的。

6.4 重新启动分析

有时，在第一次运行完成后也许要重新启动分析过程，例如想将更多的载荷步加到分析中来，在线性分析中也许要加入别的加载条件，或在瞬态分析中加入另外的时间历程加载曲线，或者在非线性分析收敛失败时需要恢复。

在了解重新开始求解之前，有必要知道如何中断正在运行的作业。通过系统的帮助函数（如系统中断），发出一个删除信号，或在批处理文件队列中删除项目。然而，对于非线性分析，这不是好的方法。因为以这种方式中断的作业将不能重新启动。

在一个多任务操作系统中完全中断一个非线性分析时，会产生一个放弃文件，命名为 Jobname.ABT（在一些区分大小的系统上，文件名为 Jobname.abt）。第一行的第一列开始含有单词"非线性"。在平衡方程迭代的开始，如果 ANSYS 程序发现在工作目录中有这样一个文件，分析过程将会停止，并能在以后的时候重新启动。

若通过指定的文件来读取命令（/INPUT）（GUI 路径：Main Menu>Preprocessor>Material Props>Material Library，或 Utility Menu>File>Read Input from），那么放弃

文件将会中断求解，但程序依然继续从这个指定的输入文件中读取命令。于是，任何包含在这个输入文件中的后处理命令将会被执行。

要重新启动分析，模型必须满足如下条件：

1. 分析类型必须是静态（稳态）、谐波（二维磁场）或瞬态（只能是全瞬态），其他的分析不能被重新启动。

2. 在初始运算中，至少已完成了一次迭代。

3. 初始运算不能因"删除"作业、系统中断或系统崩溃被中断。

4. 初始运算和重启动必须在相同的 ANSYS 版本下进行。

6.4.1 重新启动一个分析

通常一个分析的重新启动要求初始运行作业的某些文件，并要求在 SOLVE 命令前没有进行任何的改变。

1. 重启动一个分析的要求

在初始运算时必须得到以下文件：

（1）Jobname.DB 文件：在求解后，POST1 后处理之前保存的数据库文件，必须在求解以后保存这个文件，因为许多求解变量在求解程序开始以后设置的，在进入 POST1 前保存该文件，因为在后处理过程中，SET 命令（或功能相同的 GUI 菜单路径）将用这些结果文件中的边界条件改写存储器中的已经存在的边界条件。接下来的 SAVE 命令将会存储这些边界条件（对于非收敛解，数据库文件是自动保存的）。

（2）Jobname.EMAT 文件：单元矩阵。

（3）Jobname.ESAV 或 Jobname.OSAV 文件：Jobname.ESAV 文件保存单元数据，Jobname.OSAV 文件保存旧的单元数据。Jobname.OSAV 文件只有当 Jobname.ESAV 文件丢失、不完整或由于解答发散，或因位移超出了极限，或因主元为负引起 Jobname.ESAV 文件不完整或出错时才用到（如表 6-2 所示）。在 NCNV 命令中，如果 KSTOP 被设为 1（默认值）或 2，或者自动时间步长被激活，数据将写入 Jobname.OSAV 文件中。如果需要 Jobname.OSAV 文件，必须在重新启动时把它改名为 Jobname.ESAV 文件。

（4）结果文件：不是必需的，但如果有，重新启动运行得出的结果将通过适当的有序载荷步和子步号追加到这个文件中去。若因初始运算结果文件的结果设置数超出而导致中断，需在重新启动前将初始结果文件名改为另一个不同文件名。这可以通过执行 ASSIGN 命令（或 GUI 菜单路径：Utility Menu>File>ANSYS File Options）实现。

若由于不收敛、时间限制、中止执行文件（Jobname.ABT），或者其他程序诊断错误引起程序中断，数据库会自动保存，求解输出文件（Jobname.OUT 文件）会列出这些文件和其他一些在重新启动时所需的信息。中断原因和重新启动所需的保存的单元数据文件如表 6-3 所示。

如果在先前运算中产生 .RDB，.LDHI，或 .Rnnn 文件，那么必须在重新启动前删除它们。

在交互模式中，已存在的数据库文件会首先写入到备份文件（Jobname.DBB）中。在批处理模式中，已存在的数据库文件会被当前的数据库信息所替代，不进行备份。

非线性分析重新启动信息　　　　　　　　　　　　　　表 6-3

中断原因	保存的单元数据库文件	所需的正确操作
正常	Jobname.ESAV	在作业的末尾添加更多载荷步
不收敛	Jobname.OSAV	定义较小的时间步长，改变自适应衰减选项或采取其他措施加强收敛，在重新启动前把 Jobname.OSAV 文件名改为 Jobname.ESAV 文件
因平衡迭代次数不够引起的不收敛	Jobname.ESAV	如果解正在收敛，允许更多的平衡方程式（ENQIT 命令）
超出累积迭代极限（NCNV 命令）	Jobname.ESAV	在 NCNV 命令中增加 ITLIM
超出时间限制（NCNV 命令）	Jobname.ESAV	无（仅需要重新启动分析）
超出位移限制（NCNV 命令）	Jobname.OSAV	与不收敛情况相同
主元为负	Jobname.OSAV	与不收敛情况相同
Jobname.ABT 文件解是收敛的解是分散的	Jobname.EMAV, Jobname.OSAV	做任何必要的改变，以便能访问引起主动中断分析的行为
结果文件"满"（超过1000 子步），时间步长输出	Jobname.ESAV	检查 CNVTOL，DELTIM 和 NSUBST 或 KEYOPT(7) 中的接触单元的设置，或在求解前在结果文件(/CONFIG,NRES)中指定允许的较大的结果数，或减少输出的结果数，还要为结果文件改名(/ASSIGN)
"删除"操作（系统中断），系统崩溃，或系统超时	不可用	不能重新启动

2. 重启动一个分析的过程

（1）进入 ANSYS 程序，给定与第一次运行时相同的文件名（执行/FILNAME 命令或 GUI 菜单路径：Utility Menu>File>Change Jobname）。

（2）进入求解模块（执行命令/SOLU 或 GUI 菜单路径：Main Menu>Solution），然后恢复数据库文件（执行命令 RESUME 或 GUI 菜单路径：Utility Menu>File>Resume Jobname.db）。

（3）说明这是重新启动分析（执行命令 ANTYPE,,REST 或 GUI 菜单路径：Main Menu>Solution>Restart）。

（4）按需要规定修正载荷或附加载荷，从前面的载荷值调整坡道载荷的起始点，新加的坡道载荷从零开始增加，新施加的体积载荷从初始值开始。删除的重新加上的载荷可视为新施加的负载，而不用调整。待删除的表面载荷和体积载荷，必须减小至零或到初始值，以保持 Jobname.ESAV 文件和 Jobname.OSAV 文件的数据库一样。

若从收敛失败重新启动，务必采取所需的正确操作。

（5）指定是否要重新使用三角化矩阵（Jobname.TRI 文件），可用以下操作：

GUI：Main Menu>Preprocessor>Loads>Other>Reuse Tri Matrix。
GUI：Main Menu>Solution>Other>Reuse Tri Matrix。
命令：KUSE

默认时，ANSYS 为重启动第一载荷步计算新的三角化矩阵，通过执行 KUSE，1 命令，可以迫使允许再使用已有的矩阵，这样可节省大量的计算时间。然而，仅在某些条件下才能使用 Jobname.TRI 文件，尤其当规定的自由度约束没有发生改变，且为线性分析时。

通过执行 KUSE，−1，可以使 ANSYS 重新形成单元矩阵，这样对调试和处理错误是有用的。

有时，可能需根据不同的约束条件来分析同一模型，如一个四分之一对称的模型［具有对称—对称（SS）、对称—反对称（SA）、反对称—对称（AS）和反对称—反对称（AA）条件］。在这种情况下，必须牢记以下几点：

4 种情况（SS、SA、AS、AA）都需要新的三角化矩阵。

可以保留 Jobname.TRI 文件的副本用于各种不同工况，在适当时候使用。

可以使用子结构（将约束节点作为主自由度），以减少计算时间。

（6）发出 SOLVE 命令初始化重新启动求解。

（7）对附加的载荷步（如果有）重复步骤（4）、（5）和（6），或使用载荷步文件法产生和求解多载荷步，使用下述命令：

GUI：Main Menu>Preprocessor>Loads>Write LS File。
GUI：Main Menu>Solution>Write LS File。
命令：LSWRITE
GUI：Main Menu>Solution>From LS Files。
命令：LSSOLVE

（8）按需要进行后处理，然后推出 ANSYS。

重新启动输入列表示例如下所示：

```
!    Restart run：
/FILNAME,…                ! 工作名
RESUME
/SOLU
ANTYPE,,REST              ! 指定为前述分析的重新启动
!
! 指定新载荷、新载荷步选项等
! 对非线性分析,采用适当的正确操作
!
SOLVE                     ! 开始重新求解
SAVE                      ! SAVE 选项供后续可能进行的重新启动使用
FINISH
!
! 按需要进行后处理
```

!
/EXIT,NOSAV

3. 从不兼容的数据库重新启动非线性分析

有时，后处理过程先于重新启动。若在后处理期间执行 SET 命令或 SAVE 命令，数据库中的边界条件会发生改变，变成与重新启动分析所需的边界条件不一致。默认条件下，程序在退出前会自动的保存文件。在求解的结束时，数据库存储器中存储的是最后的载荷步的边界条件（数据库只包含一组边界条件）。

POST1 中的 SET 命令（不同于 SET，LAST）为指定的结果将边界条件读入数据库，并改写存储器中的数据库。如果接下来保存或推出文件，ANSYS 会从当前的结果文件开始，通过 D'S 和 F'S 改写数据库中的边界条件。然而，要从上一求解子步开始执行边界条件变化的重启动分析，需有求解成功的上一求解子步边界条件。

要为重新启动重建正确的边界条件，首先要运行"虚拟"载荷步，过程如下：

(1) 将 Jobname.OSAV 文件改名为 Jobname.ESAV 文件。

(2) 进入 ANSYS 程序，指定使用与初始运行相同的文件名（可执行命令/FILNAME 或 GUI 菜单路径：Utility Menu>File>Change Jobname）。

(3) 进入求解模块（执行命令/SOLU 或 GUI 菜单路径：Main Menu>Solution），然后恢复数据库文件（执行命令 RESUME 或 GIU 菜单路径：Utility Menu>File>Resume Jobname.db）。

(4) 说明这是重新启动分析（执行命令 ANTYPE,,REST 或 GUI 菜单路径：Main Menu>Solution>Restart）。

(5) 从上一次已成功求解过的子步开始重新规定边界条件，因解答能够立即收敛，故一个子步就够了。

(6) 执行 SOLVE 命令。GUI 菜单路径：Main Menu>Solution>Current LS 或 Main Menu>Solution>Run FLOTRAN。

(7) 按需要施加最终载荷及加载步选项。如加载步为前面（在虚拟前）加载步的延续，需调整子步的数量（或时间步步长），时间步长编号可能会发生变化，与初始意图不同。如需要保持时间步长编号（如瞬态分析），可在步骤（6）中使用一个小的时间增量。

(8) 重新开始一个分析的过程。

6.4.2 多载荷步文件的重启动分析

当进行一个非线性静态或全瞬态结构分析时，ANSYS 程序在默认情况下为多载荷步文件的重启动分析建立参数。多载荷步文件的重启动分析允许在计算过程中的任一子步保存分析信息，然后在这些子步中一个处重新启动。在初始分析前，应该执行命令 RESCONTROL 来指定在每个运行载荷子步中重新启动文件的保存频率。

当需要重启动一个作业时，使用 ANTYPE 命令来指定重新启动分析的点及其分析类型。可以继续作业从重启动点（进行一些必要的纠正）或者在重启动点终止一个载荷步（重新施加这个载荷步的所有载荷），然后继续下一个载荷步。

如果想要终止这种多载荷步文件的重新启动分析特性而改用一个文件的重新启动分

析，执行"RESCONTROL, DEFINE, NONE"命令；接着，如上所述进行单个文件重新启动分析（命令：ANTYPE,, REST），当然保证 .LDHI、.RDB 和 .Rnnn 文件已经从当前目录中被删除。

如果使用求解控制对话框进行静态或全瞬态分析，那么就能够在求解对话框选项标签页中指定基本的多载荷重新启动分析选项。

1. 多载荷步文件重启动分析的要求

（1）Jobname.RDB：ANSYS 程序数据库文件，在第一载荷步，第一工作子步的第一次迭代中被保存。此文件提供了对于给定初始条件的完全求解描述，无论对作业重新启动分析多少次，它都不会改变。当运行一作业时，在执行 SOLVE 命令前应该输入所有需要求解的信息，包括参数语言设计（APDL）、组分、求解设置信息。在执行第一个 SOLVE 命令前，如果没有指定参数，那么参数将被保存在 .RDB 文件中。这种情况下，必须在开始求解前执行 PARSAV 命令，并且在重新启动分析时执行 PARRES 命令来保存并恢复参数。

（2）Jobname.LDHI：此文件是指定作业的载荷历程文件。此文件是一个 ASCII 文件，相似于用命令 LSWRITE 创建的文件，并存储每个载荷步所有的载荷和边界条件。载荷和边界条件以有限单元载荷的形式被存储。如果载荷和边界条件是施加在实体模型上的，载荷和边界条件将先被转化为有限单元载荷，然后存入 Jobname.LDHI 文件。当进行多载荷重启动分析时，ANSYS 程序从此文件读取载荷和边界条件（相似于 LSREAD 命令）。此文件在每个载荷步结束时或当遇到 ANTYPE,, REST, LDSTEP, SUB-STEP, ENDSTEP 这些命令时被修正。

（3）Jobname.Rnnn：与 .ESAV 或 .OSAV 文件相似，也是保存单元矩阵的信息。这一文件包含了载荷步中特定子步的所有求解命令及状态。所有的 .Rnnn 文件都是在子步运算收敛时被保存，因此所有的单元信息记录都是有效的。如果一个子步运算不收敛，那么对应于这个子步，没有 .Rnnn 文件被保存，代替的是先前一子步运算的 .Rnnn 文件。

多载荷步文件的重启动分析有以下几个限制：

（1）不支持 KUSE 命令。一个新的刚度矩阵和相关 .TRI 文件产生。

（2）在 .Rnnn 文件中没有保存 EKILL 和 EALIVE 命令，如果 EKILL 或 EALIVE 命令在重启动过程中需要执行，那么必须自己执行这些命令。

（3）.RDB 文件仅仅保存在第一载荷步的第一个子步中可用的数据库信息。

（4）不能够在求解水平下重启作业（例如：PCG 迭代水平）。作业能够被重启动分析在更低的水平（例如：瞬时或 Newton-Raphson 循环）。

（5）当使用弧长法时，多载荷文件重新启动分析不支持命令 ANTYPE 的 ENDSTEP 选项。

（6）所有的载荷和边界条件存储在 Jobname.LDHI 文件中，因此，删除实体模型的载荷和边界条件将不会影响从有限单元中删除这些载荷和边界条件。必须直接从单元或节点中删除这些条件。

2. 多载荷步文件重启动分析的过程

（1）进入 ANSYS 程序，指定与初始运行相同的工作名（执行/FILNAME 命令或

GUI菜单路径：Utility Menu>File>Change Jobname）。进入求解模块（执行/SOLU命令或GUI菜单路径：Main Menu>Solution）。

（2）通过执行RESCONTROL，FILE_SUMMARY命令决定从哪个载荷步和子步重新启动分析。这一命令将在.Rnnn文件中记录载荷步和子步的信息。

（3）恢复数据库文件并表明这是重新启动分析（执行ANTYPE,, REST, LDSTEP, SUBSTEP, Action命令或GUI菜单路径Main Menu>Solution>Restart）。

（4）指定修正或附加的载荷。

（5）开始重新求解分析（执行SOLVE命令）。必须执行SOLVE命令，当进行任一重新启动行为时，包括ENDSTEP或RSTCREATE命令。

（6）进行需要的后处理，然后推出ANSYS程序。

在分析中对特定的子步创建结果文件示例如下所示：

```
! Restart run：
/solu
antype,,rest,1,3,rstcreate       ! 创建.RST文件
! step 1,substep 3
outres,all,all                   ! 存储所有的信息到.RST文件中
outpr,all,all                    ! 选择打印输出
solve                            ! 执行.RST文件生成
finish
/post1
set,,1,3                         ! 从载荷步1获得结果
! substep 3
prnsol
finish
```

6.5 预测求解时间和估计文件大小

对不太复杂的、"小规模到中等规模"的ANSYS分析，大多数会按本章前面所述简单地开始求解。然而，对大模型或有复杂的非线性选项，了解在开始求解前需要些什么会感到更舒服。例如：分析求解需要多长时间？在运行前需要多少磁盘空间？该分析需要多少内存？尽管没有准确的方法预计这些量，ANSYS程序可在RUNSTAT模块中进行估算。RUNSTAT模块根据数据库中的信息估计运行时间和其他统计量。因此，必须在键入/RUNSTAT命令前定义模型几何量（节点、单元等）、载荷以及载荷选项、分析选项。在开始求解前，使用RUNSTAT命令。

6.5.1 估计运算时间

要估算运行时间，ANSYS程序需要计算机的性能信息：MIPS（每秒钟执行的指令数，以百万计），MFLOPS（每秒钟进行的浮点运算，以百万计）等。可执行RSPEED命令（或GUI菜单路径：Main Menu>Run-Time Stats>System Settings）获得该信息。

如果不清楚计算机这些细节，可用宏操作 SETSPEED，它会代替执行 RSPEED 命令。

估算分析过程总运行时间所需的其他信息有迭代次数（或线性、静态分析中的载荷步数），要获得这些信息，可用下述两种方法中任一种：

GUI：Main Menu＞Run-Time Stats＞Iter Setting。

命令：RITER。

要获得运行时间估计，可用下述可用下述两种方法中任一种：

GUI：Main Menu＞Run-Time Stats＞Individual Stats。

命令：RTIMST。

根据由 RSPEED 和 RITER 命令所提供的信息和数据库中的模型信息，RTIMST 命令会给提供运行时间估计值。

6.5.2 估计文件的大小

RFILSZ 命令可以估计以下文件的大小：ESAV，EMAT，EROT，.TRI，.FULL，.RST，.RTH.RMG 和 .RFL 文件。与 RFILSZ 命令相同的图形界面方式与 RTIMST 命令的图形界面方式相同。结果文件估计值基于一组结果（一个子步），要将其乘以实际结果文件规模总数。

6.5.3 估计内存需求

执行 RWFRNT 命令（或通过 GUI 菜单路径：Main Menu＞Run-Time Stats＞Individual Stats）可以估计求解所需的内存，可通过 ANSYS 工作空间的入口选项申请内存量。如果以前没有重新排列过单元，执行 RWFRNT 命令可以自动重新排列单元。"RSTAT"命令将给出模型节点和单元信息的统计量，"RMEMRY"命令将给出内存统计量。"RALL"命令是同时执行"RSTAT"，"RWFRNT"，"RTIMST"和"RMEMRY"4条命令的一条简便命令（GUI 菜单路径：Main Menu＞Run-Time Stats＞All Statistics）。除了"RALL"命令，其他几条命令的 GUI 菜单路径都为：Main Menu＞Run-Time Stats＞Individual Stats。

6.6 实例——托架模型求解

在对支座和托架模型施加完约束和载荷后，就可以进行求解计算。本节主要对求解选项进行相关设定。

对于单载荷步，在施加完载荷后，就可以直接求解。支座和托架模型，都属于这种情形。

打开相应的 BearingBlock.db 和 Tank.db 文件。然后进行求解。

GUI 操作：Main Menu＞Solution＞Solve＞Current LS，弹出两个对话框，如图 6-3、图 6-4 所示，先执行图 6-2 中的 File＞Close 命令，然后点击图 6-4 中的 OK 按钮开始求解。求解结束后，会出现如图 6-5 的提示。

命令流：SOLVE

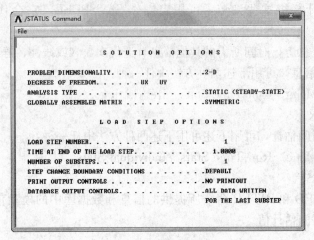

图 6-3 求解选项设置

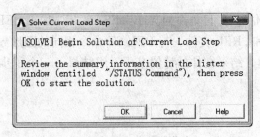

图 6-4 求解当前载荷步

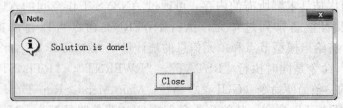

图 6-5 求解结束提示

求解完成后保存：执行 File＞Save as，弹出 Save DataBase 对话框，在 Save Database to 下面的输入框分别输入 Result_BearingBlock.db 和 Result_Tank.db，单击 OK 按钮即可。

6.7 本章小结

本章详细论述了 ANSYS 软件的求解模块，通过本章的学习，用户对特定的求解器、多载荷步求解、重启动分析等内容都有较为全面的了解及认知。同样的，只有通过实例的不断练习，用户才能进一步地了解 ANSYS 的求解模块。

第 7 章 后 处 理

内容提要

后处理指检阅 ANSYS 分析的结果，这是 ANSYS 分析中最重要的一个模块。通过后处理的相关操作，可以针对性地得到分析过程所感兴趣的参数和结果，更好地为实际服务。

本章重点

- 后处理概论
- 通用后处理（POST1）
- 时域后处理（POST26）

7.1 后处理概述

建立有限元模型并求解后，你将想要得到一些关键问题答案：该设计投入使用时，是否真的可行？某个区域的应力有多大？零件的温度如何随时间变化？通过表面的热损失有多少？磁力线是如何通过该装置的？物体的位置是如何影响流体的流动的？ANSYS 软件的后处理，会帮助回答这些问题和其他相关的问题。

7.1.1 什么是后处理

后处理是指检查分析的结果。这可能是分析中最重要的一环，因为你总是试图搞清楚作用载荷如何影响设计、单元划分好坏等。

检查分析结果可使用两个后处理器：通用后处理器 POST1 和时间历程后处理器 POST26。POST1 允许检查整个模型在某一载荷步和子步（或对某一特定时间点或频率）的结果。例如：在静态结构分析中，可显示载荷步 3 的应力分布；在热力分析中，可显示 time=100s（秒）时的温度分布。图 7-1 的等值线图是一种典型的 POST1 图。

POST26 可以检查模型的指定点的特定结果相对于与时间、频率或其他结果项的变化。例如，在瞬态磁场分析中，可以用图形表示某一特定单元的涡流与时间的关系；或在非线性结构分析中，可以用图形表示某一特定节点的受力与其变形的关系。图 7-2 中的曲线图是一典型的 POST26 图。

注意

ANSYS 的后处理器仅是用于检查分析结果的工具，仍需要使用你的工程判断能力来

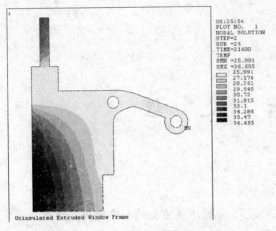 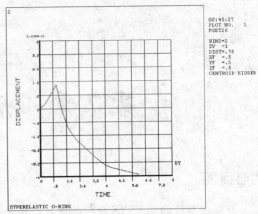

图 7-1 一个典型的 POST1 等值线显示　　图 7-2 一个典型的 POST26 图

分析解释结果。例如：一等值线显示可能表明：模型的最高应力为 37800Pa，必须由你确定这一应力水平对你的设计是否允许。

7.1.2 结果文件

在求解中，ANSYS 运算器将分析的结果写入结果文件中，结果文件的名称取决于分析类型：

1. Jobname.RST：结果分析。
2. Jobname.RTH：热力分析。
3. Jobname.EMG：电磁场分析。
4. Jobname.RFL：FLOTRAN 分析。

对于 FLOTRAN 分析，文件的扩展名为.RFL；对于其他流体分析，文件扩展名为.RST 或.RTH，取决于是否给出结构自由度。对不同的分析使用不同的文件标识，有助于在耦合场分析中使用一个分析的结果作为另一分析的载荷。

7.1.3 后处理可用的数据类型

求解阶段计算两种类型结果数据：

1. 基本数据包含每个节点计算自由度解：结构分析的位移、热力分析的温度、磁场分析的磁势等（参见表 7-1）。这些被称为节点解数据。

不同分析的基本数据和派生数据　　表 7-1

学　科	基本数据	派生数据
结果分析	位移	应力、应变、反作用力
热力分析	温度	热流量、热梯度等
磁场分析	磁势	磁通量、磁流密度等
电场分析	标量电势	电场、电流密度等
流体分析	速度、压力	压力梯度、热流量等

2. 派生数据为由基本数据计算得到的数据：如结构分析中的应力和应变，热力分析中的热梯度和热流量，磁场分析中的磁通量等。派生数据又称为单元数据，它通常出现在单元节点、单元积分点以及单元质心等位置。

7.2 通用后处理器（POST1）

使用 POST1 通用后处理器可观察整个模型或模型的一部分在某一个时间（或频率）上针对特定载荷组合时的结果。POST1 有许多功能，包括从简单的图像显示到针对更为复杂数据操作的列表，如载荷工况的组合。

要进入 ANSYS 通用后处理器，输入/POST1 命令或 GUI 菜单路径：Main Menu>General Postproc。

7.2.1 将数据结果读入数据库

POST1 中第一步是将数据从结果文件读入数据库。要这样做，数据库中首先要有模型数据（节点，单元等）。若数据库中没有模型数据，输入 RESUME 命令（或 GUI 菜单路径：Utility Menu>File>Resume Jobname.db）读入数据文件 Jobname.db。数据库包含的模型数据应该与计算模型相同，包括单元类型、节点、单元、单元实常数、材料特性和节点坐标系。

 注意

数据库中被选来进行计算的节点和单元应属同一组，否则会出现数据不匹配。

一旦模型数据存在数据库中，输入 SET，SUBSET 和 APPEND 命令均可从结果文件中读入结果数据。

1. 读入结果数据

输入 SET 命令（Main Menu>General PostProc>Read Results），可在一特定的载荷条件下将整个模型的结果数据从结果文件中读入数据库，覆盖掉数据库中以前存在的数据。边界条件信息（约束和集中力）也被读入，但这仅在存在单元节点载荷和反作用力的情况下。详情参见 OUTERS 命令。若不存在边界条件信息，则不列出或显示边界条件。加载条件靠载荷步和子步或靠时间（或频率）来识别。命令或路径方式指定的变元可以识别读入数据库的数据。

例如：SET，2，5 读入结果，表示载荷步为 2，子步为 5。同理，SET,,,,3.89 表示时间为 3.89 时的结果（或频率为 3.89，取决于所进行的分析类型）。若指定了尚无结果的时刻，程序将使用线性插值计算出该时刻的结果。

结果文件（Jobname.RST）中默认的最大子步数为 1000。超出该界限时，需要输入 SET，Lstep，LAST 引入第 1000 个载荷步，使用/CONFIG 命令增加界限。

 注意

对于非线性分析，在时间点间进行插值常常会降低精度。因此，要使解答可用，务必在可求时间值处进行后处理。

对于 SET 命令有一些便捷标号：
- SET，FIRST 读入第一子步，等价的 GUI 方式为 First Set。
- SET，NEXT 读入第二子步，等价的 GUI 方式为 NextSet。
- SET，LAST 读入最后一子步，等价的 GUI 方式为 LastSet。
- SET 命令中的 NSET 字段（等价的 GUI 方式为 SetNumber）可恢复对应于特定数据组号的数据，而不是载荷步号和子步号。当有载荷步和子步号相同的多组结果数据时，这对 FLOTRAN 的结果非常有用。因此，可用其特定的数据组号来恢复 FLOTRAN 的计算结果。
- SET 命令的 LIST（或 GUI 中的 List Results）选项列出了其对应的载荷步和子步数，可在接下来的 SET 命令的 NSET 字段输入该数据组号，以申请处理正确的一组结果。
- SET 命令中的 ANGLE 字段规定了谐调元的周边位置（结构分析—PLANE25，PLANE83 和 SHELL61；温度场分析—PLANE75 和 PLANE78）。

2. 其他恢复数据的选项

其他 GUI 菜单路径和命令也可以恢复结果数据。
(1) 定义待恢复的数据
POST1 处理器中命令 INRES（Main Menu>General Postproc>Data & File Opts）与 PREP7 和 SOLUTION 处理器中的 OUTRES 命令是姊妹命令，OUTRES 命令控制写入数据库和结果文件的数据；而 INRES 命令定义要从结果文件中恢复的数据类型，通过命令 SET，SUBSET 和 APPEND 等命令写入数据库。尽管不需对数据进行后处理，但 INRES 命令限制了恢复写入数据库的数据量。因此，对数据进行后处理也许占用的时间更少。
(2) 读入所选择的结果信息
为了只将所选模型部分的一组数据从结果文件读入数据库，可用 SUBSET 命令（或 GUI 菜单路径：Main Menu>General Postproc>By characteristic）。结果文件中未用 INRES 命令指定恢复的数据，将以零值列出。
SUBSET 命令与 SET 命令大致相同，除了差别在于 SUBSET 只恢复所选模型部分的数据。用 SUBSET 命令可方便地看到模型的一部分的结果数据。例如：若只对表层的结果感兴趣，可以轻易地选择外部节点和单元，然后用 SUBSET 命令恢复所选部分的结果数据。
(3) 向数据库追加数据
每次使用 SET，SUBSET 命令或等价的 GUI 方式时，ANSYS 就会在数据库中写入一组新数据并覆盖当前的数据。APPEND 命令（Main Menu>General Postproc>By characteristic）从结果文件中读入数据组并将与数据库中已有的数据合并（这只针对所选的模型而言）。当已有的数据库非零（或全部被重写时），允许将被查询的结果数据并入数据库。
可用 SET，SUBSET，APPEND 命令中的任一命令从结果文件将数据读入数据库。命令方式之间或路径方式之间的唯一区别是所要恢复的数据的数量及类型。追加数据时，务必不要造成数据不匹配。例如：请看下一组命令：
/POST1
INRES,NSOL   ！节点 DOF 求解的标志数据
NSEL,S,NODE,,1,5   ！选节点 1 至 5
SUBSET,1   ！从载荷步 1 开始将数据写入数据库
！此时载荷步 1 内节点 1 到 5 的数据就存在于数据库中了
NSEL,S,NODE,,6,10   ！选节点 6 至 10
APPEND,2   ！将载荷步 2 的数据并入数据库中
NSEL,S,NODE,,1,10   ！选节点 1 至 10
PRNSOL,DOF   ！打印节点 DOF 求解结果

数据库当前就包含有载荷步 1 和载荷步 2 的数据。这样数据就不匹配。使用 PRN-SOL 命令（或 GUI 菜单路径：Main Menu>General Postproc>List Results>Nodal Solution）时，程序将从第二个载荷步中取出数据，而实际上数据是从现存于数据库中的两不同的载荷步中取得的。程序列出的是与最近一次存入的载荷步相对应的数据。当然，若希望将不同载荷步的结果进行对比，将数据加入数据库中是很有用的。但若有目的地混合数据，要尤其注意跟踪追加数据的来源。

在求解曾用不同单元组计算过的模型子集时，为避免出现数据不匹配，按下列方法进行。
• 不要重选解答在后处理中未被选中的单元；
• 从 ANSYS 数据库中删除以前的解答，可从求解中间退出 ANSYS 或在求解中间存储数据库。

若想清空数据库中所有以前的数据，使用下列任一方式：
GUI：Main Menu>General PostProc>Load Case>Zero Load Case。
命令：LCZERO。

上述两种方法均会将数据库中所有以前的数据置零，因而可重新进行数据存储。若在向数据库追加数据前将数据库置零，其结果与使用 SUBSET 命令或等价的 GUI 路径也是一样的（该处假如 SUBSET 和 APPEND 命令中的变元一致）。

① 注意

SET 命令可用的全部选项，对 SUBST 命令和 APPEND 命令完全可用。

默认情况下，SET，SUBSET 和 APPEND 命令将寻找这些文件中的一个：Jobname.RST，Jobname.RTH，Jobname.RMG，Jobname.RFL。在使用 SET，SLIBSET 和 APPEND 命令前，用 FILE 命令可指定其他文件名（GUI 菜单路径：Main Menu>General Postproc>Data &File Opts）。

3. 创建单元表

ANSYS 程序中单元表有两个功能：第一，它是在结果数据中进行数学运算的工具；第二，它能够访问其他方法无法直接访问的单元结果。例如：从结构一维单元派生的数据（尽管 SET，SUBSET 和 APPEND 命令将所有申请的结果项读入数据库中，但并非所有

的数据均可直接用 PRNSOL 命令和 PLESON 等命令访问)。

将单元表作为扩展表,每行代表一单元,每列则代表单元的特定数据项。例如:一列可能包含单元的平均应力 SX,而另一列则代表单元的体积,第三列则包含各单元质心的 Y 坐标。

使用下列任一命令创建或删除单元表:

GUI:Main Menu>General Postproc>Element Table>Define Table or Erase Table。

命令:ETABLE。

(1) 填上按名字来识别变量的单元表

为识别单元表的每列,在 GUI 方式下使用 Lab 字段或在 ETABLE 命令中使用 Lab 变元给每列分配一个标识,该标识将作为所有的以后的包括该变量的 POST1 命令的识别器。进入列中的数据靠 Item 名和 Comp 名以及 ETABLE 命令中的其他两个变元来识别。例如:对上面提及的 SX 应力,SX 是标识,S 将是 Item 变元,X 将是 Comp 变元。

有些项(如单元的体积),不需 Comp 变元。这种情况下,Item 为 VOLU,而 Comp 为空白。按 Item 和 Comp(必要时)识别数据项的方法称为填写单元表的"元件名"法。对于大多数单元类型而言,使用"元件名"法访问的数据通常是那些单元节点的结果数据。

ETABLE 命令的文档通常列出了所有的 Item 和 Comp 的组合情况。要清楚何种组合有效,见 ANSYS 单元参考手册中每种单元描述中的"单元输出定义"。

表 7-2 是一个关于 BEAM4 的列表示例,可在表中"名称"列中的冒号后面使用任意名字,通过"元件名"法填写单元表。冒号前面的名字部分应输入作为 ETABLE 命令的 Item 变元,冒号后的部分(如果有的话)应输入作为 ETABLE 命令的 Comp 变元,O 列与 R 列表示在 Jobname. OUT 文件(O)中或结果文件(R)中该项是否可用:"Y"表示该项总可用,数字(比如 1,2)则表示有条件的可用(具体条件详见表后注释),而"—"则表示该项不可用。

三维 BEAM4 单元输出定义　　　　　　　　　　　表 7-2

名　称	定　义	O	R
EL	单元号	Y	Y
NODES	单元节点号	Y	Y
MAT	单元的材料号	Y	Y
VOLU:	单元体积	—	Y
CENT:X,Y,Z	单元质心在整体坐标中的位置	—	Y
TEMP	积分点处的温度 T1,T2,T3,T4,T5,T6,T7,T8	Y	Y
PRES	节点(1,J)处的压力 P1,OFFST1,P2,OFFST2,P3,OFFST3,I 处的压力 P4,J 处的压力 P5	Y	Y
SDIR	轴向应力	1	1
SBYT	梁单元的+Y 侧的弯曲应力	1	1
SBYB	梁上单元-Y 侧弯曲应力	1	1
SBZT	梁上单元+Z 侧弯曲应力	1	1

续表

名　称	定　义	O	R
SBZB	梁上单元−Z 侧弯曲应力	1	1
SMAX	最大应力（正应力＋弯曲应力）	1	1
SMIN	最小应力（正应力−弯曲应力）	1	1
EPELDIR	端部轴向弹性应变	1	1
EPTHDIR	端部轴向热应变	1	1
EPINAXL	单元初始轴向应变	1	1
MFOR:(X,Y,Z)	单元坐标系 X,Y,Z 方向的力	2	Y
MMOM:(X,Y,Z)	单元坐标系 X,Y,Z 方向的力矩	2	Y

注：1. 若单元表项目经单元 I 节点、中间节点、及 J 节点重复进行。
　　2. 若 KEYOPT（6）＝1。

（2）填充按序号识别变量的单元表

可对每个单元加上不平均的或非单值载荷，将其填入单元表中。该数据类型包括积分点的数据、从结构一维单元（如杆、梁、管单元等）和接触单元派生的数据、从一维温度单元派生的数据、从层状单元中派生的数据等。这些数据将列在"单元对于 ETABLE 和 ESOL 命令的项目和序号"表中，而 ANSYS 帮助文件中，对于每一单元类型都有详细的描述。表 7-3 是 BEAM4 单元的示例。

梁单元关于 ETABLE 和 ESOL 命令的项目和序号　　　　表 7-3

KEYOPT(9)=0					
名　称	项　目	E	I	J	
SDIR	LS	—	1	6	
SBYT	LS	—	2	7	
SBYB	LS	—	3	8	
SBZT	LS	—	4	9	
SBZB	LS	—	5	10	
EPELDIR	LEPEL	—	1	6	
SMAX	NMISC	—	1	3	
SMIN	NMISC	—	2	4	
EPTHDIR	LEPTH	—	1	6	
EPTHBYT	LEPTH	—	2	7	
EPTHBYB	LEPTH	—	3	8	
EPTHBZT	LEPTH	—	4	9	
EPTHBZB	LEPTH	—	5	10	
EPINAXL	LEPTH	11	—	—	
MFORX	SMISC	—	1	7	
MMOMX	SMISC	—	4	10	
MMOMY	SMISC	—	5	11	

续表

KEYOPT(9)=0				
名 称	项 目	E	I	J
MMOMZ	SMISC	—	6	12
P1	SMISC	—	13	14
OFFST1	SMISC	—	15	16
P2	SMISC	—	17	18
OFFST 2	SMISC	—	19	20
P3	SMISC	—	21	22
OFFST32	SMISC	—	23	24

表中的数据分成项目组（如：LS，LEPEL，SMISC 等），项目组中每一项都有用于识别的序列号（表 7-3 中 E，I，J 对应的数字）。将项目组（如：LS，LEPEL，SMISC 等）作为 ETABLE 命令的 Item 变元，将序列号（如：1、2、3 等）作为 Comp 变元，将数据填入单元表中，称之为填写单元表的"序列号"法。

例如：BEAM4 单元的 J 点处的最大应力为 Item=NMISC 及 Comp=3。而单元（E）的初始轴向应变（EPINAXL）为 Item=LEPYH，Comp=11。

对于某些一维单元，如 BEAM4 单元，KEYOPT 设置控制了计算数据的量，这些设置可能改变单元表项目对应的序号，因此针对不同的 KEYOPT 设置，存在不同的"单元项目和序号表格"。表 7-4 和表 7-3 一样，显示了关于 BEAM4 的相同信息，但列出的为 KEYOPT（9）=3 时的序号（3 个中间计算点），而表 7-3 列出的是对应于 KEYOPT（9）=3 时的序号。

例如：当 KEYOPT（9）=0 时，单元 J 端 Y 向的力矩（MMOMY）在表 7-3 中是序号 11（SMISC 项），而当 KEYOPT（9）=3 时，其序号（表 7-4）为 29。

ETABLE 命令和 ESOL 命令的 BEAM4 的项目名和序号　　　　表 7-4

KEYOPT(9)=3							
标 号	项 目	E	I	IL1	IL2	IL3	J
SDIR	LS	—	1	6	11	16	21
SBYT	LS	—	2	7	12	17	22
SBYB	LS	—	3	8	13	18	23
SBZT	LS	—	4	9	14	19	24
SBZB	LS	—	5	10	15	20	25
EPELDIR	LEPEL	—	1	6	11	16	21
EPELBYT	LEPEL	—	2	7	12	17	22
EPELBYB	LEPEL	—	3	8	13	18	23
EPELBZT	LEPEL	—	4	9	14	19	24
EPELBZB	LEPEL	—	5	10	15	20	25
EPINAXL	LEPTH	26	—	—	—	—	—
SMAX	NMISC	—	1	3	5	7	9

续表

标 号	项 目	KEYOPT(9)=3					
		E	I	IL1	IL2	IL3	J
SMIN	NMISC	—	2	4	6	8	10
EPTHDIR	LEPTH	—	1	6	11	16	21
MFORX	SMISC	—	1	7	13	19	25
MMOMX	SMISC	—	4	10	16	22	28
MMOMY	SMISC	—	5	11	17	23	29
P1	SMISC		31	—	—	—	32
OFFST1	SMISC		33	—	—	—	34
P2	SMISC		35	—	—	—	36
OFFST2	SMISC		37	—	—	—	38
P3	SMISC		39	—	—	—	40
OFFST3	SMISC		41	—	—	—	42

(3) 定义单元表的注释

• ETABLE 命令仅对选中的单元起作用，即只将所选单元的数据送入单元表中，在 ETABLE 命令中改变所选单元，可以有选择地填写单元表的行。

• 相同序号的组合表示对不同单元类型有不同数据。例如：组合 SMISC, 1 对梁单元表示 MFOR（X）（单元 X 向的力），对 SOLID45 单元表示 P1（面 1 上的压力），对 CONTACT48 单元表示 FNTOT（总的法向力）。因此，若模型中有几种单元类型的组合，务必要在使用 ETABLE 命令前选择一种类型的单元（用 ESEL 命令或 GUI 菜单路径：Utility Menu>Select>Entities）。

• ANSYS 程序在读入不同组的结果（例如对不同的载荷步）或在修改数据库中的结果（例如在组合载荷工况），不能自动刷新单元表。例如：假定模型由提供的样本单元组成，在 POST1 中发出下列命令：

SET,1　　　　　　　！读入载荷步 1 结果
ETABLE,ABC,1S,6　　！在以 ABC 开头的列下将 J 端 KEYOPT(9)=0 的 SDIR
　　　　　　　　　　！移入单元表中
SET,2　　　　　　　！读入载荷步 2 中结果

此时，单元表"ABC"列下仍含有载荷步 1 的数据。用载荷步 2 中的数据更新该列数据时，应用命令"ETABLE, KEFL"或者通过 GUI 方式指定更新项。

• 可将单元表当作一"工作表"，对结果数据进行计算。

• 使用 POST1 中的"SAVE, FNAME, EXT"命令或者"/EXIT, ALL"命令，那么在退出 ANSYS 程序时，可以对单元表进行存盘（若使用 GUI 方式，选择 Utility Menu>File>Save as 或 Utility>File>Exit 后按照对话框内的提示进行）。这样，可将单元表及其余数据存到数据库文件中。

• 为从内存中删除整个单元表，用"ETABLE, ERASE"命令（或 GUI 菜单路径：Main Menu>General Postproc>Element Table>Erase Table），或用"ETABLE, LAB,

ERASE"命令删去单元表中的 Lab 列。用 RESET 命令（或 GUI 菜单路径：Main Menu>General Postproc>Reset）可自动删除 ANSYS 数据库中的单元表。

4. 对主应力的专门研究

在 POST1 中，SHELL61 单元的主应力不能直接得到。默认情况下，可得到其他单元的主应力，除以下两种情况之外：

（1）在 SET 命令中要求进行时间插值或定义了某一角度；

（2）执行了载荷工况操作。

在上述任意一种情况下，必须用 GUI 菜单路径：Main Menu>General Postproc>Load Case>Line Elem Stress 或执行"LCOPER，LPRIN"命令以计算主应力。然后，通过 ETABLE 命令或用其他适当的打印或绘图命令访问该数据。

5. 读入 FLOTRAN 的计算结果

使用命令 FLREAD（GUI 菜单路径：Main Menu > General Postproc > Read Results>FLOTRAN2.1A）可以将结果从 FLOTRAN 的剩余文件读入数据库。FLOTRAN 的计算结果（Jobname.RFL）可以用普通的后处理函数或命令（例如：SET 命令，相应的 GUI 路径：Utility Menu>List>Results>Load Step Summary）读入。

6. 数据库复位

RESET 命令（或 GUI 菜单路径：Main Menu>General Postproc>Reset）可在不脱离 POST1 情况下，初始化 POST1 命令的数据库默认部分，该命令在离开或重新进入 ANSYS 程序时的效果相同。

7.2.2 图像显示结果

一旦所需结果存入数据库，可通过图像显示和表格方式观察。另外，可映射沿某一路径的结果数据。图像显示可能是观察结果的最有效方法。POST1 可显示下列类型图像：

（1）梯度线显示；

（2）变形后的形状显示；

（3）矢量图显示；

（4）路径绘图；

（5）反作用力显示；

（6）粒子流轨迹。

1. 梯度线显示

梯度线显示表现了结果项（如应力、温度、磁场磁通密度等）在模型上的变化。梯度线显示中有四个可用命令：

命令：PLNSOL。

GUI：Main Menu>General Postproc>Plot Results>Nodal Solu。

命令：PLESOL。
GUI：Main Menu>General Postproc>Plot Results>Element Solu。
命令：PLETAB。
GUI：Main Menu>General Postproc>Plot Results>Elem Table。
命令：PLLS。
GUI：Main Menu>General Postproc>Plot Results>Line Elem Res。

PLNSOL 命令生成连续的过整个模型的梯度线。该命令或 GUI 方式，可用于原始解或派生解。对典型的单元间不连续的派生解，在节点处进行平均，以便可显示连续的梯度线。下面将举出原始解（TEMP，如图 7-3 所示）和派生解（TGX，如图 7-4 所示）梯度显示的示例。

PLNSOL,TEMP　　　　！原始解：自由度 TEMP

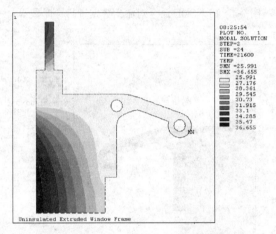

图 7-3　使用 PLNSOL 得到的原始解的梯度线

若有 PowerGraphics（性能能优化的增强型 RISC 体系图形），可用下面任一命令来对派生数据求平均值。

命令：AVRES。
GUI：Main Menu>General Postproc>Options for Outp。
GUI：Utility Menu>List>Results>Options。

上述任一命令，均可确定在材料及（或）实常数不连续的单元边界上是否对结果进行平均。

注意

若 PowerGraphics 无效（对大多数单元类型而言，这是默认值），不能用 AVRES 命令去控制平均计算。平均算法则不管连接单元的节点属性如何，均会在所选单元上的所有节点处进行平均操作。这对材料和几何形状不连续处是不合适的。当对派生数据进行梯度线显示时（这些数据在节点处已做过平均），务必选择相同材料、相同厚度（对板单元）、相同坐标系等的单元。

PLNSOL,TG,X　　　　！派生数据：温度梯度函数 TGX

PLESOL 命令在单元边界上生成不连续的梯度线（如图 7-5 所示），该命令用于派生

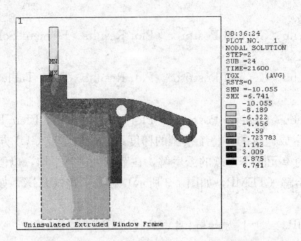

图 7-4 PLNSOL 命令对派生数据进行梯度显示

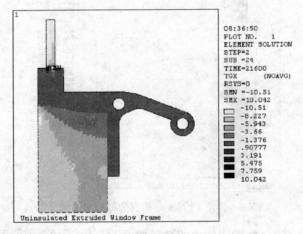

图 7-5 显示不连续梯度线的 PLESOL 图样

的解数据。命令流示例如下：

  PLESOL，TG，X

  PLETAB 命令可以显示单元表中数据的梯度线图（也可称云纹图或者云图）。在 PLETAB 命令中的 AVGLAB 字段，提供了是否对节点处数据进行平均的选择项（默认状态下：对连续梯度线作平均，对不连续梯度线不作平均）。下例假设采用 SHELL99 单元（层状壳）模型，分别对结果进行平均和不平均，如图 7-6 和图 7-7 所示，相应的命令流如下：

  ETABLE，SHEARXZ，SMISC，9　　！在第二层底部存在层内剪切（ILSXZ）
  PLETAB，SHEARXZ，AVG　　　　！SHEARXZ 的平均梯度线图
  PLETAB，SHEARXZ，NOAVG　　！SHEARXZ 的未平均（默认值）的梯度线

  PLLS 命令用梯度线的形式显示一维单元的结果，该命令也要求数据存储在单元表中，该命令常用于梁分析中显示剪力图和力矩图。下面给出一个梁模型（BEAM3 单元，KEYOPT（9）＝1）的示例，结果显示如图 7-8 所示，命令流如下：

  ETABLE，IMOMENT，SMISC，6　　！I 端的弯矩，命名为 IMOMENT

```
ETABLE,JMOMENT,SMISC,18      ！J 端的弯矩,命名为 JMOMENT
PLLS,IMOMENT,JMOMENT         ！显示 IMOMENT,JMOMENT 结果
```

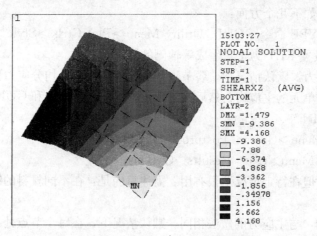

图 7-6　平均的 PLETAB 梯度线

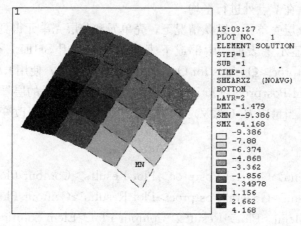

图 7-7　未平均的 PLETAB 梯度线

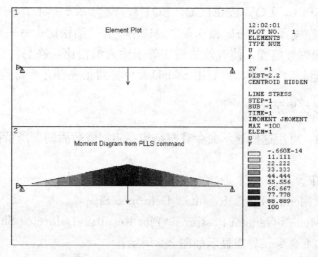

图 7-8　用 PLLS 命令显示的弯矩图

PLLS 命令将线性显示单元的结果，即：用直线将单元 I 节点和 J 节点的结果数值连起来，而不管结果沿单元长度是否是线性变化；另外，可用负的比例因子将图形倒过来。

用户需要注意如下几个方面：

（1）可用/CTYPE 命令（GUI：Utility Menu＞Plot Ctrls＞Style＞Contours＞Contour Style）首先设置 KEY 为 1 来生成等轴侧的梯度线显示。

（2）平均主应力：默认情况下，各节点处的主应力根据平均分应力计算。也可反过来做，首先计算每个单元的主应力，然后在各节点处平均。其命令和 GUI 路径如下：

命令：AVPRIN。

GUI：Main Menu＞General Postproc＞Options for Outp。

GUI：Utility Menu＞List＞Results＞Options。

该法不常用，但在特定情况下很有用。需注意的是：在不同材料的结合面处，不应采用平均算法。

（3）矢量求和：与主应力的做法相同。默认情况下，在每个节点处的矢量和的模（平方和的开方）是按平均后的分量来求的。用 AVPRIN 命令，可反过来计算，先计算每单元矢量和的模，然后在节点处进行平均。

（4）壳单元或分层壳单元：默认情况下，壳单元和分层壳单元得到的计算结果是单元上表面的结果。要显示上表面、中部或下表面的结果，用 SHELL 命令（GUI：Main Menu＞General Postproc＞Options for Outp）。对于分层单元，使用 LAYER 命令（GUI：Main Menu＞General Posrproc＞Options for Outp）指明需显示的层号。

（5）Von Mises 当量应力（EQV）：使用命令 AVPRIN，可以改变用来计算当量应力的有效泊松比。

命令：AVPRIN。

GUI：Main Menu＞General Postproc＞Plot Results＞Contour Plot-Nodal Solu。

GUI：Main Menu＞General Postproc＞Plot Results＞Contour Plot-Element Solu。

GUI：Utility Menu＞Plot＞Results＞Contour Plot＞Elem Solution。

典型情况下，对弹性当量应变（EPEL，EQV），可将有效泊松比设为输入泊松比，对非弹性应变（EPPL，EQV 或 EPCR，EQV），设为 0.5。对于整个当量应变（EPTOT，EQV），应在输入的泊松比和 0.5 之间选用一有效泊松比；另一种方法是，用命令 ETABLE 存储当量弹性应变，使有效泊松比等于输入泊松比，在另一张表中用 0.5 作为有效泊松比存储当量塑性应变，然后用 SADD 命令将两张表合并，得到整个当量应变。

2. 变形后的形状显示

在结构分析中，可用这些显示命令观察结构在施加载荷后的变形情况。其命令及相应的 GUI 路径如下：

命令：PLDISP。

GUI：Utitity Menu＞Plot＞Results＞Deformed Shape。

GUI：Main Menu＞General Postproc＞Plot Results＞Deformed Shape。

例如：输入如下命令，界面显示如图 7-9 所示：

PLDISP,1　　　　！变形后的形状与原始形状叠加在一起

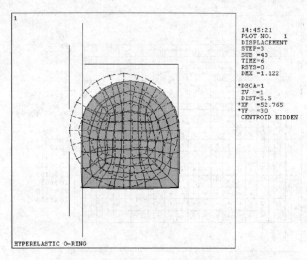

图 7-9 变形后的形状与原始形状一起显示

另外,可用命令/DSCALE 来改变位移比例因子,对变形图进行缩小或放大显示。

需提醒的一点是,在用户进入 POST1 时,通常所有载荷符号被自动关闭,以后再次进入 PREP7 或 SLUTION 处理器时,仍不会见到这些载荷符号。若在 POST1 中打开所有载荷符号,那么将会在变形图上显示载荷。

3. 矢量显示

矢量显示是指用箭头显示模型中某个矢量大小和方向的变化,通常所说的矢量包括:平移(U)、转动(ROT)、磁力矢量势(A)、磁通密度(B)、热通量(TF)、温度梯度(TG)、液流速度(V)、主应力(S)等。

用下列方法可产生矢量显示:

命令:PLVECT。

GUI:Main Menu＞General Postproc＞Plot Results＞Vector Plot＞Predefined Or User-Defined。

可用下列方法改变矢量箭头长度比例:

命令:/VSCALE。

GUI:Utility Menu＞PlotCtrls＞Style＞Vector Arrow Scaling。

例如:输入下列命令,图形界面显示将如图 7-10 所示。

PLVECT,B   ！磁通密度(B)的矢量显示

说明:在 PLVECT 命令中定义两个或两个以上分量,你可生成自己所需的矢量值。

4. 路径图

路径图是显示某个变量(比如位移、应力、温度等)沿模型上指定路径的变化图。要产生路径图,执行下述步骤:

(1) 执行命令 PATH,定义路径属性(GUI:Main Menu＞General Postproc＞Path Operations＞Define Path＞Path Status＞Defined Paths)。

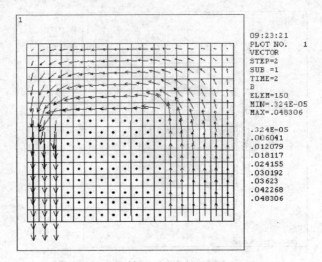

图 7-10 磁场强度的 PLVECT 矢量图

（2）执行命令 PPATH，定义路径点（GUI：Main Menu>General Postproc>Path Operations>Define Path）。

（3）执行命令 PDEF，将所需的量映射到路径上（GUI：Main Menu>General Postproc>Path Operations>Map Onto Path）。

（4）执行命令 PLPATH 和 PLPAGM 显示结果（GUI：Main Menu>General Postproc>Path Operations>Plot Path Items）。

5. 反作用力显示

用命令/PBC 下的 RFOR 或 RMOM 来激活反作用力显示。以后的任何显示（由"NPLOT"，"EPLOT"或"PLDISP"命令生成）将在定义了 DOF 约束的点处显示反作用力。约束方程中某一自由度节点力之和，不应包含过该节点的外力。

如反作用力一样，也可用命令/PBC（GUI：Utility Menu>PlotCtrls>Symbols）中的 NFOR 或 NMOM 项显示节点力，这是单元在其节点上施加的外力。每一节点处这些力之和通常为 0，约束点处或加载点除外。

默认情况下，打印出的或显示出的力（或力矩的）的数值代表合力（静力、阻尼力和惯性力的总和）。FORCE 命令（GUI：Main Menu>General Postproc>Options For Outp）可将合力分解成各分力。

6. 粒子流和带电粒子轨迹

粒子流轨迹是一种特殊的图像显示形式，用于描述流动流体中粒子的运动情况。带电粒子轨迹是显示带电子粒子在电、磁场中如何运动的图像。

粒子流或带电粒子轨迹显示常用的有以下两组命令及相应的 GUI 路径：

（1）TRPOIN 命令（GUI：Main Menu>General Postproc>Plot Results>Defi Trace Pt）。在路径轨迹上定义一个点（起点、终点或者两点中间的任意一点）。

（2）PLTRAC 命令（GUI：Main Menu>General Postproc>Plot Results>Plot Flow

Tra)。在单元上显示流动轨迹,能同时定义和显示多达 50 点。

PLTRAC 图样如图 7-11 所示。

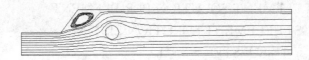

图 7-11 粒子流轨迹示例

PLTRAC 命令中的 Item 字段和 comp 字段能使用户看到某一特定项的变化情况(如:对于粒子流动而言,其轨迹为速度、压力和温度;对于带电粒子而言,其轨迹为电荷)。项目的变化情况,沿路径用彩色的梯度线显示出来。

另外,与粒子流或带电粒子轨迹相关的还有如下命令:

• TRPLIS 命令(GUI:Main Menu>General Postproc>Plot Results>List Trace Pt):列出轨迹点。

• TRPDEL 命令(GUI:Main Menu>General Postproc>Plot Results>Dele Trace Pt):删除轨迹点。

• TRTIME 命令(GUI:Main Menu>General Postproc>Plot Results>Time Interval):定以流动轨迹时间间隔。

• ANFLOW 命令(GUI:Main Menu>General Postproc>Plot Results>Paticle Flow):生成粒子流的动画序列。

用户需要注意以下三个方面:

(1)粒子流轨迹偶尔会无明显原因地停止。在靠近管壁处的静止流体区域或者当粒子沿单元边界运动时,会出现这种情况。为解决这个问题,在流线交叉方向轻微调整粒子初始点。

(2)带电粒子轨迹,用 TRPON 命令(GUI:Main Menu>General Posproc>Plot Results>Defi Trace Pt)输入的变量 Chrg 和 Mass 在 MKS 单位制中具有相应的单位"库仑"和"千克"。

(3)粒子轨迹跟踪算法会导致死循环,例如:某一带电粒子轨迹会导致无限循环。要避免出现死循环,可用 PLTRAC 命令的 MXLOOP 变元设置极限值。

7. 破碎图

若在模型中有 SOLID65 单元,你可用 PLCRACK 命令(GUI:Main Menu>General Postproc>Plot Results>Crack/Crash)确定那些单元已断裂或碎开。以小圆圈标出已断裂,以八边形表示混凝土已碎开(如图 7-12 所示)。在使用不隐藏矢量显示的模式下,可看见断裂和压碎的符号。为指定这一设备,用命令"/DEVICE,VECTOR,ON"(GUI:Utility Menu>Plotctrls>Device Options)。

7.2.3 列表显示结果

将结果存档的有效方法(例如:报告、

图 7-12 具有裂缝的混凝土梁

呈文等）是在 PosT1 中制表。列表选项对节点、单元、反作用力等求解数据可用。

下面给出一个样表（对应于命令"PRESOL，ELEM"）：

```
PRINT ELEM ELEMENT SOLUTION PER ELEMENT
 * * * * * POST1 ELEMENT SOLUTION LISTING * * * * *
 LOAD STEP     1    SUBSTEP=     1
 TIME=     1.0000         LOAD CASE=   0
 EL=  1   NODES=   1   3    MAT=   1
 BEAM3
 TEMP=     0.00      0.00      0.00      0.00
 LOCATION   SDIR        SBYT        SBYB
 1 (I)      0.00000E+00    130.00      -130.00
 2 (J)      0.00000E+00    104.00      -104.00
 LOCATION   SMAX        SMIN
 1 (I)      130.00       -130.00
 2 (J)      104.00       -104.00
 LOCATION   EPELDIR     EPELBYT     EPELBYB
 1 (I)      0.000000    0.000004    -0.000004
 2 (J)      0.000000    0.000003    -0.000003
 LOCATION   EPTHDIR     EPTHBYT     EPTHBYB
 1 (I)      0.000000    0.000000    0.000000
 2 (J)      0.000000    0.000000    0.000000
 EPINAXL=     0.000000
 EL=   2   NODES=    3    4   MAT=   1
 BEAM3
 TEMP=     0.00      0.00      0.00      0.00
 LOCATION   SDIR        SBYT        SBYB
 1 (I)      0.00000E+00   104.00      -104.00
 2 (J)      0.00000E+00   78.000      -78.000
 LOCATION   SMAX        SMIN
 1 (I)      104.00       -104.00
 2 (J)      78.000       -78.000
 LOCATION   EPELDIR     EPELBYT     EPELBYB
 1 (I)      0.000000    0.000003    -0.000003
 2 (J)      0.000000    0.000003    -0.000003
 LOCATION   EPTHDIR     EPTHBYT     EPTHBYB
 1 (I)      0.000000    0.000000    0.000000
 2 (J)      0.000000    0.000000    0.000000
 EPINAXL=     0.000000
```

1. 列出节点、单元求解数据

用下列方式可以列出指定的节点求解数据（原始解及派生解）：

命令：PRNSOL。

GUI：Main Menu>General Postproc>List Results>Nodal Solution。

用下列方式可以列出所选单元的指定结果：

命令：PRNSEL。

GUI：Main Menu>General Postproc>List Results>Element Solution。

要获得一维单元的求解输出，在 PRNSOL 命令中指定 ELEM 选项，程序将列出所选单元的所有可行的单元结果。

下面给出一个样表（对应于命令"PRNSOL，S"）：

```
PRINT S     NODAL SOLUTION PER NODE
***** POST1 NODAL STRESS LISTING *****
LOAD STEP=    5  SUBSTEP=    2
TIME=    1.0000     LOAD CASE=   0
THE FOLLOWING X, Y, Z VALUES ARE IN GLOBAL COORDINATES
```

NODE	SX	SY	SZ	SXY	SYZ	SXZ
1	148.01	−294.54	.00000E+00	−56.256	.00000E+00	.00000E+00
2	144.89	−294.83	.00000E+00	56.841	.00000E+00	.00000E+00
3	241.84	73.743	.00000E+00	−46.365	.00000E+00	.00000E+00
4	401.98	−18.212	.00000E+00	−34.299	.00000E+00	.00000E+00
5	468.15	−27.171	.00000E+00	.48669E−01	.00000E+00	.00000E+00
6	401.46	−18.183	.00000E+00	34.393	.00000E+00	.00000E+00
7	239.90	73.614	.00000E+00	46.704	.00000E+00	.00000E+00
8	−84.741	−39.533	.00000E+00	39.089	.00000E+00	.00000E+00
9	3.2868	−227.26	.00000E+00	68.563	.00000E+00	.00000E+00
10	−33.232	−99.614	.00000E+00	59.686	.00000E+00	.00000E+00
11	−520.81	−251.12	.00000E+00	.65232E−01	.00000E+00	.00000E+00
12	−160.58	−11.236	.00000E+00	40.463	.00000E+00	.00000E+00
13	−378.55	55.443	.00000E+00	57.741	.00000E+00	.00000E+00
14	−85.022	−39.635	.00000E+00	−39.143	.00000E+00	.00000E+00
15	−378.87	55.460	.00000E+00	−57.637	.00000E+00	.00000E+00
16	−160.91	−11.141	.00000E+00	−40.452	.00000E+00	.00000E+00
17	−33.188	−99.790	.00000E+00	−59.722	.00000E+00	.00000E+00
18	3.1090	−227.24	.00000E+00	−68.279	.00000E+00	.00000E+00
19	41.811	51.777	.00000E+00	−66.760	.00000E+00	.00000E+00
20	−81.004	9.3348	.00000E+00	−63.803	.00000E+00	.00000E+00
21	117.64	−5.8500	.00000E+00	−56.351	.00000E+00	.00000E+00
22	−128.21	30.986	.00000E+00	−68.019	.00000E+00	.00000E+00
23	154.69	−73.136	.00000E+00	.71142E−01	.00000E+00	.00000E+00
24	−127.64	−185.11	.00000E+00	.79422E−01	.00000E+00	.00000E+00
25	117.22	−5.7904	.00000E+00	56.517	.00000E+00	.00000E+00

26	−128.20	31.023	.00000E+00	68.191	.00000E+00	.00000E+00
27	41.558	51.533	.00000E+00	66.997	.00000E+00	.00000E+00
28	−80.975	9.1077	.00000E+00	63.877	.00000E+00	.00000E+00

MINIMUM VALUES

| NODE | 11 | 2 | 1 | 18 | 1 | 1 |
| VALUE | −520.81 | −294.83 | .00000E+00 | −68.279 | .00000E+00 | .00000E+00 |

MAXIMUM VALUES

| NODE | 5 | 3 | 1 | 9 | 1 | 1 |
| VALUE | 468.15 | 73.743 | .00000E+00 | 68.563 | .00000E+00 | .00000E |

2. 列出反作用载荷及作用载荷

在 POST1 中有几个选项用于列出反作用载荷（反作用力）及作用载荷（外力）。PRRSOL 命令（GUI：Menu>General Postproc>List Results>Reaction Solu）列出了所选节点的反作用力。命令 FORCE 可以指定哪一种反作用载荷（包括：合力（默认值）、静力、阻尼力或惯性力）数据被列出。PRNLD 命令（GUI：Main Menu>General Postproc>List>Nodal Loads）列出所选节点处的合力，值为零的除外。

列出反作用载荷及作用载荷，是检查平衡的一种好方法。也就是说，在给定方向上所加的作用力应总等于该方向上的反力（若检查结果跟预想的不一样，那么就应该检查加载情况，看加载是否恰当）。

耦合自由度和约束方程通常会造成载荷不平衡。但是，由命令 CPINTF 生成的耦合自由度（组）和由命令 CEINTF 或命令 CERIG 生成的约束方程，几乎在所有情况下都能保持实际的平衡。

如前所述，如果对给定位移约束的自由度建立了约束方程，那么该自由度的反力不包括过该约束方程的外力，所以最好不要对给定位移约束的自由度建立约束方程。同样，对属于某个约束方程的节点，其节点力的合力也不应该包含该处的反力。在批处理求解中（用 OUTPR 命令请求），可得到约束方程反力的单独列表，但这些反力不能在 POST1 中进行访问。对大多数适当的约束方程，X、Y、Z 方向的合力应为零，但合力矩可能不为零，因为合力矩本身必须包含力的作用效果。

可能出现载荷不平衡的其他情况有：
- 四节点壳单元，其四个节点不是位于同一平面内；
- 有弹性基础的单元；
- 发散的非线性求解。

另外几个常用的命令是"FSUM"、"NFORCE"和"SPOINT"，下面分别说明。

FSUM 对所选的节点进行力、力矩求和运算和列表显示。

命令：FSUM。

GUI：Main Menu>General Postproc>Nodal Calcs>Total Force Sum。

下面给出一个关于命令 FSUM 的输出样本：

*** NOTE ***

Summations based on final geometry and will not agree with solution reactions.

***** SUMMATION OF TOTAL FORCES AND MOMENTS IN GLOBAL CO-

ORDINATES *****
    FX= .1147202
    FY= .7857315
    FZ= .0000000E+00
    MX= .0000000E+00
    MY= .0000000E+00
    MZ= 39.82639
    SUMMATION POINT= .00000E+00 .00000E+00 .00000E+00

NFORCE 命令除了总体求和外，还对每一个所选的节点进行力、力矩求和。

命令：NFORCE

GUI：Main Menu>General Postproc>Nodal Calcs>Sum @ Each Node。

下面给出一个关于命令 NFORCE 的输出样本：

***** POST1 NODAL TOTAL FORCE SUMMATION *****

LOAD STEP= 3   SUBSTEP= 43

THE FOLLOWING X, Y, Z FORCES ARE IN GLOBAL COORDINATES

NODE	FX	FY	FZ
1	−.4281E−01	.4212	.0000E+00
2	.3624E−03	.2349E−01	.0000E+00
3	.6695E−01	.2116	.0000E+00
4	.4522E−01	.3308E−01	.0000E+00
5	.2705E−01	.4722E−01	.0000E+00
6	.1458E−01	.2880E−01	.0000E+00
7	.5507E−02	.2660E−01	.0000E+00
8	−.2080E−02	.1055E−01	.0000E+00
9	−.5551E−03	−.7278E−02	.0000E+00
10	.4906E−03	−.9516E−02	.0000E+00

   *** NOTE ***

Summations based on final geometry and will not agree with solution reactions.

   ***** SUMMATION OF TOTAL FORCES AND MOMENTS IN GLOBAL CO-ORDINATES *****

    FX= .1147202
    FY= .7857315
    FZ= .0000000E+00
    MX= .0000000E+00
    MY= .0000000E+00
    MZ= 39.82639
    SUMMATION POINT= .00000E+00 .00000E+00 .00000E+00

SPOINT 命令，定义在哪些点（除原点外）求力矩和。

GUI：Main Menu>General Postproc>Nodal Calcs>Summation Pt>At Node。

GUI：Main Menu>General Postproc>Nodal Calcs>Summation Pt>At XYZ Loc。

3. 列出单元表数据

用下列命令可列出存储在单元表中的指定数据：

命令：PRETAB。

GUI：Main Menu>General Postproc>Element Table>List Elem Table。

GUI：Main Menu>General Postproc>List Results>Elem Table Data。

为列出单元表中每一列的和，可用命令 SSUM（GUI：Main Menu>General Postproc>Element Table>Sum of Each Item）。

下面给出一个关于命令"PRETAB"和"SSUM"输出示例：

***** POST1 单元数据列表 *****

STAT	CURRENT	CURRENT	CURRENT
ELEM	SBYTI	SBYBI	MFORYI
1	.95478E-10	-.95478E-10	-2500.0
2	-3750.0	3750.0	-2500.0
3	-7500.0	7500.0	-2500.0
4	-11250.	11250.	-2500.0
5	-15000.	15000.	-2500.0
6	-18750.	18750.	-2500.0
7	-22500.	22500.	-2500.0
8	-26250.	26250.	-2500.0
9	-30000.	30000.	-2500.0
10	-33750.	33750.	-2500.0
11	-37500.	37500.	2500.0
12	-33750.	33750.	2500.0
13	-30000.	30000.	2500.0
14	-26250.	26250.	2500.0
15	-22500.	22500.	2500.0
16	-18750.	18750.	2500.0
17	-15000.	15000.	2500.0
18	-11250.	11250.	2500.0
19	-7500.0	7500.0	2500.0
20	-3750.0	3750.0	2500.0

MINIMUM VALUES

ELEM	11	1	8
VALUE	-37500.	-.95478E-10	-2500.0

MAXIMUM VALUES

ELEM	1	11	11
VALUE	.95478E-10	37500.	2500.0

SUM ALL THE ACTIVE ENTRIES IN THE ELEMENT TABLE
TABLE LABEL　　　TOTAL
SBYTI　　　　　　－375000.
SBYBI　　　　　　375000.
MFORYI　　　　　.552063E－09

4. 其他列表

用下列命令可列出其他类型的结果：

（1）PREVECT 命令（GUI：Main Menu＞General Postproc＞List Results＞Vector Data）：列出所有被选单元指定的矢量大小及其方向余弦。

（2）PRPATH 命令（GUI：Main Menu＞General Postproc＞List Results＞Path Items）：计算然后列出在模型中沿预先定义的几何路径的数据。注意：必须事先定义一路径，并将数据映射到该路径上。

（3）PRSECT 命令（GUI：Main Menu＞General Postproc＞List Results＞Linearized Strs）：计算然后列出沿预定的路径线性变化的应力。

（4）PRERR 命令（GUI：Main Menu＞General Postproc＞List Results＞Percent Error）：列出所选单元的能量级的百分比误差。

（5）PRITER 命令（GUI：Main Menu＞General Postproc＞List Results＞Iteration Summry）：列出迭代次数概要数据。

5. 对单元、节点排序

默认情况下，所有列表通常按节点号或单元号的升序来进行排序。可根据指定的结果项，先对节点、单元进行排序来改变它。NSORT 命令（GUI：Main Menu＞General Postproc＞List Results＞Sorted Listing＞Sort Nodes）基于指定的节点求解项进行节点排序，ESORT 命令（GUI：Main Menu＞General Postproc＞List Results＞Sorted Listing＞Sort Elems）基于单元表内存入的指定项进行单元排序。例如：

```
NSEL,...              !选节点
NSORT,S,X             !基于 SX 进行节点排序
PRNSOL,S,COMP         !列出排序后的应力分量
```

下面给出执行命令"NSORT"及"PRNSOL,S"后的列表示例：
PRINT S　　 NODAL SOLUTION PER NODE
***** POST1 NODAL STRESS LISTING *****
LOAD STEP=　　3　SUBSTEP=　　43
TIME=　　6.0000　　LOAD CASE=　　0
THE FOLLOWING X, Y, Z VALUES ARE IN GLOBAL COORDINATES

NODE	SX	SY	SZ	SXY	SYZ	SXZ
111	－.90547	－1.0339	－.96928	－.51186E－01	.00000E＋00	.00000E＋00
81	－.93657	－1.1249	－1.0256	－.19898E－01	.00000E＋00	.00000E＋00
51	－1.0147	－.97795	－.98530	.17839E－01	.00000E＋00	.00000E＋00
41	－1.0379	－1.0677	－1.0418	－.50042E－01	.00000E＋00	.00000E＋00

31	−1.0406	−.99430	−1.0110	.10425E−01	.00000E+00	.00000E+00
11	−1.0604	−.97167	−1.0093	−.46465E−03	.00000E+00	.00000E+00
71	−1.0613	−.95595	−1.0017	.93113E−02	.00000E+00	.00000E+00
21	−1.0652	−.98799	−1.0267	.31703E−01	.00000E+00	.00000E+00
61	−1.0829	−.94972	−1.0170	.22630E−03	.00000E+00	.00000E+00
101	−1.0898	−.86700	−1.0009	−.25154E−01	.00000E+00	.00000E+00
1	−1.1450	−1.0258	−1.0741	.69372E−01	.00000E+00	.00000E+00

MINIMUM VALUES
NODE	1	81	1	111	111	111
VALUE	−1.1450	−1.1249	−1.0741	−.51186E−01	.00000E+00	.00000E+00

MAXIMUM VALUES
NODE	111	101	111	1	111	111
VALUE	−.90547	−.86700	−.96928	.69372E−01	.00000E+00	.00000E+00

使用下述命令恢复到原来的节点或单元顺序

命令：NUSORT。

GUI：Main Menu＞General Postproc＞List Results＞Sorted Listing＞Unsort Nodes。

命令：EUSORT。

GUI：Main Menu＞General Postproc＞List Results＞Sorted Listing＞Unsort Elems。

6. 用户化列表

有些场合，需要根据要求来定制结果列表。/STITLE命令（无对应的GUI方式）可定义多达四个子标题，与主标题一起在输出列表中显示。输出用户可用的其他命令为："/FORMAT"、"/HEADER"和"/PAGA"（同样无对应的GUI方式）。

这些命令控制下述事情：重要数字的编号；列表顶部的表头输出；打印页中的行数等。这些控制仅适用于"PRRSOL"、"PRNSOL"、"PRESOL"、"PRETAB"、"PR-PATH"命令。

7.2.4 表面操作

在通用后处理POST1中，用户可以映射节点结果数据到用户定义的表面上，然后可以对表面结果进行数学运算而获得如下这些有意义的量：集中力，横截面的平均应力，流体速率，通过任意截面的热流等等。用户同样可以画出这些映射结果的轮廓线。

用户可以通过GUI方式或命令流方式进行表面操作，如表7-5所示为表面操作的命令，相应的GUI菜单路径为：Main Menu＞General Postproc＞Surface Operations area。

表面操作命令列表　　　　　　　　　表 7-5

命　令	用　途
SUCALC	通过操作指定表面上的两存在结果数据库来创建新的结果数据
SUCR	创建一表面
SUDEL	删除几何信息
SUEVAL	对映射选项进行操作并以标准参数的形式存储结果

续表

命 令	用 途
SUGET	移动表面并映射结果到一列参数
SUMAP	映射结果数据到表面
SUPL	图形显示映射的结果数据
SUPR	列表显示映射的结果数据
SURESU	从指定的文件中恢复表面定义
SUSAVE	保存定义的表面到一文件
SUSEL	选择一子表面
SUVECT	对两个结果矢量进行操作

注意

只有在包含 3D 实体单元的模型中，用户才能定义表面。壳体、梁和 2D 单元类型均不支持该功能。

表面操作的具体步骤如下：

1. 通过执行 SUCR 命令定义表面；
2. 通过执行 SUSEL 和 SUMAP 命令映射结果数据到选择的表面；
3. 通过执行 SUEVAL，SUCALC 和 SUVECT 命令处理结果。

一旦映射数据到表面，用户就可以通过执行命令 SUPL 或 SUPR 图形显示或列表显示结果数据。

1. 定义表面

通过执行 SUCR 命令可以定义表面，表面名称不超过 8 个字符，而表面一般有两种类型：

（1）基于当前工作平面的横截面。
（2）在当前工作平面坐标系下，用户指定半径的封闭球面。

对于 SurfType=CPLANE，nRefine 指出了定义表面的点的数量。如果 SurfType=CPLANE，并且 nRefine=0，那么，这些点在截断单元的截面中。当提高 nRefine 到 1 时，每个表面将被分成 4 个子面，而加入结果的点数也同样地增加。nRefine 可以在 0 和 3 之间变化，当然提高 nRefine 对表面操作速度的影响是十分明显的。

注意

该处提到的"SurfType"和"nRefine"是表 7-5 中命令（比如 SUCR 等）的操作项，详情可查阅 ANSYS 帮助文档。

执行 /EFACET 命令将增加这种细化，超过 1 的数值将增强 nRefine 的效果。/EFACET 命令可以把单元划分为几个子单元，而 nRefine 则定义了子单元的小平面。

对于 SurfType=SPHERE，nRefine 指出了沿球面某个角度（最小 10°，最大 90°，默认值为 90°）弧长的等分数。

一旦用户定义了"表面"，ANSYS 将会自动计算以下几个预定义的几何量并保存：

(1) GCX，GCY，GCZ：表面上每个点的全局笛卡儿坐标。

(2) NORMX，NORMY，NORMZ：表面上每个点的单位法向矢量的分量。

(3) DA：每个点的共享面积（即：表面总面积÷表面节点总数）。

这些量都是用来进行表面数据的数学运算（例如，DA 就是用来进行表面积分）。一旦用户建立了表面，这些量就可以（通过使用预定义标签）为后续的数学运算所使用。

执行"SUPL，SurfName"命令可以显示用户定义的表面。一个模型中最多可以存在100 表面，而所有的操作（映射结果数据，数学运算等）将在所选择的表面上进行。用户可以通过 SUSEL 命令来改变选择的表面设置。

2. 映射结果数据

一旦用户定义了表面，通过使用 SUMAP 命令可以映射结果数据到该表面。节点结果数据（在当前激活的结果坐标系中）加入到表面并作为结果可以执行各种用户操作。结果数据由原始数据（例如：节点自由度），派生数据（例如：应力、流量、梯度等），FLOTRAN 节点解以及其他结果值构成。

当用户使用 SUMAP 命令映射数据时，要先给结果设置提供名称，并指定数据类型和特性。

通过执行以下命令，用户可以使结果坐标系符合当前激活的坐标系（通常用来定义路径）：

(1) *GET，ACTSYS，ACTIVE，，CSYS。

(2) RSYS，ACTSYS。

第一条命令创建了用户定义的一个参数（ACTSYS），这一参数拥有定义当前激活坐标系的值；第二条命令设置结果坐标系为用参数（ACTSYS）指定的坐标系。

执行"SUMAP，RSetname，CLEAR"命令可以清除选择表面的结果设置（除了 GCX，GCY，GCZ，NORMX，NORMY，NORMZ，DA），而使用"SUEVAL"，"SUVECT"或"SUCALC"命令可以操作表面的结果设置，从而形成附加的标签结果。

3. 检查表面结果

通过使用 SUPL 命令，用户可以图形显示表面结果；而通过使用 SUPR 命令，用户可以列表显示表面结果。同样的，用户也能够通过使用特殊的结果设置获得矢量显示（例如：流体速度矢量显示）。例如：如果指定"SetName"为"vector prefix"，那么 ANSYS 程序将以箭头的方式显示这些矢量。

说明：上面所说的"SetName"是指命令"SUPR"和"SUPL"的操作变量，详情可以查阅 ANSYS 帮助文档。

矢量显示示例：

```
SUCREATE,SURFACE1,CPLANE      ! 创建名称为"SURFACE1"的一表面
SUMAP,VELX,V,X                ! 映射 x、y、z 方向的速度
SUMAP,VELY,V,Y
SUMAP,VELZ,V,Z
SUPLOT,SURFACE1,VEL           ! 矢量显示速度
```

/EDGE 命令控制子平面的云图显示，跟后面处理图形显示的其他命令很相似。

4. 对映射表面结果数据进行数学运算

对映射的表面结果数据可以进行三种数学运算：
(1) SUCALC 命令可以对所选择的表面进行加、乘、除、指数和三角函数运算；
(2) SUVECT 命令可以对所选择表面的矢量进行点积和差积运算；
(3) SUEVAL 命令可以对所选择的表面进行表面积分、平均和求和运算。

5. 保存表面数据到一个文件

用户可以存储表面数据到文件，因此用户在下次重新进入 POST1 后处理器时，这些数据可以被恢复。SUSAVE 命令用来保存数据，而 SURESU 命令则用来恢复数据。

当用户保存表面数据到文件时，可以只保存一个表面，也可以保存所有选择的表面，也可以保存所有定义的表面（包括未选择的表面）。当用户恢复表面数据时，保存的表面就成为当前激活的表面，而此前的激活表面则被自动清除。

保存表面到一个文件并恢复数据示例：

```
/post1
! 在工作平面坐标原点处定义半径 0.75 的球面，10 等分每个 90°弧长
sucreate,surf1,sphere,0.75,10
wpoff,,,-2                        ! 平移工作平面
! 定义与工作平面相交的一平面并选择单元
sucreate,surf2,cplane
susel,s,surf1                     ! 选择表面 surf1
sumap,psurf1,pres                 ! 映射压力数据到 surf1,名称为"psurf1"
susel,all                         ! 选择所有的表面
sumap,velx,v,x                    ! 映射 VX 到所有的表面,名称为"velx"
sumap,vely,v,y                    ! 映射 VY 到所有的表面,名称为"vely"
sumap,velz,v,z                    ! 映射 VZ 到所有的表面,名称为"velz"
supr                              ! 当前表面数据的全局状态
supl,surf1,sxsurf1                ! 云图显示 sxsurf1
supl,all,velx,1                   ! 云图显示 velx
supl,surf2,vel                    ! 矢量显示速度矢量
suvect,vdotn,vel,dot,normal       ! 表面法向与速度矢量的点积
! 结果存储在"vdotn"
sueval,flowrate,INTG,vdotn        ! 面积积分"vdotn"获得 apdl 参数"flow rate"
susave,all,file,surf              ! 保存数据
finish
```

6. 以数组参数的形式保存表面数据

把表面结果写如数组参数之后，用户便可以对结果数据进行 APDL 操作。利用 SUG-

ET 命令，用户可以把结果数据写入自定义的数组参数中；另外，还可把几何信息也同时写入。

7. 删除表面

使用 SUDEL 命令可以删除一个或多个表面，而这些表面上映射的结果数据也同时被删除。用户可以选择删除所有的表面，也可以通过指定的表面名来有选择地删除单个或多个表面。使用 SUPR 命令，可以列表检查当前的表面名。

7.2.5 映射结果到某一路径上

POST1 后处理器的一个最实用的功能是将结果数据映射到模型的任意路径上。这样一来，就可沿该路径执行许多数学运算（比如微积分运算），从而得到有意义的计算结果。例如：开裂处的应力强度因子和 J-积分，通过该路径的热量、磁场力等。而另外一个好处是：能以图形或列表方式观察结果项沿路径的变化情况。

> ⚠️ **注意**
>
> 只能在包含实体单元（二维或三维）或板壳单元的模型中定义路径，一维单元不支持该功能。

通过路径观察结果包含以下三个步骤：
1. 定义路径属性（PATH 命令）。
2. 定义路径点（PPATH 命令）。
3. 沿路径插值（映射）结果数据（PDEF 命令）。

一旦进行了数据插值，可用图像显示（PLPATH 或 PLPAGM 命令）和列表方式观察，或执行算术运算，如：加、减、乘、除、积分等。PMAP 命令（在 PDEF 命令前发出该命令）中提供了处理材料不连续及精确计算的高级映射技术，详情可参考 ANSYS 在线帮助文档。

另外，用户也可以将路径结果存入文档文件或数组参数中，以便调用。下面详细介绍利用路径观察结果的方法和步骤。

1. 定义路径

要定义路径，首先要定义路径环境然后定义单个路径点。通过在工作平面上拾取节点、位置或填写特定坐标位置表来决定是否定义路径；然后，通过拾取或使用下列命令、菜单路径中的任一种方式生成路径：

命令：PATH
　　　　PPATH

GUI：Main Menu>General Postproc>Path Operations>Define Path>By Nodes。

GUI：Main Menu>General Postproc>Path Operations>Define Path>On Working Plane。

GUI：Main Menu>General Postproc>Path Operations>Define Path>By Location。

关于 PATH 命令有下列信息：

- 路径名（不多于 8 个字符）。
- 路径点数（2～1000）仅在批处理模式或用"By Location"选项定义路径点时需要；使用拾取时，路径点数等于拾取点数。
- 映射到该路径上的数据组数（最小为 4，默认值为 30，无最大值）。
- 路径上相临点的分段数（默认值为 20，无最大值）。
- 用"By Location"选项时，出现一个单独的对话框，用于定义路径点（PPATH 命令），输入路径点的整体坐标值，插值过的路径的几何形状依据激活的 CSYS 坐标系确定。另外，也可定义一坐标系用于几何插值（用 PPATH 命令中的 CS 变元）。

⚠ 注意

利用命令"PATH，STATUS"观察路径设置的状态。

PATH 和 PPATH 命令可以在激活的 CSYS 坐标系中定义路径的几何形状。若路径是直线或圆弧，只需两个端点（除非想高精度插值，那将需要更多的路径点或子分点）。必要时，用户可以在定义路径前，利用 CSCIR 命令（GUI：Utility Menu>Work plane>Local Coordinate Systems>Move Singularity）移动奇异坐标点。

要显示已定义的路径，需首先沿路径进行数据插值，然后输入命令"/PBC，PATH，，1"（GUI：Utility Menu>Plotctrls>Symbols），接着输入命令"EPLOT"或"NPLOT"（GUI：Utility Menu>Plot>Elements 或 Utility Menu>Plot>Nodes），ANSYS 将沿路径用云纹图的形式显示结果数值。图 7-13 表示一条定义在柱坐标系中的路径。

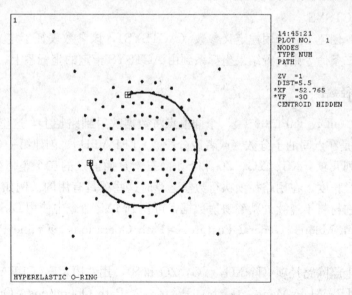

图 7-13　显示路径的节点图

2. 使用多路径

一个模型中并不限制路径数目，但是一次只有一个路径为当前路径（即：只有一个路径是激活的），用户可以利用"PATH，NAME"命令改变当前激活的路径。在 PATH 命令中不用定义其他变元，已命名的路径将成为新的当前路径。

3. 沿路径插值数据

用下列命令可达到该目的：

命令：PDEF。

GUI：Main Menu>General Postproc>Path Operations>Map onto Path。

命令：PVECT。

GUI：Main Menu>General Postproc>Path Operations>Unit Vector。

这些命令要求路径被预先定义好。

用 PDEF 命令，可在激活的结果坐标系中沿着路径插值任何结果数据：原始数据（节点自由度解）、派生数据（应力、通量、梯度等）、单元表数据、FLOTRAN 节点结果数据，等等。本次讨论的余下部分（及在其他文档中）将插值项称为路径项。

例如：沿着 X 路径方向插值热通量，命令如下：

PDEF，XFLUX，TF，X

XFLUX 值是用户定义的分配给路径项的任意名字，TF 和 X 放在一起识别该项为 X 方向的热通量。

注意

用户可以利用下列命令，使结果坐标系与激活的坐标系（用于定义路径）相配。

*GET，ACTSYS，ACTIVE，CSYS

RSYS，ACTSYS

第一条命令创建了一个用户定义参数（ACTSYS），该参数表征了定义当前激活的坐标系的值；第二条命令则设置结果坐标系到由 ACTSYS 指定的坐标系上。

4. 映射路径数据

POST1 用 {nDiv (nPts-1)+1} 个插值点将数据映射到路径上，这里 nPts 是路径上的点数，nDiv 是在点间的子分数（或者说分段数）[EPATH]。创建第一条路径项时，程序自动插值下列几项：XG、YG、ZG 和 S，前三个是插值点的三个整体坐标值，S 是距起始节点的路径长度。在用路径项执行数学运算时这些项是有用的。例如：S 可用于计算线积分。若要在材料不连续处精确映射数据，可在 PMAP 命令中使用 DISCON=MAT 选项（GUI：Main Menu>General Postproc>Path Operations>Define Path>Path Options）。

为从路径上删除路径项（除 XG，YG，ZG 和 S），用"PDEF，CLEAR"命令。而命令 PCALC（GUI：Main Menu>General Postproc>Path Operations>Operations）则可以从一个路径存储路径项、定义一平行路径及计算两路径间路径项之差。

PVECT 命令可以定义沿路径的法矢量、切矢量或正向矢量。如果要使用该命令，需激活笛卡尔坐标系。下面给出一个 PVECT 命令的应用实例——定义在每个插值点处与路径相切的单位矢量：

PVECT，TANG，TXX，TTY，TTZ。

TTX、TTY 和 TTZ 是用户定义的分配给矢量的 X、Y、Z 分量的名字。在数学上的

J 积分、点积和叉积等运算中可使用这些矢量。为精确映射法矢量和切矢量，在 PMAP 命令中使用 ACCURATE 选项，在映射数之前用命令 PMAP。

5. 观察路径项

要得到指定路径项与路径距离的关系图，使用下述方法之一：
命令：PLPATH。
GUI：Main Menu>General Postproc>Path Operations>Plot Path Items。
要得到指定路径项的列表，使用下述方法之一：
命令：PRPATH。
GUI：Main Menu>General Postproc>List Results>Path Items。

可为命令"PLPATH"、"PRPATH"或"PRANGE"控制路径距离范围（GUI：Main Menu>General Postproc>Path Operations>Path Range）。在路径显示的横坐标项中路径定义变量也能用来取代路径距离。

用户也可以用另外两个命令 PLSECT（GUI：Mian Menu>General Postproc>Path Operations>Linearized Strs）和 PRSECT（GUI：Main Menu>General Postproc>List Results>Linearized Strs）来计算和观察在 PPATH 命令中由最初两个节点定义的沿某一路径的线性应力。尤其在分析压力容器时，可用该命令将应力分解成几种应力分量：膜应力、剪应力和弯曲应力等。另外，还需说明的一点是：路径必须在激活的显示坐标系中定义。

可用下列命令（GUI）沿路径用彩色梯度线显示数据项，从而路径上的数据项可以直观地清晰度量。
命令：PLPAGM。
GUI：Main Menu>General Postproc>Plot Results>Plot Path Items>On Geometry。

6. 在路径项中执行算术运算

下列三个命令可用于在路径项中执行算术运算：
（1）PCALC 命令（GUI：Main Menu>General Postproc>Path Operations>Operations）：对路径进行+，×，/，求幂，微分，积分。
（2）PDOT 命令（GUI：Main Menu>General Postproc>Path Operations>Dot Product）：计算两路径矢量的点积。
（3）PCROSS 命令（GUI：Main Menu>General Postproc>Path Operations>Cross Product）：计算两路径矢量的叉积。

7. 将路径数据从一文件中存档或恢复

若想在离开 POST1 时保留路径数据，必须将其存入文件或数组参数中，以便于以后恢复。首先，可选一条或多条路径；然后，将当前路径写入一文件中：
命令：PSEL。
GUI：Utility Menu>Select>Paths。

命令：PASAVE。

GUI：Main Menu＞General Postproc＞Path Operations＞Archive Path＞Store＞Paths in file。

要从一个文件中取出路径信息及将该数据存为当前激活的路径数据，可用下列方法：

命令：PARESU。

GUI：Main Menu＞General Postproc＞Path Operations＞Archive Path＞Retrieve＞Paths from file。

可选择仅存档或取出路径数据（用 PDEF 命令映射到路径上的数据）或路径点（用 PPATH 命令定义的点）。恢复路径数据时，它变为当前激活的路径数据（已存在的激活路径数据被取代）。若用命令 PHRESH 并有多路径时，列表中的第一条路径成为当前激活路径。

输入输出示例如下：

```
/post1
path,radial,2,30,35      ! 定义路径名,点号,组号,分组号
ppath,1,,.2              ! 由位置来定义路径
ppath,2,,.6
pmap,,mat                ! 在材料不连续处进行映射数据
pdef,sx,s,x              ! 描述径向应力
pdef,sz,s,z              ! 描述周向应力
plpath,sx,sz             ! 绘应力图
pasave                   ! 在文件中存储所定义的路径
finish
/post1
paresu                   ! 从文件中恢复路径数据
plpagm,sx,,node          ! 绘制路径上径向应力
finish
```

8. 将路径数据存档或从数组参数中恢复

若想把粒子流或带电粒子轨迹映射到某一路径（用 PLTRAC 命令）上，将路径数据写入数组是有用的；如果想把路径数据保存在一数组参数内，用下列命令或等价的 GUI 方式：

命令：PAGET，PARRAY，POPT。

GUI：Main Menu＞General Postproc＞Path Operations＞Archive Path＞Retrieve＞Path Points。

GUI：Main Menu＞General Postproc＞Path Operations＞Archive Path＞Retrieve＞Path Data。

要从一数组变量中恢复路径信息并将数据存储为当前激活的路径数据，用下列方式：

命令：PAPUT，PARRAY，POPT。

GUI：Main Menu＞General Postproc＞Path Operations＞Archive Path＞Store＞Path

Points。

GUI：Main Menu>General Postproc>Path Operations>Archive Path>Store>Path Data。

可选择仅存档或取出路径数据（用 PDEF 命令映射到路径上的数据）或路径点（用 PPATH 命令定义）。PAGET 命令和 PAPUT 命令中 POPT 变元的设置决定了存储或恢复什么数据，用户必须在恢复路径数据和标识前恢复路径点（详情可参考 ANSYS 在线帮助文档）。恢复路径数据时，它会变成当前激活的路径数据（已存在的路径数据被取代）。输入输出示例如下，对应的屏幕输出如图 7-14 和图 7-15 所示：

```
/post1
path,radial,2,30,35         ! 定义路径名,点号,组号,分组号
ppath,1,,.2                 ! 按位置定义路径
ppath,2,,.6
pmap,,mat                   ! 在材料不连续处进行映射数据
pdef,sx,s,x                 ! 描述径向应力
pdef,sz,s,z                 ! 描述周向应力
plpath,sx,sz                ! 绘应力图
paget,radpts,points         ! 将路径点存档于 radpts 数组中
paget,raddat,table          ! 将路径数据存档于 raddat 数组中
paget,radlab,label          ! 将路径标识存档于 radlab 数组中
finish
```

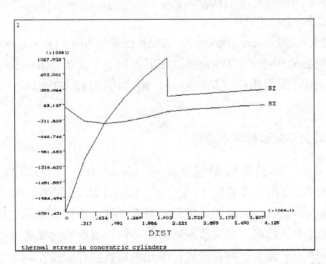

图 7-14 不同材料结合面处显示应力不连续的 PLPATH 示例

```
/post1
*get,npts,parm,radpts,dim,x    ! 从 radpts 数组中取出点号
*get,ndat,parm,raddat,dim,x    ! 从 raddat 数组中取出路径数据点号
*get,nset,parm,radlab,dim,x    ! 从 radlab 数组中取出数据标识号
ndiv=(ndat-1)/(npts-1)         ! 计算子分数
path,radial,npts,ns1,ndiv      ! 用组号 nsl>nset 生成路径 radial
```

```
paput,radpts,points         !取出路径点
paput,raddat,table          !取出路径数据
paput,radlab,labels         !取出路径列表
plpagm,sx,,node             !绘制路径上径向图
finish
```

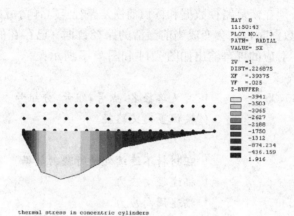

图 7-15　PLPAGM 显示的例子

9. 删除路径

删除一个或多个路径时，用下列方式之一：

命令：PADELE，DELOPT。

GUI：Main Menu>General Postproc>Path Operations>Delete Path。

GUI：Main Menu>General Postproc>Elec&Mag Calc>Delete Path。

可按名字选择删除所有路径或某一路径，用"PATH，STATUS"命令可浏览当前路径名列表。

7.2.6　将结果旋转到不同坐标系中显示

在求解计算中，计算结果数据包括位移（UX、UY、ROTX 等）、梯度（TGX、TGY 等）、应力（SX、SY、SZ 等）、应变（EPPLX、EPPLXY 等）等。这些数据以节点坐标系（基本数据或节点数据）或任意单元坐标系（派生数据或单元数据）的分量形式存入数据库和结果文件中。然而，结果数据通常需要转换到激活的结果坐标系（默认情况下为整体直角坐标系中）来显示、列表或进行单元表格数据存储操作，本小节将介绍这方面的内容。

使用 RSYS 命令（GUI：Main Menu>General Postproc>Options For Outp），可以将激活的结果坐标系转换成整体柱坐标系（RSYS，1），整体球坐标系（RSYS，2），任何存在的局部坐标系（RSYS，N，这里 N 是局部坐标系序号）或求解中所使用的节点坐标系和单元坐标系（RSYS，SOLU）。若对结果数据进行列表、显示或操作，首先将它们变换到结果坐标系。当然，也可将这些结果坐标系设置为整体坐标系（RSYS，0）。

图 7-16 显示在几种不同的坐标系设置下，位移是如何被输出的。位移通常是根据节

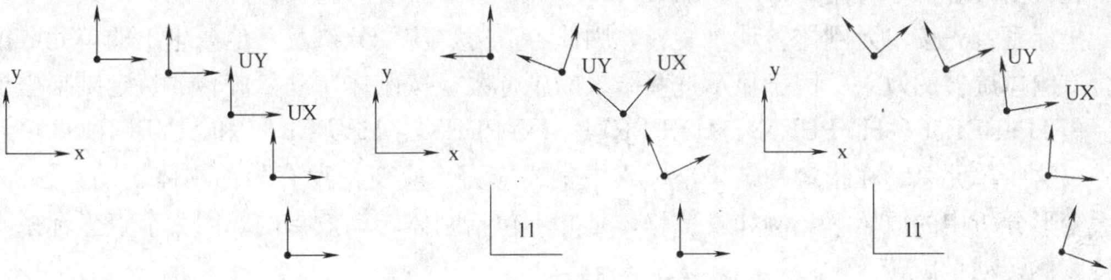

第 7 章 后处理

(a) 笛卡儿坐标系(C.S.0)　　　(b) 局部柱坐标系(RSYS,11)　　　(c) 整体柱坐标(RSYS,1)

图 7-16　用 RSYS 的结果变换

点坐标系（一般总是笛卡儿坐标系）给出，但用 RSYS 命令可使这些节点坐标系变换为指定的坐标系。例如：RSYS,1 可使结果变换到与整体柱坐标系平行的坐标系，使 UX 代表径向位移，UY 代表切向位移。类似地，在磁场分析中 AX 和 AY，及在流场分析中 VX 和 VY 也用 RSYS,1 变换的整体柱坐标系径向、切向值输出。

注意

某些单元结果数据总是以单元坐标系输出，而不论激活的结果坐标系为何种坐标系。这些仅用单元坐标系表述的结果项包括：力、力矩、应力、梁、管和杆单元的应变，及一些壳单元的分布力和分布力矩。

在多数情况下，例如：当在单个载荷或多载荷的线性叠加情况下，将结果数据变换到结果坐标系中并不影响最后结果值。然而，大多数模型叠加技术（PSD、CQC、SRSS 等）是在求解坐标系中进行，且涉及开方运算。由于开方运算去掉了与数据相关的符号，叠加结果在被转换到结果坐标系后，可能会与所期望的值不同。在这些情况下，可用 "RSYS, SOLU" 命令来避免变换，使结果数据保持在求解坐标系中。

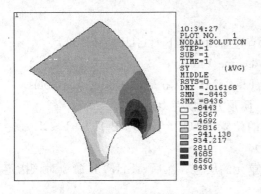
图 7-17　SY 在整体笛卡儿坐标系中

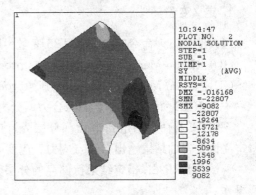
图 7-18　SY 在整体柱坐标系中

下面用圆柱壳模型来说明如何改变结果坐标系。在此模型中，用户可能会对切向应力结果感兴趣，所以需转换结果坐标系，命令流如下：

```
PLNSOL,S,Y      ！显示图 7-17,SY 是在整体笛卡儿坐标系下（默认值）
RSYS,1
PLNSOL,S,Y      ！显示图 7-18,SY 是在整体柱坐标系下
```

在大变形分析中（用命令"NLGEOM，ON"打开大变形选项，且单元支持大变形），单元坐标系首先按单元刚体转动量旋转，因此各应力、应变分量及其他派生出的单元数据包含有刚体旋转的效果。用于显示这些结果的坐标系是按刚体转动量旋转的特定结果坐标系。但 HYPER56、HYPER58、HYPER74、HYPER84、HYPER86 和 HYPER158 单元例外，这些单元总是在指定的结果坐标系中生成应力、应变，没有附加刚体转动。另外，在大变形分析中的原始解，例如：位移，是并不包括刚体转动效果的，因为节点坐标系不会按刚体转动量旋转。

7.3 时间历程后处理（POST26）

时间历程后处理器 POST26 可用于检查模型中指定点的分析结果与时间、频率等的函数关系。它有许多分析能力：从简单的图形显示和列表到诸如微分和响应频谱生成的复杂操作。POST26 的一个典型用途是在瞬态分析中以图形表示结果项与时间的关系或在非线性分析中以图形表示作用力与变形的关系。

使用下列方法之一进入 ANSYS 时间历程后处理器：

命令：POST26。

GUI：Main Menu>Time Hist Postpro。

7.3.1 定义和储存 POST26 变量

POST26 的所有操作都是对变量而言的，是结果项与时间（或频率）的简表。结果项可以是节点处的位移、单元的热流量、节点处产生的力、单元的应力、单元的磁通量等。用户对每个 POST26 变量任意指定大于或等于 2 的参考号，参考号 1 用于时间（或频率）。因此，POST26 的第一步是定义所需的变量，第二步是存储变量，这些内容在下面描述。

1. 定义变量

可以使用下列命令定义 POST26 变量。所有这些命令与下列 GUI 路径等价：
GUI：Main Menu>Time Hist Postpro>Define Variables。
GUI：Main Menu>Time Hist Postpro>Elec&Mag>Circuit>Define Variables。
• FORCE 命令指定节点力（合力、分力、阻尼力或惯性力）。
• SHELL 命令指定壳单元（分层壳）中的位置（TOP、MID、BOT），ESOL 命令将定义该位置的结果输出（节点应力、应变等）。
• LAYERP26L 指定结果待储存的分层壳单元的层号；然后，SHELL 命令对该指定层操作。
• NSOL 命令定义节点解数据（仅对自由度结果）。
• ESOI 命令定义单元解数据（派生的单元结果）。
• RFORCER 命令定义节点反作用数据。
• GAPF 命令用于定义简化的瞬态分析中间隙条件中的间隙力。
• SOLU 命令定义解的总体数据（如时间步长、平衡迭代数和收敛值）。

例如：下列命令定义两个 POST26 变量：

NSOL, 2, 358, U, X

ESOL, 3, 219, 47, EPEL, X

变量2为节点358的UX位移（针对第一条命令），变量3为219单元的47节点的弹性约束的X分力（针对于第二条命令）。然后，对于这些结果项，系统将给它们分配参考号，如果用相同的参考号定义一个新的变量，则原有的变量将被替换。

2. 存储变量

当定义了POST26变量和参数，就相当于在结果文件的相应数据建立了指针。存储变量就是将结果文件中的数据读入数据库。当发出显示命令或POST26数据操作命令（包括下表所列命令）或选择与这些命令等价的GUI路径时，程序自动存储数据。

存储变量的命令   表7-6

命令	GUI菜单路径
PLVAR	Main Menu>Time Hist Postproc>Graph Variables
PRVAR	Main Menu>Time Hist Postproc>List Variable
ADD	Main Menu>Time Hist Postproc>Math Operations>Add
DERIV	Main Menu>Time Hist Postproc>Math Operations>Derivate
QUOT	Main Menu>Time Hist Postproc>Math Operations>Divde
VGET	Main Menu>Time Hist Postproc>Table Operations>Variable to Par
VPUT	Main Menu>Time Hist Postproc>Table Operations>Parameter to Var

在某些场合，需要使用STORE命令（GUI：Main Menu>Time Hist Postproc>Store Data）直接请求变量存储。这些情况将在下面的命令描述中解释。如果在发出TIMERANGE命令或NSTORE命令（这两个命令等价的GUI路径为Main Menu>Time Hist Postpro>Settings>Data）后使用STORE命令，那么默认情况为"STORE，NEW"。由于TIMERANGE命令和NSTORE命令为存储数据重新定义了时间或频率点或时间增量，因而需要改变命令的默认值。

可以使用下列命令操作存储数据：

• MERGE

将新定义的变量增加到先前的时间点变量中。即：更多的数据列被加入数据库。在某些变量已经存储（默认）后，如果希望定义和存储新变量，这是十分有用的。

• NEW

替代先前存储的变量，删除先前计算的变量，并存储新定义的变量及其当前的参数。

• APPEND

添加数据到先前定义的变量中。即：如果将每个变量看作一数据列，APPEND操作就为每一列增加行数。当要将两个文件（如瞬态分析中两个独立的结果文件）中相同变量集中在一起时，这是很有用的。使用FILE命令（GUI：Main Menu>Time Hist Postpro>Settings>File）指定结果文件名。

• ALLOC, N

为顺序存储操作分配N个点（N行）空间，此时如果存在先前定义的变量，那么将被自动清零。由于程序会根据结果文件自动确定所需的点数,所以正常情况下不需用该选项。

使用 STORE 命令的一个实例如下:
/POST26
NSOL,2,23,U,Y   ! 变量2=节点23处的UY值
SHELL,TOP   ! 指定壳的顶面结果
ESOL,3,20,23,S,X   ! 变量3=单元20的节点23的顶部SX
PRVAR,2,3   ! 存储并打印变量2和3
SHELL,BOT   ! 指定壳的底面为结果
ESOL,4,20,23,S,X   ! 变量4=单元20的节点23的底部SX
STORE   ! 使用命令默认,将变量4和变量2、3置于内存
PLESOL,2,3,4   ! 打印变量2,3,4

用户应该注意以下几个方面:

(1) 默认情况下,可以定义的变量数为 10 个。使用命令 NUMVAR(GUI:Main Menu>Time Hist Postpro>Settings>File)可增加该限值(最大值为 200)。

(2) 默认情况下,POST26 在结果文件寻找其中的一个文件。可使用 FILE 命令(GUI:Main Menu>Time Hist Postpro>Settings>File)指定不同的文件名(RST、RTH、RDSP 等)。

(3) 默认情况下,力(或力矩)值表示合力(静态力、阻尼力和惯性力的合力)。FORCE 命令允许对各个分力操作。

壳单元和分层壳单元的结果数据假定为壳或层的顶面。SHELL 命令允许指定是顶面、中面或底面。对于分层单元可通过 LAYERP26 命令指定层号。

(4) 定义变量的其他有用命令:

• NSTORE(GUI:Main Menu>Time Hist Postpro>Settings>Data),定义待存储的时间点或频率点的数量。

• TIMERANGE(GUI:Main Menu>Time Hist Postpro>Settings>Data),定义待读取数据的时间或频率范围。

• TVAR(GUI:Main Menu>Time Hist Postpro>Settings>Data),将变量1(默认是表示时间)改变为表示累积迭代号。

• VARNAM(GUI:Main Menu>Time Hist Postpro>Settings>Graph 或 Main Menu>Time Hist Postpro>List),给变量赋名称。

• RESET(GUI:Main Menu>Time Hist Postpro>Reset Postproc),所有变量清零,并将所有参数重新设置为默认值。

(5) 使用 FINISH 命令(GUI:Main Menu>Finish)退出 POST26,删除 POST26 变量和参数。如:"FILE","PRTIME","NPRINT"等,由于它们不是数据库的内容,故不能存储,但这些命令均存储在 LOG 文件中。

7.3.2 检查变量

一旦定义了变量,可通过图形或列表的方式检查这些变量。

1. 产生图形输出

PLVAR 命令（GUI：Main Menu>Time Hist Postpro>Graph Variables）可在一个图框中显示多达 9 个变量的图形。默认的横坐标（X 轴）为变量 1（静态或瞬态分析时表示时间，谐波分析时表示频率）。使用 XVAR 命令（GUI：Main Menu>Time Hist Postpro>Setting>Graph）可指定不同的变量号（比如应力、变形等）作为横坐标。图 7-19 和图 7-20 是图形输出的两个实例：

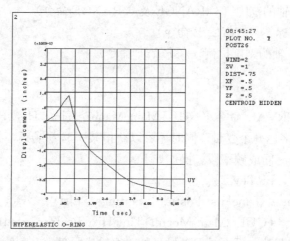

图 7-19　使用 XVAR=1（时间）作为横坐标的 POST26 输出

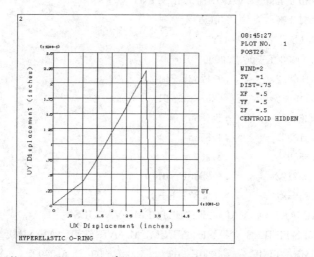

图 7-20　使用 XVAR=0，1 指定不同的变量号作为横坐标是的 POST26 输出

如果横坐标不是时间，可显示三维图形（用时间或频率作为 Z 坐标），使用下列方法之一改变默认的 X—Y 视图：

命令：/VIEW。

GUI：Utility Menu>PlotCtrs>Pan，Zoom，Rotate。

GUI：Utility Menu>PlotCtrs>View Setting>Viewing Direction。

在非线性静态分析或稳态热力分析中，子步为时间，也可采用这种图形显示。

当变量包含由实部和虚部组成的复数数据时,默认情况下,PLVAR 命令显示的为幅值。使用 PLCPLX 命令(GUI:Main Menu>Time Hist Postpro>Setting>Graph)切换到显示相位、实部和虚部。

图形输出可使用许多图形格式参数。通过选择 GUI:Utility Menu>PlotCtrs>Style>Graphs 或下列命令实现该功能:
(1)激活背景网格(/GRID 命令)。
(2)曲线下面区域的填充颜色(/GROPT 命令)。
(3)限定 X、Y 轴的范围(/XRANGE 及/YRANGE 命令)。
(4)定义坐标轴标签(/AXLAB 命令)。
(5)使用多个 Y 轴的刻度比例(/GRTYP 命令)。

2. 计算结果列表

用户可以通过 PRVAR 命令(GUI:Main Menu>Time Hist Postpro>List Variables)在表格中列出多达 6 个变量,同时还可以获得某一时刻或频率处的结果项的值,也可以控制打印输出的时间或频率段。操作如下:

命令:NPRINT,PRTIME。

GUI:Main Menu>TimeHist Postpro>Settings>List。

通过 LINES 命令(GUI:Main Menu>TimeHist Postpro>Settings>List)可对列表输出的格式做微量调整。下面是 PRVAR 的一个输出示例:

```
***** ANSYS time-history VARIABLE LISTING *****
TIME          51 UX          30 UY
              UX             UY
.10000E-09    .000000E+00    .000000E+00
.32000        .106832        .371753E-01
.42667        .146785        .620728E-01
.74667        .263833        .144850
.87333        .310339        .178505
1.0000        .356938        .212601
1.3493        .352122        .473230E-01
1.6847        .349681       -.608717E-01

time-history SUMMARY OF VARIABLE EXTREME VALUES
VARI TYPE    IDENTIFIERS   NAME   MINIMUM     AT TIME    MAXIMUM    AT TIME
1 TIME       1 TIME   TIME    .1000E-09   .1000E-09   6.000      6.000
2 NSOL       51 UX    UX      .0000E+00   .1000E-09   .3569      1.000
3 NSOL       30 UY    UY     -.3701       6.000       .2126      1.000
```

对于由实部和虚部组成的复变量,PRVAR 命令的默认列表是实部和虚部。可通过命令 PRCPLX 选择实部、虚部、幅值、相位中的任何一个。

另一个有用的列表命令是 EXTREM(GUI:Main Menu>TimeHist Postpro>List Extremes),可用于打印设定的 X 和 Y 范围内 Y 变量的最大和最小值。也可通过命令 *GET(GUI:Utility Menu>Parameters>Get Scalar Data)将极限值指定给参数。下面

是 EXTREM 命令的一个输出示例：
Time-History SUMMARY OF VARIABLE EXTREME VALUES

VARI	TYPE	IDENTIFIERS	NAME	MINIMUM	AT TIME	MAXIMUM	AT TIME
1	TIME	1 TIME	TIME	.1000E−09	.1000E−09	6.000	6.000
2	NSOL	50 UX	UX	.0000E+00	.1000E−09	.4170	6.000
3	NSOL	30 UY	UY	−.3930	6.000	.2146	1.000

7.3.3 POST26 后处理器的其他功能

1. 进行变量运算

POST26 可对原先定义的变量进行数学运算，下面给出两个应用实例。

实例（1）：在瞬态分析时定义了位移变量，可让该位移变量对时间求导，得到速度和加速度，命令流如下：

```
NSOL,2,441,U,Y,UY441      ! 定义变量 2 为节点 441 的 UY,名称＝UY441
DERIV,3,2,1,,BEL441       ! 变量 3 为变量 2 对变量 1(时间)的一阶导数,名称
                              为 BEL441
DERIV,4,3,1,,ACCL441      ! 变量 4 为变量 3 对变量 1(时间)的一阶导数,名称
                              为 ACCL441
```

实例（2）：将谐响应分析中的复变量（$a+ib$）分成实部和虚部，再计算它的幅值（$\sqrt{a^2+b^2}$）和相位角，命令流如下：

```
REALVAR,3,2,,,REAL2       ! 变量 3 为变量 2 的实部,名称为 REAL2
IMAGIN,4,2,,IMAG2         ! 变量 4 为变量 2 的虚部,名称为 IMAG2
PROD,5,3,3                ! 变量 5 为变量 3 的平方
PROD,6,4,4                ! 变量 6 为变量 4 的平方
ADD,5,5,6                 ! 变量 5(重新使用)为变量 5 和变量 6 的和
SQRT,6,5,,,AMPL2          ! 变量 6(重新使用)为幅值
QUOT,5,3,4                ! 变量 5(重新使用)为($b/a$)
ATAN,7,5,,,PHASE2         ! 变量 7 为相位角
```

可通过下列方法之一创建自己的 POST26 变量

• FILLDATA 命令（GUI：Main Menu＞TimeHist Postpro＞Table Operations＞Fill Data）：用多项式函数将数据填入变量。

• DATA 命令将数据从文件中读出。该命令无对应的 GUI，被读文件必须在第一行中含有 DATA 命令，第二行括号内是格式说明，数据从接下去的几行读取。然后通过/INPUT命令（GUI：Urility Menu＞File＞Read Input from）读入。

另一个创建 POST26 变量的方法是使用 VPUT 命令，它允许将数组参数移入一变量。逆操作命令为 VGET，它将 POST26 变量移入数组参数。

2. 产生响应谱

该方法允许在给定的时间历程中生成位移、速度、加速度响应谱，频谱分析中的响应

谱可用于计算结构的整个响应。

POST26 的 RESP 命令用来产生响应谱：

命令：RESP。

GUI：Main Menu>TimeHist Postpro>Generate Spectrm。

RESP 命令需要先定义两个变量：一个含有响应谱的频率值（LFTAB 字段）；另一个含有位移的时间历程（LDTAB 字段）。LFTAB 的频率值不仅代表响应谱曲线的横坐标，而且也是用于产生响应谱的单自由度激励的频率。可通过 FILLDATA 或 DATA 命令产生 LFTAB 变量。

LDTAB 中的位移时间历程值常产生于单自由度系统的瞬态动力学分析。通过 DATA 命令（位移时间历程在文件中时）和 NSOL 命令（GUI：Main Menu>TimeHist Postpro>Define Variables）创建 LDTAB 变量。系统采用数据时间积分法计算响应谱。

7.4 实例——托架计算结果后处理

为了使读者对 ANSYS 的后处理操作有个比较清楚的认识和掌握，以下实例将对第 4 章的有限元计算结果进行后处理，以此分析托架在载荷作用下的受力情况，从而分析研究其危险部位进行应力校核和评定。

7.4.1 GUI 方式

在对托架求解结束后，就可以进行后处理操作查看其变形和应力分布情况了。

1. 读入结果文件

GUI：Main Menu>General Postproc>Read Results>first set

2. 绘制变形图

GUI：Main Menu>General Postproc>Plot Results>Deformed Shape

执行这个命令后，弹出如图 7-21 所示对话框，选择 Def+undeformed。单击"OK"按钮，得到如图 7-22 所示的托架受载荷作用下的变形图。

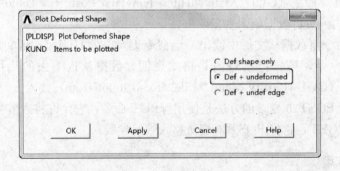

图 7-21 画变形图对话框

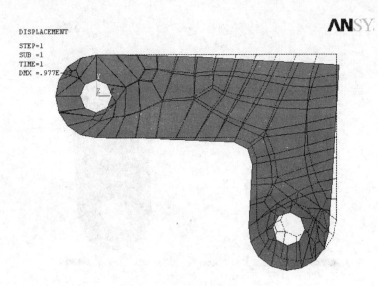

图 7-22 变形图

3. 画托架等效应力分布图

GUI：Main Menu>General Postproc>Plot Results>Contour Plot>Nodal Solu

执行这个命令后，弹出如图 7-23 所示对话框，在 Item to be contoured 中先单击 Stress，再单击 Von Mises stress。单击"OK"按钮，得到如图 7-24 所示的托架受载荷作用下的变形图。

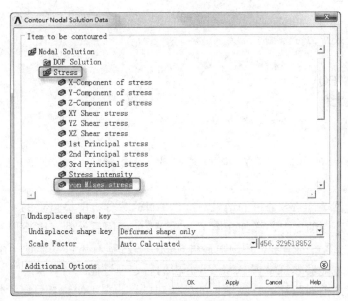

图 7-23 等效应力分布图对话框

4. 保存结果文件

单击 ANSYS Toolbar 窗口中的快捷键 SAVE_DB。

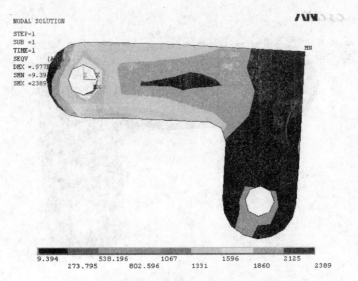

图 7-24 等效应力分布图

7.4.2 命令流方式

/POST1
! 读入结果文件
SET,FIRST
! 绘制变形图
PLDISP,1
! 画托架等效应力分布图
/EFACET,1
PLNSOL,S,EQV,0,1.0
! 保存结果文件
SAVE

7.5 本章小结

后处理指检阅 ANSYS 分析的结果，这是 ANSYS 分析中最重要的一个模块，本章阐述了 ANSYS 后处理的概念，详细介绍了 ANSYS 的通用后处理（POST1）和时域后处理（POST26）。通过本章的学习，用户对后处理的一般过程有更进一步地了解，加上经常进行实例的操作，就能够熟练掌握 ANSYS 分析的后处理过程。

本章还通过之前对腰柱的计算结果的后处理，目的在于使读者可以清楚地了解后处理的各种应用。实例介绍了几种最基本的后处理方法，还有很多相关的后处理操作和命令需要读者在实际运用中慢慢地掌握。

第8章 结构静力学分析

内容提要

静力分析用于计算由那些不包括惯性和阻尼效应的载荷作用于结构或部件上引起的位移、应力、应变和力。

本章将通过实例讲述静力学分析的基本步骤和具体方法。

本章重点

➢ 结构静力学概论
➢ 结构静力学分析的基本步骤
➢ 实例：悬臂梁的横向剪切应力分析

8.1 结构静力学概论

静力分析计算在固定不变的载荷作用下结构的响应，它不考虑惯性和阻尼的影响，也不考虑载荷随时间的变化。但是，静力分析可以计算那些固定不变的惯性载荷对结构的影响（如重力和离心力），以及那些可以近似为等价静力作用的随时间变化的载荷（例如：通常在许多建筑规范中所定义的等价静力风载和地震作用）。

固定不变的载荷和响应是一种假定，即假定载荷和结构的响应随时间的变化非常缓慢。静力分析所施加的载荷包括：

• 外部施加的作用力和压力。
• 稳态的惯性力（如重力和离心力）。
• 位移载荷。
• 温度载荷。
• 核膨胀中的流通量。

静力分析既可以是线性的，也可以是非线性的。非线性静力分析包括所有的非线性类型，即大变形、塑性、蠕变、应力刚化、接触（间隙）单元、超弹性单元等。本章主要讨论线性静力分析。

8.2 结构静力学分析的基本步骤

ANSYS静力分析过程一般包括以下6个步骤：

- 建立模型；
- 设置求解控制选项；
- 设置其他求解选项；
- 施加载荷；
- 求解；
- 检查结果。

8.2.1 建立模型

用户在建立模型之前，先要定义工作文件名，指定分析标题，然后进入到/PREP7 处理器，即进入到主菜单中的 Preprocessor 菜单来建立有限元分析模型，其内容主要包括定义单元类型、单元实常数、材料属性和几何模型等。上述内容也是其他分析类型中必须要做的工作，完成上述内容的设置后，对几何模型划分网格，生成有限元分析模型。关于有限元模型的建立，用户可以详细参看本书第 2 章、第 3 章节的内容。

> **注意**
>
> 要做好有限元的静力分析，必须要记住以下几点：
> 1. 单元类型必须指定为线性或非线性结构单元类型。
> 2. 材料属性可以是线性或非线性、各向同性或正交各向异性、常量或与温度相关的量等，但是用户必须定义杨氏模量和泊松比；对于像重力一样的惯性载荷，必须要定义能计算出质量的参数，如密度等；对热载荷，必须要定义热膨胀系数。
> 3. 对应力、应变感兴趣的区域，网格划分比仅对位移感兴趣的区域要密。
> 4. 如果分析中包含非线性因素，网格应划分到能捕捉非线性因素影响的程度。

8.2.2 设置求解控制选项

设置求解控制选项包括定义分析类型、一般分析选项和指定载荷步选项。当进行结构静力分析时，用户可以通过"求解控制对话框"来设置这些选项。该对话框对于大多数结构静力分析都已设置有合适的缺省，用户仅需要作少许的设置就可以了。我们推荐使用这个对话框。

如果用户不喜欢应用求解控制对话框，则可以应用 ANSYS 的标准求解命令集和相应的 GUI 菜单路径（Main Menu>Solution>Unabridged Menu>option）来设置求解选项。

1. 进入求解控制对话框

用户可以通过 GUI 菜单路径（Menu>Solution>Analysis Type>Sol'n Controls）进入求解控制对话框，如图 8-1 所示。下面简要论述对话框各个标签中的选项，关于这些选项的设置，可以按该标签的 HELP 按钮进入帮助系统，得到详细的介绍。

2. Basic 标签

在进入求解控制对话框时，缺省激活的是 Basic 标签。Basic 标签的设置，提供了分析所需的最少数据。一旦 Basic 标签中的设置满足以后，就不需要设置其他标签中的选项

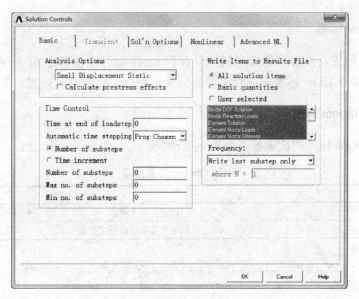

图 8-1 求解控制对话框 Basic 标签的选项

了，除非用户要进行高级控制而修改其他缺省设置。在单击"OK"按钮后，设置存储到 ANSYS 数据库中，并关闭该对话框。

用户在 Basic 标签中设置的选项如表 8-1 及图 8-1 所示。

Basic 标签选项　　　　　　　　　　表 8-1

选项	用途
ANTYPE, NLGEOM	指定分析类型
TIME	控制时间设置，包括载荷步末的时间
AUTOTS	自动时间步长
NSUBST 或 DELTIM	在一个载荷步中的子步数
OUTRES	设置写到数据库中的结果数据

在静力分析中，这些选项的特殊考虑有：

• 在设置 ANTYPE 和 NLGEOM 时，如进行一个新的分析并忽略大应变（如大应变、大挠度、大转角）效应时，请选择"Small Displacement Static"项。如预期有大挠度（如弯曲的长细杆）或大应变（如金属成形问题）时，则选择"Large Displacement Static"。如用户想要重新启动一个失败的非线性分析，或者用户已经进行了一个完整的静力分析，且想要指定其他载荷，则选择"Restart Current Analgsis"项。

• 在设置 TIME 时，记住，该选项指定载荷步末的时间，缺省值为 1。对于后续的载荷步，缺省为 1 且加上前一个载荷步所指的时间，虽然在静力分析（除蠕变、黏弹性以及其他率相关材料行为外）中，时间没有物理意义，但对于追踪时间步和子步却是一个方便的方法。

• 在设置 OUTRES 时，缺省时只有 1000 个结果集记录到结果文件（Jobname. RST）中，如果超出这个数目（基于用户的 OUTRES 设置），程序将出错而当机。使用/CONFIG, NRES 这个命令来增大这一限值。

3. Transient 标签

Transient 标签设置瞬态分析控制，只有在 Basic 标签中选择了瞬态分析时才能应用这一标签；如果在 Basic 标签中选择了静态分析，则这一标签不能设置，这里不予讨论。

4. Sol'n Options 标签

Sol'n Options 标签的选项如表 8-2 及图 8-2 所示。

Sol'n Options 标签选项   表 8-2

选项	用途
EQSLV	指定方程求解器
RESCONTROL	对于多重启动指定参数

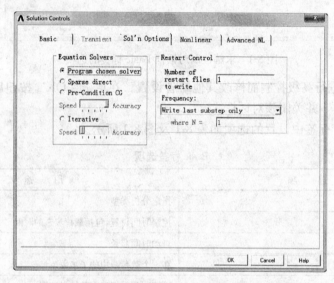

图 8-2　求解控制对话框 Sol'n Options 标签的选项

在静力分析中设置 EQSLV 时，选择下列求解器：
- 程序选择求解器（ANSYS 将根据求解问题的领域自动选择一个求解器）
- 稀疏矩阵求解器（对线性分析、非线性分析、静力分析，以及完全瞬态分析为缺省项）
- PCG 求解器（对于大模型和高波前，巨型结构推荐使用）
- AMG 求解器（其运用与 PCG 求解器相同，但提供平行算法；在用于多处理器环境时，转向更快）
- DDS 求解器（通过网络在多处理器系统中提供平行算法）
- 迭代求解器（自动选择；只适用于线性静态/完全瞬态结构分析，或者稳态温度分析）
- 波前直接求解器

5. Nonlinear 标签

Nonlinear 标签的选项如表 8-3 及图 8-3 所示。

Nonlinear 标签选项　　表 8-3

选　项	用　途
LNSRCH	激活线性搜索
PRED	激活 DOF 解的搜索
NEQIT	指定每个子步的最大迭代次数
RATE	指明是否包括蠕变计算
CNVTOL	设置收敛准则
CUTCONTROL	控制二分

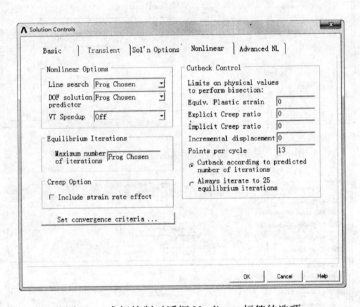

图 8-3　求解控制对话框 Nonlinear 标签的选项

6. Advanced NL 标签

Advanced NL 标签的选项如表 8-4 及图 8-4 所示。

Advanced NL 标签选项　　表 8-4

选　项	用　途
NCNV	指定分析结束准则
ARCLEN，ARCTRM	激活和终止弧长法控制

8.2.3　设置其他求解选项

本节讨论其他求解选项的设置。这些选项并不出现在求解控制对话框中，如图 8-5 所示。因为很少使用，并且它们的缺省值设置很少需要改变。

1. 应力刚度效应

一些单元，如 18x 族单元，无论 SSTIF 如何，都包括了应力刚度效应。在缺省时，如

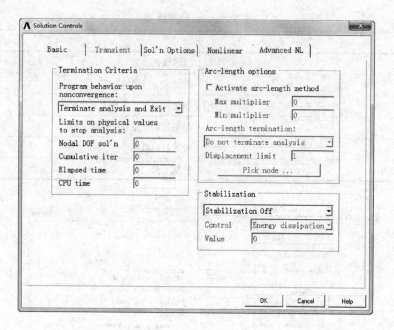

图 8-4　求解控制对话框 Advanced NL 标签的选项

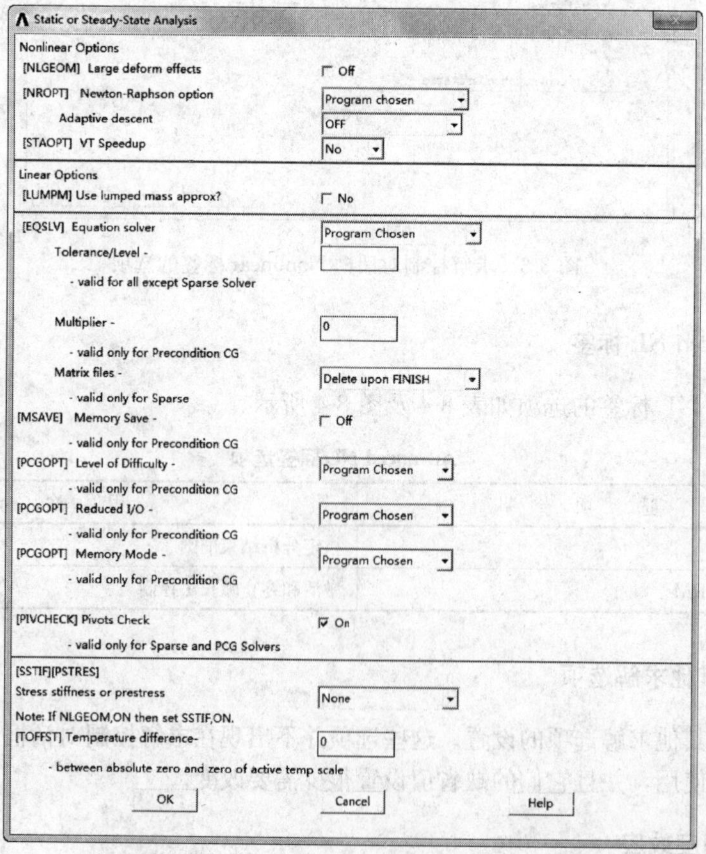

图 8-5　其他求解选项对话框（包括应力刚度等选项）

果 NLGEOM 为 ON，则应力刚度效应为 ON。用户可能关闭应力刚度效应的一些特殊情况有：

• 应力刚度仅与非线性分析相关。如果执行线性分析 [NLGEOM，OFF]，则可以关闭应力刚度。

• 在分析前，用户知道结构不会因为屈曲（分叉或跳跃屈曲）而破坏。

通常，包括应力刚度效应时，可以加速非线性的收敛速度。请记住上面所述的两点，用户可能对一些看起来收敛困难的特殊问题，选择关闭应力刚度效应，如局部破坏。

命令：SSTIF。
GUI：Main Menu＞Solution＞Unabridged Menu＞Analysis Type＞Analysis Options。

2. Newton-Raphson 选项

这一选项只能用于非线性分析，它说明在分析中切线矩阵如何修正。用户可选择下列选项之一：

• 程序选择
• 完全
• 修正
• 初始刚度
• 完全并且非对称矩阵

命令：NROPT。
GUI：Main Menu＞Solution＞Unabridged Menu＞Analysis Type＞Analysis Options。

3. 预应力计算

应用这一选项来在同一模型中执行预应力分析，如预应力模型的分析。缺省值为 OFF。

注意

应力刚度效应和预应力效应两者都控制应力刚度矩阵的生成，因此在一个分析中不可同时使用。如两者都指定，则最后选项将覆盖前者。

命令：PSTRES。
GUI：Main Menu＞Solution＞Unabridged Menu＞Analysis Type＞Analysis Options。

4. 质量矩阵公式

如果打算在结构中施加惯性载荷（如重力或旋转载荷）则使用这一选项，可以指定下列值：

• 缺省（与单元类型有关）
• 集中质量近似

> **注意**
> 对于静力分析，用户所用的质量矩阵并不明显影响求解精度（假设网格密度足够）。然而，如果想在同一模型上作预应力动力分析，选择质量矩阵公式就可能非常重要。

命令：LUMPM。

GUI：Main Menu＞Solution＞Unabridged Menu＞Analysis Type＞Analysis Options。

5. 参考温度

这个载荷步选项适合温度应变计算。可用命令 MP，REFT 设置材料相关的参考温度。如图 8-6 所示。

命令：TREF。

GUI：Main Menu＞Solution＞Load Step Opts＞Other＞Reference Temp。

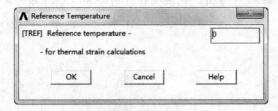

图 8-6 参考温度选项对话框

6. 模态数

这一载荷步选项用于轴对称谐调单元。如图 8-7 所示。

命令：MODE。

GUI：Main Menu＞Solution＞Load Step Opts＞Other＞For Harmonic Ele。

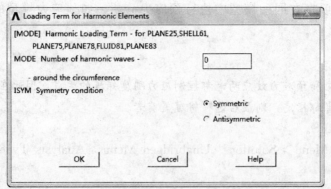

图 8-7 模态数选项对话框

7. 蠕变准则

这一非线性载荷步选项为自动时间步指定蠕变准则。如图 8-8 所示。

命令：CRPLIM。

GUI：Main Menu＞Solution＞Unabridged Menu＞Load Step Opts＞Nonlinear＞Creep Criterion。

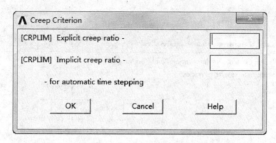

图 8-8　蠕变准则对话框

8. 输出选项

这个载荷步选项用于指定输出文件（Jobname.OUT）包括任何结果数据。如图 8-9 所示。

命令：OUTPR。

GUI：Main Menu＞Solution＞Unabridged Menu＞Load Step Opts＞Output Ctrls＞Solu Printout。

注意

在应用多个 OUTPR 命令时可能会有冲突。

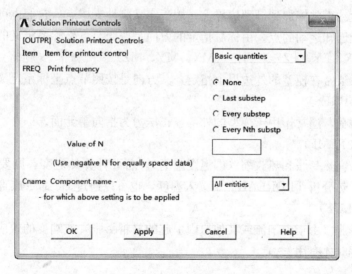

图 8-9　输出选项对话框

9. 结果外推

若在单元中存在非线性（塑性、蠕变、膨胀），这个选项依据缺省，拷贝一个单元的积分点应力和弹性应变结果到节点而替代外推它们。积分点非线性变化总是被拷贝到节点。如图 8-10 所示。

命令：ERESX

GUI：Main Menu>Solution>Unabridged Menu>Load Step Opts>Output Ctrls>Integration Pt。

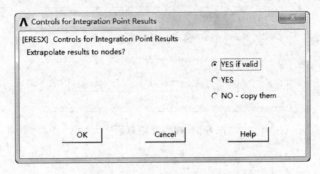

图 8-10　结果外推选项对话框

8.2.4　施加载荷

用户在设置求解选项后，可以对模型施加载荷了。

1. 载荷类型

下面所有的载荷类型可以应用于静力分析：

（1）位移（UX，UY，UZ，ROTX，ROTY，ROTZ）

这些自由度约束常施加到模型边界上，用于定义刚性支撑点。它们也可以用于指定对称边界条件以及已知运动的点。由标号指定的方向是按照节点坐标系定义的。

（2）力（FX，FY，FZ）和力矩（MX，MY，MZ）

这些集中力通常在模型的外边界上指定，其方向是按照节点坐标系定义的。

（3）压力（PRES）

这是表面载荷，通常作用于模型的外部。正压力为指向单元面。

（4）温度（TEMP）

温度用于研究热膨胀和热收缩（即温度应力）。若要计算热应变，则要指定热膨胀系数。用户可以从热分析[LDREAD]中读入温度，也可以通过 BF 命令族直接指定温度。

（5）流（FLUE）

用于研究膨胀（由于中子流或其他原因引起的材料膨胀）或蠕变的效应。只有在输入膨胀或蠕变方程时才有用。

（6）重力、旋转等

这是整个结构的惯性载荷。如果要计算惯性效应，必须定义密度（或某种形式的质量）。

2. 在模型上施加载荷

除了与模型无关的惯性载荷外，用户能够将载荷施加在几何模型（如关键点、线、面或体）或有限元模型（如节点、单元）上。用户还可以通过表格类型的数组参数施加边界条件或者通过定义函数施加边界条件。

用于结构静力分析的载荷汇总如表 8-5 所示。在分析过程中，用户可以施加载荷，也能够对载荷进行删除、运算和列表等操作。

载荷类型表格　　　　　　　　　　　　　　　　　　　　　　　　　　表 8-5

载荷类型	种　　类	GUI 路径
位移(UX,UY,UZ,ROTX,ROTY,ROTZ)	约束条件(Constraints)	Main Menu>Solution>Define Loads>Apply
力和力矩(FX,FY,FZ,MX,MY,MZ)	力(Forces)	Main Menu>Solution>Define Loads>Apply
压力(PRES)	面载荷(Surface Loads)	Main Menu>Solution>Define Loads>Apply
温度(TEMP),流通量(FLUE)	体载荷(Body Loads)	Main Menu>Solution>Define Loads>Apply
重力(Gravity),旋转角速度(Spinning angular Velocity)	惯性载荷(Inertia Loads)	Main Menu>Solution>Define Loads>Apply

在结构分析中，用户仅能定义随时间（TIME）变化的一维表。在定义这个表时，输入的时间（TIME）为主变量，其他主变量都是无效的。当然在定义表时，TIME 必须按升序定义。

3. 计算惯性解除

用户可以应用静力分析来执行惯性解除计算，即计算与施加载荷反向平衡的加速度。用户可以把惯性解除想像成一个等价自由体分析。要在 SOLVE 命令前，应用这一命令作为惯性载荷命令的一部分。

模型应当满足下面的要求：

• 模型不应当包括轴对称单元、子结构或非线性。不推荐混合 2D 和 3D 单元类型的模型。

• 对于梁单元（BEAM23、BEAM24、BEAM44 和 BEAM54）以及分层单元（SHELL91、SHELL99、SOLID46 和 SOLID191），忽略偏移和斜削效应，也忽略层状单元的不对称分层效应。把斜削变截面单元分解成数个单元，将获得更精确的结果。

• 必须提供质量计算的数据，如密度。

• 提供所需的最少约束，保证不发生刚体运动即可。对于 2D 单元需要 3 个约束（根据单元类型，可能更少），对于 3D 单元只需要 6 个约束（根据单元类型，可能更少）。附加的约束，如对称边界条件也是许可的，但必须对所有约束检查 0 反力，以确保在惯性解除分析中不出现过多的约束。

• 应当指定对于惯性解除计算合适的载荷。

命令：IRLF，1。

GUI：Main Menu>Solution>Load Step Opts>Other>Inertia Relief。

（1）惯性解除的输出

执行 IRLIST 命令打印惯性解除计算的输出。这个输出包括平衡施加载荷所需要的平移和转动加速度，而且可以用于其他程序来进行运动学分析。质量和惯性矩列表汇总总是精确解（求解时产生），而不是近似解。约束反力将为 0，因为所计算地惯性力和外力平衡。

惯性解除输出存储于数据库，而不是结果文件（Jobname. RST），在用户用 IRLIST

命令时，ANSYS 从数据库中提取信息，数据库中保存最新求解［SOLVE 或 PSOLVE］的惯性解除输出。

命令：IRLIST。

GUI：无 GUI 菜单路径。

（2）部分惯性解除计算

用户还可以作部分惯性接触计算。运用部分求解方法 PSOLVE，如下示例所示：

/PREP7
…
…
MP,DENS,…　　　　　　！定义密度
…
…
FINISH

/SOLU
D,…　　　　　　　　　　！指定最少的约束
F,…　　　　　　　　　　！其他载荷
SF,…
OUTPR,ALL,ALL　　　　！激活所有输出
IRLF,1　　　　　　　　　！设置惯性解除
PSOLVE,ELFORM　　　　！计算单元矩阵
PSOLVE,ELPREP　　　　！修正单元矩阵并计算惯性解除
IRLIST　　　　　　　　　！列表对称载荷表格
FINISH

（3）运用宏来执行惯性解除计算

如果用户经常作惯性解除计算，可以写一个包含上述命令的宏，参见 ANSYS 帮助文件中的《APDL 程序指南》。

8.2.5　求解

现在可以进行求解。

1. 保存基本数据到文件以作备份。在以后需要时，可以重新进入 ANSYS 并用 RESUME 命令恢复模型。

命令：SAVE

GUI：Utility Menu＞File＞Save As

2. 开始求解计算

命令：SOLVE

GUI：Main Menu＞Solution＞Solve-Current LS

3. 如果分析中包括其他载荷条件（即多个载荷步），则应重新施加载荷，指定载荷步选项，保存并求解每个载荷步。

4. 退出求解

命令：FINISH。

GUI：关闭求解菜单。

8.2.6 检查结果

静力分析的结果将写入结构分析结果文件"Jobname.RST"中，这些数据主要包括两大部分，即：

基本数据：节点位移（UX、UY、UZ、ROTX、ROTY、ROTZ）。

导出数据：节点和单元应力、节点和单元应变、单元力、节点反作用力等。

在结构分析完成后，用户能够进入通用后处理（General Postprocessor－POST1）和时间历程后处理器（Time-history Processor－POST26）中浏览分析结果。其中，POST1用于检查整个模型的指定子步上的结果，POST26则用于非线性静力分析中跟踪指定的结果与施加载荷历程的关系。但是，要注意下面两点：

a. 在 POST1 或 POST26 中浏览结果时，数据库必须包含求解前使用的模型。

b. 结果文件"Jobname.RST"必须是可以利用的。

1. 用 POST1 检查结果

（1）检查输出文件（Jobname.OUT）是否在所有的子步分析中都收敛。

（2）进入 POST1。如果用于求解的模型现在不在数据中，执行 RESUME 命令。

命令：POST1

GUI：Main Menu>General Postproc

（3）读取需要的载荷步和子步结果，这可以依据载荷和子步号或者时间来识别，然而不能依据时间识别出弧长法结果。

命令：SET

GUI：Main Menu>General Postproc>Read Results-Load step

（4）使用下列任意选项显示结果

• 显示已变形的形状

命令：PLDISP

GUI：Main Menu>General Postproc>Plot Results>Deformed Shapes

注意

在大变形分析中，一般优先使用真实比例显示，命令：/DSCALE,,1。

• 等值线显示

命令：PLNSOL 或者 PLESOL

GUI：Main Menu>General Postproc>Plot Results>-Contour Plot-Nodal Solu 或者 Element Solu

使用这个选项来显示应力、应变或者任何其他可用项目的等值线。如果邻接的单元具有不同材料行为（可能由于塑性或多线性弹性的材料性质，由于不同的材料类型，或者由于邻近的单元的死活属性不同而产生），用户应当注意避免结果中的节点应力平均错误。

- 列表

命令：PRNSOL（节点结果）、PRESOL（单元结果）、PRRSOL（反作用力结果）、PRETAB、PRITER（子步总计数据）、NSORT、ESORT

GUI：Main Menu>General Postproc>List Results>Nodal Solution
　　　Main Menu>General Postproc>List Results>Element Solution
　　　Main Menu>General Postproc>List Results>Reaction Solution

使用 NSORT 和 ESORT 命令，在将数据列表前对它们进行排序。

其他性能：许多其他的后处理函数（在路径上映射结果、记录参量列表等），在 POST1 中是可用的。对于非线性分析，载荷工况组合通常是无效的。

2. 用 POST26 检查结果

典型的 POST26 后处理顺序可以遵循以下这些步骤：

（1）根据用户的输出文件（Jobname.OUT）检查是否在所有要求的载荷步内分析都收敛。用户不应当将自身的设计决策建立在非收敛结果的基础上。

（2）如果用户的解是收敛的，进入 POST26。如果现在用户的模型不在数据库中，执行 RESUME 命令。

命令：POST26

GUI：Main Menu>Time Hist Postproc

（3）定义在后处理期间使用的变量。

命令：NSOL、ESOL、RFORCL

GUI：Main Menu>Time Hist Postproc>Define Variables

（4）图形或者列表显示变量。

命令：PLVAR（图形表示变量）、PRVAR、EXTREM（列表变量）

GUI：Main Menu>Time Hist Postproc>Graph Variables
　　　Main Menu>Time Hist Postproc>List Variables
　　　Main Menu>Time Hist Postproc>List Extremes

8.3　实例——悬臂梁的横向剪切应力分析

8.3.1　问题的描述

如图 8-11（a）所示，一长度为 L，宽度为 w，高度为 h 的悬臂梁结构自由端受力 F 作用而弯曲，其有限元模型如图 8-11（b）所示，采用壳体单元（SHELL99），共有 4 层，每层有指定的材料特性和厚度。其拉压破坏应力和剪切破坏应力分别为 σ_{xf}、σ_{yf}、σ_{zf} 和 σ_{xyf}。

悬臂梁尺寸及材料特性如下（采用英制单位）：

$E = 30 \times 10^6 \text{psi}$，$\upsilon = 0$，$\sigma_{xf} = 25000 \text{psi}$，$\sigma_{xyf} = 500 \text{psi}$。

$\sigma_{yf} = 3000 \text{psi}$，$\sigma_{zf} = 5000 \text{psi}$。

$L = 10.0 \text{in}$，$w = 1.0 \text{in}$，$h = 2.0 \text{in}$，$F_1 = 10000 \text{lb}$。

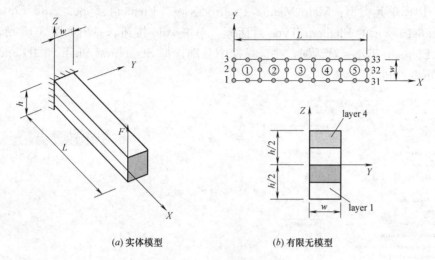

(a) 实体模型　　　　　　　　　(b) 有限无模型

图 8-11　悬臂梁示意图

8.3.2　GUI 路径模式

1. 建立模型

(1) 定义工作文件名：Utility Menu>File>Change Jobname，弹出如图 8-12 所示的 ChangeJobname 对话框，在 Enter new jobname 文本框中输入 Beam，并将 New Log and error files 复选框选为 yes，单击"OK"按钮。

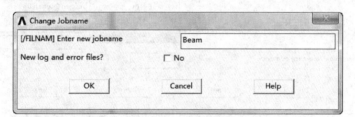

图 8-12　Change Jobname 对话框

(2) 定义工作标题：Utility Menu>File>Change Title，在出现的对话框中输入 TRANSVERSE SHEAR STRESSES IN A CANTILEVER BEAM，如图 8-13 所示，单击"OK"按钮。

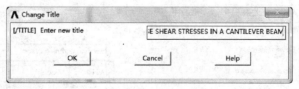

图 8-13　Change Title 对话框

(3) 关闭三角坐标符号：Utility Menu>PlotCtrls>Window Controls>Window Options，弹出如图 8-14 所示的 Window Options 对话框，在 Location of triad 下拉式选择框中，选择 Not Shown，单击"OK"按钮。

(4) 选择单元类型：Main Menu＞Preprocessor＞Element Type＞Add/Edit/Delete，弹出如图 8-15 所示的 Element Type 对话框，单击 Add 按钮，弹出如图 8-16 所示的 Library of Element Types 对话框，在选择框中分别选择 Structural Shell 和 3D 8node 281，单击"OK"按钮。

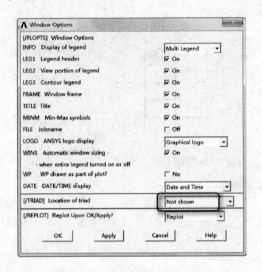

图 8-14　Window Options 对话框

图 8-15　Element Type 对话框

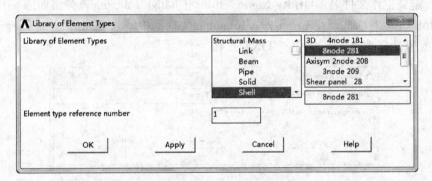

图 8-16　Library of Element Types 对话框

(5) 设置单元属性：单击 Element Type 对话框上的 Options 选项，弹出如图 8-17 所示的 Shell281 element type option 对话框，单击选择 Storage of layer data K8 后面的下拉

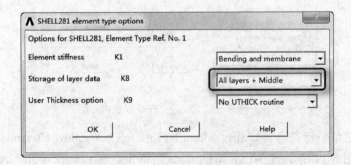

图 8-17　Shell281 element type option 对话框

式选择栏中的 All layers + Middle 选项。单击"OK"按钮。然后单击 Element Type 对话框的 Close 按钮，关闭该对话框。

（6）设置材料属性：Main Menu＞Preprocessor＞Material Props＞Material Models，弹出如图 8-18 所示的 Define Material Model Behavior 对话框，在 Material Model Available 下面的选择栏中，单击打开 Structural＞Linear＞Elastic＞Isotropic，又弹出如图 8-19 所示的 Linear Isotropic Properties for Material Number 1 对话框，在 EX 后面的输入栏中输入 3e6，在 PRXY 后面的输入栏中输入 0。单击"OK"按钮，然后单击菜单栏上的 Material＞Exit 选项，完成材料属性的设置。

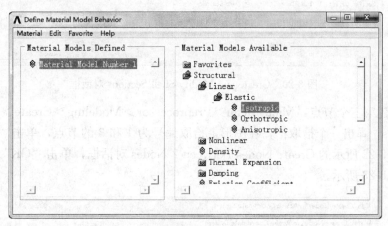

图 8-18　Define Material Model Behavior 对话框

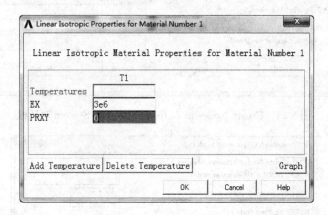

图 8-19　Linear Isotropic Properties for Material Number 1 对话框

（7）划分层单元，Main Menu＞Preprocessor＞Sections＞Reinforcing＞Add / Edit，弹出如图 8-20 所示的 Create and Modify Shell Sections 对话框，单击 Add Layer 添加层，分别创建 Thickness 为 0.5 Integration Pts 为 5 的 4 层，单击"OK"按钮。

（8）创建两个单元节点：Main Menu＞Preprocessor＞Modeling＞Create＞Nodes＞In Active CS，弹出如图 8-21 所示的 Create Nodes in Active Coordinate System 对话框，在 Node Number 后面的输入栏中输入 1，单击 Apply 按钮，又弹出此对话框，在 Node Number 后面的输入栏中输入 3，在 X，Y，Z Location in active CS 后面的输入栏中分别输入 0，1，0，单击"OK"按钮。

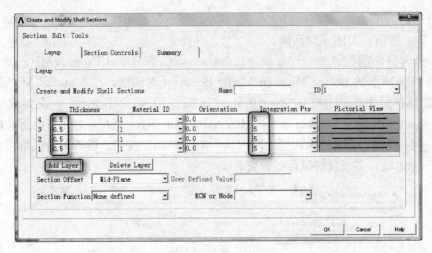

图 8-20 Create and Modify Shell Sections 对话框

(9) 创建第三个节点：Main Menu＞Preprocessor＞Modeling＞Create＞Nodes＞Fill between Nds，弹出一个拾取框，在图形上拾取编号为 1 和 3 的节点，单击"OK"按钮，又弹出如图 8-22 所示的 Create Nodes Between 2 Nodes 对话框，单击"OK"按钮。生成的结果如图 8-23 所示。

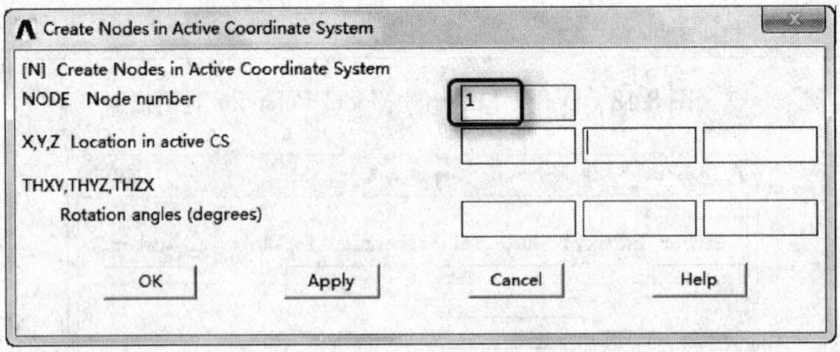

图 8-21 Create Nodes in Active Coordinate System 对话框

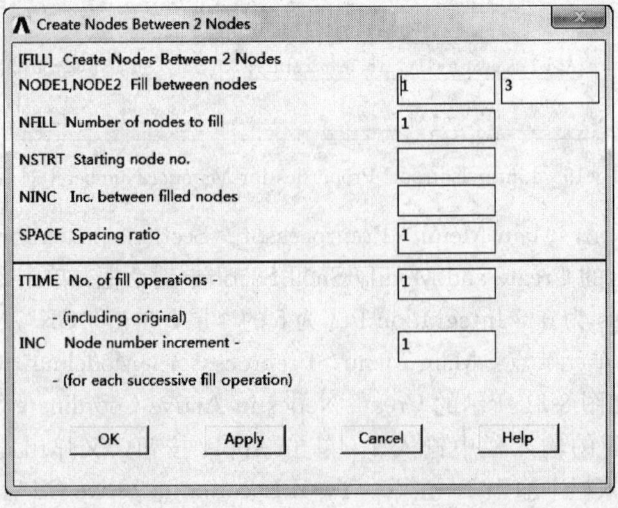

图 8-22 Create Nodes Between 2 Nodes 对话框

(10) 复制其他节点：Main Menu＞Preprocessor＞Modeling＞Copy＞Nodes＞Copy，弹出一个拾取框，单击 Pick All 按钮，又弹出如图 8-24 所示的 Copy Nodes 对话框。在 Total Number of copies 后面的输入栏中输入 11，在 X-offset in active CS 后面的输入栏中输入 1，单击"OK"按钮，结果生成如图 8-25 所示的图形。

图 8-23 节点生成图形显示

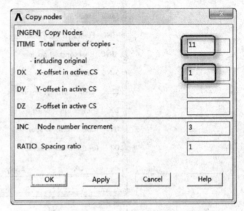
图 8-24 Copy Nodes 对话框

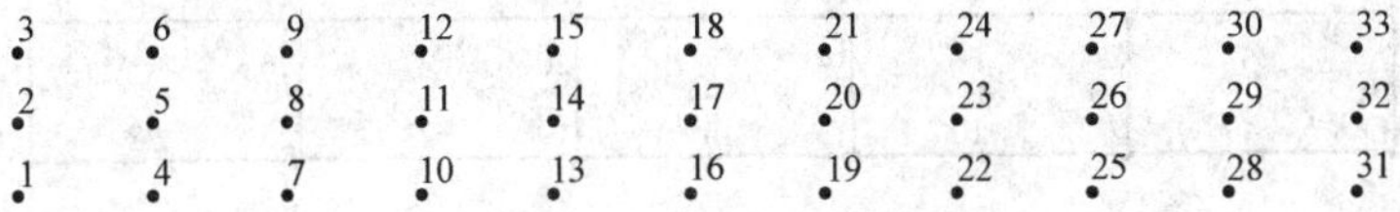

图 8-25 节点生成图形显示

(11) 连接节点生成单元：Main Menu＞Preprocessor＞Modeling＞Create＞Elements＞Auto Numbered＞Thru Nodes，弹出一个拾取框，依次拾取图形上编号为 1、7、9、3、4、8、6、2 的节点，单击"OK"按钮。

(12) 复制生成其他单元：Main Menu＞Preprocessor＞Modeling＞Copy＞Elements＞Auto Numbered，弹出一个拾取框，单击拾取图形上刚刚生成的单元。单击"OK"按钮，又弹出如图 8-26 所示的 Copy Elements（Automatically-Numbered）对话框。在 Total Number of copies 后面的输入栏中输入 5，在 Node Number Increment 后面的输入栏中输入栏 6，在 X-offset in active 后面的输入栏中输入 2，单击"OK"按钮，生成的结果如图 8-27 所示。

(13) 保存有限元模型：单击菜单栏上的 File＞Save as 选项，弹出一个对话框，在 Save database to 下面的输入栏中输入 beamfea.db，单击"OK"按钮。

2. 设置破坏准则

设置破坏准则：Main Menu＞Solution＞Load Step Opts＞Other＞Change Mat Props＞Material Models，弹出如图 8-28 所示的 Define Material Model Behavior 对话框，单击选择 Material Models Available 下的 Failure Criteria 选项，弹出如图 8-29 所示的 Failure Criteria Table for Material Number 1 对话框，在 Criteria 3 后面的下拉式选择栏中选中 Tsai-Wu 选项，在 Temps 输入栏后输入 0，在 xTenStrs、yTenStrs、zTenStrs 和 xyShStrs 后面的输入栏中分别输入 25000、3000、5000、500。单击"OK"按钮。

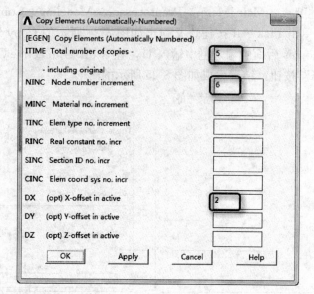

图 8-26 Copy Elements (Automatically-Numbered) 对话框

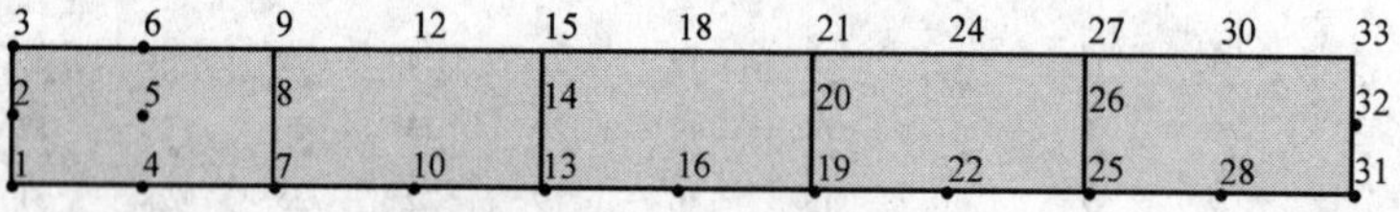

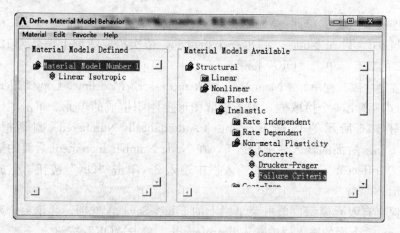

图 8-27 有限元模型显示

图 8-28 Define Material Model Behavior 对话框

3. 施加载荷

(1) 选择固定端的节点：Utility Menu>Select>Entities，弹出如图 8-30 所示的 Select Entities 对话框，单击选择第二个下拉式选择栏选中 By Location 项，在 "Min, Max" 下的输入栏中输入 0，单击 "OK" 按钮。

(2) 施加位移约束：Main Menu>Solution>Define Loads>Apply>Structural>Displacement>On Nodes，弹出一个拾取框，单击 Pick All 按钮，又弹出如图 8-31 所示的

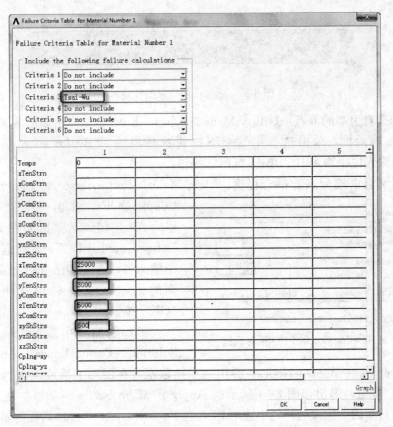

图 8-29 Failure Criteria Table for Material Number 1 对话框

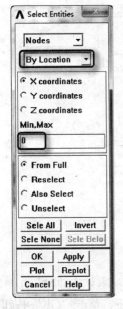

图 8-30 Select Entities 对话框　　　　图 8-31 Apply U，ROT on Nodes 对话框

Apply U，ROT on Nodes 对话框，在 Dofs to be constrained 后面的选择栏中单击选中 All DOF 选项，单击"OK"按钮，结果如图 8-32 所示。

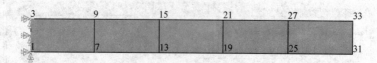

图 8-32 施加位移约束图形显示

（3）选择自由端的节点：Utility Menu＞Select＞Entities，弹出如图 8-30 所示的 Select Entities 对话框，单击选择第二个下拉式选择栏选中 By Location 项，在"Min, Max"下的输入栏中输入 10，单击"OK"按钮。

（4）定义自由端节点的耦合程度：Main Menu＞Preprocessor＞Coupling／Ceqn＞Couple DOFs，弹出一个拾取框。单击 Pick All 按钮，又弹出如图 8-33 所示的 Define Coupled DOFs 对话框。在输入栏中输入 1，在 Degree-of-freedom label 后面的下拉式选择栏中选中 UZ，单击"OK"按钮。

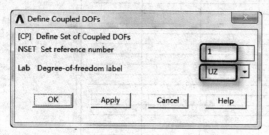

图 8-33 Define Coupled DOFs 对话框

（5）施加集中载荷：Main Menu＞Solution＞Define Loads＞Apply＞Structural＞Force/Moment＞On Nodes，弹出一个拾取框，在图形上拾取编号为 31 的节点，单击"OK"按钮，弹出如图 8-34 所示的 Apply F/M on Nodes 对话框，在 Direction of force/mom 后面的下拉式选择栏中选中 FZ，在 Force/moment value 后面的输入栏中输入 10000。单击"OK"按钮。

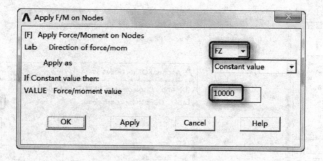

图 8-34 Apply F/M on Nodes 对话框

（6）选择所有节点：Utility Menu＞Select＞Everything。

（7）保存数据：单击菜单栏上的 SAVE_DB 按钮。

4. 求解

（1）设置分析类型：Main Menu＞Solution＞Analysis Type＞New Analysis，弹出如图 8-35 所示的 New Analysis 对话框，单击 Static 前面的单选按钮，单击"OK"按钮。

（2）求解：Main Menu＞Solution＞Solve＞Current LS，弹出一个信息提示框和对话框，浏览完毕后单击 File＞Close，单击对话框上的 OK，开始求解运算。当出现一个 Solution is done 的信息框时，单击 Close，完成求解运算。

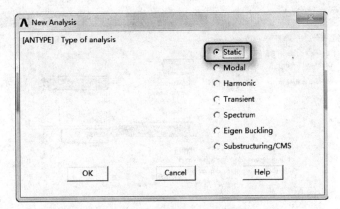

图 8-35　New Analysis 对话框

图 8-36　Element Table Data 对话框

5. 检查结果

（1）定义最大剪切应力表格参数：Main Menu>General Postproc>Element Table>Define Table，弹出如图 8-36 所示的 Element Table Data 对话框。单击 Add 按钮，又弹出如图 8-37 所示的 Define Additional Element Table Items 对话框。在 User label for item 后面的输入栏中输入 ILSXZ，单击选择 Item，Comp Results Date Item 后面的 By sequence num 和 SMISC，在输入栏中输入 SMISC，68，单击 Apply 按钮。

（2）定义其他表格参数：弹出如图 8-37 所示的 Define Additional Element Table Items 对话框，重复上述过程定义 SXZ 和 ILMX 这些参数。单击"OK"按钮，结果如图 8-38 所示。

（3）获取定义的 XSZ 表格参数：Utility Menu>Parameters>Get Scalar Data，弹出如图 8-39 所示的 Get Scalar Data 对话框，在选择栏中分别选择 Results data 和 Elem table

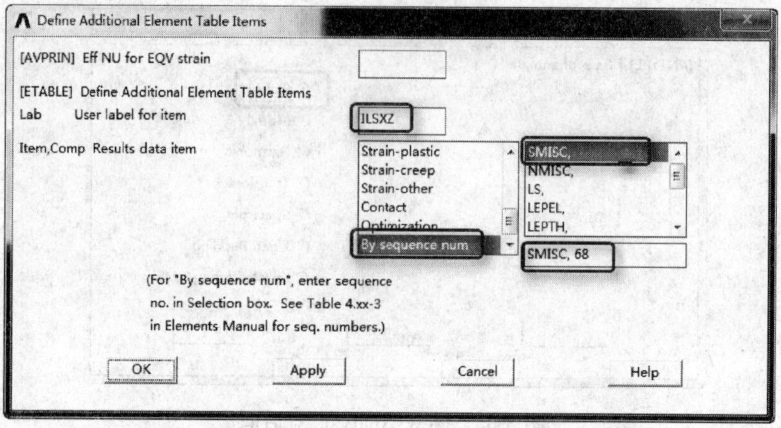

图 8-37 Define Additional Element Table Items 对话框

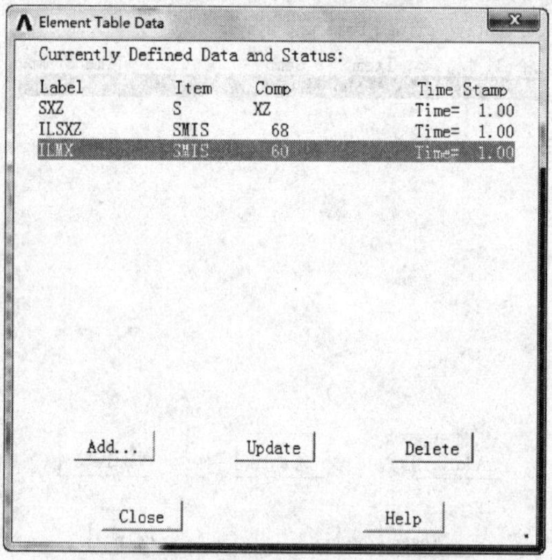

图 8-38 Element Table Data 对话框

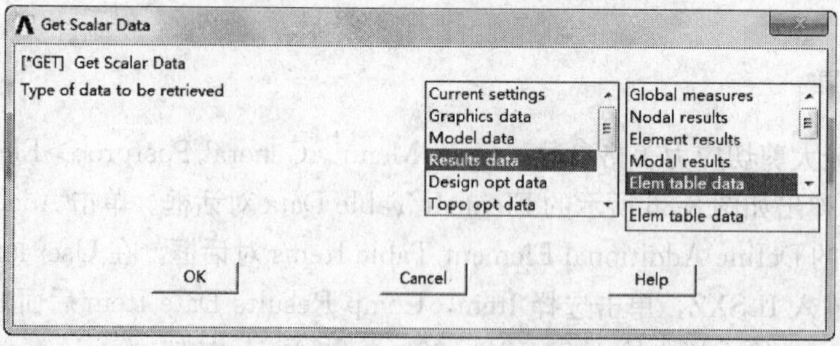

图 8-39 Get Scalar Data 对话框

data，单击"OK"按钮，弹出如图 8-40 所示的 Get Element Table Data 对话框，在 Name of parameter to be defined 后面的输入栏中输入 SIGXZ1，在 Element number N 后面的输入栏中输入 4，在 Elem table data to be retrieved 后面的下拉式选择栏中选中 SXZ，单击 Apply 按钮。

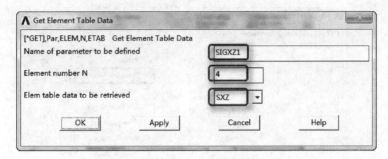

图 8-40　Get Element Table Data 对话框

(4) 获取其他定义表格参数：弹出如图 8-39 所示对话框，重复第（3）步，获取 IL-SXZ，ILMX 这些定义的表格参数。

(5) 定义参数数组：Utility Menu＞Parameters＞Array Parameters＞Define/Edit，弹出 Array Parameter 对话框，单击 Add 按钮，又弹出如图 8-41 所示的 Add New Array Parameter 对话框，在 Parameter name 后面的输入栏中输入 VALUE，在 I，J，K No. of rows，cols，planes 后面的输入栏中分别输入 4、3、0。单击"OK"按钮。

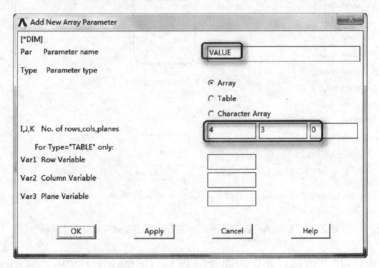

图 8-41　Add New Array Parameter 对话框

(6) 对定义数组的第一列赋值：Utility Menu＞Parameters＞Array Parameters＞Fill，弹出如图 8-42 所示的 Fill Array Parameter 对话框，单击选择 Specified values 选项，单击"OK"按钮，弹出如图 8-43 所示的 Fill Array Parameter With Specified Values 对话框，在 Result array parameter 后面的输入栏中输入 VALUE（1，1），在后面的数值栏中依次输入 0、5625、7500、225，单击 Apply 按钮。

(7) 对定义数组的第二列赋值：弹出如图 8-42 所示对话框，单击选择 Specified values 选项。单击"OK"按钮，弹出如图 8-33 所示对话框，在 Result array parameter 后面的输入栏中输入 VALUE（1，2），在后面的数值栏中依次输入 SIGXZ1、SIGXZ2、SIGXZ3、FC3，单击 Apply 按钮。

(8) 对定义数组的第三列赋值：弹出如图 8-42 所示对话框，单击选择 Specified val-

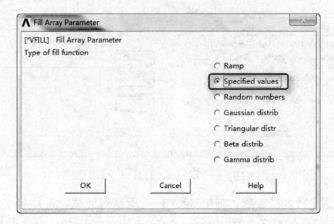

图 8-42　Fill Array Parameter 对话框

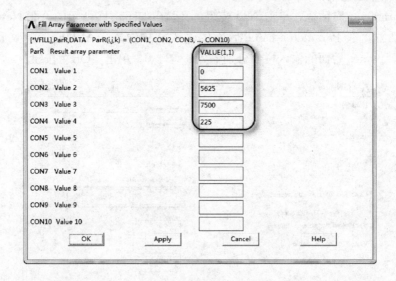

图 8-43　Fill Array Parameter With Specified Values 对话框

ues 选项，单击"OK"按钮，弹出如图 8-43 所示对话框，在 Result array parameter 后面的输入栏中输入 VALUE（1，2），在后面的数值栏中依次输入 ABS（SIGXZ2/5625）、ABS（SIGXZ3/7500）、ABS（FC3/225），单击"OK"按钮。

（9）结果输出到文件：Utility Menu>File>Switch Output to>File，在输入栏中输入 beam.vrt。单击"OK"按钮。

（10）Von-mises 应力云图显示：Main Menu>General Postproc>Plot Results>Contour Plot>Element Solution，弹出如图 8-44 所示的 Contour Element Solution Data 对话框，在 Item to be Contoured 后面的选择栏中分别单击选中 Stress>von Mises stress，单击"OK"按钮，结果如图 8-45 所示。

6. 退出 ANSYS

单击工具栏上的 QUIT，在出现的对话框上选择 QUIT-No Save，单击"OK"按钮。

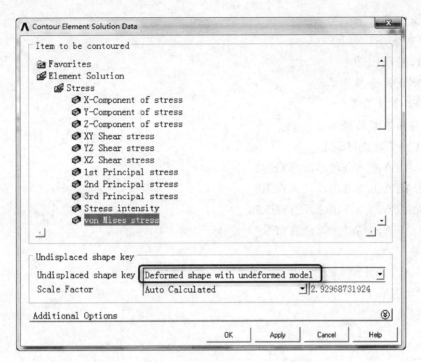

图 8-44 Contour Element Solution Data 对话框

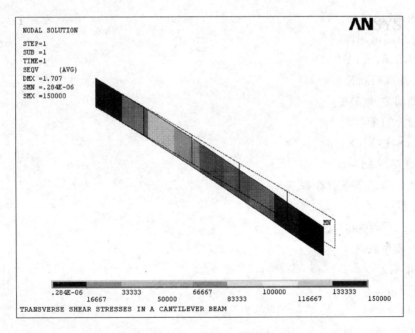

图 8-45 Von-Mises 应力云图显示

8.3.3 命令流模式

/PREP7

/TITLE,TRANSVERSE SHEAR STRESSES IN A CANTILEVER BEAM

```
! 定义标题
ANTYPE,STATIC
ET,1,SHELL281
! 8-NODE 分层壳单元；
KEYOPT,1,8,2
! 保存所有层结果
SECTYPE,1,SHELL
SECDATA,0.5,1,0,5,LAYER1
SECDATA,0.5,1,0,5,LAYER2
SECDATA,0.5,1,0,5,LAYER3
SECDATA,0.5,1,0,5,LAYER4
! 分层
MP,EX,1,30E6
MP,NUXY,1,0
! 材料特性
N,1
N,3,,1
FILL
NGEN,11,3,1,3,1,1
E,1,7,9,3,4,8,6,2
EGEN,5,6,-1
NSEL,S,LOC,X
! 选择固定端节点
D,ALL,ALL
NSEL,S,LOC,X,10
CP,1,UZ,ALL
! 定义自由端节点耦合程度
NSEL,R,LOC,Y
F,ALL,FZ,10000
! 施加集中载荷
NSEL,ALL
OUTPR,,1
FINISH
/SOLU
SOLVE
FINISH
/POST1
ETABLE,SXZ,S,XZ
ETABLE,ILSXZ,SMISC,68
```

```
ETABLE,ILMX,SMISC,60
*GET,SIGXZ1,ELEM,4,ETAB,SXZ
*GET,SIGXZ2,ELEM,1,ETAB,ILSXZ
*GET,SIGXZ3,ELEM,1,ETAB,ILMX
FC,1,TEMP,,
FC,1,S,XTEN,25000
FC,1,S,XCMP,-25000,
FC,1,S,YTEN,3000
FC,1,S,YCMP,-3000,
FC,1,S,ZTEN,5000
FC,1,S,ZCMP,-5000,
FC,1,S,XY,500
FC,1,S,YZ,500,
FC,1,S,XZ,500,
FC,1,S,XYCP,
FC,1,S,YZCP,
FC,1,S,XZCP,
ESEL,S,ELEM,,1
NSLE,S
LAYER,FCMAX
*GET,FC3,NODE,9,S,TWSI,
ALLSEL,ALL
*DIM,LABEL,CHAR,4,2
*DIM,VALUE,,4,3
LABEL(1,1)='SIGXZ,ps','SIGXZ,ps','SIGXZ,ps','FC3MAX('
LABEL(1,2)='i(Z=H/2)','i(Z=H/4)','i(Z=0)','FCMX)
*VFILL,VALUE(1,1),DATA,0,5625,7500,225
*VFILL,VALUE(1,2),DATA,SIGXZ1,SIGXZ2,SIGXZ3,FC3
*VFILL,VALUE(1,3),DATA,0,ABS(SIGXZ2/5625),ABS(SIGXZ3/7500),ABS(FC3/225)
/COM
/OUT,Beam,vrt
/COM,--------------- Beam RESULTS COMPARISON ---------------
/COM,
/COM,                 |   TARGET   |   ANSYS   |   RATIO
/COM,
*VWRITE,LABEL(1,1),LABEL(1,2),VALUE(1,1),VALUE(1,2),VALUE(1,3)
(1X,A8,A8,' ',F10.1,' ',F10.1,' ',1F5.3)
/COM,-------------------------------------------------------
```

/OUT
FINISH
*LIST,Beam,vrt

8.4　本章小结

通过本章的学习，用户对 ANSYS 软件的结构静力分析功能和概念都有了全新的认知，也可以掌握某些具体问题的分析和求解。但是，只有通过有限元知识地进一步学习和许多实例不间断地练习，用户们才可以熟练掌握并进而精通 ANSYS 的结构线性静力分析。

第 9 章 模态分析

内容提要

固有频率和振型是承受动态载荷结构设计中的重要参数。用 ANSYS 模态分析，可以确定一个结构的固有频率和振型。

本章将通过实例讲述模态分析的基本步骤和具体方法。

本章重点

- 模态分析概论
- 模态分析的基本步骤
- 实例：钢桁架桥模态分析

9.1 模态分析概论

用户使用 ANSYS 的模态分析来决定一个结构或者机器部件的振动频率（固有频率和振型）。模态分析也可以是另一个动力学分析的出发点，例如：瞬态动力学分析、谐响应分析或者谱分析等。

可以对有预应力的结构进行模态分析，例如旋转的涡轮叶片。另一个有用的分析功能是循环对称结构模态分析，该功能允许通过只对循环对称结构的一部分进行建模而分析产生整个结构的振型。

ANSYS 产品家族的模态分析是线性分析。任何非线性特性，如塑性和接触（间隙）单元，即使定义了也将被忽略。可选的模态提取方法有 6 种：Block Lanczos（默认），subspace，PowerDynamics，reduced，unsymmetric，damped 和 QR damped。Damped 和 QR damped 方法允许结构中包含阻尼。

9.2 模态分析的基本步骤

模态分析过程一般由以下 4 个主要步骤组成：
- 建模；
- 加载和求解；
- 扩展模态；
- 观察结果和后处理。

9.2.1 建模

在这一步中要指定项目名和分析标题,然后用前处理器 PREP7 定义单元类型、单元实常数、材料性质以及几何模型。这些工作对大多数分析是相似的,在此不再详细介绍。

需要记住以下两个要点:

1. 模态分析中只有线性行为是有效的,如果指定了非线性单元,它们将被当做是线性的。例如:如果分析中包含了接触单元,则系统取其初始状态的刚度值,并且不再改变此刚度值。

2. 必须指定杨氏弹性模量 EX(或某种形式的刚度)和密度 DENS(或某种形式的质量)。材料性质可以是线性的或非线性的、各向同性或正交各向异性的、恒定的或与温度有关的,非线性特性将被忽略。用户必须对某些指定的单元(COMBIN7、COMBIN14、COMBIN37)进行实常数的定义。

9.2.2 加载及求解

在这一步中要定义分析类型和分析选项,施加载荷,指定加载阶段选项,并进行固有频率的有限元求解。在得到初始解后,应该对模态进行扩展以供查看。扩展模态在 9.2.3 节详细介绍。

1. 进入 ANSYS 求解器

命令:/SOLU。

GUI:Main Menu>Solution。

2. 指定分析类型和分析选项

ANSYS 提供的用于模态分析的选项如表 9-1 所示。表中的每一个选项都将在随后详细解释:

分析类型和分析选项　　　　　　　　　　　　　　　　　　　　　表 9-1

选 项	命令	GUI 路径
New Analysis	ANTYPE	Main Menu>Solution>Analysis Type>New Analysis
Analysis Type:Modal (see Note below)	ANTYPE	Main Menu>Solution>Analysis Type>New Analysis>Modal
Mode Extraction Method	MODOPT	Main Menu>Solution>Analysis Type>Analysis Options
Number of Modes to Extract	MODOPT	Main Menu>Solution>Analysis Type>Analysis Options
No. of Modes to Expand (see Note below)	MXPAND	Main Menu>Solution>Analysis Type>Analysis Options
Mass Matrix Formulation	LUMPM	Main Menu>Solution>Analysis Type>Analysis Options
Prestress Effects Calculation	PSTRES	Main Menu>Solution>Analysis Type>Analysis Options

(1) New Analysis [ANTYPE]:选择新的分析类型。

(2) Analysis Type:Modal [ANTYPE]:用此选项指定分析类型为模态分析。

(3) Mode Extraction Method [MODOPT]:可以选择不同的模态提取方法,其对应菜单如图 9-1 所示。

(4) Number of Modes to Extract [MODOPT]:指定模态提取的阶数。

第 9 章 模态分析

⚠️ 注意

除了 Reduced 法，其他所有的模态提取方法都必须设置具体的模态提取的阶数。

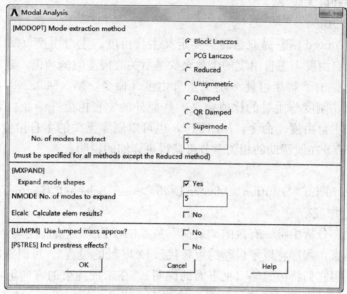

图 9-1 模态分析选项

（5）Number of Modes to Expand [MXPAND]：此选项只在采用 Reduced 法、Unsymmetric 法和 Damped 法时要求设置。如果想得到单元的求解结果，则不论采用何种模态提取方法都需打开"Calculate elem results"项。

（6）Mass Matrix Formulation [LUMPM]：使用该选项可以选定采用默认的质量矩阵形成方式（和单元类型有关）或者集中质量阵近似方式。我们建议在大多数情况下应采用默认形成方式。但对有些包含"薄膜"结构的问题，如细长梁或非常薄的壳，采用集中质量矩阵近似经常产生较好的结果。另外，采用集中质量阵求解时间短，需要内存少。

（7）Prestress Effects Calculation [PSTRES]：选用该选项可以计算有预应力结构的模态。默认的分析过程不包括预应力，即结构是处于无应力状态的。

（8）其他模态分析选项：完成了模态分析选项（Modal Analysis Option）对话框中的选择后，单击"OK"按钮，一个相应于指定的模态提取方法的对话框将会出现，以选择兰索斯（Block Lanczos）模态提取法为例，将弹出 Block Lanczos Method 对话框，如图

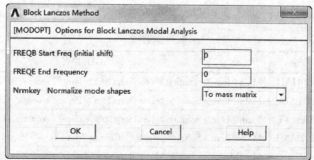

图 9-2 兰索斯（Block Lanczos）模态提取法选项

9-2所示。其中,FREQB Start Freq(initial shift)对应项表示需要提取模态的最小频率,FREQE End Frequency对应项表示需要提取模态的最大频率,一般按默认选项即可,即不设定最小频率和最大频率。

3. 定义主自由度

只有采用Reduced模态提取法时需要定义主自由度。主自由度(MDOF)是结构动力学行为的特征自由度,主自由度的个数至少是所关心模态数的两倍,建议用户根据自己对结构动力学特性的了解尽可能多定义主自由度[命令:M,MGEN],并且允许ANSYS软件根据结构刚度与质量的比值定义一些额外的主自由度[命令:TOTAL]。可以列表显示定义的主自由度[命令:MLIST],也可以删除无关的主自由度[命令:MDELE],参考ANSYS在线帮助的相关章节可获得更详细的说明。

命令:M。

GUI:Main Menu>Solution>Master DOFs>user Selected>Define。

4. 在模型上加载荷

在典型的模态分析中唯一有效的"载荷"是零位移约束(如果在某个DOF处指定了一个非零位移约束,程序将以零位移约束替代该DOF处的设置)。可以施加除位移约束之外的其他载荷,但它们将被忽略(见下面的说明)。在未加约束的方向上,程序将解算刚体运动(零频)以及高频(非零频)自由体模态。表9-2给出了施加位移约束的命令和GUI路径。载荷可以加在实体模型(点、线、面)上,或者加在有限元模型(点和单元)上。

施加位移载荷约束   表9-2

载荷类型	命令	GUI路径
Displacement(UX,UY,UZ,ROTX,ROTY,ROTZ)	D	Main Menu>Solution>DefineLoads>Apply>Structural>Displacement

注意

其他类型的载荷(力、压力、温度、加速度等)可以在模态分析中指定,但在模态提取时将被忽略。程序会计算出相应于所有载荷的载荷向量,并将这些向量写到振型文件Jobname.MODE中,以便在模态叠加法谐响应分析或瞬态分析中使用。在分析过程中,可以增加、删除载荷或进行载荷列表、载荷间运算。

5. 指定载荷步选项

模态分析中可用的载荷步选项,如表9-3所示。

载荷步选项   表9-3

选项	命令	GUI路径
Alpha(质量)阻尼	ALPHAD	Main Menu>Solution>LoadStepOpts>Time/Frequenc>Damping
Beta(刚度)阻尼	BETAD	Main Menu>Solution>LoadStepOpts>Time/Frequenc>Damping
恒定阻尼比	DMPRAT	Main Menu>Solution>LoadStepOpts>Time/Frequenc>Damping
材料阻尼比	MP,DAMP	Main Menu>Solution>Other>Change Mat Props>Polynomial
单元阻尼比	R	MainMenu>Solution>LoadStepOpts>Other>RealConstants>Add/Edit/Delete
输出	OUTPR	Main Menu>Solution>Load StepOpts>Output Ctrls>Solu Printout

第9章 模态分析

注意

阻尼只在用 Damped 模态提取法时有效（在其他模态提取法中阻尼将被忽略）。如果包含阻尼且采用 Damped 模态提取法，则计算的特征值是复数解。

6. 开始求解计算

命令：SOLVE。

GUI：Main Menu>Solution>Solve>Current LS。

7. 离开 SOLUTION

命令：FINISH。

GUI：Main Menu>Finish。

9.2.3 扩展模态

从严格意义上来说，"扩展"这个词意味着将减缩解扩展到完整的 DOF 集上。"缩减解"常用主 DOF 表达。而在模态分析中，我们用"扩展"这个词指将振型写入结果文件。也就是说，"扩展模态"不仅适用于 Reduced 模态提取方法得到的减缩振型，而且也适用于其他模态提取方法得到的完整振型。因此，如果想在后处理器中察看振型，必须先扩展之（也就是将振型写入结果文件）。

注意

模态扩展要求振型文件 Jobname.MODE，文件 Jobname.EMAT，Jobname.ESAV 及 Jobname.TRI（如果采用 Reduced 法）必须存在；数据库中必须包含与计算模态时完全相同的分析模型。

本节介绍扩展模态的具体操作步骤如下：

1. 再次进入 ANSYS 求解器

命令：/SOLU。

GUI：Main Menu>Solution。

注意

在扩展处理前，必须明确地离开 SOLUTION（用命令 FINISH 和相应 GUI 路径）并重新进入（/SOLU）。

2. 激活扩展处理及相关选项

ANSYS 提供的扩展处理选项如表 9-4 所示，每一个选项都将在下面详细解释。

扩展处理选项　　　　　　　　　　　　　　　　　　表 9-4

选　项	命令	GUI 路径
Expansion Pass On/Off	EXPASS	Main Menu>Solution>Analysis Type>Expansion Pass
No. of Modes to Expand	MXPAND	Main Menu>Solution>Load Step Opts>Expansion Pass>Single Expand>Expand Modes
Freq. Range for Expansion	MXPAND	Main Menu>Solution>Load Step Opts>Expansion Pass>Single Expand>Expand Modes
Stress Calc. On/Off	MXPAND	Main Menu>Solution>Load Step Opts>Expansion Pass>Single Expand>Expand Modes

(1) Expansion Pass On/Off [EXPASS]：选择 ON（打开）。

(2) Number of Modes to Expand [MXPAND, NMODE]：指定要扩展的模态数，默认为不进行模态扩展，其对应的菜单如图 9-3 所示。

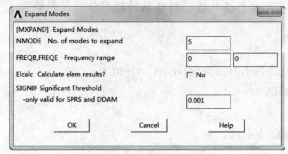

图 9-3　扩展模态选项

只有经过扩展的模态，才可在后处理中进行观察。

(3) Frequency Range for Expansion [MXPAND, FREQB, FREQE]：这是另一种控制要扩展模态数的方法。如果指定了一个频率范围，那么只有该频率范围内的模态会被扩展。

(4) Stress Calculations On/Off [MXPAND, Elcalc]：是否计算应力选项，默认为不计算。

注意

模态分析中的"应力"并不代表结构中的实际应力，而只是给出一个各阶模态之间相对应力分布的概念。

3. 指定载荷步选项

模态扩展处理中唯一有效的选项是输出控制：

(1) Printed Output

命令：OUTPR。

GUI：Main Menu>Solution>Load Step Opts>Output Ctrls>Solu Printout。

(2) Database and results file output

此选项用来控制结果文件 Jobname.RST 中包含的数据。OUTRES 中的 FREQ 域只可为 ALL 或 NONE，即要么输出所有模态，要么不输出任何模态的数据。例如：不能输出每隔一阶的模态信息。

命令：OUTRES。

GUI：Main Menu>Solution>Load Step Opts>Output Ctrls>DB/Results File。

4. 开始扩展处理

扩展处理的输出包括已扩展的振型，而且还可以要求包含各阶模态相对应的应力分布。

命令：SOLVE。

GUI：Main Menu>Solution>Current LS。

5. 重复扩展处理

如需扩展另外的模态（如不同频率范围的模态）请重复步骤 2、3 和 4。每一次扩展处理的结果在文件中存储为单步的载荷步。

6. 离开 SOLUTION

命令：FINISH。

GUI：Main Menu>Finish。

9.2.4 观察结果和后处理

模态分析的结果（即扩展模态处理的结果）被写入到结构分析结果文件 Jobname.RST 中。分析包括：

- 固有频率
- 已扩展的振型
- 相对应力和力分布（如果要求输出了）

可以在 POST1 [/POST1] 即普通后处理器中观察模态分析结果。模态分析的一些常用后处理操作，将在下面予以描述。

注意

如果在 POST1 中观察结果，则数据库中必须包含和求解相同的模型。结果文件 Jobname.RST 必须存在。

观察结果数据包括：

1. 读入合适子步的结果数据。每阶模态在结果文件中被存为一个单独的子步。例如：扩展了 6 阶模态，结果文件中将有 6 个子步组成的一个载荷步。

命令：SET，SBSTEP。

GUI：Main Menu>General Postproc>Read Results>By Load Step>Substep。

2. 列出所有已扩展模态对应的频率。

命令：SET，LIST。

GUI：Main Menu>General Postproc>List Results Display Deformed Shape。

命令：PLDISP。

GUI：Main Menu>General Postproc>Plot Results>Deformed Shape。

注意

用 PLDISP 命令的 KUND 域功能可以设置将未变形的形状叠加到显示结果中。其他功能请参见帮助文件中的《The General Postprocessor (POST1)》。

9.3 实例——钢桁架桥模态分析

本节对一架钢桁架桥进行模态分析，分别采用 GUI 和命令流方式。

9.3.1 问题描述

如图 9-4 所示，已知下承式简支钢桁架桥桥长 72m，每个节段 12m，桥宽 10m，高

16m。设桥面板为 0.3m 厚的混凝土板。桁架杆件规格有 3 种，见表 9-5。

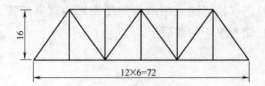

图 9-4　钢桁架桥简图

钢桁架桥杆件规格　　　　　　　　　　　　　　　　　表 9-5

杆　件	截　面　号	形　状	规　格
端斜杆	1	工字形	$400×400×16×16$
上下弦	2	工字形	$400×400×12×12$
横向连接梁	2	工字形	$400×400×12×12$
其他腹杆	3	工字形	$400×300×12×12$

所用材料属性见表 9-6。

材料属性　　　　　　　　　　　　　　　　　表 9-6

参　数	钢　材	混　凝　土
弹性模量 EX	$2.1×10^{11}$	$3.5×10^{10}$
泊松比 PRXY	0.3	0.1667
密度 DENS	7850	2500

9.3.2　GUI 操作方法

1. 创建物理环境

（1）过滤图形界面：

GUI：Main Menu>Preferences，弹出"Preferences for GUI Filtering"对话框，选中"Structural"来对后面的分析进行菜单及相应的图形界面过滤。

（2）定义工作标题：

GUI：Utility Menu>File>Change Title，在弹出的对话框中输入"Truss Bridge Static Analysis"，单击"OK"按钮。如图 9-5 所示。

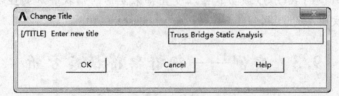

图 9-5　定义工作标题

指定工作名：

GUI：Utility Menu>File>Change Jobname，弹出一个对话框，在"Enter new

Name"后面输入"Structural","New log and error files"选择 yes,单击"OK"按钮。如图 9-6 所示。

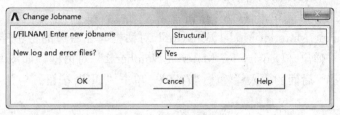

图 9-6 指定工作名

(3) 定义单元类型和选项:

GUI:Main Menu＞Preprocessor＞Element Type＞Add/Edit/Delete,弹出"Element Types"单元类型对话框,单击"Add"按钮,弹出"Library of Element Types"单元类型库对话框。在该对话框左面滚动栏中选择"Structural Beam",在右边的滚动栏中选择"2 node 188",单击"Ok"按钮,定义了"BEAM188"单元,如图 9-7 所示。继续单击"Add"按钮,弹出"Library of Element Types"单元类型库对话框。在该对话框左

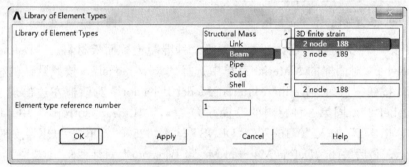

图 9-7 单元类型库对话框

面滚动栏中选择"Structural Shell",在右边的滚动栏中选择"3D 4node 181",单击"OK"按钮,定义了"SHELL181"单元。在"Element Types"单元类型对话框中选择"BEAM188"单元,单击"Options...."按钮打开"BEAM188 element type options"对话框,将其中的"K3"设置为"Cubic Form",单击"OK"按钮。选择"BEAM181"单元,单击"Options...."按钮打开"BEAM181 element type options"对话框,将其中的"K3"设置为"Full w/incompatible",单击"OK"按钮。得到如图 9-8 所示的结果。最后单击"Close"按钮,关闭单元类型对话框。

(4) 定义材料属性:

GUI:Main Menu＞Preprocessor＞Material Props＞Material Models,弹出"Define Material Model Behavior"对话框,在右边的栏中连续单击"Structural＞Lin-

图 9-8 单元类型对话框

ear>Elastic>Isotropic"后,弹出"Linear Isotropic Properties for Material Number 1"对话框,如图 9-9 所示。在该对话框中"EX"后面的输入栏输入"2.1e11","PRXY"后面的输入栏输入"0.3",单击"OK"按钮。

继续在"Define Material Model Behavior"对话框,在右边的栏中连续单击"Structural>Density",弹出"Density for Material Number 1"对话框,如图 9-10 所示。在该对话框中"DENS"后面的输入栏输入"7850",单击"OK"按钮。

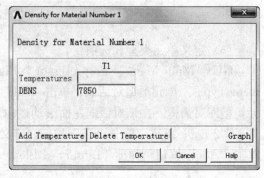

图 9-9 设置弹性模量和泊松比　　　　图 9-10 设置密度

设置好第一种钢材材料后,还要设置第二种混凝土桥面板材料。"Define Material Model Behavior"对话框的 Material 菜单中选择"New model",按照默认的材料编号,单击"OK"按钮。这时"Define Material Model Behavior"对话框左边出现"Material Model Number 2"。同第一种材料的设置方法一样,"Linear Isotropic"中"EX"输入"3.5e10","PRXY"输入"0.1667","DENS"输入"2500",单击"OK"按钮结束。如图 9-11 所示。最后关闭"Define Material Model Behavior"对话框。

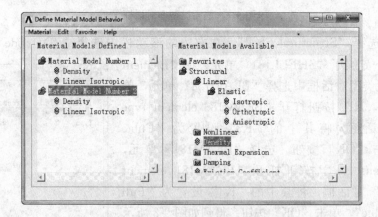

图 9-11 定义材料属性

(5) 定义梁单元截面:

GUI:Main Menu > Preprocessor > Sections > Beam > Common Sections,弹出"Beam Tool"工具条,如图 9-12 所示填写。然后单击"Apply"按钮,如图 9-12 所示填写;然后单击"Apply"按钮,如图 9-12 所示填写,最后单击"OK"按钮。

每次定义好截面之后,单击"Preview"可以观察截面特性。在本模型中三种工字钢

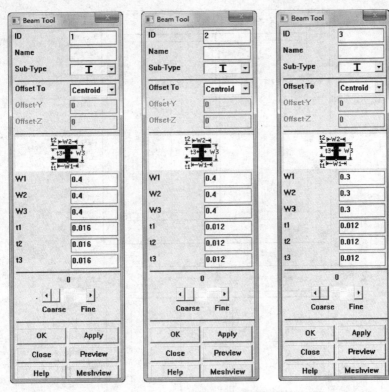

图 9-12 定义三种截面

截面特性如图 9-13 所示。

(6) 定义壳单元厚度：

Main Menu>Preprocessor>Sections>Shell>Lay-up>Add/Edit，弹出如图 9-14 所示的 Create and Modify Shell Sections 对话框，设置 Thickness 为 0.3，单击"OK"按钮。

2. 建立有限元模型

(1) 生成半跨桥的节点：

GUI：Utility Menu>Preprocessor>Modeling>Create>Nodes>In Active CS，弹出 "Create Nodes in Active CS" 对话框，在 "X, Y, Z" 输入行输入："0, 0, -5"，单击 "OK" 按钮。如图 9-15 所示。

然后，GUI：Utility Menu>Preprocessor>Modeling>Copy>Nodes>Copy，在 "Copy nodes" 对话框中单击 "Pick All"，在弹出的对话框中，如图 9-16 所示填写。

继续执行 GUI：Utility Menu>Preprocessor>Modeling>Copy>Nodes>Copy，在 "Copy nodes" 对话框中单击 "Pick All"，在弹出的对话框中，如图 9-17 所示填写。

继续执行 GUI：Utility Menu>Preprocessor>Modeling>Copy>Nodes>Copy，弹出 "Copy nodes" 对话框，在 ANSYS 主窗口中用箭头选择 2、6、10 号节点，单击 "OK" 按钮，在弹出的对话框中，"ITIME" 输入 "2"，"DY" 输入 "16"，"INC" 输入 "1"，"RATIO"

输入 "1"，其他项不填写。单击 "OK" 按钮。

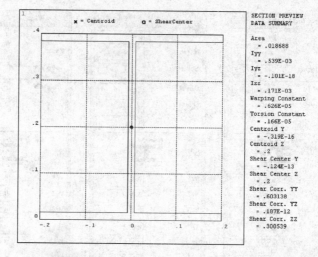

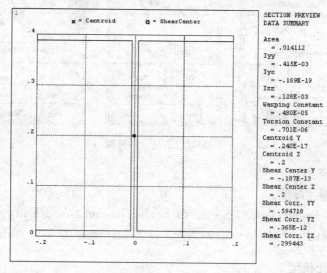

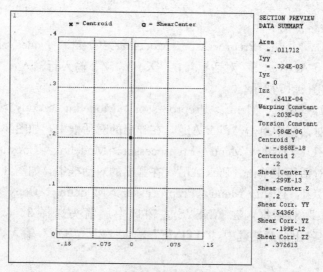

图 9-13　三种截面图及截面特性

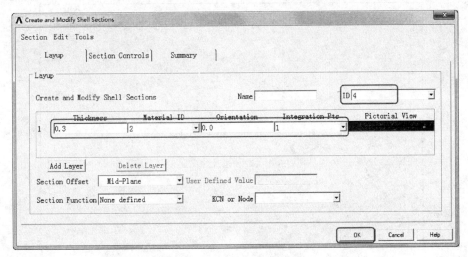

图 9-14　Create and Modify Shell Sections 对话框

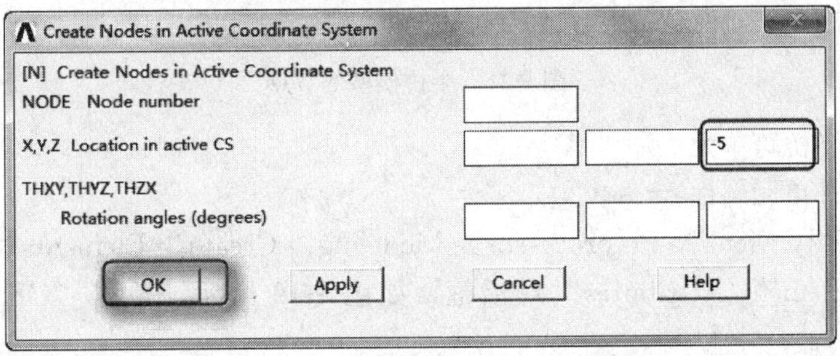

图 9-15　建立节点

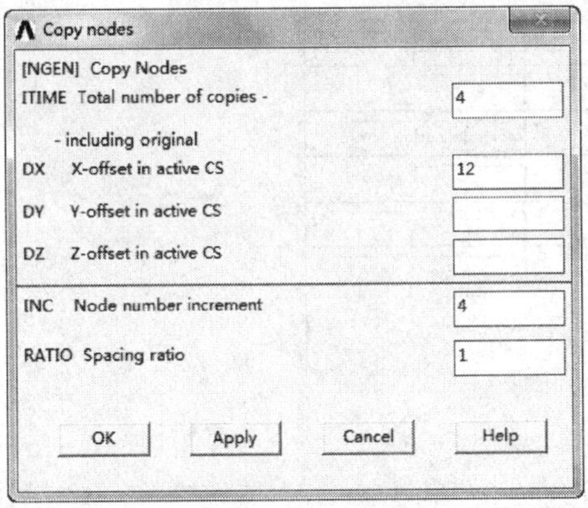

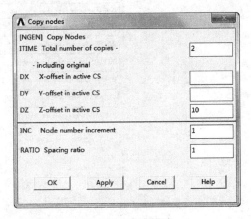

图 9-16　复制节点　　　　　　　　图 9-17　复制节点

继续执行 GUI：Utility Menu＞Preprocessor＞Modeling＞Copy＞Nodes＞Copy，弹出"Copy nodes"对话框，在 ANSYS 主窗口拾取 3、7、11 号节点，单击"OK"按钮，在弹出的对话框中，"ITIME"输入"2"，"DZ"输入"－10"，"INC"输入"1"，"RATIO"输入"1"，其他项不填写。单击"OK"按钮。最终，ANSYS 主窗口中出现画面如图 9-18 所示。

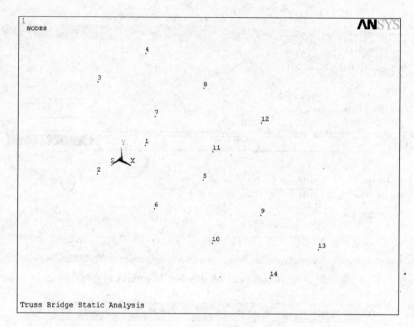

图 9-18 半桥模型的节点

（2）生成半桥跨单元：

选择第一种单元属性：

GUI：Utility Menu＞Preprocessor＞Modeling＞Create＞Elements＞Elem Attributes，弹出"Element Attributes"对话框，如图 9-19 所示。单击"OK"按钮，关闭窗口。

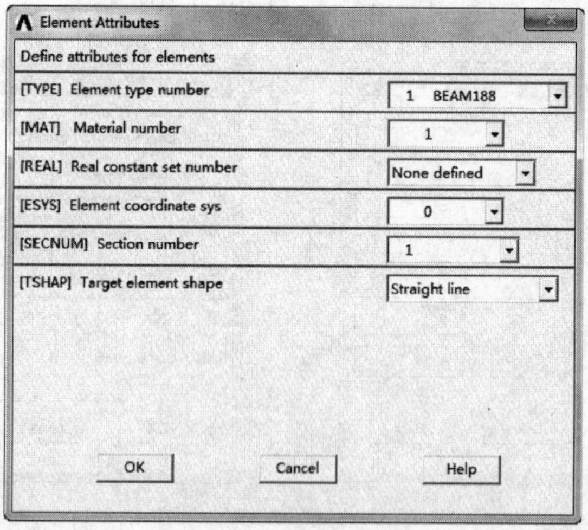

图 9-19 选择单元属性

建立端斜杆梁单元：

GUI：Utility Menu＞Preprocessor＞Modeling＞Create＞Elements＞Auto Numbered＞Thru Nodes，弹出"Elem from Nodes"拾取节点对话框，分别拾取 11 和 14 号节点，单击"OK"按钮。再选择 12 和 13 号节点。单击"OK"按钮，如图 9-20 所示。

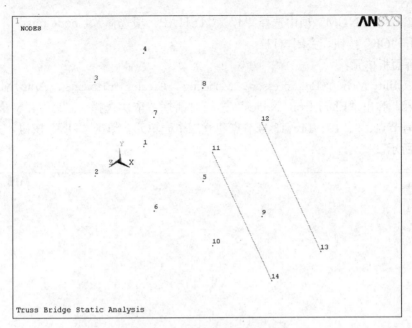

图 9-20 建立端斜杆梁单元

选择第二种单元属性：

GUI：Utility Menu＞Preprocessor＞Modeling＞Create＞Elements＞Elem Attributes，弹出"Element Attributes"对话框，"SECNUM"项中选择"2"，其他选项不变。单击"OK"按钮，关闭窗口。

建立上下弦杆和横梁杆梁单元：

GUI：Utility Menu＞Preprocessor＞Modeling＞Create＞Elements＞Auto Numbered＞Thru Nodes，弹出"Elem from Nodes"选择对话框，分别在 2 和 6 号节点、6 和 10 号节点、10 和 14 号节点、1 和 5 号节点、5 和 9 号节点、9 和 13 号节点、3 和 7 号节点、7 和 11 号节点、4 和 8 号节点、8 和 12 号节点、1 和 2 号节点、3 和 4 号节点、5 和 6 号节点、7 和 8 号节点、9 和 10 号节点、11 和 12 号节点、13 和 14 号节点建立单元。单击"OK"按钮，关闭窗口。

选择第三种单元属性：

GUI：Utility Menu＞Preprocessor＞Modeling＞Create＞Elements＞Elem Attributes，弹出"Element Attributes"对话框，"SECNUM"项中选择"3"，其他选项不变。单击"OK"按钮，关闭窗口。

建立上下弦杆和横梁杆梁单元：Utility Menu＞Preprocessor＞Modeling＞Create＞Elements＞Auto Numbered＞Thru Nodes，弹出"Elem from Nodes"选择对话框，分别在 3 和 6 号节点、6 和 11 号节点、4 和 5 号节点、5 和 12 号节点、2 和 3 号节点、1 和 4 号节点、6 和 7 号节点、5 和 8 号节点、10 和 11 号节点、9 和 12 号节点建立单元。单击"OK"按钮，关闭窗口。

选择第四种单元属性：

GUI：Utility Menu＞Preprocessor＞Modeling＞Create＞Elements＞Elem Attributes，弹出"Element Attributes"对话框，"TYPE"项选择"2 SHELL181"，"MAT"

项选择 "2"，"SECNUM" 项中选择 "4"，"TSHAP" 项选择 "4 node quad"，其他选项不变。单击 "OK" 按钮，关闭窗口。

建立桥面板单元：

GUI：Utility Menu＞Preprocessor＞Modeling＞Create＞Elements＞Auto Numbered＞Thru Nodes，弹出 "Elem from Nodes" 选择对话框，依次选择 1、2、6、5 号节点、5、6、10、9 号节点、9、10、14、13 号节点建立三个壳单元。单击 "OK" 按钮，关闭窗口。如图 9-21 所示。

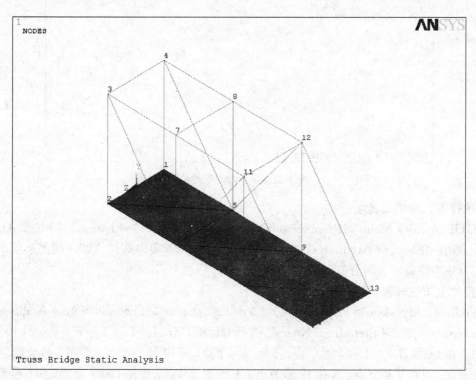

图 9-21　半桥单元

（3）生成全桥有限元模型：

生成对称节点：

GUI：Main Menu＞Preprocessor＞Modeling＞Reflect＞Nodes，弹出 "Reflect Nodes" 选择对话框，单击 "Pick All"。在第二个对话框中，选择 "Y-Z plane"，"INC" 项填写 "14"。单击 "OK" 按钮，关闭对话框。

生成对称单元：

GUI：Main Menu＞Preprocessor＞Modeling＞Reflect＞Elements＞Auto Numbered，弹出 "Reflect Elems" 选择对话框，单击 "Pick All"。在第二个对话框中，"NINC" 项填写 "14"。单击 "OK" 按钮。最后得到的全桥单元，如图 9-22 所示。

（4）合并重合节点、单元：

GUI：Main Menu＞Preprocessor＞Numbering Ctrls＞Merge Items，弹出 "Merge Coincident or Equivalently Defined Items" 对话框，"Label" 项选择 "All"，单击 "OK" 按钮，关闭窗口。如图 9-23 所示。

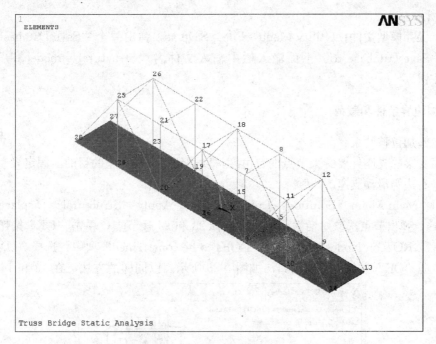

图 9-22 全桥单元

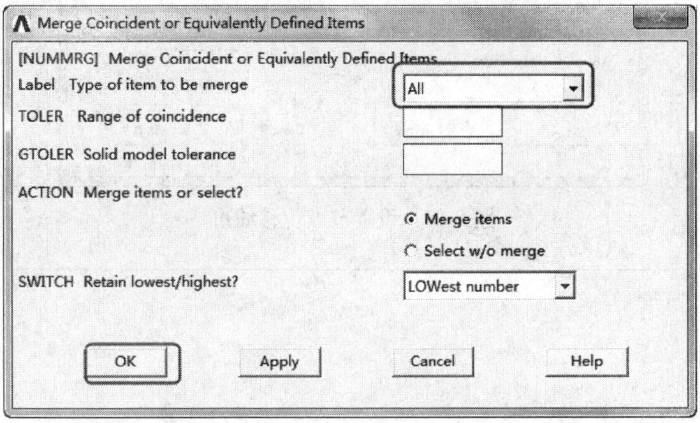

图 9-23 合并重合节点和单元

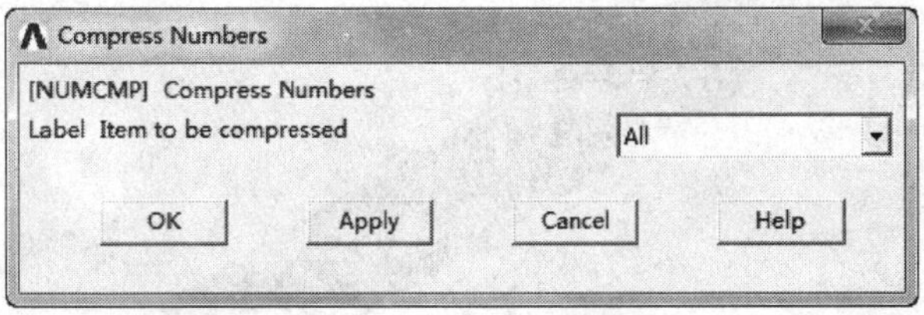

图 9-24 压缩编号

压缩编号：

GUI：Main Menu > Preprocessor > Numbering Ctrls > Compress Number，弹出"Compress Numbers"对话框，"Label"项选择"All"，单击"OK"按钮关闭窗口。如

图 9-24 所示。

（5）保存模型文件：Utility Menu＞File＞Save as，弹出一个"Save Database"对话框，在"Save Database to"下面输入栏中输入文件名"Structural _ model.db"，单击"OK"按钮。

3. 加边界条件和载荷

（1）施加位移约束：

在简支梁的支座处要约束节点的自由度，以达到模拟铰支座的目的。假定梁左端为固定支座，右边为滑动支座。

GUI：Main Menu＞Solution＞Define Losads＞Apply＞Structural＞Displacement＞On Nodes，弹出节点选取对话框，用箭头选择 23 和 24 号节点，单击"OK"按钮，弹出"Apply U，ROT on Nodes"对话框，"DOFs to be constrained"项中，选择"UX、UY、UZ"，单击"OK"按钮，关闭窗口。如图 9-25 所示。以同样的方法，在 13 和 14 号节点

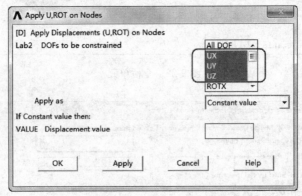

图 9-25　设置节点位移约束

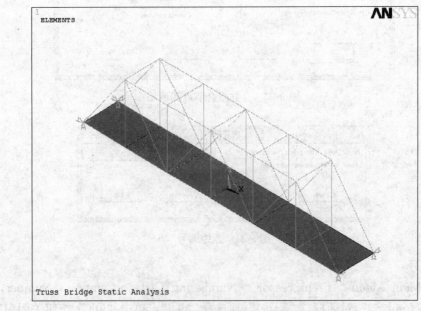

图 9-26　施加位移约束后的模型

施加位移约束，选择13、14号节点之后，在"DOFs to be constrained"项中选择"UY、UZ"，单击"OK"按钮，关闭窗口。结果如图9-26所示。

（2）施加集中力：

在跨中两节点处施加集中力荷载。

GUI：Main Menu＞Solution＞Define Losads＞Apply＞Structural＞Force/Moment＞On Nodes，弹出节点选取对话框，用箭头选择1和2号节点，单击"OK"按钮弹出"Apply F/M on Nodes"对话框，"Lab"项选择"FY"，"VALUE"项填写"－100000"。如图9-27所示。单击"OK"按钮关闭窗口。

（3）施加重力：

GUI：Main Menu＞Solution＞Define Losads＞Apply＞Structural＞Inertia＞Gravity＞Global，弹出"Apply Acceleration"对话框，在"ACELY"项填写"10"，单击"OK"按钮。

施加所有载荷后的模型，如图9-28所示。

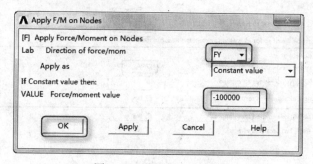

图9-27 设置集中力载荷

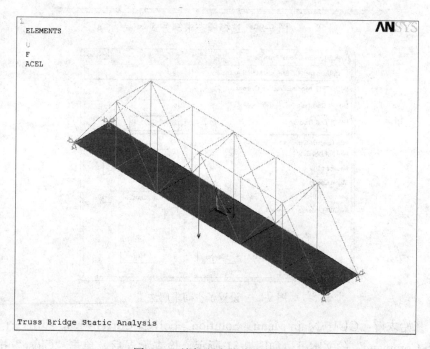

图9-28 施加所有载荷后的模型

4. 求解

(1) 选择分析类型：GUI：Main Menu＞Solution＞Analysis Type＞New Analysis，在弹出的"New Analysis"对话框中选择 Model 选项，单击"OK"按钮，关闭对话框。

(2) 设置分析选项：GUI：Main Menu＞Solution＞Analysis Type＞Analysis Option，弹出"Model Analysis"对话框，如图 9-29 所示填写，单击"OK"按钮。接着弹出"Subspace Modal Analysis"对话框，在"FREQE"项中填写 100，如图 9-30 所示。

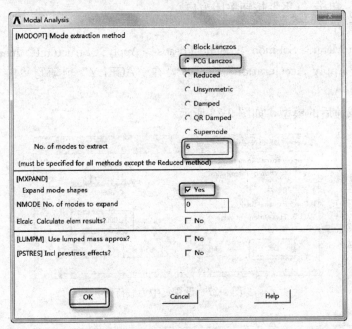

图 9-29 选择模态求解方式

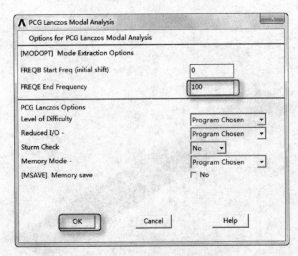

图 9-30 设置子空间求解法

(3) 开始求解：GUI：Main Menu＞Solution＞Solve＞Current LS，弹出一个名为"/STATUS Command"的文本框，如图 9-31 所示，检查无误后，单击"Close"按钮。在

弹出的另一个“Solve Current Load Step”对话框中，单击“OK”按钮开始求解。求解结束后，关闭“Solution is done”对话框。

5. 查看结算结果

（1）列表显示频率：GUI：Main Menu>General Postproc>Results Summary，弹出频率结果文本列表，如图 9-32 所示。

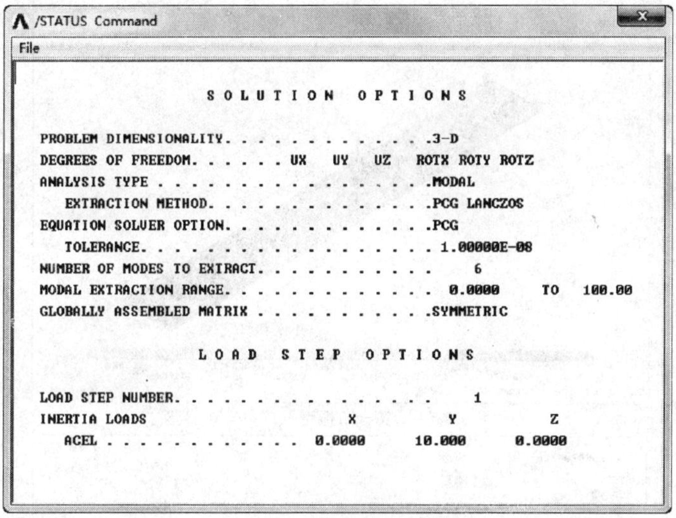

/STATUS Command

File

S O L U T I O N   O P T I O N S

PROBLEM DIMENSIONALITY. 3-D
DEGREES OF FREEDOM. . . . . . UX UY UZ ROTX ROTY ROTZ
ANALYSIS TYPE . . . . .MODAL
EXTRACTION METHOD. . . . . .PCG LANCZOS
EQUATION SOLVER OPTION. . . . . .PCG
TOLERANCE. 1.00000E-08
NUMBER OF MODES TO EXTRACT. 6
MODAL EXTRACTION RANGE. . . . . 0.0000 TO 100.00
GLOBALLY ASSEMBLED MATRIX . . . . .SYMMETRIC

L O A D   S T E P   O P T I O N S

LOAD STEP NUMBER. 1
INERTIA LOADS X Y Z
ACEL 0.0000 10.000 0.0000

图 9-31　求解信息

（2）显示各阶频率振型图：

1）读取荷载步

GUI：Main Menu>General Postproc>Read Results>First Set，菜单中 First Set（第一步）、Next Set（下一步）、Previous Set（前一步）、Last Set（最后一步）、By Pick（任意选择步数）等，可以任意选择读取荷载步，每一步代表一阶模态。

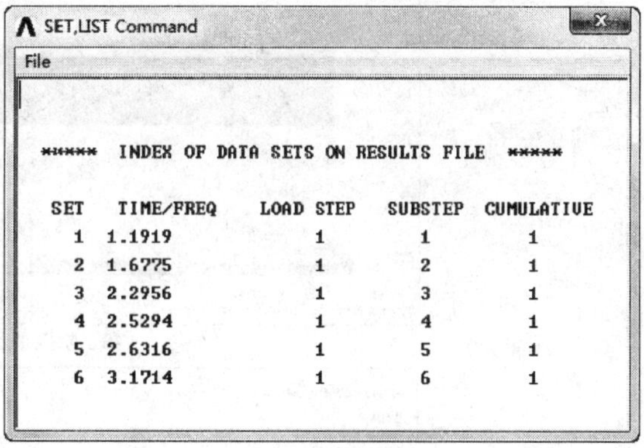

SET,LIST Command

File

***** INDEX OF DATA SETS ON RESULTS FILE *****

SET	TIME/FREQ	LOAD STEP	SUBSTEP	CUMULATIVE
1	1.1919	1	1	1
2	1.6775	1	2	1
3	2.2956	1	3	1
4	2.5294	1	4	1
5	2.6316	1	5	1
6	3.1714	1	6	1

图 9-32　频率列表

2）显示振型图：每次读取一阶模态之后，就可以显示该阶振型。GUI：Main Menu>General Postproc>Plot Results>Contour Plot>Nodal Solu，选择“Nodal Solution>DOF Solution>Displacement vector sum”，就可以显示振型图。如图 9-33 所示为前 6 阶模态的振型图。

（3）查看模态求解信息：在 ANSYS Output Window 中可以查看模态计算时的求解信息。如果想把求解信息保存下来，则需要在求解（solve）前，将输出信息写入文本中，操作如下：在进行求解前，GUI：Utility Menu>File>Switch Output to>File，弹出“Switch Output to File”对话框，定义文件名，选择保存路径之后，单击“OK”按钮创建文件，然后求解。求解结束后，GUI：Utility Menu>File>Switch Output to>Output

Window，使信息继续在输出窗口中显示，不再保存到创建的文件中。完整的求解信息中主要包含：总质量，结构在各方向的总转动惯量，各种单元质量，各阶频率、周期、参与因数、参与比例、有效质量、有效质量积累因数等。

模态各方向参与因数计算见表 9-7。

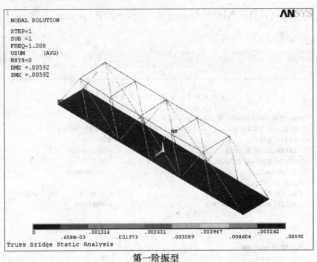
第一阶振型

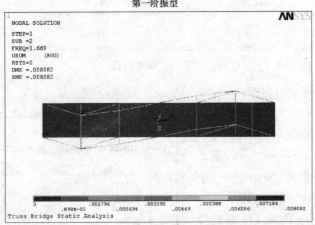
第二阶振型

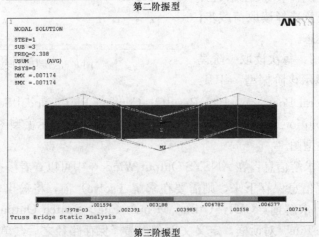
第三阶振型

图 9-33 前 6 阶模态的振型图（一）

第9章 模态分析

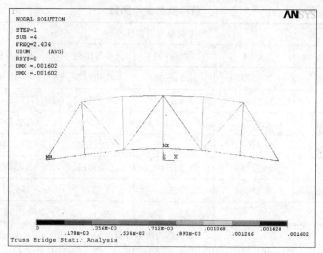
第四阶振型

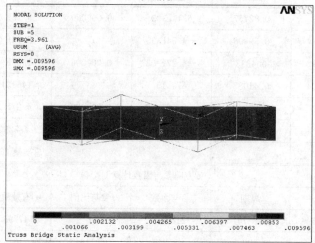
第五阶振型

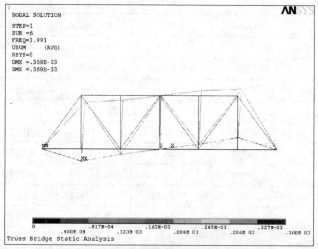
第六阶振型

图 9-33 前 6 阶模态的振型图（二）

各阶模态参与因数 表9-7

X方向参与因数计算

模态	频率	周期	参与因数	参与比例	有效质量	有效质量积累
1	1.20835	0.82757	4.51E-03	0.00006	2.04E-05	3.47E-09
2	1.66921	0.59908	2.65E-04	0.000004	7.01E-08	3.48E-09
3	2.30789	0.4333	−2.13E-03	0.000029	4.56E-06	4.25E-09
4	2.43382	0.41088	−16.577	0.221531	274.783	4.68E-02
5	3.96078	0.25248	1.14E-02	0.000152	1.29E-04	4.68E-02
6	3.9914	0.25054	74.827	1	5599.12	1
					总质量 5873.90	

Y方向参与因数计算

模态	频率	周期	参与因数	参与比例	有效质量	有效质量积累
1	1.20835	0.82757	6.14E-03	0.000009	3.76E-05	8.16E-11
2	1.66921	0.59908	−4.54E-05	0	2.06E-09	8.16E-11
3	2.30789	0.4333	−4.27E-03	0.000006	1.82E-05	1.21E-10
4	2.43382	0.41088	679.15	1	461241	0.99999
5	3.96078	0.25248	−2.23E-02	0.000033	4.97E-04	0.99999
6	3.9914	0.25054	2.1269	0.003132	4.52367	1
					总质量 461246	

Z方向参与因数计算

模态	频率	周期	参与因数	参与比例	有效质量	有效质量积累
1	1.20835	0.82757	218.62	1	47795.6	0.999624
2	1.66921	0.59908	−3.245	0.014843	10.53	0.999844
3	2.30789	0.4333	2.6971	0.012337	7.27422	0.999996
4	2.43382	0.41088	−3.79E-04	0.000002	1.44E-07	0.999996
5	3.96078	0.25248	0.4391	0.002008	0.192808	1
6	3.9914	0.25054	−8.20E-03	0.000038	6.73E-05	1
					总质量 47813.6	

RX方向参与因数计算

模态	频率	周期	参与因数	参与比例	有效质量	有效质量积累
1	1.20835	0.82757	3038.8	1	9.23E+06	0.998889
2	1.66921	0.59908	8.9082	0.002932	79.3561	0.998898
3	2.30789	0.4333	−100.92	0.033212	10185.4	1
4	2.43382	0.41088	2.15E-02	0.000007	4.63E-04	1
5	3.96078	0.25248	1.2935	0.000426	1.67321	1
6	3.9914	0.25054	−0.10188	0.000034	1.04E-02	1
					总质量 9244300	

续表

RY 方向参与因数计算

模态	频率	周期	参与因数	参与比例	有效质量	有效质量积累
1	1.20835	0.82757	−62.423	0.018844	3896.61	3.52E−04
2	1.66921	0.59908	3312.6	1	1.10E+07	0.992069
3	2.30789	0.4333	−17.912	0.005407	320.826	0.992098
4	2.43382	0.41088	7.48E−03	0.000002	5.60E−05	0.992098
5	3.96078	0.25248	−295.71	0.089266	87442.2	1
6	3.9914	0.25054	1.14E−02	0.000003	1.30E−04	1
					总质量 11065200	

RZ 方向参与因数计算

模态	频率	周期	参与因数	参与比例	有效质量	有效质量积累
1	1.20835	0.82757	2.76E−02	1.00E−05	7.60E−04	9.10E−11
2	1.66921	0.59908	−7.66E−03	3.00E−06	5.87E−05	9.80E−11
3	2.30789	0.4333	1.01E−02	4.00E−06	1.03E−04	1.10E−10
4	2.43382	0.41088	17.11	0.005921	292.763	3.51E−05
5	3.96078	0.25248	2.40E−03	1.00E−06	5.76E−06	3.51E−05
6	3.9914	0.25054	2889.7	1	8.35E+06	1
					总质量 8350830	

6. 退出程序

单击工具条上的"Quit"弹出一个如图 9-34 所示的"Exit from ANSYS"对话框，选取一种保存方式，单击"OK"按钮，则退出 ANSYS 软件。

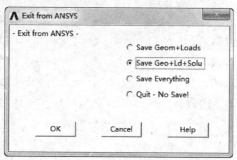

图 9-34 退出 ANSYS 对话框

9.3.3 命令流实现

```
/TITLE,Truss Bridge Static Analysis        ! 指定标题
/COM,Structural                            ! 选择分析类型为结构分析
/PREP7                                     ! 进入前处理器
ET,1,BEAM188                               ! 定义1号单元类型
```

```
KEYOPT,1,3,2
ET,2,SHELL181                                    ! 定义 2 号单元类型
KEYOPT,1,3,2

MP,EX,1,2.1E11                                   ! 定义 1 号材料弹性模量
MP,PRXY,1,0.3                                    ! 定义 1 号材料泊松比
MP,DENS,1,7850                                   ! 定义 1 号材料密度
MP,EX,2,3.5E10                                   ! 定义 2 号材料弹性模量
MP,PRXY,2,0.1667                                 ! 定义 2 号材料泊松比
MP,DENS,2,2500                                   ! 定义 2 号材料密度

SECTYPE,1,BEAM,I,,0                              ! 定义 1 号工字形截面
SECOFFSET,CENT                                   ! 截面质心不偏移
SECDATA,0.4,0.4,0.4,0.016,0.016,0.016,0,0,0,0    ! 1 号截面参数
SECTYPE,2,BEAM,I,,0                              ! 定义 2 号工字形截面
SECOFFSET,CENT                                   ! 截面质心不偏移
SECDATA,0.4,0.4,0.4,0.012,0.012,0.012,0,0,0,0    ! 2 号截面参数
SECTYPE,3,BEAM,I,,0                              ! 定义 3 号工字形截面
SECOFFSET,CENT                                   ! 截面质心不偏移
SECDATA,0.3,0.3,0.4,0.012,0.012,0.012,0,0,0,0    ! 3 号截面参数
SECT,4,SHELL,,                                   ! 定义 4 号壳厚度
SECDATA,0.3,2,0.0,1                              ! 4 号壳参数


N,,0,0,-5,,,,                                    ! 建立节点
NGEN,4,4,ALL,,,12,,,1,                           ! 复制节点
NGEN,2,1,ALL,,,,,10,1,                           ! 复制节点
NGEN,2,1,2,10,4,,16,,1,                          ! 复制节点
NGEN,2,1,3,11,4,,,-10,1,                         ! 复制节点

TYPE,1                                           ! 选择 1 号单元类型
MAT,1                                            ! 选择 1 号材料
ESYS,0                                           ! 单元坐标系
SECNUM,1                                         ! 选择 1 号截面
TSHAP,LINE                                       ! 选择线形单元
E,11,14                                          ! 建立单元
E,12,13                                          ! 建立单元


TYPE,1                                           ! 选择 1 号单元类型
```

```
MAT,1                        !选择1号材料
ESYS,0                       !单元坐标系
SECNUM,2                     !选择2号截面
TSHAP,LINE                   !选择线形单元
E,2,6                        !建立单元
E,6,10
E,10,14
E,1,5
E,5,9
E,9,13
E,3,7
E,7,11
E,4,8
E,8,12
E,1,2
E,3,4
E,5,6
E,7,8
E,9,10
E,11,12
E,13,14

TYPE,1                       !选择1号单元类型
MAT,1                        !选择1号材料
ESYS,0                       !单元坐标系
SECNUM,3                     !选择3号截面
TSHAP,LINE                   !选择线形单元
E,3,6                        !建立单元
E,6,11
E,4,5
E,5,12
E,2,3
E,1,4
E,6,7
E,5,8
E,10,11
E,9,12

TYPE,2                       !选择2号单元类型
```

```
MAT,2                              ! 选择2号材料
ESYS,0                             ! 单元坐标系
SECNUM, 4                          ! 选择4号截面
TSHAP,QUAD                         ! 选择四边形单元
E,1,2,6,5                          ! 建立单元
E,5,6,10,9
E,9,10,14,13

NSYM,X,14,ALL                      ! 所有节点以y0z平面对称
ESYM,,14,ALL                       ! 所有单元以y0z平面对称
NUMMRG,ALL,,,,LOW                  ! 合并重复节点单元,编号取
                                     较小者
NUMCMP,ALL                         ! 压缩节点单元等编号
FINISH                             ! 结束前处理器

/SOL                               ! 进入求解器
NSEL,S,,,23,24                     ! 选择节点
D,ALL,,0,,,,UX,UY,UZ,,,,           ! 约束3个自由度
NSEL,S,,,13,14                     ! 选择节点
D,ALL,,0,,,,,UY,UZ,,,,             ! 约束两个自由度
ALLSEL,ALL                         ! 选择所有

ANTYPE,2                           ! 选择分析类型,模态分析
MODOPT,SUBSP,6,0,100,,OFF          ! 选择子空间法,提取6阶模态
SUBOPT,8,4,10,0,0,ALL              ! 子空间法设置
SOLVE                              ! 开始求解
FINISH                             ! 结束求解器

/POST1                             ! 进入普通后处理器
SET,LIST                           ! 列表格阶模态
SET,FIRST                          ! 读取第一阶模态
PLNSOL,U,SUM,2,1.0                 ! 显示振型云图
```

9.4 本章小结

本章详细阐述了ANSYS模态分析的概念及其求解的基本步骤,通过钢桁架桥模态分析这个实例的介绍说明了模态分析的一般过程,使用户能够初步掌握ANSYS软件的模态分析功能。

第10章 谐响应分析

内容提要

谐响应分析是用于确定线性结构在承受随时间按正弦（简谐）规律变化的载荷时的稳态响应的一种技术。分析的目的是计算出结构在几种频率下的响应，并得到一些响应值（通常是位移）对频率的曲线。从这些曲线上可以找到"峰值"响应，并进一步观察峰值频率对应的应力。

本章将通过实例讲述谐响应分析的基本步骤和具体方法。

本章重点

➢ 谐响应分析概论
➢ 谐响应分析的基本步骤
➢ 实例：简支梁的谐响应分析

10.1 谐响应分析概论

任何持续的周期载荷将在结构系统中产生持续的周期响应（谐响应）。谐响应分析使设计人员能预测结构的持续动力特性，从而使设计人员能够验证其设计能否成功地克服共振、疲劳，及其他受迫振动引起的有害效果。

谐响应分析的目的是计算出结构在几种频率下的响应，并得到一些响应值（通常是位移）对频率的曲线。从这些曲线上可以找到"峰值"响应，并进一步观察峰值频率对应的应力。

这种分析技术只计算结构的稳态受迫振动，发生在激励开始时的瞬态振动不在谐响应分析中考虑，如图10-1所示。

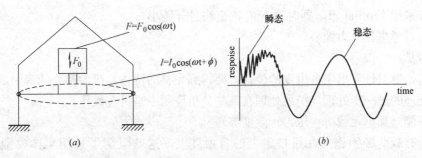

图10-1 谐响应分析示例

> **注意**
>
> 图 10-1（a）表示标准谐响应分析系统，F_0 和 ω 已知，I_0 和 Φ 未知；图 10-1（b）表示结构的稳态和瞬态谐响应分析。

谐响应分析是一种线性分析。任何非线性特性，如塑性和接触（间隙）单元，即使被定义了也将被忽略。但在分析中可以包含非对称矩阵，如分析在流体－结构相互作用中的问题。谐响应分析同样也可以用以分析有预应力的结构，如小提琴的弦（假定简谐应力比预加的拉伸应力小得多）。

谐响应分析可以采用 3 种方法：Full（完全法）、Reduced（减缩法）和 Mode Superposition（模态叠加法）。当然，还有另外一种方法，就是将简谐载荷指定为有时间历程的载荷函数而进行瞬态动力学分析，这是一种相对开销较大的方法。下面比较一下各种方法的优、缺点。

10.1.1 完全法（Full Method）

Full 法是 3 种方法中最容易使用的方法。它采用完整的系统矩阵计算谐响应（没有矩阵减缩）。矩阵可以是对称的，或非对称的。Full 法的优点是：

- 容易使用，因为不必关心如何选取主自由度和振型；
- 使用完整矩阵，因此不涉及质量矩阵的近似；
- 允许有非对称矩阵，这种矩阵在声学或轴承问题中很典型；
- 用单一处理过程计算出所有的位移和应力；
- 允许施加各种类型的载荷：节点力，外加的（非零）约束，单元载荷（压力和温度）；
- 允许采用实体模型上所加的载荷。

Full 法的缺点是预应力选项不可用；另一个缺点是：当采用 Frontal 方程求解器时，这种方法通常比其他的方法都开销大。但是采用 JCG 求解器或 JCCG 求解器时，Full 法的效率很高。

10.1.2 减缩方法（Reduced Method）

Reduced 法通常采用主自由度和减缩矩阵来压缩问题的规模。主自由度处的位移被计算出来后，解可以被扩展到初始的完整 DOF 集上。

优点是：

- 在采用 Frontal 求解器时比 Full 法更快且开销小；
- 可以考虑预应力效果。

缺点是：

- 初始解只计算出主自由度的位移。要得到完整的位移，应力和力的解则需执行被称为扩展处理的进一步处理（扩展处理在某些分析应用中是可选操作）。
- 不能施加单元载荷（压力、温度等）。
- 所有载荷必须施加在用户定义的自由度上（这就限制了采用实体模型上所加的载荷）。

10.1.3 模态叠加法（Mode Superposition Method）

Mode Superposition 法通过对模态分析得到的振型（特征向量）乘上因子并求和，来计算出结构的响应。

优点是：
- 对于许多问题，此法比 Reduced 或 Full 法更快，并且开销小；
- 在模态分析中施加的载荷可以通过 LVSCALE 命令，用于谐响应分析中；
- 可以使解按结构的固有频率聚集，这样便可产生更平滑、更精确的响应曲线图；
- 可以包含预应力效果；
- 允许考虑振型阻尼（阻尼系数为频率的函数）。

缺点是：
- 不能施加非零位移；
- 在模态分析中使用 PowerDynamics 法时，初始条件中不能有预加的载荷。

10.1.4 3 种方法的共同局限性

- 所有载荷必须随时间按正弦规律变化；
- 所有载荷必须有相同的频率；
- 不允许有非线性特性；
- 不计算瞬态效应。

可以通过进行瞬态动力学分析来克服这些限制，这种情况下应将简谐载荷表示为有时间历程的载荷函数。

10.2 谐响应分析的基本步骤

描述如何用 Full 法来进行谐响应分析，然后会列出用 Reduced 法和 Mode Superposition 法时有差别的步骤。

Full 法谐响应分析的过程由 3 个主要步骤组成：
1. 建模；
2. 加载并求解；
3. 观察结果以及后处理。

10.2.1 建立模型（前处理）

在这一步中需指定文件名和分析标题，然后用 PREP7 来定义单元类型、单元实常数、材料特性及几何模型。需记住的要点为：

1. 在谐响应分析中，只有线性行为是有效的。如果有非线性单元，他们将被按线性单元处理。例如：如果分析中包含接触单元，则它们的刚度取初始状态值并在计算过程中不再发生变化。

2. 必须指定杨氏模量 EX（或某种形式的刚度）和密度 DENS（或某种形式的质量）。材料特性可以是线性的、各向同性的或各向异性的、恒定的或和温度相关的。非线性材料特性将被忽略。

10.2.2 加载和求解

在这一步中,要定义分析类型和选项,加载,指定载荷步选项,并开始有限元求解。下面会列出详细说明。

注意

峰值响应分析发生在力的频率和结构的固有频率相等时。在得到谐响应分析解前,应该首先做一下模态分析,以确定结构的固有频率。

1. 进入求解器

命令:/SOLU

GUI:Main Menu>Solution。

2. 定义分析类型和载荷选项

ANSYS 提供用于谐响应分析的求解选项如下:

分析类型和选项　　　　　　　　　　　　表 10-1

选项	命令	GUI 路径
新的分析	ANTYPE	Main Menu>Solution>Analysis Type>New Analysis
分析类型:谐响应分析	ANTYPE	Main Menu>Solution>Analysis Type>New Analysis>Harmonic
求解方法	HROPT	Main Menu>Solution>Analysis Type>Analysis Options
输出格式	HROUT	Main Menu>Solution>Analysis Type>Analysis Options
质量矩阵	LUMPM	Main Menu>Solution>Analysis Type>Analysis Options
方程求解器	EQSLV	Main Menu>Solution>Analysis Type>Analysis Options
模态数	HROPT	Main Menu>Solution>Analysis Type>Analysis Options
输出选项	HROUT	Main Menu>Solution>Analysis Type>Analysis Options
预应力	PSTRES	Main Menu>Solution>Analysis Type>Analysis Options

下面对表中各项进行详细的解释。

(1) New Analysis [ANTYPE]:选 New Analysis (新分析)。在谐响应分析中 Restart 不可用;如果需要施加另外的简谐载荷,可以另进行一次新分析。

(2) Analysis Type:Harmonic Response [ANTYPE]:选分析类型为 Harmonic Response (谐响应分析)。

图 10-2 表示谐响应分析选项菜单,图 10-2 中对应项的说明如下:

(3) Solution Method [HROPT]:选择下列求解方法中的一种:Full 法、Reduced 法和 Mode Superposition 法。

(4) Solution Listing Format [HROUT]:此选项确定在输出文件 Jobname.Out 中谐响应分析的位移解如何列出。可以选的方式有"real and imaginary"(实部和虚部,默认)形式,"amplitudes and phase angles"(幅值和相位角)形式。

（5）Mass Matrix Formulation [LUMPM]：此选项用于指定是采用默认的质量阵形成方式（取决于单元类型）还是用集中质量阵近似。

注意

建议在大多数应用中采用默认形成方式。但对有些包含"薄膜"结构

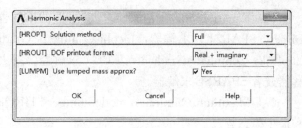

图 10-2　谐响应分析选项

的问题，如细长梁或者非常薄的壳，采用集中质量矩阵近似经常产生较好的结果。另外，采用集中质量阵求解时间短，需要内存少。

设置完 Harmonic Analysis 对话框后，单击"OK"按钮，则会根据设置的 [HROPT] Solution Method（求解方法）弹出相应的菜单；如果 Solution Method 设置为 Full（完全法），那么会弹出 Full Harmonic Analysis 的对话框，如图 10-3 所示，此对话框用于选择方程求解器和预应力；如果 Solution Method 设置为 Mode Superposition（模态叠加法），那么会弹出 Mode Sup Harmonic Analysis 的对话框，如图 10-4 所示，此对话框用于设置最多模态数、最少模态数以及模态输出选项；如果 Solution Method 设置为 Reduced（减缩法），

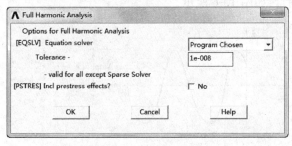

图 10-3　完全法选项

会弹出 Reduced Harmonic Analysis 的对话框，如图 10-5 所示，此对话框用于设置预应力。

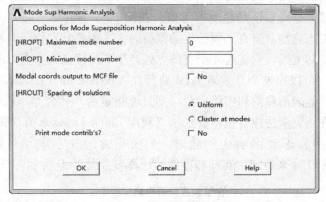

图 10-4　模态叠加法选项

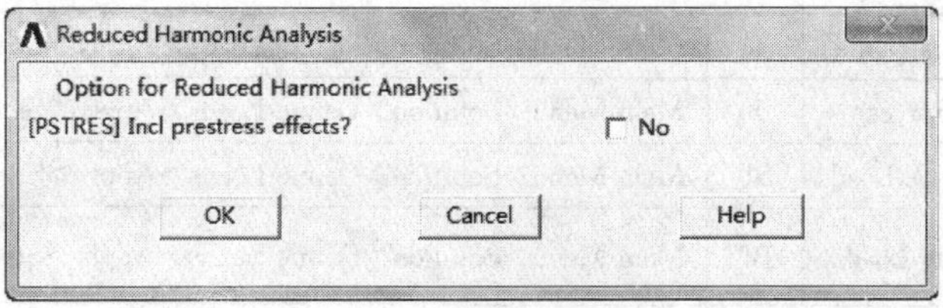

图 10-5　减缩法选项

(6) Equation Solver [EQSLV]：可选的求解器有：Frontal 求解器（默认），Sparse Direct (SPARSE) 求解器，Jacobi Conjugate Gradient (JCG) 求解器，以及 Incomplete Cholesky Conjugate Gradient (ICCG) 求解器。对大多数结构模型，建议采用 Frontal 求解器或者 SPARSE 求解器。

(7) Maximum/Minimum mode number [HROPT]：设置模态叠加法时的最多模态数和最少模态数。

(8) Spacing of solutions [HROUT]：设置模态输出格式。

(9) Incl prestress effects [PSTRES]：选择是否考虑预应力。

3. 在模型上加载

根据定义，谐响应分析假定所施加的所有载荷随时间按简谐（正弦）规律变化。指定一个完整的简谐载荷需输入 3 条信息：Amplitude（幅值），phase angle（相位角）和 forcing frequency range（强制频率范围），如图 10-6 所示。

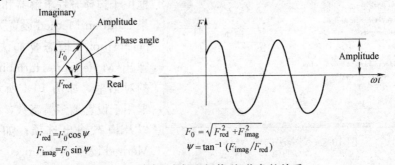

图 10-6　实部/虚部和幅值/相位角的关系

幅值是载荷的最大值，载荷可以用表 10-2、表 10-3 中的命令来指定。相位角是时间的度量，它表示载荷是滞后还是超前参考值。在图 10-6 中的复平面上，实轴（Real）就表示相位角。只有当施加多组有不同相位的载荷时，才需要分别指定其相位角。如图 10-7 所示的不平衡的旋转天线，它将在 4 个支撑点处产生不同相位的垂直方向的载荷，图中实轴表示角度；用户可以通过命令或者 GUI 路径在 VALUE 和 VALUE2 位置指定实部和虚部值，而对于其他表面载荷和实体载荷，则只能指定为 0 相位角（没有虚部），不过有如下例外情况：在用完全法或者振型叠加法（利用 Block Lanczos 方法提取模态，参考相关 SF 和 SFE 命令）求解谐响应问题时，表面压力的非零虚部可以通过表面单元 SURF153 和 SURF154 来指定。实部和虚部的计算参考图 10-6 所示。

在谐响应分析中施加载荷　　　　　　　　　　　表 10-2

载荷类型	类别	命令	GUI Path
位移约束	Constraints	D	Main Menu>Solution>Define Loads>Apply>Structural>Displacement
集中力或者力矩	Forces	F	Main Menu>Solution>Define Loads>Apply>Structural>Force/Moment
压力 (PRES)	Surface Loads	SF	Main Menu>Solution>Define Loads>Apply>Structural>Pressure
温度 (TEMP) 流体 (FLUE)	Body Loads	BF	Main Menu>Solution>Define Loads>Apply>Structural>Temperature
重力, 向心力等	Inertia Loads	—	Main Menu>Solution>Define Loads>Apply>Structural>Other

在分析中，用户可以施加、删除、修正或者显示载荷。

谐响应分析的载荷命令　　　　　　　　　　　　　表 10-3

载荷类型	实体模型或有限元模型	图元	施加载荷	删除载荷	列表显示载荷	对载荷操作	设定载荷
位移约束	实体	Keypoints	DK	DKDELE	DKLIST	DTRAN	—
	实体	Lines	DL	DLDELE	DLLIST	DTRAN	—
	实体	Areas	DA	DADELE	DALIST	DTRAN	—
	有限元	Nodes	D	DDELE	DLIST	DSCALE	DSYM, DCUM
集中力	实体	Keypoints	FK	FKDELE	FKLIST	FTRAN	—
	有限元	Nodes	F	FDELE	FLIST	FSCALE	FCUM
压力	实体	Lines	SFL	SFLDELE	SFLLIST	SFTRAN	SFGRAD
	实体	Areas	SFA	SFADELE	SFALIST	SFTRAN	SFGRAD
	有限元	Nodes	SF	SFDELE	SFLIST	SFSCALE	SFGRAD, SFCUM
	有限元	Elements	SFE	SFEDELE	SFELIST	SFSCALE	SFGRAD, SFBEAM, SFFUN, SFCUM
温度或者流体	实体	Keypoints	BFK	BFKDELE	BFKLIST	BFTRAN	
	实体	Lines	BFL	BFLDELE	BFLLIST	BFTRAN	
	实体	Areas	BFA	BFADELE	BFALIST	BFTRAN	
	实体	Volumes	BFV	BFVDELE	BFVLIST	BFTRAN	
	有限元	Nodes	BF	BFDELE	BFLIST	BFSCALE	BFCUM
	有限元	Elements	BFE	BFEDELE	BFELIST	BFSCALE	BFCUM
惯性力	—	—	ACEL OMEGA DOMEGA CGLOC CGOMGA DCGOMG	—	—	—	—

载荷的频带是指谐波载荷（周期函数）的频率范围，可以利用 HARFRQ 命令将它作为一个载荷步选项来指定。

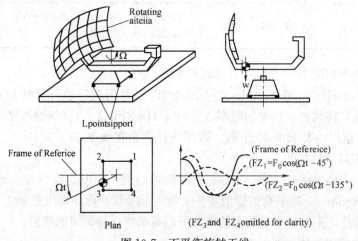

图 10-7　不平衡旋转天线

注意

谐响应分析不能计算频率不同的多个强制载荷同时作用时产生的响应。这种情况的实例,是两个具有不同转速的机器同时运转的情形。但在 POST1 中,可以对两种载荷状况进行叠加以得到总体响应。在分析过程中,可以施加、删除载荷或对载荷进行操作或列表。

4. 指定载荷步选项

表 10-4 是可以在谐响应分析中使用的选项。

载荷步选项　　　　　　　　　　　　　　　　　　　　　　　　　　　表 10-4

选项	命令	GUI 路径
普通选项		
谐响应分析的子步数	NSUBST	Main Menu>Solution>Load Step Opts>Time/Frequenc>Freq and Substeps
阶跃载荷或者连续载荷	KBC	Main Menu>Solution>Load Step Opts>Time/Frequenc>Time-Time Step or Freq and Substeps
动力选项		
载荷频带	HARFRQ	Main Menu>Solution>Load Step Opts>Time/Frequenc>Freq and Substeps
阻尼	ALPHAD,BETAD,DMPRAT	Main Menu>Solution>Load Step Opts>Time/Frequenc>Damping
输出控制选项		
输出	OUTPR	Main Menu>Solution>Load Step Opts>Output Ctrls>Solu Printout
数据库和结果文件输出	OUTRES	Main Menu>Solution>Load Step Opts>Output Ctrls>DB/Results File
结果外推	ERESX	Main Menu>Solution>Load Step Opts>Output Ctrls>Integration Pt

(1) 普通选项如图 10-8 所示,具体说明如下:

• Number of Harmonic Solutions [NSUBST]:可用此选项计算任何数目的谐响应解。解(或子步)将均布于指定的频率范围内 [HARFRQ](详细说明见后)。例如:如果在 30~40Hz 范围内要求出 10 个解,程序将计算出在频率 31、32、…、40Hz 处的响应,而不去计算其他频率处。

• Stepped or Ramped Loads [KBC]:载荷可以是 Stepped 或 Ramped 方式变化的,默认时方式是 Ramped,即载荷的幅值随各子步逐渐增长。而如果用命令 [KBC,1] 设置了 Stepped 载荷,则在频率范围内的所有子步载荷将保持恒定的幅值。

(2) 动力学选项具体说明如下:

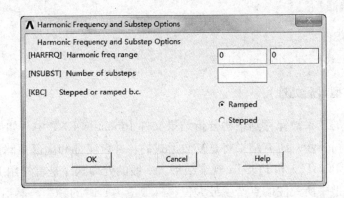

图 10-8 谐响应分析频率和子步选项

• Forcing Frequency Range［HARFRQ］：在谐响应分析中必须指定强制频率范围（以周/单位时间为单位）。然后，指定在此频率范围内要计算处的解的数目。

• Damping：必须指定某种形式的阻尼，否则在共振处的响应将无限大。Alpha（质量）阻尼［ALPHAD］；Beta（刚度）阻尼［BETAD］；恒定阻尼比［DMPRAT］。

⚠ 注意

在直接积分谐响应分析（用 Full 法或 Reduced 法）中如果没有指定阻尼，程序将默认采用零阻尼。

（3）输出控制包括：

• Printed Output［OUTPR］：此选项用于指定输出文件 Jobname.OUT 中要包含的结果数据。

• Database and Results File Output［OUTRES］：此选项用于控制结果文件 Jobname.RST 中包含的数据。

• Extrapolation of Results［ERESX］：此选项用于设置采用将结果复制到节点处方式而默认的外插方式得到单元积分点结果。

5. 保存模型

命令：SAVE。

GUI：Utility Menu>File>Save as。

6. 开始求解

命令：SOLVE。

GUI：Main Menu>Solution>Solve>Current LS。

7. 对于多载荷步可重复以上步骤

如果有另外的载荷和频率范围（即另外的载荷步），重复 3～6 步。如果要做时间历程后处理（POST26），则一个载荷步和另一个载荷步的频率范围间不能存在重叠。

8. 离开求解器

命令：FINISH。

GUI：Close the Solution menu。

10.2.3 观察模型（后处理）

谐响应分析的结果被保存到结构分析结果文件 Jobname.RST 中。如果结构定义了阻尼，响应将与载荷异步。所有结果将是复数形式的，并以实部和虚部存储。

通常可以用 POST26 和 POST1 观察结果。一般的处理顺序是首先用 POST26 找到临界强制频率－模型中所关注的点产生最大位移（或应力）时的频率－然后用 POST1 在这些临界强制频率处，处理整个模型。

- POST1 用于在指定频率点观察整个模型的结果。
- POST26 用于观察在整个频率范围内模型中指定点处的结果。

1. 利用 POST26

POST26 描述不同频率对应的结果值，每个变量都有一个响应的数字标号。

（1）用如下方法定义变量：

命令：NSOL 用于定义基本数据（节点位移）。

ESOL 用于定义派生数据（单元数据，如应力）。

RFORCE 用于定义反作用力数据。

GUI：Main Menu>TimeHist Postpro>Define Variables。

 注意

FORCE 命令允许选择全部力，总力的静力项、阻尼项或者惯性项。

（2）绘制变量表格（例如不同频率或者其他变量），然后利用 PLCPLX 绘制幅值、相位角、实部或者虚部：

命令：PLVAR，PLCPLX。

GUI：Main Menu>TimeHist Postpro>Graph Variables。

Main Menu>TimeHist Postpro>Settings>Graph。

（3）列表显示变量，利用 EXTREM 命令显示极值，然后利用 PRCPLX 显示幅值、相位角、实部或者虚部：

命令：PRVAR，EXTREM，PRCPLX。

GUI：Main Menu>TimeHist Postpro>List Variables>List Extremes。

Main Menu>TimeHist Postpro>List Extremes。

Main Menu>TimeHist Postpro>Settings>List。

另外，POST26 里面还有许多其他函数，例如：对变量进行数学运算、将变量移动到数组参数里面等等，详细信息可参考 ANSYS 在线帮助文档。

如果想要观察在时间历程里面特殊时刻的结果，可利用 POST1 后处理器。

2. 利用 POST1

可以用 SET 命令（或者相应 GUI）读取谐响应分析的结果，不过它只会读取实部或者虚部，不能两者同时读取。结果的幅值是实部和虚部的平方根，如图 10-6 所示。

用户可以显示结构变形形状、应力-应变云图等，还可以图形显示矢量；另外，还可以利用 PRNSOL、PRESOL、PRRSOL 等命令列表显示结果。

（1）显示变形图

命令：PLDISP。

GUI：Main Menu>General Postproc>Plot Results>Deformed Shape。

（2）显示变形云图

命令：PLNSOL or PLESOL。

GUI：Main Menu>General Postproc>Plot Results>Contour Plot>Nodal Solu or Element Solu。

注意

该命令可以显示所有变量的云图，例如：应力（SX、SY、SZ…）、应变（EPELX、EPELY、EPELZ…）和位移（UX、UY、UZ…）等。

PLNSOL 和 PLESOL 命令的 KUND 项表示，是否要在变形图里同时显示变形前的图形。

（3）绘制矢量

命令：PLVECT。

GUI：Main Menu>General Postproc>Plot Results>Vector Plot>Predefined。

（4）列表显示

命令：PRNSOL（节点结果）。

PRESOL（单元结果）。

PRRSOL（反作用力等）。

NSORT，ESORT。

GUI：Main Menu>General Postproc>List Results>Nodal Solution。

Main Menu>General Postproc>List Results>Element Solution。

Main Menu>General Postproc>List Results>Reaction Solution。

在列表显示前，可以利用 NSORT 和 ESORT 命令对数据进行分类。

另外，POST1 后处理器里面还包含很多其他的功能。例如：将结果映射到路径来显示、将结果转换坐标系显示、载荷工况叠加显示等，详细信息可参考 ANSYS 在线帮助文档。

10.3 实例——简支梁的谐响应分析

该例通过一个简支梁的谐响应分析来阐述谐响应分析的基本过程和步骤，谐响应分析有三种求解方法：完全法、减缩法和模态叠加法。该例采用的是模态叠加法；如果要采用其他两种方法，步骤也一样。

10.3.1 分析问题

简支梁状态如图 10-9 所示,谐响应是所有响应的基础,可以先分析谐响应。

简支梁的各种参数如下:

梁长:$l=710mm$

截面直径:$d=0.254mm$

受力位置:$c=165mm$

弹性模量:$2.06E11$

密度:$7.8e3kg/m^3$

水平作用力:$F_1=84N$

竖直作用力:$F_2=1N$

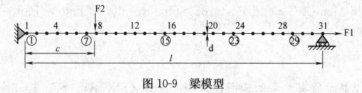

图 10-9 梁模型

10.3.2 建立模型

建立模型包括设定分析作业名和标题;定义单元类型和实常数;定义材料属性;建立几何模型;划分有限元网格。

1. 设定分析作业名和标题

在进行一个新的有限元分析时,通常需要修改数据库名,并在图形输出窗口中定义一个标题来说明当前进行的工作内容。另外,对于不同的分析范畴(结构分析、热分析、流体分析、电磁场分析等),ANSYS 所用的主菜单的内容不尽相同。为此,我们需要在分析开始时选定分析内容的范畴,以便 ANSYS 显示出与其相对应的菜单选项。

(1) 从实用菜单中选择 Utility Menu:File>Change Jobname 命令,将打开 Change Jobname(修改文件名)对话框,如图 10-10 所示。

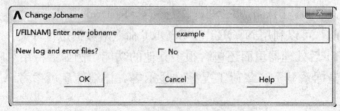

图 10-10 修改文件名对话框

(2) 在 Enter new jobname(输入新的文件名)文本框中输入文字"example",为本分析实例的数据库文件名。

(3) 单击 Add... 按钮,完成文件名的修改。

(4) 从实用菜单中选择 Utility Menu:File>Change Title 命令,将打开 Change Title(修改标题)对话框,如图 10-11 所示。

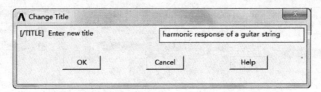

图 10-11　修改标题对话框

（5）在 Enter new title（输入新标题）文本框中输入文字"harmonic response of a guitar string"，为本分析实例的标题名。

（6）单击"OK"按钮，完成对标题名的指定。

（7）从实用菜单中选择 Utility Menu：Plot＞Replot 命令，指定的标题"harmonic response of a guitar string"将显示在图形窗口的左下角。

（8）从主菜单中选择 Main Menu：Preference 命令，将打开 Preference of GUI Filtering（菜单过滤参数选择）对话框，选中 Structural 复选框，单击"OK"按钮确定。

2．定义单元类型

在进行有限元分析时，首先应根据分析问题的几何结构、分析类型和所分析的问题精度要求等，选定适合具体分析的单元类型。本例中，选用二节点线单元 Link 180。

（1）从主菜单中选择 Main Menu：Preprocessor＞Element Type＞Add/Edit/Delete 命令，将打开 Element Type（单元类型）对话框。

（2）单击"OK"按钮，将打开 Library of Element Types（单元类型库），如图 10-12 所示。

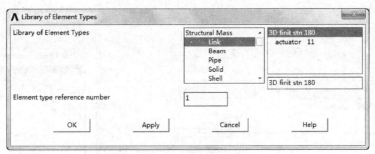

图 10-12　单元类型库对话框

（3）在左边的列表框中选择 Link 选项，选择线单元类型。

（4）在右边的列表框中选择 3D finit stn 180 选项，选择二节点线单元 Link 180。

（5）单击"OK"按钮，将 Link 180 单元添加，并关闭单元类型对话框，同时返回到第（1）步打开的单元类型对话框，如图 10-13 所示。

（6）单击 Close 按钮，关闭单元类型对话框，结束单元类型的添加。

3．定义实常数

本实例中选用线单元 Link 180，需要设置其实常数。

（1）从主菜单中选择 Main Menu：Preprocessor＞Real Constants＞Add/Edit/Delete 命令，打开如图 10-14 所示的 Real Constants（实常数）对话框。

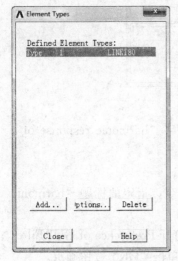  

图 10-13　单元类型对话框　　图 10-14　设置实常数　　图 10-15　实常数单元类型

（2）单击 Add 按钮，打开如图 10-15 所示的 Element Type for Real Constants（实常数单元类型）对话框，要求选择欲定义实常数的单元类型。

（3）本例中定义了一种单元类型，在已定义的单元类型列表中选择"Type 1 Link 180"，将为复合单元 Link 180 类型定义实常数。

（4）单击"OK"按钮确定，关闭选择单元类型对话框，打开该单元类型 Real Constant Set（实常数集）对话框，如图 10-16 所示。

（5）在 Real Constant Set No.（编号）文本框中输入"1"，设置第一组实常数，如图 10-17 所示。

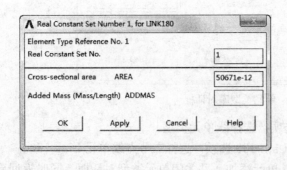 

图 10-16　为 Link 180 设置实常数　　　　图 10-17　已经定义的实常数

（6）在 AREA（面积）文本框中输入"50671e-12"。

（7）单击"OK"按钮，关闭实常数集对话框，返回到实常数设置对话框，显示已经定义了四组实常数。

（8）单击 Close 按钮，关闭实常数对话框。

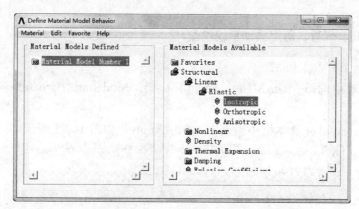

图 10-18　定义材料模型属性窗口

4. 定义材料属性

考虑谐响应分析中，必须定义材料的弹性模量和密度。具体步骤如下：

（1）从主菜单中选择 Main Menu：Preprocessor＞Material Props＞Materia Model 命令，将打开 Define Material Model Behavior（定义材料模型属性）窗口，如图 10-18 所示。

（2）依次单击 Structural＞Linear＞Elastic＞Isotropic，展开材料属性的树形结构。将打开 1 号材料的弹性模量 EX 和泊松比 PRXY 的定义对话框，如图 10-19 所示。

（3）在对话框的 EX 文本框中输入弹性模量 1.9E+011，在 PRXY 文本框中输入泊松比 0.3。

（4）单击"OK"按钮，关闭对话框，并返回到定义材料模型属性窗口，在此窗口的左边一栏出现刚刚定义的参考号为 1 的材料属性。

（5）依次单击 Structural＞Density，打开定义材料密度对话框，如图 10-20 所示。

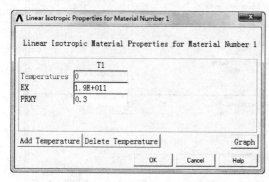

图 10-19　线性各向同性材料的弹性模量和泊松比

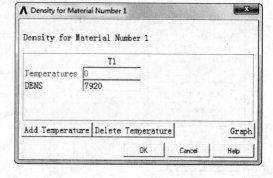

图 10-20　定义材料密度对话框

（6）在 DENS 文本框中输入密度数值"7920"。

（7）单击"OK"按钮，关闭对话框，并返回到定义材料模型属性窗口，在此窗口的左边一栏参考号为 1 的材料属性下方出现密度项。

（8）在 Define Material Model Behavior 窗口中，从菜单选择 Material＞Exit 命令，或者单击右上角的 X 按钮，退出定义材料模型属性窗口，完成对材料模型属性的定义。

5. 建立弹簧、质量、阻尼振动系统模型

（1）定义两个节点 1 和 31

1）从主菜单中选择 Main Menu：Preprocessor>Modeling>Create>Nodes>In Active CS...。

2）在 Node number 文本框中输入 1，单击 Apply，如图 10-21 所示。

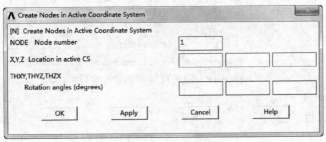

图 10-21　定义一个节点

3）在 Node number 文本框中输入 31，X=0.71，单击"OK"按钮。

（2）定义其他节点 2～30

1）从主菜单中选择 Main Menu：Preprocessor>Modeling>Create>Nodes>Fill between nds...。

2）在文本框中输入 1，31，单击"OK"按钮，如图 10-22 所示。

3）在打开的 Create Nodes Between 2 Nodes 对话框中，单击"OK"按钮，如图 10-23 所示。所得结果如图 10-24 所示。

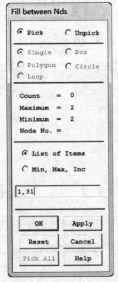

图 10-22　选择节点

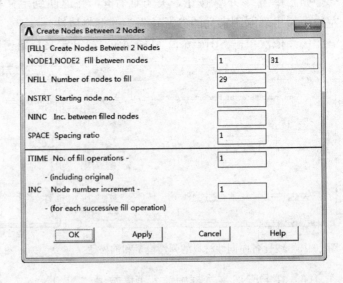

图 10-23　填充节点

（3）定义一个单元

1）从主菜单中选择 Main Menu：Preprocessor>Modeling>Create>Elements>Auto Numbered>Thru Nodes...。

2) 在文本框中输入 1, 2, 用节点 1 和节点 2 创建一个单元, 单击"OK"按钮, 如图 10-25 所示。

(4) 创建其他单元

1) 从主菜单中选择 Main Menu: Preprocessor＞Modeling＞Copy＞Elements＞Auto Numbered...。

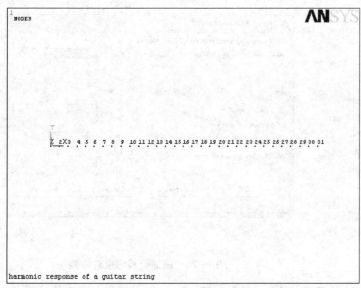 

图 10-24　创建的结点　　　　　　　　　图 10-25　创建一个单元

2) 在文本框中输入 1, 选择第一个单元, 单击"OK"按钮, 如图 10-26 所示。

3) 在打开的对话框中, Total number of copies 文本框中输入 30, Node number increment 文本框中输入 1, 单击"OK"按钮, 如图 10-27 所示。

(5) 从主菜单中选择 Main Menu: Solution＞Define Loads＞Apply＞Structural＞Displacement＞On Nodes 命令, 打开节点选择对话框, 要求选择欲施加位移约束的节点。

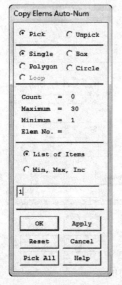 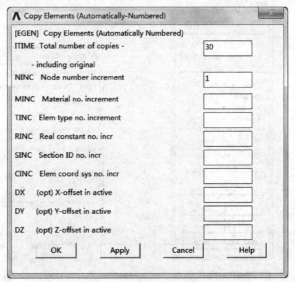

图 10-26　选择单元　　　　　　　　　　图 10-27　复制单元控制

(6) 在文本框中输入 1,单击 "OK" 按钮,如图 10-28 所示。

(7) 打开 Apply U,ROT on Nodes 对话框,在 DOFS to be constrained 滚动框中,选择 "All DOF"(单击一次使其高亮度显示,确保其他选项未被高亮度显示)。单击 Apply,如图 10-29 所示。

图 10-28 选取节点

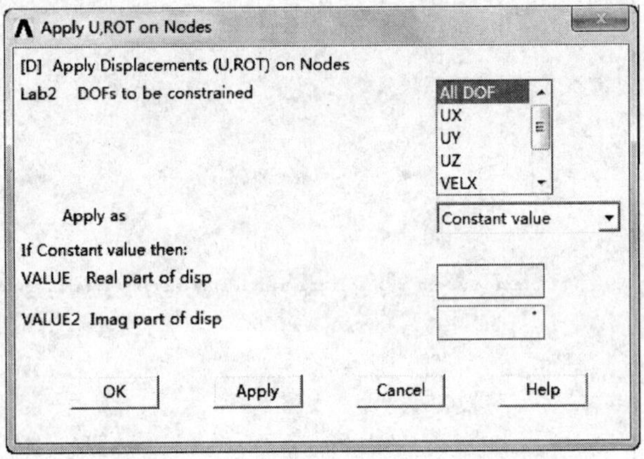

图 10-29 施加位移约束对话框

(8) 在节点选择对话框中,选择 "Min,Max,inc" 方式,在文本框中输入 2,31,1,单击 "OK" 按钮。

(9) 打开 Apply U,ROT on Nodes 对话框,在 DOFS to be constrained 滚动框中,选择 "UY"(单击一次使其高亮度显示,确保其他选项未被高亮度显示),单击 Apply。

(10) 从主菜单中选择 Main Menu:Solution＞Define Loads＞Apply＞Structure＞Force/Moment＞On Nodes。打开 Apply F/M on Nodes 拾取窗口。

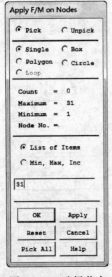

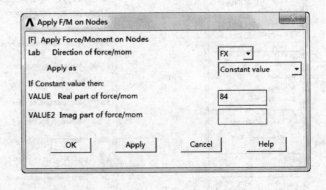

图 10-30 选择节点

图 10-31 输入力的值

(11) 在文本框中输入 31,单击 "OK" 按钮,如图 10-30 所示。

(12) 在 Direction of force/mom 下拉列表框中选择 FX,在 Force/moment value 文本框中输入 84,单击 "OK" 按钮,如图 10-31 所示。

(13) 施加载荷后的结果如图 10-32 所示。

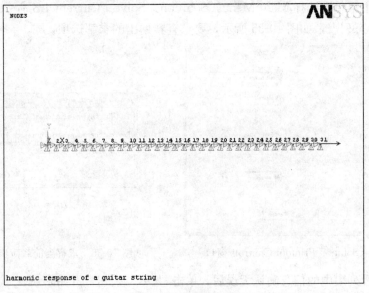

图 10-32　加载后的图

(14) 从主菜单中选择 Main Menu:Solution>Analysis Type>Sol'n Controls。打开 Solution Controls 拾取窗口。

(15) 在 Basic 选项卡中激活 Calculate prestress effects 选项,使求解过程包含预应力,如图 10-33 所示。单击 "OK" 按钮,关闭对话框。

(16) 从主菜单中选择 Main Menu:Solution>Load Step Opts>Output Ctrls>Solu

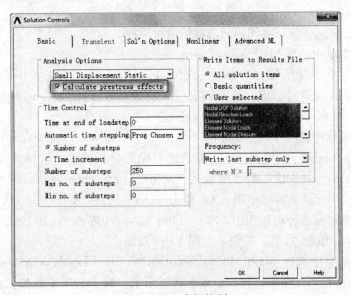

图 10-33　求解控制

Printout。

（17）打开 Solution Printout Controls 对话框，在 Item for printout control 下拉列表框中选择 Basic quantities 选项，在 Print frequency 单选框中选择 Every Nth substp 项，在 Value of N 文本框中输入 1，单击"OK"按钮，如图 10-34 所示。

（18）从主菜单中选择 Main Menu：Solution>Solve>Current LS 命令，打开一个确认对话框和状态列表，如图 10-35 所示，要求查看列出的求解选项。

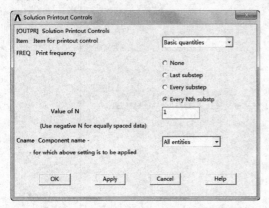 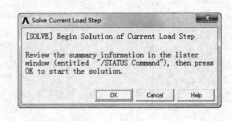

图 10-34　Solution Printout Controls 窗口　　　图 10-35　求解当前载荷步确认对话框

（19）查看列表中的信息确认无误后，单击"OK"按钮，开始求解。

（20）求解完成后，打开如图 10-36 所示的提示求解结束对话框。

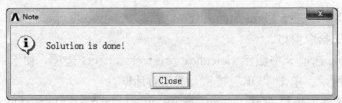

图 10-36　提示求解完成

（21）单击 Close 按钮，关闭提示求解结束对话框。

（22）从主菜单中选择 Main Menu：Finish。

（23）从主菜单中选择 Main Menu：Solution>Analysis Type>New Analysis 命令，打开 New Analysis 设置对话框，进行模态分析设置，在 Type of analysis 单选框中选择"Modal"，单击"OK"按钮，如图 10-37 所示。

（24）从主菜单中选择 Main Menu：Solution>Analysis Type>Analysis Options 命令，打开 Modal Analysis 设置对话框，要求进行模态分析设置，选择"Block Lanczos"，在 No. of modes to extract 文本框中输入 6，将 Expand mode shapes 设置为 Yes，在 No. of modes to expand 文本框中输入 6，单击"OK"按钮，如图 10-38 所示。

（25）在子空间模态分析选项中，Start Freq 文本框中输入 0，在 End Frequency 文本框中输入 100000，单击"OK"按钮，如图 10-39 所示。

（26）从主菜单中选择 Main Menu：Solution>Define Loads>Delete>Structural>Displacement>on Nodes 命令，打开节点选择对话框，要求选择欲施加位移约束的节点，在文本框中输入 31，选择 31 号节点，单击"OK"按钮，如图 10-40 所示。

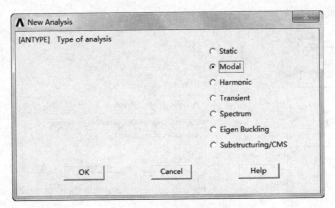

图 10-37　模态分析设置

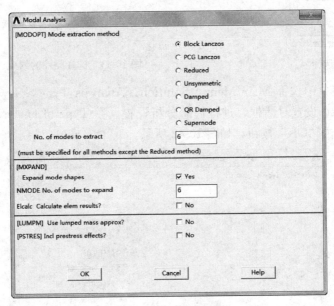

图 10-38　模态选项

(27) 打开删除约束种类的对话框，在列表框中选择 UY，单击"OK"按钮，如图 10-41 所示。

(28) 从主菜单中选择 Main Menu：Solution＞Solve＞Current LS 命令，打开一个确认对话框和状态列表，要求查看列出的求解选项。

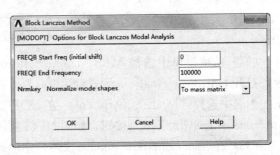

图 10-39　子空间分析选项

(29) 查看列表中的信息确认无误后，单击"OK"按钮，开始求解。

(30) 求解完成后，打开提示求解结束对话框。

(31) 单击 Close 按钮，关闭提示求解结束对话框。

(32) 从主菜单中选择 Main Menu：Finish。

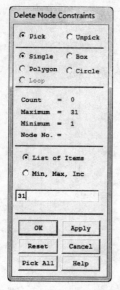

图 10-40 选择节点

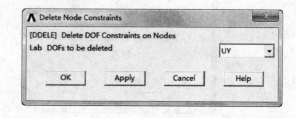

图 10-41 选择删除的约束

(33) 从主菜单中选择 Main Menu：Solution＞Analysis Type＞New Analysis 命令，打开 New Analysis 设置对话框，进行模态分析设置。在 Type of analysis 单选框中选择 "Harmonic"，单击 "OK" 按钮，如图 10-42 所示。

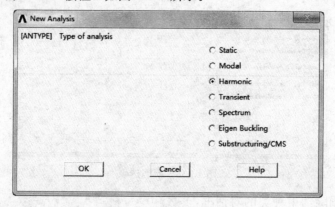

图 10-42 谐响应分析设置

(34) 从主菜单中选择 Main Menu：Solution＞Analysis Type＞Analysis Options 命令，打开 Harmonic Analysis 设置对话框，要求进行谐响应分析设置。在 Solution method 下拉列表中选择 "Mode Superpos'n"，在 DOF printout format 下拉列表中选择 "Amplitud＋phase"，单击 "OK" 按钮，如图 10-43 所示。

(35) 在 Maximum mode number 文本框中输入 6，单击 "OK" 按钮，如图 10-44 所示。

(36) 从主菜单中选择 Main Menu：Solution＞Define Loads＞Delete＞Structure＞Force/Moment＞On Nodes。打开 Apply F/M on Nodes 拾取窗口。

(37) 在文本框中输入 31，单击 "OK" 按钮，如图 10-45 所示。

(38) 打开删除力种类的对话框，在列表框中选择 FX，单击 "OK" 按钮，如图10-46 所示。

图10-43 谐响应分析设置

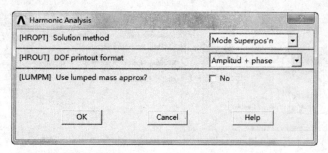

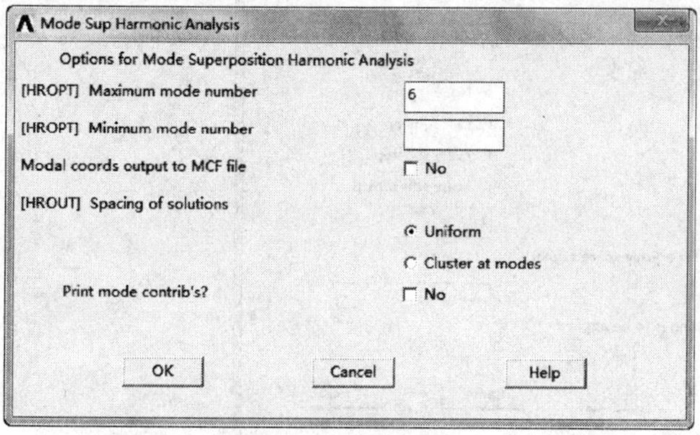

图10-44 谐响应分析设置 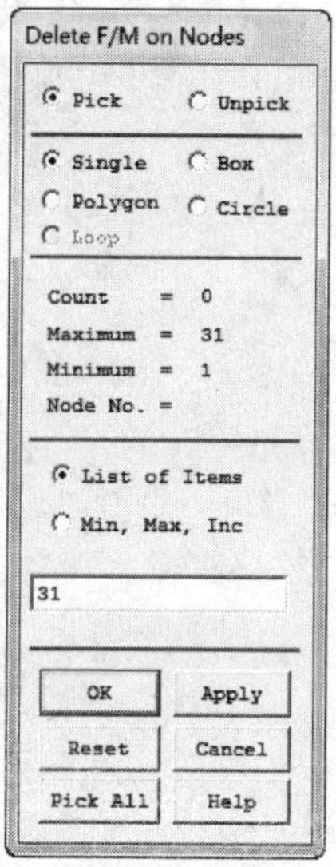　　　　　　图10-45 选择节点

（39）从主菜单中选择 Main Menu：Solution＞Define Loads＞Apply＞Structural＞Force/Moment＞On Nodes。打开 Apply F/M on Nodes 拾取窗口。

（40）在文本框中输入8，单击"OK"按钮。

（41）在 Direction of force/mom 下拉列表框中选择 FY，在 Force/moment value 文本框中输入－1，单击"OK"按钮。

（42）从主菜单中选择 Main Menu：Solution＞Load Step Opts＞Time/Frequenc＞Freq and Substps。

（43）在频率和子步控制对话框中，Harmonic freq range 文本框中输入 0 和 2000，在 Number of substeps 文本框中输入 250，在 Stepped or ramped b.c. 单选框中选择 Stepped，单击"OK"按钮，如图10-47所示。

（44）从主菜单中选择 Main Menu：Solution＞Load Step Opts＞Output Ctrls＞Solu Printout 命令，打开结果输出设置对话框，在 Item for printout control 列表框中选择 Basic quantities，在 Print frequency 单选列表中选择 None，单击"OK"按钮，如图10-48所示。

（45）从主菜单中选择 Main Menu：Solution＞Load Step Opts＞Output Ctrls＞DB/Results Files 命令，打开数据输出设置对话框。在 Item to be controlled 列表框中选择 All Items，在 File write frequency 单选列表中选择 Every substep，单击"OK"按钮，如图10-49所示。

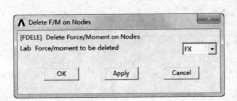
图 10-46 选择删除的力

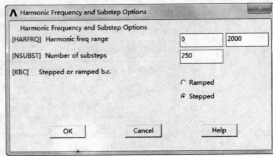
图 10-47 频率和子步控制

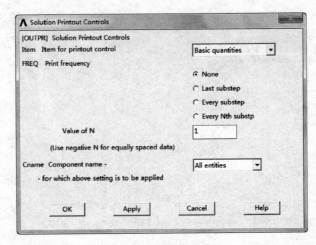
图 10-48 结果输出设置

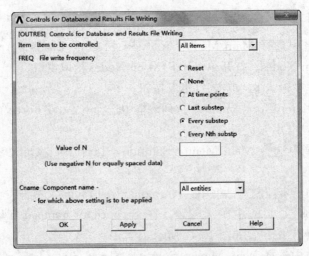
图 10-49 数据输出设置

(46) 从主菜单中选择 Main Menu: Solution>Solve>Current LS 命令,打开一个确认对话框和状态列表,要求查看列出的求解选项。

(47) 查看列表中的信息确认无误后,单击"OK"按钮,开始求解。

(48) 求解完成后打开提示求解结束对话框。单击 Close 按钮,关闭提示求解结束对话框。

(49) 从主菜单中选择 Main Menu：Finish。

10.3.3 查看结果

求解完成后，就可以利用 ANSYS 软件生成的结果文件（对于静力分析，就是 Jobname.RST）进行后处理。动态分析中，通常通过 POST26 时间历程后，处理器就可以处理和显示大多数感兴趣的结果数据。

1. 图形显示

(1) 从主菜单中选择 Main Menu：TimeHist Postpro，Time History Variables 对话框将出现。

(2) 选择菜单命令 Open file，打开 example10-3.rfrq 结果文件，同时打开 example10-3.db 数据文件，如图 10-50 所示。

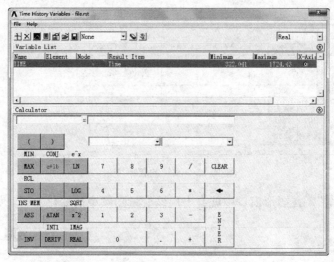

图 10-50　打开文件

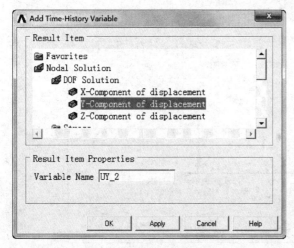

图 10-51　选择显示内容

图 10-52　选择 16 号节点

(3) 单击 "+"，打开 Add Time-History Variable 对话框，如图 10-51 所示。

(4) 通过单击选择 Nodal Solution，DOF Solution，Y-Component of displacement，单击 "OK" 按钮，打开 Define Nodal Data 拾取对话框，如图 10-52 所示。

(5) 在文本框中输入 16，单击 "OK" 按钮，返回到 "Time History Variables" 对话框，结果如图 10-53 所示。

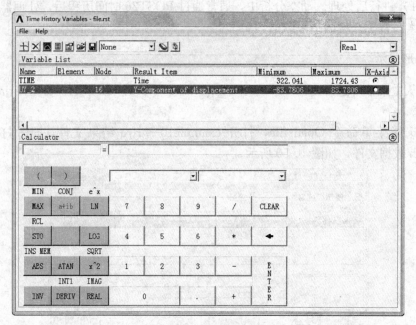

图 10-53　添加的频率变量

(6) 点击 "■"，在图形窗口中就会出现该变量随频率的变化曲线，如图 10-54 所示。

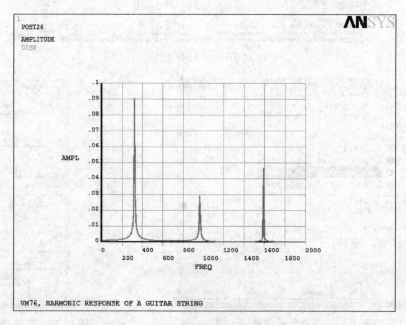

图 10-54　变量随频率的变化曲线

2. 列表显示

(1) 从主菜单中选择 Main Menu：TimeHist Postpro>List Variables。
(2) 在 1st variable to list 文本输入框中输入 2，单击"OK"按钮，如图 10-55 所示。
(3) ANSYS 进行列表显示，会出现变量与频率的值的列表，如图 10-56 所示。

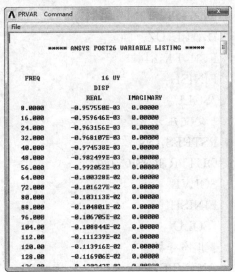

图 10-55　选择变量　　　　　　图 10-56　变量与频率的值的列表

10.3.4　命令流模式

```
/FILNAME,example,0
/VERIFY,
/PREP7
/TITLE,,HARMONIC RESPONSE OF A GUITAR STRING
!静态分析
ANTYPE,STATIC
!定义单元类型
ET,1,LINK180
!定义实常数
R,1,50671E-12
!定义材料属性
MP,EX,1,190E9
MP,DENS,1,7920
!定义节点
N,1
N,31,.71
FILL
```

```
!创建单元
E,1,2
EGEN,30,1,1
!边界条件
D,1,ALL
D,2,UY,,,31
D,ALL,UZ
F,31,FX,84
FINISH
/SOLU
!定义压力
PSTRES,ON
OUTPR,BASIC,1
SOLVE
FINISH
/SOLU
!模态分析
ANTYPE,MODAL
MODOPT,LANB,6
PSTRES,ON
DDEL,2,UY,30
SOLVE
FINISH
/SOLU
ANTYPE,HARMIC
HROPT,MSUP,6
HROUT,OFF
PSTRES,ON
FDELE,31,FX
F,8,FY,−1
KBC,1
HARFRQ,,2000
NSUBST,250
OUTPR,,NONE
OUTRES,,1
SOLVE
FINISH
!查看结果
/POST26
```

```
! 图形显示
FILE,,rfrq
NSOL,2,16,U,Y,DISP
PRVAR,2
/AXLAB,Y,AMPL
PLCPLX,0
PLVAR,2
*GET,FREQ,MODE,1,FREQ
*DIM,LABEL,CHAR,1,2
*DIM,VALUE,,1,3
LABEL(1,1) ='    f,'
LABEL(1,2) ='Hz    '
*VFILL,VALUE(1,1),DATA,322.2
*VFILL,VALUE(1,2),DATA,FREQ
*VFILL,VALUE(1,3),DATA,ABS(FREQ/322.2)
/COM
/OUT,,vrt
/COM,———————— RESULTS COMPARISON ————————
/COM,
/COM,            | TARGET |  ANSYS  | RATIO
/COM,
*VWRITE,LABEL(1,1),LABEL(1,2),VALUE(1,1),VALUE(1,2),VALUE(1,3)
(1X,A8,A8,'   ',F10.1,'   ',F10.1,'   ',1F5.3)
/COM,————————————————————————
/COM,
/COM,————————————————————————
/COM,NOTE: THERE ARE VERIFIED RESULTS IN   NOT CONTAINED IN
/COM,THIS TABLE
/COM,————————————————————————
/OUT
FINISH
*LIST,,vrt
```

10.4 本章小结

谐响应分析是工程中常常用到的分析方法，它使设计人员能够预测结构的持续动力特性，从而能够验证其设计可否成功的克服共振、疲劳及其他受迫振动引起的有害效果。谐响应分析共有三种方法：完全法、减缩法和模态叠加法，本文的实例是基于模态叠加法。如果换成另外两种方法其步骤也大体相同，读者可以自行尝试。

第 11 章 瞬态动力学分析

内容提要

　　瞬态动力学分析（亦称时间历程分析）是用于确定承受任意的随时间变化载荷的结构动力学响应的一种方法。

　　本章将通过实例讲述瞬态动力学分析的基本步骤和具体方法。

本章重点

- 瞬态动力学概论
- 瞬态动力学分析的基本步骤
- 实例：隧道结构受力实例分析

11.1 瞬态动力学概论

　　可以用瞬态动力学分析确定结构在静载荷、瞬态载荷和简谐载荷的随意组合作用下的随时间变化的位移、应变、应力及力。载荷和时间的相关性使得惯性力和阻尼作用比较显著。如果惯性力和阻尼作用不重要，就可以用静力学分析代替瞬态分析。

　　瞬态动力学分析比静力学分析更复杂，因为按"工程"时间计算，瞬态动力学分析通常要占用更多的计算机资源和更多的人力。可以先做一些预备工作以理解问题的物理意义，从而节省大量资源。例如：

　　首先，分析一个比较简单的模型。由梁、质量体、弹簧组成的模型可以以最小的代价对问题提供有效、深入的理解。简单模型或许正是确定结构所有的动力学响应所需要的。

　　如果分析中包含非线性，可以首先通过进行静力学分析尝试了解非线性特性如何影响结构的响应。有时，在动力学分析中没必要包括非线性。

　　了解问题的动力学特性。通过做模态分析计算一下结构的固有频率和振型，便可了解当这些模态被激活时结构如何响应。固有频率同样对计算出正确的积分时间步长有用。

　　对于非线性问题，应考虑将模型的线性部分子结构化以降低分析代价。子结构在帮助文件中的"ANSYS Advanced Analysis Techniques Guide"里有详细的描述。

　　进行瞬态动力学分析可以采用 3 种方法：Full（完全法），Reduced（减缩法）和 Mode Superposition（模态叠加法）。下面比较一下各种方法的优、缺点。

11.1.1 完全法（Full Method）

Full 法采用完整的系统矩阵计算瞬态响应（没有矩阵减缩）。它是 3 种方法中功能最强的，允许包含各类非线性特性（塑性，大变形，大应变等）。Full 法的优点是：

(1) 容易使用，因为不必关心如何选取主自由度和振型；
(2) 允许包含各类非线性特性；
(3) 使用完整矩阵，因此不涉及质量矩阵的近似；
(4) 在一次处理过程中计算出所有的位移和应力；
(5) 允许施加各种类型的载荷：节点力、外加的（非零）约束、单元载荷（压力和温度）；
(6) 允许采用实体模型上所加的载荷。

Full 法的主要缺点是比其他方法开销大。

11.1.2 模态叠加法（Mode Superposition Method）

Mode Superposition 法通过对模态分析得到的振型（特征值）乘上因子并求和来计算出结构的响应。它的优点是：

(1) 对于许多问题，此法比 Reduced 或 Full 法更快且开销小；
(2) 在模态分析中施加的载荷可以通过 LVSCALE 命令用于谐响应分析中；
(3) 允许指定振型阻尼（阻尼系数为频率的函数）。

Mode Superposition 法的缺点是：

(1) 整个瞬态分析过程中时间步长必须保持恒定，因此不允许用自动时间步长；
(2) 唯一允许的非线性是点点接触（有间隙情形）；
(3) 不能用于分析"未固定的（floating）"或不连续结构；
(4) 不接受外加的非零位移；
(5) 在模态分析中使用 PowerDynamics 法时，初始条件中不能有预加的载荷或位移。

11.1.3 减缩法（Reduced Method）

Reduced 法通常采用主自由度和减缩矩阵，来压缩问题的规模。主自由度处的位移被计算出来后，解可以被扩展到初始的完整 DOF 集上。

这种方法的优点是：比 Full 法更快且开销小。

Reduced 法的缺点是：

(1) 初始解只计算出主自由度的位移。要得到完整的位移，应力和力的解则需执行被称为扩展处理的进一步处理（扩展处理在某些分析应用中可能不必要）；
(2) 不能施加单元载荷（压力、温度等），但允许由加速度；
(3) 所有载荷必须施加在用户定义的自由度上（这就限制了采用实体模型上所加的载荷）；
(4) 整个瞬态分析过程中时间步长必须保持恒定，因此不允许用自动时间步长；
(5) 唯一允许的非线性是点点接触（有间隙情形）。

11.2 瞬态动力学的基本步骤

首先将描述如何用 Full 法来进行瞬态动力学分析,然后会列出用 Reduced 法和 Mode Superposition 法时有差别的步骤。

Full 法瞬态动力学分析的过程由八个主要步骤组成:

11.2.1 前处理(建模和分网)

在这一步中需指定文件名和分析标题;然后,用 PREP7 来定义单元类型、单元实常数、材料特性及几何模型。需记住的要点:

(1) 可以使用线性和非线性单元。

(2) 必须指定杨氏模量 EX(或某种形式的刚度)和密度 DENS(或某种形式的质量)。材料特性可以是线性的、各向同性的或各向异性的、恒定的或和温度相关的。非线性材料特性将被忽略。另外,在划分网格时需记住以下几点:

1) 有限元网格需要足够精度以求解所关心的高阶模态;

2) 感兴趣的应力-应变区域的网格密度要比只关心位移的区域相对加密一些;

3) 如果求解过程包含了非线性特性,那么网格则应该与这些非线性特性相符合。例如:对于塑性分析来说,它要求在较大塑性变形梯度的平面内有一定的积分点密度,所以网格必须加密;

4) 如果关心弹性波的传播(例如杆的端部抖动),有限元网格至少要有足够的密度求解波,通常的准则是沿波的传播方向每个波长范围内至少要有 20 个网格。

11.2.2 建立初始条件

在进行瞬态动力学分析前,必须清楚如何建立初始条件以及使用载荷步。从定义上来说,瞬态动力学包含按时间变化的载荷。为了指定这种载荷,需要将载荷-时间曲线分解成相应的载荷步,载荷-时间曲线上的每一个拐角都可以作为一个载荷步,如图 11-1 所示。

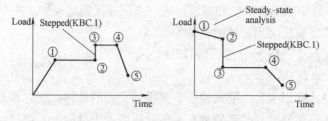

图 11-1 载荷时间曲线

第一个载荷步通常被用来建立初始条件,然后要指定后继的瞬态载荷及加载步选项。对于每一个载荷步,都要指定载荷值和时间值,同时要指定其他的载荷步选项。如载荷是按 Stepped 还是按 Ramped 方式施加、是否使用自动时间步长等。最后,将每一个载荷步写入文件,并一次性求解所有的载荷步。

施加瞬态载荷的第一步是建立初始关系（即零时刻时的情况）。瞬态动力学分析要求给定两种初始条件：初始位移（u_0）和初始速度（$\dot{u}_0$）。如果没有进行特意设置，u_0 和 $\dot{u}_0$ 都被假定为 0。初始加速度（$\ddot{u}_0$）一般被假定为 0，但可以通过在一个小的时间间隔内施加合适的加速度载荷，来指定非零的初始加速度。

非零初始位移及非零初始速度的设置：

命令：IC。

GUI：Main Menu＞Solution＞Define Loads＞Apply＞Initial Condit'n＞Define。

注意

谨记：不要给模型定义不一致的初始条件。比如说，如果在一个自由度（DOF）处定义了初始速度，而在其他所有自由度处均定义为 0，这显然就是一种潜在的互相冲突的初始条件。在多数情况下，可能需要在全部没有约束的自由度处定义初始条件。如果这些初始条件在各个自由度处不相同，用 GUI 路径定义比用 IC 命令定义要容易得多。

11.2.3　设定求解控制器

该步骤跟静力结构分析是一样的，需特别指出的是：如果要建立初始条件，必须是在第一个载荷步上建立，然后可以在后续的载荷步中单独定义其余选项。

1. 访问求解控制器（Solution Controls）

选择如下 GUI 路径进入求解控制器：

GUI：Main Menu＞Solution＞Analysis Type＞Sol'n Control，弹出 Solution Controls 对话框，如图 11-2 所示。

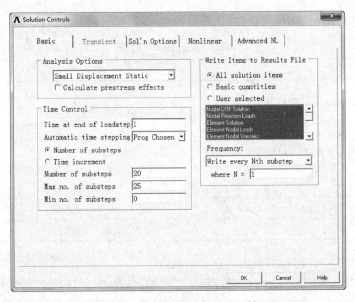

图 11-2　Solution Controls 对话框

从图 11-2 中可以看到，该对话框主要包括 5 大块：基本选项（Basic）、瞬态选项（Transient）、求解选项（Sol'n Options）、非线性选项（Nonlinear）和高级非线性选项（Advanced NL）。下面分别叙述这 5 大块的功能。

2. 利用基本选项

当进入求解控制器时，基本选项（Basic）立即被激活。它的基本功能跟静力学一样，在瞬态动力学中，需特别指出如下几点：

在设置 ANTYPE 和 NLGEOM 时，如果想开始一个新的分析并且忽略几何非线性（例如大转动、大挠度和大应变）的影响，那么选择 Small Displacement Transient 选项；如果要考虑几何非线性的影响（通常是受弯细长梁考虑大挠度或者是金属成型时考虑大应变），则选择 Large Displacement Transient 选项；如果想重新开始一个失败的非线性分析，或者是将刚做完的静力分析结果作为预应力，或者刚做完瞬态动力学分析想要扩展其结果，选择 Restart Current Analysis 选项。

在设置 AUTOTS 时，需记住该载荷步选项（通常被称为瞬态动力学最优化时间步）是根据结构的响应来确定是否开启。对于大多数结构而言，推荐打开自动调整时间步长选项，并利用 DELTIM 和 NSUBST 设定时间积分步的最大和最小值。

> ⚠ **注意**
>
> 默认情况下，在瞬态动力学分析中，结果文件（Jobname.RST）只有最后一个子步的数据。如果要记录所有子步的结果，重新设定 Frequency 的数值。另外，默认情况下，ANSYS 最多只允许在结果文件中写入 1000 个子步，超过时会报错，可以用命令/CONFIG,NRES 更改这个限定。

3. 利用瞬态选项

ANSYS 求解控制器中包含的瞬态选项如表 11-1 所示。

瞬态（Transient）选项　　　　　　　　　　　　　　表 11-1

选项	具体信息可参阅 ANSYS 帮助
指定是否考虑时间积分的影响（TIMINT）	ANSYS Structural Analysis Guide 中的 Performing a Nonlinear Transient Analysis
指定在载荷步（或者子步）的载荷发生变化时是采用阶越载荷还是斜坡载荷（KBC）	ANSYS Basic Analysis Guide 中的 Stepped Versus Ramped Loads ANSYS Basic Analysis Guide 中的 Stepping or Ramping Loads
指定质量阻尼和刚度阻尼（ALPHAD,BETAD）	ANSYS Structural Analysis Guide 中的 Damping
定义积分参数（TINTP）	ANSYS, Inc. Theory Reference

在瞬态动力学中，需特别指出的是如下几点：

（1）TIMINT，该动态载荷选项表示是否考虑时间积分的影响。当考虑惯性力和阻尼时，必须考虑时间积分的影响（否则，ANSYS 只会给出静力分析解）。所以，默认情况下，该选项就是打开的。从静力学分析的结果开始瞬态动力学分析时，该选项特别有用。

也就是说，第一个载荷步不考虑时间积分的影响。

（2）ALPHAD（alpha 表示质量阻尼）和 BETAD（beta 表示刚度阻尼），该动态载荷选项表示阻尼项。很多时候，阻尼是已知的而且不可忽略的，所以必须考虑。

（3）TINTP，该动态载荷选项表示瞬态积分参数，用于 Newmark 时间积分方法。

4. 利用其他选项

该求解控制器中还包含其他选项，诸如求解选项（Sol'n Options）、非线性选项（Nonlinear）和高级非线性选项（Advanced NL），它们跟静力分析是一样的，该处不再赘述。需强调的是，瞬态动力学分析中不能采用弧长法（arc-length）。

11.2.4 设定其他求解选项

在瞬态动力学中的其他求解选项（比如应力刚化效应、牛顿-拉夫森（Newton-Raphson）选项、蠕变选项、输出控制选项、结果外推选项）跟静力学是一样的，与静力学不同的是如下几项：

1. 预应力影响（Prestress Effects）

ANSYS 允许在分析中包含预应力，比如可以将先前的静力分析或者动力分析结果作为预应力施加到当前分析上，它要求必须存在先前结果文件。

命令：PSTRES。

GUI：Main Menu＞Solution＞Unabridged Menu＞Analysis Type＞Analysis Options。

2. 阻尼选项（Damping Option）

利用该选项加入阻尼。在大多数情况下，阻尼是已知的，不能忽略。可以在瞬态动力学分析中设置如下几种阻尼形式：

（1）材料阻尼（MP，DAMP）

（2）单元阻尼（COMBIN7 等）

施加材料阻尼的方法如下：

命令：MP，DAMP。

GUI：Main Menu＞Solution＞Load Step Opts＞Other＞Change Mat Props＞Material Models＞Structural＞Damping。

3. 质量阵的形式（Mass Matrix Formulation）

利用该选项指定使用集中质量矩阵。通常，ANSYS 推荐使用默认选项（协调质量矩阵），但对于包含薄膜构件（例如细长梁或者薄板等）的结构，集中质量矩阵往往能得到更好的结果。同时，使用集中质量矩阵也可以缩短求解时间和降低求解内存。

命令：LUMPM。

GUI：Main Menu＞Solution＞Unabridged Menu＞Analysis Type＞Analysis Options。

11.2.5 施加载荷

表11-2概括了适用于瞬态动力学分析的载荷类型。除惯性载荷外,可以在实体模型(由关键点,线,面组成)或有限元模型(由节点和单元组成)上施加载荷。

瞬态动力学分析中可施加的载荷　　　　　　　　　表11-2

载荷形式	范畴	命令	GUI路径
位移约束(UX, UY, UZ, ROTX, ROTY, ROTZ)	约束	D	Main Menu>Solution>Define Loads>Apply>Structural>Displacement
集中力或者力矩(FX, FY, FZ, MX, MY, MZ)	力	F	Main Menu>Solution>Define Loads>Apply>Structural>Force/Moment
压力(PRES)	面载荷	SF	Main Menu>Solution>Define Loads>Apply>Structural>Pressure
温度(TEMP),流体(FLUE)	体载荷	BF	Main Menu>Solution>Define Loads>Apply>Structural>Temperature
重力,向心力等等	惯性载荷	—	Main Menu>Solution>Define Loads>Apply>Structural>Other

在分析过程中,可以施加,删除载荷或对载荷进行操作或列表。

表11-3所示,概括了瞬态动力学分析中可用的载荷步选项。

11.2.6 设定多载荷步

重复以上步骤,可定义多载荷步。对于每一个载荷步,都可以根据需要重新设定载荷求解控制和选项,并且可以将所有信息写入文件。

在每一个载荷步中,可以重新设定的载荷步选项包括:TIMINT,TINTP,ALPHAD, BETAD, MP, DAMP, TIME, KBC, NSUBST, DELTIM, AUTOTS, NEQIT, CNVTOL, PRED, LNSRCH, CRPLIM, NCNV, CUTCONTROL, OUTPR, OUTRES, ERESX 和 RESCONTROL。

载荷步选项　　　　　　　　　表11-3

选项	命令	GUI途径
普通选项(General Options)		
时间	TIME	Main Menu>Solution>Load Step Opts>Time/Frequenc>Time-Time Step
阶跃载荷或者倾斜载荷	KBC	Main Menu>Solution>Load Step Opts>Time/Frequenc>Time-Time Step or Freq and Substeps
积分时间步长	NSUBST DELTIM	Main Menu>Solution>Load Step Opts>Time/Frequenc>Time and Substps
开关自动调整时间步长	AUTOTS	Main Menu>Solution>Load Step Opts>Time/Frequenc>Time and Substps
动力学选项(Dynamics Options)		
时间积分影响	TIMINT	Main Menu>Solution>Load Step Opts>Time/Frequenc>Time Integration>Newmark Parameters

续表

选项	命令	GUI途径
瞬态时间积分参数(用于Newmark方法)	TINPT	Main Menu＞Solution＞Load Step Opts＞Time/Frequenc＞Time Integration＞Newmark Parameters
阻尼	ALPHAD BETAD DMPRAT	Main Menu＞Solution＞Load Step Opts＞Time/Frequenc＞Damping
非线性选项(Nonlinear Option)		
最多迭代次数	NEQIT	Main Menu＞Solution＞Load Step Opts＞Nonlinear＞Equilibrium Iter
迭代收敛精度	CNVTOL	Main Menu＞Solution＞Load Step Opts＞Nonlinear＞Transient
预测校正选项	PRED	Main Menu＞Solution＞Load Step Opts＞Nonlinear＞Predictor
线性搜索选项	LNSRCH	Main Menu＞Solution＞Load Step Opts＞Nonlinear＞LineSearch
蠕变选项	CRPLIM	Main Menu＞Solution＞Load Step Opts＞Nonlinear＞Creep Criterion
终止求解选项	NCNV	Main Menu＞Solution＞Analysis Type＞Sol'n Controls＞Advanced NL
输出控制选项(Output Control Options)		
输出控制	OUTPR	Main Menu＞Solution＞Load Step Opts＞Output Ctrls＞Solu Printout
数据库和结果文件	OUTRES	Main Menu＞Solution＞Load Step Opts＞Output Ctrls＞DB/Results File
结果外推	ERESX	Main Menu＞Solution＞Load Step Opts＞Output Ctrls＞Integration Pt

保存当前载荷步设置到载荷步文件中。

命令：LSWRITE。

GUI：Main Menu＞Solution＞Load Step Opts＞Write LS File。

下面给出一个载荷步操作的命令流示例：

```
TIME,...        ! Time at the end of 1st transient load step
Loads  ...      ! Load values at above time
KBC,...         ! Stepped or ramped loads
LSWRITE         ! Write load data to load step file
TIME,...        ! Time at the end of 2nd transient load step
Loads  ...      ! Load values at above time
KBC,...         ! Stepped or ramped loads
LSWRITE         ! Write load data to load step file
TIME,...        ! Time at the end of 3rd transient load step
Loads  ...      ! Load values at above time
KBC,...         ! Stepped or ramped loads
LSWRITE         ! Write load data to load step file
Etc.
```

11.2.7 瞬态求解

1. 只求解当前载荷步

命令：SOLVE。
GUI：Main Menu>Solution>Solve>Current LS。

2. 多载荷步求解

命令：LSSOLVE。
GUI：Main Menu>Solution>Solve>From LS Files。

11.2.8 后处理

瞬态动力学分析的结果被保存到结构分析结果文件 Jobname.RST 中。可以用 POST26 和 POST1 观察结果。

POST26 用于观察模型中指定点处呈现为时间函数的结果。

POST1 用于观察在给定时间整个模型的结果。

1. 使用 POST26

POST26 要用到结果项/频率对应关系表，即 variables（变量）。每一个变量都有一个参考号，1号变量被内定为频率。

（1）用以下选项定义变量：

命令：NSOL 用于定义基本数据（节点位移）。
ESOL 用于定义派生数据（单元数据，如应力）。
RFORCE 用于定义反作用力数据。
FORCE（合力，或合力的静力分量、阻尼分量、惯性力分量）。
SOLU（时间步长、平衡迭代次数、响应频率等）。
GUI：Main Menu>TimeHist Postpro>Define Variables。

⚠️ **注意**

在 Reduced 法或 Mode Superposition 法中，用命令 FORCE 只能得到静力。

（2）绘制变量变化曲线或列出变量值。通过观察整个模型关键点处的时间历程分析结果，就可以找到用于进一步的 POST1 后处理的临界时间点。

命令：PLVAR（绘制变量变化曲线）。
　　　PLVAR，EXTREM（变量值列表）。
GUI：Main Menu>TimeHist Postpro>Graph Variables。
　　　Main Menu>TimeHist Postpro>List Variables。
　　　Main Menu>TimeHist Postpro>List Extremes。

2. 使用 POST1

（1）从数据文件中读入模型数据。

命令：RESUME。

GUI：Utility Menu>File>Resume from。

(2) 读入需要的结果集：用 SET 命令，根据载荷步及子步序号或根据时间数值指定数据集。

命令：SET。

GUI：Main Menu>General Postproc>Read Results>By Time/Freq。

注意

如果指定的时刻没有可用结果，得到的结果将是和该时刻相距最近的两个时间点对应结果之间的线性插值。

(3) 显示结构的变形状况、应力、应变等的等值线，或者向量的向量图［PLVECT］。要得到数据的列表表格，请用 PRNSOL、PRESOL、PRRSOL 等。

显示变形形状：

命令：PLDISP。

GUI：Main Menu>General Postproc>Plot Results>Deformed Shape。

显示变形云图：

命令：PLNSOL 或 PLESOL。

GUI：Main Menu>General Postproc>Plot Results>Contour Plot>Nodal Solu or Element Solu。

注意

PLNSOL 和 PLESOL 命令的 KUND 参数，可用来选择是否将未变形的形状叠加到显示结果中。

显示反作用力和力矩：

命令：PRRSOL。

GUI：Main Menu>General Postproc>List Results>Reaction Solu。

显示节点力和力矩：

命令：PRESOL，F 或 M。

GUI：Main Menu>General Postproc>List Results>Element Solution。

可以列出选定的一组节点的总节点力和总力矩。这样，就可以选定一组节点并得到作用在这些节点上的总力的大小，命令方式和 GUI 方式如下：

命令：FSUM。

GUI：Main Menu>General Postproc>Nodal Calcs>Total Force Sum。

同样，也可以察看每个选定节点处的总力和总力矩。对于处于平衡态的物体，除非存在外加的载荷或反作用载荷，所有节点处的总载荷应该为零。命令和 GUI 如下：

命令：NFORCE。

GUI：Main Menu>General Postproc>Nodal Calcs>Sum @ Each Node。

还可以设置要观察的是力的哪个分量：合力（默认）、静力分量、阻尼力分量、惯性力分量。命令如下：

命令：FORCE。

GUI：Main Menu>General Postproc>Options for Outp。

显示线单元（例如梁单元）结果：

命令：ETABLE。

GUI：Main Menu>General Postproc>Element Table>Define Table。

对于线单元，如梁单元、杆单元及管单元，用此选项可得到派生数据（应力、应变等）。细节可查阅 ETABLE 命令。

绘制矢量图：

命令：PLVECT。

GUI：Main Menu>General Postproc>Plot Results>Vector Plot>Predefined。

列表显示结果：

命令：PRNSOL（节点结果）。
　　　PRESOL（单元—单元结果）。
　　　PRRSOL（反作用力数据）等。
　　　NSORT，ESORT（对数据进行排序）。

GUI：Main Menu>General Postproc>List Results>Nodal Solution。
　　　Main Menu>General Postproc>List Results>Element Solution。
　　　Main Menu>General Postproc>List Results>Reaction Solution。
　　　Main Menu>General Postproc>List Results>Sorted Listing>Sort Nodes。

11.3 实例——隧道结构受力实例分析

11.3.1 ANSYS 隧道结构受力分析步骤

为了保证隧道施工和运行时间的安全性，必须对隧道结构进行受力分析。由于隧道结构是在地层中修建的，其工程特性、设计原则及方法与地面结构是不同的，隧道结构的变形受到周围岩土体本身的约束。从某种意义上讲，围岩也是地下结构的载荷，同时也是结构本身的一部分。因此，不能完全采用地面结构受力分析方法来对隧道结构进行分析。当前，对隧道支护结构体系一般按照载荷—结构模型进行演算，按照此模型设计的隧道支护结构偏于保守。再借助有限元软件（如 ANSYS）实现对隧道结构的受力分析。

ANSYS 隧道结构受力分析步骤：

1. 载荷—结构模型的建立

本步骤不在 ANSYS 中进行，但该步骤是进行 ANSYS 隧道结构受力分析前提。只要在施工过程中不能使支护结构与围岩保持紧密接触，有效地阻止周围岩体变形而产生松动压力，隧道的支护结构就应该按载荷—结构模型进行验算。隧道支护结构与围岩的相互作用是通过弹性支撑对支护结构施加约束来体现的。

本步骤主要包含两项内容：

（1）选择载荷—结构模型。载荷—结构模型虽然都是以承受岩体松动、崩塌而产生的竖向和侧向主动压力为主要特征，但在对围岩与支护结构相互作用的处理上，大致有三种做法：

1) 主动载荷模型。此模型不考虑围岩与支护结构的相互作用，因此，支护结构在主动载荷作用下可以自由变形，其计算原理和地面结构一样。此模型主要适用于软弱围岩没有能力去约束衬砌变形情况，如采用明挖法施工的城市地铁工程及明洞工程。

2) 主动载荷加被动载荷（弹性抗力）模型。此模型认为围岩不仅对支护结构施加主动载荷，而且由于围岩与支护结构的相互作用，还会对支护结构施加约束反力。因为在非均匀分布的主动载荷作用下，支护结构的一部分将发生向着围岩方向的变形；只要围岩具有一定的刚度，就会对支护结构产生反作用力来约束它的变形，这种反作用力称为弹性抗力。而支护结构的另一部分则背离围岩向着隧道内变形，不会引起弹性抗力，形成所谓"脱离区"。这种模型适用于各种类型的围岩，只是所产生的弹性抗力不同而已。该模式广泛地应用于我国铁路隧道，基于这种模式修建了好几千公里的铁路隧道，并且在实际使用中，它基本能反映出支护结构的实际受力状况。

3) 实际载荷模型。这种模型采用量测仪器实地量测到的作用在衬砌上的载荷值代替主动载荷模型中的主动载荷。实地量测的载荷值包含围岩的主动压力和弹性抗力，是围岩与支护结构相互作用的综合反映。切向载荷的存在可以减小载荷分布的不均匀程度，从而改善结构的受力情况。但要注意的是：实际量测的载荷值，除与围岩特性有关外，还取决于支护结构刚度及支护结构背后回填的质量。

(2) 计算载荷。目前隧道结构设计一般采用主动载荷加被动载荷模型，作用在隧道衬砌上的载荷分为主动载荷和被动载荷。进行 ANSYS 隧道结构受力分析时，一般要进行计算以下几种隧道载荷：

1) 围岩压力：是隧道最主要的载荷，主要根据相关隧道设计规范进行计算。对于铁路隧道，可以根据《铁路隧道设计规范》(TB 10003—2005) 进行计算。

2) 支护结构自重：可按预先拟定的结构尺寸和材料表观密度计算确定。

3) 地下水压力：在含水地层中，静水压力可按照最低水位考虑。

4) 被动载荷：即围岩的弹性抗力，其大小常用以温克列尔假定为基础的局部变形理论来确定。该理论认为围岩弹性抗力与围岩在该点的变形成正比：

$$\sigma_i = K\delta_i \tag{11-1}$$

式中，δ_i 为围岩表面上任意一点的压缩变形，单位为 m；σ_i 为围岩在同一点的所产生的弹性抗力，单位为 MPa；K 为围岩弹性抗力系数，单位为 MPa/m。

对于列车载荷、地震载荷等其他载荷，一般情况可以忽略不计算。

2. 创建物理环境

在定义隧道结构受力分析问题的物理环境时，进入 ANSYS 前处理器，建立这个隧道结构体的数学仿真模型。按照以下几个步骤来建立物理环境：

(1) 设置 GUI 菜单过滤。如果希望通过 GUI 路径来运行 ANSYS，当 ANSYS 被激活后第一件要做的事情就是选择菜单路径：Main Menu>Preferences。执行上述命令后，弹出一个如图 11-3 所示的对话框出现后，选择 Structural。这样 ANSYS 会根据你所选择的参数对 GUI 图形界面进行过滤，选择 Structural，以便在进行隧道结构受力分析时过滤掉一些不必要的菜单及相应图形界面。

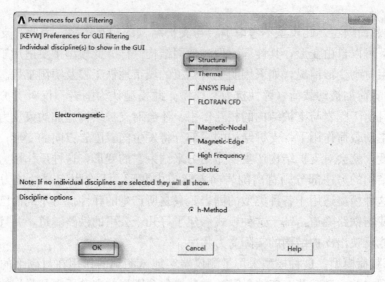

图 11-3 GUI 图形界面过滤

(2) 定义分析标题（/TITLE）。在进行分析前，可以给你所要进行的分析起一个能够代表所分析内容的标题，比如 "Tunnel Support Structural Analysis"，以便能够从标题上与其他相似物理几何模型区别。用下列方法定义分析标题。

命令方式：/TITLE

GUI 方式：Utility Menu>File>Change Title

(3) 说明单元类型及其选项（KEYOPT 选项）。与 ANSYS 的其他分析一样，也要进行相应的单元选择。ANSYS 软件提供了 100 种以上的单元类型，可以用来模拟工程中的各种结构和材料，各种不同的单元组合在一起，成为具体的物理问题的抽象模型。例如：隧道衬砌用 BEAM188 梁单元来模拟，用 COMBIN14 弹簧单元模拟围岩与结构的相互作用性，这两个单元组合起来就可以模拟隧道结构。

大多数单元类型都有关键选项（KEYOPTS），这些选项用以修正单元特性。例如：梁单元 BEAM188 有如下 KEYOPTS：

KEYOPT（6）   力和力矩输出设置
KEYOPT（9）   设置输出节点 I 与 J 之间点结果
KEYOPT（10）   设置 SFNEAM 命令施加线性变化的表面载荷

COMBIN14 弹簧单元有如下 KEYOPTS：

KEYOPT（1）   设置解类型
KEYOPT（2）   设置 1-D 自由度
KEYOPT（3）   设置 2-D 或 11-D 自由度

设置单元以及其关键选项的方式如下：

命令方式：ET
　　　　　KEYOPT

GUI 方式：Main Menu>Preprocessor>Element Type>Add/Edit/Delete

(4) 设置实常数和定义单位。单元实常数和单元类型密切相关，用 R 族命令（如 R，

RMODIF 等）或其相应 GUI 菜单路径来说明。在隧道结构受力分析中，你可用实常数来定义衬砌梁单元的横截面积、惯性矩和高度以及围岩弹性抗力系数等。当定义实常数时，要遵守如下规则：

1) 必须按次序输入实常数。

2) 对于多单元类型模型，每种单元采用独立的实常数组（即不同的 REAL 参考号）。但是，一个单元类型也可注明几个实常数组。

命令方式：R

GUI 方式：Main Menu＞Preprocessor＞Real Constants＞Add/Edit/Delete

ANSYS 软件没有为系统指定单位，分析时只需按照统一的单位制进行定义材料属性、几何尺寸、载荷大小等输入数据即可。

结构分析只有时间单位、长度单位和质量单位三个基本单位，则所有输入的数据都应当是这三个单位组成的表达方式。如标准国际单位制下，时间是秒（s），长度是米（m），质量是千克（kg），则导出力的单位是 $kg \cdot m/s^2$（相当于牛顿，N），材料的弹性模量单位是 $kg/m \cdot s^2$（相当于帕，Pa）。

命令方式：/UNITS

（5）定义材料属性。大多数单元类型在进行程序分析时都需要指定材料特性，ANSYS 程序可方便地定义各种材料的特性，如结构材料属性参数、热性能参数、流体性能参数和电磁性能参数等。

ANSYS 程序可定义的材料特性有以下三种：

1) 线性或非线性；

2) 各向同性、正交异性或非弹性；

3) 随温度变化或不随温度变化。

隧道结构受力分析中需要定义隧道混凝土衬砌支护的材料属性：表观密度、弹性模量、泊松比、凝聚力以及摩擦角。

命令方式：MP

GUI 方式：Main Menu＞Preprocessor＞Material Props＞Material Models

或 Main Menu＞Solution＞Load Step Opts＞Other＞Change Mat Props＞Material Models

3. 建立模型和划分网格

创建好物理环境，就可以建立模型。在进行隧道结构受力分析时，需要建立模拟隧道衬砌结构的梁单元和模拟隧道结构与围岩间相互作用的弹簧单元。在建立好的模型各个区域内指定特性（单元类型、选项、实常数和材料性质等）以后，就可以划分有限元网格了。

通过 GUI 为模型中的各区赋予特性：

（1）选择 Main Menu＞Preprocessor＞Meshing＞Mesh Attributes＞Picked Areas

（2）单击模型中要选定的区域。

（3）在对话框中为所选定的区域说明材料号、实常数号、单元类型号和单元坐标系号。

(4) 重复以上 3 个步骤，直至处理完所有区域。

通过命令为模型中的各区赋予特性：

ASEL（选择模型区域）

MAT（说明材料号）

REAL（说明实常数组号）

TYPE（指定单元类型号）

ESYS（说明单元坐标系号）

在进行隧道结构分析中，只需要给隧道衬砌结构指定材料号、实常数号、单元类型号和单元坐标系号就可以。

4. 施加约束和载荷

在施加边界条件和载荷时，既可以给实体模型（关键点、线、面）也可以给有限元模型（节点和单元）施加边界条件和载荷。在求解时，ANSYS 程序会自动将加到实体模型上的边界条件和载荷转递到有限元模型上。

隧道结构分析中，主要是给弹簧施加自由度约束。

命令方式：D

施加载荷包括重力以及隧道结构所受到的力。

5. 求解

ANSYS 程序根据现有选项的设置，从数据库获取模型和载荷信息并进行计算求解，将结果数据写入到结果文件和数据库中。

命令方式：SOLVE

GUI 方式：Main Menu＞Solution＞Solve＞Current LS

6. 后处理

后处理的目的是以图和表的形式描述计算结果。对于隧道结构受力分析，很重要的一点就是进入后处理器后，观察结构受力变形图，根据弹簧单元只能受压的性质，去掉受拉弹簧，再进行求解，随后再观察结构受力变形图，看有没有受拉弹簧；如此反复，直到结构受力变形图中无受拉弹簧为止。这时，就得到隧道结构受力分析的正确结果，进去后处理器，绘出隧道支护结构的变形图、弯矩图、轴力图和剪力图，列出各单元的内力和位移值，以及输出结构的变形图和内力图。最后，按照相关设计规范进行强度和变形验算；如果不满足设计要求，提出相应的参数修改意见，再进行新的分析。

命令方式：/POST1

GUI 方式：Main Menu＞General Postproc

11.3.2 实例描述

选取新建铁路宜昌（宜）—万州（万）铁路线上的别岩槽隧道某断面，该断面设计单位采用的支护结构如图 11-4 所示。为保证结构的安全性，采用了载荷—结构模型，利用 ANSYS 对其进行计算分析。

主要参数如下：

隧道腰部和顶部衬砌厚度是 65cm，隧道仰拱衬砌厚度为 85cm。

采用 C30 钢筋混凝土做为衬砌材料。

隧道围岩是Ⅳ级，洞跨是 5.36m，深埋隧道。

隧道仰拱下承受水压，水压 0.2MPa。

隧道围岩级别是Ⅳ级，其物理力学指标及衬砌材料 C30 钢筋混凝土的物理力学指标见表 11-4。

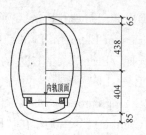

图 11-4　隧道支护结构断面图

物理力学指标　　　　　　　　　　　　　　　　　　　表 11-4

名称	表观密度 $\gamma(kN/m^3)$	弹性抗力系数 $K(MPa/m)$	弹性模量 $E(GPa)$	泊松比 ν	内摩擦角 $\varphi(°)$	凝聚力 $c(MPa)$
Ⅳ级围岩	22	300	1.5	0.32	29	0.35
C30 钢筋混凝土	25	—	30	0.2	54	2.42

根据《铁路隧道设计规范》（TB 10003—2005），可计算出深埋隧道围岩的垂直均布力和水平均布力。对于竖向和水平的分布载荷，其等效节点力分别近似的取节点两相邻单元水平或垂直投影长度的一般衬砌计算宽度这一面积范围内的分布载荷的总和。自重载荷通过 ANSYS 程序直接添加密度施加。隧道仰拱部受到的水压 0.2MPa，按照径向方向载置换为等效节点力，分解为水平竖直方向加载，见表 11-5。

载荷计算表　　　　　　　　　　　　　　　　　　　　表 11-5

载荷种类	围岩压力		结构自重	水压 N/m^3
	垂直均布力 N/m^3	水平均布力 N/m^3		
值	80225	16045	通过 ANSYS 添加	200000

11.3.3　GUI 操作方法

1. 创建物理环境

（1）在"开始"菜单中依次选取"所有程序"/"ANSYS13.0"/"Mechanical APDL Product Launcher"，得到"13.0.1：ANSYS Mechanical APDL Product Launcher"对话框。

（2）选择"File Management"，在"Working Directory"栏输入工作目录"D：\ansys\example30"，在"Job Name"栏输入文件名"Support"。

（3）单击"RUN"按钮，进入 ANSYS13.0 的 GUI 操作界面。

（4）过滤图形界面：Main Menu＞Preferences，弹出"Preferences for GUI Filtering"对话框，选择"Structural"来对后面的分析进行菜单及相应的图形界面过滤。

（5）定义工作标题：Utility Menu＞File＞Change Title，在弹出的对话框中输入"Tunnel Support Structural Analysis"，单击"OK"按钮，如图 11-5 所示。

（6）定义单元类型：Main Menu＞Preprocessor＞Element Type＞Add/Edit/Delete，

弹出"Element Types"单元类型对话框，如图 11-6 所示，单击"Add"按钮，弹出"Library of Element Types"单元类型库对话框，如图 11-7 所示。在该对话框左面滚动栏中选择"Beam"，在右边的滚动栏中选择"2 node 188"，单击"Apply"按钮，定义了"Beam188"单元。再在左面滚动栏中选取"Combination"，右边的滚动栏中选择"Spring-damper 14"，如图 11-8 所示；然后，单击"OK"按钮，这就定义了"Combin14"单元，在"Element Types"单元类型对话框中选择"BEAM188"单元，单击"Options...."按钮打开"BEAM188 element type options"对话框，将其中的"K3"设置为"Cubic Form"，单击"OK"按钮。最后单击图 11-6 单元类型对话框中的"Close"按钮。

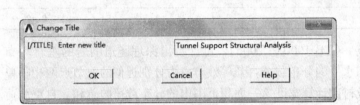

图 11-5　定义工作标题　　　　　　　图 11-6　单元类型对话框

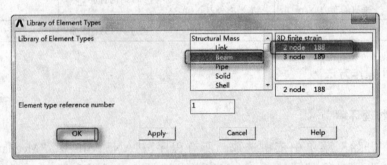

图 11-7　定义 Beam188 单元对话框

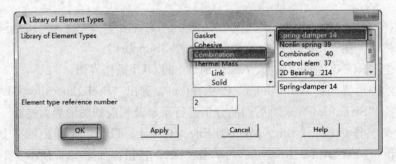

图 11-8　定义 Combin14 单元对话框

(7) 定义材料属性：Main Menu>Preprocessor>Material Props>Material Models，弹出"Define Material Model Behavior"对话框，如图 11-9 所示。在右边的栏中连续单击"Structural>Linear>Elastic>Isotropic"后，又弹出如图 11-10 所示"Linear Isotropic Properties for Material Number 1"对话框，在该对话框中"EX"后面的输入栏输入 3E10，在"PRXY"后面的输入栏输入 0.2，单击"OK"按钮。再在定义材料本构模型对话框选择"Density"并单击，弹出如图 11-11 所示"Density for Material Number 1"对话框，在"DENS"后面的栏中输入隧道衬砌混凝土材料的密度 2500，再单击"OK"按钮。

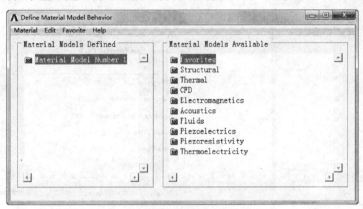

图 11-9 定义材料本构模型对话框

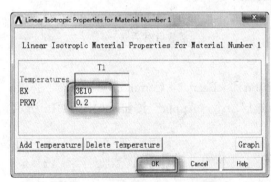

图 11-10 线弹性材料模型对话框

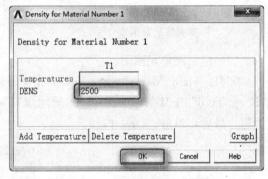

图 11-11 材料密度输入对话框

最后，单击"Material>Exit"结束，得到结果如图 11-12 所示。

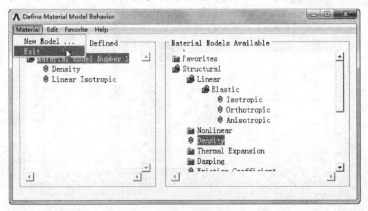

图 11-12 材料属性定义结果

(8) 定义实常数：Main Menu>Preprocessor>Real Constants>Add/Edit/Delete，弹出"Real Constants"实常数对话框，如图 11-13 所示。单击"Add…"按钮，弹出选择单元类型对话框。选择"Type 2 Combin14"，单击"OK"按钮，弹出如图 11-14 所示"Real Constant Set Number 1，for COMBIN14"对话框。在"Spring constant"栏后面输入 30000000，单击"OK"按钮，弹出如图 11-15 对话框。最后，单击"Close"按钮。

图 11-13 "Real Constants"
实常数对话框

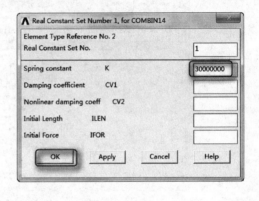

图 11-14 Combin14 实常数后对话框

(9) 定义梁单元截面：

GUI：Main Menu > Preprocessor > Sections > Beam > Common Sections，弹出"Beam Tool"工具条，如图 11-16 所示填写。然后单击"Apply"按钮，如图 11-16 所示填写。最后，单击"OK"按钮。

图 11-15 定义完实常数后对话框

 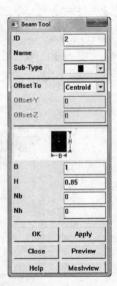

图 11-16 定义两种截面

每次定义好截面后，单击"Preview"可以观察截面特性。在本模型中，两种截面特性如图 11-17 所示：

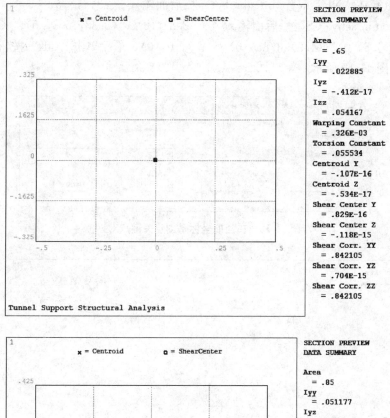

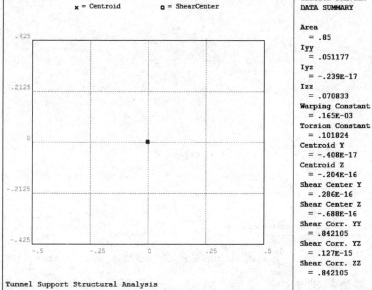

图 11-17　两种截面图及截面特性

2. 建立模型和划分网格

（1）创建隧道衬砌支护关键点：Main Menu＞Preprocessor＞Modeling＞Create＞

Keypoints>In Active CS,弹出"Create Keypoints in Active Coordinate System"对话框,如图11-18所示。在"NPT Keypoint number"栏后面输入"1",在"X,Y,Z Location in active CS"栏后面输入(0,0,0),单击"Apply"按钮,这样就创建了关键点1。再依次重复在"NPT keypoint number"栏后面输入2、3、4、5、6、7,在对应"X,Y,Z Location in active CS"栏后面输入(0,3.85,0)、(0.88,5.5,0)、(2.45,6.15,0)、(4.02,5.5,0)、(4.9,3.85,0)、(4.9,0,0),最后单击"OK"按钮,生成7个关键点,如图11-19所示。

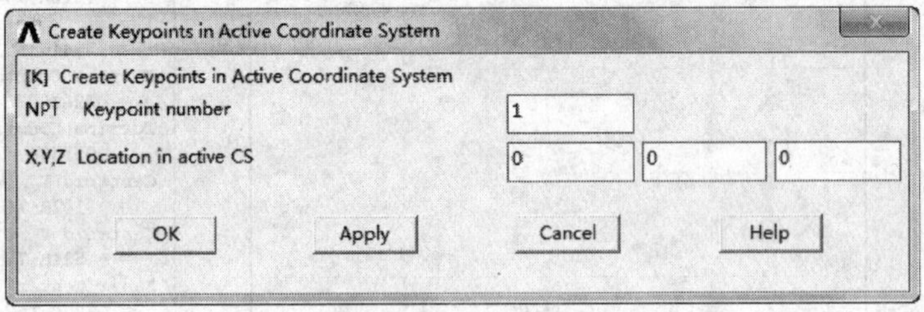

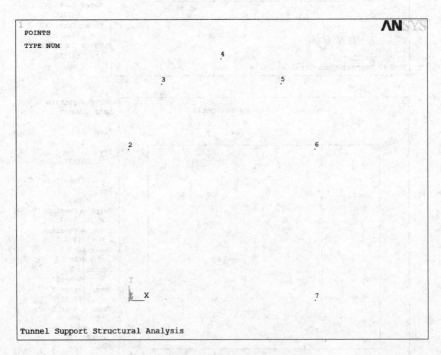

图11-18 在当前坐标系创建关键点对话框

图11-19 隧道支护关键点

(2)创建隧道衬砌支护线模型:Main Menu>Preprocessor>Modeling>Create>Lines>Arcs>By End KPs & Rad,弹出如图11-20所示的对话框。在对话框栏中输入关键点"1,2",单击"Apply"按钮,弹出如图11-21所示的对话框。在对话框栏中输入关键点6,弹出"Arc By End KPs & Radius"对话框,如图11-22所示。在"RAD Radius of the arc"栏后面输入弧线半径8.13,单击"Apply"按钮,这样就创建了弧线。

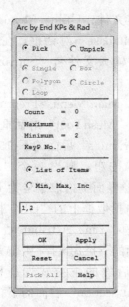 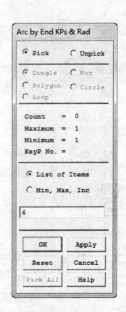

图 11-20　定义弧线两端点对话框　　　　图 11-21　定义弧线曲率关键点对话框

重复以上操作步骤，分别把图 11-22 对话框栏中空栏依次输入 "3.21，2，3，6"、"2.22，3，4，6"、"2.22，4，5，2"、"3.21，5，6，2"、"8.13，6，7，2"、"6，7，1，4"；最后，单击 "OK" 按钮，生成隧道衬砌支护线模型，如图 11-23 所示。

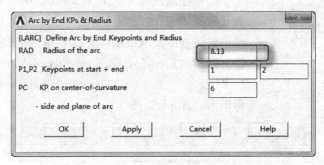

图 11-22　画弧线对话框

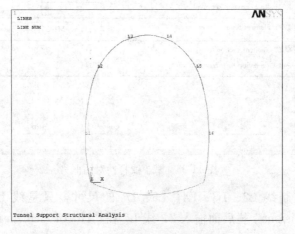

图 11-23　隧道衬砌支护线模型

(3) 保存几何模型文件：Utility Menu>File>Save as，弹出一个"Save Database"对话框，在"Save Database to"下面输入栏中输入文件名"Support-geom.db"，单击"OK"。

(4) 给线赋予特性：Main Menu>Preprocessor>Meshing>MeshTool，弹出"MeshTool"对话框，如图 11-24 所示。在"Element Attributes"后面的下拉式选择栏中选择"Lines"，按"Set"按钮，弹出一个"Lines Attributes"线拾取框，在图形界面上拾取编号为 L1、L2、L3、L4、L5、L6 的线，单击拾取框上的"OK"按钮，又弹出一个如图 11-25 所示的"Line Attributes"对话框，在"Material number"后面的下拉式选择栏中选取 1，在"Element type number"后面的下拉式选择栏中选取"1 BEAM188"在"Element section"后面的下拉式选择栏中选取 1。单击"Apply"按钮，再次弹出线拾取框。

用相同方法给线 L7 赋予特性，其他选项与 L1、L2、L3、L4、L5、L6 的线一样，只是在"Element section"后面的下拉式选择栏中选取 2，单击"OK"按钮退出。

(5) 控制线尺寸：在"MeshTool"对话框中的"Size controls"下面的选择栏中的"Lines"右边单击"Set"，在弹出对话框中拾取线 L1 和 L6，单击拾取框上的"OK"按钮，弹出"Element Sizes on Picked Lines"对话框，如图 11-26 所示。在"No. of element divisions"栏后面输入 4，再单击"Apply"按钮。

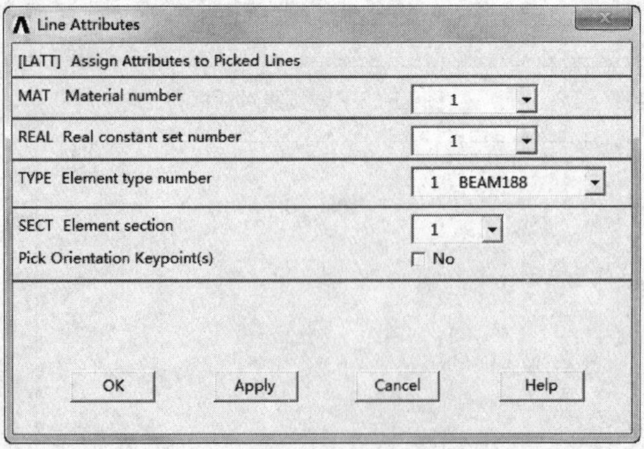

图 11-24　网格划分工具栏

图 11-25　赋予线特性对话框

用相同方法控制线 L2、L3、L4、L5、L7 的尺寸，只是线 L2、L3、L4、L5 在"No. of element divisions"栏后面输入 2，线 L7 在"No. of element divisions"栏后面输入 8。

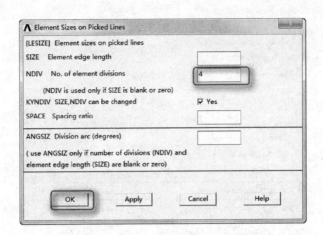

图 11-26 线单元尺寸划分对话框

(6) 划分网格：在图 11-24 网格划分工具栏中单击 "Mesh" 按钮，弹出一个对话框，单击 "Pick ALL"，生成 24 个梁单元，如图 11-27 所示。

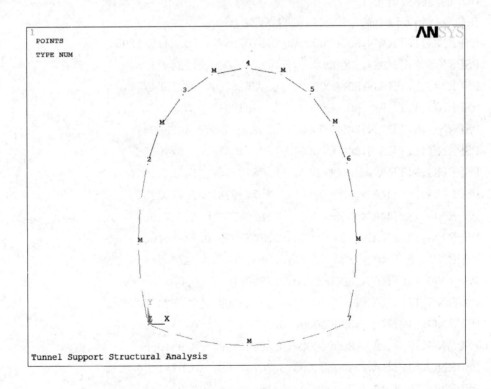

图 11-27 隧道支护单元图

(7) 打开节点编号显示：Utility Menu＞PlotCtrls＞Numbering，弹出 "Plot Numbering Controls" 对话框，如图 11-28 所示。选择 "Node Numbers" 选项，后面的文字由 "Off" 变为 "On"，单击 "OK" 关闭窗口。显示这些节点编号目的是为后面创建弹簧单元准备，这些节点是弹簧单元的一个节点。

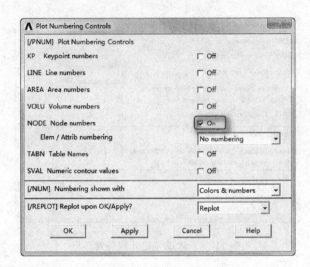

图 11-28 显示节点编号对话框

（8）创建弹簧单元：

在命令行输入以下命令完成弹簧的创建：

PSPRNG,1,TRAN,300000000,－0.97029572,－0.241921895,
PSPRNG,2,TRAN,300000000,－0.97437006,0.22495105,
PSPRNG,3,TRAN,300000000,－0.98628560,－0.1604761,
PSPRNG,4,TRAN,300000000,－0.99919612,－0.00872654,
PSPRNG,5,TRAN,300000000,－0.98901586,0.14780941,
PSPRNG,6,TRAN,300000000,－0.70710678,0.70710678,
PSPRNG,7,TRAN,300000000,－0.88294757,0.469471561,
PSPRNG,10,TRAN,300000000,0.70710678,0.70710678,
PSPRNG,13,TRAN,300000000,0.88294757,0.469471561,
PSPRNG,12,TRAN,300000000,0.97437006,0.22495105,
PSPRNG,15,TRAN,300000000,0.98901586,0.14780941,
PSPRNG,16,TRAN,300000000,0.99996192,－0.00872654,
PSPRNG,17,TRAN,300000000,0.98628560,－0.1604768,
PSPRNG,14,TRAN,300000000,0.97029572,－0.241921895,
PSPRNG,18,TRAN,300000000,0.30901699,－0.95105651,
PSPRNG,19,TRAN,300000000,0.20791169,－0.9781476,
PSPRNG,20,TRAN,300000000,0.10452846,－0.99452189,
PSPRNG,21,TRAN,300000000,0,－1,
PSPRNG,22,TRAN,300000000,－0.10452846,－0.99452189,
PSPRNG,23,TRAN,300000000,－0.20791169,－0.9781476,
PSPRNG,24,TRAN,300000000,－0.30901699,－0.95105651,

得到添加弹簧单元的单元网格图，如图 11-29 所示。

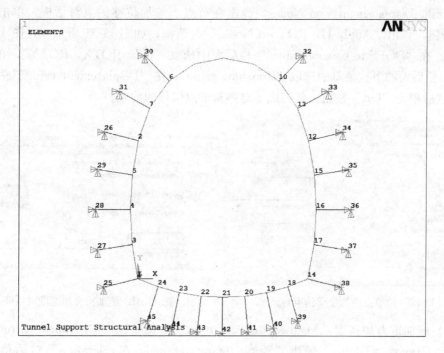

图 11-29 添加弹簧单元的单元网格图

⚠ 注意

以第一行为例,命令行参数含义为:弹簧系数 300000000,弹簧另一端点的坐标值"−0.97029572,−0.241921895,0",因为是平面问题,DZ 是 0。

弹簧单元长度为 1,实际上弹簧长度对计算结果没有影响。

隧道顶部范围(90°范围)为"脱离区",故不需要添加弹簧单元。

"DX,DY"是生成弹簧的另一个端点的坐标值,它位于法线方向,根据在 CAD 图形中角度来计算。

图 11-29 中一共添加了 21 个弹簧单元,如果有些弹簧单元根据计算结果显示是受拉的,必须去除,再进行重新计算。

用来模拟隧道结构与围岩间相互作用的 COMBIN14 弹簧单元(也叫地层弹簧),对其参数设置时,只需要输入弹性常数 K,阻尼系数和非线性阻尼系数不用输入。

3. 加约束和载荷

(1) 给弹簧单元施加约束:Main Menu>Solution>Define Loads>Apply>Structural>Displacement>on Nodes,弹出在节点上施加位移约束对话框,用鼠标选取弹簧单元最外层节点共 21 个节点,单击"OK"按钮,弹出"Apply U,ROT on Nodes"对话框,如图 11-30 所示。在图 11-30 对话框中:在"DOFS to be constrained"栏后面中选取"UX,UY",在"Apply as"栏后面的下拉菜单中选取"Constant value",在"Displacement value"栏后面输入 0,然后单击"OK"按钮就完成了对弹簧节点位移的约束。

(2) 给所有单元施加为平面约束:Main Menu>Solution>Define Loads>Apply>

Structural>Displacement>on Nodes，弹出在节点上施加位移约束对话框，单击"Pick All"按钮，弹出"Apply U，ROT on Nodes"对话框，如图 11-31 所示。在图 11-31 对话框中：在"DOFS to be constrained"栏后面中选取"UZ，ROTX，ROTY"，在"Apply as"栏后面的下拉菜单中选取"Constant value"，在"Displacement value"栏后面输入 0，然后单击"OK"按钮，就完成了对弹簧节点位移的约束。

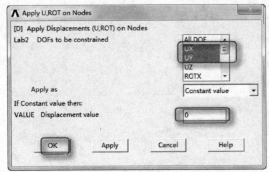
图 11-30 给节点施加位移约束对话框

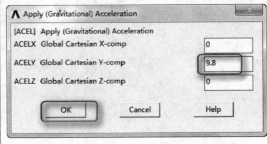
图 11-31 施加重力加速度对话框

（3）施加重力加速度：Main Menu>Solution>Define Loads>Apply>Structural>Inertia>Gravity>Global，弹出"Apply（Gravitational）Acceleration"对话框，如图 11-31所示。只需在"Global Cartesian Y-comp"栏后面输入重力加速度值"9.8"就可以，单击"OK"按钮，就完成了重力加速度的施加。

注意

虽然在 ANSYS 中输入的重力加速度9.8后，其重力加速度方向显示向上，但 ANSYS 默认模型施加重力时，输入的重力加速度是9.8，不是－9.8。

（4）对隧道衬砌支护施加围岩压力：Main Menu>Solution>Define Loads>Apply>Structural>Force/Moment>on Nodes，在弹出节点位置施加载荷对话框中，用鼠标选择隧道支护线上腰部和顶部所有节点，弹出"Apply F/M on Nodes"对话框，如图 11-32 所示。在"Direction of force/mom"栏后面下拉菜单中选取"FY"，在"Force/Moment value"栏中输入围岩垂直均布力－80225。

单击"Apply"按钮，在弹出对话框后选择隧道支护线剩下的节点，在"Direction of force/mom"栏后面下拉菜单中选取"FY"，在"Force/Moment value"栏中输入围岩垂直均布力 80225。

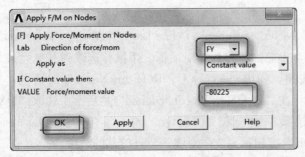
图 11-32 施加节点力对话框

单击"Apply"按钮，又弹出一个节点位置施加载荷对话框，用鼠标选择隧道衬砌支护线上的1、2、3、4、5、6、7、8、9、22、23、24 共 12 个节点，又弹出如图 11-32 所示的对话框，在"Direction of force/mom"栏后面下拉菜单中选取"FX"，在"Force/Moment value"栏中输入围岩水平均布力16045。

再次单击"Apply"按钮,又弹出一个节点位置施加载荷对话框,用鼠标选择隧道衬砌支护线上剩下的12个节点,又弹出如图11-32所示的对话框,在"Direction of force/mom"栏后面下拉菜单中选取"FX",在"Force/Moment value"栏中输入围岩水平均布力-16045。单击"OK"按钮,就完成了对隧道衬砌支护施加围岩压力。

输入围岩垂直均布力和水平均布力应参考节点位置来考虑力的方向,切忌加错力的方向。

(5) 对隧道仰拱施加水压:Main Menu>Solution>Define Loads>Apply>Structural>Force/Moment>on Nodes,在弹出节点位置施加载荷对话框中,用鼠标选择隧道仰拱节点18,弹出如图11-24所示的对话框,在"Direction of force/mom"栏后面下拉菜单中选取"FX",在"Force/Moment value"栏中输入水平水压力-161803。再次单击"Apply"按钮,又弹出一个对话框,选择节点18,又弹出图11-33的对话框,在"Direction of force/mom"栏后面下拉菜单中选取"FY",在"Force/Moment value"栏中输入围岩水平均布力70381,单击"OK"按钮,就完成了节点18的水压力的施加,同法对仰拱的其他节点施加水压,只是数值不同:节点19"FY=50101"、"FX=-182309";节点20"FY=13093"、"FX=-198904";节点21"FY=125960"、"FX=0";节点22"FY=13093"、"FX=198904";节点23"FY=50101"、"FX=-182309";节点24"FY=70381"、"FX=-161803"。

最后得到施加约束和载荷后隧道衬砌支护结构模型图,如图11-33所示。

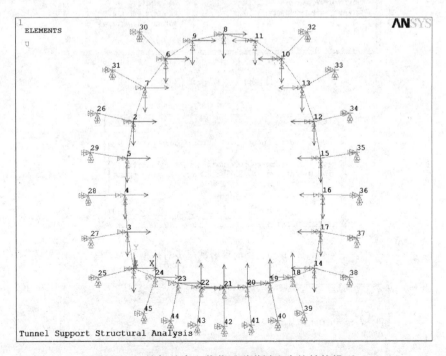

图11-33 施加约束和载荷后隧道衬砌支护结构模型

将作用在衬砌上的分布载荷置换为等效节点力。

对于竖向和水平的分布载荷,其等效节点力分别近似地取节点两相临单元水平或垂直投影长度的一般衬砌计算宽度这一面积范围内的分布载荷的总和。

自重载荷通过 ANSYS 程序直接添加密度施加。

水压按照径向方向载置换为等效节点力,分解为水平方向和竖直方向加载。

4. 求解

求解运算:Main Menu>Solution>Solve>Current LS,弹出一个求解选项信息和一个当前求解载荷步对话框,如图 11-34 和图 11-35 所示。检查信息无错误后,单击"OK"按钮,开始求解运算,直到出现一个"Solution is done!"的提示栏,如图 11-36 所示,表示求解结束。

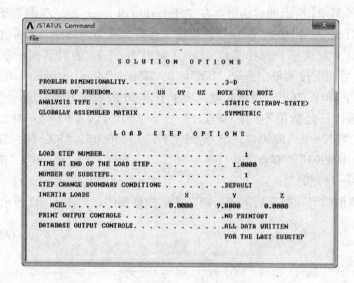

图 11-34 求解选项信息

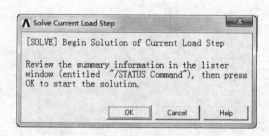

图 11-35 当前求解载荷步对话框

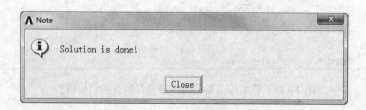

图 11-36 求解结束提示栏

5. 后处理（对计算结果进行分析）

(1) 计算分析修改模型

1) 查看隧道衬砌支护结构变形图：Main Menu＞General Postproc＞Plot Results＞Deformed shape，弹出一个"Plot Deformed Shape"的对话框，如图11-37所示，选择"Def＋undeformed"并单击"OK"按钮，出现隧道衬砌支护结构变形图，如图11-38所示。

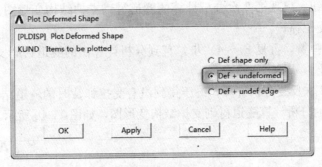

图11-37 查看变形图对话框

从图11-38的初次分析隧道衬砌支护结构变形图中可以看出，弹簧30、32、33和34是受拉的，因为用来模拟隧道结构与围岩间相互作用的地层弹簧只能承受压力，所以这4根弹簧必须去掉，再重新计算，直到结构变形图中没有受拉弹簧为止。

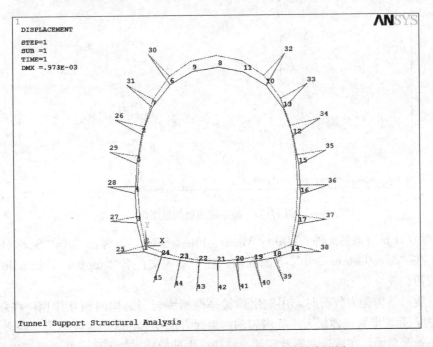

图11-38 初次分析计算隧道衬砌支护结构变形图

2) 删除受拉弹簧单元：Main Menu＞Preprocessor＞Modeling＞Delete＞Elements，弹出一个删除单元选取对话框，选择弹簧单元30、32、33和34，然后单击"OK"按钮。

执行 Main Menu>Preprocessor>Modeling>Delete>Nodes，弹出一个删除节点选取对话框，选取弹簧单元 30、32、33 和 34 最外端节点，再单击"OK"按钮。

3）第 2 次求解：Main Menu>Solution>Solve>Current LS，弹出一个求解选项信息和一个当前求解载荷步对话框，接受默认设置。单击"OK"按钮，开始求解运算，直到出现一个"Solution is done!"的提示栏，表示求解结束。

4）查看第 2 次分析计算结构变形图：Main Menu>General Postproc>Plot Results>Deformed shape，弹出一个"Plot Deformed Shape"的对话框，选择"Def＋undeformed"并单击"OK"按钮，出现第 2 次分析计算的隧道衬砌支护结构变形图。图形显示，第 2 次分析计算仍有受拉弹簧。

5）去掉受拉弹簧，重复 2)～4) 步，直到分析计算出的隧道衬砌支护结构变形图中没有受拉弹簧为止。

最后，经过 3 次反复分析计算，终于得到没有受拉弹簧时的隧道结构模型，如图 11-39 所示。其对应的分析计算隧道衬砌支护结构变形图，如图 11-40 所示。

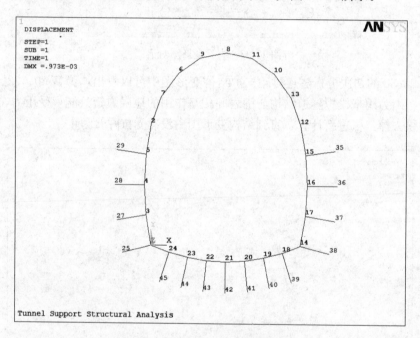

图 11-39　最后隧道结构模型图

6）保存计算结果到文件：Utility Menu>File>Save as，弹出一个"Save Database"对话框，在"Save Database to"下面的输入栏中输入文件名"support result.db"，单击"OK"按钮。

进行隧道结构受力分析时，用地层弹簧来模拟围岩与结构间相互作用，在隧道顶部 90°范围内，起变形背向地层，不受围岩的约束而自由变形，这个区域称为"脱离区"，不需要添加弹簧单元。在隧道两侧及底部，结构产生朝向地层的变形，并受到围岩约束阻止其变形，因而围岩对衬砌产生了弹性抗力，这个区域称为"抗力区"，需要添加弹簧单元。

进行完第一次求解后，查看结构变形图，去除受拉弹簧单元，再进行求解；再查看结构变形图，反复进行，直到最终计算出结构变形图无受拉弹簧为止。

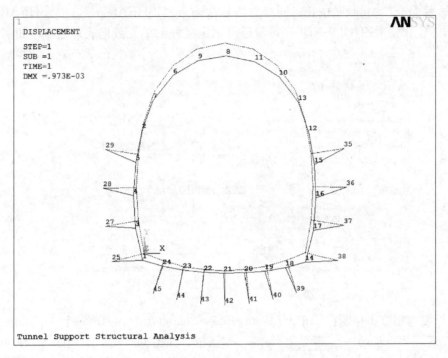

图 11-40　最终隧道结构变形图

(2) 画出主要图形

1) 绘制结构变形图：Main Menu＞General Postproc＞Plot Results＞Deformed shape，弹出一个"Plot Deformed Shape"的对话框，选择"Def＋undeformed"并单击"OK"按钮，就得到隧道结构变形图，如图 11-40 所示。

2) 将节点弯矩、剪力、轴力制表：Main Menu＞General Postproc＞Element Table＞Define Table，弹出一个"Element Table Data"对话框，如图 11-41 所示。单击"Add"按钮，弹出一个"Define Additional Element Table Items"对话框，如图 11-42 所示。

在图 11-42 对话框中，在"User label for item"栏后面输入"IMOMEMT"，在"Item Comp Results data item"栏后面的左边下拉菜单中选取"By sequence num"，在右栏输入 6，然后单击"Apply"按钮；再次在"User label for item"栏后面输入"JMOMEMT"，在"Item Comp Results data item"栏后面的左边下拉菜单中选取"By sequence num"，在右栏输

图 11-41　单元数据制表对话框

入12，然后单击"Apply"按钮；同样方法依次输入"ISHEAR，2"、"JSHEAR，8"、"ZHOULI-I，1"、"ZHOULI-J，7"，最后得到定义好的单元数据表对话框，如图11-43所示。

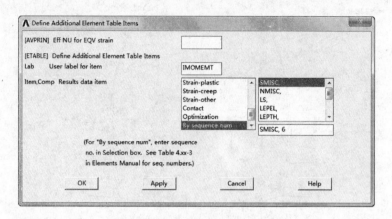

图 11-42　定义单元数据表对话框

3）设置弯矩分布标题：Utility Menu＞File＞Change title，弹出一个"Change Title"对话框，如图11-44所示。在"Enter new title"下面的输入栏中输入文件名"BENDING MOMENT distribution"，单击"OK"按钮。

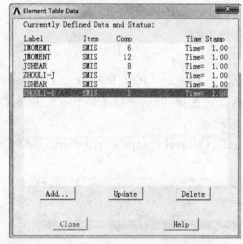

图 11-43　定义好的单元数据表对话框

4）画结构弯矩图：Main Menu＞General Postproc＞Plot Results＞Contour Plot＞Line Element Results，弹出一个"Plot Line-Element Results"对话框，如图11-45所示。在"Element table item at node I"栏后面下拉菜单选取"IMOMENT"，在"Element table item at node J"栏后面下拉菜单选取"JMOMENT"，在"Optional scale factor"后面栏中输入-0.8，在"Items to be plotted on"栏后面选择"Deformed shape"，单击"OK"按钮，得到隧道衬砌支护结构的弯矩图，如图11-46所示。

5）设置剪力分布标题：Utility Menu＞File＞Change title，弹出一个"Change Title"对话框。在"Enter new title"下面的输入栏中输入文件名"SHEAR force distribution"，单击"OK"按钮。

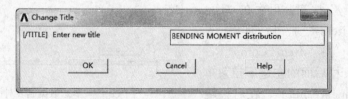

图 11-44　设置标题对话框

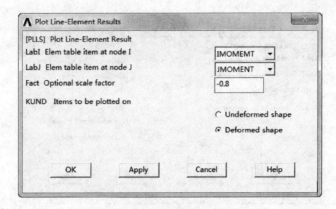

图 11-45　画结构弯矩图对话框

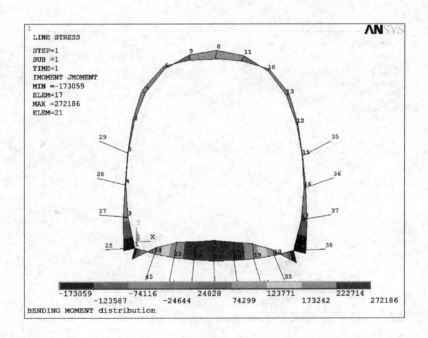

图 11-46　结构弯矩图（单位：N·m）

6）画结构剪力图：Main Menu＞General Postproc＞Plot Results＞Contour Plot＞Line Element Results，弹出一个如图 11-47 所示的对话框。在"Elem table item at node I"栏后面下拉菜单选取"ISHEAR"，在"Elem table item at node J"栏后面下拉菜单选取"JSHEAR"，在"Optional scale factor"后面栏中输入－1，在"Items to be plotted on"栏后面选择"Deformed shape"，单击"OK"按钮，得到隧道衬砌支护结构的剪力图，如图 11-48 所示。

7）设置轴力分布标题：Utility Menu＞File＞Change title，弹出一个"Change Title"对话框。在"Enter new title"下面的输入栏中输入文件名"ZHOULI force distribution"，单击"OK"。

8）画结构轴力图：Main Menu＞General Postproc＞Plot Results＞Contour Plot＞

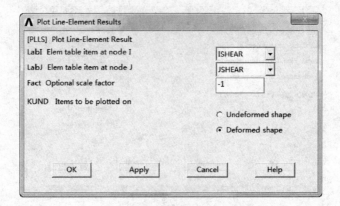

图 11-47　画结构剪力图对话框

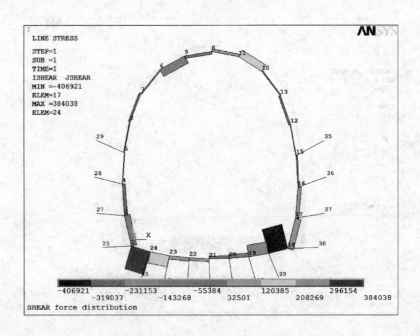

图 11-48　结构剪力图（单位：N）

Line Element Results，弹出一个对话框。在"Elem table item at node I"栏后面下拉菜单选取"ZHOULI-I"，在"Elem table item at node J"栏后面下拉菜单选取"ZHOULI-J"，在"Optional scale factor"后面栏中输入—0.6，在"Items to be plotted on"栏后面选择"Deformed shape"，单击"OK"按钮，得到隧道衬砌支护结构的轴力图，如图 11-49 所示。

输出图形设置时，输出图形比例因子 ANSYS 默认是 1，可以根据实际需要缩小或放大图形输出，来满足实际需要。

ANSYS 默认输出的弯矩图与实际土木工程的弯矩图相反。因为土木工程规定，当结构的哪一侧受拉时，弯矩图就应该画在哪一侧，策略是在输出图形比例因子前乘以—1，就可以得到我们所需要的弯矩图。

输出图形比例因子最好设置为绝对值小于1的数。

（3）列出主要数据

1）选择隧道支护线上所有节点：Utility Menu＞Select＞Entities...，弹出一个"Select Entities"对话框，如图11-50所示。在第一个下拉菜单选择"Nodes"，在第2个下拉菜单选择"By Num/Pick"，第3栏选择"From Full"，单击"OK"按钮，弹出一个选择节点对话框，用鼠标选取隧道支护线所有节点，单击"OK"按钮。

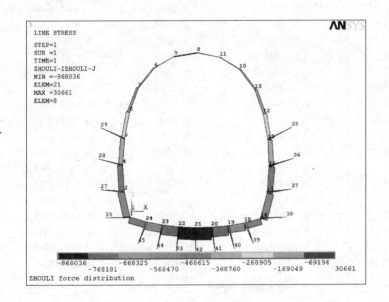

图11-49 结构轴力图
（单位：N）

图11-50 选取节点对话框

2）列表显示各节点的位移：Main Menu＞General Postproc＞List Results＞Nodal Solution，弹出一个"List Nodal Solution"对话框，如图11-51所示。用鼠标依次单击"Nodal Solution"和"DOF Solution"，再选择"Displacement vector sum"，然后单击"OK"按钮，弹出节点位移数据文件。

再次执行Main Menu＞General Postproc＞List Results＞Nodal Solution，弹出一个"List Nodal Solution"对话框，如图11-51所示。用鼠标依次单击"Nodal Solution"和"DOF Solution"，再选择"Rotation vector sum"，然后单击"OK"按钮，弹出节点位移数据文件。

最后得到各节点的位移数据，如表11-6所示。

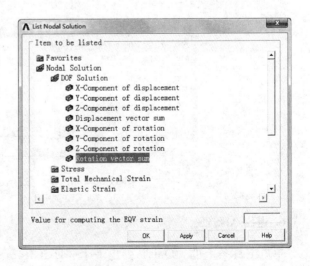

图11-51 列出各节点位移对话框

节点位移   表 11-6

NODE	UX	UY	UZ	USUM
1	−0.11313E-03	−0.51217E-03	0.0000	0.52452E-03
2	−0.16507E-03	−0.60909E-03	0.0000	0.63106E-03
3	−0.21503E-03	−0.55464E-03	0.0000	0.59487E-03
4	−0.22304E-03	−0.57446E-03	0.0000	0.61625E-03
5	−0.20218E-03	−0.59090E-03	0.0000	0.62453E-03
6	0.20034E-04	−0.73264E-03	0.0000	0.73291E-03
7	−0.93709E-04	−0.64260E-03	0.0000	0.64940E-03
8	0.13008E-03	−0.96386E-03	0.0000	0.97260E-03
9	0.10978E-03	−0.86868E-03	0.0000	0.87559E-03
10	0.17729E-03	−0.88336E-03	0.0000	0.90097E-03
11	0.13306E-03	−0.95229E-03	0.0000	0.96154E-03
12	0.24670E-03	−0.82329E-03	0.0000	0.85945E-03
13	0.23008E-03	−0.83784E-03	0.0000	0.86886E-03
14	−0.67404E-05	−0.71910E-03	0.0000	0.71913E-03
15	0.23984E-03	−0.81251E-03	0.0000	0.84717E-03
16	0.21988E-03	−0.79790E-03	0.0000	0.82764E-03
17	0.16219E-03	−0.77444E-03	0.0000	0.79124E-03
18	−0.64968E-04	−0.53911E-03	0.0000	0.54301E-03
19	−0.97481E-04	−0.36859E-03	0.0000	0.38126E-03
20	−0.10037E-03	−0.24385E-03	0.0000	0.26370E-03
21	−0.82130E-04	−0.18209E-03	0.0000	0.19975E-03
22	−0.61078E-04	−0.19056E-03	0.0000	0.20011E-03
23	−0.55527E-04	−0.26223E-03	0.0000	0.26804E-03
24	−0.73992E-04	−0.38113E-03	0.0000	0.38824E-03

3) 列表显示单元的弯矩、剪力和轴力：Main Menu>General Postproc>List Results>Element TableData，弹出一个"List Element Table Data"对话框，如图 11-52 所示。在"Items to be listed"栏后面下拉菜单选择"IMONENT、JMOMENT、ISHEAR、JSHEAR、ZHOULI-I、ZHOULI-J"，然后单击"OK"按钮，弹出单元数据表文件，见表 11-7。

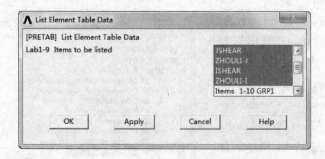

图 11-52 列出单元数据表对话框

6. 退出 ANSYS

单击工具条上的"Quit"弹出一个"Exit from ANSYS"对话框，选取"Quit—No Save!"，单击"OK"按钮，则退出 ANSYS 软件。

单元数据表　　　　　　　　　　　　　　　　表 11-7

ELEM	IMOMENT	JMOMENT	ISHEAR	JSHEAR	ZHOULI-I	ZHOULI-J
1	$-0.15739E+06$	$-64494.$	$-95658.$	$-95658.$	$-0.47433E+06$	$-0.47433E+06$
2	$-64494.$	$-15568.$	$-50380.$	$-50380.$	$-0.38766E+06$	$-0.38766E+06$
3	$-15568.$	-8593.1	-7181.7	-7181.7	$-0.30445E+06$	$-0.30445E+06$
4	-8593.1	$-28434.$	$20430.$	$20430.$	$-0.22639E+06$	$-0.22639E+06$
5	$-28434.$	$-59231.$	$32580.$	$32580.$	$-0.15734E+06$	$-0.15734E+06$
6	$-59231.$	$-41308.$	$-18960.$	$-18960.$	$-95346.$	$-95346.$
7	$-41308.$	$72163.$	$-0.13099E+06$	$-0.13099E+06$	$-20965.$	$-20965.$
8	$72163.$	$0.11307E+06$	$-47226.$	$-47226.$	$30661.$	$30661.$
9	$0.11307E+06$	$75267.$	$43644.$	$43644.$	$15014.$	$15014.$
10	$75267.$	$-30150.$	$0.12169E+06$	$0.12169E+06$	$-34050.$	$-34050.$
11	$-30150.$	$-44870.$	$15572.$	$15572.$	$-0.10598E+06$	$-0.10598E+06$
12	$-44870.$	$-16146.$	$-30386.$	$-30386.$	$-0.16778E+06$	$-0.16778E+06$
13	$-16146.$	-5887.4	$-10563.$	$-10563.$	$-0.23750E+06$	$-0.23750E+06$
14	-5887.4	$-22392.$	$16995.$	$16995.$	$-0.31678E+06$	$-0.31678E+06$
15	$-22392.$	$-78999.$	$58288.$	$58288.$	$-0.40105E+06$	$-0.40105E+06$
16	$-78999.$	$-0.17306E+06$	$96854.$	$96854.$	$-0.48848E+06$	$-0.48848E+06$
17	$-0.17306E+06$	$83566.$	$-0.40692E+06$	$-0.40692E+06$	$-0.42185E+06$	$-0.42185E+06$
18	$83556.$	$0.20424E+06$	$-0.19134E+06$	$-0.19134E+06$	$-0.52234E+06$	$-0.52234E+06$
19	$0.20424E+06$	$0.24526E+06$	$-65052.$	$-65052.$	$-0.67682E+06$	$-0.67682E+06$
20	$0.24526E+06$	$0.27219E+06$	$-42694.$	$-42694.$	$-0.86782E+06$	$-0.86782E+06$
21	$0.27219E+06$	$0.24268E+06$	$46790.$	$46790.$	$-0.86804E+06$	$-0.86804E+06$
22	$0.24268E+06$	$0.20592E+06$	$58282.$	$58282.$	$-0.67689E+06$	$-0.67689E+06$
23	$0.20592E+06$	$84802.$	$0.19206E+06$	$0.19206E+06$	$-0.52837E+06$	$-0.52837E+06$
24	$84802.$	$-0.15739E+06$	$0.38404E+06$	$0.38404E+06$	$-0.42973E+06$	$-0.42973E+06$

11.3.4 命令流实现

```
/COM,Structural                        ！指定结构分析
/TITLE,Tunnel Support Structural Analysis！定义工作标题
/FILNAM,support,1                      ！定义工作文件名

！进入前处理器
/PREP7
！定义单元
ET,1,BEAM188                           ！定义梁单元
ET,2,COMBIN14                          ！定义弹簧单元

！定义材料属性
MP,EX,1,3E10
MP,PRXY,1,0.2
MP,DENS,1,2500

！定义实常数
```

```
R,1,300000000,,,

SECTYPE,  1,BEAM,RECT,,0              ! 定义1号工字形截面
SECOFFSET,CENT                         ! 截面质心不偏移
SECDATA,1,0.65,0,0,0,0,0,0,0,0,0,0     ! 1号截面参数
SECTYPE,  2,BEAM,RECT,,0              ! 定义2号工字形截面
SECOFFSET,CENT                         ! 截面质心不偏移
SECDATA,1,0.85,0,0,0,0,0,0,0,0,0,0     ! 2号截面参数

! 创建隧道衬砌支护关键点
K,1,,,                                 ! 有节点坐标生成关键点
K,2,,3.85,,
K,3,.88,5.5,,
K,4,2.45,6.15,,
K,5,4.02,5.5,,
K,6,4.9,3.85,,
K,7,4.9,0,,
! 创建隧道衬砌支护线
LARC,1,2,6,8.13,                       ! 由2个端点及曲率中心加半径生成弧线
LARC,2,3,6,3.21,
LARC,3,4,6,2.22,
LARC,4,5,2,2.22,
LARC,5,6,2,3.21,
LARC,6,7,2,8.13,
LARC,7,1,4,6,
! 保存几何模型
SAVE,'Support-geom','db','D:\ansys\example301\'


lsel,s,line,,1,6,1                     ! 选择线L1、L2、L3、L4、L5、L6
LATT,1,1,1,,,,1                        ! 给所选的线赋予材料特性
LSEL,s,,,7
LATT,1,2,1,,,,2
lsel,s,line,,1,6,5
LESIZE,all,,,4,                        ! 设置网格划分份数为4
lsel,s,line,,2,5,1
LESIZE,all,,,2,
lsel,s,line,,7
LESIZE,all,,,8,
lsel,all
```

```
Lmesh,all                                    ！线网格划分,生成支护单元
/PNUM,NODE,1                                 ！打开节点号开关
！生成24根弹簧单元
PSPRNG,1,TRAN,300000000,-0.97029572,-0.241921895,
                                             ！添加弹簧单元1
PSPRNG,2,TRAN,300000000,-0.97437006,0.22495105,
PSPRNG,3,TRAN,300000000,-0.98628560,-0.1604761,
PSPRNG,4,TRAN,300000000,-0.99919612,-0.00872654,
PSPRNG,5,TRAN,300000000,-0.98901586,0.14780941,
PSPRNG,6,TRAN,300000000,-0.70710678,0.70710678,
PSPRNG,7,TRAN,300000000,-0.88294757,0.469471561,
PSPRNG,10,TRAN,300000000,0.70710678,0.70710678,
PSPRNG,13,TRAN,300000000,0.88294757,0.469471561,
PSPRNG,12,TRAN,300000000,0.97437006,0.22495105,
PSPRNG,15,TRAN,300000000,0.98901586,0.14780941,
PSPRNG,16,TRAN,300000000,0.99996192,-0.00872654,
PSPRNG,17,TRAN,300000000,0.98628560,-0.1604768,
PSPRNG,14,TRAN,300000000,0.97029572,-0.241921895,
PSPRNG,18,TRAN,300000000,0.30901699,-0.95105651,
PSPRNG,19,TRAN,300000000,0.20791169,-0.9781476,
PSPRNG,20,TRAN,300000000,0.10452846,-0.99452189,
PSPRNG,21,TRAN,300000000,0,-1,
PSPRNG,22,TRAN,300000000,-0.10452846,-0.99452189,
PSPRNG,23,TRAN,300000000,-0.20791169,-0.9781476,
PSPRNG,24,TRAN,300000000,-0.30901699,-0.95105651,
alls
SAVE
FINISH
/SOL
！施加约束
NSEL,S,NODE,,25,45,1                         ！选择隧道支护线上所有节点
d,all,uy,0                                   ！对所选择节点约束X方向位移
d,all,ux,0                                   ！对所选择节点约束Y方向位移
！施加平面约束
NSEL,S,NODE,,1,45,1                          ！选择所有节点
d,all,uz,0                                   ！对所选择节点约束Z方向位移
d,all,rotx,0                                 ！对所选择节点约束RX方向位移
d,all,roty,0                                 ！对所选择节点约束RY方向位移
！施加重力加速度
```

```
allsel
ACEL,acely,0,9.8,0,
! 施加围岩压力
allsel
NSEL,S,NODE,,1,17,1
F,all,FY,-80225                    ! 施加节点1到节点17上的垂直匀布力
NSEL,S,NODE,,18,24,1
F,all,FY,80225                     ! 施加节点18到节点24上的水平匀布力
NSEL,S,NODE,,1,9,1
NSEL,a,NODE,,22,24,1
F,all,FX,16045
NSEL,S,NODE,,10,21,1
F,all,FX,-16045
! 给隧道仰拱施加水压
NSEL,S,NODE,,18
F,all,FX,-161803                   ! 施加节点18的水平方向的水压分力
NSEL,S,NODE,,18
F,all,FY,70381                     ! 施加节点18的垂直方向的水压分力
NSEL,S,NODE,,19
F,all,FX,-182309
NSEL,S,NODE,,19
F,all,FY,50101
NSEL,S,NODE,,20
F,all,FX,-198904
NSEL,S,NODE,,20
F,all,FY,13093
NSEL,S,NODE,,21
F,all,FX,0
NSEL,S,NODE,,21
F,all,FY,125960
NSEL,S,NODE,,22
F,all,FX,198904
NSEL,S,NODE,,22
F,all,FY,13093
NSEL,S,NODE,,23
F,all,FX,182309
NSEL,S,NODE,,19
F,all,FY,50101
NSEL,S,NODE,,24
```

```
F,all,FX,161803
NSEL,S,NODE,,18
F,all,FY,70381
！进入求解器
allsel
solve                              ！进行求解
！进入后处理器
/POST1
PLDISP,1                           ！绘制结构变形图
FINISH
！进入前处理器删除受拉弹簧单元
/PREP7
！删除受拉弹簧单元
EDELE,26                           ！删除弹簧单元26
NDEL,26                            ！删除节点26
EDELE,30
NDEL,30
EDELE,31
NDEL,31
EDELE,32
NDEL,32
EDELE,33
NDEL,33
EDELE,34
NDEL,34
！进行再次求解
FINISH
allsel                             ！选择模型
solve                              ！进行求解
！保存求解结果
/POST1                             ！进入后处理器
PLDISP,1                           ！绘制最终结构变形图
ETABLE,IMOMENT,SMISC,6             ！制结构弯矩表
ETABLE,JMOMENT,SMISC,12

ETABLE,ISHEAR,SMISC,2              ！制结构剪力表
ETABLE,JSHEAR,SMISC,8


ETABLE,ZHOULI-I,SMISC,1            ！制结构轴力表
```

```
ETABLE,ZHOULI-J,SMISC,7
/TITLE,BENDING MOMENT distribution    ! 定义弯矩分布标题
PLLS,IMOMENT,JMOMENT,-0.8,1           ! 绘制结构弯矩分布图

/TITLE,SHEAR force distribution       ! 定义剪力分布标题
PLLS,ISHEAR,JSHEAR,1,1                ! 绘制剪力分布图

/TITLE,ZHOULI force distribution      ! 定义轴力分布标题
PLLS,ZHOULI-I,ZHOULI-J,-0.6,1         ! 绘制轴力分布图
PRNSOL,U,COMP                         ! 显示所有节点总位移矢量
PRNSOL,ROT,COMP                       ! 显示所有节点总旋转位移矢量
PRETAB,IMOMENT,JMOMENT,ISHEAR,JSHEAR,ZHOULI-I,ZHOULI-J
FINISH
/EXIT
```

11.4 本章小结

在工程实践中，只要不能忽略时间积分的影响，就必须采用瞬态动力学分析。它是一种非常常见非常通用的分析方法，同时其功能也非常强大。只要知道载荷和约束的具体形式（是否随时间变化均可），就可以针对问题建立合适的模型求解。它不仅可以分析线性问题，同样可以分析非线性问题。一般来说，瞬态动力学分析包括三种方法：完全法、减缩法和模态叠加法。本例是采用完全法求解的，但其步骤和过程一般化的；也就是说，如果要采用减缩法和模态叠加法，其步骤也是如此，只不过中间有具体的设置不同，读者可以自行练习。

第 12 章 谱 分 析

内容提要

谱是指频率与谱值的曲线,它表征时间历程载荷的频率和强度特征。
本章将通过实例讲述谱分析的基本步骤和具体方法。

本章重点

- 谱分析概论
- 谱分析的基本步骤
- 实例:三层框架结构地震响应分析

12.1 谱分析概论

ANSYS 谱分析总共包括 3 种类型:
1. 响应谱:它又分为两类——单点响应谱(SPRS)和多点响应谱(MPRS)。
2. 动力设计分析方法(DDAM)。
3. 功率谱密度(PSD)。

12.1.1 响应谱

响应谱表示单自由度系统对时间历程载荷的响应,它是响应与频率的曲线,这里的响应可以是位移、速度、加速度或者力。响应谱包括两种:

1. 单点响应谱(SPRS)

在单点响应谱分析(SPRS)中,只可以给节点指定一种谱曲线(或者一族谱曲线),例如:在支撑处指定一种谱曲线,如图 12-1(a)所示。

2. 多点响应谱(MPRS)

在多点响应谱分析(MPRS)中,可以在不同的节点处指定不同的谱曲线,如图 12-1(b)所示。

12.1.2 动力设计分析方法(DDAM)

该方法是一种用于分析船装备抗震性的技术,本质上来说也是一种响应谱分析。该方

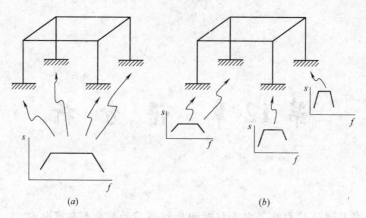

图 12-1 响应谱分析示意图

s—谱值;f—频率。

法中用到的谱曲线是根据一系列经验公式和美国海军研究试验报告(NRL-1396)所提供的抗震设计表格得到的。

12.1.3 功率谱密度(PSD)

功率谱密度(PSD)是针对随机变量在均方意义上的统计方法,用于随机振动分析。此时,响应的瞬态数值只能用概率函数来表示,其数值的概率对应一个精确值。

功率密度函数表示功率谱密度值与频率的曲线,这里的功率谱可以是位移功率谱、速度功率谱、加速度功率谱或者力功率谱。从数学意义上来说,功率谱密度与频率所围成的面积就等于方差。

跟响应谱分析类似,随机振动分析也可以是单点或者多点。对于单点随机振动分析,在模型的一组节点处指定一种功率谱密度;对于多点随机振动分析,可以在模型不同节点处指定不同的功率谱密度。

12.2 谱分析的基本步骤

下面具体阐述单点响应谱分析的步骤和方法。

12.2.1 前处理

该步骤跟普通结构静力分析一样,不过需注意以下两点:

1. 在谱分析中只有线性行为有效。如果有非线性单元存在,将作为线性来考虑。举例来说,如果分析中包括接触单元,它们的刚度将依据原始状态来计算并且之后就不再改变。

2. 必须指定杨氏弹性模量(EX)(或者是某种形式的刚度)和密度(DENS)(或某种形式的质量)。材料属性可以是线性的、各向同性或者各向异性的与温度无关或者有关。如果定义了非线性材料属性,其非线性将被忽略。

12.2.2 模态分析

谱分析之前需进行模态分析（包括自振频率和固有模态），其具体步骤可参考模态分析章节，不过需注意以下几点：

1. 提取模态可以用兰索斯方法（Block Lanczos）、子空间法或者减缩方法，其他的方法诸如非对称法、阻尼法、QR 阻尼法和 PowerDynamics 法不能用于后来的谱分析。
2. 提取的模态阶数必须能够描述所关心频率范围内的结构响应特性。
3. 如果想用一个单独的步骤来扩展模态，那么使用 GUI 分析时在弹出的对话框中要选择不扩展模态 [MODOPT]（参考 MXPAND 命令的 SIGNIF 变量）；否则，在模态分析时就选择扩展模态。
4. 如果谱分析中包括与材料相关的阻尼，必须在模态分析时指定。
5. 施加激励谱的自由度必须被约束住。
6. 在求解结束后，需明确离开求解器 [FINISH]。

12.2.3 谱分析

下面说明获取谱分析的步骤。从模态分析得到的模态文件和全部文件（jobname.MODE，jobname.FULL）必须存在且有效，数据库中必须包含相同的结构模型。

1. 进入求解器

命令：/SOLU。

GUI：Main Menu>Solution。

2. 定义分析类型和选项

ANSYS 程序为谱分析提供了如表 12-1 选项。需注意的是：并不是所有模态分析选项和特征值提取方法，都可用于谱分析。

分析类型和选项　　　　　　　　　　　　表 12-1

选项	命令	GUI 路径
新的分析	ANTYPE	Main Menu>Solution>Analysis Type>New Analysis
分析类型:谱分析	ANTYPE	Main Menu>Solution>Analysis Type>New Analysis>Spectrum
谱分析类型:SPRS	SPOPT	Main Menu>Solution>Analysis Type>Analysis Options
提取的模态阶数	SPOPT	Main Menu>Solution>Analysis Type>Analysis Options

(1) 选项：New Analysis [ANTYPE]。选择 New Analysis。

(2) 选项：Analysis Type：Spectrum [ANTYPE]。选择 spectrum（谱分析）。

(3) 选项：Spectrum Type [SPOPT]。可供选择项有 Single-point Response Spectrum (SPRS)（单点响应谱），Multi-pt response (MPRS)（多点响应谱），D.D.A.M（动力设计分析）和 P.S.D（功率谱密度），如图 12-2 所示。这其实就是选择谱分析的方法。针对

不同的谱分析方法，后面的载荷步选项也不相同。

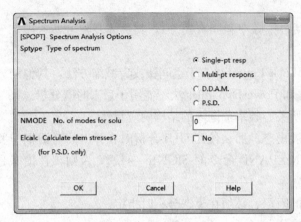

图 12-2 谱分析选项

（4）提取的模态阶数 [SPOPT]。提取足够的模态，要可以覆盖谱分析所跨越的频率范围，这样才可以描述结构的响应特征。求解的精度依赖于模态的提取阶数：提取阶数越多，求解精度越高，该项对应于图 12-2 中的 NMODE No. of modes for solu。如果想计算相对应力，在 SPOPT 命令里选择 YES，对应于图 12-2 中的 Elcalc Calculate elem stresses。

3. 指定载荷步选项

表 12-2 给出对于单点响应谱分析有效的载荷步选项。

载荷步选项　　　　　　　　　　　　　　　　　表 12-2

选　项	命令	GUI 路径
谱分析选项		
响应谱的类型	SVTYP	Main Menu＞Solution＞Load Step Opts＞Spectrum＞Single Point＞Settings
直接激励	SED	Main Menu＞Solution＞Load Step Opts＞Spectrum＞Single Point＞Settings
谱值与频率的曲线	FREQ,SV	Main Menu＞Solution＞Load Step Opts＞Spectrum＞Single Point＞Freq Table or Spectr Values
阻尼（动力学选项）		
刚度阻尼	BETAD	Main Menu＞Solution＞Load Step Opts＞Time/Frequenc＞Damping
阻尼比常数	DMPRAT	Main Menu＞Solution＞Load Step Opts＞Time/Frequenc＞Damping
模态阻尼	MDAMP	Main Menu＞Solution＞Load Step Opts＞Time/Frequenc＞Damping

（1）响应谱的类型 [SVTYP]。如图 12-3 所示，响应谱的类型（Type of response spectr）可以是位移、速度、加速度、力或者功率谱。除了力之外，其余都可以表示地震谱。也就是说，它们都假定作用于基础上（即约束处）。力谱作用于没有约束的节点，可以利用命令 F 或者 FK 来施加，其方向分别用 FX，FY，FZ 表示。功率谱密度谱 [SVTYP，4] 在内部被转化为位移响应谱并且限定为平面窄带谱，详情可以参考 ANSYS 帮助文档。

（2）直接激励 [SED]。

（3）谱值与频率的曲线 [FREQ，SV]。SV 和 FREQ 命令可以用来定义谱曲线。可以定义一族谱曲线，每条曲线都有不同的阻尼率，可以利用 STAT 命令来列表显示谱曲线值。另一条命令 ROCK，可用来定义摆动谱。

（4）阻尼。如果定义超过多种阻尼，ANSYS 程序会对每种频率计算出有效的阻尼比。然后，对谱曲线取对数计算出有效阻尼比处对应的谱值。如果没指定阻尼，程序会自动选择阻尼最低的谱曲线。

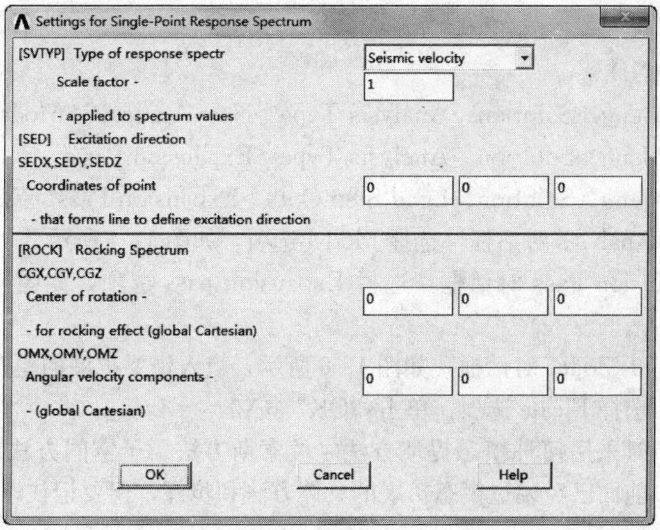

图 12-3　单点响应谱分析选项

阻尼有如下几种有效形式：
- Beta（stiffness）Damping [BETAD]

该选项定义频率相关的阻尼比
- Constant Damping Ratio [DMPRAT]

该选项指定可用于所有频率的阻尼比常数
- Modal Damping [MDAMP]

注意

材料相关阻尼比 [MP, DAMP] 也是有效，但必须在模态分析步骤指定。MP, DAMP 命令还可以指定材料相关阻尼比常数，但不能指定用于其他分析中的材料相关刚度阻尼。

4. 开始求解

命令：SOLVE。

GUI：Main Menu>Solution>Solve>Current LS。

求解输出结果中包括参与因子表。该表作为打印输出的一部分，列出了参与因子、模态系数（基于最小阻尼比）以及每阶模态的质量分布。用振型乘以模态系数，就可以得到每阶模态的最大响应（模态响应）。利用 *GET 命令可以重新得到模态系数，在 SET 命令里可以将它作为一个比例因子。

如果还有其他的响应谱，重复2、3步骤。注意，此时的求解不会写入 file.rst 文件。

5. 离开求解器

命令：FINISH。

GUI：Close the Solution menu。

12.2.4 扩展模态

命令：MXPAND。

GUI：Main Menu>Solution>Analysis Type>New Analysis>Modal[1]。
　　　Main Menu>Solution>Analysis Type>Expansion Pass[2]。
　　　Main Menu>Solution>Load Step Opts>Expansion Pass>Expand Modes[3]。

1. 弹出 New Analysis 对话框，选择 Modal 选项，如图 12-4 所示。

2. 弹出 Expansion Pass 对话框，选择 Expansion pass 选项，如图 12-5 所示，单击"OK"按钮。

3. 弹出 Expand Modes 对话框，如图 12-6 所示，填入想要扩展的模态或者频率范围。如果想计算应力，选择 Elcalc 选项，单击"OK"按钮。

不论模态分析时采用何种模态提取方法（兰索斯方法、子空间方法或者减缩方法），都需要扩展模态。前面已经说过模态扩展的具体方法和步骤，但要记住以下两点：

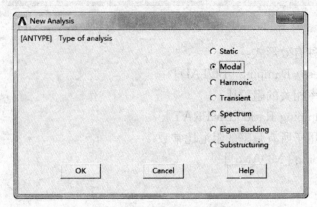

图 12-4　New Analysis 对话框

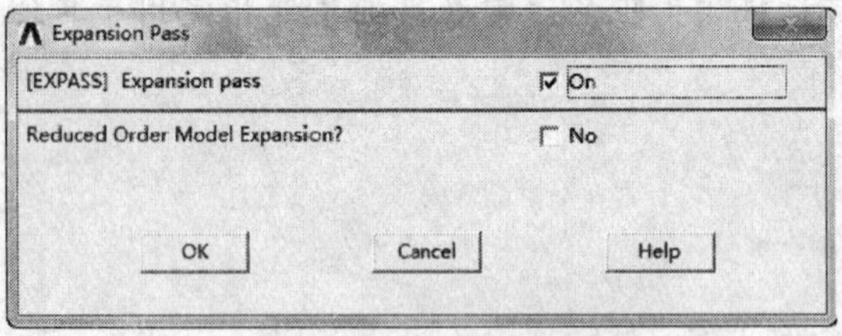

图 12-5　Expansion Pass 对话框

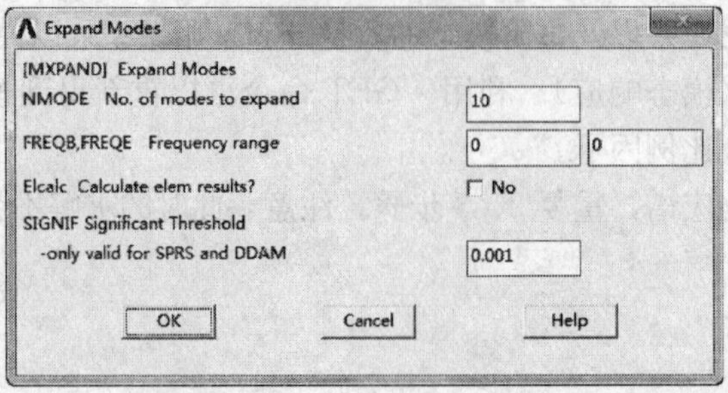

图 12-6　Expand Modes 对话框

1. 只有有意义的模态才能被有选择的扩展。如果用命令方法，可以参考 MSPAND 命令的 SIGNIF 选项；如果用 GUI 路径，在模态分析步骤时，在 Expansion Pass 对话框（如图 12-5 所示）选择 No，然后就可以在谱分析结束后用一个单独的步骤来扩展模态。
2. 只有扩展后的模态才能进行合并模态操作。

另外，如果想要扩展所有模态，可以在模态分析步骤时就选择扩展模态。但如果想只是有选择的扩展模态（只扩展对求解有意义的模态），则必须在谱分析结束后用单独的模态扩展步骤来完成。

注意

只有扩展后的模态才会写入结果文件（Jobname.RST）中。

12.2.5 合并模态

模态合并作为一个单独的过程，其步骤如下：

1. 进入求解器

命令：/SOLU
GUI：Main Menu>Solution

2. 定义求解类型

命令：ANTYPE
GUI：Main Menu>Solution>Analysis Type>New Analysis
选项：New Analysis [ANTYPE]
选择 New Analysis。
选项：Analysis Type：Spectrum [ANTYPE]
选择 analysis type spectrum。

3. 选择一种合并模态方式

ANSYS 程序提供了 5 种合并模态方式，分别是：
Square Root of Sum of Squares (SRSS)；
Complete Quadratic Combination (CQC)；
Double Sum (DSUM)；
Grouping (GRP)；
Naval Research Laboratory Sum (NRLSUM)。
其中，NRLSUM 方法专门用于动力设计分析方法，用下面的方法激活合并模态方法：

命令：SRSS，CQC，DSUM，GRP，NRLSUM。
GUI：Main Menu>Solution>Analysis Type>New Analysis>Spectrum。
　　　Main Menu>Solution>Analysis Type>Analysis Opts>Single-pt resp.

Main Menu > Load Step Opts > Spectrum > Spectrum-Single Point > Mode Combine。

弹出 Mode Combination Methods 对话框，如图 12-7 所示。

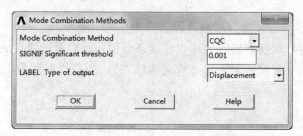

图 12-7　Mode Combination Methods 对话框

ANSYS 允许计算 3 种不同响应类型的合并模态，对应于 Mode Combination Methods 对话框（如图 12-7 所示）中 LABEL 的下拉列表：

(1) 位移（label=DISP）

位移响应包括：位移、应力、力等。

(2) 速度（label=VELO）

速度响应包括：速度、应力速度、集中力速度等。

(3) 加速度（label=ACEL）

加速度响应包括：角速度、应力加速度、集中力加速度等。

在分析地震波和冲击波时，DSUM 方法还允许输入时间。

 注意

如果要选用 CQC 方法，则必须指定阻尼。另外，如果使用材料相关阻尼［MP，DAMP，…］，在模态扩展时就必须计算应力（在命令 MXPAND 中设置 Elcalc=YES）。

4. 开始求解

命令：SOLVE。

GUI：Main Menu>Solution>Solve>Current LS。

模态合并步骤建立一个 POST1 命令文件（Jobname.MCOM），在 POST1（通用后处理）读入这个文件，并利用模态扩展的结果文件（Jobname.RST）来进行模态合并。

文件（Jobname.MCOM）包含 POST1 命令，命令中包含由指定模态合并方法计算得到的整体结构响应的最大模态响应。

模态合并方法决定了结构模态响应如何被合并：

(1) 如果选择位移响应类型（label=DISP），模态合并命令将会合并每一阶模态的位移和应力；

(2) 如果选择速度响应类型（label=VELO），模态合并命令将会合并每一阶模态的速度和应力速度；

(3) 如果选择加速度响应类型（label=ACEL），模态合并命令将会合并每一阶模态的加速度和应力加速度。

5. 离开求解器

命令：FINISH。
GUI：Close the Solution menu。

> **注意**
> 如果除了位移之外，还想计算速度和加速度，在合并位移类型后，重复执行模态合并步骤，以合并速度和加速度。需要记住，在执行了新的模态合并步骤后，Jobname.MCOM 文件被重新写过了。

12.2.6 后处理

单点响应谱分析的结果文件以 POST1 命令形式被写入了模态合并文件 Jobname.MCOM。这些命令以某种指定的方式合并最大模态响应，然后计算出结构的整体响应。整体响应包括位移（或者速度或者加速度）；另外，如果在模态扩展阶段作了相应设定，则还包括整体应力（或者应力速度或者应力加速度）、应变（或者应变速度或者应变加速度）以及反作用力（或者反作用力速度或者反作用力加速度）。

可以通过 POST1（通用后处理器）来观察这些结果。

> **注意**
> 如果想直接合并衍生应力（S1，S2，S3，SEQV，SI），在读入 Jobname.MCOM 文件之前执行 SUMTYPE，PRIN 命令。默认命令 SUMTYPE，COMP 只能直接处理单元非平均应力以及这些应力的衍生量。

1. 读入 Jobname.MCOM 文件

命令：/INPUT。
GUI：Utility Menu>File>Read Input From。

2. 显示结果

（1）显示变形图
命令：PLDISP。
GUI：Main Menu>General Postproc>Plot Results>Deformed Shape。
（2）显示云图
命令：PLNSOL or PLESOL。
GUI：Main Menu>General Postproc>Plot Results>Contour Plot>Nodal Solu or Element Solu。

利用命令 PLNSOL 和 PLESOL 可以绘制任何结果项的云图（等值线），例如：应力（SX，SY，SZ，...）、应变（EPELX，EPELY，EPELZ，...）、位移（UX，UY，UZ，...）。如果执行了 SUMTYPE 命令，那么 PLNSOL 和 PLESOL 命令的显示结果将会受到 SUMTYPE 命令的具体设置（SUMTYPE，COMP 或者 SUMTYPE，PRIN）的影响。

利用 PLETAB 命令可以绘图显示单元表，利用 PLLS 可以绘图显示线单元数据。

> **注意**
> 利用 PLNSOL 命令绘制衍生数据（例如应力和应变）时，其节点处是平均值。在单元不同材料处、不同壳厚度处或者其他不连续时，这种平均导致节点处结果被"磨平"。如果想避免这种"磨平"的影响，可以在执行 PLNSOL 命令前选择同种材料、通常壳厚度等的单元。

（3）显示矢量图
命令：PLVECT。
GUI：Main Menu>General Postproc>Plot Results>Vector Plot>Predefined。

（4）列表显示结果
命令：PRNSOL（节点结果）
　　　PRESOL（单元结果）
　　　PRRSOL（反作用力）
GUI：Main Menu>General Postproc>List Results>Nodal Solution。
　　　Main Menu>General Postproc>List Results>Element Solution。
　　　Main Menu>General Postproc>List Results>Reaction Solution。

（5）其他功能：后处理器还包含许多其他功能，例如将结果映射到具体路径，将结果转化到不同坐标系，载荷工况叠加等，可以参考 ANSYS 帮助文档。

12.3 实例——三层框架结构地震响应分析

本节对一简单的两跨三层框架结构进行地震响应分析，分别采用 GUI 方式和命令流方式。

12.3.1 问题描述

某板梁结构，计算在 Y 方向的地震位移响应谱作用下整个结构的响应情况，板梁结构立面图和侧面图的基本尺寸如图 12-8 所示，地震谱如表 12-3 所示，其他数据如下：
材料是 A3 钢（Q235），杨氏模量 $2e11N/m^2$，泊松比 0.3，密度 $7.8e3kg/m^3$。
板壳厚度 2e-3m。
梁几何性质：截面面积 $1.6e-5m^2$，惯性矩 $64/3e-12m^4$，宽度 4e-3m，高度 4e-3m。

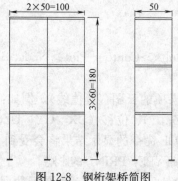

图 12-8 钢桁架桥简图

频率-谱值表　　　表 12-3

响应谱	
频率(Hz)	位移(10^3m)
0.5	1.0
1.0	0.5
2.4	0.9
3.8	0.8
17	1.2
18	0.75
20	0.86
32	0.2

12.3.2 GUI 操作方法

1. 创建物理环境

(1) 过滤图形界面

GUI：Main Menu>Preferences，弹出"Preferences for GUI Filtering"对话框，选中"Structural"来对后面的分析进行菜单及相应的图形界面过滤。

(2) 定义工作标题

GUI：Utility Menu>File>Change Title，在弹出的对话框中输入"Single-point Response Analysis"，单击"OK"按钮。如图 12-9 所示。

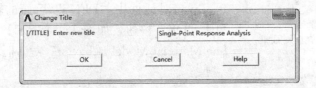

图 12-9 定义工作标题

(3) 定义单元类型

GUI：Main Menu>Preprocessor>Element Type>Add/Edit/Delete，弹出"Element Types"单元类型对话框。单击"Add"按钮，弹出"Library of Element Types"单元类型库对话框，如图 12-10 所示。在该对话框左面滚动栏中选择"Structural Shell"，在右边的滚动栏中选择"3D 4node 181"，定义了"SHELL181"单元。单击"Apply"按钮，弹出"Library of Element Types"单元类型库对话框。在该对话框左面滚动栏中选择"Structural Beam"，在右边的滚动栏中选择"2 node 188"，单击"OK"按钮，定义了"BEAM188"单元。在"Element Types"单元类型对话框中选择"SHELL181"单元，单击"Options...."按钮打开"SHELL181 element type options"对话框，将其中的"K3"设置为"Full w/incompatible"，单击"OK"按钮。选择"BEAM188"单元，单击"Options...."按钮打开"BEAM188 element type options"对话框，将其中的"K3"设置为"Cubic Form"，单击"OK"按钮，如图 12-11 所示。最后，单击"Close"按钮，关闭单元类型对话框。

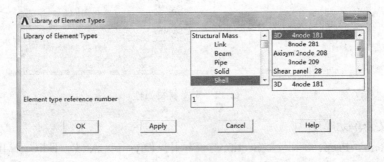

图 12-10 单元类型库对话框

图 12-11 单元类型对话框

(4) 指定材料属性

GUI：Main Menu＞Preprocessor＞Material Props＞Material Models，弹出"Define Material Model Behavior"对话框，在右边的栏中连续单击"Structural＞Linear＞Elastic＞Isotropic"后，弹出"Linear Isotropic Properties for Material Number 1"对话框，如图 12-12 所示，在该对话框中"EX"后面的输入栏输入"2e11"，"PRXY"后面的输入栏输入 0.3，单击"OK"按钮。

继续在"Define Material Model Behavior"对话框，在右边的栏中连续单击"Structural＞Density"，弹出"Density for Material Number 1"对话框，如图 12-13 所示，在该对话框中"DENS"后面的输入栏输入 7800，单击"OK"按钮，如图 12-14 所示。最后，关闭"Define Material Model Behavior"对话框。

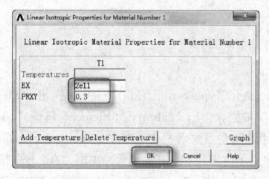

图 12-12 设置弹性模量和泊松比

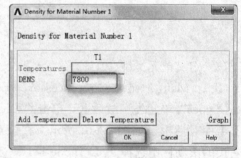

图 12-13 设置密度

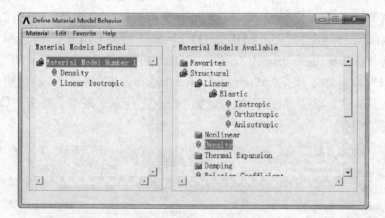

图 12-14 定义材料属性

(5) 定义壳单元厚度

Main Menu＞Preprocessor＞Sections＞Shell＞Lay-up＞Add / Edit，弹出如图 12-15 所示的 Create and Modify Shell Sections 对话框，设置 Thickness 为 2e-3，单击 OK 按钮。

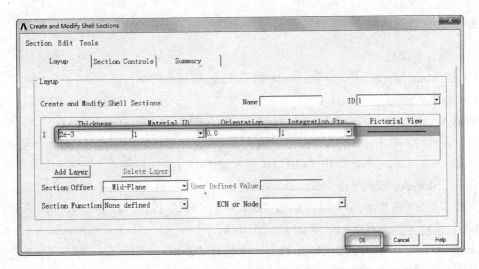

图 12-15 Create and Modify Shell Sections 对话框

（6）定义梁单元截面

GUI：Main Menu > Preprocessor > Sections > Beam > Common Sections，弹出"Beam Tool"工具条，如图 12-16 所示填写；然后，单击"Apply"按钮，如图 12-16 所示填写；接着，单击"Apply"按钮，如图 12-16 所示填写；最后，单击"OK"按钮。

每次定义好截面之后，单击"Preview"可以观察截面特性。在本模型中截面特性如图 12-17 所示：

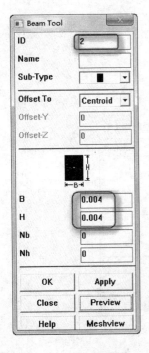

图 12-16 定义截面

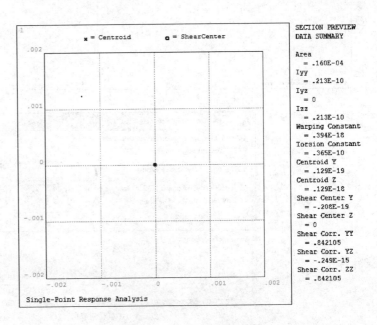

图 12-17 截面图及截面特性

2. 建立有限元模型

(1) 建立框架柱

GUI：Main Menu＞Preprocessor＞ Modeling＞Create＞Keypoits＞In Active CS，弹出"Create Keypoits in Active CS"对话框，在"NPT"输入行中输入1，在"X, Y, Z"输入行输入0、0、0，单击"Apply"按钮，在"NPT"输入行中输入2，在"X, Y, Z"输入0、0.6、0，单击"Apply"按钮，输入3、"0, 1.2, 0"，单击"Apply"按钮，继续输入4、"0, 1.8, 0"，，单击"OK"按钮。如图12-18（a）所示。

GUI：Main Menu＞Preprocessor＞ Modeling＞Create＞lines＞lines＞Straight Line，分别选择1和2点、2和3点、3和4点画出直线，单击"OK"按钮，如图12-18（b）所示。

GUI：Main Menu＞Preprocessor＞ Meshing＞Mesh Attributes＞Default Attribs，在"Meshing Attributes"对话框中"TYPE"项选择"2 BEAM188"，"MAT"项选择1，"SECNUM"项选择2，单击"OK"按钮。

GUI：Main Menu＞Preprocessor＞ Meshing＞Size Cntrls＞ManualSize＞Lines＞All Lines，"NDIV"项填6，单击"OK"按钮。如图12-18（c）所示。

GUI：Main Menu＞Preprocessor＞ Meshing＞Mesh＞Lines，在选择对话框中单击"Pick All"。

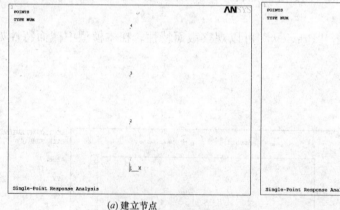
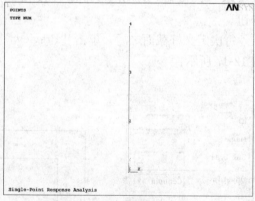

(a) 建立节点　　　　　　　　　　　(b) 绘制直线

(c) 复制节点

图12-18　建立框架柱

GUI：Main Menu>Preprocessor> Modeling>Copy>Lines，再弹出选择线对话框中单击"Pick All"按钮，出现"Copy Lines"对话框，在"ITIME"项输入2，在"DZ"项中输入0.5，单击"Apply"按钮；再单击"Pick All"按钮，出现"Copy Lines"对话框，在"ITIME"项输入3，在"DX"项中输入0.5，单击"OK"按钮。如图12-19所示。

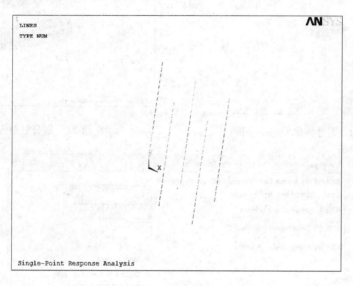

图 12-19 半桥模型的节点

（2）建立层板

GUI：Main Menu>Preprocessor> Modeling>Create>Areas>Arbitrary>Through KPs，按顺序选择2、6、14、10号节点，单击"OK"按钮，形成一个矩形面。

GUI：Main Menu>Preprocessor> Meshing>Mesh Attributes>All Areas，"MAT"项选择1，"TYPE"项选择"1 SHELL181"，"SECT"项选择1，单击"OK"按钮。

GUI：Utility Menu>Preprocessor> Meshing>Size Ctrls>ManualSize>Lines>Picked Lines，然后拾取20、22号线，单击"OK"按钮，"NDIV"项输入5，单击"OK"按钮。

GUI：Main Menu>Preprocessor> Meshing>Mesh>Areas>Mapped>3 or 4 sided，弹出拾取对话框，选择1号面，单击"OK"。如图12-20所示。

GUI：Main Menu>Preprocessor> Modeling>Copy>Areas，拾取1号面，单击"OK"按钮。出现"Copy Areas"对话框，在"ITIME"项输入2，在"DX"项中输入0.5，单击"Apply"按钮；在弹出拾取面对话框中单击"Pick All"按钮，出现"Copy Areas"对话框，再"ITIME"项输入3，在"DY"项中输入0.6，单击"OK"按钮，如图12-21所示。

GUI：Main Menu>Preprocessor>Numbering Ctrls>Merge Items，弹出"Merge Coincident or Equivalently Defined Items"对话框，"Label"项选择"All"，单击"OK"按钮关闭窗口，如图12-22所示。

GUI：Main Menu > Preprocessor > Numbering Ctrls > Compress Number，弹出"Compress Numbers"对话框，"Label"项选择"All"，单击"OK"按钮关闭窗口。

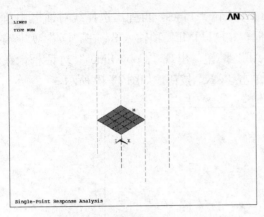
图 12-20 划分好单元的一个面

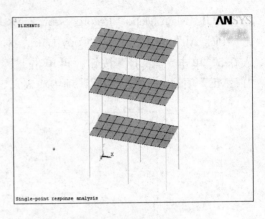
图 12-21 划分好单元的结构

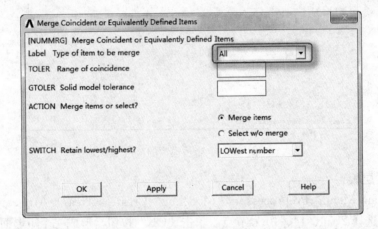

图 12-22 合并重合节点和单元

（3）施加位移约束：假设此结构与地面接触的柱脚处为固接

GUI：Main Menu>Solution>Define Losads>Apply>Structual>Displacement>On Nodes，弹出节点选取对话框，拾取柱脚处 6 个节点。弹出"Apply U，ROT on Nodes"对话框，"DOFs to be constrained"项中，选择"All DOF"，单击"OK"按钮关闭窗口，如图 12-23 所示。加约束后的模型，如图 12-24 所示。

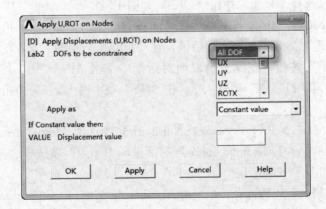

图 12-23 约束节点自由度

3. 模态求解

（1）选择分析类型：GUI：Main Menu > Solution > Analysis Type > New Analysis，在弹出的"New Analysis"对话框中选择"MODAL"选项，单击"OK"按钮关闭对话框。

（2）选择模态分析类型：GUI：Main Menu>Solution>Analysis Type> Analysis Options，在弹出的"Modal Analysis"对话框，"MODOPT"项选择"PCG Lanczos"选项，提取前 10

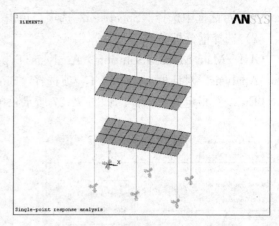

图 12-24　加约束后的模型

阶模态，关闭模态扩展。如图 12-25 所示。单击"OK"按钮关闭对话框。接着，弹出设置子空间法模态分析的对话框，"FREQE"项输入 1000，单击"OK"按钮关闭对话框，如图 12-26 所示。

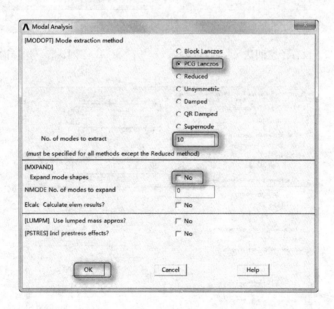

图 12-25　选择模态分析类型

（3）开始求解：GUI：Main Menu>Solution>Solve>Current LS，弹出一个名为"/STATUS Command"的文本框，检查无误后，单击"Close"。在弹出的另一个"Solve Current Load Step"对话框中单击"OK"按钮开始求解。求解结束后，关闭"Solution is done！"对话框。

4. 获得谱解

（1）关闭主菜单中求解器菜单，再重新打开

GUI：Main Menu>Solution>Analysis Type>New Analysis，在弹出的"New

Analysis"对话框中选择"Spectrum"选项,单击"OK"按钮关闭对话框。

(2) 选择谱分析类型

GUI:Main Menu>Solution>Analysis Type>Analysis Options,在弹出的"Spectrum Analysis"对话框,"SPOPT"项选择"Single-pt resp"选项,"NMODE"项填写10,"Elcalc"指定为"Yes"。如图12-27所示,单击"OK"按钮。

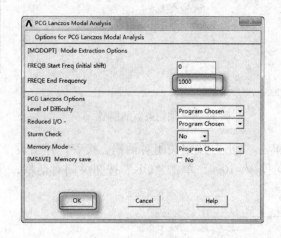 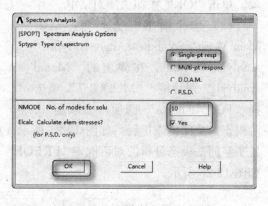

图 12-26 设置子空间法　　　　　　　　　图 12-27 选择谱类型

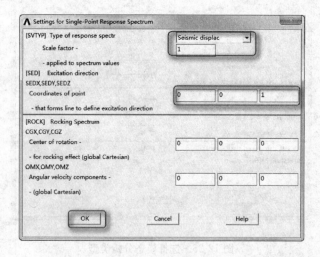

图 12-28 设置谱激励

(3) 设置反应谱

GUI:Main Menu>Solution>Load Step Opts>Spectrum>Single Point>Setting,在弹出的单点反应谱设置对话框中,"SVTYP"选择"Seismic displac",激励方向"SED"项填写0、0、1,如图12-28所示,单击"OK"按钮。

GUI:Main Menu>Solution>Load Step Opts>Spectrum>Single Point>Freq Table,弹出频率输入对话框,按照频率-谱值表依次输入频率值,如图12-29所示,单击"OK"按钮。

GUI：Main Menu＞Solution＞Load Step Opts＞Spectrum＞Single Point＞Spectr Values，首先谱值-阻尼比对话框，直接单击"OK"按钮，此时设置为默认状态，即无阻尼。然后依次对应上述频率输入谱值，如图 12-30 所示。单击"OK"按钮关闭对话框。

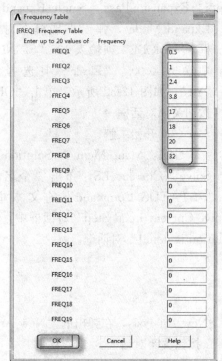

图 12-29　频率表

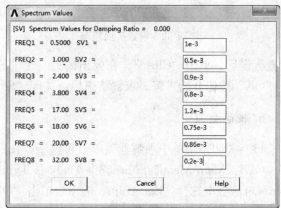

图 12-30　谱值表

GUI：Main Menu＞Solution＞Load Step Opts＞Spectrum＞Single Point＞Show Status，弹出频率-谱值列表，检查无误后关闭列表。

（4）开始求解

GUI：Main Menu＞Solution＞Solve＞Current LS，弹出一个名为"/STATUS Command"的文本框，检查无误后，单击"Close"按钮。在弹出的另一个"Solve Current Load Step"对话框中，单击"OK"按钮开始求解。求解结束后，关闭"Solution is done!"对话框。

5. 扩展模态

（1）关闭主菜单中求解器菜单，再重新打开

GUI：Main Menu＞Solution＞Analysis Type＞New Analysis，在弹出的"New Analysis"对话框中选择"Modal"选项，单击"OK"按钮关闭对话框。

GUI：Main Menu＞Solution＞

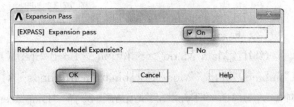

图 12-31　"Expansion Pass"对话框

Analysis Type>Expansion Pass，弹出"Expansion Pass"对话框，"EXPASS"项设置成"On"，如图12-31所示，单击"OK"按钮。

（2）模态扩展设置

GUI：Main Menu>Solution>Load Step Opts>ExpansionPass>Single Expand>Expand Modes，弹出扩展模态对话框，"NMODE"项输入10，"SIGNIF"项输入0.005，"Elcalc"项选择为"Yes"，如图12-32所示，单击"OK"按钮关闭对话框。

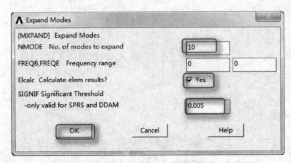

图12-32 设置扩展模态

（3）开始求解

GUI：Main Menu>Solution>Solve>Current LS，弹出一个名为"/STATUS Command"的文本框，检查无误后，单击"Close"。在弹出的另一个"Solve Current Load Step"对话框中，单击"OK"按钮开始求解。求解结束后，关闭"Solution is done！"对话框。

6. 模态叠加

（1）关闭主菜单中求解器菜单，再重新打开

GUI：Main Menu>Solution>Analysis Type>New Analysis，在弹出的"New Analysis"对话框中选择"Spectrum"选项，单击"OK"按钮关闭对话框。

GUI：Main Menu>Solution>Analysis Options，单击"OK"按钮选择默认时的设置。如图12-33所示。

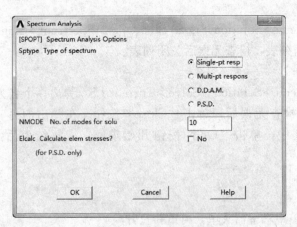

图12-33 选择谱类型

（2）模态叠加

GUI：Main Menu>Solution>Load Step Opts>Spectrum>Single Point>Mode Combine，弹出"Mode Combination Methods"对话框，选择"SRSS"方法，"SIGNIF"项输入0.15，"Type of output"选择"Displacement"，如图12-34所示，单击"OK"按钮。

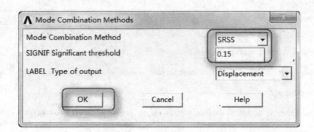

图 12-34 设置合并模态

(3) 开始求解

GUI：Main Menu>Solution>Solve>Current LS，弹出一个名为"/STATUS Command"的文本框。检查无误后，单击"Close"按钮。在弹出的另一个"Solve Current Load Step"对话框中，单击"OK"按钮开始求解。求解结束后，关闭"Solution is done"对话框。

7. 查看结果

(1) 查看 SET 列表

GUI：Main Menu>General Postproc>List Results>Detailed Summary，弹出 Set 命令列表，如图 12-35 所示，浏览后关闭。

(2) 读取结果文件

GUI：Utility Menu>File>Read Input from，在"Read File"对话框右侧的滚动栏中，选择包含结果文件的路径；在左侧的滚动栏中，选择 Jobname.mcom 文件。单击"OK"按钮关闭对话框。

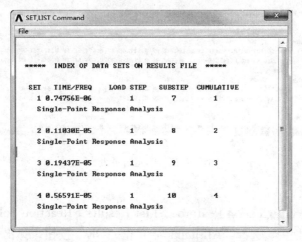

图 12-35 SET 命令结果表

(3) 列表显示节点结果

GUI：Main Menu>General Postproc>List Results>Nodal Solution，在"List Nodal Solution"对话框中，选择"Nodal Solution>DOF Solution>Displacement vector sum"，单击"OK"按钮。弹出节点位移列表，如图 12-36 所示，浏览后关闭窗口。

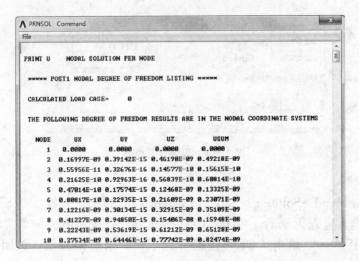

图 12-36 节点位移结果

(4) 列表显示单元结果

GUI：Main Menu>General Postproc>List Results>Element Solution，在"List Element Solution"对话框中，选择"Element Solution>All Available force items"，单击"OK"按钮。弹出单元结果列表，如图 12-37 所示，浏览后关闭窗口。

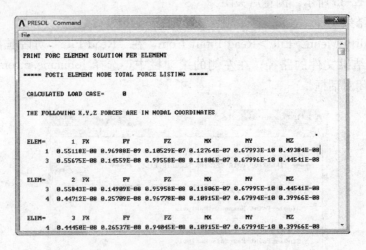

图 12-37 单元结果表

(5) 列表显示反力

GUI：Main Menu>General Postproc>List Results>Reaction Solu，在"List Reaction Solution"对话框中，选择"All items"，单击"OK"按钮。弹出被约束的节点反力列表，如图 12-38 所示，浏览后关闭窗口。

8. 退出程序

单击工具条上的"Quit"按钮，弹出一个"Exit from ANSYS"对话框，选取一种保存方式。单击"OK"按钮，则退出 ANSYS 软件。

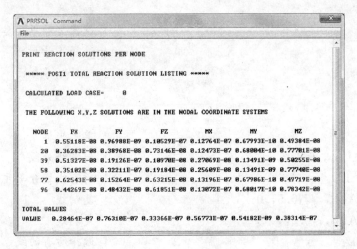

图 12-38　节点反力结果

12.3.3　命令流实现

```
/TITLE,Single-Point Response Analysis          ! 指定标题
/COM,Structural                                ! 选择分析类型为结构分析
/PREP7                                         ! 进入前处理器
ET,1,SHELL181                                  ! 定义1号单元类型
KEYOPT,1,3,2
ET,2,BEAM188                                   ! 定义2号单元类型
KEYOPT,2,3,3

MP,EX,1,2E11                                   ! 定义1号材料属性弹性模量
MP,DENS,1,7.8E3                                ! 定义1号材料属性密度
MP,PRXY,1,0.3                                  ! 定义1号材料属泊松比

SECT,1,SHELL,,                                 ! 定义1号截面
SECDATA,2E-3,1,0.0,1                           ! 定义1号参数
SECTYPE,2,BEAM,RECT,,0                         ! 定义2号材料截面
SECOFFSET,CENT                                 ! 定义2号截面属性
SECDATA,0.004,0.004,0,0,0,0,0,0,0,0,0,0        ! 定义2号截面参数

K,1,,,                                         ! 定义关键点
K,2,,0.6,                                      ! 定义关键点
K,3,,1.2                                       ! 定义关键点
K,4,,1.8                                       ! 定义关键点
LSTR,1,2                                       ! 画直线
LSTR,2,3                                       ! 画直线
```

```
LSTR,3,4                          ! 画直线
TYPE,2                            ! 选择2号单元类型
MAT,1                             ! 选择1号材料
SECNUM, 2                         ! 选择2号截面


ESYS,0                            ! 单元坐标系
LESIZE,ALL,,,6,1,                 ! 控制线分段
LMESH,ALL                         ! 所有线划分单元
LGEN,2,ALL,,,,,0.5,,0             ! 复制线
LGEN,3,ALL,,,0.5,,,,0             ! 复制线
LSEL,ALL                          ! 选择所有的线

A,2,6,14,10                       ! 通过四点画面
TYPE,1                            ! 选择1号单元类型
MAT,1                             ! 选择1号材料
REAL,                             ! 选择1号实常数
SECNUM, 1                         ! 选择1号截面


ESYS,0                            ! 单元坐标系
ALLSEL,BELOW,AREA                 ! 选择面
LSEL,U,LOC,X,0                    ! 选择线
LSEL,U,LOC,X,0.5                  ! 选择线
LESIZE,ALL,,,5,1                  ! 控制线分段
AMESH,1                           ! 面划分单元

AGEN,2,1,,,0.5                    ! 复制面
AGEN,3,ALL,,,,0.6                 ! 复制面
ALLSEL,ALL                        ! 选择所有


NUMMRG,ALL,,,                     ! 合并节点等
NUMCMP,ALL                        ! 压缩编号


NSEL,R,LOC,Y,0                    ! 选择节点
D,ALL,,,,,,ALL                    ! 约束位移
ALLSEL,ALL                        ! 选择所有


EPLOT                             ! 显示单元
FINISH                            ! 结束前处理器
```

```
/SOLU                                          ! 进入求解器
ANTYPE,MODAL                                   ! 选择模态分析
MODOPT,SUBSP,10                                ! 子空间法,提取前10阶模态
SOLVE                                          ! 求解
FINISH                                         ! 结束求解器

/SOLU                                          ! 进入求解器
ANTYPE,SPECTR                                  ! 选择谱分析
SPOPT,SPRS,10,YES                              ! 单点响应谱,计算10阶模态,
                                                 计算单元应力
SVTYP,3                                        ! 选择位移谱
SED,,1                                         ! 选择激励方向Y方向
FREQ,0.5,1.0,2.4,3.8,17,18,20,32               ! 用于SV-频率表的频率
SV,0.1,1E-3,0.5E-3,0.9E-3,0.8E-3,1.2E-3,0.75E-3,0.86E-3,0.2E-3
                                               ! 与频率点相联系的谱值

SOLVE                                          ! 求解
FINISH                                         ! 结束求解器

/SOLU                                          ! 进入求解器
ANTYPE,MODAL                                   ! 选择模态分析
EXPASS,ON                                      ! 打开模态扩展开关
MXPAND,10,,,YES,0.005                          ! 指定扩展模态数,计算单元结果
SOLVE                                          ! 求解
FINISH                                         ! 结束求解器

/SOLU                                          ! 进入求解器
ANTYPE,SPECTR                                  ! 选择谱分析
SRSS,0.15,DISP                                 ! 合并模态,平方和的平方根
SOLVE                                          ! 求解
FINISH                                         ! 结束求解器

/POST1                                         ! 进入后处理器
SET,LIST                                       ! 显示计算结果摘要
/INPUT,,mcom                                   ! 读入mcom文件
PRNSOL,DOF                                     ! 显示节点位移结果
PRRSOL,ELEM                                    ! 按单元格式显示单元结果
PRRSOL,F                                       ! 显示反力结果
```

FINISH   ! 结束后处理

! /EXIT,ALL   ! 退出 AVSYS 并保存所有信息

12.4 本章小结

  谱分析主要包括三种：响应谱，动力设计分析和功率谱密度。在工程实践中，它主要应用于随机载荷的响应分析，例如风载荷、地震载荷等。应该说，谱分析不如模态分析和瞬态分析那么通用，但它能解决前面两种方法所不能解决的问题，在特殊的时候会显示出特别的用途。另外，需要提醒的是：谱分析需要一定的动力学基础，建议在熟悉模态分析、瞬态动力学分析和谐响应分析后，再学习谱分析。

第13章 非线性分析

内容提要

非线性变化是工程分析中常见的一种现象。非线性问题表现出与线性问题不同的性质。尽管非线性分析比线性分析变得更加复杂，但处理基本相同。只是在非线性分析的适当过程中，添加了需要的非线性特性。

本章将通过实例讲述非线性分析的基本步骤和具体方法。

本章重点

- 非线性分析概论
- 非线性分析的基本步骤
- 实例：螺栓的蠕变分析

13.1 非线性分析概论

在日常生活中，会经常遇到结构非线性。例如，无论何时用订书机订书，金属订书钉将永久地弯曲成一个不同的形状，如图 13-1（a）所示；如果你在一个木架上放置重物，随着时间的迁移它将越来越下垂，如图 13-1（b）所示；当在汽车或卡车上装货时，它的

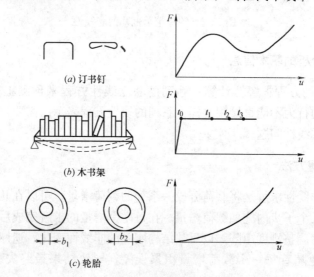

(a) 订书钉

(b) 木书架

(c) 轮胎

图 13-1 非线性结构行为的普通例子

轮胎和下面路面间接触将随货物重量而变化,如图 13-1（c）所示。如果将上面例子的载荷—变形曲线画出来,将会发现它们都显示了非线性结构的基本特征:变化的结构刚性。

13.1.1 非线性行为的原因

引起结构非线性的原因很多,它可以被分成三种主要类型:

（1）状态变化（包括接触） 许多普通结构表现出一种与状态相关的非线性行为,例如:一根只能拉伸的电缆可能是松散的,也可能是绷紧的。轴承套可能是接触的,也可能是不接触的;冻土可能是冻结的,也可能是融化的。这些系统的刚度由于系统状态的改变在不同的值之间突然变化。状态改变也许和载荷直接有关（例如:在电缆情况中）,也可能由某种外部原因引起（例如:在冻土中的紊乱热力学条件）。ANSYS 程序中,单元的激活与杀死选项用来给这种状态的变化建模。

接触是一种很普遍的非线性行为,接触是状态变化非线性类型中一个特殊而重要的子集。

（2）几何非线性 如果结构经受大变形,它变化的几何形状可能会引起结构的非线性响应。例如:如图 13-2 所示,随着垂向载荷的增加,杆不断弯曲以至于动力臂明显地减少,导致杆端显示出在较高载荷下不断增长的刚性。

（3）材料非线性 非线性的应力-应变关系,是造成结构非线性的常见原因。许多因素可以影响材料的应力-应变性质,包括加载历史（如在弹-塑性响应状况下）、环境状况（如温度）、加载的时间总量（如在蠕变响应状况下）。

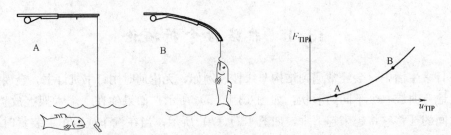

图 13-2 钓鱼竿示范几何非线性

13.1.2 非线性分析的基本信息

ANSYS 程序的方程求解器计算一系列的联立线性方程来预测工程系统的响应。然而,非线性结构的行为不能直接用这样一系列的线性方程表示。需要一系列的带校正的线性近似,来求解非线性问题。

1. 非线性求解方法

一种近似的非线性求解是将载荷分成一系列的载荷增量。可以在几个载荷步内,或者在一个载荷步的几个子步内施加载荷增量。在每一个增量的求解完成后,继续进行下一个载荷增量前,程序调整刚度矩阵,以反映结构刚度的非线性变化。遗憾的是:纯粹的增量近似,不可避免地随着每一个载荷增量积累误差,导致结果最终失去平衡,如图 13-3（a）所示。

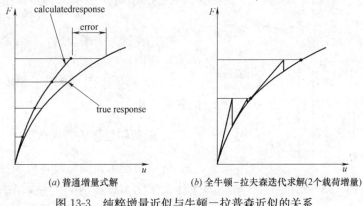

(a) 普通增量式解   (b) 全牛顿−拉夫森迭代求解(2个载荷增量)

图 13-3 纯粹增量近似与牛顿−拉普森近似的关系

ANSYS 程序通过使用牛顿−拉普森平衡迭代克服了这种困难，它迫使在每一个载荷增量的末端解达到平衡收敛（在某个容限范围内）。图 13-3（b）描述了在单自由度非线性分析中牛顿−拉普森平衡迭代的使用。在每次求解前，NR 方法估算出残差矢量，这个矢量是回复力（对应于单元应力的载荷）和所加载荷的差值。然后，程序使用非平衡载荷进行线性求解，并且核查收敛性。如果不满足收敛准则，重新估算非平衡载荷，修改刚度矩阵，获得新解。持续这种迭代过程，直到问题收敛。

ANSYS 程序提供了一系列命令来增强问题的收敛性，如自适应下降、线性搜索、自动载荷步及二分法等，可被激活来加强问题的收敛性；如果不能得到收敛，那么程序要么继续计算下一个载荷步、要么终止（依据用户的指示而定）。

对某些物理意义上不稳定系统的非线性静态分析，如果你仅仅使用 NR 方法，正切刚度矩阵可能变为降秩矩阵，导致严重的收敛问题。这样的情况包括独立实体从固定表面分离的静态接触分析，结构或者完全崩溃，或者"突然变成"另一个稳定形状的非线性弯曲问题。对这样的情况，可以激活另外一种迭代方法——弧长方法，来帮助稳定求解。弧长方法导致 NR 平衡迭代沿一段弧收敛，从而即使当正切刚度矩阵的倾斜为零或负值时，也往往阻止发散。这种迭代方法以图形方式，表示在图 13-4 中。

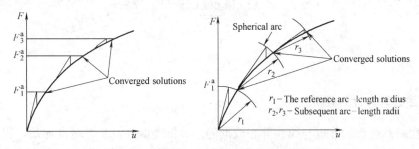

图 13-4 传统的 NR 方法与弧长方法的比较

2. 非线性求解级别

非线性求解被分成 3 个操作级别：
（1）"顶层"级别由在一定"时间"范围内，你明确定义的载荷步组成；假定载荷在载荷步内是线性变化的；

（2）在每一个载荷子步内，为了逐步加载可以控制程序来执行多次求解（子步或时间步）；

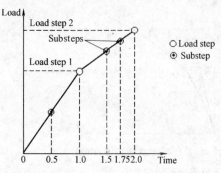

图13-5 载荷步、子步及"时间"关系图

（3）在每一个子步内，程序将进行一系列的平衡迭代以获得收敛的解。

图13-5说明了一段用于非线性分析的典型的载荷历史。

3. 载荷和位移的方向改变

当结构经历大变形时，应该考虑到载荷将发生什么变化。许多情况下，无论结构如何变形，施加在系统中的载荷将保持恒定的方向。而在另一些情况中，力将改变方向，随着单元方向的改变而变化。

 注意

在大变形分析中不修正节点坐标系方向。因此，计算出的位移在最初的方向上输出。

ANSYS程序对这两种情况都可以建模，依赖于所施加的载荷类型。加速度和集中力将不管单元方向的改变而保持它们最初的方向。表面载荷作用在变形单元表面的法向，且可被用来模拟"跟随"力。图13-6说明了恒力和跟随力。

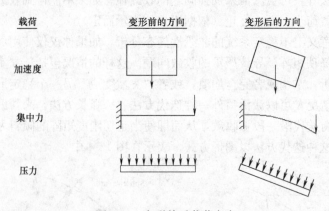

图13-6 变形前后载荷方向

4. 非线性瞬态过程分析

非线性瞬态过程的分析与线性静态或准静态分析类似：以步进增量加载，程序在每一步中进行平衡迭代。静态和瞬态处理的主要不同是在瞬态过程分析中要激活时间积分效应。因此，在瞬态过程分析中"时间"总是表示实际的时序。自动时间分步和二等分特点，同样也适用于瞬态过程分析。

13.1.3 几何非线性

小转动（小挠度）和小应变通常假定变形足够小，以至于可以不考虑由变形导致的刚度阵变化。但是大变形分析中,必须考虑由于单元形状或者方向导致的刚度阵变化。使用命令 NLGEOM,ON (GUI:Main Menu＞Solution＞Analysis Type＞Sol′n Control(:Basic Tab)或者 Main Menu＞Solution＞Unabridged Menu＞Analysis Type＞Analysis Options),可以激活大变形效应(针对支持大变形的单元)。对于大多数实体单元(包括所有大变形单元和超弹单元)及大多数梁单元和壳单元,都支持大变形。

大变形过程在理论上并没有限制单元的变形或者转动(实际的单元还是要受到经验变形的约束,即不能无限大)。但求解过程必须保证应变增量满足精度要求,即总体载荷要被划分为很多小步来加载。

1. 大应变大挠度(大转动)

所有梁单元和大多数壳单元以及其他的非线性单元都有大挠度(大转动)效应,可以通过命令 NLGEOM,ON (GUI:Main Menu＞Solution＞Analysis Type＞Sol′n Control(:Basic Tab) 或者 Main Menu＞Solution＞Unabridged Menu＞Analysis Type＞Analysis Options) 来激活该选项。

2. 应力刚化

结构的面外刚度有时候会受到面内应力的明显影响,这种面内应力与面外刚度的耦合,即所谓的应力刚化,在面内应力很大的薄结构(例如:缆索、隔膜)中非常明显。

因为应力刚化理论通常假定单元的转动和变形都非常小,所以它是应用小转动或者线性理论。但在有些结构里面,应力刚化只有在大转动(大挠度)下才会体现,例如:图13-7 所示结构。

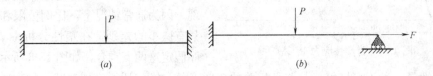

图 13-7 应力刚化的梁

可以在第一个载荷步中利用命令 PSTRES,ON (GUI:Main Menu＞Solution＞Unabridged Menu＞Analysis Type＞Analysis Options) 激活应力刚化选项。

大应变和大转动分析过程理论上包括初始应力的影响,多于大多数单元,在使用命令 NLGEOM,ON (GUI:Main Menu＞Solution＞Analysis Type＞Sol′n Control (:Basic Tab) 或者 Main Menu＞Solution＞Unabridged Menu＞Analysis Type＞Analysis Options) 激活大变形效应时,会自动包括初始刚度的影响。

3. 旋转软化

旋转软化会调整(软化)旋转结构的刚度矩阵来考虑动态质量的影响,这种调整近似于在小挠度分析中考虑大挠度圆周运动引起的几何尺寸的变化,它通常与由旋转模型离心力所产生的预应力 [PSTRES] (GUI:Main Menu＞Solution＞Unabridged Menu＞Analysis Type＞Analysis Options) 一起使用。

> **注意**
>
> 旋转软化不能与其他的几何非线性、大转动或者大应变同时使用。

利用命令 OMEGA 和 CMOMEGA KSPIN 选项（GUI：Main Menu＞Preprocessor＞Loads＞Define Loads＞Apply＞Structural＞Inertia＞Angular Velocity）来激活旋转软化效应。

13.1.4 材料非线性

在求解过程中，与材料相关的因子会导致结构的刚度变化。塑性、多线性和超弹性的非线性应力-应变关系会导致结构刚度在不同载荷阶段（典型的，例如：不同温度）发生变化。蠕变、黏弹性和黏塑性的非线性则与时间、速度、温度以及应力相关。

如果材料的应力-应变关系是非线性的或者跟速度相关，必须利用 TB 命令族（，TB-TEMP，TBDATA，TBPT，TBCOPY，TBLIST，TBPLOT，TBDELE）（GUI：Main Menu＞Preprocessor＞Material Props＞Material Models＞Structural＞Nonlinear）用数据表的形式来定义非线性材料特性。下面对不同的材料非线性行为选项做简单介绍。

1. 塑性

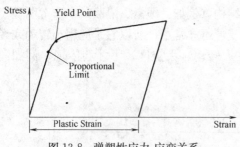

图 13-8 弹塑性应力-应变关系

对于多数工程材料，在达到比例极限前，应力-应变关系都采用线性形式；超过比例极限后，应力-应变关系呈现非线性，不过通常还是弹性的。而塑性，则以无法恢复的变形为特征，在应力超过屈服极限后就会出现。因为通常情况下，比例极限和屈服极限只有微小的差别，在塑性分析中 ANSYS 程序假定这两点重合，如图 13-8 所示。

塑性是一种不可恢复、与路径相关的变形现象。换句话说，施加载荷的次序以及在何种塑性阶段施加将影响最终的结果。如果想在分析中预测塑性响应，则需要将载荷分解成一系列增量步（或者时间步），这样模型才能可能正确的模拟载荷-响应路径。每个增量步（或者时间步）的最大塑性应变会储存在输出文件（Jobname.OUT）里面。

自动步长调整选项 [AUTOTS]（GUI：Main Menu＞Solution＞Analysis Type＞Sol'n Control（：Basic Tab）或者 Main Menu＞Solution＞Unabridged Menu＞Load Step Opts＞Time/Frequenc＞Time and Substps）会根据实际的塑性变形调整步长，当求解迭代次数过多或者塑性应变增量大于 15% 时会自动缩短步长。如果采用的步长过长，ANSYS 程序会减半或者采用更短的步长，具体菜单如图 13-9 所示。

在塑性分析时，可能还会同时出现其他非线性特性。例如，大转动（大挠度）和大应变的几何非线性通常伴随塑性同时出现。如果想在分析中加入大变形，可以用命令 NLGEOM（GUI：Main Menu＞Solution＞Analysis Type＞Sol'n Control（：Basic Tab）或者 Main Menu＞Solution＞Unabridged Menu＞Analysis Type＞Analysis Options）激活相关选项。对于大应变分析，材料的应力-应变特性必须是用真实应力和对数应变输入的。

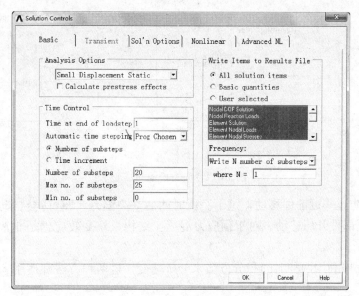

图 13-9　自动步长调整选项对话框

2. 多线性

多线性弹性材料行为选项（MELAS）描述一种保守响应（与路径无关），其加载和卸载沿相同的应力/应变路径。所以，对于这种非线性行为，可以使用相对较大的步长。

3. 超弹性

如果存在一种弹性能函数（或者应变能密度函数），它是应变或者变形张量的比例函数，对相应应变项求导，就能得到相应应力项，这种材料通常被称为超弹性。

超弹性可以用来解释类橡胶材料（例如：人造橡胶）在经历大应变和大变形时（需要[NLGEOM, ON]），其体积变化非常微小（近似于不可压缩材料）。一种有代表性的超弹结构（气球封管）如图 13-10 所示。

有两种类型的单元适合模拟超弹材料：

(1) 超弹单元（HYPER56，HYPER58，HYPER74，HYPER158）；

(2) 除了梁杆单元以外，所有编号为 18x 的单元（PLANE182，PLANE183，SOLID185，SOLID186，SOLID187）。

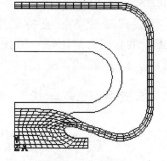

图 13-10　超弹结构

4. 蠕变

蠕变是一种跟速度相关的材料非线性，它指当材料受到持续载荷作用的时候，其变形会持续增加；相反地，如果施加强制位移，反作用力（或者应力）会随着时间慢慢减小（应力松弛，如图 13-11a 所示）。蠕变的三个阶段如图 13-11（b）所示。ANSYS 程序可以模拟前两个阶段，第三个阶段通常不分析，因为它已经接近破坏程度。

在高温应力分析中，例如原子反应器，蠕变是非常重要的。例如：如果在原子反应器

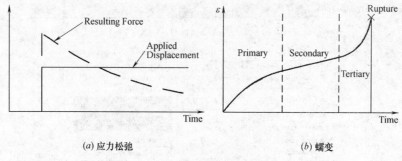

(a) 应力松弛　　　　　　　　(b) 蠕变

图 13-11　应力松弛和蠕变

施加预载荷以防止邻近部件移动，过了一段时间后（高温），预载荷会自动降低（应力松弛），以致邻近部件开始移动。对于预应力混凝土结构，蠕变效应也是非常显著的，而且蠕变是持久的。

ANSYS 程序利用两种时间积分方法来分析蠕变，这两种方法都适用于静力学分析和瞬态分析。

（1）隐式蠕变方法：该方法功能更强大、更快、更精确。对于普通分析，推荐使用。其蠕变常数依赖于温度，也可以与各向同性硬化塑性模型耦合。

（2）显式蠕变方法：当需要使用非常短的时间步长时，可考虑该方法，其蠕变常数不能依赖于温度。另外，可以通过强制手段与其他塑性模型耦合。

需要注意以下几个方面：

隐式和显式这两个词是针对蠕变的，不能用于其他环境，例如：没有显式动力分析的说法，也没有显式单元的说法。

隐式蠕变方法支持如下单元：PLANE42，SOLID45，PLANE82，SOLID92，SOLID95，LINK180，SHELL181，PLANE182，PLANE183，SOLID185，SOLID186，SOLID187，BEAM188，和 BEAM189。

显式蠕变方法支持如下单元：LINK1，PLANE2，LINK8，PIPE20，BEAM23，BEAM24，PLANE42，SHELL43，SOLID45，SHELL51，PIPE60，SOLID62，SOLID65，PLANE82，SOLID92 和 SOLID95。

5. 形状记忆合金

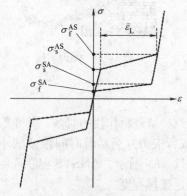

图 13-12　形状记忆合金状态图

形状记忆合金（SMA）材料行为选项指镍钛合金的过弹性行为。镍钛合金是一种柔韧性非常好的合金，无论在加载、卸载时经历多大的变形都不会留下永久变形，如图 13-12 所示。材料行为包含 3 个阶段：奥氏体阶段（线弹性）、马氏体阶段（也是线弹性）和两者间的过渡阶段。

利用 MP 命令定义奥氏体阶段的线弹性材料行为，利用 TB,SMA 命令定义马氏体阶段和过渡阶段的线弹性材料行为。另外，可以用 TBDATA 命令输入合金的指定材料参数组，总共可以输入 6 组参数。

形状记忆合金可以使用如下单元：PLANE182，PLANE183，SOLID185，SOLID186，SOLID187。

6. 黏弹性

黏弹性类似于蠕变，不过当去掉载荷时，部分变形会跟着消失。最普遍的黏弹性材料是玻璃，部分塑料也可认为是黏弹性材料。图 13-13 表示一种黏弹性。

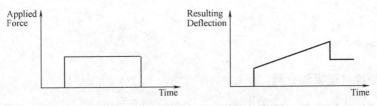

图 13-13　黏弹性行为（麦克斯韦模型）

可以利用单元 VISCO88 和 VISCO89 模拟小变形黏弹性，LINK180，SHELL181，PLANE182，PLANE183，SOLID185，SOLID186，SOLID187，BEAM188 和 BEAM189 模拟小变形或者大变形黏弹性。用户可以用 TB 命令族输入材料属性。对于单元 SHELL181，PLANE182，PLANE183，SOLID185，SOLID186 和 SOLID187，需用 MP 命令指定其黏弹性材料属性，用 TB，HYPER 指定其超弹性材料属性。弹性常数与快速载荷值有关。用 TB，PRONY 和 TB，SHIFT 命令输入松弛属性（可参考对 TB 命令的解释以获得更详细的信息）。

7. 黏塑性

黏塑性是一种跟时间相关的塑性现象，塑性应变的扩展与加载速率有关，其基本应用是高温金属成型过程，例如：滚动锻压，会产生很大的塑性变形，而弹性变形却非常小，如图 13-14 所示。因为塑性应变所占比例非常大（通常超过 50%），所以要求打开大变形选项［NLGEOM，ON］。可利用 VISCO106、VISCO107 和 VISCO108 几种单元来模拟黏塑性。黏塑性是通过一套流动和强化准则将塑性和蠕变平均化，约束方程通常用于保证塑性区域的体积。

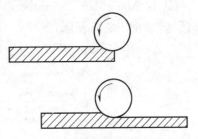

图 13-14　翻滚操作中的黏塑性行为

13.1.5　其他非线性问题

除了以上几种非线性问题外，还有其他非线性行为，常见的有：

1. 屈曲：屈曲分析是一种用于确定结构的屈曲载荷（使结构开始变得不稳定的临界载荷）和屈曲模态（结构屈曲响应的特征形态）的技术。

2. 接触：接触问题分为两种基本类型：刚体/柔体的接触、半柔体/柔体的接触，都是高度非线性行为。

这两种非线性问题将在以下两章单独讲述。

13.2 非线性分析的基本步骤

1. 前处理（建模和分网）
2. 设置求解控制器
3. 设定其他求解选项
4. 加载
5. 求解
6. 后处理

13.2.1 前处理（建模和分网）

虽然非线性分析可能包括特殊的单元或者非线性材料属性，但前处理这个步骤本质上跟线性分析是一样的。如果分析中包含大应变效应，那么应力-应变数据必须用真实应力和真实应变或者对数应变表示。

在前处理完成之后，需要设置求解控制器（分析类型、求解选项、载荷步选项等）、加载和求解。非线性分析不同于线性分析之处在于，它通常要求执行多载荷步增量和平衡迭代。

13.2.2 设置求解控制器

对于非线性分析来说，设置求解控制器包括跟线性分析同样的选项和访问路径（求解控制器对话框）。

选择如下 GUI 路径进入求解控制器：

GUI：Main Menu>Solution>Analysis Type>Sol'n Control，弹出 Solution Controls 对话框，如图 13-15 所示。

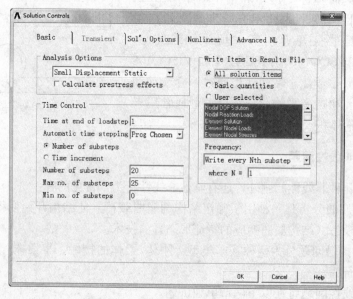

图 13-15 Solution Controls 对话框

从图中可以看到，该对话框主要包括 5 大块：基本选项（Basic）、瞬态选项（Transient）、求解选项（Sol'n Options）、非线性选项（Nonlinear）和高级非线性选项（Advanced NL）。

结构静力分析章节已经提过的部分（例如设置求解控制、访问求解控制器对话框，利用基本选项、瞬态选项、求解选项、非线性选项和高级非线性选项等）在此略过，下面重点阐述前面没提到的选项及功能。

1. 设置求解器基本选项

（1）如果是开始一项新的分析，在设置分析类型和非线性选项时，选择 Large Displacement Static（不过要记住不是所有的非线性分析都支持大变形）。

（2）在进行时间选项设置时，需记住这些可以在任何一个载荷步更改。

（3）非线性分析通常要求多子步或者时间步（这两者是等效的），这样来模拟载荷逐步的施加以获得比较精确的解。命令 NSUBST 和 DELTIM 是用不同的方法获得同样的效果。NSUBST 指定一个载荷步内的子步数，而 DELTIM 则明确指定时间步长。如果自动时间步长［AUTOTS］是关闭的，那么整个载荷步都采用开始的步长。

（4）OUTRES 控制结果数据输出到结果文件（Jobname.RST），默认情况下，只会输出最后一个子步的数据。另外，默认情况下，ANSYS 允许最多输出 1000 个子步的结果，可以用命令/CONFIG，NRES 来修改该限定。

2. 可以在求解控制器里设置的高级分析选项

多数情况下，ANSYS 会自动激活稀疏矩阵直接求解器（sparse direct solver）（EQSLV，SPARSE），不过对于子结构分析，则默认激活波前直接求解器（frontal direct solver）。对于实体单元（例如 SOLID92 和 SOLID45），另外一种方程求解 PCG 求解器（预条件数共轭梯度迭代求解器）可能更快，特别是对于 3D 模型。

如果想利用 PCG 求解器，可以利用 MSAVE 命令降低内存使用率，但这只能针对线性分析。

稀疏矩阵求解器与迭代方法不同，是直接解法，功能非常强大。虽然 PCG 求解器可以求解不定方程，但当遇到病态矩阵时，该求解器会进行迭代直到最大迭代数，如果还没收敛就会终止求解。而当稀疏矩阵求解器遇到这种情况时，会自动将步长减半，如果此时矩阵的条件数很好，则继续求解。最终可以求出整个非线性载荷步的解。

可以根据如下几条准则选择稀疏矩阵求解器和 PCG 求解器来进行非线性结构分析：

（1）对于包含梁或者壳的模型（有无实体单元均可），选用稀疏矩阵求解器。

（2）对于三维实体模型并且自由度数偏多（例如 200,000 或者更多），选择 PCG 求解器。

（3）如果矩阵方程的条件数很差，或者是模型不同区域的材料性质差别很大，或者是没有足够的约束条件，选择稀疏矩阵求解器。

3. 可以在求解器对话框设置的高级载荷步选项

可以在求解控制器对话框里设置的高级载荷步选项包括：

(1) 自动时间步。可利用命令 AUTOTS，ON 打开自动时间步长选项。自动调整时间步长能保证时间步既不冒进（时间步长过长），也不保守（时间步长过短）。在当前子步结束时，下一个子步的时间步长可以基于如下因子来预测：

最后一个时间步长的方程迭代数（方程迭代数越多时间步长越短）。

非线性单元状态改变的预测（在接近状态改变时减小时间步长）。

塑性应变增量。

蠕变应变增量。

(2) 迭代收敛精度。在求解非线性问题时，ANSYS 程序会进行平衡迭代直到满足迭代精度 [CNVTOL] 或者是达到最大迭代数 [NEQIT]。如果对默认设置不满意，可以对这两者进行设置。

例如：

CNVTOL，F，5000，0.0005，0。

CNVTOL，U，10，0.001，2。

(3) 求解方程最大迭代步数。ANSYS 程序默认设置方程最大迭代步数 [NEQIT] 为 15~26 之间，其准则是缩短时间步长，以减少迭代步数。

(4) 预测校正选项。如果没有梁或者壳单元，默认情况下预测校正选项是打开的 [PRED，ON]；如果当前子步的时间步长缩短很多，预测校正会自动关上；对于瞬态分析，预测校正也自动关上。

(5) 线性搜索选项。默认时，ANSYS 程序会自动打开或者关闭线性搜索，对于多数接触问题，线性搜索自动打开 [LNSRCH，ON]；对于多数非接触问题，线性搜索自动关上 [LINSRCH，OFF]。

(6) 后移准则。在时间步长里面，为了使步长减半或者后移的效果更好，可以利用命令 [CUTCONTROL，Lab，VALUE，Option]。

13.2.3 设定其他求解选项

1. 无法在求解控制器里设置的高级求解选项

(1) 应力刚化（Stress Stiffness）。如果确信忽略应力刚化对结果影响不大，可以设置关掉应力刚化（SSTIF，OFF），否则应该打开。

命令：SSTIF。

GUI：Main Menu＞Solution＞Unabridged Menu＞Analysis Type＞Analysis Options。

(2) 牛顿-拉夫森选项（Newton-Raphson）。ANSYS 通常选择全牛顿-拉夫森方法，关掉自适应下降选项。但是，对于考虑摩擦的点-点接触、点-面接触单元通常需要打开自适应下降选项，例如单元 PIPE20，BEAM23，BEAM24，和 PIPE60。

命令：NROPT。

GUI：Main Menu＞Solution＞Unabridged Menu＞Analysis Type＞Analysis Options。

2. 无法在求解控制器里设置的高级载荷步选项

（1）蠕变准则。如果机构有蠕变效应，可以对自动时间步长调整（如果自动时间步长调整［AUTOTS］是关掉的，该蠕变准则无效）指定蠕变准则［CRPLIM，CRCR，Option］。程序会计算蠕变应变增量与弹性应变增量的比值，如果上一步的比值大于指定的蠕变准则 CRCR，程序会减小下一步的时间步长；如果小于蠕变准则，就加大时间步长。时间步长的调整，还与方程迭代数、是否接近状态变化点和塑性应变增量有关。对于显示蠕变（Option=0），如果上述比值大于稳定界限 0.25 并且时间步长已经调整到最小，程序会终止求解并报错。这个问题可以通过设置足够小的最小时间步长［DELTIM 和 NSUBST］来解决。对于隐式蠕变（Option=1），默认时没有最大蠕变界限。当然，可以通过如图 13-16 所示蠕变准则对话框来指定。

命令：CRPLIM。

GUI：Main Menu＞Solution＞Unabridged Menu＞Load Step Opts＞Nonlinear＞Creep Criterion。

！注意

如果在分析中不想考虑蠕变的影响，利用 RATE 命令设置 Option=OFF，或者将时间步长设置大于前面所述，但不要大于 1.0e-6。

（2）时间步开放控制。时间步控制对话框如图 13-17 所示，该对话框对于热分析有效，方法如下：

命令：OPNCONTROL。

GUI：Main Menu＞Solution＞Unabridged Menu＞Load Step Opts＞Nonlinear＞Open Control。

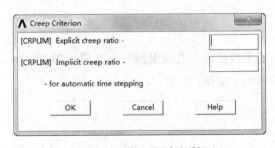

图 13-16　蠕变准则对话框

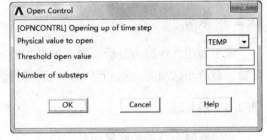

图 13-17　时间步控制对话框

（3）求解监控器。该选项可以方便地在指定节点的指定自由度上设置求解监视，方法如下：

命令：MONITOR。

GUI：Main Menu＞Solution＞Unabridged Menu＞Load Step Opts＞Nonlinear＞Monitor。

（4）生与死。有时候，指定生与死选项是有必要的。可以杀死［EKILL］或者激活［EALIVE］指定的单元来模拟在结构中移除或者添加材料，当然，作为一种替换方法，也可以在不同载荷步里改变材料属性［MPCHG］。

1）杀死或者激活单元：

命令：EKILL，EALIVE。

GUI：Main Menu>Solution>Load Step Opts>Other>Birth & Death>Kill Elements。

Main Menu>Solution>Load Step Opts>Other>Birth & Death>Activate Elem。

2）单元生与死的替换方法（修改材料属性）：

命令：MPCHG。

GUI：Main Menu>Solution>Load Step Opts>Other>Change Mat Props>Change Mat Num。

① 注意

慎用 MECHG 命令，在非线性分析中改变材料属性会导致意想不到的结果。

（5）输出控制

命令：OUTPR，ERESX。

GUI：Main Menu>Solution>Unabridged Menu>Load Step Opts>Output Ctrls>Solu Printout。

Main Menu>Solution>Unabridged Menu>Load Step Opts>Output Ctrls>Integration Pt。

13.2.4 加载

此步骤跟结构静力分析一样。需要记住的是，惯性载荷和几种载荷的方向是固定的，而表面载荷在大变形里面会随着结构的变形而改变方向。另外，可以利用一维数组（TABLE）给结构定义边界条件。

13.2.5 求解

该步骤跟线性静力分析一样。如果需要定义多载荷步，必须对每一个载荷步指定时间设置、载荷步选项等，然后保存，最后选择多载荷步求解。

13.2.6 后处理

非线性静力分析的结果包括：位移、应力、应变和反作用力，可以通过 POST1（通用后处理器）和 POST26（时间历程后处理器）来观察这些结果。

① 注意

POST1 在一个时刻只能读取一个子步的结果数据，并且这些数据必须已经写入 Jobname.RST 文件。

1. 需记住的要点

（1）数据库必须跟求解时使用的是同一个模型。

（2）结果文件（Jobname.RST）需存在且有效。

2. 利用 POST1 作后处理

(1) 进入后处理器：

命令：/POST1。

GUI：Main Menu>General Postproc。

(2) 读取子步结果数据：

命令：SET。

GUI：Main Menu>General Postproc>Read Results>load step。

⚠️ **注意**

如果指定的时刻没有结果数据，ANSYS 程序会按线性插值计算该时刻的结果，在非线性分析里面，这种线性插值可能会丧失部分精度，如图 13-18 所示。所以，在非线性分析里面，建议对真实求解时间点作后处理。

(3) 显示变形图：

命令：PLDISP。

GUI：Main Menu>General Postproc>Plot Results>Deformed Shape。

(4) 显示变形云图：

命令：PLNSOL or PLESOL。

GUI：Main Menu>General Postproc>Plot Results>Contour Plot>Nodal Solu or Element Solu。

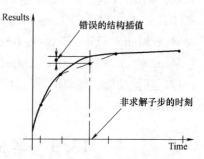

图 13-18 非线性结果的线性插值可能丧失部分精度

(5) 利用单元表格：

命令：PLETAB，PLLS。

GUI：Main Menu>General Postproc>Element Table>Plot Element Table。

Main Menu>General Postproc>Plot Results>Contour Plot>Line Elem Res。

(6) 列表显示结果：

命令：PRNSOL（节点结果）。

PRESOL（单元结果）。

PRRSOL（反作用力）。

PRETAB。

PRITER（子步迭代数据）。

NSORT。

ESORT。

GUI：Main Menu>General Postproc>List Results>Nodal Solution。

Main Menu>General Postproc>List Results>Element Solution。

Main Menu>General Postproc>List Results>Reaction Solution。

(7) 其他通用后处理。将结果映射到路径等，可参考 ANSYS 帮助。

3. 利用 POST26 作后处理

通过 POST26 可以观察整个时间历程上的结果，典型的 POST26 后处理步骤如下：

(1) 进入时间历程后处理器：

命令：/POST26

GUI：Main Menu>TimeHist Postpro

(2) 定义变量：

命令：NSOL，ESOL，RFORCE

GUI：Main Menu>TimeHist Postpro>Define Variables

(3) 绘图或者列表显示变量：

命令：PLVAR (graph variables)。

PRVAR。

EXTREM (list variables)。

GUI：Main Menu>TimeHist Postpro>Graph Variables。

Main Menu>TimeHist Postpro>List Variables。

Main Menu>TimeHist Postpro>List Extremes。

(4) 其他功能。时间历程后处理还有很多其他的功能，在此不再赘述，可参阅前面章节或帮助文档。

13.3 实例——螺栓的蠕变分析

在本例中，通过一个螺栓的蠕变分析实例，详细介绍蠕变分析的过程和技巧。另外，本文是直接通过节点和单元建立有限元模型。

13.3.1 问题描述

如图 13-19 所示，一个长为 L、截面积为 A 的螺栓，受到预应力 σ_0 的作用。该螺栓在高温 T_0 下放置一段很长的时间 t_1。螺栓的材料有蠕变效应，其蠕变应变率为 $d\varepsilon/dt = k\sigma n$，见表 13-1。下面求解在这个应力松弛的过程中螺栓的应力 σ。

材料性质、几何尺寸以及载荷情况　　　　表 13-1

材料属性	几何尺寸	载　荷	材料属性	几何尺寸	载　荷
$E=30\times10^6$psi	$L=10$in	$\sigma_0=1000$psi	$k=4.8\times10^{-30}$/hr		$t_1=1000$hr
$n=7$	$A=1$in^2	$T_0=900°F$			

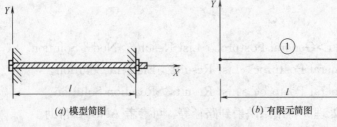

(a) 模型简图　　　　　　　　　(b) 有限元简图

图 13-19　结构简图

13.3.2 GUI 路径模式

1. 前处理

（1）定义工作标题：Utility Menu＞File＞ChangeTitle，输入文字 STRESS RELAXATION OF A BOLT DUE TO CREEP，单击 OK 按钮，如图 13-20 所示。

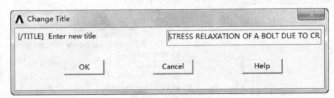

图 13-20　设定工作标题

（2）定义单元类型：Main Menu＞Preprocessor＞Element Type＞All/Edit/Delete，出现 Element Types 对话框，单击 Add 按钮，弹出 Library of Element Types 对话框，如图 13-21 所示。在左边的列表中单击 Structural Link，在右边的列表中单击 3D finit stn 180，单击 OK 按钮。单击 Element Types 对话框的 OK 按钮，关闭该对话框；最后，单击 Close 按钮关闭 Element Types 对话框。

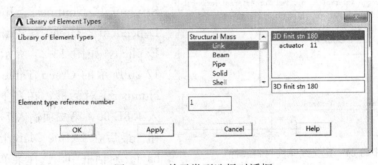

图 13-21　单元类型选择对话框

（3）定义实常数：Main Menu＞Preprocessor＞Real Constants＞Add/Edit/Delete，弹出 Real Constants 对话框，单击 Add 按钮，弹出 Element Type for Real Constants 对话框。单击 OK 按钮，弹出如图 13-22 所示的 Real Constant Set Number 2，for LINK180 对话框，在 Cross-sectional area AREA 后面输入 1，在 Added Mass（Mass/Length）ADDMAS 后面输入 1/30000，单击 OK 按钮。最后，单击 Real Constant 对话框的 Close 按钮，关闭该对话框。

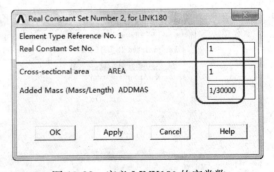

图 13-22　定义 LINK180 的实常数

（4）定义线性材料性质：Main Menu＞Preprocessor＞Material Props＞Material Models，弹出如图 13-23 所示的 Define Material Model Behavior 对话框，在 Material Models

Available 栏目中连续单击 Favorites＞Linear Static＞Linear Isotropic，弹出如图 13-24 所示的 Linear Isotropic Properties for Material Number 1 对话框，在 EX 后键入 3E+007，单击 OK 按钮。

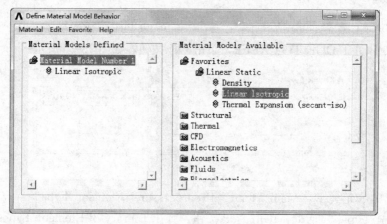

图 13-23 材料定义框

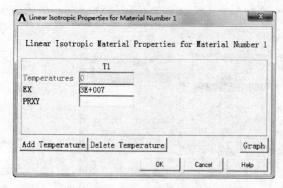

图 13-24 定义线弹性材料属性

（5）定义蠕变材料性质：在 Material Models Available 栏目中连续单击 Structural＞Nonlinear＞Inelastic＞Rate Dependent＞Creep＞With Swelling＞Explicit，如图 13-25 所示，弹出如图 12-26 所示的 Creep Table for Material Number 1 对话框，在左上角第一项输入 4.8E-30，第二项输入 7，单击 OK 按钮。最后在 Define Material Model Behavior 对话框中，选择菜单路径 Material＞Exit，退出材料定义窗口。

（6）定义节点：Main Menu＞Preprocessor＞Modeling＞Create＞Node＞In Active

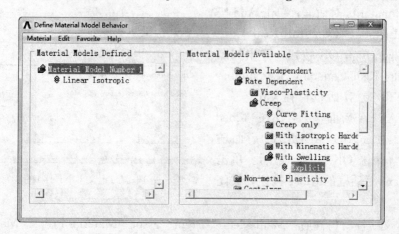

图 13-25 定义蠕变材料属性的路径

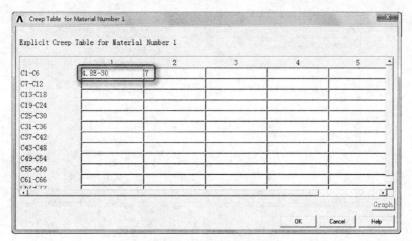

图 13-26　定义蠕变材料属性

CS，弹出 Create Nodes in Active Coordinate System 对话框，如图 13-27 所示，在 NODE Node number 后面输入 1，单击 Apply 按钮，继续在 NODE Node number 后面输入 2，在 X，Y，Z Location in active CS 后面依次输入 10，0，0，单击"OK"按钮。

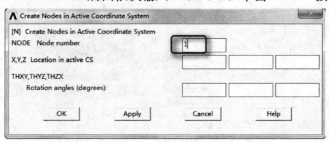

图 13-27　对话框

（7）定义单元：Main Menu＞Preprocessor＞Modeling＞Create＞Elements＞Auto Numbered＞Thru Nodes，弹出 Elements form Nodes 拾取菜单，用鼠标在屏幕上单击拾取刚建立的两个节点，单击"OK"按钮，屏幕显示如图 13-28 所示。

图 13-28　模型简图

2. 设置求解控制器

（1）设定分析类型：Main Menu＞Solution＞Unabridged Menu＞Analysis Type＞New Analysis，弹出 New Analysis 对话框，如图 13-29 所示，单击 OK 按钮接受默认设置（Static）。

（2）设定分析选项：Main Menu＞Solution＞Analysis Type＞Sol's Controls，弹出如图 13-30 所示的 Solution Controls 对话框，在 Time at end of loadstep 后面输入 1000，在 Automatic time stepping 下拉列表中选择 Off，选中 Number of substeps 单选按钮，在 Number of substeps 文本框中输入 100，在 Frequency 的下拉列表中选择 Write every substep，单击"OK"按钮。

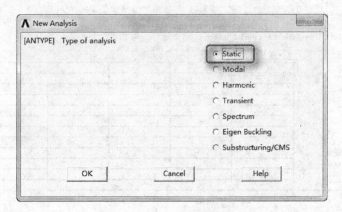

图 13-29 设置分析类型

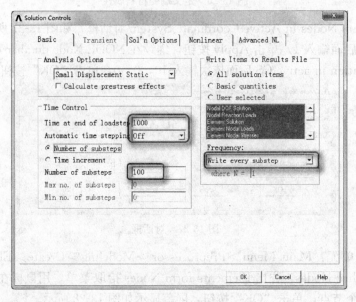

图 13-30 Solution Controls 对话框

3. 设置其他求解选项

(1) 关闭优化选项：Main Menu＞Solution＞Load Step Opts＞Solution Ctrl，弹出 Nonlinear Solution Control 对话框，如图 13-31 所示，在 [SOLCONTROL] Solution Control 后面选择 Off（通常它是默认选项），单击 OK 按钮。

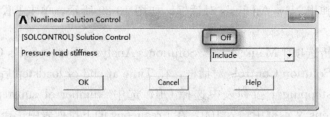

图 13-31 Nonlinear Solution Control 对话框

> **注意**
>
> 如果在 Main Menu>Solution>Load Step Opts 下没有找到 Solution Ctrl 菜单，可以单击菜单路径：Main Menu>Solution>Unabridged menu。

（2）设置载荷形式为阶跃载荷：Main Menu>Solution>Load Step Opts>Time/Frequenc>Time and Substps，弹出 Time and Substep Options 对话框，如图 13-32 所示，在 [KBC] Stepped or ramped b. c. 后面选择 Stepped，其他选项保持不变，然后单击 OK 按钮。

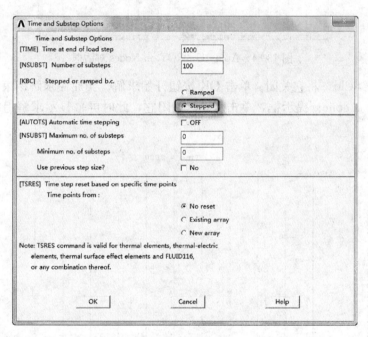

图 13-32　Time and Substep Options 对话框

4. 加载和求解

（1）设置环境温度：Main Menu>Solution>Define Loads>Settings>Uniform TEMP，弹出 Uniform Temperature 对话框，如图 13-33 所示，在文本框中输入 900，单击 OK 按钮。

（2）施加位移约束：Main Menu>Solution>Define Loads>Apply>Structural>Dispacement>On Nodes，弹出 Apply U, ROT on Nodes 拾取菜单，单击 Pick All 按钮，弹出 Apply U, ROT on Nodes 对话框，如图 13-34 所示，选择 ALL DOF，单击 OK 按钮。

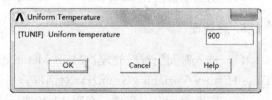

图 13-33　Uniform Temperature 对话框

（3）求解：Main Menu>Solution>Solve>Current LS，弹出/STATUS Command 信息提示窗口和 Solve Current Load Step 对话框。仔细浏览信息提示窗口中的信息，如果无

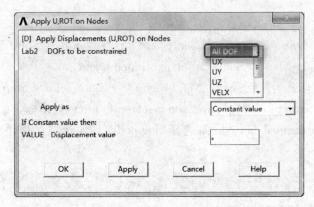

图 13-34 Apply U，ROT on Nodes 对话框

误则单击 File>Close 将它关闭。单击 OK 按钮开始求解。当屈曲求解结束时，屏幕上会弹出 Solution is done! 提示框，单击 Close 关闭它，此时屏幕显示求解追踪曲线，如图 13-35 所示。

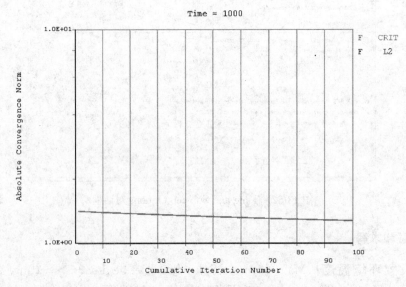

图 13-35 蠕变求解追踪曲线

（4）退出求解器：Main Menu>Finish。

5. 后处理

（1）进入时间历程后处理：Main Menu>TimeHist PostPro，弹出如图 13-36 所示的 Time History Variables-Grain.rst 对话框，里面已有默认变量时间（TIME）。

（2）定义单元应力变量：在图 13-36 所示的 Time History Variables - Grain.rst 对话框中单击左上角的＋按钮，弹出 Add Time-History Variables 对话框，如图 13-37 所示。

（3）在图 13-37 所示的 Add Time-History Variables 对话框中单击 Element Solution>Miscellaneous Items>Line stress（LS，1），弹出 Miscellaneous Sequence Number 对话框，如图 13-38 所示。在 Sequence number LS 后面输入 1，单击 OK 按钮。

第 13 章　非线性分析

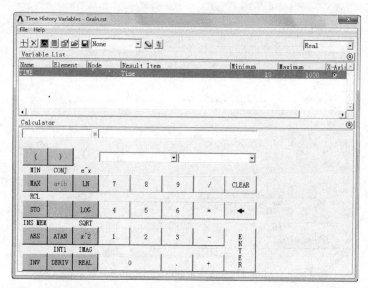

图 13-36　Time History Variables - Grain.rst 对话框（1）

（4）返回到图 13-37 所示的 Add Time-History Variables 对话框，在 Variable Name 文本框中输入 SIG，单击 OK 按钮。弹出 Element for Data 拾取框，然后鼠标拾取此单元，单击 OK 按钮，又弹出 Node for Data 拾取框，鼠标拾取左面的节点，然后单击 OK 按钮。返回到 Time History Variables- Grain.rst 对话框，如图 13-39 所示。不过此时变量列表里面多了一项 SIG 变量。

（5）绘制变量曲线（以时间 TIME 为横坐标，以自定义的单元应力变量 SIG 为纵坐标）：在图 13-39 所示的 Time History Variables- Grain.rst 对话框中单击左上角的第三个按钮，屏幕显示如图 13-40 所示。

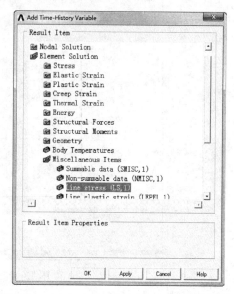

图 13-37　Add Time-History Variables 对话框

（6）列表显示变量随时间的变化：在图 13-39 所示的 Time History Variables- Grain.rst 对话框中单击左上角的第四个按钮，屏幕显示如图 13-41 所示。

（7）退出 ANSYS 程序：单击 ANSYS 程序窗口左上角的 QUIT 按钮，选择想保存的项，然后退出。

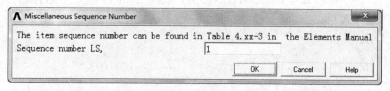

图 13-38　Miscellaneous Sequence Number 对话框

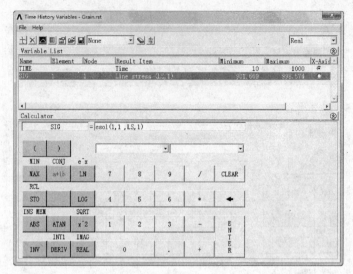

图 13-39　Time History Variables - Grain.rst 对话框（2）

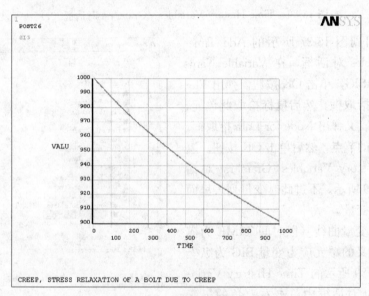

图 13-40　变量时间曲线

13.3.3　命令流

/VERIFY,CREEP
/PREP7
/TITLE,CREEP,STRESS RELAXATION OF A BOLT DUE TO CREEP
C*** STR. OF MATL. ,TIMOSHENKO,PART 2,3RD ED. ,PAGE 531
ANTYPE,STATIC
ET,1,LINK1
!定义杆单元
R,1,1,(1/30000)

```
!定义初始应变
MP,EX,1,30E6
TB,CREEP,1
TBDATA,1,4.8E-30,7
!定义蠕变属性
N,1
N,2,10
E,1,2
BFUNIF,TEMP,900
!环境温度
TIME,1000
KBC,1
D,ALL,ALL
!约束端部
FINISH
/SOLU
SOLCONTROL,0
NSUBST,100
OUTPR,BASIC,10
!每隔10步打印基本结果
OUTRES,ESOL,1
!保存每步结果的数据
SOLVE
FINISH
/POST26
ESOL,2,1,,LS,1,SIG
!定义杆单元轴向应力变量
PRVAR,2
!打印杆单元轴向应力随时间变化值
FINISH
```

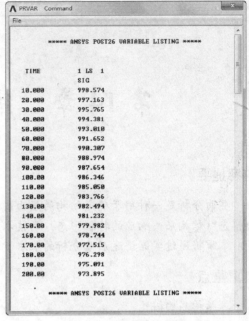

图 13-41　变量随时间变化值

13.4　本章小结

结构的非线性行为在工程实践中是很常见的，比如大变形、黏弹性等等。从大范围来说，结构的非线性行为有两种分类方法：第一种方法将非线性分为非线性静力学和非线性动力学；第二种方法将非线性分为几何非线性、材料非线性和状态变化的非线性。从整体上来说，非线性的求解思路和求解过程与其他结构分析是类似的，都是由建模、加载及求解、后处理等几个部分组成。但需要注意的是：非线性与其他问题在本质上是有区别的，从使用 ANSYS 的角度来说，特别需要清楚非线性问题求解选项的设置，因为这些设置跟其他问题是有明显区别的。

第 14 章　结构屈曲分析

内容提要

屈曲分析是一种用于确定结构的屈曲载荷（使结构开始变得不稳定的临界载荷）和屈曲模态（结构屈曲响应的特征形态）的技术。

本章将通过实例讲述屈曲分析的基本步骤和具体方法。

本章重点

- 结构屈曲概论
- 结构屈曲分析的基本步骤
- 实例：框架结构的屈曲分析

14.1　结构屈曲概论

ANSYS 提供两种分析结构屈曲的技术：

1. 非线性屈曲分析：该方法是逐步的增加载荷，对结构进行非线性静力学分析，然后在此基础上寻找临界点。如图 14-1（a）所示。

2. 特征值屈曲分析（线性屈曲分析）：该方法用于预测理想弹性结构的理论屈曲强度（即通常所说的欧拉临界载荷），如图 14-1（b）所示。

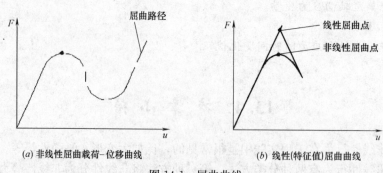

(a) 非线性屈曲载荷-位移曲线　　(b) 线性(特征值)屈曲曲线

图 14-1　屈曲曲线

14.2　结构屈曲分析的基本步骤

本文只详细介绍特征值屈曲分析，它由 5 个步骤组成：

(1) 前处理；
(2) 获得静力解；
(3) 获得特征值屈曲解；
(4) 扩展解；
(5) 后处理。

14.2.1 前处理

该过程跟其他分析类型类似，但应注意以下两点：

(1) 该方法只允许线性行为，如果定义了非线性单元，则按线性处理；

(2) 材料的弹性模量 EX（或者某种形式的刚度）必须定义，材料性质可以线性、各向同性，或者各向异性、恒值，或者与温度相关。

14.2.2 获得静力解

该过程与一般的静力分析类似，只需记住以下几点：

(1) 必须激活预应力影响（PSTRESS 命令或者相应 GUI）。

(2) 通常只需施加一个单位载荷即可，不过 ANSYS 允许的最大特征值是 1000000；若求解时，特征值超过了这个限度，则需施加一个较大的载荷。当施加单位载荷时，求解得到的特征值就表示临界载荷；当施加非单位载荷时，求解得到的特征值乘以施加的载荷就得到临界载荷。

(3) 特征值相当于对所有施加载荷的放大倍数。如果结构上既有恒载荷作用（例如：重力载荷）又有变载荷作用（例如：外加载荷），需要确保在特征值求解时，由恒载荷引起的刚度矩阵没有乘以放大倍数。通常，为了做到这一点，采用迭代方法。根据迭代结果，不断地调整外加载荷，直到特征值变成 1（或者在误差允许范围内接近 1）。

如图 14-2 所示：一根木桩同时受到重力 W_0 和外加载荷 A 作用，为了找到结构特征值屈曲分析的极限载荷 A，可以用不同的 A 进行迭代求解，直到特征值接近于 1 为止。

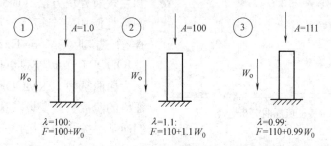

图 14-2 调整外加载荷直到特征值为 1

(4) 可以施加非零约束作为静载荷来模拟预应力，特征值屈曲分析将会考虑这种非零约束（即考虑了预应力），屈曲模态不考虑非零约束（即屈曲模态依然是参考零约束模型）。

(5) 在求解完成后，必须退出求解器（FINISH 命令或者相应 GUI 路径）

14.2.3 获得特征值屈曲解

该步骤需要静力求解所得的两个文件 Jobname.EMAT 和 Jobname.ESAV；同时，数据库必须包含模型文件（必要时执行 RESUME 命令），以下是获得特征值屈曲解的详细步骤。

1. 进入求解器

命令：/SOLU。
GUI：Main Menu>Solution。

2. 指定分析类型

命令：ANTYPE, BUCKLE。
GUI：Main Menu>Solution>Analysis Type>New Analysis。

⚠ 注意

重启动（Restarts）对于特征值分析无效。当指定特征值屈曲分析（eigenvalue buckling）后，会出现相应的求解菜单（Solution menu）。该菜单会根据你最近的操作存在简化形式（abridged）和完整形式（unabridged），简化形式的菜单仅仅包含对于屈曲分析需要或者有效的选项。如果当前显示的是简化菜单而你又想获得其他的求解选项（那些选项对于分析来说是有用的，但对于当前分析类型却没有被激活），可以在 Solution menu 选择 Unabridged Menu 选项，更详细的说明可以参考帮助文档。

3. 指定分析选项

命令：BUCOPT, Method, NMODE, SHIFT。
GUI：Main Menu>Solution>Analysis Type>Analysis Options。
无论是命令还是 GUI 路径，都可以指定如下选项（如图 14-3 所示）。

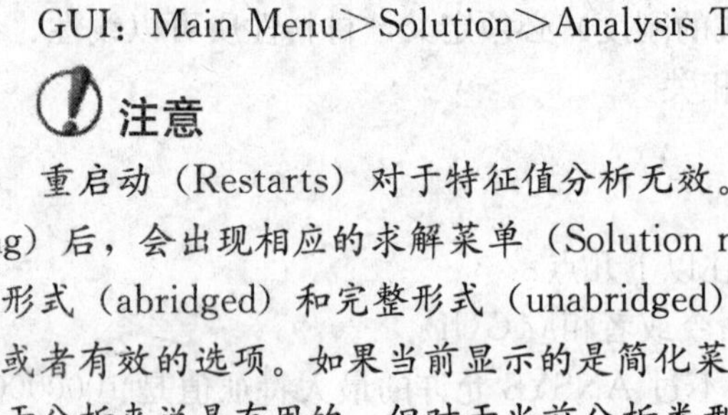

图 14-3 特征值屈曲分析选项

方法（Method）：指定特征值提取方法。可以选择子空间方法（Subspace）和兰索斯分块方法（Block Lanczos），他们都是使用完全矩阵。可在帮助文档中查看选项（Mode-Extraction Method [MODOPT]）以获得更详细的信息。

屈曲阶数（NMODE）：指定提取特征值的阶数。该变量默认值是 1，因为我们通常最关心的是第一阶屈曲。

策略（SHIFT），指定特征值要乘的载荷因子（load factor）。该因子在求解遇到数值问题（例如特征值为负值）有用，默认值为 0。

4. 指定载荷步选项

对于特征值屈曲问题唯一有效的载荷步选项是输出控制和扩展选项：
命令：OUTPR, NSOL, ALL。
GUI：Main Menu>Solution>Load Step Opts>Output Ctrls>Solu Printout。

扩展求解可以被设置成特征值屈曲求解的一部分也可以另外单独执行，在本节中，扩展求解另外单独执行。

5. 保存结果

命令：SAVE。
GUI：Utility Menu>File>Save As。

6. 开始求解

命令：SOLVE。
GUI：Main Menu>Solution>Solve>Current LS。

求解输出项主要包括特征值（eigenvalues），它被写入输出文件里（Jobname.OUT）。特征值表示屈曲载荷因子，如果施加的是单位载荷，它就表示临界屈曲载荷。数据库或者结果文件中不会写入屈曲模态，所以不能对此进行后处理；如果想对其进行后处理，必须执行扩展解（后面会详细说明）。

特征值可以是正数，也可以是负数；如果是负数，则表示应该施加相反方向的载荷。

7. 退出求解器

命令：FINISH。
GUI：Close the Solution menu。

14.2.4 扩展解

不论采用哪种特征值提取方法，如果想得到屈曲模态的形状，就必须执行扩展解。如果是子空间迭代法，可以把"扩展"简单理解为将屈曲模态的形状写入结果文件。

在扩展解中，需要记住以下两点：
必须有特征值屈曲求解得到的屈曲模态文件（Jobname.MODE）。
数据库必须包含跟特征值求解同样的模型。
执行扩展解的具体步骤如下：

1. 重新进入求解器

命令：/SOLU。
GUI：Main Menu>Solution。

⚠️ **注意**

在执行扩展解前，必须明确地离开求解器（利用 FINISH 命令）；然后，重新进入（/SOLU）。

2. 指定为扩展求解

命令：EXPASS，ON。
GUI：Main Menu>Solution>Analysis Type>ExpansionPass。

3. 指定扩展求解选项

命令：MXPAND, NMODE, , , Elcalc。

GUI：Main Menu>Solution>Load Step Opts>ExpansionPass>Single Modes> Expand Modes。

无论是通过命令还是 GUI 路径，扩展求解都需要指定如下选项，如图 14-4 所示。

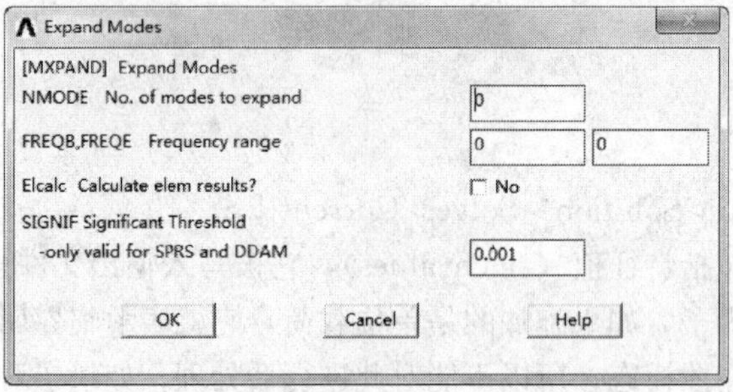

图 14-4 扩展模态选项

模态阶数（MODE）：指定扩展模态的阶数。这个变量默认值是特征值求解时所提取的阶数。

相对应力（Elcalc）：指定是否需要进行应力计算。特征值屈曲分析中的应力并非真正的应力，而是相对于屈曲模态的相对应力分布，默认时不计算应力。

4. 指定载荷步选项

在屈曲扩展求解里唯一有效的载荷步选项是输出控制选项，该选项包括输出文件（Jobname. OUT）中的任何结果数据：

命令：OUTPR。

GUI：Main Menu>Solution>Load Step Opts>Output Ctrl>Solu Printout。

5. 数据库和结果文件输出

该选项控制结果文件（Jobname. RST）里面的数据：

命令：OUTRES。

GUI：Main Menu>Solution>Load Step Opts>Output Ctrl>DB/Results File。

 注意

OUTPR 和 OUTRES 上的 FREQ 域只能是 ALL 或者 NONE；也就是说，要么针对所有模态，要么不针对任何模态，不能只写入部分模态信息。

6. 开始扩展求解

输出数据包含屈曲模态形状，并且如果需要，还可以包含每一阶屈曲模态的相对应力。

命令：SOLVE。

GUI：Main Menu>Solution>Solve>Current LS。

7. 离开求解器

这时候，可以对结果进行后处理

命令：FINISH。

GUI：Close the Solution menu. 。

注意

该处的扩展解是单独作为一个步骤列出，也可以利用 MXPAND 命令（GUI：Main Menu>Solution>Load Step Opts>ExpansionPass>Expand Modes）将它放在特征值求解步骤里面执行。

14.2.5 后处理（观察结果）

屈曲扩展求解的结果被写入结构结果文件（Jobname.RST），它们包括屈曲载荷因子、屈曲模态形状和相对应力分布，可以在通用后处理（POST1）里面观察这些结果。

注意

为了在 POST1 里面观察结果，数据库必须包含跟屈曲分析相同的结构模型（必要时可执行 RESUME 命令）；同时，数据库还必须包含扩展求解输出的结果文件（Jobname.RST）。

1. 列出现在所有的屈曲载荷因子

命令：SET，LIST。
GUI：Main Menu>General Postproc>Results Summary。

2. 读取指定的模态来显示屈曲模态的形状

每一种屈曲模态都储存在独立的结果步（substep）里面。
命令：SET，SUBSTEP。
GUI：Main Menu>General Postproc>Read Results>By Load Step。

3. 显示屈曲模态形状

命令：PLDISP。
GUI：Main Menu>General Postproc>Plot Results>Deformed Shape。

4. 显示相对应力分布云图

命令：PLNSOL or PLESOL。
GUI：Main Menu>General Postproc>Plot Results>Contour Plot>Nodal Solution。
Main Menu>General Postproc>Plot Results>Contour Plot>Element Solution。

14.3 实例——框架结构的屈曲分析

在本例中，通过一个框架结构的屈曲分析实例，详细介绍特征值屈曲分析的过程和技巧。另外，还详细介绍了如何利用梁单元表格来做后处理。

14.3.1 问题描述

现有一个框架结构，如图 14-5（a）所示。框架的端部固支，横截面是边长为 150mm 的正三角形构架,框架总长 15m,分成 15 小节,如图 14-5(b)所示,每小节长 1m。求该结构顶部三角顶点受均匀集中载荷作用时的屈曲临界载荷。已知:所有杆件均为空心圆管(内半径 4mm,外半径 5mm),所有接头均为完全焊接。材料弹性模量为 1.5×10^{11} Pa,泊松比为 0.35。

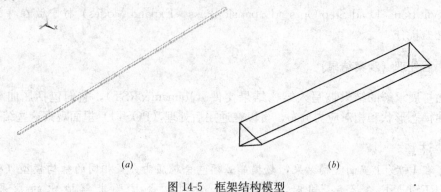

图 14-5 框架结构模型

14.3.2 GUI 模式

1. 前处理

(1) 定义工作标题:Utility Menu>File>ChangeTitle,键入文字 Buckling of a Frame,单击 OK 按钮。

(2) 定义单元类型:Mail Menu>Preprocessor>Element Type>All/Edit/Delete,出现 Element Types 对话框。单击 Add 按钮,弹出 Library of Element Types 对话框,如图 14-6 所示。在靠近左边的列表中,单击 Structural Beam;在靠近右边的列表中,单击 3D 2 node 188,单击 OK 按钮。最后,单击 Library of Element Types 对话框的 OK 按钮,关闭该对话框。

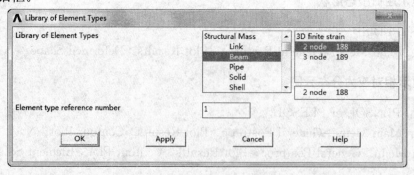

图 14-6 单元类型选择对话框

(3) 定义材料性质:Main Menu>Preprocessor>Material Props>Material Models,弹出如图 14-7(a)所示的 Define Material Model Behavior 对话框。在 Material Models Available 栏目中连续单击 Favorites>Linear Static>Linear Isotropic,弹出如图 14-7(b)所示的 Linear Isotropic Properties for Material Number 1 对话框。在 EX 后键入 1.5e11,在 PRXY 后键入 0.35,单击 OK 按钮。最后,在 Define Material Model Behavior 对话框中,选择菜单路径 Material>Exit,退出材料定义窗口。

（4）定义杆件材料性质：Main Menu＞Preprocessor＞Sections＞Beam＞Common Section，弹出如图 14-8 所示的 Beam Tool 对话框。在 Sub-Type 下来列表中选择空心圆管，在 Ri 中输入内半径 4，在 Ro 中输入外半径 5，单击 OK 按钮。

(a) 材料定义框图

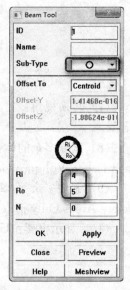

(b) 定义线弹性材料属性

图 14-7　材料定义

图 14-8　Beam Tool 对话框

（5）定义三角形：Main Menu＞Preprocessor＞Modeling＞Create＞Areas＞Polygon＞Triangle，弹出 Triangular Area 对话框，如图 14-9（a）所示。在 WP X 后面输入 0，在 WP

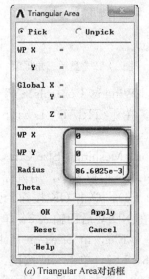

(a) Triangular Area 对话框

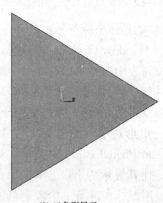

(b) 三角形显示

图 14-9　定义三角形

Y 后面输入 0，在 Radius 后面输入 86.6025e-3，单击 OK 按钮，显示如图 14-9（b）所示。

（6）延伸三角形面：Main Menu＞Preprocessor＞Modeling＞Operate＞Extrude＞Areas＞Along Normal，弹出 Extrude Area along Normal 拾取菜单，用鼠标在屏幕上单击拾取刚建立的三角形，单击 OK 按钮，弹出 Extrude Area along Normal 对话框，如图 14-10 所示，在 DIST 后面输入 5，单击 OK 按钮。

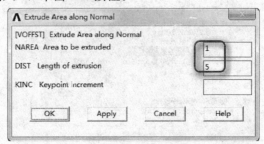

图 14-10　Extrude Area along Normal 对话框

（7）转换视角：单击屏幕窗口右侧的 ⌘ 按钮，如图 14-11 所示，屏幕显示如图 14-11 所示。

（8）删除多余的体：Main Menu＞Preprocessor＞Modeling＞Delete＞Volumes Only，弹出 Delete Volumes Only 拾取菜单，单击 Pick All 按钮。

（9）删除多余面：Main Menu＞Preprocessor＞Modeling＞Delete＞Areas Only，弹出 Delete Areas Only 拾取菜单，单击 Pick All 按钮。

（10）显示框架：Utility Menu＞Plot＞Multi-Plots，屏幕显示如图 14-12 所示。

 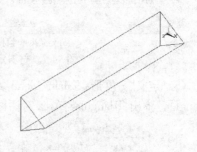

图 14-11　视角转换控制条和三角柱显示　　　图 14-12　显示三角框架

（11）移动总体坐标符号：Utility Menu＞PlotCtrls＞Window Controls＞Window Options，弹出 Window Options 对话框，如图 14-13 所示。在［/TRIAD］Location of triad 后面的下拉列表中选择 At top left，单击 OK 按钮。

（12）指定单元划分尺寸：Main Menu＞Preprocessor＞Meshing＞Size Ctrls＞Manual Size＞Lines＞Pick Lines，弹出 Element Size on Picked Lines 拾取菜单，用鼠标在屏幕上拾取所有三角形边框（编号为 L1，L2，L3，L4，L5，L6），单击 OK 按钮，弹出 Element Sizes on Picked Lines 对话框，如图 14-14 所示。在 NDIV 后面输入 3，单击 KYNDIV 后面，使其显示为 NO，单击 Apply 按钮。继续弹出 Element Sizes on Picked Lines 拾取菜单，用鼠标在屏幕上拾取剩余线（编号为 L7，L8，L9），单击 OK 按钮，弹出 Element Sizes on Picked Lines 对话框。在 NDIV 后面输入 20，单击 KYNDIV 后面使其显示

为 NO，单击 OK 按钮，屏幕显示如图 14-15 所示。

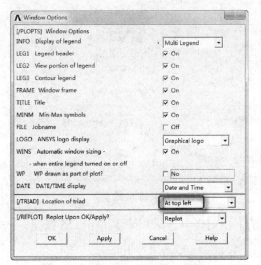

图 14-13 Window Options 对话框

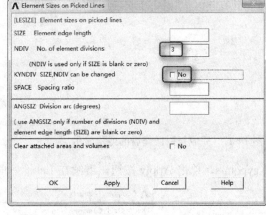

图 14-14 Element Size on Picked Lines 对话框

注意

在不同机器上操作时，线编号可能稍有不同，这是可参考图形。

（13）复制线和单元划分设定：Main Menu＞Preprocessor＞Modeling＞Copy＞Lines，弹出 Copy Lines 拾取菜单，用鼠标单击选择编号为 L4，L5，L6，L7，L8，L9 的线（可参考图 14-15），弹出 Copy Lines 对话框，如图 14-16 所示。在 ITIME Number of copies 后面输入 15，在 DZ Z-offset in active CS 后面输入 1，在 NOELEM Items to be copied 后面的下拉列表中单击选择 Lines and mesh，单击 OK 按钮，屏幕显示如图 14-17 所示。

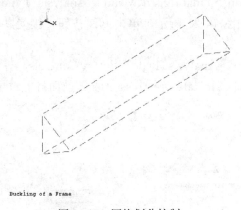

图 14-15 网格划分控制

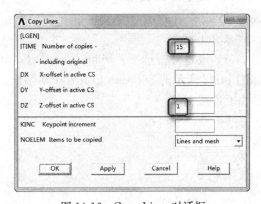

图 14-16 Copy Lines 对话框

（14）合并关键点和线：Main Menu＞Preprocessor＞Numbering Ctrls＞Merge Items，弹出 Merge Coincident or Equivalently Defined Items 对话框，如图 14-18 所示，在 Label 后面的下拉列表中选择 Keypoints，单击 OK 按钮。

（15）压缩关键点和线：Main Menu＞Preprocessor＞Numbering Ctrls＞Compress Numbers，弹出 Compress Numbers 对话框，如图 14-19 所示。在 Label 后面的下拉列表中选择

图 14-17　完成复制操作后的屏幕显示

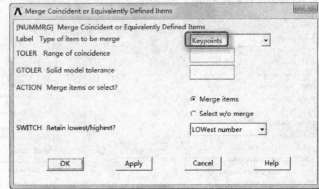

图 14-18　合并关键点和节点

Keypoints，单击 Apply 按钮，继续在 Label 后面的下拉列表中选择 Lines，单击 OK 按钮。

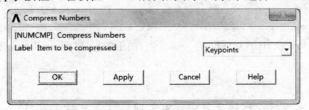

图 14-19　压缩关键点和节点

（16）划分单元：Main Menu＞Preprocessor＞Meshing＞Mesh＞Lines，弹出 Mesh Lines 拾取菜单，单击 Pick All 按钮，屏幕显示如图 14-20 所示。

2. 获得静力解

（1）设定分析类型：Main Menu＞Solution＞Unabridged Menu＞Analysis Type＞New Analysis，弹出 New Analysis 对话框，如图 14-21 所示，单击 OK 按钮，接受默认设置（Static）。

（2）设定分析选项：Main Menu＞Solution＞Analysis Type＞Sol'n Controls，弹出如图 14-22 所示的 Solution Controls 对话框，在 Calculate prestress effects 前面打上对号，单击 OK 按钮。

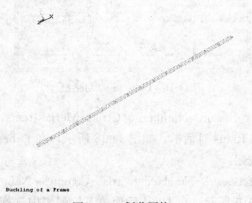

图 14-20　划分网格

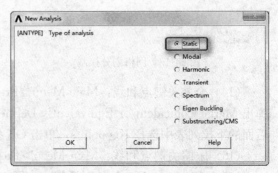

图 14-21　设置分析类型

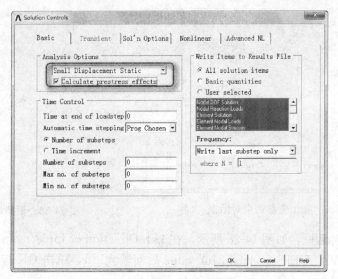

图 14-22　静力分析选项

(3) 打开节点编号显示：Utility Menu＞PlotCtrls＞Numbering，弹出 Plot Numbering Controls 对话框，如图 14-23 所示，单击 NODE 后面对应项，使其显示为 On，单击 OK 按钮。

(4) 定义边界条件：Main Menu＞Solution＞Define Loads＞Apply＞Structural＞Displacement＞On Nodes，弹出 Apply U, ROT on Nodes 拾取菜单。用鼠标在屏幕里面单击拾取三角框架端部（编号为 1，2，5，如图 14-24 所示）的 3 个节点，单击 OK 按钮，弹出如图 14-25 所示的 Apply U, ROT on Nodes 对话框，在 Lab2 后面的列表中单击 All DOF 选项，单击 OK 按钮，屏幕显示如图 14-26 所示。

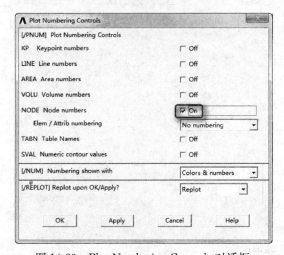

图 14-23　Plot Numbering Controls 对话框

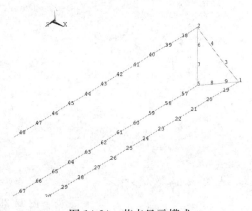

图 14-24　节点显示模式

(5) 施加载荷：Main Menu＞Solution＞Define Loads＞Apply＞Structural＞Force/Moment＞On Nodes，弹出 Apply F/M on Nodes 拾取菜单。用鼠标单击拾取三角框架顶部的 3 个节点（编号为 946，947，950，如图 14-27 所示），单击 OK 按钮，弹出 Apply

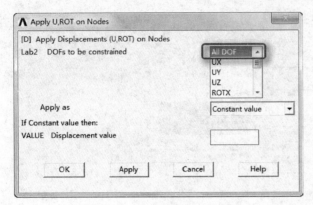

图 14-25 施加位移约束对话框

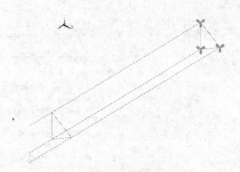

图 14-26 框架端部施加约束

F/M on Nodes 对话框，如图 14-28 所示。在 Lab Direction of force/mom 后面的下拉列表中选择 FZ，在 VALUE Force/moment value 后面输入 -1，单击 OK 按钮。屏幕显示如图 14-29 所示。

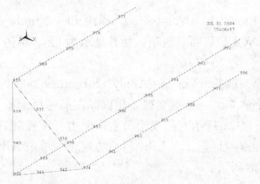

图 14-27 节点编号显示模型

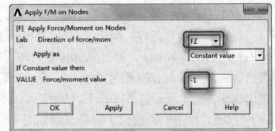

图 14-28 Apply F/M on Nodes 对话框

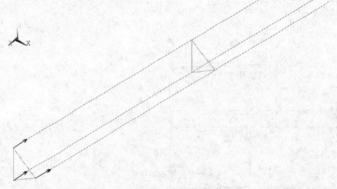

图 14-29 施加位载荷

（6）静力分析求解：Main Menu＞Solution＞Solve＞Current LS，弹出/STATUS Command 信息提示窗口和 Solve Current Load Step 对话框，仔细浏览信息提示窗口中的信息，如果无误则单击 File＞Close 关闭它。单击 OK 按钮开始求解。当静力求解结束时，屏幕上会弹出 Solution is done! 提示框，单击 Close 按钮。

(7) 退出静力求解：Main Menu>Finish。

3. 获得特征值屈曲解

(1) (屈曲分析求解：Main Menu>Solution>Analysis Type>New Analysis，如图 14-30 所示的 New Analysis 对话框，在 Type of analysis 后面单击选择 Eigen Buckling，单击 OK 按钮。

(2) 设定屈曲分析选项：Main Menu>Solution>Analysis Type>Analysis Options，弹出 Eigenvalue Buckling Options 对话框，如图 14-31 所示。在 NMODE No. of modes to extract 后面输入 10，单击 OK 按钮。

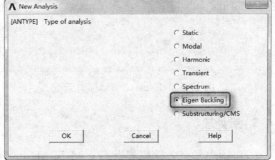

图 14-30 定义新的分析类型（特征值分析）

(3) 屈曲求解：Main Menu>Solution>Solve>Current LS，弹出/STATUS Command 信息提示窗口和 Solve Current Load Step 对话框。仔细浏览信息提示窗口中的信息，如果无误则单击 File>Close 关闭它。单击 OK 按钮开始求解。当屈曲求解结束时，屏幕上会弹出 Solution is done! 提示框，单击 Close 按钮关闭它。

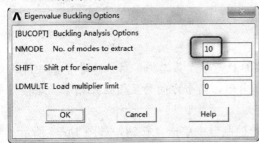

图 14-31 定义屈曲分析选项

(4) 退出屈曲求解：Main Menu>Finish。

4. 扩展解

(1) 激活扩展过程：Main Menu>Solution>Analysis Type>Expansion Pass，弹出 Expansion Pass 对话框，如图 14-32 所示，单击 [EXPASS] Expansion Pass 后面，使其显示为 On，单击 OK 按钮。

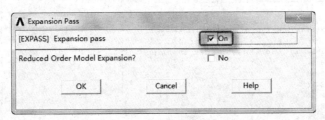

图 14-32 Expansion Pass 对话框

(2) 设定扩展解：设定扩展模态选项：Main Menu>Solution>Load Step Opts>ExpansionPass>Single Expand>Expand Modes，弹出如图 14-33 所示的 Expand Modes 对话框，在 NMODE No. of modes to expand 后面输入 10，在 Elcalc 后面单击，使其显示为 Yes，单击 OK 按钮。

(3) 扩展求解：Main Menu>Solution>Solve>Current LS，弹出/STATUS Com-

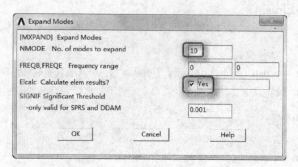

图 14-33 Expand Modes 对话框

mand 信息提示窗口和 Solve Current Load Step 对话框。仔细浏览信息提示窗口中的信息，如果无误则单击 File>Close 关闭它。单击 OK 按钮开始求解。当屈曲求解结束时，屏幕上会弹出 Solution is done！提示框，单击 Close 关闭它。

（4）退出扩展求解：Main Menu>Finish。

5. 后处理

（1）列表显示各阶临界载荷：Main Menu>General Postproc>Results Summary，弹出 SET，LIST Command 显示框，如图 14-34 所示。框中，TIME/FREQ 下面对应的数值表示载荷放大倍数，原模型施加的是 3 个单位载荷，所以该放大倍数乘以 3 就表示欧拉临界载荷。

注意

从图 14-34 可以看出，该结构的第一阶临界载荷等于第二阶，第三阶等于第四阶，以此类推，这是因为该框架结构的横截面是正三角形，两个方向的主惯性矩相等。在接下来的后处理中，只考虑奇数阶屈曲解。

（2）显示 X 方向视角：在屏幕右端的视角控制框中单击按钮，如图 14-35 所示。

SET,LIST Command

File

***** INDEX OF DATA SETS ON RESULTS FILE *****

SET	TIME/FREQ	LOAD STEP	SUBSTEP	CUMULATIVE
1	118.08	1	1	1
2	118.08	1	2	2
3	282.67	1	3	3
4	282.68	1	4	4
5	318.29	1	5	5
6	318.29	1	6	6
7	333.12	1	7	7
8	333.12	1	8	8
9	343.65	1	9	9
10	343.65	1	10	10

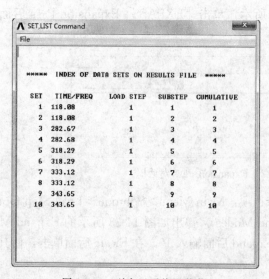

图 14-34 列表显示临界载荷

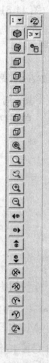

图 14-35 视角控制工具条

① 注意

之所以选择该视角方向，是因为它是桁架横截面的一个主惯性矩方向。所以，该方向是临界失稳发生横向屈曲的一个方向。

（3）读入第一阶屈曲模态：Main Menu＞General Postproc＞Read Results＞First Set。

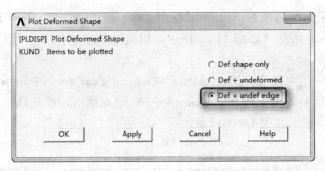

图 14-36　Plot Deformed Shape 对话框

（4）显示第一阶屈曲模态：Main Menu＞General Postproc＞Plot Results＞Deformed Shape，弹出如图 14-36 所示的 Plot Deformed Shape 对话框。单击 Def＋Undef edge，单击 OK 按钮，屏幕显示如图 14-37 所示。

图 14-37　第一阶屈曲模态

（5）读入第三阶屈曲模态：Main Menu＞General Postproc＞Read Results＞By Pick，弹出 Results File 对话框，如图 14-38 所示。用鼠标单击选择 Set 为 3 的项，单击 Read 按钮。

（6）显示第三阶屈曲模态：Main Menu＞General Postproc＞Plot Results＞Deformed

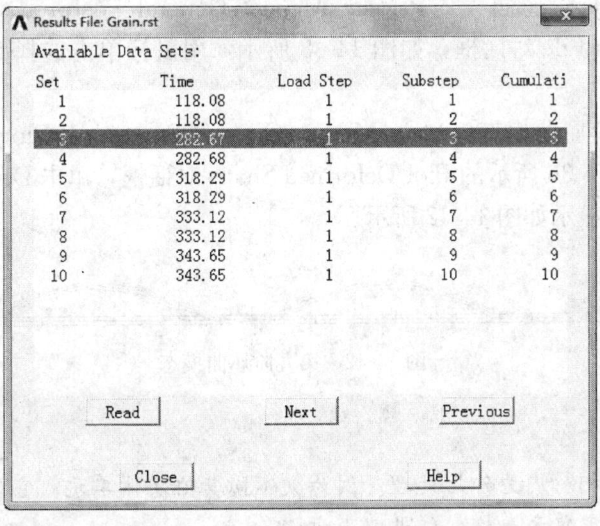

图 14-38　Results File 对话框

Shape，弹出如图 14-36 所示的 Plot Deformed Shape 对话框，单击 Def＋Undef edge，单击 OK 按钮，屏幕显示如图 14-39 所示。

图 14-39　第三阶屈曲模态

（7）读入第五阶屈曲模态：Main Menu＞General Postproc＞Read Results＞By Pick，弹出 Results File 对话框，如图 14-38 所示，用鼠标单击选择 Set 为 5 的项，单击 Read 按钮。

（8）显示五阶屈曲模态：Main Menu＞General Postproc＞Plot Results＞Deformed Shape，弹出如图 14-36 所示的 Plot Deformed Shape 对话框，单击 Def＋Undef edge，单击 OK 按钮，屏幕显示如图 14-40 所示。

图 14-40　第五阶屈曲模态

（9）读入第七阶屈曲模态：Main Menu＞General Postproc＞Read Results＞By Pick，弹出 Results File 对话框，如图 14-38 所示，用鼠标单击选择 Set 为 7 的项，单击 Read 按钮。

（10）显示七阶屈曲模态：Main Menu＞General Postproc＞Plot Results＞Deformed Shape，弹出如图 14-36 所示的 Plot Deformed Shape 对话框，单击 Def＋Undef edge，单击 OK 按钮，屏幕显示如图 14-41 所示。

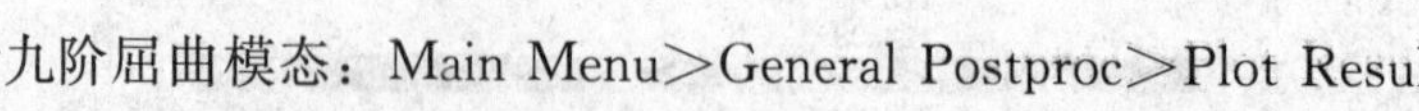

图 14-41　第七阶屈曲模态

（11）读入第九阶屈曲模态：Main Menu＞General Postproc＞Read Results＞By Pick，弹出 Results File 对话框，如图 14-38 所示，用鼠标单击选择 Set 为 9 的项，单击 Read 按钮。

（12）显示九阶屈曲模态：Main Menu＞General Postproc＞Plot Results＞Deformed Shape，弹出如图 14-36 所示的 Plot Deformed Shape 对话框，单击 Def＋Undef edge，单击 OK 按钮，屏幕显示如图 14-42 所示。

图 14-42　第九阶屈曲模态

 注意

下面对梁内的相对内力作后处理。因为梁不同其他实体单元，它的内力不能直接由节点读出，需另外设定单元表格，详见以下步骤。

（13）读取第一步的结果数据（对应于第一阶屈曲模态）：Main Menu＞General Postproc＞Read Results＞First Set。

（14）定义单元表格：Main Menu＞General Postproc＞Element Table＞Define Table，弹出 Element Table Data 对话框，如图 14-43 所示，单击 Add 按钮，弹出 Define Additional Element Table Items 对话框，如图 14-44 所示，在 Items,Comp Results data item 后面的第一个列表中单击选择 By sequence num，在第二个下拉列表中单击选择 LS，在下面的空白处输入 1，单击 OK 按钮，接着单击 Element Table Data 对话框的 Close 按钮。

图 14-43　Element Table Data 对话框

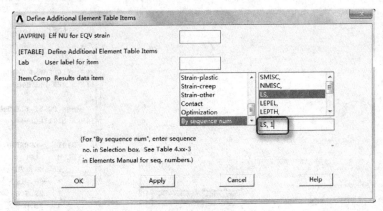

图 14-44　Define Additional Element Table Items 对话框

> **注意**
>
> 图 14-44 的列表中每一项均对应于一种内力（比如弯矩、剪力等），该处选择的轴向应力，其余每项的具体含义可参考帮助文档中关于该单元的说明，如图 14-45 所示。

（15）列表显示单元表格（该处是显示梁的轴向应力）：Main Menu＞General Postproc＞Element Table＞List Elem Table，弹出 List Element Table Data 对话框，如图 14-46所示，单击选择 LS1，单击 OK 按钮，弹出如图 14-47 所示的列表框，框中列出了所选择的梁单元的轴向应力。

（16）绘图显示单元表格（该处是显示梁的轴向应力）：Main Menu＞General Postproc＞Element Table＞Plot Elem Table，弹出 Contour Plot of Element Table Data 对话框，如图 14-48 所示，在 Itlab 后面的下拉列表中选择 LS1，单击 OK 按钮，屏幕显示如图 14-49 所示。

> **注意**
>
> 重复以上步骤可以显示任意阶屈曲模态的轴向应力，下面具体说明显示第十阶

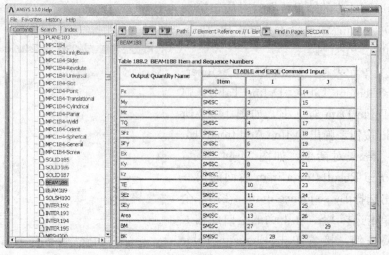

图 14-45　ANSYS 在线帮助里面有关单元表格项的说明

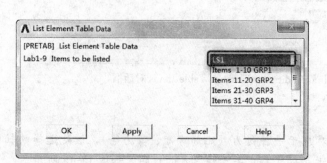

图 14-46　List Element Table Data 对话框

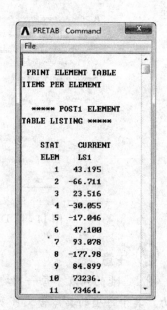

图 14-47　列表显示单元表格
（该处为梁轴向应力）

（17）读取最第十阶屈曲数据：Main Menu＞General Postproc＞Read Results＞Last Set。

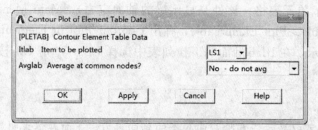

图 14-48　Contour Plot of Element Table Data 对话框

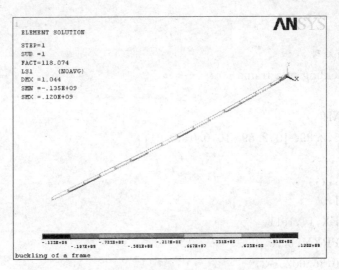

图 14-49　第一阶屈曲模态相对轴向应力

(18) 定义单元表格：Main Menu＞General Postproc＞Element Table＞Define Table，弹出 Element Table Data 对话框，如图 14-43 所示。单击 Add 按钮，弹出 Define Additional Element Table Items 对话框，如图 14-44 所示。在 Items, Comp Results data item 后面的第一个列表中单击选择 By sequence num，在第二个下拉列表中单击选择 LS，在下面的空白处输入 1，单击 OK 按钮，接着单击 Element Table Data 对话框的 Close 按钮。

(19) 绘图显示单元表格（该处是显示梁的轴向应力）：Main Menu＞General Postproc＞Element Table＞List Elem Table，弹出 Contour Plot of Element Table Data 对话框，如图 14-48 所示，在 Itlab 后面的下拉列表中选择 LS1，单击 OK 按钮，屏幕显示如图 14-50 所示。

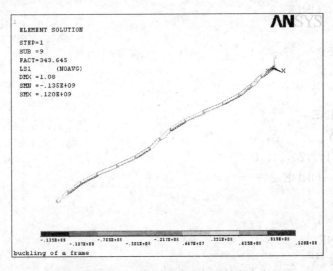

图 14-50　第十阶屈曲模态相对轴向应力

(20) 退出 ANSYS：单击 ANSYS Toolbar 上的 QUIT，弹出 Exit from ANSYS 对话框，选择选择 Quit-No Save，单击 OK 按钮。

14.3.3 命令流

```
! 步骤一 前处理
/TITLE,buckling of a frame
/PREP7
ET,1,BEAM4
R,1,2.83e-5,2.89e-10,2.89e-10,0.01,0.01,,
RMORE,,,,,,,
MPTEMP,,,,,,,,
MPTEMP,1,0
MPDATA,EX,1,,1e11
MPDATA,PRXY,1,,0.35
RPR4,3,0,0,86.6025e-3,
VOFFST,1,1,,
/VIEW,1,1,1,1
/ANG,1
/REP,FAST
VDELE,       1
FLST,2,5,5,ORDE,2
FITEM,2,1
FITEM,2,-5
ADELE,P51X
LPLOT
FLST,5,3,4,ORDE,2
FITEM,5,7
FITEM,5,-9
CM,_Y,LINE
LSEL,,,,P51X
CM,_Y1,LINE
CMSEL,,_Y
LESIZE,_Y1,,,20,,,,0
FLST,5,6,4,ORDE,2
FITEM,5,1
FITEM,5,-6
CM,_Y,LINE
LSEL,,,,P51X
CM,_Y1,LINE
CMSEL,,_Y
LESIZE,_Y1,,,3,,,,0
```

```
FLST,3,6,4,ORDE,2
FITEM,3,4
FITEM,3,-9
LGEN,15,P51X,,,,,1,,0
/PLOPTS,INFO,3
/PLOPTS,LEG1,1
/PLOPTS,LEG2,1
/PLOPTS,LEG3,1
/PLOPTS,FRAME,1
/PLOPTS,TITLE,1
/PLOPTS,MINM,1
/PLOPTS,FILE,0
/PLOPTS,LOGO,1
/PLOPTS,WINS,1
/PLOPTS,WP,0
/PLOPTS,DATE,2
/TRIAD,LTOP
/REPLOT
NUMMRG,KP,,,,LOW
NUMCMP,KP
NUMCMP,LINE
FLST,2,93,4,ORDE,2
FITEM,2,1
FITEM,2,-93
LMESH,P51X
FINISH
! 步骤二 获得静力解
/SOL
ANTYPE,0
NLGEOM,0
NROPT,AUTO,,
LUMPM,0
EQSLV,,,0,
PRECISION,0
MSAVE,0
PIVCHECK,1
PSTRES,ON
TOFFST,0,
/PNUM,KP,0
```

```
/PNUM,LINE,0
/PNUM,AREA,0
/PNUM,VOLU,0
/PNUM,NODE,1
/PNUM,TABN,0
/PNUM,SVAL,0
/NUMBER,0
/PNUM,ELEM,0
/REPLOT
/ZOOM,1,SCRN,1.332160,0.608101,1.398657,0.533799
FLST,2,3,1,ORDE,3
FITEM,2,1
FITEM,2,-2
FITEM,2,5
/GO
D,P51X,,,,,,ALL,,,,,
/AUTO,1
/REP,FAST
/ZOOM,1,SCRN,-0.654929,-0.576816,-0.635371,-0.619832
FLST,2,3,1,ORDE,3
FITEM,2,934
FITEM,2,-935
FITEM,2,938
/GO
F,P51X,FZ,-1
/PNUM,KP,0
/PNUM,LINE,0
/PNUM,AREA,0
/PNUM,VOLU,0
/PNUM,NODE,0
/PNUM,TABN,0
/PNUM,SVAL,0
/NUMBER,0
/PNUM,ELEM,0
/REPLOT
/STATUS,SOLU
SOLVE
FINISH
```
！步骤三 获得特征值屈曲解

```
/SOLU
ANTYPE,1
BUCOPT,LANB,10,0,0
/STATUS,SOLU
SOLVE
FINISH
！步骤四 扩展解
/SOLU
EXPASS,1
MXPAND,10,0,0,1,0.001,
/STATUS,SOLU
SOLVE
FINISH
！步骤五 后处理
/POST1
SET,LIST
SET,FIRST
PLDISP,2
/AUTO,1
/REP,FAST
/VIEW,1,1
/ANG,1
/REP,FAST
SET,LIST,999
SET,,,,,,,3
/REPLOT
SET,LIST,999
SET,,,,,,,5
/REPLOT
SET,LIST,999
/REPLOT
SET,LIST,999
SET,,,,,,,7
/REPLOT
SET,LIST,999
SET,,,,,,,9
/REPLOT
AVPRIN,0,,
ETABLE,,LS,1
```

```
PRETAB,LS1
PLETAB,LS1,NOAV
SET,FIRST
/REPLOT
/VIEW,1,1,1,1
/ANG,1
/REP,FAST
SAVE
FINISH
/EXIT,NOSAV
```

14.4 本章小结

本章主要介绍了结构屈曲分析的概念以及用 ANSYS 来分析结构屈曲的通用步骤,并且用一个具体实例对通用步骤进行详细的阐述。

第15章 接触问题分析

内容提要

接触问题是一种高度非线性行为，需要较大的计算资源，为了进行有效的计算，理解问题的特性和建立合理的模型是很重要的。

本章将通过实例讲述接触分析的基本步骤和具体方法。

本章重点

➢ 接触问题概论
➢ 接触问题的基本求解步骤
➢ 实例：陶瓷套管的接触分析

15.1 接触问题概论

接触问题存在两个较大的难点：

1. 在求解问题前，不知道接触区域，表面之间是接触或分开是未知的，突然变化的，这些随载荷、材料、边界条件和其他因素而定。

2. 大多的接触问题需要计算摩擦，有几种摩擦和模型可供挑选，它们都是非线性的，摩擦使问题的收敛性变得困难。

15.1.1 一般分类

接触问题分为两种基本类型：刚体—柔体的接触，半柔体—柔体的接触，在刚体—柔体的接触问题中，接触面的一个或多个被当做刚体（与它接触的变形体相比，有大得多的刚度）。一般情况下，一种软材料和一种硬材料接触时，问题可以被假定为刚体—柔体的接触，许多金属成形问题归为此类接触；另一类，柔体—柔体的接触，是一种更普遍的类型。在这种情况下，两个接触体都是变形体（有近似的刚度）。

ANSYS 支持 3 种接触方式：点—点，点—面和面—面。每种接触方式使用的接触单元适用于某类问题。

15.1.2 接触单元

为了给接触问题建模，首先必须认识到模型中的哪些部分可能会相互接触。如果相互作用的其中之一是一个点，模型的对应组元是一个节点；如果相互作用的其中之一是一个面，模型的对应组元是单元，例如：梁单元、壳单元或实体单元。有限元模型通过指定的接触单元来识别可能的接触匹对，接触单元是覆盖在分析模型接触面之上的一层单元，至于 ANSYS 使用的接触单元和使用它们的过程，下面分类详述。

1. 点—点接触单元

点—点接触单元主要用于模拟点—点的接触行为。为了使用点—点的接触单元，你需要预先知道接触位置，这类接触问题只能适用于接触面之间有较小相对滑动的情况（即使在几何非线性情况下）。

如果两个面上的节点——对应，相对滑动又以忽略不计，两个面挠度（转动）保持小量，那么可以用点—点的接触单元来求解面—面的接触问题。过盈装配问题是一个用点—点的接触单元来模拟面—与的接触问题的典型例子。

2. 点—面接触单元

点—面接触单元主要用于给点—面的接触行为建模，例如：两根梁的相互接触。

如果通过一组节点来定义接触面，生成多个单元，那么可以通过点—面的接触单元来模拟面—面的接触问题。面既可以是刚性体也可以是柔性体，这类接触问题的一个典型例子是插头到插座里。使用这类接触单元，不需要预先知道确切的接触位置，接触面之间也不需要保持一致的网格，并且允许有大的变形和大的相对滑动。

Contact48 和 Contact49 都是点—面的接触单元，Contact26 用来模拟柔性点—刚性面的接触。对有不连续刚性面的问题，不推荐采用 Contact26，因为可能导致接触的丢失。在这种情况下，Contact48 通过使用伪单元算法，能提供较好的建模能力。

3. 面—面的接触单元

ANSYS 支持刚体—柔体的面—面的接触单元，刚性面被当做"目标"面，分别用 Targe169 和 Targe170 来模拟 2D 和 3D 的"目标"面。柔性体的表面被当做"接触"面，用 Conta171，Conta172，Conta173，Conta174 来模拟。一个目标单元和一个接触单元叫做一个"接触对"，程序通过一个共享的实常号来识别"接触对"。为了建立一个"接触对"，给目标单元和接触单元指定相同的实常号。

与点—面接触单元相比，面—面接触单元有好几项优点：

(1) 支持低阶和高阶单元；

(2) 支持有大滑动和摩擦的大变形，协调刚度阵计算，不对称单元刚度阵的计算；

(3) 提供工程目的采用的更好的接触结果，例如：法向压力和摩擦应力；

(4) 没有刚体表面形状的限制，刚体表面的光滑性不是必须的，允许有自然的或网格离散引起的表面不连续；

(5) 与点—面接触单元比，需要较多的接触单元，因而造成需要较小的磁盘空间和 CPU 时间；

(6) 允许多种建模控制，例如：绑定接触；渐变初始渗透；目标面自动移动到补始接触；平移接触面（老虎梁和单元的厚度）；支持死活单元；支持耦合场分析；支持磁场接触分析等。

15.2 接触分析的步骤

在涉及两个边界的接触问题中，很自然地把一个边界作为"目标"面，而把另一个作为"接触"面。对刚体一柔体的接触，"目标"面总是刚性面，"接触"面总是柔性面，这两个面合起来叫做"接触对"。使用 Targe169 和 Conta171 或 Conta172 来定义 2D 接触对，使用 Targe170 和 Conta173 或 Conta174 来定义 3D 接触对，程序通过相同的实常数号来识别"接触对"。

执行一个典型的面一面接触分析的基本步骤如下：
(1) 建立模型，并划分网格；
(2) 识别接触对；
(3) 定义刚性目标面；
(4) 定义柔性接触面；
(5) 设置单元关键点和实常数；
(6) 定义/控制刚性目标面的运动；
(7) 给定必须的边界条件；
(8) 定义求解选项和载荷步；
(9) 求解接触问题；
(10) 查看结果。

15.2.1 建立模型并划分网格

在这一步中，需要建立代表接触体几何形状的实体模型。与其他分析过程一样，设置单元类型、实常数、材料特性。用恰当的单元类型给接触体划分网格。

命令：AMESH，VMESH。

GUI：Main Menu>Preprocessor>Mesh>Mapped>3 or 4 Sided。

GUI：Main Menu>Preprocessor>Mesh>Mapped>4 or 6 sided。

15.2.2 识别接触对

必须认识到：模型在变形期间哪些地方可能发生接触，一是你已经识别出潜在的接触面，你应该通过目标单元和接触单元来定义它们，目标和接触单元跟踪变形阶段的运动，构成一个接触对的目标单元和接触单元通过共享的实常号联系起来。

接触区域可以任意定义，然而为了更有效地进行计算（主要指 CPU 时间），可能想定义更小的局部化的接触环，但能保证它足以描述所需的接触行为。不同的接触对必须通过不同的实常数号来定义（即使实常数号没有变化）。

由于几何模型和潜在变形的多样性，有时候一个接触面的同一区域可能和多个目标面产生接触关系。在这种情况下，应该定义多个接触对（使用多组覆盖层接触单元）。每个接触对有不同的实常数号。

15.2.3 定义刚性目标面

刚性目标面可能是 2D 或 3D 的。在 2D 情况下，刚性目标面的形状可以通过一系列直线、圆弧和抛物线来描述,所有这些都可以用 TAPGE169 来表示。另外,可以使用它们的任意组合来描述复杂的目标面。在 3D 情况下,目标面的形状可以通过三角面、圆柱面、圆锥面和球面来描述,所有这些都可以用 TAPGE170 来表示。对于一个复杂的、任意形状的目标面,应该使用三角面来给它建模。

1. 控制节点(Pilot)

刚性目标面可能会和"Pilot 节点"联系起来,它实际上是一个只有一个节点的单元,通过这个节点的运动可以控制整个目标面的运动,因此可以把 Pilot 节点作为刚性目标的控制器。整个目标面的受力和转动情况,可以通过 Pilot 节点表示出来。"Pilot 节点"可能是目标单元中的一个节点,也可能是一个任意位置的节点。只有当需要转动或力矩载荷时,"Pilot 节点"的位置才是重要的。如果你定义了"Pilot 节点",ANSYS 程序只在"Pilot 节点"上检查边界条件,而忽略其他节点上的任何约束。

对于圆、圆柱、圆锥和球的基本图段,ANSYS 总是使用一个节点作为"Pilot 节点"。

2. 基本原型

能够使用基本几何形状来模拟目标面,例如:"圆、圆柱、圆锥、球"。有些基本原型虽然不能直接合在一起成为一个目标面(例如:直线不能与抛物线合并、弧线不能与三角形合并等),但可以给每个基本原型指定它自己的实常数号。

3. 单元类型和实常数

在生成目标单元前,首先必须定义单元类型(TARG169 或 TARG170)。

命令:ET。

GUI:Main Menu>Preprocessor>Element Type>Add/Edit/Delete。

随后必须设置目标单元的实常数。

命令:Real。

GUI:Main Menu>Preprocessor>Real Constants。

4. 使用直接生成法建立刚性目标单元

为了直接生成目标单元,使用下面的命令和菜单路径。

命令:TSHAP。

GUI:Main Menu>Preprocessor>Modeling>Create>Elements>Elem Attributes。

随后指定单元形状,可能的形状有:Straight Line (2D);Parabola (2D);Clockwise arc (2D);Counterclokwise arc (2D);Circle (2D);Triangle (3D);Cylinder (3D);Cone (3D);Sphere (3D);Pilot node (2D 和 3D),如图 15-1 所示。

一旦指定目标单元形状,所有以后生成的单元都将保持这个形状,除非指定另外一种形状。然后,就可以使用标准的 ANSYS 直接生成技术生成节点和单元。

命令:N,E。

GUI:Main Menu>Preprocessor>Modeling>Create>Nodes。

GUI:Main Menu>Preprocessor>Modeling>Create>Elements。

在建立单元后，你可以通过显示单元来验证单元形状。

命令：ELIST。

GUI：Utility Menu>List>Elements>Nodes+Attributes。

5. 使用 ANSYS 网格划分工具生成刚性目标单元

也可以使用标准的 ANSYS 网格划分功能，让程序自动地生成目标单元，ANSYS 程序将会以实体模型为基础，生成合适的目标单元形状而忽略 TSHAP 命令的选项。

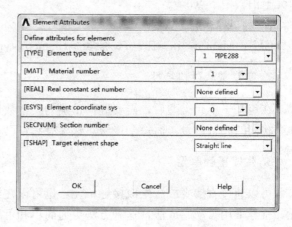

图 15-1　单元属性对话框

为了生成一个"PILOT"节点，使用下面的命令或 GUI 路径：

命令：Kmesh。

GUI：Main Menu>Preprocessor>Meshing>Mesh>Keypoints。

 注意

KMESH 总是生成"PILOT 节点"。

15.2.4　定义柔性体的接触面

为了定义柔性体的接触面，必须使用接触单元 CONTA171 或 CONTA172（对 2D）或 CONTA173 或 CONTA174（对 3D）来定义表面。

程序通过组成变形体表面的接触单元来定义接触表面，接触单元与下面覆盖的变形体单元有同样的几何特性，接触单元与下面覆盖的变形体单元必须处于同一阶次（低阶或高阶），下面的变形体单元可能是实体单元、壳单元、梁单元或超单元，接触面可能为壳或梁单元任何一边。

与目标面单元一样，必须定义接触面的单元类型；然后，选择正确的实常数号（实常数号必须与它对应目标的实常数号相同）；最后，生成接触单元。

1. 单元类型

CONTA171：这是一种 2D，2 个节点的低阶线性单元，可能位于 2D 实体，壳或梁单元的表面。

CONTA172：这是一个 2D 的，3 节点的高阶抛物线形单元，可能位于有中节点的 2D 实体或梁单元的表面。

CONTA173：这是一个 3D 的，4 节点的低阶四边形单元，可能位于 3D 实体或壳单元的表面，它可能退化成一个 3 节点的三角形单元。

CONTA174：这是一个 3D，8 节点的高阶四边形单元，可能位于有中节点的 3D 实体或壳单元的表面，它可能退化成 6 节点的三角形单元。

不能在高阶柔性体单元的表面上分成低阶接触单元；反之，也不行。不能在高阶接触单元上消去中节点。

命令：ET。

GUI：Main menu>Preprocessor>Element type>Add/Edit/Delete。

2. 实常数和材料特性

在定义了单元类型后，需要选择正确的实常数设置。每个接触对的接触面和目标面必须有相同的实常数号，而每个接触对必须有它自己不同的实常数号。

3. 生成接触单元

可以通过直接生成法生成接触单元，也可以在柔性体单元的外表面上自动生成接触单元，推荐采用自动生成法，这种方法更为简单和可靠。

可以通过下面3个步骤来自动生成接触单元：

（1）选择节点。选择已划分网格的柔性体表面的结果。如果确定某一部分节点永远不会接触到目标面，则可以忽略它以便减少计算时间；然而，必须保证没有漏掉可能会接触到目标面的节点。

命令：NSEL。

GUI：Utility Menu>Select>Entities。

（2）产生接触单元

命令：ESURF。

GUI：Main menu>Preprocessor>Modeling>Create>Element>Surf/Contact>Surf to Surf。

如果接触单元是附在已用实体单元划分网格的面或体上，程序会自动决定接触计算所需的外法向；如果下面的单元是梁或壳单元，则必须指明哪个表面（上表面或下表面）是接触面。

命令：ESURF, TOP OR BOTIOM。

GUI：Main menu>Preprocessor>Modeling>Create>Element>Surf/Contact>Surf to Surf。

使用上表面生成接触单元，则它们的外法向与梁或壳单元的法向相同；使用下表面生成接触单元，则它们的外法向与梁或壳单元的法向相反；如果下面的单元是实体单元，则TOP或BOTTOM选项不起作用，如图15-2所示。

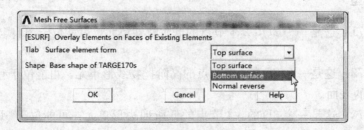

图15-2 表面接触单元对话框

（3）检查接触单元外法线的方向。当程序进行是否接触的检查时，接触面的外法线方向是重要的；对3D单元，按节点序号以右手定则来决定单元的外法向，接触面的外法向应该指向目标面；否则，在开始分析计算时，程序可能会认为有面的过度渗透而很难找到初始解。此时，程序一般会立即停止执行，可以检查单元外法线方向是否正确。

命令：/PSYMB。

GUI：Utility menu>PlotCtrls>Symbols。

当发现单元的外法线方向不正确时，必须通过修正不正确单元的节点号来改变它们。

命令：ESURF，REVE

GUI：Main menu>Preprocessor>Modeling>Create>Elements>Surf/Contact。

或者重新排列单元指向。

命令：ENORM。

GUI：Main Menu>Preprocessor>Modeling>Move/Modify>Elements>Shell Normals。

15.2.5 设置实常数和单元关键点

程序使用 20 多个实常数和好几个单元关键点，来控制面－面接触单元的接触行为。

1. 常用的实常数

程序经常使用的实常数如表 15-1 所示。

实常数列表　　　　　　　　　　　　　　　　　　　　　　表 15-1

实 常 数	用 途
R1 和 R2	定义目标单元几何形状
FKN	定义法向接触刚度因子
FTOLN	定义最大的渗透范围
ICONT	定义初始靠近因子
PINB	定义"Pinball"区域
PMIN 和 PMAX	定义初始渗透的容许范围
TAUMAR	指定最大的接触摩擦

命令：R。

GUI：Main menu>Preprocessor>Real Constants。

对实常数 FKN、FTOLN、ICONT、PINB、PMAX 和 PMIN，既可以定义一个正值也可以定义一个负值。程序将正值作为比例因子，将负值作为真实值，程序将下面覆盖原单元的厚度作为 ICON、FTOLN、PINB、PMAX 和 PMIN 的参考值。例如：对 ICON，0.1 表明初始间隙因子是 0.1×下面覆盖层单元的厚度。然而，－0.1 表明真实缝隙是 0.1；如果下面覆盖层单元是超单元，则将接触单元的最小长度作为厚度。

2. 单元关键点

每种接触单元都有好几个关键点，对大多数接触问题，默认的关键点是合适的。而在某些情况下，可能需要改变默认值，来控制接触行为。

- 自由度　　　　　　　　　　　　　　　　　　　　　　　　(KEYOPT (1))

- 接触算法（罚函数＋拉格郎日或罚函数）　　（KEYOPT（2））
- 出现超单元时的应力状态　　（KEYOPT（3））
- 接触方位点的位置　　（KEYOPI（4））
- 刚度矩阵的选择　　（KEYOPT（6））
- 时间步长控制　　（KEYOPT（7））
- 初始渗透影响　　（KEYOPT（9））
- 接触刚度修正　　（KEYOPT（10））
- 壳体厚度效应　　（KEYOPT（11））
- 接触表面情况　　（KEYOPT（12））

命令：KEYOPT，ET。

GUI：Main menu>Preprocessor>Element Type>Add/Edit/Delete。

15.2.6　控制刚性目标的运动

按照物体的原始外形来建立的刚性目标面，面的运动是通过给定"Pilot"节点来定义的。如果没有定义"Pilot"节点，则通过刚性目标面上的不同节点来定义。

为了控制整个目标面的运动，在下面的任何情况下都必须使用"Pilot"节点：
- 目标面上作用着给定的外力；
- 目标面发生旋转；
- 目标面和其他单元相连（例如：结构质量单元）。

"Pilot"节点的厚度代表着整个刚性面的运动，你可以在"Pilot"节点上给定边界条件（位移、初速度、集中载荷、转动等）。为了考虑刚体的质量，在"Pilot"节点上定义一个质量单元。

当使用"Pilot"节点时，记住下面的几点局限性：
- 每个目标面只能有一个"Pilot"的节点；
- 圆、圆锥、圆柱、球的第一个节点是"Pilot"节点，不能另外定义或改变"Pilot"节点；
- 程序忽略不是"Pilot"节点的所有其他节点上的边界条件；
- 只有"Pilot"节点能与其他单元相连；
- 当定义了"Pilot"节点后，不能使用约束方程（CF）或节点耦合（CP）来控制目标面的自由度；如果你在刚性面上给定任意载荷或者约束，你必须定义"Pilot"节点，是在"Pilot"节点上加载；如果没有使用"Pilot"节点，只能有刚体运动。

在每个载荷步的开始，程序检查每个目标面的边界条件，如果下面的条件都满足，那么程序将目标面作为固定处理：
- 在目标面节点上没有明确定义边界条件或给定力；
- 目标面节点没有和其他单元相连；
- 目标面节点没有使用约束方程或节点耦合。

在每个载荷步的末尾，程序将会放松被内部设置的约束条件。

15.2.7　给变形体单元施加必要的边界条件

现在可以按需要加上任意的边界条件。加载过程与其他的分析类型相同。

15.2.8 定义求解和载荷步选项

接触问题的收敛性随着问题的不同而不同，下面列出了一些典型的在大多数面—面接触分析中推荐使用的选项。

时间步长必须足够小，以描述适当的接触。如果时间步长太大，则接触力的光滑传递会被破坏。设置精确时间步长的可信赖方法是，打开自动时间步长。

命令：Autots，On。

GUI：Main Menu>Solution>Unabridged Menu>Load Step Opts>Time/Frequenc>Time-Time Step or Time and Substps。

如果在迭代期间接触状态变化，可能发生不连续。为了避免收敛太慢，使用修改的刚度阵，将牛顿—拉普森选项设置成 FULL。

命令：NROPT，FULL，，OFF。

GUI：Main Menu>Solution>Unabridged Menu>Analysis Type>Analysis Options。

不要使用自适应下降因子，对面—面的问题，自适应下降因子通常不会提供任何帮助，因此建议关掉它。

设置合理的平衡迭代次数，一个合理的平衡迭代次数通常在 25～50 之间。如图 15-3 所示。

命令：NEQIT。

GUI：Main Menu>Solution>Unabridged Menu>Load Step Opts>Nonlinear>Equilibrium Iter。

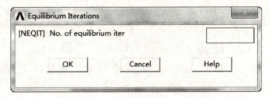

图 15-3　平衡迭代次数对话框

因为大的时间增量会使迭代趋向于变得不稳定，使用线性搜索选项来使计算稳定化。如图 15-4 所示。

命令：LNSRCH

GUI：Main Menu>Solution>Unabridged Menu>Load Step Opts>Nonlinear>Line Search。

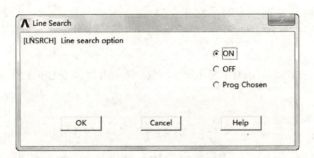

图 15-4　线性搜索对话框

除非在大转动和动态分析中，打开时间步长预测器选项。如图 15-5 所示。

命令：PRED。

GUI：Main Menu>Solution>Unabridged Menu>Load Step Opts>Nonlinear>Predictor。

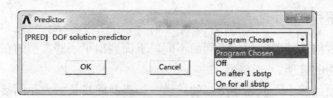

图 15-5　时间步长预测器选项

在接触分析中许多不收敛问题是由于使用了太大的接触刚度引起的，（实常数 FKN）检验是否使用了合适的接触刚度。

15.2.9　求解

现在可以对接触问题进行求解，求解过程与一般的非线性问题求解过程相同。

15.2.10　检查结果

接触分析的结果主要包括位移、应力、应变和接触信息（接触压力、滑动等），可以在通用后处理器（Post1）或时间历程后处理器（Post26）中查看结果。

 注意

（1）为了在 Post1 中查看结果，数据库文件所包含的模型必须与用于求解的模型相同；
（2）必须存在结果文件。

1. 在 Post1 中查看结果

进入 Post1，如果用户的模型不在当前数据库中，使用恢复命令（resume）来恢复它。
命令：/Post1。
GUI：Main Menu>General Postproc。
读入所期望的载荷步和子步的结果，这可以通过载荷步和子步数，也可以通过时间来实现。
命令：SET。
GUI：Main Menu>General Postproc>Read Results。
使用下面的任何一个选项来显示结果：
（1）显示变形
命令：PLDISP。
GUI：Main menu>General Postproc>Plot Result>Deformed Shape。
（2）等值显示
命令：PLNSOL。
命令：PLESOL。
GUI：Main Menu>General Postproc>Plot Result>Contour Plot>Noded Solu。
GUI：Main Menu>General Postproc>Plot Result>Contour Plot>Element Solu。
使用这个选项来显示应力、应变或其他项的等值图。如果相邻的单元有不同的材料行为（例如：塑性或多弹性材料特性、不同的材料类型或死活属性），则在结果显示时应避免节点应力平均错误。

也可以将求解出来的接触信息用等值图显示出来。对 2D 接触分析，模型用灰色表示，所要求显示的项将沿着接触单元存在的模型的边界以梯形面积表示出来；对 3D 接触分析，模型将用灰色表示，而要求的项在接触单元存在的 2D 表面上等值显示。

还可以等值显示单元表的数据和线性化单元数据。

命令：PLETAB。

命令：PLLS。

GUI：Main Menu>General Postproc>Element Table>Plot Element Table。

GUI：Main Menu>General Postproc>Plot Results>Contour plot>line Elem Res。

(3) 列表显示

命令：PRNSOL，PRESOL，PRRSOL，PRETAB，RITER，NSORT，ESORT。

GUI：Main menu>General Postproc>List Results>Noded Solution。

GUI：Main menu>General Postproc>List Results>Element Solution。

GUI：Main menu>General Postproc>List Results>Reaction Solution。

在列表显示它们前，可以用命令 NSORT 和 ESORT 来对它们进行排序。

(4) 动画。可以动画显示接触结果随时间的变化。

命令：ANIME。

GUI：Uility menu>Plotctrls>Animate。

2. 在 Post26 中查看结果

可以使用 Post26 来查看一个非线性结构对加载历程的响应，可以比较一个变量和另一个变量的变化关系。例如：可以画出某个节点位移随给定载荷的曲线变化关系，某个节点的塑性应变与时间的关系。

(1) 进入 Post26，如果模型不在当前数据库中恢复它。

命令：/Post26。

GUI：Main menu>TimeHist Postpro。

(2) 定义变量

命令：NSOL，ESOL，RFORCE。

GUI：Main Menu>Time List Postpro>Define Variable。

(3) 画曲线或列表显示

命令：PLVAR，PRVAR，EXTREM。

GUI：Main menu>Time List Postpro>Graph Variable。

GUI：Main menu>Time List Postpro>List Variable。

GUI：Main menu>Time List Postpro>List Extremes。

15.3 实例——陶瓷套管的接触分析

15.3.1 问题描述

如图 15-6 所示，插销比插销孔稍稍大一点，这样它们之间由于接触就会产生应力应

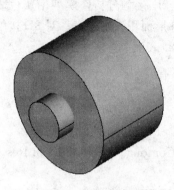

变。由于对称性，可以只取模型的四分之一来进行分析，并分成两个载荷步来求解。第一个载荷步是观察插销接触面的应力；第二个载荷步是观察插销拔出过程中的应力、接触压力和反力等。

材料性质：EX＝30e6（杨氏弹性模量），NUXY＝0.25（泊松比），$f=0.2$（摩擦因数）。

几何尺寸：圆柱套管：$R_1=0.5$，$H_1=3$；套筒：$R_2=1.5$，$H_2=2$；套筒孔：$R_3=0.45$，$H_3=2$。

15.3.2 GUI 方式

图 15-6 圆柱套筒示意图

1. 建立模型并划分网格

（1）设置分析标题：Utility Menu＞File＞ChangeTitle，在输入栏中键入 Contact Analysis，单击"OK"按钮。

（2）定义单元类型：Main Menu＞Preprocessor＞Element Type＞Add/Edit/Delete，出现 Element Types 对话框，如图 15-7 所示。单击 Add 按钮，弹出如图 15-8 所示的 Library of Element Types 对话框。单击选择 Structural Solid 和 Brick 8 node 185，单击"OK"按钮，然后单击 Element Types 对话框的 Close 按钮。

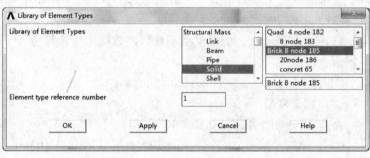

图 15-7 Element Types 对话框

图 15-8 Library of Element Types 对话框

（3）定义材料性质：Main Menu＞Preprocessor＞Material Props＞Material Models，弹出如图 15-9 所示的 Define Material Model Behavior 对话框，在 Material Models Available 栏目中连续单击 Structural＞Linear＞Elastic＞Isotropic，弹出如图 15-10 所示的 Linear Isotropic Properties for Material Number 1 对话框，在 EX 后面输入 30e6，在 PRXY 后面输入 0.25，单击"OK"按钮。然后，执行 Define Material Model Behavior 对话框上的 Material＞Exit 退出。

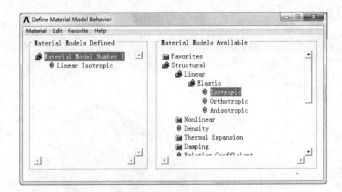

图 15-9　Define Material Model Behavior 对话框

（4）生成圆柱：Main Menu＞Preprocessor＞Modeling＞Create＞Volumes＞Cylinder＞By Dimensions，弹出如图 15-11 所示的 Create Cylinder by Dimensions 对话框，在 RAD1 Outer radius 后面输入 1.5，在 Z1，Z2 Z-coordinates 后面输入 2.5，4.5，单击"OK"按钮。

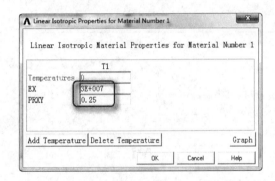

图 15-10　Linear Isotropic Properties for Material 对话框

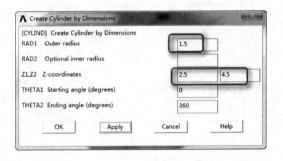

图 15-11　Create Cylinder by Dimensions 对话框

（5）打开 Pan-Zoom-Rotate 工具条：Utility Menu＞PlotCtrls＞Pan，Zoom，Rotate，弹出 Pan-Zoom-Rotate 工具条，如图 15-12 所示，单击 Iso 按钮，单击 Close 关闭它。结果显示如图 15-13 所示。

（6）生成圆柱孔：Main Menu＞Preprocessor＞Modeling＞Create＞Volumes＞Cylinder＞By Dimensions，弹出如图 15-11 所示的 Create Cylinder by Dimensions 对话框，在 RAD1 Outer radius 后面输入 0.45，在 Z1，Z2 Z-coordinates 后面输入 2.5，4.5，单击"OK"按钮。

（7）体相减操作：Main Menu＞Preprocessor＞Modeling＞Operate＞Booleans＞Substract＞Volumes，弹出一个拾取框，在图形上拾取大圆柱体，单击"OK"按钮，又弹出一个拾取框，在图形上拾取小圆柱体，单击"OK"按钮，结果显示如图 15-14 所示。

（8）生成圆柱套管：Main Menu＞Preprocessor＞Modeling＞Create＞Volumes＞Cylinder＞By Dimensions，弹出如图 15-11 所示的 Create Cylinder by Dimensions 对话框，在 RAD1 Outer radius 后面输入 0.5，在 Z1，Z2 Z-coordinates 后面输入 2.0 和 5，单击"OK"按钮。

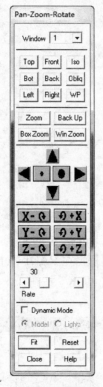

图 15-12 Pan-Zoom-Rotate 工具条

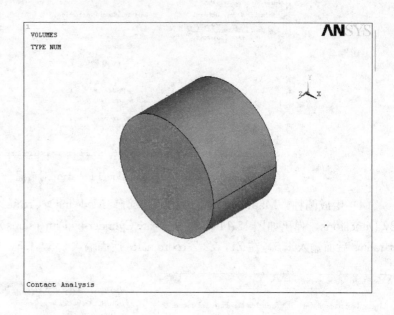

图 15-13 实体模块显示

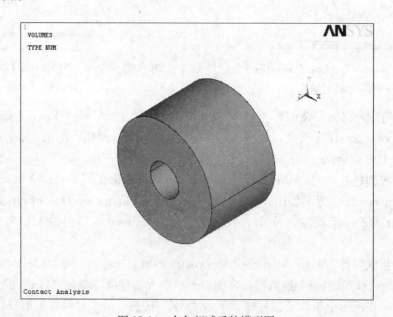

图 15-14 布尔相减后的模型图

(9) 打开体编号显示：Utility Menu＞PlotCtrls＞Numbering，弹出 Plot Numbering Controls 对话框，在 VOLU Volume numbers 后面单击使其显示为 On，如图 15-15 所示，单击"OK"按钮。

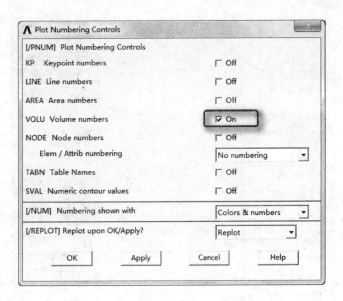

图 15-15　Plot Numbering Controls 对话框

（10）重新显示：Utility Menu＞Plot＞Replot，结果显示如图 15-16 所示。

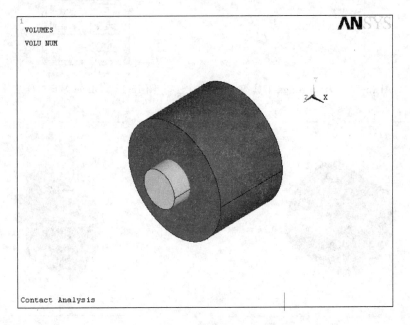

图 15-16　套筒和套管显示

（11）显示工作平面：Utility Menu＞WorkPlane＞Display Working Plane。

（12）设置工作平面：Utility Menu＞WorkPlane＞WP Settings，弹出 WP Settings 工具条，如图 15-17 所示，单击选中 Grid and Triad，单击"OK"按钮。

（13）移动工作平面：Utility Menu＞WorkPlane＞Offset WP by Increments，弹出 Offset WP 工具条，如图 15-18 所示，用鼠标拖动小滑块到最右端，滑块上方显示为 90，然后单击↙＋Y 按钮，单击"OK"按钮。

 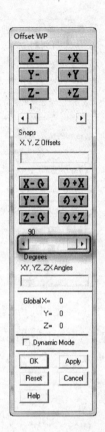

图 15-17　WP Settings 工具条　　　　图 15-18　Offset WP 工具条

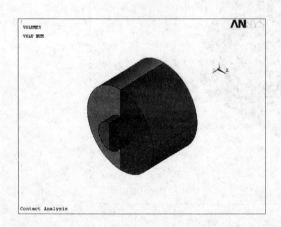 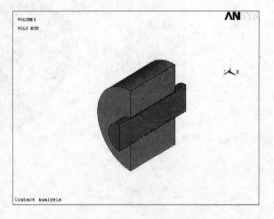

图 15-19　第一次用工作平面做布尔分操作　　　　图 15-20　删除右边模型

(14) 体分解操作：Main Menu＞Preprocessor＞Modeling＞Operate＞Booleans＞Divide＞Volu by Workplane，弹出 Divide Vol by WP 拾取菜单，单击 Pick All 按钮。

(15) 重新显示：Utility Menu＞Plot＞Replot，结果如图 15-19 所示。

(16) 保存数据：单击工具条上的 SAVE_DB 按钮。

(17) 体删除操作：Main Menu＞Preprocessor＞Modeling＞Delete＞Volumes and Be-

low，弹出一个拾取框，在图形上拾取右边的套筒和套管，单击"OK"按钮，屏幕显示如图15-20所示。

（18）移动工作平面：Utility Menu＞WorkPlane＞Offset WP by Increments，弹出Offset WP工具条，用鼠标拖动小滑块到最右端，滑块上方显示为90，然后单击↙＋X按钮，单击"OK"按钮。

（19）体分解操作：Main Menu＞Preprocessor＞Modeling＞Operate＞Booleans＞Divide＞Volu by Workplane，弹出Divide Vol by WP拾取菜单，单击Pick All按钮。

（20）重新显示：Utility Menu＞Plot＞Replot，结果如图15-21所示。

（21）体删除操作：Main Menu＞Preprocessor＞Modeling＞Delete＞Volumes and Below，弹出Delete Volumes拾取菜单，在图形上拾取上半部套筒和套管，单击"OK"按钮，屏幕显示如图15-22所示。

（22）重新显示：Utility Menu＞Plot＞Replot。

（23）保存数据：单击工具条上的SAVE_DB按钮。

（24）关闭工作平面：Utility Menu＞WorkPlane＞Display Working Plane。

（25）打开线编号显示：Utility Menu＞PlotCtrls＞Numbering，弹出Plot Numbering Controls对话框，选中"LINE Line numbers"复选框使其显示为On，单击"OK"按钮。

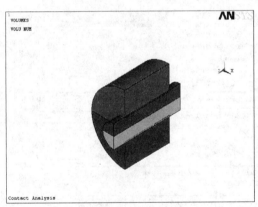 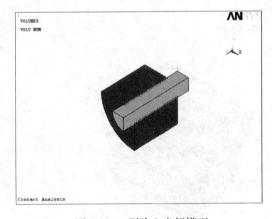

图15-21　第二次用工作平面进行布尔分操作　　　图15-22　删除上半部模型

（26）设置线单元尺寸：Main Menu＞Preprocessor＞Meshing＞Size Ctrls＞Manual Size＞Lines＞Picked Lines，弹出一个拾取框。在图形上拾取编号为7的线，单击"OK"按钮，又弹出如图15-23所示的Element Sizes on Picked Lines对话框。在NDIV No. of element divisions后面输入10，单击Apply按钮，又弹出拾取框。在图形上拾取编号为27的线，单击"OK"按钮，弹出对话框。在NDIV No. of element divisions后面输入5，单击Apply按钮，又弹出拾取框。在图形上拾取编号为17的线（套管所在套筒前面的弧线），如图15-24所示，单击"OK"按钮，弹出Element Sizes on Picked Lines对话框。在NDIV No. of element divisions后面输入5，单击"OK"按钮。

（27）有限元网格的划分：Main Menu＞Preprocessor＞Meshing＞Mesh＞Volume Sweep＞Sweep，弹出Volume Sweeping拾取菜单，单击Pick All。结果显示如图15-25所示。

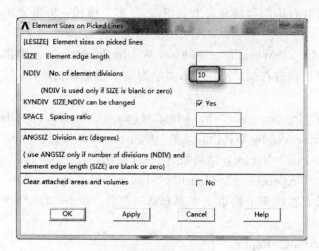
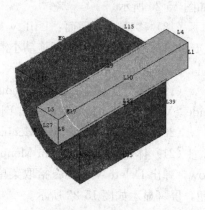

图 15-23　控制网格份数　　　　　　　　图 15-24　L17 线的显示

（28）优化网格：Utility Menu＞PlotCtrls＞Style＞Size and Shape，弹出如图 15-26 所示的 Size and Shape 对话框，在［/EFACET］Facets/element edge 后面的下拉列表选择 2 facets/edge，单击"OK"按钮。

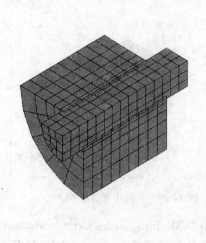
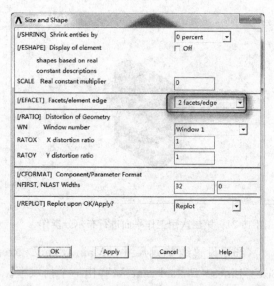

图 15-25　网格显示　　　　　　　　图 15-26　Size and Shape 对话框

（29）保存数据：单击 ANSYS Toolbar 上的 SAVE_DB 按钮。

2. 定义接触对

（1）创建目标面：Main Menu＞Prerprocessor＞Modeling＞Create＞Contact Pair，弹出如图 15-27 所示的 Contact Manager 对话框。单击 Contact Wizard 按钮（对话框左上角），弹出如图 15-28 所示的 Contact Wizard 对话框。接受默认选项，单击 Pick Target… 按钮，弹出一个拾取框。在图形上单击拾取套筒的接触面，如图 15-29 所示，单击"OK"按钮。

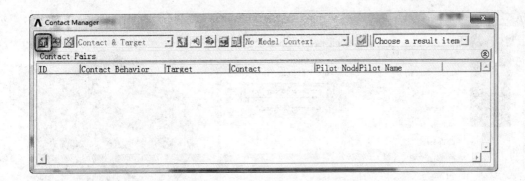

图 15-27　Contact Manager 对话框

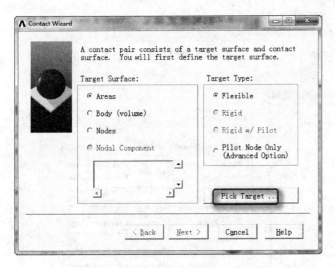

图 15-28　选择目标面对话框

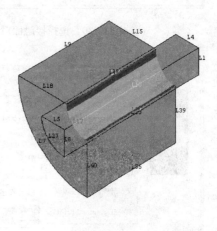

图 15-29　选择目标面的显示

(2) 创建接触面：屏幕再次弹出 Contact Wizard 对话框。单击 Next 按钮，弹出如图 15-30 所示的 Contact Wizard 对话框。在 Contact Element Type 下面的单选栏中选中 Surface-to-Surface，单击 Pick Contact…按钮，弹出一个拾取框。在图形上单击拾取圆柱套管的接触面，如图 15-31 所示，单击"OK"按钮，再次弹出 Add Contact Pair 按钮，单击 Next 按钮。

(3) 设置接触面：又弹出 Contact Wizard 对话框，如图 15-32 所示，在 Coefficient of Friction 后面输入 0.2，单击 Optional settings…按钮，弹出如图 15-33 所示的 Settings 对话框，在 Normal Penalty Stiffness 后面输入 0.1，单击"OK"按钮。

(4) 接触面的生成：又回到 Contact Wizard 对话框，单击 Create 按钮，弹出 Add Contact Pair 对话框，如图 15-34 所示，单击 Finish 按钮。结果如图 15-35 所示。然后，关闭如图 15-27 所示的 Contact Manager 对话框。

3. 施加载荷并求解

(1) 打开面编号显示：Utility Menu>PlotCtrls>Numbering，弹出 Plot Numbering

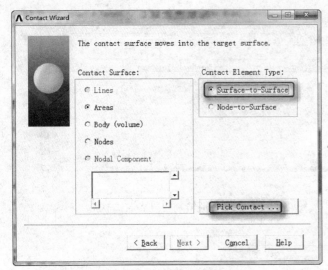
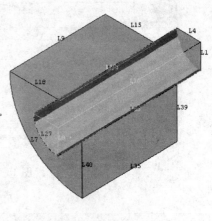

图 15-30　选择接触面对话框　　　　　图 15-31　选择接触面的显示

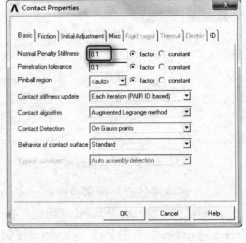

图 15-32　定义接触面性质对话框　　　图 15-33　Settings 对话框

Controls 对话框，选中"AREA Area numbers"复选框使其显示为 On，选中"LINE Line numbers"复选框使其显示为 Off，单击"OK"按钮。

（2）施加对称位移约束：Main Menu＞Solution＞Define Loads＞Apply＞Structural＞Displacement＞Symmetry B. C.＞On Areas，弹出一个拾取框，在图形上拾取编号为 10，3，4，24 的面，单击"OK"按钮。

（3）施加面约束条件：Main Menu＞Solution＞Define Loads＞Apply＞Structural＞Displacement＞On Areas，弹出一个拾取框。在图形上拾取编号为 28 的面（即套筒左边的面），单击"OK"按钮，又弹出如图 15-36 所示的 Apply U, ROT on Areas 对话框。单击选择 All DOF，然后单击"OK"按钮。

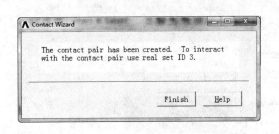
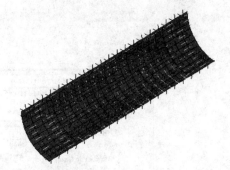

图 15-34 创建完成接触面提示框　　　　图 15-35 接触面显示

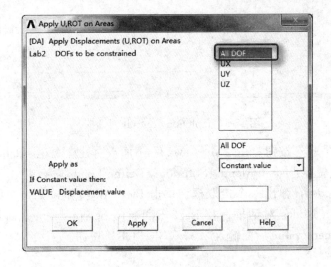

图 15-36 施加位移约束

(4) 对第一个载荷步设定求解选项：Main Menu＞Solution＞Analysis Type＞Sol'n Controls，弹出 Solution Controls 对话框，在 Analysis Options 的下拉列表中选择 Large Displacement Static，在 Time at end of loadstep 后面输入 100，在 Automatic time stepping 下拉列表中选择 Off，在 Number of substeps 后面输入 1，如图 15-37 所示，单击"OK"按钮。

(5) 第一个载荷步的求解：Main Menu＞Solution＞Solve＞Current LS，弹出/STATUS Command 状态窗口和 Solve Current Load Step 对话框，仔细浏览状态窗口中的信息，然后关闭它。单击 Solve Current Load Step（求解当前载荷步）对话框中的 OK 按钮开始求解。求解完成后，会弹出 Solution is done! 提示框，单击 Close 按钮。

(6) 重新显示：Utility Menu＞Plot＞Replot。

 注意

在开始求解的时候，可能会跳出警告信息提示框和确认对话框，单击"OK"按钮即可。

(7) 选择节点：Utility Menu＞Select＞Entities，弹出如图 15-38 所示的 Select Entities 工具条，在第一个下拉列表中选择 Nodes，在第二个下拉列表中选择 By Location，选

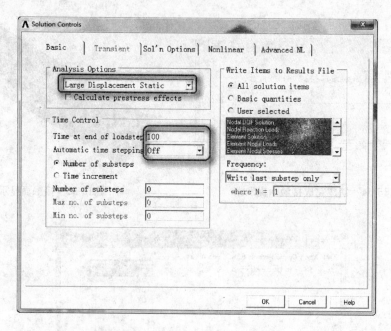

图 15-37 Solution Controls 对话框

择"Z coordinates"单选按钮,在"Min,Max"下面空白处输入 5,单击"OK"按钮。

(8) 施加节点位移:Main Menu>Solution>Define Loads>Apply>Structural>Displacement>On Nodes,弹出一个拾取框,单击 Pick All 按钮,又弹出如图 15-39 所示 Apply U,ROT on Nodes 对话框,在 Lab2 DOFs to be constrained 后面选中 UZ,在 VALUE Displacement value 后面输入 2.5,单击"OK"按钮。

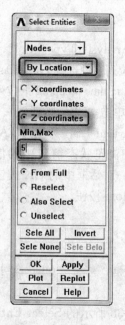

图 15-38 选择工具条

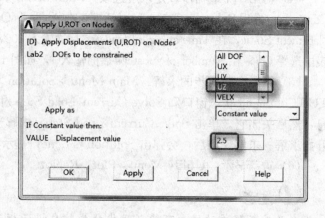

图 15-39 Apply U,ROT on Nodes 对话框

(9) 对第二个载荷步设定求解选项：Main Menu>Solution>Analysis Type>Sol'n Controls，弹出"Solution Controls"对话框，在"Analysis Options"的下拉列表中选择"Large Displacement Static"，在"Time at end of loadstep"后面输入 200，在"Automatic time stepping"后面的下拉列表中选择 On，在"Number of substeps"后面输入 100，在"Max no. of substeps"后面输入 1000，在"Min no. of substeps"后面输入 10，在 Frequency 下面的下拉列表中选择"Write N number of substeps"，在"where N="后面的空白处输入－10，如图 15-40 所示，单击"OK"按钮。

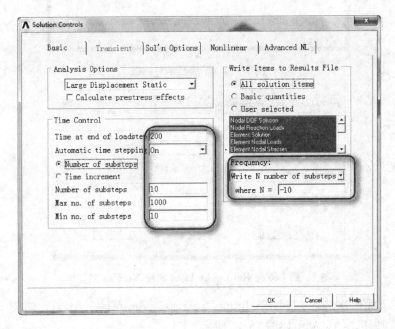

图 15-40　Solution Controls 对话框

(10) 选择所有实体：Utility Menu>Select>Everythig。

(11) 第二个载荷步的求解：Main Menu>Solution>Solve>Current LS，弹出"/STATUS Command"状态窗口和"Solve Current Load Step"对话框，仔细浏览状态窗口中的信息然后关闭它，单击"Solve Current Load Step"（求解当前载荷步）对话框中的 OK 按钮开始求解。求解完成后会弹出"Solution is done"提示框，单击 Close 按钮。

4. Post1 后处理

(1) 设置扩展模式：Utility Menu>PlotCtrls>Style>Symmetry Expansion>Periodic/Cyclic Symmetry，弹出如图 15-41 所示的"Periodic/Cyclic Symmetry Expansion"对话框，接受默认选择，单击"OK"按钮。

(2) 读入第一个载荷步的计算结果：Main Menu>General Postproc>Read Results>By Load Step，弹出如图 15-42 所示的"Read Results by Load Step Number"对话框，在"LSTEP Load step number"后面输入 1，单击"OK"按钮。

(3) Von-Mises 应力云图显示：Main Menu>General Postproc>Plot Results>Contour Plot>Nodal Solu，弹出"Contour Nodal Solution Data"对话框，在"Item to be

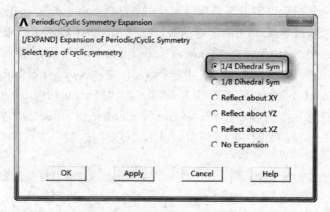

图 15-41 扩展显示对话框

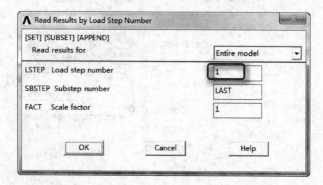

图 15-42 Read Results by Load Step Number 对话框

contoured"下面依次选择 Nodal Solution＞Stress＞von Mises stress，如图 15-43 所示，单击"OK"按钮，结果显示如图 15-44 所示。

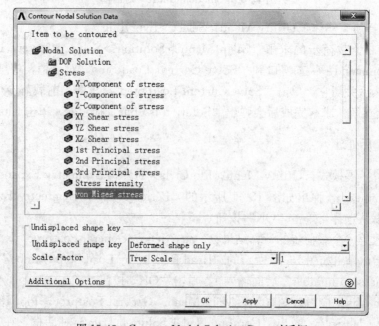

图 15-43 Contour Nodal Solution Data 对话框

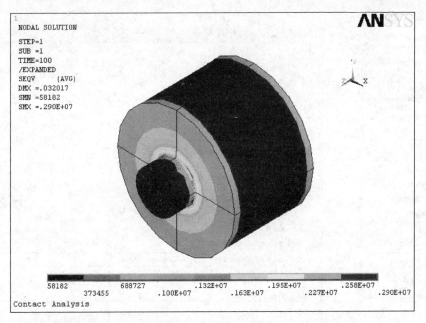

图 15-44 第一个载荷步的应力云图

(4) 读入某时刻计算结果：Main Menu＞General Postproc＞Read Results＞By Time/Freq，弹出如图 15-45 所示的 "Read Results by Time or Frequency" 对话框，在 "TIME Value of time or freq" 后面输入 120，单击 "OK" 按钮。

(5) 选择单元：Utility Menu＞Select＞Entities，弹出 Select Entities 工具条，如图 15-46 所示，在第一个下拉列表中选择 Elements，在第二个下拉列表中选择 "By Elem Name"，在 "Element name" 下面输入 174，按下回车键（Enter），单击 "OK" 按钮。

(6) 接触面压力云图显示：Main Menu＞General Postproc＞Plot Results＞Contour Plot＞Nodal Solu，弹出如图 15-47 所示的 "Contour Nodal Solution Data" 对话框，在 "Item to be contoured" 下面依次选择 Nodal Solution ＞Contact＞Contact pressure，单击 "OK" 按钮，结果显示如图 15-48 所示。

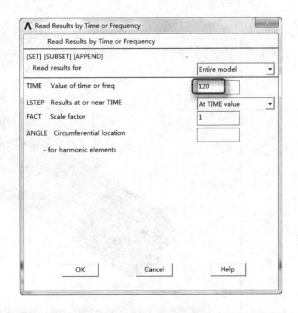

图 15-45 Read Results by Time or Frequency 对话框

(7) 读取第二个载荷步的计算结果：Main Menu＞General Postproc＞Read Results＞By Load Step，弹出 Read Results by Load Step Number 对话框，在 LSTEP Load step number 后面输入 2，单击 "OK" 按钮。

图 15-46 Select Entities 工具条

图 15-47 Contour Nodal Solution Data 对话框

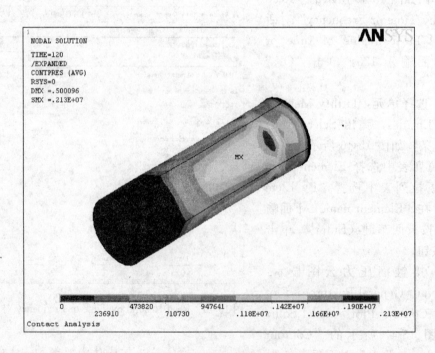

图 15-48 接触面压力云图

(8) 选择所有模型：Utility Menu>Select>Everything。

(9) Von-Mises 应力云图显示：Main Menu>General Postproc>Plot Results>Contour Plot>Nodal Solu，弹出 Contour Nodal Solution Data 对话框，在 "Item to be con-

toured"下面依次选择 Nodal Solution>Stress>von Mises stress,单击"OK"按钮,结果显示如图 15-49 所示。

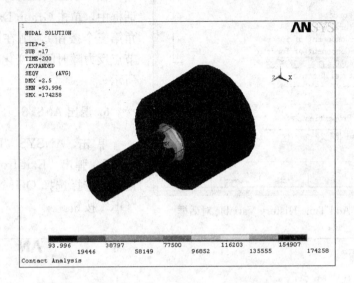

图 15-49 套管拔出时的应力云图

5. Post26 后处理

(1)定义时域变量:Main Menu>Time Hist Postpro,弹出如图 15-50 所示的"Time History Variables"对话框,单击左上加的"+"按钮(Add Data),弹出如图 15-51 所示的"Add Time-History Variable"对话框,连续单击 Reaction Forces>Structural Forces>Z-Component of force,单击"OK"按钮,弹出"Node for Data"拾取框,在图形上拾取套管端部的任何一个节点(即 Z 坐标为 5 的任何一个节点),单击"OK"按钮。

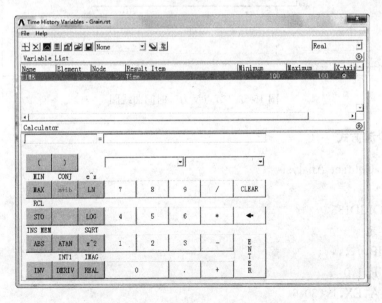

图 15-50 Time History Variables 对话框

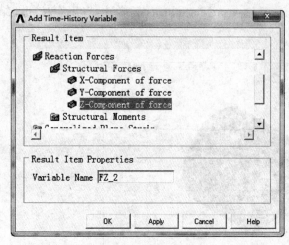

图 15-51　Add Time-History Variable 对话框

（2）绘制节点反力随时间的变化图：在"Time History Variables"对话框中，单击 Graph Data 按钮（左上角第三个按钮），则在屏幕上绘制出节点反力随时间的变化图，如图 15-52 所示。

6. 退出 ANSYS

单击 ANSYS Toolbar 上的 QUIT，弹出 "Exit from ANSYS"对话框。选择选择 Quit-No Save，单击 "OK" 按钮。

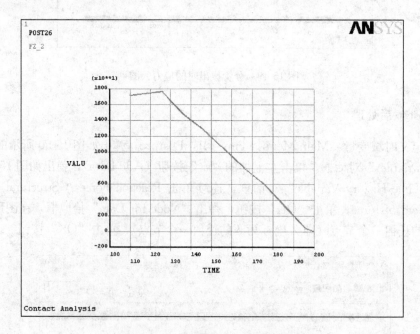

图 15-52　节点反力—时间曲线图

15.3.3　命令流方式

```
/TITLE,Contact Analysis
/PREP7
ET,1,SOLID185
!选择单元
MPTEMP,,,,,,,,
MPTEMP,1,0
MPDATA,EX,1,,30e6
!设定材料属性
```

```
MPDATA,PRXY,1,,0.25
CYLIND,1.5,,2.5,4.5,0,360,
!生成圆柱
/VIEW,1,1,1,1
/ANG,1
/REP,FAST
/AUTO,1
/REP
CYLIND,0.45,,2.5,4.5,0,360,
VSBV,1,2
CYLIND,0.5,,2,5,0,360,
!体积编号显示
/PNUM,KP,0
/PNUM,LINE,0
/PNUM,AREA,0
/PNUM,VOLU,1
/PNUM,NODE,0
/PNUM,TABN,0
/PNUM,SVAL,0
/NUMBER,0
/PNUM,ELEM,0
/REPLOT
/REPLOT
WPSTYLE,,,,,,,,1
wpstyle,0.05,0.1,-1,1,0.003,0,0,,5
wpro,,,90.000000
FLST,2,2,6,ORDE,2
FITEM,2,1
FITEM,2,3
VSBW,P51X
FLST,2,2,6,ORDE,2
FITEM,2,2
FITEM,2,5
VDELE,P51X,,,1
wpro,,90.000000,
FLST,2,2,6,ORDE,2
FITEM,2,4
FITEM,2,6
VSBW,P51X
```

```
FLST,2,2,6,ORDE,2
FITEM,2,2
FITEM,2,5
VDELE,P51X,,,1
WPSTYLE,,,,,,,,0
SAVE
！线编号显示
/PNUM,KP,0
/PNUM,LINE,1
/PNUM,AREA,0
/PNUM,VOLU,0
/PNUM,NODE,0
/PNUM,TABN,0
/PNUM,SVAL,0
/NUMBER,0
/PNUM,ELEM,0
/REPLOT
FLST,5,1,4,ORDE,1
FITEM,5,7
CM,_Y,LINE
LSEL,,,,P51X
CM,_Y1,LINE
CMSEL,,_Y
LESIZE,_Y1,,,10,,,,,1
FLST,5,1,4,ORDE,1
FITEM,5,17
CM,_Y,LINE
LSEL,,,,P51X
CM,_Y1,LINE
CMSEL,,_Y
LESIZE,_Y1,,,5,,,,,1
FLST,5,1,4,ORDE,1
FITEM,5,27
CM,_Y,LINE
LSEL,,,,P51X
CM,_Y1,LINE
CMSEL,,_Y
LESIZE,_Y1,,,5,,,,,1
FLST,5,1,4,ORDE,1
```

```
FITEM,5,17
CM,_Y,LINE
LSEL,,,,P51X
CM,_Y1,LINE
CMSEL,,_Y
FLST,5,2,6,ORDE,2
FITEM,5,1
FITEM,5,3
CM,_Y,VOLU
VSEL,,,,P51X
CM,_Y1,VOLU
CHKMSH,'VOLU'
CMSEL,S,_Y
VSWEEP,_Y1
CMDELE,_Y
CMDELE,_Y1
CMDELE,_Y2
/RGB,INDEX,100,100,100,0
/RGB,INDEX,80,80,80,13
/RGB,INDEX,60,60,60,14
/RGB,INDEX,0,0,0,15
/REPLOT
/SHRINK,0
/ESHAPE,0.0
/EFACET,2
/RATIO,1,1,1
/CFORMAT,32,0
/REPLOT
SAVE
/COM,CONTACT PAIR CREATION-START
!生成接触对
CM,_NODECM,NODE
CM,_ELEMCM,ELEM
CM,_KPCM,KP
CM,_LINECM,LINE
CM,_AREACM,AREA
CM,_VOLUCM,VOLU
/GSAV,cwz,gsav,,temp
MP,MU,1,0.2
```

```
MAT,1
MP,EMIS,1,7.88860905221e-031
R,3
REAL,3
ET,2,170
ET,3,174
R,3,,,0.1,0.1,0,
RMORE,,,1.0E20,0.0,1.0,
RMORE,0.0,0,1.0,,1.0,0.5
RMORE,0,1.0,1.0,0.0,,1.0
KEYOPT,3,4,0
KEYOPT,3,5,0
NROPT,UNSYM
KEYOPT,3,7,0
KEYOPT,3,8,0
KEYOPT,3,9,0
KEYOPT,3,10,1
KEYOPT,3,11,0
KEYOPT,3,12,0
KEYOPT,3,2,0
KEYOPT,2,5,0
! 生成目标面
ASEL,S,,,30
CM,_TARGET,AREA
TYPE,2
NSLA,S,1
ESLN,S,0
ESURF,ALL
CMSEL,S,_ELEMCM
! 生成接触面
ASEL,S,,,18
CM,_CONTACT,AREA
TYPE,3
NSLA,S,1
ESLN,S,0
ESURF,ALL
ALLSEL
ESEL,ALL
ESEL,S,TYPE,,2
```

```
ESEL,A,TYPE,,3
ESEL,R,REAL,,3
/PSYMB,ESYS,1
/PNUM,TYPE,1
/NUM,1
EPLOT
ESEL,ALL
ESEL,S,TYPE,,2
ESEL,A,TYPE,,3
ESEL,R,REAL,,3
CMSEL,A,_NODECM
CMDEL,_NODECM
CMSEL,A,_ELEMCM
CMDEL,_ELEMCM
CMSEL,S,_KPCM
CMDEL,_KPCM
CMSEL,S,_LINECM
CMDEL,_LINECM
CMSEL,S,_AREACM
CMDEL,_AREACM
CMSEL,S,_VOLUCM
CMDEL,_VOLUCM
/GRES,cwz,gsav
CMDEL,_TARGET
CMDEL,_CONTACT
/COM,CONTACT PAIR CREATION-END
/MREP,EPLOT
/REPLOT
FINISH
/SOL
/PNUM,KP,0
/PNUM,LINE,0
/PNUM,AREA,1
/PNUM,VOLU,0
/PNUM,NODE,0
/PNUM,TABN,0
/PNUM,SVAL,0
/NUMBER,0
/PNUM,ELEM,0
```

```
/REPLOT
APLOT
FLST,2,4,5,ORDE,4
FITEM,2,3
FITEM,2,-4
FITEM,2,10
FITEM,2,24
DA,P51X,SYMM
FLST,2,1,5,ORDE,1
FITEM,2,28
/GO
DA,P51X,ALL,
ANTYPE,0
NLGEOM,1
NSUBST,1,0,0
AUTOTS,0
TIME,100
/STATUS,SOLU
SOLVE
/REPLOT
NSEL,S,LOC,Z,5
NPLOT
NSEL,S,LOC,Z,5
FLST,2,17,1,ORDE,4
FITEM,2,38
FITEM,2,-42
FITEM,2,297
FITEM,2,-308
/GO
D,P51X,,2.5,,,,UZ,,,,,
ALLSEL,ALL
NSUBST,100,1000,10
OUTRES,ERASE
OUTRES,ALL,-10
AUTOTS,1
TIME,200
/STATUS,SOLU
SOLVE
SAVE
```

```
/EXPAND,4,POLAR,HALF,,90
/REPLOT
FINISH
!后处理
/POST1
SET,1,LAST,1,
/EFACE,2
AVPRIN,0,,
PLNSOL,S,EQV,0,1
SET,,,1,,120,,
ESEL,S,ENAME,,174
/EFACE,2
AVPRIN,0,,
PLNSOL,CONT,PRES,0,1
SET,2,LAST,1,
ALLSEL,ALL
/EFACE,2
AVPRIN,0,,
PLNSOL,S,EQV,0,1
FINISH
/POST26
FINISH
/POST1
INRES,BASIC
FILE,'file','rst','.'
SET,LAST
FINISH
!时域后处理
/POST26
FILE,'file','rst','.'
/UI,COLL,1
NUMVAR,200
SOLU,191,NCMIT
STORE,MERGE
RFORCE,3,298,F,Z,FZ_1
STORE,MERGE
XVAR,1
PLVAR,1,
SAVE
```

```
FINISH
/EXIT,NOSAV
!退出 ANSYS
```

15.4 本章小结

　　接触问题求解主要分为三大类：点—点、点—面和面—面接触。每种接触方式使用的接触单元适用于某类接触问题，这些问题在工程实践中会经常遇到。掌握 ANSYS 接触分析，是对自己解决非线性问题的一种很大程度的提高。所以，要精通 ANSYS 接触分析，除了对接触理论（摩擦等）有所了解外，还应该有一定的 ANSYS 静力学、动力学及热力学基础，这一点是需要读者引起注意的。

第16章 结构优化

内容提要

优化设计是一种寻找确定最优设计方案的技术。所谓"最优设计",指的是一种方案可以满足所有的设计要求,而且所需的支出(如重量、面积、体积、应力、费用等)最小,即:最优设计方案就是一个最有效率的方案。

本章将通过实例讲述结构优化分析的基本步骤和具体方法。

本章重点

➤ 结构优化设计概论
➤ 结构优化设计的基本步骤
➤ 实例:框架结构的优化设计

16.1 结构优化设计概论

设计方案的任何方面都是可以优化的,比如说:尺寸(如厚度)、形状(如过渡圆角的大小)、支撑位置、制造费用、自然频率、材料特性等。实际上,所有可以参数化的 ANSYS 选项均可作优化设计。

ANSYS 提供了两种优化的方法,这两种方法可以处理绝大多数的优化问题。零阶方法是一个很完善的处理方法,可以很有效地处理大多数的工程问题。一阶方法基于目标函数对设计变量的敏感程度,因此更加适合于精确的优化分析。对于这两种方法,ANSYS 提供了一系列的分析、评估、修正的循环过程。就是对于初始设计进行分析,对分析结果就设计要求进行评估,然后修正设计。这一循环过程重复进行直到所有的设计要求都满足为止。除了这两种优化方法,ANSYS 还提供了一系列的优化工具以提高优化过程的效率。例如:随机优化分析的迭代次数是可以指定的。随机计算结果的初始值,可以作为优化过程的起点数值。

在 ANSYS 的优化设计中包括的基本定义有:设计变量、状态变量、目标函数、合理和不合理的设计、分析文件、迭代、循环、设计序列等。用户可以参看以下这个典型的优化设计问题:

在以下的约束条件下找出如图 16-1 所示矩形截面梁的最小重量:
总应力 σ 不超过 σ_{max} [$\sigma \leqslant \sigma_{max}$];
梁的变形 δ 不超过 δ_{max} [$\delta \leqslant \delta_{max}$];

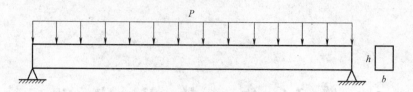

图 16-1 梁的优化设计示例

梁的高度 h 不超过 h_{max} [$h \leqslant h_{max}$]。

1. 设计变量 "Design Variables (DVs)"

设计变量为自变量,往往是长度、厚度、直径或几何模型参数,且为一个独立的参数,优化结果的取得就是通过改变设计变量的数值来实现的。每个设计变量都有上下限,它定义了设计变量的变化范围。在以上的问题里,设计变量很显然为梁的宽度 b 和高度 h。b 和 h 都不可能为负值,因此其下限应为 $b,h > 0$;而且,h 有上限 h_{max}。ANSYS 优化程序允许定义不超过 60 个设计变量。

2. 状态变量 "State Variables (SVs)"

状态变量是约束设计的数值,如应力、温度、热流率、频率、变形等。它们是"因变量",是设计变量的函数,其可能会有上、下限,也可能只有单方面的限制,即只有上限或只有下限。在上述梁问题中,有两个状态变量:总应力和梁的位移。在 ANSYS 优化程序中,用户可以定义不超过 100 个状态变量。

3. 目标函数 "Objective Function"

目标函数是用户将要尽量减小的数值。它必须是设计变量的函数,即:改变设计变量的数值将改变目标函数的数值。在以上的问题中,梁的总重量应是目标函数。在 ANSYS 优化程序中,用户只能设置一个目标函数,其值必须为正。

 注意

设计变量、状态变量和目标函数总称为优化变量。在 ANSYS 优化中,这些变量是由用户定义的参数来指定的。用户必须指出在参数集中,哪些是设计变量、哪些是状态变量、哪些是目标函数。

4. 设计序列 "design set"

设计序列是指确定一个特定模型的参数的集合。一般来说,设计序列是由优化变量的数值来确定的,但所有的模型参数(包括不是优化变量的参数)组成了一个设计序列。

5. 合理的设计 "feasible design"

一个合理的设计是指满足所有给定的约束条件(设计变量的约束和状态变量的约束)的设计。如果其中任一约束条件不被满足,设计就被认为是不合理的。而最优设计是既满足所有的约束条件，又能得到最小目标函数值的设计。如果所有的设计序列都是不合理的，那么最优设计是最接近于合理的设计，而不考虑目标函数的数值。

6. 分析文件 "analysis file"

分析文件是一个 ANSYS 的命令流输入文件，包括一个完整的分析过程（即：前处理、求解、后处理），它必须包含一个参数化的模型，即：用参数定义模型并指出设计变量、状态变量和目标函数。并且，由这个文件还可以自动生成优化循环文件（Jobname.LOOP），并在优化计算中循环处理。

7. 循环 "loop"

一次循环指一个分析周期（可以理解为一次分析文件），最后一次循环的输出存储在文件 Jobname.OPO 中。

8. 优化迭代 "optimization iteration"

优化迭代是产生新的设计序列的一次或多次分析循环。一般来说，一次迭代等同于一次循环。但对于一阶方法，一次迭代等同于多次循环。

优化数据库记录当前的优化环境，包括优化变量定义、参数、所有优化设置和设计序列集合。该数据库可以存储在文件 Jobname.OPT 中，也可以随时读入优化处理器中。

上述的许多概念可以用图解帮助理解，如图 16-2 所示。

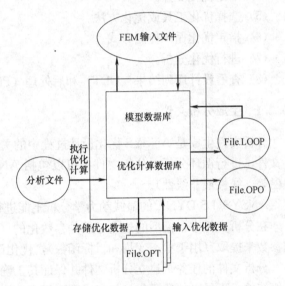

图 16-2　优化数据流向的示意图

注意

分析文件必须作为一个单独的实体存在，优化数据库不是 ANSYS 模型数据库的一部分。

16.2　优化设计的基本步骤

ANSYS 优化设计可以通过两种方法来实现：即批处理方式和 GUI 方式。这两种方法的选择，取决于对于 ANSYS 的熟悉程度和是否习惯于图形交互方式。

一般来说，如果对于 ANSYS 的命令相当熟悉，即可选择用命令输入整个优化文件并通过批处理方式来进行优化。对于复杂的需用大量机时的分析任务来说（如非线性），这种方法更有效率；而另一方面，交互方式具有更大的灵活性，而且可以实时看到循环过程的结果。在用 GUI 方式进行优化时，首要的是要建立模型的分析文件，然后优化处理器所提供的功能均可交互式的使用，以确定设计空间，便于后续优化处理的进行。这些初期交互式的操作可以帮助缩小设计空间的大小，使优化过程得到更高的效率。

优化设计通常包括以下几个步骤，这些步骤根据所选用优化方法的不同（批处理或GUI方式）而有细微的差别：

（1）生成循环所用的分析文件，该文件必须包括整个分析的过程，而且必须满足以下条件：

- 参数化方式建立模型；
- 求解；
- 提取并指定状态变量和目标函数。

（2）在ANSYS数据库里建立与分析文件中变量相对应的参数。这一步是标准的做法，但不是必需的（BEGIN或OPT）。

（3）进入OPT处理器，指定分析文件（OPT）。

（4）指定优化变量。

（5）选择优化工具或优化方法。

（6）指定优化循环控制方式。

（7）进行优化分析。

（8）查看设计序列结果（OPT）和后处理（POST1/POST26）。

16.2.1　生成分析文件

分析文件生成是ANSYS优化设计过程中的关键部分。ANSYS运用分析文件构造循环文件，进行循环分析。分析文件中可以包括ANSYS提供的任意分析类型（结构、热、电磁等，线性或非线性）。

ANSYS/LS-DYNA的显式动力学分析不能进行优化。

在分析文件中，模型的建立必须是参数化的（通常是优化变量为参数），结果也必须用参数来提取（用于状态变量和目标函数），优化设计中只能使用数值参数。

分析文件的任务是建立分析文件并保证其正确性。分析文件应覆盖整个分析过程并且是简练的，不是必须的语句（如完成图形显示功能和列表功能的语句等）应从分析文件中省略掉。只有在交互过程中希望看到的显示［EPLODT等］，可以包含在分析文件中，或将其定位到一个显示文件中［/SHOW］。请注意分析文件是要多次的，与优化分析本身无关的命令都会不必要地耗费机时，降低循环效率。

建立分析文件有两种方法：

（1）用系统编辑器逐行输入。

（2）交互式地完成分析，将ANSYS的LOG文件作为基础建立分析文件。

这两种方式各有优缺点：用系统编辑器生成分析文件同生成其他分析时的批处理文件方法是一样的。这种方法使得用户可以通过命令输入来完全地控制参数化定义；同样，本方法可以省去了删除多余命令的麻烦。但是，若对于ANSYS命令集不熟悉，这种方法是不方便的；对于这类用户来说，第二种方法相对容易一些。但是，在最后生成分析文件的过程中，ANSYS的LOG文件要做较大的修改，才能适合循环分析。

不论采用哪种方法，分析文件需要包括的内容都是一样的。以下说明建立分析文件的步骤：

1. 参数化建立模型

用设计变量作为参数建立模型的工作是在 PREP7 中完成的。在给出的梁的例子中，设计变量是 B（梁的宽度）和 H（梁的高度），因此单元的实参是由 B 和 H 来表示的：

...
```
/PREP7                       ! 初始化设计变量：
B=2.0
H=3.0
!
ET,1,BEAM3                   ! 2D 梁单元
AREA=B*H                     ! 梁的横截面面积
IZZ=(B*(H**3))/12            ! 绕 Z 轴的转动惯量
R,1,AREA,IZZ,H               ! 以设计变量表示的单元实参
!
! 模型的其他部分
MP,EX,1,30E6                 ! 杨氏模量
N,1                          ! 节点
N,11,120
FILL
E,1,2                        ! 单元
EGEN,10,1,-1
FINISH                       ! 退出 PREP7
```
...

前面提到，可以对设计的任何方面进行优化：尺寸、形状、材料性质、支撑位置、所加载荷等，唯一要求就是将其参数化。

设计变量（例如 B 和 V）可以在程序的任何部分初始化，一般是在 PREP7 中定义。这些变量的初值只是在设计计算的开始用得到，在优化循环过程中会被改变。

如果用 GUI 模式完成输入，可能会遇到直接用鼠标拾取（picking）的操作。有些拾取操作是不允许参数化输入的。因此，应避免在定义设计变量、状态变量和目标函数时，使用这些操作，应用可以参数化的操作来代替。

2. 求解

求解器用于定义分析类型和分析选项、施加载荷、指定载荷步、完成有限元计算。分析中所用到的数据都要指出：凝聚法分析中的主自由度、非线性分析中的收敛准则、谐波分析中的频率范围等。载荷和边界条件也可以作为设计变量。

梁的例子中，SOLUTION 部分的输入大致如下：
```
...
/SOLU
ANTYPE,STATIC                ! 静力分析（默认）
```

```
D,1,UX,0,,11,10,UY          ! UX=UY=0,梁两端节点固定
SFBEAM,ALL,1,PRES,100       ! 施加压力
SOLVE
FINISH                      ! 退出 SOLUTION
```

这一步骤不仅仅限于一次分析过程。比如：可以先进行热分析，再进行应力分析（在热应力计算中）。

3. 参数化提取结果

在本步中，提取结果并赋值给相应的参数。这些参数一般为状态变量和目标函数。提取数据的操作用*GET 命令（Utility Menu>Parameters>Get Scalar Data）实现。通常用 POST1 来完成本步操作，特别是涉及数据的存储、加减或其他操作。

在梁的例题中，梁的总重量是目标函数。因为重量与体积成比例（假定密度是均匀的），那么减小总体积就相当于减小总重量。因此，可以选择总体积为目标函数。在此例中，状态变量选择为总应力和位移。这些参数可以用如下方法定义：

```
…
/POST1
SET,…
NSORT,U,Y                   ! 以 UY 为基准对节点排序
*GET,DMAX,SORT,,MAX         ! 参数 DMAX=最大位移
!
! 线单元的推导数值由 ETABLE 得出
ETABLE,VOLU,VOLU            ! VOLU=每个单元的体积
ETABLE,SMAX_I,NMISC,1       ! SMAX_I=每个单元 I 节点处应力的最大值
ETABLE,SMAX_J,NMISC,3       ! SMAX_J=每个单元 J 节点处应力的最大值
!
SSUM                        ! 将单元表中每列的数据相加
*GET,VOLUME,SSUM,,ITEM,VOLU
                            ! 参数 VOLUME=总体积
ESORT,ETAB,SMAX_I,,1        ! 按照单元 SMAX_I 的绝对值大小排序
*GET,SMAXI,SORT,,MAX        ! 参数 SMAXI=SMAX_I 的最大值
ESORT,ETAB,SMAX_J,,1        ! 按照单元 SMAX_J 的绝对值大小排序
*GET,SMAXJ,SORT,,MAX        ! 参数 SMAXJ=SMAX_J 的最大值
SMAX=SMAXI>SMAXJ            ! 参数 SMAX=最大应力值
FINISH
…
```

4. 分析文件的准备

到此为止，我们已经对于分析文件的基本需求做了说明。如果是用系统编辑器来编辑的批处理文件，那么简单地存盘进入第二步即可。如果用交互方式建模，必须在交互环境

下生成分析文件。可以通过两种方式完成本步操作：数据库命令流文件或程序命令流文件。

数据库命令流文件——可以通过 LGWRITE 命令（Utility Menu>File>Write DB Log File）生成命令流文件。LGWRITE 将数据库内部的命令流写到文件 Jobname. LGW 中。内部命令流包含了生成当前模型所用的所有命令。

程序命令流文件—Jobname. LOG 包含了交互方式下输入的所有命令。如果用 Jobneme. LOG 作为分析文件时，必须用系统编辑器删除文件中所有不必要的命令。因为在交互方式下，所有的操作都记录在 LOG 文件中，编辑工作会比较繁琐。而且，如果分析是在几个过程中完成的，就必须将几个 LOG 文件合在一起，编辑生成一个完整的分析文件。

16.2.2 建立优化过程中的参数

在完成了分析文件的建立以后，即可开始优化分析了（如果是在系统中建立的分析文件的话，就要重新进入 ANSYS）。如果在交互方式下进行优化，最好（但不是必须）从分析文件中建立参数到 ANSYS 数据库中来（在批处理方式下除外）。

做这一步有两个好处。初始参数值可能作为一阶方法的起点；而且，对于各种优化过程来说，参数在数据库中可以在 GUI 下进行操作，便于定义优化变量。建立数据库参数可以选择下列任一种方法：

1. 读入与分析文件相关联的数据库文件（Jobname. DB）。这样可以在 ANSYS 中建立整个模型的数据库。读入数据库文件可以用如下方法：

命令：RESUME

GUI：Utility Menu>File>Resume Jobname. db

Utility Menu>File>Resume from

2. 将分析文件直接读入 ANSYS 进行整个分析。这样将重新建立整个数据库，但对于大模型来说，要耗费大量的机时。要读入分析文件，可以选择下列方法：

命令：/INPUT

GUI：Utility Menu>File>Read Input from

3. 仅从存储的参数文件中读参数到 ANSYS 中，参数文件是用 PARSAV 命令或由 Utility Menu>Parameters>Save Parameters 存储的。读入参数可以用下列方法之一：

命令：PARRES

GUI：Utility Menu>Parameters>Restore Parameters

4. 重新定义分析文件中存在的参数。不过，这样做需要知道分析文件中定义了哪些参数。用以下任一方式：

命令：*SET or "="

GUI：Utility Menu>Parameters>Scalar Parameters

可以选择使用以上任意一种方式，然后用 OPVAR 命令（菜单路径 Main Menu>Design Opt>Design Variables）来指定优化变量。

在优化过程中，ANSYS 数据库不一定要同分析文件一致。模型的输入是在优化循环过程中，由分析文件中自动读入的。

16.2.3 进入 OPT 处理器，指定分析文件

以下的步骤是由 OPT 处理器来完成的。首次进入优化处理器时，ANSYS 数据库中的所有参数自动作为设计序列 1。这些参数值假定是一个设计序列。进入优化处理器可以用如下方式：

命令：/OPT
GUI：Main Menu>Design Opt

在交互方式下，必须指定分析文件名。这个文件用于生成优化循环文件 Jobname.LOOP。分析文件名无默认值，因此必须输入。指定分析文件名，其命令如下：

命令：OPANL
GUI：Main Menu>Design Opt>Assign

在批处理方式下，分析文件通常是批命令流的第一部分，从文件的第一行到命令/OPT 第 1 次出现。在批处理方式中，默认的分析文件名是 Jobname.BAT（它是一个临时性的文件，是批处理输入文件的一个复制）。因此，在批处理方式下通常不用指定分析文件名。但是，如果出于某种考虑将批文件分成两个部分（一个用于分析，另一个用于整个优化分析），那么就必须在进入优化处理器后指定分析文件 [OPANL]。

在分析文件中，/PREP7 和/OPT 命令必须出现在行的第 1 个非零字符处（即：不允许有诸如 $ 等符号出现在有这些命令的行中）。这一点在生成优化循环文件时很关键。

16.2.4 指定优化变量

即要求指定哪些参数是设计变量、哪些参数是状态变量、哪个参数是目标函数。以上提到，允许有不超过 60 个设计变量和不超过 100 个状态变量，但只能有一个目标函数。指定优化变量可以用如下的方法：

命令：OPVAR
GUI：Main Menu>Design Opt>Design Variables
Main Menu>Design Opt>State Variables
Main Menu>Design Opt>Objective

对于设计变量和状态变量可以定义最大和最小值。目标函数不需要给定范围。每一个变量都有一个公差值，这个公差值可以由用户输入，也可以选择由程序计算得出。

如果用 OPVAR 命令定义的参数名不存在，ANSYS 数据库中将自动定义这个参数，并将初始值设为零。

可以在任意时间简单地通过重新定义参数的方法来改变已经定义过的参数，也可以删除一个优化变量 [OPVAR，Name，DEL]。这种删除操作并不真正删除这个参数，而是不将它继续作为优化变量而已。

16.2.5 选择优化工具或优化方法

ANSYS 提供了一些优化工具和方法。默认方法是单次循环。指定后续优化的工具和方法用下列命令：

命令：OPTYPE

GUI：Main Menu>Design Opt>Method/Tool

优化方法是使单个函数（目标函数）在控制条件下达到最小值的传统化方法。有两种方法是可用的：零阶方法和一阶方法。除此之外，可以提供外部的优化算法替代 ANSYS 本身的优化方法。使用其中任何一种方法前，必须先定义目标函数。

（1）零阶方法（直接法）：这是一个完善的零阶方法，使用所有因变量（状态变量和目标函数）的逼近。该方法是通用的方法，可以有效地处理绝大多数的工程问题。

（2）一阶方法（间接法）：本方法使用偏导数，即：使用因变量的一阶偏导数。此方法精度很高，尤其是在因变量变化很大，设计空间也相对较大时。但是，消耗的机时较多。

（3）提供的优化方法：外部的优化程序（USEROP）可以代替 ANSYS 优化过程。

优化工具是搜索和处理设计空间的技术。因为求最小值不一定是优化的最终目标，所以目标函数在使用这些优化工具时可以不指出。但是，必须要指定设计变量。下面是可用的优化工具：

1）单步运行：实现一次循环并求出一个 FEA 解。可以通过一系列的单次循环，每次求解前设置不同的设计变量来研究目标函数与设计变量的变化关系。

2）随机搜索法：进行多次循环，每次循环设计变量随机变化。可以指定最大循环次数和期望合理解的数目。本工具主要用来研究整个设计空间，并为以后的优化分析提供合理解。

3）等步长搜索法：以一个参考设计序列为起点，本工具生成几个设计序列。它按照单一步长，在每次计算后将设计变量在变化范围内加以改变。对于目标函数和状态变量的整体变化评估，可以用本工具实现。

4）乘子计算法：是一个统计工具，用来生成由各种设计变量极限值组合的设计序列。这种技术与称为经验设计的技术相关，后者是用二阶的整体和部分因子分析。主要目标是计算目标函数和状态变量的关系和相互影响。

5）最优梯度法：对指定的参考设计序列，本工具计算目标函数和状态变量对设计变量的梯度。使用本工具，可以确定局部的设计敏感性。

6）提供的优化工具：可以用外部过程（USEROP）替代 ANSYS 优化工具。也可以通过 USEROP 过程，将自己的方法和工具补充进去。

16.2.6 指定优化循环控制方式

每种优化方法和工具都有相应的循环控制参数，比如最大迭代次数等。所有这些控制参数的设置都在同一个路径下：GUI：Main Menu>Design Opt>Method/Tool

以下列出设置控制参数的命令：

1. 设置零阶方法的控制参数

命令：OPSUBP 和命令：OPEQN

2. 设置一阶方法的控制参数

命令：OPFRST

3. 设置随机搜索法的控制参数

命令：OPRAND

4. 设置等步长搜索法的控制参数

命令：OPSWEEP

5. 设置乘子计算法的控制参数

命令：OPFACT

6. 设置最优梯度法的控制参数

命令：OPGRAD

7. 设置优化工具的控制参数

命令：OPUSER

程序还提供了几个总体控制来设置优化过程中数据的存储方法：

1. 指定优化数据的存储文件名（默认为 Jobname.OPT）

命令：OPDATA
GUI：Main Menu>Design Opt>Controls

2. 用下列方法激活详细的结果输出

命令：OPPRNT
GUI：Main Menu>Design Opt>Controls

3. 确定最佳设计系列的数据是否存储，用下列方法（默认是数据库和结果文件存储最后一个设计系列）

命令：OPKEEP
GUI：Main Menu>Design Opt>Controls

还可以控制几个循环特性，包括分析文件在循环中如何读取。可以从第一行读取（默认），也可以从第 1 个/PREP7 出现的位置开始读取；设置为优化变量的参数可以忽略（默认），也可以在循环中处理。而且，可以指定循环中存储哪种变量：只存储数值变量还是存储数值变量和数组变量。这个功能可以在循环中控制参数的数值（包括设计变量和非设计变量）。用下列方法设置这些循环控制特性：

命令：OPLOOP
GUI：Main Menu>Design Opt>Controls

OPLOOP 命令中的 Params 变量控制在循环中存储哪个参数。在循环中，存储数值变量和数组变量的选项在一般情况下不设置。除非是数组变量在分析文件外定义，而在循环中需要保存的情况。

16.2.7 进行优化分析

所有的控制选项设置好以后，即可进行分析了。用下列方法开始分析：

命令：OPEXE

GUI：Main Menu>Design Opt>Run

在 OPEXE 时，优化循环文件（Jobname.LOOP）会根据分析文件生成。这个循环文件对用户是透明的，并在分析循环中使用。循环在满足下列情况时终止：收敛；中断（不收敛，但最大循环次数或是最大不合理解的数目达到了）；分析完成。

如果循环是由于模型的问题（如网格划分有问题、非线性求解不收敛、与设计变量数值冲突等）中断时，优化处理器将进行下一次循环。如果是在交互方式下，程序将显示一个警告信息，并询问是继续还是结束循环。如果是在批处理方式下，循环将自动继续。NCNV 命令（或 GUI 菜单路径：Main Menu>Solution>Load Step Opts>Nonlinear>Criteria to Stop）是控制非线性分析的，在优化循环中将被忽略。中断循环的设计序列是存盘的，但参数的数据有可能非常大，不符合实际情况。

所有优化变量和其他参数在每次迭代后，将存储在优化数据文件（Jobname.OPT）中。最多可以存储 130 组这样的序列。如果已经达到了 130 个序列，那么其中数据最"不好的"序列将被删除。

对于上述梁的例子，优化部分的输入大致如下：

```
/OPT                              ！进入优化处理器
OPANL,…                           ！分析文件名(批处理方式不需要)
!
! 指定优化变量
OPVAR,B,DV,.5,16.5                ！B 和 H 为设计变量
OPVAR,H,DV,.5,8
OPVAR,DMAX,SV,-0.1,0              ！DMAX 和 SMAX 为状态变量
OPVAR,SMAX,SV,0,20000
OPVAR,VOLUME,OBJ                  ！VOLUME 为目标函数
!
! 指定优化类型和控制
OPTYPE,SUBP                       ！零阶方法
OPSUBP,30                         ！最大迭代次数
OPEXE                             ！开始优化循环
```

不同的优化过程可以系列地完成。比如：可以在零阶方法的分析结束后再做等步长搜索。下面的命令对最佳设计序列作等步长搜索：

```
OPTYPE,SWEEP                      ！扫描评估工具
OPSWEEP,BEST,5                    ！最佳设计序列每个设计变量 5 次评估
OPEXE                             ！开始优化循环
```

16.2.8 查看设计序列结果

优化循环结束以后，可以用本部分介绍的命令或相应的 GUI 路径来查看设计序列。

这些命令适用于任意优化方法和工具生成结果。

列出指定序列号的参数值：

命令：OPLIST

GUI：Main Menu>Design Opt>Design Sets>List

可以选择列出所有参数的数值，也可以只列出优化变量。

用图显示指定的参数随序列号的变化，可以看出变量是如何随迭代过程变化的。用以下方法实现：

命令：PLVAROPT

GUI：Main Menu>Design Opt>Design Sets>Graphs/Tables

将图的 X 轴用序列号换成其他参数：

命令：XVAROPT

GUI：Main Menu>Design Opt>Design Sets>Graphs/Tables

对于 PLVAROPT 和 PRVAROPT 操作，设计序列将自动按照 XVAROPT 中参数以升序排列。对于等步长、乘子和梯度工具，有一些特别的查看结果的方法。对于等步长搜索，用 OPRSW 命令列出结果，用 OPLSW 命令图示结果。对于乘子工具，用 OPRFA 命令列出结果，用 OPLFA 命令图示结果。对于梯度工具，用 OPRGR 命令列出结果，用 OPLGR 命令图示结果。

另一个得到优化数据的方法，是用 STATUS 命令（Main Menu>Design Opt>Status）。在优化处理器中使用本命令，将得到另外一些关于当前优化任务的信息，如分析文件名、优化技术、设计序列数、优化变量等。用 STATUS 命令可以方便地查看优化环境，验证需要的设置是否全部输入优化处理器。

除了查看优化数据，可能希望用 POST1 或 POST26 对分析结果进行后处理。默认情况下，最后一个设计序列的结果存储在文件 Jobname.RST（或.RTH 等，视分析类型而定）中。如果在循环运行前将 OPKEEP 设为 ON，最佳设计序列的数据也将存储在数据库和结果文件中。"最佳结果"在文件 Jobname.BRST（.BRTH 等）中，"最佳数据库"在文件 Jobname.BDB 中。

16.3 实例——框架结构的优化设计

16.3.1 问题描述

如图 16-3（a）所示为一个有 4 根杆组成的框架结构，杆截面为矩形，宽为高的一半。在中间位置承受纵向载荷，载荷值 $F=4000N$，求框架的最小体积。已知框架的材料特性为：$E=10e10Pa$，$a=2.5m$。

根据分析问题的对称性，选择左边两根杆的有限元分析模型，以矩形杆的高度 d_i 为设计变量，横截面积 $A_i = \frac{1}{2}d_i^2$ 以及惯性矩 $I_i = \frac{1}{24}d_i^4$ 为设计变量的参数表达式，以矩形杆端点的弯矩值为状态变量，目标函数为框架的最小体积。综上所述，该问题的优化数学模型为：

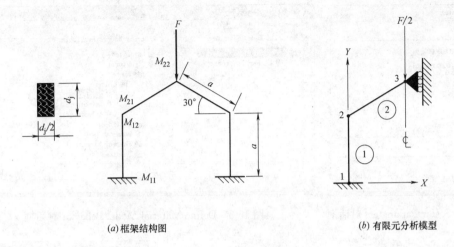

(a) 框架结构图　　　　　　　　　　　(b) 有限元分析模型

图 16-3　框架结构示意图

$Min = f(x)$，$x = [d_j]$，$0.05 \leqslant d_j \leqslant 0.5$，$825000 d_j^3 - M_{ij} > 0$

16.3.2　GUI 方式

1. 有限元建模

(1) 定义工作文件名：Utility Menu>File>Change Jobname，在弹出的 Change Jobname 对话框中输入文件名为 frame，单击"OK"按钮。

(2) 定义工作标题：Utility Menu>File>Change Title，在弹出的 Change Title 对话框中输入 Optimization of a Frame Structure，单击"OK"按钮。

(3) 关闭坐标符号的显示：Utility Menu>PlotCtrls>Window Controls>Window Options，弹出 Window Options 对话框。在 Location of triad 下拉式选择栏中选择 Not Shown，单击"OK"按钮。

(4) 定义参数的初始值：Utility Menu>Parameters>Scalar Parameters，弹出如图 16-4 所示的 Scalar Parameters 对话框，在 Selection 下的文本框中输入 D1=0.1，单击 Accept 按钮；D2=0.1，单击 Accept 按钮；K=825000，单击 Accept 按钮；D1CB=D1**3，单击 Accept 按钮；D2CB=D2**3，单击 Accept 按钮，然后单击 Close 按钮关闭它。

(5) 设置材料属性：Main Menu>Preprocessor>Material Props>Material Model，弹出如图 16-5 所示的 Define Material Model Behavior 对话框。在 Material Models Available 下双击打开 Structural>Linear>Elastic>Isotropic，弹出如图 16-6 所示的 Linear Isotropic Material Properties for Material number 1 对话框，输入 EX=10e10，PRXY=0.3，单击"OK"按钮，单击菜单栏上的 Material>Exit，完成材料属性的设置。

(6) 选择单元类型：Main Menu>Preprocessor>Element Type>Add/Edit/Delete，弹出如图 16-7 所示的 Element Types 对话框。单击 Add 按钮，又弹出如图 16-8 所示的 Library of Element Types 对话框。在选择框中分别选择 Structural Beam 和 2 node　188，单击"OK"按钮，然后单击 Close 按钮，关闭图 16-7 的 Element Types 对话框。

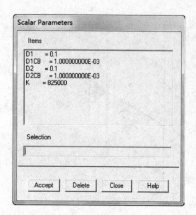
图 16-4 Scalar Parameters 对话框

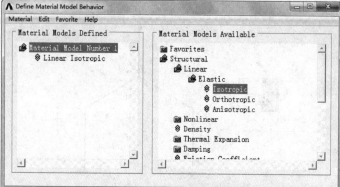
图 16-5 Define Material Model Behavior 对话框

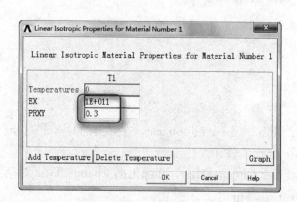
图 16-6 Linear Isotropic Material Properties for Material number 1 对话框

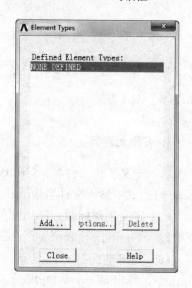
图 16-7 Element Types 对话框

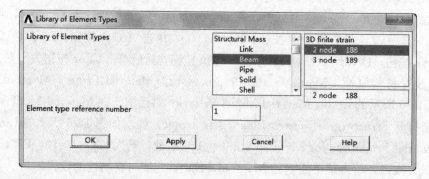
图 16-8 Library of Element Types 对话框

（7）定义杆件材料性质：Main Menu＞Preprocessor＞Sections＞Beam＞Common Section，弹出如图 16-10 所示的 Beam Tool 对话框，在 Sub-Type 下来列表中选择矩形，在 B 中输入矩形宽度为 D1/2，在 H 中输入矩形长度为 D1，单击"OK"按钮。

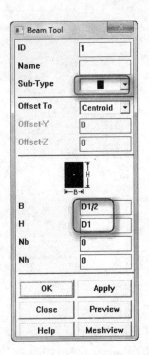

图 16-9　Element type for real Constants 对话框　　图 16-10　Beam Tool 对话框

（8）生成有限元节点：Main Menu＞Preprocessor＞Modeling＞Create＞Nodes＞In Active CS，弹出如图 16-11 所示的 Create Nodes in Active Coordinate System 对话框，在 NODE Node Number 后面的输入栏中输入 1，在 X，Y，Z Location in active CS 后面的输入栏中输入 0、0、0，单击 Apply 按钮，又弹出此对话框；在 NODE Node Number 后面的输入栏中输入 2，在 X，Y，Z 后面的输入栏中输入 0、2.5、0，单击 Apply 按钮，弹出此对话框；在 NODE Node Number 后面的输入栏中输入 3，在 X，Y，Z 后面的输入栏中输入 2.16506、3.75、0，单击"OK"按钮。生成结果如图 16-12 所示。

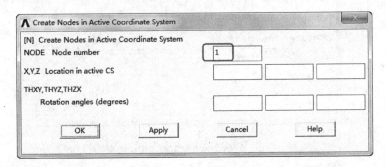

图 16-11　Create Nodes in Active Coordinate System 对话框

（9）打开结点编号显示：Utility Menu＞PlotCtrls＞Numbering，弹出如图 16-13 所示的 Plot Numbering Controls 对话框。选择 NODE Node Numbers 复选框为 ON，单击"OK"按钮。

（10）生成第 1 个单元：Main Menu＞Preprocessor＞Modeling＞Create＞Elements＞Auto Numbered＞Thru Nodes 命令，弹出一个拾取框，拾取编号为 1 和 2 的节点，单击

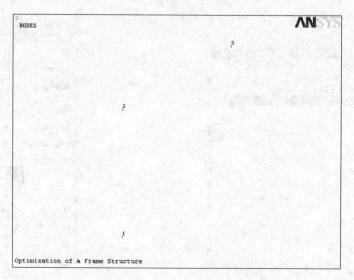

图 16-12 生成节点的结果

"OK"按钮。

（11）改变单元属性：Main Menu>Preprocessor>Modeling>Create>Elements>Elem Attributes，弹出如图 16-14 所示的 Element Attributes 对话框，单击"OK"按钮。

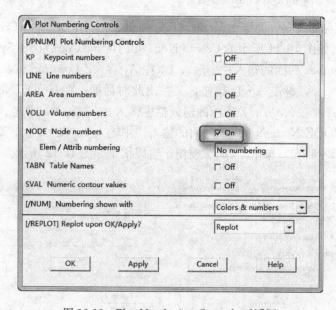

图 16-13 Plot Numbering Controls 对话框

（12）生成第 2 个单元：Main Menu>Preprocessor>Modeling>Create>Elements>Auto Numbered>Thru Nodes 命令，弹出一个拾取框，拾取编号为 2 和 3 的节点，单击"OK"按钮。生成的结果如图 16-15 所示。

2. 求解

（1）施加约束：Main Menu>Solution>Define Loads>Apply>Structural>Displace-

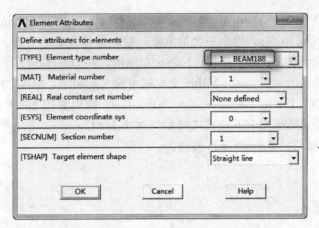

图 16-14 Element Attributes 对话框

ment>On Nodes,弹出一个拾取框。拾取编号为 1 的节点,单击"OK"按钮,弹出如图 16-16 所示的 Apply U, ROT on Nodes 对话框,在 DOFs to be constrained 选择栏中选择 All DOF,单击"OK"按钮。

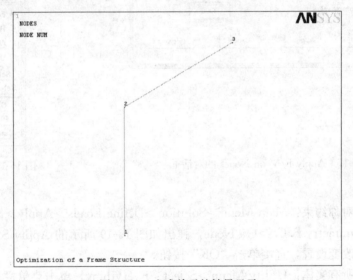

图 16-15 生成单元的结果显示

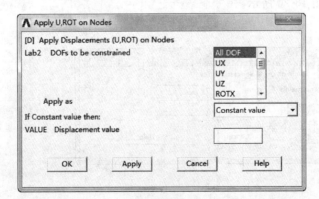

图 16-16 Apply U, ROT on Nodes 的对话框

(2) 施加集中载荷：Main Menu>Solution>Define Loads>Apply>Structural >Force/Moment>On Nodes，弹出一个拾取框，拾取编号为 3 的节点，单击"OK"按钮，弹出如图 16-17 所示的 Apply F/M on Nodes 对话框，在 Direction of force/mom 下拉列表框中选择 FY，在 Force/Moment Value 文本框中输入－2000，单击"OK"按钮。

(3) 选择节点：Utility Menu>Select>Entities，弹出如图 16-18 所示的 Select Entities 对话框，单击选择第二个下拉式选择栏，选中 By Location 项；在 Min，Max 下的输入栏中输入 2.1，2.2，单击"OK"按钮。

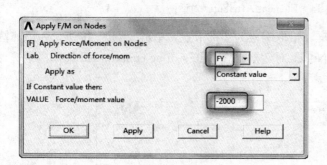

图 16-17　Apply F/M on Nodes 的对话框　　　　　　图 16-18　Select Entities 对话框

(4) 施加对称约束：Main Menu>Solution>Define Loads>Apply>Structural>Displacement>Symmetry B. C.>On Node，弹出如图 16-19 所示的 Apply SYMM on Nodes 对话框，不用改变设置，直接单击"OK"按钮。

(5) 选择所有实体：Utility Menu>Select>Everything，单击菜单栏 Plot>Replot 重新显示结果，如图 16-20 所示。

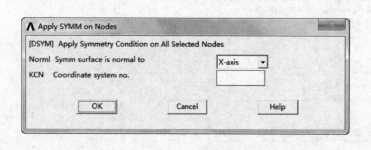 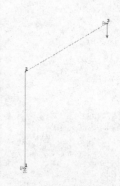

图 16-19　Apply SYMM on Nodes 对话框　　　　　　图 16-20　结果显示

(6) 保存数据：单击工具栏中的 Save_DB 按钮。

(7) 求解运算：Main Menu＞Solution＞Solve＞Current LS，弹出一个信息提示框和对话框，浏览完毕后菜单上的 File＞Close，单击"OK"按钮，开始求解运算。当出现一个 Solution is done! 的信息提示框时，单击 Close 按钮，完成求解运算。

(8) 保存优化结果到文件：Utility Menu＞File＞Save as，在弹出的对话框中，输入文件名为 frame_resu，单击"OK"按钮。

3. 优化设置

(1) 定义体积单元表：Main Menu＞General Postproc＞Element Table＞Define Table，弹出 Element Table Data 对话框，如图 16-21 所示。单击 Add 按钮，弹出如图 16-22 所示的 Define Additional Element Table Items 对话框，在 User Label for item 后面的文本框中输入 EVOL，又在 Item, Comp Results data item 的左栏中选择 Geometry，在右栏中选择 Elem Volume VOLU，单击 Apply 按钮。

(2) 定义弯矩单元表：又弹出如图 16-22 所示的对话框，在 User lable for Item 后面的文本框中输入 mi，又在 Item, Comp Results Data Item 的左栏中选择 By sequence num，在右栏中选择 SMISC，在其下面出现的 SMISC 后面的文本框中输入 6（表示序列号为 6），单击 Apply 按钮，再次弹出如图 16-22 所示的对话框，在 User

图 16-21　Element Table Data 对话框

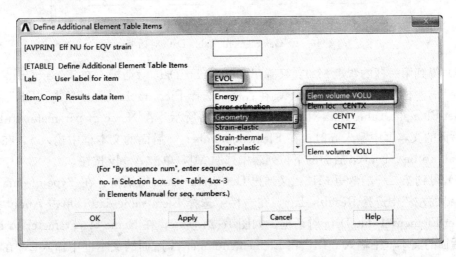

图 16-22　Define Additional Element Table Items 对话框

lable for Item 后面的文本框中输入 mj，又在 Item, Comp Results data item 的左栏中选择 By sequence num，在右栏中选择 SMISC，在其下面出现的 SMISC 后面的文本框中输入 12（表示序列号为 12），单击"OK"按钮，又单击 Element Table Data 对话框上的 Close 按钮，关闭该对话框。

（3）得到第一杆的弯矩 M11：Utility Menu＞Parameters＞Get Scalar Data 命令，弹出 Get Scalar Data 对话框，如图 16-23 所示。在 Type of data to be retrieved 的左栏中选择 Results data，在右栏中选择 Elem table data，单击"OK"按钮，弹出 Get Element Table Data 对话框。如图 16-24 所示，在 Name of parameter to be defined 后面的文本框中输入 m11，在 Element number N 后面的文本框中输入 1，在 Elem table data to be retrieved 后面的下拉列表中选取 MI，单击 Apply 按钮。

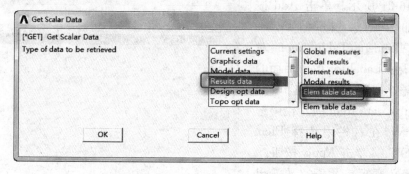

图 16-23　Get Scalar Data 对话框

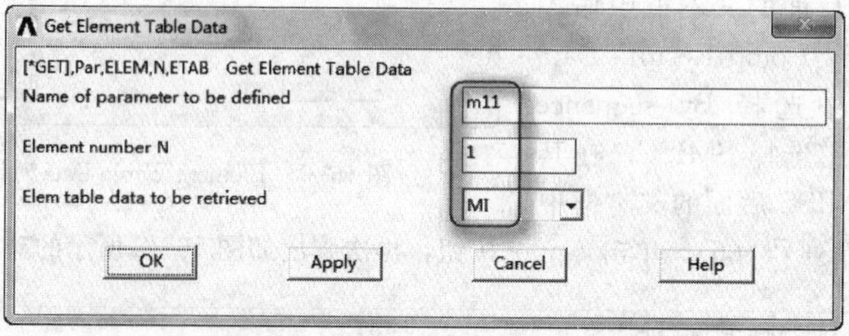

图 16-24　Get Element Table Data 对话框

（4）得到第一杆的弯矩 M21：又弹出 Get Scalar Data 对话框，在 Type of data to be retrieved 的左栏中选择 Results data，在右栏中选择 Elem table data，单击"OK"按钮，弹出 Get Element Table Data 对话框。如图 16-24 所示，在 Name of parameter to be defined 后面的文本框中输入 m21，在 Element number N 后面的文本框中输入 1，在 Elem table data to be retrieved 后面的下拉列表中选取 MJ，单击 Apply 按钮。

（5）得到第二杆的弯矩 M12：又弹出 Get Scalar Data 对话框，在 Type of data to be retrieved 的左栏中选择 Results data，在右栏中选择 Elem table data，单击 Apply 按钮，弹出 Get Element Table Data 对话框。如图 16-24 所示，在 Name of parameter to be defined 后面的文本框中输入 m12，在 Element number N 后面的文本框中输入 2，在 Elem table data to be retrieved 后面的下拉列表中选择 MI，单击 Apply 按钮。

(6) 得到第二杆的弯矩 M22：又弹出 Get Scalar Data 对话框，在 Type of data to be retrieved 的左栏中选择 Results data，在右栏中选择 Elem table data，单击"OK"按钮，弹出 Get Element Table Data 对话框。如图 16-24 所示，在 Name of parameter to be defined 后面的文本框中输入 m22，在 Element number N 后面的文本框中输入 2，在 Elem table data to be retrieved 后面的下拉列表中选择 MJ，单击"OK"按钮。

(7) 得到计算弯矩的绝对值：Utility Menu＞Parameters＞Scalar Parameter 命令，弹出 Scalar Parameters 对话框，在 Selection 下面的文本框中输入以下信息：LIM1＝D1CB∗K，LIM2＝D2CB∗K，M11＝LIM1-ABS（M11），M21＝LIM1-ABS（M21），M12＝LIM2-ABS（M12），M22＝LIM2-ABS（M22），每输入一次，单击 Accept 按钮一次，最后单击 Close 按钮，关闭该对话框。

(8) 计算单元体积和弯矩的总和：Main Menu＞General Postproc＞Element Table＞Sum of Each Item 命令，弹出 Tabular Sum of Each Element Table Item 对话框，单击"OK"按钮，弹出一个信息窗口，如图 16-25 所示。选择该窗口菜单栏上的 File＞Close，关闭该窗口。

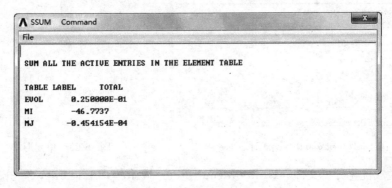

图 16-25　单元体积及弯矩显示

(9) 取出体积的值：Utility Menu＞Parameters＞Get Scalar Data 命令，弹出 Get Scalar Data 对话框。在 Type of data to be retrieved 的左栏中选择 Results data，在右栏中选择 Elem Table Sums，单击"OK"按钮，弹出 Get Element Table Sum Results 对话框，如图 16-26 所示，在 Name of parameter to be defined 后面的文本框中输入 VTOT，单击"OK"按钮关闭对话框。

(10) 显示当前设计：Utility Menu＞PlotCtrls＞Style＞Size and Shape 命令，弹出

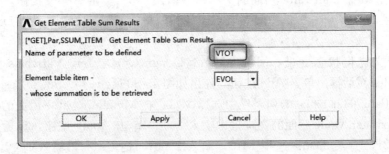

图 16-26　Get Element Table Sum Results 对话框

Size and Shape 对话框,单击 Display of element shapes based on real constant descriptions 后面的复选框,使其为 On。在 Real constant multiplier 后面的文本框中输入 2,如图 16-27 所示,单击"OK"按钮。

(11) 改变视图方向:Utility Menu>PlotCtrls>Pan, Zoom, Rotate,打开 Pan-Zoom-Rotate 工具栏。单击 Iso 按钮,Utility Menu>Plot>Elements,结果如图 16-28 所示。

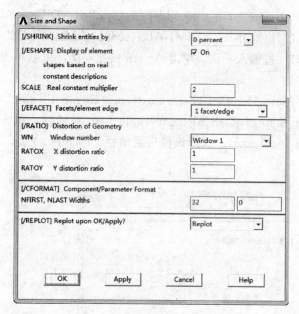

图 16-27 Size and Shape 对话框

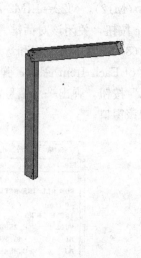

图 16-28 单元形状与大小的显示

(12) 生成优化分析文件:Utility Menu>File>Write DB Log File,弹出 Write Database Log 对话框。在 Write Database Log To 下面的文本框中输入分析文件名 frame.lgw 到路径名中,单击"OK"按钮。

(13) 指定分析文件:Main Menu>Design Opt>Analysis File>Assign,弹出 Assign Analysis File 对话框。在 File Name 列表栏中指定 frame.lgw,单击"OK"按钮。

(14) 定义优化设计变量:Main Menu>Design Opt>Design Variables 命令,弹出 Design Variables 对话框。单击 Add 按钮,弹出 Define a Design Variable 对话框,如图 16-29 所示,在 Parameter name 的列表栏中选择 D1;在 Minimum value 后面的文本框中输入 0.05,在 Maximum value 后面的文本框中输入 0.5,单击 Apply 按钮,重复上述操作,依次输入 D2,0.05,0.5,单击"OK"按钮,单击 Close 按钮,关闭 Design Variables 对话框。

(15) 定义优化状态变量:Main Menu>Design Opt>State Variables 命令,弹出 State Variables 对话框。单击 Add 按钮,弹出如图 16-30 所示的 Define a Design Variable 对话框。在 Parameter name 的列表栏中选择 M11,在 Minimum value 后面的文本框中输入 0,在 Maximum value 后面的文本框中输入 2000,单击 Apply 按钮,重复上述操作过程,选择 M21,输入 2000;选择 M12,输入 2000;选择 M22,输入 2000,最后单击 "OK"按钮,又单击 Close 按钮,关闭 State Variable 对话框。

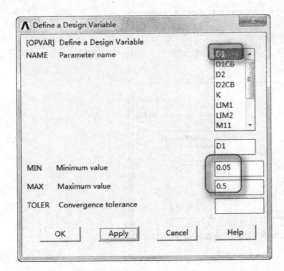 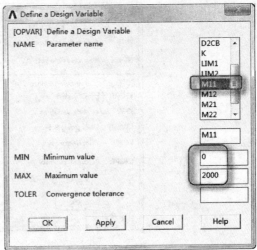

图 16-29　Define a Design Variable 对话框　　图 16-30　Define a Design Variable 对话框

（16）存储优化数据库：Main Menu>Design Opt>Opt Database>Save 命令，弹出 Save Optimization Data 对话框。在 File Name 下的文本框中输入 frame.opt，单击"OK"按钮。

（17）设置体积为目标函数：Main Menu>Design Opt>Objective 命令，弹出如图 16-31 所示的 Define Objective Function 对话框。在 Parameter name 的列表栏中选择 VTOT，在 Convergence Tolerance 后面的文本框中输入 0.00001，单击"OK"按钮。

（18）指定一阶优化方法：Main Menu>Design Opt>Method/Tool 命令，弹出如图 16-32 所示的 Specify Optimization Method 对话框，选择 Sub-Problem，单击"OK"按钮，弹出如图 16-33 所示的 Controls for Sub-problem Optimization 对话框，在 Maximum Iterations 后面的文本框中输入 15，单击"OK"按钮。

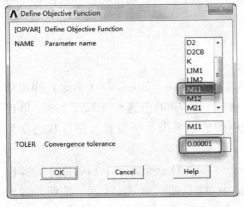 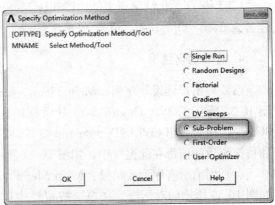

图 16-31　Define Objective Function 对话框　　图 16-32　Specify Optimization Method 对话框

（19）运行优化：Main Menu>Design Opt>Run 命令，弹出 Begin Execution of Run 对话框，如图 16-34 所示。查看分析信息后，单击"OK"按钮开始优化运算。当系统出现如图 16-35 所示的 Execution summary 对话框时，表明优化过程已经结束，单击"OK"按钮。

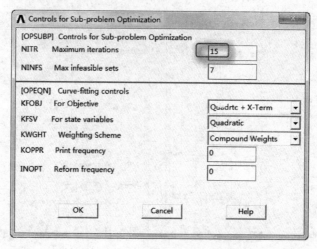

图 16-33 Controls for Sub-problem Optimization 对话框

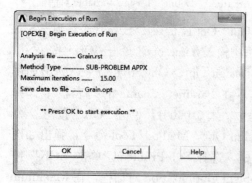

图 16-34 Begin Execution of Run 对话框

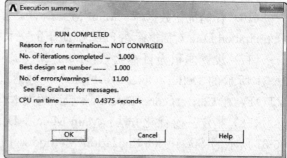

图 16-35 Execution summary 对话框

（20）保存优化结果到文件：Utility Menu>File>Save as，在弹出的对话框中输入文件名为 frame_Opt_resu，单击"OK"按钮。

4. 查看优化结果

（1）列出最佳设计序列：Main Menu>Design Opt>Design Sets>List 命令，弹出如图 16-36 所示的 List Design Sets 对话框，在单选按钮栏中单击选中 BEST Set，单击"OK"按钮，弹出 OPLISTCommand 窗口，最佳序列的结果即每个设计变量、状态变量和目标函数的值都在此窗口中，如图 16-37 所示。

（2）列出所有序列的结果：Main Menu>Design Opt>Design Sets>List 命令，弹出如图 16-36 所示的对话框，在单选按钮栏中单击选中 ALL set，单击"OK"按钮，弹出如图 16-38 所示的信息窗口，所有迭代序列的结果即每个设计变量、状态变量和目标函数的值都在此窗口中，菜单栏上的 File>Close 即可关闭该窗口。

（3）改变视图方向：Utility Menu>PlotCtrls>Pan，Zoom，Rotate，打开 Pan-Zoom-Rotate 工具栏，选择 Front，即选择 X-Y 平面视角，单击 Close 按钮关闭该工具栏。

第16章 结构优化

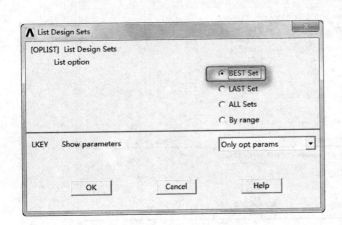

图 16-36　List Design Sets 对话框

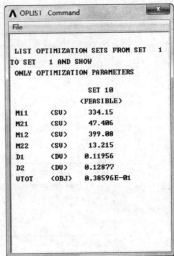

图 16-37　OPLISTCommand 窗口

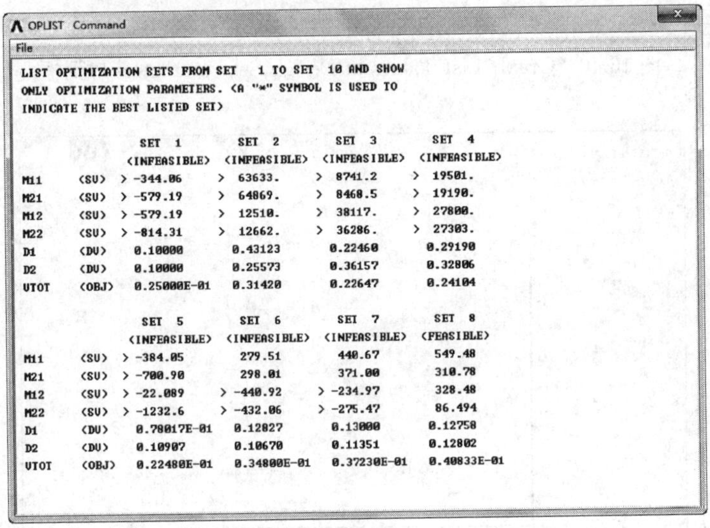

图 16-38　列出所有序列的优化运行结果

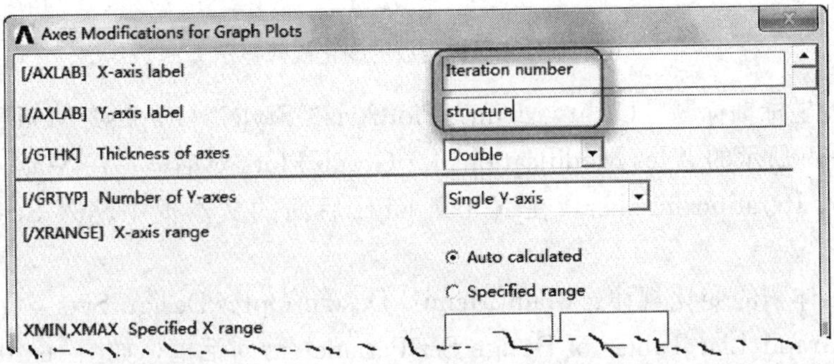

图 16-39　Axes Modifications for Graph Plots 对话框

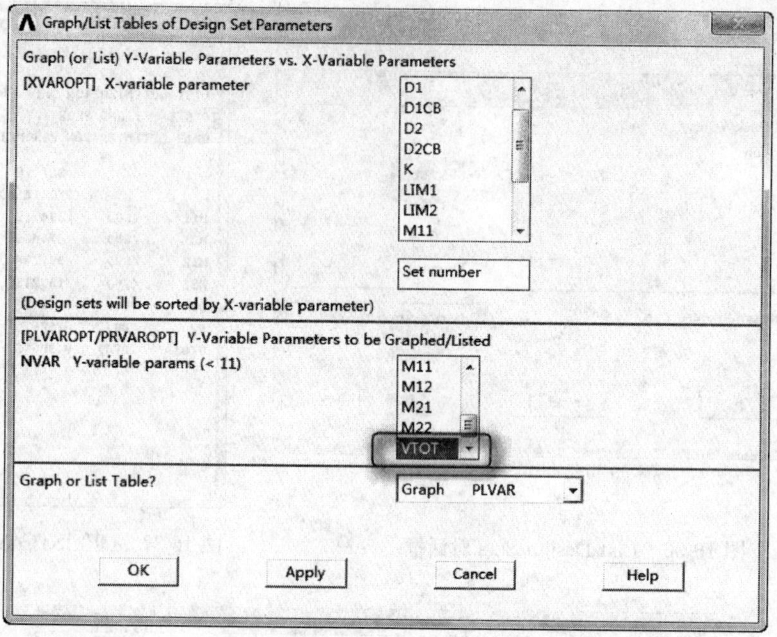

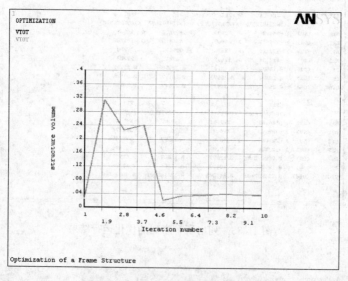

图 16-40 Graph/List Tables of Design Set Parameters 对话框

图 16-41 目标函数的变化规律显示

(4) 设置坐标轴标题：Utility Menu>PlotCtrls>Style>Graphs>Modify Axes 命令，弹出如图 16-39 所示的 Axes Modifications for Graph Plots 对话框。在 X-axis label 后面的文本框中输入 Iteration number，在 Y-axis label 后面的文本框中输入 Structure，单击 "OK" 按钮。

(5) 显示体积的变化规律：Main Menu>Design Opt>Design Sets>Graphs/Tables 命令，弹出 Graph/List Tables of Design Set Parameters 对话框，如图 16-40 所示，在 Y-variable params 列表栏中选择 VTOT，单击 "OK" 按钮，其结果如图 16-41 所示。

(6) 设置坐标轴标题：Utility Menu＞PlotCtrls＞Style＞Graphs＞Modify Axes 命令，弹出 Graph Controls 对话框。在 Y-Axis Label 后面的文本框中输入 BASE DIMENSION，单击"OK"按钮。

(7) 显示 D1 的变化规律：Main Menu＞Design Opt＞Design Sets＞Graphs/Tables 命令，弹出如图 16-40 所示的 Graph/List Tables of Design Set Parameters 对话框，在 Y-variable params 的列表栏中选择 D1，单击"OK"按钮，其结果如图 16-42 所示。

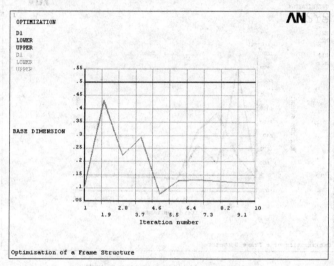

图 16-42 基本尺寸 D1 的变化规律

(8) 显示 D2 的变化规律：Main Menu＞Design Opt＞Design Sets＞Graphs/Tables 命令，弹出如图 16-40 所示的 Graph/List Tables of Design Set Parameters 对话框，在 Y-variable params 的列表栏中选择 D2，单击"OK"按钮，其结果如图 16-43 所示。

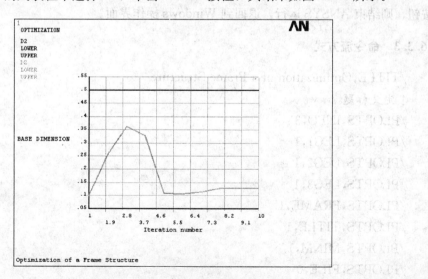

图 16-43 基本尺寸 D2 的变化规律

(9) 设置坐标轴标题：Utility Menu＞PlotCtrls＞Style＞Graphs＞Modify Axes 命令，弹出 Graph Controls 对话框。在 Y-axis label 后面的文本框中输入 MAXIMUM MO-

MENT，单击"OK"按钮。

（10）显示弯矩的变化规律：Main Menu>Design Opt>Design Sets>Graphs/Tables 命令，弹出 Graph/List Tables of Design Set Parameters 对话框，如图 16-40 所示，在 Y-variable params 列表栏中选择 M11，M21，M12，M22，单击"OK"按钮，其结果如图 16-44 所示。

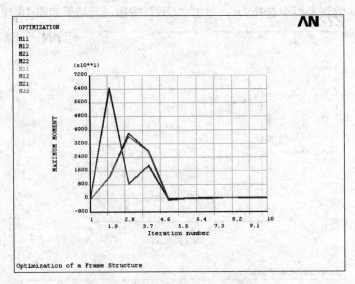

图 16-44 杆端点弯矩的变化规律

5. 退出 ANSYS

单击工具栏中的 Quit 按钮，在弹出的对话框中选择 Quit—No Save!，单击"OK"按钮，则结束 ANSYS 运行，退回到 Windows 操作界面。

16.3.3 命令流方式

```
/TITLE,Optimization of a Frame Structure
!定义标题
/PLOPTS,INFO,3
/PLOPTS,LEG1,1
/PLOPTS,LEG2,1
/PLOPTS,LEG3,1
/PLOPTS,FRAME,1
/PLOPTS,TITLE,1
/PLOPTS,MINM,1
/PLOPTS,FILE,0
/PLOPTS,LOGO,1
/PLOPTS,WINS,1
/PLOPTS,WP,0
```

```
/PLOPTS,DATE,2
/TRIAD,OFF
/REPLOT
*SET,d1,0.1
!定义参数
*SET,d2,0.1
/PREP7
MPTEMP,,,,,,,,
MPTEMP,1,0
MPDATA,EX,1,,10e10
!定义材料属性
MPDATA,PRXY,1,,0.3
ET,1,BEAM188
!选择单元
SAVE
!定义参数
*SET,d1cb,d1**3
*SET,d2cb,d2**3
*SET,k,825000
SECTYPE,  1,BEAM,RECT,,0
SECOFFSET,CENT
SECDATA,D1/2,D1,0,0,0,0,0,0,0,0,0,0
!生成节点
N,1,0,0,0,,,,
N,2,0,2.5,0,,,,
N,3,2.16506,3.75,0,,,,
/REPLOT
/PNUM,KP,0
/PNUM,LINE,0
/PNUM,AREA,0
/PNUM,VOLU,0
/PNUM,NODE,1
/PNUM,TABN,0
/PNUM,SVAL,0
/NUMBER,0
/PNUM,ELEM,0
/REPLOT
FLST,2,2,1
FITEM,2,1
```

```
FITEM,2,2
E,P51X
TYPE,1
MAT,1
REAL,2
ESYS,0
SECNUM,
TSHAP,LINE
FLST,2,2,1
FITEM,2,2
FITEM,2,3
E,P51X
FINISH
! 求解
/SOL
FLST,2,1,1,ORDE,1
FITEM,2,1
/GO
D,P51X,,,,,,ALL,,,,,
FLST,2,1,1,ORDE,1
FITEM,2,3
/GO
F,P51X,FY,-2000
NSEL,S,LOC,X,2.1,2.2
DSYM,SYMM,X,,
ALLSEL,ALL
/REPLOT
GPLOT
SAVE
/STATUS,SOLU
SOLVE
SAVE,frame_resu,db,D:\ANSYSE~1\aa\
FINISH
! 后处理 POST1
/POST1
AVPRIN,0,,
ETABLE,evol,VOLU,
AVPRIN,0,,
ETABLE,mi,SMISC,6
```

```
AVPRIN,0,,
ETABLE,mj,SMISC,12
*GET,m11,ELEM,1,ETAB,MI
*GET,m21,ELEM,1,ETAB,MJ
*GET,m12,ELEM,2,ETAB,MI
*GET,m22,ELEM,2,ETAB,MJ
*SET,lim1,d1cb*k
*SET,lim2,d2cb*k
*SET,m11,lim1-abs(m11)
*SET,m21,lim1-abs(m21)
*SET,m12,lim2-abs(m12)
*SET,m22,lim2-abs(m22)
SSUM
*GET,vtot,SSUM,,ITEM,EVOL
/SHRINK,0
/ESHAPE,2
/EFACET,1
/RATIO,1,1,1
/CFORMAT,32,0
/REPLOT
/VIEW,1,1,1,1
/ANG,1
/REP,FAST
/AUTO,1
/REP
SAVE
! 保持 LGWRITE,frame,lgw 文件到 D:\ANSYSE~1\aa\,COMMENT
FINISH
!优化处理
/OPT
OPANL,'frame','lgw',' '
OPVAR,D1,DV,0.05,0.5,,
OPVAR,D2,DV,0.05,0.5,,
OPVAR,M11,SV,0,2000,,
OPVAR,M12,SV,,2000,,
OPVAR,M21,SV,,2000,,
OPVAR,M22,SV,,2000,,
OPSAVE,'frame','opt',' '
OPVAR,VTOT,OBJ,,,,0.00001,
```

```
OPTYPE,SUBP
OPSUBP,15,7,
OPEQN,0,0,0,0,0,
OPEXE
！优化迭代
KEYW,BETA,0
OPEXE
SAVE,frame_opt_resu,db,D:\ANSYSE~1\aa\
OPLIST,1,,0
OPLIST,ALL,,0
/VIEW,1,,,1
/ANG,1
/REP,FAST
/AUTO,1
/REP
/AXLAB,X,Iteration number
/AXLAB,Y,structure volume
/GTHK,AXIS,2
/GRTYP,0
/GROPT,ASCAL,ON
/GROPT,LOGX,OFF
/GROPT,LOGY,OFF
/GROPT,AXDV,1
/GROPT,AXNM,ON
/GROPT,AXNSC,1,
/GROPT,DIG1,4,
/GROPT,DIG2,3,
/GROPT,XAXO,0,
/GROPT,YAXO,0,
/GROPT,DIVX,
/GROPT,DIVY,
/GROPT,REVX,0
/GROPT,REVY,0
/GROPT,LTYP,0
/XRANGE,DEFAULT
/YRANGE,DEFAULT,,1
XVAROPT,VTOT
PLVAROPT,
XVAROPT,''
```

```
PLVAROPT,VTOT
/AXLAB,X,Iteration number
/AXLAB,Y,Base Dimension
/GTHK,AXIS,2
/GRTYP,0
/GROPT,ASCAL,ON
/GROPT,LOGX,OFF
/GROPT,LOGY,OFF
/GROPT,AXDV,1
/GROPT,AXNM,ON
/GROPT,AXNSC,1,
/GROPT,DIG1,4,
/GROPT,DIG2,3,
/GROPT,XAXO,0,
/GROPT,YAXO,0,
/GROPT,DIVX,
/GROPT,DIVY,
/GROPT,REVX,0
/GROPT,REVY,0
/GROPT,LTYP,0
/XRANGE,DEFAULT
/YRANGE,DEFAULT,,1
XVAROPT,' '
PLVAROPT,D1
XVAROPT,' '
PLVAROPT,D2
/AXLAB,X,Iteration number
/AXLAB,Y,Maximum Moment
/GTHK,AXIS,2
/GRTYP,0
/GROPT,ASCAL,ON
/GROPT,LOGX,OFF
/GROPT,LOGY,OFF
/GROPT,AXDV,1
/GROPT,AXNM,ON
/GROPT,AXNSC,1,
/GROPT,DIG1,4,
/GROPT,DIG2,3,
/GROPT,XAXO,0,
```

```
/GROPT,YAXO,0,
/GROPT,DIVX,
/GROPT,DIVY,
/GROPT,REVX,0
/GROPT,REVY,0
/GROPT,LTYP,0
/XRANGE,DEFAULT
/YRANGE,DEFAULT,,1
XVAROPT,' '
PLVAROPT,M11,M12,M21,M22
/EXIT
! 退出 ANSYS
```

16.4 本章小结

本章详细阐述了结构优化设计的概念与结构优化设计的基本步骤，通过框架结构的优化设计这个实例的介绍说明了结构优化设计的一般过程，使用户能够初步掌握 ANSYS 软件结构优化分析的功能。